U0260289

作者简介

麦康森，中国海洋大学教授，中国工程院院士，水产动物营养与饲料专家。曾任中国海洋大学副校长、教育部"长江学者奖励计划"特聘教授。现任世界华人鱼虾营养学术研讨会学术指导委员会主席、国际鱼类营养学术委员会副主席、国际鲍学会理事、中国工程院农业学部副主任、农业部科技委员会常委、中国工程院第三届学术与出版委员会委员、中国水产学会副理事长、中国饲料工业协会副会长。

一直从事水产动物营养与饲料的教学和科研工作。在探索我国水产动物营养研究与饲料工业发展模式，研究并构建重要养殖代表种的基础营养参数公共平台，开创贝类营养研究新领域，集成与创新开发鱼粉替代技术、微颗粒开口饲料配制技术、环境和食品安全营养调控技术，以及成果产业化推广和人才培养等方面做出了重要贡献。主持完成的"鲍营养学的研究"2003年获教育部科学技术奖（自然科学类）一等奖，"海水养殖鱼类营养研究和高效无公害饲料开发"2005年获教育部科技进步一等奖，"主要海水养殖动物的营养学研究和饲料开发"2006年获国家科技进步二等奖。发表学术论文300余篇，出版著作7部，获授权国家发明专利45项。

作者简介

张文兵，博士，中国海洋大学教授，博士研究生导师，美国奥本大学高级访问学者。从事水产动物营养和饲料研究、教学和开发工作，主要研究方向是营养与健康和品质。教育部新世纪优秀人才，山东省泰山学者特聘教授，水产动物营养与饲料农业农村部重点实验室学术委员会委员，现代农业产业技术体系贝类体系腹足类营养与饲料岗位科学家，国务院学位委员会第六届学科评议组（水产）秘书，国家大黄鱼产业科技创新联盟营养与饲料专业委员会主任委员，国际学术刊物 *Aquaculture Reports* 共同主编。发表学术论文 100 余篇，获授权国家发明专利 12 项。

"十三五"国家重点图书出版规划项目

当代动物营养与饲料科学精品专著

非粮型蛋白质饲料资源开发现状与高效利用策略

麦康森　张文兵◎主编

中国农业出版社

北　京

内容简介

　　随着养殖业的快速发展，高效开发利用丰富的非粮型蛋白质饲料资源，以缓解优质蛋白源紧缺的状况，已成为我国饲料工业发展的必然趋势。本书由我国近 20 家高等院校和科研院所的动物营养与饲料科学相关领域的 30 余位专家联合撰写，系统总结了我国大宗非粮型蛋白质饲料资源的种类与利用现状，包括动物性蛋白质饲料资源、植物性蛋白质饲料资源、藻类及其加工产品、微生物蛋白质饲料资源、糟渣类产品及其副产品。针对上述各类非粮型蛋白质饲料资源，介绍了其作为饲料原料的营养价值、抗营养因子、在生产中的应用、加工方法与工艺以及开发利用的政策建议等。本书可供动物营养与饲料相关专业的教师、学生以及科研工作者参考使用。

杨在宾（教　授，山东农业大学动物科技学院动物医学院）

李光玉（研究员，中国农业科学院特产研究所）

李军国（研究员，中国农业科学院饲料研究所）

李胜利（教　授，中国农业大学动物科学技术学院）

李爱科（研究员，国家粮食和物资储备局科学研究院粮食品质营养研究所）

吴　德（教　授，四川农业大学动物营养研究所）

呙于明（教　授，中国农业大学动物科学技术学院）

佟建明（研究员，中国农业科学院北京畜牧兽医研究所）

汪以真（教　授，浙江大学动物科学学院）

张日俊（教　授，中国农业大学动物科学技术学院）

张宏福（研究员，中国农业科学院北京畜牧兽医研究所）

陈代文（教　授，四川农业大学动物营养研究所）

林　海（教　授，山东农业大学动物科技学院动物医学院）

罗　军（教　授，西北农林科技大学动物科技学院）

罗绪刚（研究员，中国农业科学院北京畜牧兽医研究所）

周志刚（研究员，中国农业科学院饲料研究所）

单安山（教　授，东北农业大学动物科学技术学院）

孟庆翔（教　授，中国农业大学动物科学技术学院）

侯水生（研究员，中国农业科学院北京畜牧兽医研究所）

侯永清（教　授，武汉轻工大学动物科学与营养工程学院）

姚军虎（教　授，西北农林科技大学动物科技学院）

秦贵信（教　授，吉林农业大学动物科学技术学院）

高秀华（研究员，中国农业科学院饲料研究所）

曹兵海（教　授，中国农业大学动物科学技术学院）

彭　健（教　授，华中农业大学动物科学技术学院动物医学院）

蒋宗勇（研究员，广东省农业科学院动物科学研究所）

蔡辉益（研究员，中国农业科学院饲料研究所）

谭支良（研究员，中国科学院亚热带农业生态研究所）

谯仕彦（教　授，中国农业大学动物科学技术学院）

薛　敏（研究员，中国农业科学院饲料研究所）

瞿明仁（教　授，江西农业大学动物科学技术学院）

审稿专家

卢德勋（研究员，内蒙古自治区农牧业科学院动物营养研究所）

计　成（教　授，中国农业大学动物科学技术学院）

杨振海（局　长，农业农村部畜牧兽医局）

本书编写人员

主　　编　麦康森　张文兵

编写人员（以姓氏笔画为序）

王　柳　　王永进　　王春维　　邓君明

艾庆辉　　叶元土　　吉　红　　刘　岭

刘德稳　　孙岳丞　　杜震宇　　杨　欣

吴　萍　　呙于明　　何　艮　　宋文涛

张　剑　　张彦娇　　陈立侨　　范志勇

金青哲　　周小秋　　周歧存　　单安山

孟庆维　　徐后国　　梁萌青　　韩　冬

赖长华　　解绶启　　蔡春芳　　管武太

谭北平　　谯仕彦　　薛　敏

丛书序

　　经过近 40 年的发展，我国畜牧业取得了举世瞩目的成就，不仅是我国农业领域中集约化程度较高的产业，更成为国民经济的基础性产业之一。我国畜牧业现代化进程的飞速发展得益于畜牧科技事业的巨大进步，畜牧科技的发展已成为我国畜牧业进一步发展的强大推动力。作为畜牧科学体系中的重要学科，动物营养和饲料科学也取得了突出的成绩，为推动我国畜牧业现代化进程做出了历史性的重要贡献。

　　畜牧业的传统养殖理念重点放在不断提高家畜生产性能上，现在情况发生了重大变化：对畜牧业的要求不仅是要能满足日益增长的畜产品消费数量的要求，而且对畜产品的品质和安全提出了越来越严格的要求；家畜养殖从业者越来越认识到养殖效益和动物健康之间相互密切的关系。畜牧业中抗生素的大量使用、饲料原料重金属超标、饲料霉变等问题，使一些有毒有害物质蓄积于畜产品内，直接危害人类健康。这些情况集中到一点，即畜牧业的传统养殖理念必须彻底改变，这是实现我国畜牧业现代化首先要解决的一个最根本的问题。否则，就会出现一系列的问题，如畜牧业的可持续发展受到阻碍、饲料中的非法添加屡禁不止、"人畜争粮"矛盾凸显、食品安全问题受到质疑。

　　我国最大的国情就是在相当长的时期内处于社会主义初级阶段，我国养殖业生产方式由粗放型向集约化型的根本转变是一个相当长的历史过程。从这样的国情出发，发展我国动物营养学理论和技术，既具有中国特色，对制定我国养殖业长期发展战略有指导性意义；同时也对世界养殖业，特别是对发展中国家养殖业发展具有示范性意义。因此，我们必须清醒地意识到，作为畜牧业发展中的重要学科——动物营养学正处在一个关键的历史发展时期。这一发展趋势绝不是动物营养学理论和技术体系的局部性创新，而是一个涉及动物营养学整体学科思维方式、研究范围和内容，乃至研究方法和技术手段更新的全局性战略转变。在此期间，养殖业内部不同程度的集约化水平长期存在。这就要求动物营养学理论不仅能适应高度集约化的养殖业，而且也要能适应中等或初级集约化水平长期存在的需求。近年来，我国学者在动物营养和饲料科学方面作了大量研究，取得了丰硕成果，这些研究成果对我国畜牧业的产业化发展有重要实践价值。

"十三五"饲料工业的持续健康发展，事关动物性"菜篮子"食品的有效供给和质量安全，事关养殖业绿色发展和竞争力提升。从生产发展看，饲料工业是联结种植业和养殖业的中轴产业，而饲料产品又占养殖产品成本的70%。当前，我国粮食库存压力很大，大力发展饲料工业，既是国家粮食去库存的重要渠道，也是实现降低生产成本、提高养殖效益的现实选择。从质量安全看，随着人口的增加和消费的提升，城乡居民对保障"舌尖上的安全"提出了新的更高的要求。饲料作为动物产品质量安全的源头和基础，要保障其安全放心，必须从饲料产业链条的每一个环节抓起，特别是在提质增效和保障质量安全方面，把科技进步放在更加突出的位置，支撑安全发展。从绿色发展看，当前我国畜牧业已走过了追求数量和保障质量的阶段，开始迈入绿色可持续发展的新阶段。畜牧业发展决不能"穿新鞋走老路"，继续高投入、高消耗、高污染，而应在源头上控制投入、减量增效，在过程中实施清洁生产、循环利用，在产品上保障绿色安全、引领消费；推介饲料资源高效利用、精准配方、氮磷和矿物元素源头减排、抗菌药物减量使用、微生物发酵等先进技术，促进形成畜牧业绿色发展新局面。

动物营养与饲料科学的理论与技术在保障国家粮食安全、保障食品安全、保障动物健康、提高动物生产水平、改善畜产品质量、降低生产成本、保护生态环境及推动饲料工业发展等方面具有不可替代的重要作用。当代动物营养与饲料科学精品专著，是我国动物营养和饲料科技界首次推出的大型理论研究与实际应用相结合的科技类应用型专著丛书，对于传播现代动物营养与饲料科学的创新成果、推动畜牧业的绿色发展有重要理论和现实指导意义。

李德发

2018.9.26

前　言

　　"人民健康是民族昌盛和国家富强的重要标志"，而民以食为天，食以安为先，安以质为本。随着我国改革开放的不断深入及中国特色社会主义进入新时代，人民对于美好生活的向往不断实现，对食物品质，特别是优质蛋白质的需求不断提升。目前人们对优质动物蛋白质的需求依靠养殖业来完成，而现代养殖业的可持续发展高度依赖优质配合饲料的供给，这就对决定饲料主要成本的蛋白源的供给提出了更高要求。高效开发利用我国丰富的非粮型蛋白质饲料资源（非粮型蛋白源）以缓解优质饲料蛋白源紧缺的状况，已经是我国饲料工业发展的必然趋势。我国非粮型蛋白质饲料资源非常丰富，包括动物产品及其副产品、农作物加工副产品、藻类及其加工产品、微生物、糟渣类产品及其副产品等。但由于其存在资源难以收集、营养成分不稳定、储存条件和加工技术不完善等问题，导致综合利用率偏低。

　　因此，我们组织了中国农业大学、中国海洋大学、东北农业大学、西北农林科技大学、华南农业大学、华东师范大学、四川农业大学、武汉轻工大学、广东海洋大学、宁波大学、江南大学、苏州大学、云南农业大学、湖南农业大学、德州学院、中国科学院水生生物研究所、中国水产科学研究院黄海水产研究所、中国农业科学院饲料研究所等单位从事动物营养与饲料科学领域教学、科研等方面的专业人员编写了这本《非粮型蛋白质饲料资源开发现状与高效利用策略》。

　　本书系统地总结了我国非粮型蛋白质饲料资源利用与加工现状、营养价值、利用存在的问题及其在动物生产中的应用，并引用了大量国内外的科研及实践研究资料，从加工工艺、作为饲料资源开发利用的政策建议等方面探讨了其高效利用策略，以期改善我国养殖业蛋白质饲料资源的短缺状况，提高非粮型蛋白质饲料资源的利用率，降低饲养成本并减少资源浪费，促进养殖业健康绿色发展，提高经济效益和社会效益。

　　在本书的编写过程中，虽然编者对非粮型饲料蛋白质资源领域有较深研

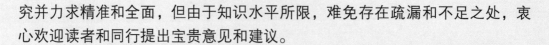

究并力求精准和全面，但由于知识水平所限，难免存在疏漏和不足之处，衷心欢迎读者和同行提出宝贵意见和建议。

编　者

2019 年 11 月

目　录

03　第三章　藻类及其加工产品

第一章
动物性蛋白质饲料资源

第一节　陆生动物产品及其副产品
作为饲料原料的研究进展

一、血液及其制品

（一）我国血液及其制品资源现状

作为畜禽屠宰加工过程中的主要副产物，畜禽血液营养丰富，蛋白质含量为17%～22%，且必需氨基酸含量高，脂肪含量低（0.15%～0.2%），素有"液态肉"之称。畜禽血液不仅营养价值高，而且产量高。全世界每年可利用的畜禽血液总量是相当可观的。1994年以来，全世界每年大约宰杀30亿头牛、猪和羊，其血液产量近亿吨。而我国各种动物血液也尤为丰富，是世界上动物血液资源最丰富的国家之一，特别是家禽家畜类血液。从1990年以来，我国肉类生产量一直居世界首位，其中生猪产量接近世界总量的1/2，2017年中国生猪供应量近7.0亿头。虽然畜禽血液产量尚未有精确的统计数据，但以每头猪约可收集3L血液计算，粗估我国2017年猪血产量可达2 100万t。若以血液中粗蛋白质含量为18%计算，这些血液相当于360万t的蛋白源。此外，我国每年家禽出栏数超过100亿羽，肉牛出栏数超过5 000万头，羊出栏数超过2亿只。由此可见，我国畜禽血液资源丰富，具有广阔的应用前景。

畜禽血液是一种重要的优质动物性蛋白质资源，血粉中粗蛋白质含量可达90%以上，且易消化。目前，畜禽血液的利用方式仍以血粉（包括水解血粉）、血浆蛋白粉、血球蛋白粉、水解血球蛋白粉和血红素蛋白粉等为主。

血粉即全血粉，是指生产过程中通过在动物的血液中通入蒸汽，使其凝结成块，排出水分后，再经干燥、粉碎而成。根据加工干燥工艺不同，产品可分为喷雾干燥血粉、滚筒干燥血粉、蒸干血粉、发酵血粉、载体血粉、晒干血粉和膨化血粉等。

血浆蛋白粉是指将占全血55%的血浆经初过滤、分离、浓缩、喷雾干燥而制成的乳白色粉末状产品，按血液的来源和加工方法分为猪血浆蛋白粉、低灰分猪血浆蛋白粉、母猪血浆蛋白粉、牛血浆蛋白粉以及禽血浆蛋白粉等，各种血浆蛋白粉的作用效果大体相同。其中以猪血浆蛋白粉最为常用，一般情况下血浆蛋白粉多指猪血浆蛋白粉。血球蛋白粉又称喷雾干燥血球蛋白粉，是指动物屠宰后血液在低温处理条件下，经过分离工艺分离出血浆后得到血球，血球再经喷雾干燥得到的粉末。在血液制品加工过程中，除干燥外其他加工环节（包括运输环节）最好在低温条件下进行，以保证产品质量。

发达国家非常重视畜禽血液资源的开发与利用，许多国家都设置了血液开发利用研究中心，并已商品化、规模化和产业化，如丹麦、瑞典、德国、美国等。

国内的畜禽血液资源开发利用较晚，且技术工艺和设备相对落后。部分企业采用蒸煮法、喷雾法及发酵法等加工利用畜禽血液，其主要存在的问题是血液资源难以收集、产品质量不稳定，不能形成规模连续化生产，企业的生产效益较低。动物血液随意丢弃会污染周边环境和江河湖泊。近些年，随着畜牧业快速发展，屠宰业也在向集中屠宰发展，这有利于动物血液的收集和加工利用。

家畜血液是动物屠宰加工过程中的主要副产品之一，动物血液约占其活体重的8%，屠宰后可收集的血液占屠宰重的4%~5%。不同的动物其血液所占体重的比例有所不同，牛血液含量约占体重的8.0%，羊约占4.5%，猪约占4.6%。动物血液是富含动物性蛋白的营养源之一，血液中的干物质约占其总重量的20%。2013年，我国年出栏生猪、牛、羊约10亿头，为世界上猪出栏最多的国家，每年屠宰畜禽产生的血液大约有3 000万t，而目前生产的血粉及血液制品不足100万t。目前，欧美、日本等发达国家猪血的开发利用率已达到70%以上，主要是开发肽类试剂、肽类药物以及功能性食品和食品添加剂；而我国血液的利用率较低，产品比较单调，大部分被加工成血粉、血浆蛋白粉和血球蛋白粉等用作饲料原料；少部分被制成食品，还有少量用于生化制药生产凝血酶、血红素、超氧化物歧化酶和蛋白胨等。部分血液资源被废弃或作为肥料，造成了一定的资源浪费和环境污染，若其能够被充分加以开发利用，既能增加动物性蛋白饲料的自给率、减少鱼粉的进口量，又能减少废弃血液对环境的污染。近年来，我国畜禽规模化养殖场的不断建设、养殖规模的不断扩增、国家有关生猪定点屠宰政策的贯彻实施以及屠宰加工企业向大型化、规模化的方向发展，使得动物血液的集中收集成为可能，其利用率在逐年增加。同时，现代加工技术和加工设备的不断发展，如液-液分离设备、膜分离设备、喷雾干燥设备，以及先进的分析与检测设备等的推广应用，为血液的深加工提供了技术保障，使血液制品趋于多样化。根据加工方法的不同，在饲料领域血液及其制品可分为普通的蒸煮干燥血粉、发酵血粉、酶解血粉、膨化血粉、喷雾干燥血粉、血浆蛋白粉、血球蛋白粉和酶解血球蛋白粉等。

（二）血液及其制品作为饲料原料可能存在的问题

1. 动物性饲料原料的同源性问题 目前，我国能够大量收集并用于开发为饲料原料的动物血液主要是猪血和少量的禽血，其主要产品有血浆蛋白粉和血球蛋白粉，血浆蛋白粉主要应用于仔猪饲料，血球蛋白粉主要应用于水产动物饲料。虽然动物血液及其制品蛋白质含量高，具有促生长、减少仔猪腹泻等功能，但也存在一定的生物安全隐患，尤其是在仔猪饲料中的应用。一是动物血液及其制品本身含有一定数目的病毒。

Polo 等（2005）通过风险分析证实在喷雾干燥的血浆和血球蛋白粉的各种加工过程中有一定数量的病毒存在，而且当病毒数量超过百万分之一时，就会有传播疾病的风险。目前，我国动物血源的管理比较混乱，动物屠宰前的检疫制度贯彻执行不到位，在血液收集过程中易混入牛羊源性成分；个别屠宰场有在血液中掺假的行为，这都增加了疾病传播的风险。

2. 传统加工方法使蛋白质严重变性，生物学效价低　传统的动物血液制品是通过长时间蒸煮的热加工生产而成，其首先通过加热使鲜血中的蛋白质凝固变性结块，再经挤压脱水、干燥、粉碎等工序制得血粉。血液在长时间的蒸煮过程中，其中的蛋白质与其他微量元素易形成不利于动物吸收的螯合物，大大降低了血粉的生物学效价。另外由于血粉中氨基酸比例极不平衡和其特殊的分子结构，各种动物对血粉的消化利用率并不高，饲喂效果也不理想，因此极大地限制了血粉在饲料中的应用。

3. 屠宰分散，血液收集有一定难度　我国动物屠宰相对比较分散，给血液的收集带来一定困难。近年随着国家及各地政府有关规定和政策的出台，情况有所改善，但屠宰分散、运输距离大、原料易变质、生产成本高等一直影响着相关企业的发展。有资料报道，国内排名前 3 的生猪屠宰企业每年的屠宰量不到 3 000 万头，占全国生猪出栏头数的比例不足 5%。

4. 加工技术参差不齐，产品质量差异较大　目前，我国动物血液及其制品的加工技术还处于不断的探索、完善中；尤其是一些小规模的生产企业，其加工技术和设备落后、分析检测设备不健全、技术力量薄弱等，致使其产品质量不能保证。

5. 不易长期保存　血液及其制品由于营养丰富，极易被微生物污染，易潮湿、结团、发霉、腐败，不易长期保存。

（三）开发利用血液及其制品的意义

随着我国人口的增长，人畜争粮的矛盾会越来越突出，这种矛盾在蛋白质资源方面尤为突出。到 2020 年，我国蛋白质饲料需要量大约为 0.72 亿 t，而资源供给量仅为 0.24 亿 t，供需缺口大约为 0.48 亿 t。合理地开发和利用现有的蛋白质资源，对于保障我国饲料工业及养殖业的健康发展具有重要意义。因此开展对现有畜禽血液资源的开发与利用，变资源优势为商品优势，以满足社会对蛋白质来源的需求，解决环境污染问题，具有重要现实意义和社会意义。

开发利用价格低廉而来源丰富的动物蛋白质资源，既可有效缓解我国蛋白质饲料紧缺的矛盾，又可获得良好的经济效益、社会效益和生态效益。从氨基酸组成上来看，猪血蛋白质的必需氨基酸比例高于人乳蛋白质和全卵蛋白质，尤其是其赖氨酸含量接近 9%。从蛋白质互补的角度来看，谷物饲料中的赖氨酸含量较低，异亮氨酸含量适当，蛋氨酸和胱氨酸含量高，而猪血的高赖氨酸含量使其成为一种很好的谷物饲料原料的蛋白质互补物，这对于改善动物性蛋白质资源匮乏的现状很有意义。

（四）血液及其制品的营养价值

1. 血液的组成　见图 1-1。

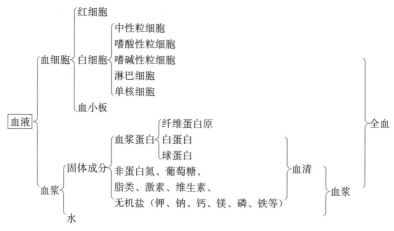

图 1-1　血液的组成

2. 血液中的主要营养成分　动物血液中不仅富含蛋白质和各种酶类，还含有丰富的铁、钙、磷、镁、铜、锰、钾等矿物元素，以及维生素（维生素 B_1、维生素 B_2、维生素 E）、脂质和糖类物质。动物血液具有高蛋白、低脂肪的特性，营养价值很高。血粉的蛋白质含量达 80% 以上，而血液制品的加工工艺对其营养价值的发挥产生决定性的影响。几种主要血液制品与进口鱼粉的氨基酸及常规成分见表 1-1，几种血粉的营养成分见表 1-2。

表 1-1　几种主要血液制品与进口鱼粉的氨基酸及常规成分对照（%）

名称	国产血球蛋白粉	进口血球蛋白粉	酶解血球蛋白粉	血浆蛋白粉	喷雾干燥血粉	进口秘鲁鱼粉
天冬氨酸	10.28	9.15	9.50	6.77	10.59	5.08
苏氨酸	3.02	4.32	2.14	4.72	2.67	2.36
丝氨酸	3.91	4.45	4.82	3.74	3.67	2.15
谷氨酸	8.07	7.76	7.34	10.12	7.94	7.60
甘氨酸	4.28	3.78	3.74	2.54	10.00	3.43
丙氨酸	7.87	7.84	7.05	4.00	6.89	3.55
胱氨酸	0.50	0.50	0.35	2.63	0.98	0.49
缬氨酸	8.33	7.20	6.74	4.66	7.11	2.52
蛋氨酸	0.92	1.56	0.73	0.75	0.98	1.65
异亮氨酸	0.67	0.31	0.41	2.64	0.70	2.24
亮氨酸	12.31	11.57	12.12	6.96	11.00	17.00
酪氨酸	2.12	2.41	2.53	3.62	1.79	1.71
苯丙氨酸	6.52	6.77	5.73	13.00	5.61	2.17
赖氨酸	8.09	8.27	7.64	6.84	7.20	13.00
组氨酸	7.00	5.90	6.69	2.48	6.04	1.66
精氨酸	3.61	3.75	3.12	4.28	3.70	3.10
脯氨酸	2.44	2.96	2.46	3.75	2.70	2.65
氨基酸总量	89.94	88.50	83.11	74.63	83.67	50.66
粗蛋白质	94.26	91.95	89.78	78.00	86.65	58.70
水分	3.71	5.60	5.21	5.25	5.86	10.10
粗灰分	3.89	4.36	4.23	4.38	5.69	15.51

（续）

名称	国产血球蛋白粉	进口血球蛋白粉	酶解血球蛋白粉	血浆蛋白粉	喷雾干燥血粉	进口秘鲁鱼粉
胃蛋白酶消化率	98.55	98.51	—	95.00	97.81	—

注："—"表示未检出。

资料来源：国家饲料质量监督检测中心（武汉）及湖北省农业科学院测试中心。

表 1-2　几种血粉的营养成分

项目	喷雾血粉	蒸煮血粉
干物质（%）	88.90	87.80
粗蛋白质（%）	84.70	84.60
粗纤维（%）	0.06	0.08
粗脂肪（%）	0.40	0.05
无氮浸出物（%）	0.50	0.55
粗灰分（%）	3.20	2.52
钙（%）	0.04	0.13
磷（%）	0.22	0.25
总能（MJ/kg）	20.52	20.36
消化能（MJ/kg）	11.86	12.16
代谢能（MJ/kg）	9.36	9.28
可消化蛋白（g/kg）	664.00	663.00

（五）血液及其制品中的抗营养因子

动物血液的主要成分是血细胞，而动物体内缺乏消化血细胞中的红细胞膜的酶，致使血粉中的血纤维蛋白不易被动物消化，造成动物血液消化率低。另外血液及其制品的加工工艺不同，也会使原料中的蛋白质变性、活性成分失活，降低其营养价值。动物血液及其制品中的病原微生物（细菌、霉菌、黄曲霉毒素、沙门氏菌）数量以及砷、铅等指标超标，也影响其在饲料中的使用效果。

（六）血液及其制品在动物生产中的应用

1. 在养猪生产中的应用

（1）血液及其制品在仔猪饲料中的应用　早期断奶仔猪受身体生理机能、消化器官等尚未发育完全和断奶应激的影响，对饲料吸收率低，会产生断奶应激综合征。事实和试验证明，早期断奶仔猪饲料（俗称教槽料）中添加血浆蛋白粉能显著提高仔猪日采食量、日增重和饲料转化率，并能显著提高仔猪免疫力、减少仔猪腹泻，具有替代抗生素预防仔猪肠道疾病的功能。Ermer 等（1994）的研究表明，就仔猪对脱脂奶粉和血浆蛋白粉的偏好而言，80%试验仔猪偏爱添加血浆蛋白粉的日粮。Jennings 等（1995）给断奶仔猪日粮中添加血浆蛋白粉和乳清浓缩蛋白，诱食性试验结果表明仔猪更偏爱添加血浆蛋白粉的日粮，且摄入量是含乳清浓缩蛋白的 5 倍。

（2）血球蛋白粉在仔猪饲料中的应用　邓莹莹和余冰等（2007）研究在玉米豆粕型日粮中，用 1.76% 和 3.52% 的喷雾干燥破膜血球蛋白粉取代仔猪基础日粮中 2.0% 和

4.0%的血粉，以及用 1.0%和 1.5%的喷雾干燥破膜血球蛋白粉取代仔猪基础日粮中 0.57%和 1.35%的鱼粉，在考虑平衡日粮的条件下，均可显著提高仔猪的日采食量、料重比、平均日增重，同时降低腹泻率。Zhang 等（1999）在第 2 阶段断奶仔猪日粮中，用 2.5%的血球蛋白粉替代鱼粉能够显著提高仔猪平均日增重和平均日采食量。断奶仔猪日粮中添加血球蛋白粉还能明显降低仔猪体重变异系数，提高仔猪群整齐度。而 Kerr 等（2004）在早期断奶仔猪饲料中大量添加血球蛋白粉能降低仔猪平均日增重，提高料重比，但适当补充异亮氨酸可使平均日增重和料重比恢复至对照组水平。

（3）血球蛋白粉在育肥猪饲料中的应用　杨远新等（2006）用发酵血粉分别替代基础饲料中的 75%和 100%豆粕饲养育肥猪，结果表明，试验组的末重、日增重、蛋白质消化率、氮沉积量均高于对照组。

伊利诺伊大学研究表明，在 75kg 的育肥猪日粮中分别添加 0、2.5%和 5%的血球蛋白粉，猪肉品质与其添加量呈线性正相关。血球蛋白粉能降低肉质中脂肪含量、提高肉品色泽。Parr 等（2004）选取出栏前 4 周的育肥猪进行试验，试验组日粮以 2.5%的血球蛋白粉代替相同蛋白质含量的其他蛋白原料，并保持两组粗蛋白质（CP）和能量水平一致；4 周后，试验组和对照组的净增重分别为 27.99kg 和 27.12kg，料重比分别为 3.09 和 3.33。从试验结果可以看出，血球蛋白粉对中、大猪具有促进生长和提高饲料效率的作用。Wahlstron 和 Libal（1977）也认为当血粉和肉粉为生长育肥猪提供 60%蛋白源时，育肥猪的采食量和生产性能不受影响。

（4）血球蛋白粉在母猪饲料中的应用　黄建成（2002）试验研究在哺乳母猪饲料中添加 3%的血球蛋白粉，结果发现试验组仔猪 28 日龄窝重为（95.7±9.252 5）kg，比对照组提高 24.3%，发情间隔差异不显著，发情后第 1 次配种受胎率均为 90%。多项研究表明，添加血球蛋白粉能在添加鱼粉或乳清粉的基础上将日增重提高 6.1%，饲料利用率提高 5.3%左右。谢建华等（2005）研究表明，在哺乳母猪饲料中添加血浆蛋白粉能持续提高母猪哺乳期采食量，缩短断奶至发情的间隔。

2. 在反刍动物生产中的应用　Knaus 等（2002）在小公牛饲料中添加尿素、大豆蛋白和血粉（流动干燥），其平均日增重大于对照组，也大于添加尿素和大豆蛋白组。据报道，用血粉饲喂奶牛，日产奶量可增加 1.04kg。（注：我国从 2004 年 10 月 1 日起已全面禁止在反刍动物饲料中添加动物源性饲料。）

3. 在家禽生产中的应用

（1）血液及其制品在肉鸡饲料中的应用　刘运枫（2001）在肉鸡饲料中添加 2%的膨化血粉，其消化率与添加 2%的鱼粉的饲料差异不显著，增重大于添加 2%的鱼粉的饲料。美国特拉华州立大学 Sell 教授将 240 只 1 日龄肉鸡分成 3 组，分别饲喂添加 5%的大豆粉、5%的鱼粉、2.5%的鱼粉＋2.5%的血球蛋白粉的日粮至 42 日龄，3 种日粮的能量和蛋白质水平保持一致；结果显示，饲喂鱼粉＋血球蛋白粉的肉鸡增重速度明显高于其他两组。刘观洲等（2003）研究表明，喷雾干燥血球蛋白粉和鱼粉同时使用效果良好，可以提高肉鸡的日增重和降低饲料料重比，建议在日粮中的添加量为 1.0%～1.5%。

（2）血液及其制品在蛋鸡饲料中的应用　中国农业大学研究人员分别以 0、1%、1.5%、2%的血球蛋白粉分别替代 2%的鱼粉和豆粕，各组日粮的粗蛋白质、能量、蛋氨酸和赖氨酸等营养水平保持一致，结果显示血球蛋白粉代替鱼粉可以使蛋鸡产蛋率提高5％，并延长产蛋高峰期，提高蛋重，增加蛋壳强度，减小鸡蛋个体大小差异，尤其以添加1％血球蛋白粉效果最佳。

4. 在水产品生产中的应用　血球蛋白粉添加到水产饲料中，能使可消化蛋白质含量高达98％～99.5％，同时还具有较强黏结作用。美国 Guelph 大学教授 Cho 等研究表明，用添加血球蛋白粉的饲料饲喂鲑，其日增重和饲料转化率明显提高，添加5％血球蛋白粉的效果最佳。唐精等（2006）采用体外消化法研究草鱼对血球蛋白粉、普通血粉、白鱼粉和红鱼粉的消化能力，结果表明，血球蛋白粉可以提高草鱼的消化率。也有学者研究表明，添加8.75％的血球蛋白粉来替代13％的鱼粉，能提高虹鳟体内铁的含量和蛋白质消化率。金菲（2008）研究了用酶解血球蛋白粉等量替代鱼粉和未酶解血球蛋白粉来饲养鲫，发现酶解血球蛋白粉组比未酶解血球蛋白粉组和鱼粉组增重率分别提高了9.47％和7.17％，差异不显著。

5. 在其他动物生产中的应用　范宏刚等（2003）在生长犬饲料中添加5％或10％的膨化血粉，与添加8％的鱼粉组相比，能显著提高日增重，降低料重比，降低饲料成本。日本畜产实验厂研究报告第49号（1992）报道，用血粉作为人造蛋白养蚕，产出的茧子量大，蛹体不过度肥胖，并且成本比用其他蛋白质原料低。

（七）血液及其制品的加工方法与加工工艺

1. 血粉的加工方法　目前，国内外有关鲜血生产血粉的加工方法很多，主要有物理方法和微生物发酵法，物理方法主要有蒸煮法和膨化法。

（1）蒸煮法　蒸煮法是一种最传统的血粉加工方法，其将高压蒸汽直接通入血液中蒸煮，同时不停搅拌，直到形成蓬松团块，再用螺旋压榨机脱水至50％以下，60℃干燥后粉碎即可。由于热加工时间较长，血粉蛋白质变性严重，生物学效价较低，并且蒸煮血粉血腥味较重。蒸煮血粉工艺简单，规模可大可小，设备投资少，目前仍有一些小厂在生产。该工艺流程概括为：原料蒸煮→挤压脱水→干燥→粉碎→成品。

（2）膨化法　膨化血粉的加工工艺是先将新鲜动物血液经高温蒸煮使蛋白凝固变性，再经挤压脱除大部分水分，然后将含有一定水分的初加工血液产品加入膨化机，在膨化机的螺杆、螺套和血粉物料之间的摩擦、挤压和剪切作用下，物料被挤压螺杆连续地向前推进，使膨化腔内形成足够的压力和温度，再借助辅助加热系统，使血液中蛋白质变性，水分在出料口瞬间汽化，呈凝胶状的血粉膨胀至原来的几倍至十几倍，产品中间呈现多孔性，而且由于汽化时带走了热量和水分，膨化后的血粉立即冷却成型。膨化血粉为深红褐色、带晶状闪光的多微孔粉末，具有烘焙的香味，体外消化率较高。该加工方式也存在热处理对氨基酸的破坏等问题。工艺流程为：前处理→普通血粉→膨化→细粉碎→包装。

（3）微生物发酵法　微生物发酵法是将血液拌入多孔性载体如麸皮、米糠等后，接种蛋白分解菌（如霉菌、酵母菌或各类蛋白酶），经过一系列酶促反应和酶解将畜禽血蛋白降解为多肽、小肽和氨基酸，再经干燥和粉碎制得产品。动物血液经微生物发酵后，游离氨基酸总量比未经发酵的血粉增加14.9倍，而且还增加了蛋氨酸、色氨酸等必需氨基酸含量，发酵后的血粉具有浓厚的曲香味，适口性较好，经过高温发酵也清除了血粉中潜在的病原菌。制作发酵血粉具有投资少、工艺简单、产品质量好等优点，因此，制作发酵血粉被认为是小规模饲用血粉的发展方向。不过，目前发酵血粉仍存在粗蛋白质含量低、载体用量大、发酵时间长、氨基酸不平衡等问题。其加工工艺可概括为：动物鲜血与载体吸附混合→微生物接种→发酵→干燥→杀菌→粉碎→成品。

2. 血液制品加工工艺

（1）喷雾干燥血浆蛋白粉（SDPP）　血浆约占血液容积的55%，其中水分约占90%，其余为血浆蛋白（白蛋白、球蛋白、纤维蛋白原）、脂蛋白、无机盐、酶、激素、维生素和各种代谢产物。喷雾干燥血浆蛋白粉是动物屠宰后的血液经过一系列加工而获得的蛋白质产品，具有营养全面、富含免疫球蛋白、消化率高、适口性好、能显著减缓仔猪断奶应激反应等多种优点，广泛应用于早期断奶仔猪的教槽料及其他特种饲料中。

SDPP的主体生产工艺分为3部分：首先是血液的分离，一般采用高速液-液离心分离机将血浆与血细胞分离；然后对血浆蛋白进行浓缩，去除一部分水分以降低干燥成本；最后喷雾干燥。其中工艺的难点主要在于浓缩工艺，目前主要采用膜过滤技术浓缩提纯血浆，膜分离技术是近年来得到广泛应用的分离技术，通过膜表面的微孔结构对物质进行选择性分离；被浓缩的血浆再经喷雾干燥，制得粉状产品。工艺流程为：新鲜血液→加入抗凝剂并离心→血浆→超微过滤→浓缩血浆→喷雾干燥→血浆蛋白粉→无菌打包→低温储存。

（2）喷雾干燥血球蛋白粉　血细胞约占动物血液体积的45%，主要包括红细胞、白细胞和血小板。血球蛋白粉的主要成分血红蛋白是良好的铁源，可防止幼畜和高产家畜患贫血症。在早期断奶仔猪饲料中添加喷雾干燥血球蛋白粉有与添加血浆蛋白粉类似的效果，即提高仔猪平均日采食量和平均日增重，减少腹泻、缓解应激和防治疾病，但效果不如同比例的血浆蛋白粉。一般方法生产的血球蛋白粉仍存在消化率低和适口性差等问题。一般的加工工艺流程为：新鲜血液→加入抗凝剂并离心分离→红细胞→血球浓缩→喷雾干燥→血球蛋白粉→无菌打包→低温储存。

（3）酶解血球蛋白粉　目前仅国内学者对酶解血球蛋白粉进行了研究，国外则未见报道。血球蛋白粉消化率低主要归因于血球蛋白质紧密的二级结构，该结构的作用可能是最大限度地保护肽键。血球蛋白在蛋白酶如胰蛋白水解酶或木瓜蛋白水解酶的作用下，可降解为氨基酸和小肽等。水解动物蛋白常用的酶有胰蛋白酶、胃蛋白酶、中性蛋白酶以及木瓜蛋白酶等，与酸、碱水解相比，酶解的专一性强。酶解蛋白可能会产生苦味，要注意适当调整其适口性。酶解血球蛋白粉的加工工艺主要有以下步骤：首先将从血液中分离得到的血球蛋白加热到55℃左右，再加入胰蛋白酶或木瓜蛋白酶等蛋白酶酶解5~7h，然后经浓缩、干燥处理即可得到酶解血球蛋白粉。

（八）动物血液及其制品作为饲料资源开发利用的政策建议

1. 加强法律法规建设，确保血液及其制品的安全性　虽然开发与利用血液及制品是十分必要的，但也要加强法律法规的建设和市场监管力度，确保血液及其制品的安全性。现阶段欧盟关于血浆蛋白粉使用有如下规定：①按食品级别生产的血浆蛋白是无风险的动物蛋白质；②关于疯牛病风险，血浆蛋白的风险等同于乳制品、明胶和骨质磷酸盐；③只有非反刍动物的血液产品能用于饲料；④血浆不能用于反刍动物饲料；⑤猪血浆蛋白允许用来饲养猪。我国农业部2004年7月14日公布了《动物源性饲料产品安全卫生管理办法》，从 2004 年 10 月 1 日起施行，其对动物源性饲料的生产、生产管理、使用、进出口等进行了严格的规定。

2. 加大科研投入，研究开发新型的加工工艺与设备　我国是饲料资源较短缺的国家，尤其是蛋白质饲料原料。合理地开发利用动物血液及其制品是十分必要的。为此国家有必要加大科研投入，对技术手段和加工设备进行不断的研发，提高血液及其制品的利用率，开发附加值更高的动物血液新产品。

3. 改善血液及其制品作为饲料资源的开发利用方式　畜禽规模化养殖场的不断建立和养殖规模的不断扩大、国家生猪定点屠宰规定的贯彻实施以及屠宰加工企业向大型化方向的发展，使得动物血液的大量收集成为可能。

4. 制定血液及其制品作为饲料产品的标准　血液及其制品作为饲料原料开发时，必须保证产品质量；血液及其制品中可能含有一定数量的病毒、病原菌，未经处理添加到饲料中有引起动物疾病的风险。血液质量应从以下几个方面得到保证：①宰前宰后的兽医检验；②屠宰场提供的检疫清单（每日）；③由运输司机记录的卫生控制数据（每日）；④颜色和温度测量（每日）；⑤微生物（随机抽查）；⑥外部兽医审查。

5. 科学确定血液及其制品作为饲料原料在日粮中的适宜添加量　血液及其制品在饲料中的应用还没有制定最佳的添加比例，应通过大量的基础代谢研究，尽快制定严格的行业标准，充分合理利用血液资源、发挥其最大功效，并保证其生物安全性。

6. 合理开发利用血液及其制品　要加大对屠宰环节的执法和监管力度，确保有疾病的畜禽不得进入屠宰，进行无害化处理。建立行业准入制度，以"充分利用、严格控制、科学加工、深度开发"的原则开发和利用动物血液资源。

二、肉、骨及其加工产品

(一)我国肉、骨及其加工产品资源现状

我国是畜产品的生产和消费大国，国家统计局数据显示，2014 年我国肉类产量达 8 706.7 万 t，其中猪肉产量 5 677.3 万 t，牛肉产量 689.2 万 t，羊肉产量 428.2 万 t。显然，在其生产加工过程中会产生大量不宜供人食用的副产物，如碎肉、肌腱、残骨等，这些副产物中含有丰富的营养物质，其粗蛋白质含量超过 50%，而且含有丰富的钙和磷，具有较高营养价值，经过加工处理后，制成肉粉、骨粉或肉骨粉，适合用作动物的蛋白质饲料，且价格相对于鱼粉更加便宜，这不仅能够实现资源的优化利用，为企业创造一部分额外的价值，同时还有利于解决我国蛋白质饲料严重不足的问题。

肉粉是将屠宰场加工副产品（碎肉、皮及皮下脂肪、肌腱、器官等）放到加压蒸煮罐内，经蒸煮挤压后，控温、灭菌、脱油、烘干和粉碎而得到的产品。肉骨粉是以动物屠宰后不宜食用的下脚料以及肉类罐头厂、肉品加工厂等的残余碎肉、内脏、杂骨等为原料，经高温蒸煮、灭菌、脱脂、干燥、粉碎后的产品（黄嫚秋等，2011）。

我国规定，肉粉中含骨量超过 10% 即为肉骨粉（GB/T 20193—2006）。国标（GB/T 20193—2006）规定饲料用肉骨粉为黄色至黄褐色油性粉状物，具有肉骨粉固有

气味，无腐败气味，除不可避免的少量混杂外，肉骨粉中不应该添加毛发、蹄、角、羽毛、血、皮革、胃肠内容物及非蛋白氮物质，不得使用发生疾病的动物废弃组织及骨加工制作饲料用肉骨粉。

与肉骨粉相比，肉粉还未建立国家标准。和传统的蛋白质饲料原料（鱼粉、豆粕）相比，肉粉产品粗蛋白质含量一般在 50%～60%，且氨基酸组成比较平衡，价格相对鱼粉较便宜（肖珺，2013）。我国是居世界首位的畜产品生产和消费大国，这为我国肉粉生产提供了丰富原料，我国肉粉年产量为 40 万～50 万 t，潜在产量 400 万 t（刘海燕，2014），广泛应用于猪、家禽、水产品和其他动物的生产。肉粉作为一类质量较优且价格相对较便宜的蛋白质饲料资源，能缓解我国蛋白质饲料资源不足的状况（张冬英等，1999；张克英等，2006）。

（二）肉粉和肉骨粉作为饲料原料利用存在的问题

肉粉和肉骨粉虽然是一种优质的动物饲料，但其作为饲料原料也存在一些问题。

1. 营养成分变异大 肉粉和肉骨粉原料的来源混杂，不同生产厂家以及不同生产批次的肉粉和肉骨粉其品质存在较大差异。黄嫚秋等（2011）对国内肉骨粉营养成分进行了比较研究，在选取的 10 个具有代表性的肉骨粉样品中，粗脂肪、钙和磷的变异系数超过 30%，丝氨酸、蛋氨酸、异亮氨酸和胱氨酸的变异系数超过 20%，粗灰分变异系数为 12.9%，总氨基酸变异系数为 9.15%。肖珺（2013）分析了国内 15 种典型肉骨粉样品品质，结果表明粗脂肪含量变化范围为 6.2%～20.0%，变异系数为 30.0%。肉骨粉的蛋白质含量较高，含量在 43.9%～59.5%；赖氨酸含量高，变化范围为 1.56%～3.72%；总磷含量丰富，变化范围为 3.6%～5.7%。

2. 氨基酸比例不协调 肉骨粉中蛋氨酸和组氨酸的含量偏低，赖氨酸的含量也不高，精氨酸、甘氨酸和脯氨酸的含量较高（GB/T 20193—2006）。刘海燕（2014）对比分析了鱼粉和肉骨粉的营养成分，在氨基酸组成方面，肉骨粉的氨基酸组成不是很好，尤其是非常重要的赖氨酸和蛋氨酸含量偏低；鱼粉的氨基酸组成较均衡，且所含必需氨基酸含量高。

3. 易感染微生物 肉粉和肉骨粉的生物安全性一直是人们关注的焦点，因为肉骨粉的原料很容易被微生物所感染，包括导致肉骨粉腐败变质的霉菌以及沙门氏菌等致病菌，在加工过程必须对其进行消毒处理，如果消毒不合格就很容易导致畜禽出现病症。专家建议不要用家畜副产品制成的肉骨粉饲喂同类动物，以免引发疯牛病一样的疾病。鉴于此，很多国家已经禁止用反刍动物副产物制成的肉粉饲喂反刍动物（GB/T 20193—2006）。在我国，由于很多厂家生产肉骨粉时，将畜禽、反刍动物等原料混在一起，其标识不明，为防止疯牛病发生，我国禁止将肉骨粉作为反刍动物的饲料，对猪和畜禽饲料无明确规定（张克英等，2006；张冬英等，1999）。但中国目前没有疯牛病，也没有疯牛病发生传播的基本要素，确保了国产肉骨粉的安全性。

4. 易氧化变质 由于肉骨粉中粗脂肪含量较高，不同来源的肉骨粉粗脂肪含量在 8%～18%，脂肪在加工、运输和贮藏过程中极易氧化变质分解为低级脂肪酸、醛类、酮类等有毒有害物质（穆同娜等，2004），将直接导致肉骨粉的品质下降，影响其利用价值。油脂在氧化后，会降低肉骨粉的适口性，不利于动物的进食；其中的某些营养成分被破坏，影响脂溶性维生素的吸收；氧化生成的有毒有害物质还可以与氨基酸反应，会危害动物的健康（Baiaonc 和 Laraljc，2005）。有研究表明（Fekete 等，2009；Balogh 等，2007；Goren 等，1982；Ringseis 等，2006；Isong 等，2000），食用氧化油脂能降低动物的生产性能、免疫力、产品品质，影响乳营养和繁殖性能，甚至可能影响下一代体质。以小鼠为实验对象，饲喂过氧化值高的肉骨粉饲料，发现小鼠摄食量、体质量和蛋白质利用率明显下降，且淋巴系统、睾丸组织发生病理性变化（Fekete 等，2009）。

5. 肉粉和肉骨粉中的盐分不稳定，变幅大　为了保证饲料质量，高盐分肉粉或肉骨粉在饲料配方中所占的比例较大时，必须考虑降低食盐在饲料中的添加量，以防饲料成品中盐分过高，导致畜禽食盐中毒。

（三）开发利用肉粉和肉骨粉作为饲料原料的意义

畜禽鱼类等动物性产品，是人类获得营养素（特别是优质蛋白质）的重要途径。而中国又是世界第一人口大国，因此对畜禽鱼类等产品需求远远高于其他国家。例如，有关猪肉的需求，美国农业部的数据显示，中国是世界上最大的猪肉生产国和消费国，在全球生产和消费的 1.09 亿 t 猪肉中，中国大约占其中的一半。如此庞大的需求量和消费量，必然要依靠养殖业的发展。

然而，随着养殖业的发展及其对饲料需求量的增长，我国蛋白质饲料资源已严重不足（杨卫兵等，2013）。2005 年我国饲料年产量已超过 7 000 万 t，其中蛋白质饲料年亏缺 1 750 万 t（史新娥和龚月生，2005）。国家统计局统计数据显示，2014 年全球饲料产量为 9.8 亿 t，中国的饲料产量为 18 300 万 t，居世界之首，其中混合饲料产量（混合饲料是由能量饲料、蛋白质饲料、矿物质饲料按照一定配方的配比混合而成）为 6 504.25 万 t，与 2013 年同期相比增长 1.53%。若按蛋白质平均含量 16% 计算，我国年需要纯蛋白质约 2 928 万 t，若蛋白质饲料中蛋白质平均含量按 40% 计算，我国每年需蛋白质饲料 7 320 万 t。可以看出，我国对于蛋白质饲料的需求量是巨大的。

但目前，世界鱼粉价格高昂（进口鱼粉参考报价 16 000～16 200 元/t，国产鱼粉参考报价 12 000 元/t 左右），而肉骨粉的报价约为 4 000 元/t。动物蛋白稀缺，如何利用好肉类加工厂、罐头工厂等的副产品，加工出品质较好的蛋白质饲料，这一问题越来越受到重视。国外用肉骨粉部分代替饲料中的鱼粉已经有 50 多年的历史。1962 年日本的育雏鸡饲料配方中添加鱼粉量多达 15%，只用 1% 或根本不用肉骨粉；后来因鱼粉缺乏、价格高，用量逐年减少，而肉骨粉用量却不断增加。1974 年，日本的育雏鸡饲料中肉骨粉含量增至 5%～7%，鱼粉则用得很少甚至不用。美国的鸡饲料配方也有同样的趋势，肉骨粉与鱼粉用量相等或者超过鱼粉，在有些饲料配方中，添加 10% 的肉骨粉，完全代替了鱼粉。1997 年，中国学者对仔猪（胡少芳等，1997）、中猪（冯定远等，1997）进行了实验，在其饲料中，以一定量的肉骨粉代替鱼粉，饲养一段时间，发现用肉骨粉代替鱼粉对其生产性能没有显著影响。

肉粉和肉骨粉作为动物饲料的意义在于：一方面，这是对资源的优化利用，如果将其直接扔掉，不仅是一种资源的浪费，也会造成环境污染；另一方面，以肉骨粉代替鱼粉在饲料中的应用，可以缓解蛋白质饲料资源紧缺的现状，降低企业生产成本。

（四）肉粉和肉骨粉的营养价值

2018 年第 29 版《中国饲料成分及营养价值表》给出了典型肉粉、肉骨粉、鱼粉和大豆粕的主要成分、部分氨基酸及脂肪酸含量，如图 1-2 所示。

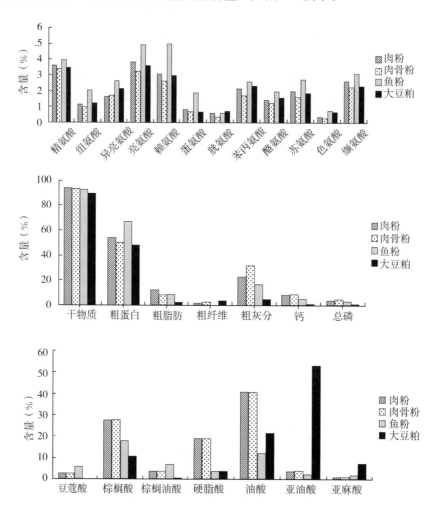

图 1-2　肉粉、肉骨粉、鱼粉和大豆粕的主要成分及部分氨基酸、脂肪酸含量
（资料来源：2018 年第 29 版《中国饲料成分及营养价值表》）

通过比较发现，肉粉和肉骨粉的粗蛋白质含量在 50％左右，均低于鱼粉的粗蛋白质含量（超过 60％），但高于大豆粕；肉粉和肉骨粉的粗脂肪、粗纤维、粗灰分、钙和总磷含量均高于鱼粉和大豆粕；肉粉和肉骨粉氨基酸含量均低于鱼粉，其中组氨酸、赖氨酸、亮氨酸和蛋氨酸含量远远低于鱼粉，其整体水平与大豆粕较为接近，属于较优质的蛋白质饲料；肉粉与肉骨粉的脂肪酸组成几乎一样，与鱼粉和大豆粕的组成差别较大，其中肉粉和肉骨粉的棕榈酸、硬脂酸、亚油酸含量高于鱼粉和大豆粕，亚油酸和亚麻酸含量远远低于大豆粕。

文献资料显示，肉骨粉的主要营养成分为蛋白质、脂肪和矿物盐等（杨桂芹，1997；白建等，2005），详述如下。

矿物质：肉骨粉中含有丰富的矿物质，最主要的是羟磷灰石晶体[$Ca_{10}(PO_4)_6(OH)_2$]和无定型磷酸氢钙（$CaHPO_4$），在其表面还吸附了Ca^{2+}、Mg^{2+}、Na^+、Cl^-、HCO_3^-、F^-及柠檬酸根等离子。肉骨粉中的钙和总磷的含量很高，分别为19.3%和9.39%。

蛋白质：肉骨粉中含有12.0%～35.0%的蛋白质，属优质蛋白质，其中含量最高的是组成胶原纤维的胶原蛋白。骨粉中含17种氨基酸，其中，含量较多的为甘氨酸、谷氨酸、脯氨酸、丙氨酸和天冬氨酸。

脂肪酸：肉骨粉中含有的脂肪酸比例较为合理，主要的饱和脂肪酸有棕榈酸和硬脂酸，不饱和脂肪酸有油酸和亚油酸，另外，骨粉中还含有微量的豆蔻酸（14∶0）、豆蔻油酸（14∶1）、棕榈油酸（16∶1）、亚麻酸（18∶3）等脂肪酸。

其他营养成分：肉骨粉中还含有磷脂质、磷蛋白、多种维生素，如维生素A、维生素D、维生素B_1、维生素B_2、维生素B_{12}等。

刘海燕（2014）通过实验对比分析了鱼粉样品和肉骨粉样品的营养成分，结果表明，鱼粉较肉骨粉原料质量相对稳定；肉骨粉的单一氨基酸中，赖氨酸、蛋氨酸和组氨酸的含量低，谷氨酸、丙氨酸和甘氨酸的含量高。在氨基酸组成方面，肉骨粉的氨基酸组成不是很好，尤其是非常重要的赖氨酸和蛋氨酸含量偏低；鱼粉的氨基酸组成较均衡，且所含必需氨基酸含量高。现今鱼粉资源匮乏，从肉骨粉氨基酸组成来看，只要适当添加赖氨酸及蛋氨酸，均衡肉骨粉的氨基酸组成，肉骨粉将会成为理想的替代鱼粉资源。

肖珺（2013）选取具有代表性的15种国产肉骨粉样品，对其基本成分、氨基酸组成等进行分析和评价。结果发现，国产肉骨粉样品间干物质含量差别不大，平均值为92.2%，变异系数为1.13%；粗蛋白质和粗脂肪变异系数较大，其平均含量分别为52.7%和12.1%，变异系数分别为8.41%和30.01%；肉骨粉中钙、总磷平均含量分别为9.2%和4.4%；肉骨粉必需氨基酸中，亮氨酸、赖氨酸、缬氨酸含量较高，平均值分别为3.09%、2.20%、2.10%；非必需氨基酸中，甘氨酸、谷氨酸、脯氨酸含量较高，平均值分别为5.52%、5.11%、4.42%。色氨酸含量较低，平均值为0.30%，胱氨酸和蛋氨酸的含量也相对较低，平均值分别为0.43%和0.69%。

段玉兰（2004）对膨化肉粉的常规营养成分分析结果为：干物质（90.60±0.04）%，粗蛋白质（65.24±1.22）%，粗灰分（19.20±0.50）%，粗脂肪（5.82±0.35）%，钙（5.47±0.03）%，总磷（0.17±0.06）%，总能（16.34±0.38）MJ/kg，总氨基酸含量为41.44%。几种主要限制性氨基酸含量为：赖氨酸1.93%，蛋氨酸0.66%，胱氨酸0.10%，苏氨酸1.14%。

黄嫚秋等（2011）对国内饲料工业中广泛使用的肉骨粉原料营养成分进行比较研究，结果表明：干物质、粗蛋白质、粗脂肪、粗灰分、钙、磷、总能和代谢能的平均值依次是91.94%、50.88%、9.05%、28.69%、8.33%、3.85%、15.98MJ/kg和11.04MJ/kg，其中粗脂肪、粗灰分、钙和磷是主要变异指标。赖氨酸、蛋氨酸、苏氨酸、缬氨酸、亮氨酸、异亮氨酸、苯丙氨酸、精氨酸、甘氨酸、脯氨酸、组氨酸、总必需氨基酸、天冬氨酸、丝氨酸、谷氨酸、丙氨酸、胱氨酸、酪氨酸和总氨基酸的含量依次是1.46%、0.49%、1.54%、2.18%、3.09%、1.4%、1.79%、3.12%、5.33%、4.04%、1.08%、25.53%、2.53%、2.38%、3.94%、3.06%、1.07%、1.26%和39.78%。其中变异系数最大的是丝氨酸，最小的是谷氨酸。

于海瑞等（2014）比较了三种不同来源肉骨粉的营养成分。结果表明：国产和澳大利亚肉骨粉的粗蛋白质和粗脂肪含量显著高于乌拉圭肉骨粉。乌拉圭肉骨粉的灰分、钙和磷含量均显著高于澳大利亚和国产肉骨粉。澳大利亚肉骨粉的胃蛋白酶消化率显著高于乌拉圭和国产肉骨粉，后两者差异不显著。澳大利亚肉骨粉的组氨酸、异亮氨酸和缬氨酸含量显著高于乌拉圭肉骨粉，但与国产肉骨粉无显著差异。澳大利亚肉骨粉的亮氨酸、赖氨酸、蛋氨酸、苯丙氨酸和苏氨酸含量显著高于乌拉圭和国产肉骨粉。

（五）肉粉和肉骨粉中的抗营养因子

抗营养因子是一种会对动物生长或健康造成不良影响的自然物质成分，不仅不利于动物对饲料中营养物质的消化、吸收和利用，还会影响畜禽的健康和生产力。饲料中的抗营养因子多达数百种，而且分布广泛。抗营养因子种类多，存在于几乎所有饲料中，有些饲料中的抗营养因子含量较低，不易被发现，或者对家畜的毒害作用还没有被发现，所以还没有引起人们的注意（权心娇等，2014）。

饲料中的抗营养因子根据不同抗营养作用可以分为 6 类（权心娇等，2014）：对蛋白质的消化利用有不良影响的抗营养因子（如蛋白酶抑制因子、植物凝集素、酚类化合物、皂化物等）、对碳水化合物的消化有不良影响的抗营养因子（如淀粉酶抑制剂、酚类化合物、胃胀气因子等）、对矿物元素利用有不良影响的抗营养因子（如植酸、草酸、棉酚、硫苷等）、与维生素颉颃或竞争（如双香豆素、硫胺素酶等）的抗营养因子、刺激免疫系统（如抗原蛋白质等）的抗营养因子、综合性的抗营养因子（对多种营养成分利用产生影响，如水溶性非淀粉多糖、单宁等）。根据不同来源可以分为 2 类：植物中的抗营养因子（如豆类、甘蓝类、根和块茎类、牧草类、谷类）、动物副产品中的抗营养因子（生物胺类）。

存在于肉粉和肉骨粉中的抗营养因子总结见表 1-3。

表 1-3　肉粉和肉骨粉中的抗营养因子

名称	主要来源	特征值	危害
生物胺（包括组胺、腐胺、尸胺等）	原料自身含有；原料被微生物污染后，蛋白质被降解，并在微生物产生的氨基酸脱羧酶的作用下，脱羧生成	组胺含量 2.0～98.0mg/kg（肖珺，2013）	生物胺在动物的生理中具有正常的功能，只是在体内积聚达到高水平时或摄入量很高时才具有毒性。一般可将生物胺分为血管作用型和精神作用型。生物胺中毒性最大的是组胺，组胺通过激活体内组胺 H1 受体和 H2 受体，收缩多种平滑肌如气管、支气管和胃肠道平滑肌，但同时松弛小血管平滑肌，增加毛细血管通透性；还能强烈刺激胃酸分泌，减慢房室传导，增加心肌收缩力等
油脂氧化劣变（产生低级脂肪酸、醛类、酮类等物质）	肉骨粉的脂肪含量较高，在其加工、运输和贮藏过程中，在光、酶以及氧气存在的条件下，发生氧化、分解等反应，进而形成小分子产物	酸价(AV)、过氧化值(POV)、羰基值（CGV）和硫代巴比妥酸(TBA) 是反映油脂氧化的重要指标之一,其变化范围分别为 2.60～9.00mg/g（肖珺，2013）、0.54～1.48mg/kg(杨卫兵等，2013)、5.38～11mmol/kg（杨卫兵等，2013）、2.10～3.80mg/kg（肖珺，2013）	降低饲料的适口性；其中的某些营养成分被破坏，影响脂溶性维生素的吸收；脂肪氧化产生的自由基中间产物能引起蛋白质氧化变质，破坏蛋白质结构的完整性，不仅降低营养价值，还会产生一些有毒有害的次级氧化产物，动物采食后存在一定毒害作用，严重影响动物健康和食品安全（穆同娜等，2004）

（续）

名称	主要来源	特征值	危害
重金属（张琴等，2014）	镉	动物长期摄入被重金属污染的饲料或重金属含量较高的饮用水，这些重金属元素便在养殖动物体内累积，一旦用这类动物原料制成肉骨粉，其铅、砷和镉等的含量便会比较高	三种不同来源的肉骨粉产品，其镉含量变化范围为（0.08±0.01）～（0.16±0.02）mg/kg	镉能明显降低牲畜的生产性能和生长性能。猪、鸡、鸭、牛和大鼠镉中毒后，心肌、骨骼肌、肝细胞、脾脏动脉壁、骨骼等多个组织产生病变。并且，镉是人类和实验动物肺癌的肯定致癌物，也能诱发实验动物前列腺癌和睾丸肿瘤。家禽镉中毒主要表现为生长受阻、严重贫血及睾丸发育不全；急性中毒时表现为呕吐、腹泻、呼吸困难、血压急剧上升、休克甚至死亡
	铅	同镉	三种不同来源的肉骨粉产品，其铅含量变化范围（0.60±0.10）～（1.72±0.22）mg/kg	临床上动物铅中毒主要表现兴奋不安、肌肉震颤、失明、运动障碍、麻痹、胃肠炎及贫血等，因动物品种不同，临床症状有一定差异。猪大剂量摄入铅后出现尖叫、腹泻、流涎、磨牙、肌肉震颤、共济失调、惊厥、失明等症状；家禽则表现出食欲下降、体重减轻、运动失调，随后兴奋、心动过速、衰弱、腹泻、产蛋和孵化率均下降
	汞	同镉	三种不同来源的肉骨粉产品，其汞含量变化范围为（0.005±0.001）～（0.008±0.001）mg/kg	汞元素蓄积性很强，可以分布于动物全身各处，脑、肾脏和肝脏浓度较高，其半衰期长达半年以上。汞元素容易同生物大分子结合，攻击其巯基、羟基，破坏生物功能。无机汞如氧化汞主要损害消化道和肾脏，有机汞如甲基汞可导致细胞中含巯基酶失活，损害肝脏的解毒和蛋白合成功能。动物汞中毒的最初表现为神经性症状，如震颤、眩晕并伴有流涎，并出现口腔炎和呕吐、腹泻等；随着中毒程度的加深，出现运动失调，丧失视力与听力，休克甚至死亡
	砷	同镉	三种不同来源的肉骨粉产品，其砷含量变化范围（0.02±0.00）～（0.19±0.02）mg/kg	砷元素导致细胞代谢障碍，尤其是在神经细胞中表现最突出，并导致中枢及外周神经受损，引发神经功能紊乱。同时，导致维生素 B_1 消耗量增加，对神经系统的破坏性增大。砷元素进入血液时，其可作用于毛细血管和血管运动中枢，导致血管管壁渗透性发生变化，引发脏器充血，导致脏器受损。砷元素导致的慢性中毒将会损害神经系统和消化系统，导致禽畜品质下降，严重影响禽畜生产，并给食用者带来重金属中毒的风险。家禽砷中毒主要表现为食欲不振、便秘和腹泻、消瘦、麻痹，有时发生皮炎甚至死亡。剖检可见家禽肝肿大、黄疸和肝硬化等症状

（续）

名称		主要来源	特征值	危害
农药残留（边连全，2005）	有机氯农药	来源于动物自身。动物的食物或饮水中含有有机农药，而屠宰后其副产品被加工为肉骨粉，其中可能有农药残留	张琴等（2014）研究指出，虽然在3种不同来源肉骨粉（澳大利亚、乌拉圭和中国）中没有检测到农药残留，但并不能排除所有肉粉和肉骨粉产品都不存在农药残留	经口摄入的有机氯杀虫剂可被肠道吸收，除部分经粪、尿和乳汁排出外，主要蓄积于脂肪组织，其次为肝脏、肾脏、脾脏及脑组织。有机氯杀虫剂属神经毒和细胞毒，可以通过血脑屏障和胎盘，损害运动中枢、肝脏、肾脏和生殖系统等多个组织器官
	有机磷农药			有机磷杀虫剂被机体吸收后，经血液循环运输到全身各组织器官，其分布以肝脏最多，其次为肾脏、肺、骨等。有机磷农药能与胆碱酯酶结合，归属于神经毒。某些有机磷农药有迟发性神经毒性，鸡对迟发性神经毒性最为敏感
	氨基甲酸酯类农药			氨基甲酸类杀虫剂的毒理作用与有机磷杀虫剂相似，即抑制胆碱酯酶活性。氨基甲酯类在哺乳动物胃内，反应生成N-亚硝基化合物，是一种碱基取代性诱变物，也是一种弱致畸物
微生物污染（权心娇等，2014）（主要是霉菌污染，有少数肉骨粉中检测出金黄色葡萄球菌、沙门氏菌、志贺氏菌）		原料在加工过程中，未做好防护措施和灭菌措施；运输和储存条件控制不当，引起微生物大量生长繁殖，造成污染	霉菌、大肠杆菌和细菌总数分别为 $(1.20\sim6.25)\times10^3$ 个/g、$(1.24\sim1.91)\times10^2$ 个/g、$(1.79\sim19)\times10^4$ 个/g。挥发性盐基总氮反映微生物对蛋白质的分解程度，是动物性饲料产品重要的新鲜度指标，变化范围为每100g 60.0～177.0mg（肖珺，2013）	受霉菌污染的饲料肉骨粉营养价值降低，脂肪、胡萝卜素、维生素E等含量显著减少，蛋白质品质（尤其是赖氨酸含量）下降。霉菌还可抑制家禽的免疫应答、抗病能力和造血系统的造血功能。有些霉菌毒素（如黄曲霉毒素等）具有很强的致癌性。低剂量的霉菌毒素对产蛋鸡的影响主要是可使其卵巢和输卵管萎缩，产蛋量下降，产畸形蛋，采食量减少，饲料转化率降低，种蛋孵化率低，死胚率增高，弱雏增多。金黄色葡萄球菌等致病性细菌也可危害动物的健康，严重时可致死

（六）肉粉和肉骨粉在动物生产中的应用

肉骨粉是一类优质蛋白质资源，价格较鱼粉便宜，将其用作饲料原料有利于缓解我国蛋白质饲料资源不足的状况。大量研究表明，使用肉骨粉部分代替鱼粉在饲料中的应用具有可行性。

1. 在养猪生产中的应用 朱钦龙（1996）测定了肉骨粉的营养成分和氨基酸消化率，在仔猪、育成猪和育肥猪饲料中配入肉骨粉进行饲养试验，结果表明，在仔猪饲料中最好不要使用肉骨粉，在育成猪和育肥猪饲料中均可以有限使用肉骨粉，但要注意必需氨基酸的平衡。胡少芳等（1997）用5.5%的肉骨粉代替鱼粉对仔猪生产性能进行研究，发现对生产性能没有显著性影响。张克英（2006）采用单因素实验设计，选用四种不同的肉骨粉代替鱼粉在饲料中应用研究，注意保持各饲料的蛋白质、主要必需氨基酸和钙磷水平一致，结果表明，用不同肉骨粉替代鱼粉对仔猪生产性能无显著影响，有提高日增重的趋势，但是普通肉骨粉和低蛋白肉骨粉有提高仔猪腹泻率和料重比的趋势。吴买生等（1994）用肉粉对土杂猪进行了饲喂试验，结果表明：肉粉组喂养的猪，全期日增重比鱼粉组高6.46%，全期料重比与鱼粉组相当，用肉粉喂猪可以降低饲料成本，每千克增重比鱼粉组减少饲料费支出0.28元。郗伟斌等（2005）研究了不同蛋白来源和蛋白水平对28d断奶仔猪生长性能的影响，两种蛋白来源分别为膨化大豆＋鸡肉粉和豆粕＋鱼粉，对照组蛋白来源为鱼粉＋鸡肉粉＋乳清粉＋玉米蛋白粉（其中不含大豆蛋白）。结果表明：膨化大豆＋鸡肉粉组的消化率和可消化氨基酸的平衡性次于鱼粉；豆粕＋鱼粉日粮的粗蛋白质适宜水平可能在18.50%～20.50%，膨化大豆＋鸡肉粉日粮适宜粗蛋白质水平在20.50%以上；蛋白水平高，腹泻率也高，降低蛋白水平可显著降低腹泻率。

2. 在家禽生产中的应用　在家禽饲料中，好的肉粉和肉骨粉的使用量一般不超过8%，还要注意补给蛋氨酸。段玉兰（2004）用肉粉进行了鸡的代谢试验、饲养试验，结果表明，公、母鸡对膨化肉粉的干物质、粗蛋白质、钙、磷及能量的表观代谢率分别为（62.45±2.19）%和（61.65±6.37）%、（36.65±4.34）%和（32.90±1.84）%、（38.9±2.01）%和（40.38±11.76）%、（20.82±4.60）%和（23.06±2.69）%、（67.97±2.5）%和（68.33±6.89）%；在所测得的17种氨基酸的表观代谢率中，公、母鸡对膨化肉粉各氨基酸代谢率的范围分别在61.19%～87.56%和63.09%～86.59%，其值较高。史新娥（2004）采用单因子随机区组设计了膨化肉粉替代鸡基础日粮中加入一定量豆粕的试验，结果表明，用不同比例的膨化肉粉替代基础日粮中的豆粕饲喂蛋鸡，以2%的替代比例效果最佳；以4%的膨化肉粉替代豆粕对蛋鸡的采食量、平均蛋重有抑制作用，但不影响蛋的品质。高颖新等（1998）分别饲喂仔鸡鱼粉、肉骨粉、肉骨粉＋杂粕三种不同蛋白质原料配制的日粮，进行为期56d的饲养试验。结果表明，各处理组间肉仔鸡增重、饲料转化效率均无显著差异。张一清等（1999）通过美国肉骨粉代替进口鱼粉对816只1～42日龄的艾维茵肉用仔鸡进行全期饲喂试验，结果表明：美国肉骨粉组全期个体增重、全期成活率、全期料重比与进口鱼粉组均无显著性差异，且美国肉骨粉组全期个体增重和全期成活率均高于进口鱼粉组，喂美国肉骨粉比进口鱼粉每只鸡多收入0.32元，证实用美国肉骨粉代替进口鱼粉饲喂肉鸡在生产中是可行的，并能增加一定的经济效益。张克英等（2006）研究了肉骨粉替代鱼粉在肉鸭饲料中的应用，通过最佳成本及可消化氨基酸的配方演算，尝试用美国肉骨粉在肉鸭前期饲料中替代进口鱼粉，研究其可行性。结果发现，饲喂肉骨粉的试验组成活率高于对照组0.5%，平均增重高出7%，差异显著，但试验组饲料费用较对照组下降9%，经济效益十分明显。曹河源等（2006）在肉鸡饲料中添加2%～3%的热喷肉骨粉，以进口鱼粉饲喂肉仔鸡作为对照组，试验结果发现两组鸡的成活率、生长发育均良好，出栏重和料重比均无显著差异，说明肉骨粉可部分或全部替代鱼粉，降低生产成本和提高经济效益。武书庚等（2011）研究了进口肉骨粉、国产肉粉和国产肉骨粉的生物学利用率，国产肉粉的氨基酸消化率显著高于国产肉骨粉，与进口肉骨粉的差异不大，因此国产肉粉与进口肉骨粉的营养价值差别不大。试验研究表明，高蛋白、低灰分的蛋白质饲料原料是畜禽的理想蛋白质原料。陈星等（2012）研究了肉粉替代鱼粉对肉鸡生长性能、血清生化指标和抗氧化性能的影响，结果表明，1％与2％的肉粉替代鱼粉对肉鸡前期平均体重、后期平均体重、平均日增重、料重比及死淘率的影响差异均不显著；1％、2％的肉粉替代组血清总蛋白、球蛋白含量与对照组相比有降低趋势；1％、2％的肉粉替代组肉鸡前期血清过氧化氢酶活性均显著提高，后期肝脏总抗氧化能力分别提高了24.32％和41.44％。陈豫川等（2013）研究了日粮营养水平及肉粉用量对肉鸭生长性能的影响，结果表明：当保持日粮赖氨酸及蛋氨酸水平分别在0.85％~0.9％与0.37％~0.4％时，不同能量与蛋白水平对肉鸭生长性能的影响不显著；当保持赖氨酸及蛋氨酸水平一致时，肉粉用量对肉鸭生长性能的影响不显著；但随着日粮中肉粉用量的增加，赖氨酸水平从0.86％降到0.81％时，肉鸭增重有降低的趋势，5％的肉粉处理组（赖氨酸0.81％）的增重较不加肉粉处理组低8.3％（赖氨酸0.86％）。

3. 在水产品生产中的应用　肉骨粉蛋白质含量高，可在水产饲料中替代鱼粉，且有不少研究表明肉骨粉替代部分鱼粉不会影响试验鱼的生长性能和饲料利用效果，而在不同的研究中肉骨粉替代鱼粉的水平差异很大，导致这种差异的原因包括肉骨粉的质量、饲料组成及试验鱼的种类、大小和养殖环境。

肉骨粉在水产养殖中的应用可以分为三大类，即在海水鱼中的应用、在淡水鱼中的应用以及在虾中的应用。

（1）在海水鱼中的应用研究　用肉骨粉代替鱼粉饲喂大黄鱼，肉骨粉可替代45％的鱼粉而不影响鱼的生长，但随着饲料中肉骨粉含量的增加，大黄鱼的存活率逐渐降低，肉骨粉的干物质、蛋白质、脂肪和能量的消化率显著低于鱼粉；在混合蛋白（豆粕：肉骨粉：花生粕：菜粕＝4：3：2：1）中添加晶体氨基酸蛋氨酸、赖氨酸和异亮氨酸，使混合蛋白氨基酸与鱼粉一致，可替代大黄鱼［初重（1.88±0.01）g］饲料中替代26％的鱼粉而不影响鱼的生长；用肉骨粉代替鱼粉饲喂黄姑鱼，肉骨粉可替代30％的鱼粉而不影响鱼的生长；用肉骨粉代替鱼粉饲喂石斑鱼幼鱼，肉骨粉和血粉混合可替代80％的鱼粉而不影响幼鱼的生长性能、存活率和饲料效率。有人研究了罗非鱼对膨化肉粉蛋白质的表观消化率，结果发现罗非鱼对膨化肉粉的表观消化率［（91.72±5.28）％］高于普通肉粉［（85.49±2.45）％］，同时膨化肉粉较普通肉粉还具有一些优点，如营养更加丰富、具有浓厚的膨化香味、适口性好、抗营养因子少等（Ai等，2006；Zhang等，2006）。

（2）在淡水鱼中的应用研究　用肉骨粉代替鱼粉饲喂泰国鲶，肉骨粉可替代67％的浓缩蛋白（蛋白质含量为61％）而不影响鱼的生长性能和饲料的利用效果；对异育银鲫［初重（5.52±0.02）g］而言，肉骨粉可替代饲料中50％的鱼粉而不影响鱼的生长，且肉骨粉替代15％的鱼粉时可显著提高鱼的生长性能和饲料效率；分别用虾粉、鸡肉粉和肉骨粉完全替代鱼粉对尼罗罗非鱼（初重12.5g）的生长没有显著影响，但饲料转化率和蛋白质效率有显著降低，鱼体灰分含量显著降低；用鸡肉粉和肉骨粉混合替代鱼粉，在试验组中添加蛋氨酸和赖氨酸使其与鱼粉一致，替代水平为33％~100％。当混合蛋白替代67％的鱼粉时，异育银鲫［初重（13.45±0.04）g］的末体重和特定生长率达到最大值。李桂雄（2010）研究了饲料中添加不同喷雾肉粉对芙蓉鲤生长的影响，研究表明：饲料中添加100mg/kg的喷雾肉粉对芙蓉鲤的促生长效果最好，但继续增加喷雾肉粉的用量反而会降低芙蓉鲤的生长速度；饲料中添加50~100mg/kg的喷雾肉粉可使鱼体肌肉的蛋白质含量明显升高，脂肪含量显著下降，确实能够起到促进脂肪代谢、降低体脂、节约蛋白质的作用（张延华等，2009；Hu等，2008；Yang等，2004）。

（3）在虾中的应用研究发现，在日本沼虾中可以用肉骨粉替代50％的鱼粉，而不影响其生长；对凡纳滨对虾的研究中发现，肉骨粉替代60％的鱼粉对虾的生长、成活率、饲料效率、蛋白质效率及体组成无显著影响；结果表明，在鸡肉粉完全替代鱼粉的饲料中添加晶体必需氨基酸比不添加晶体必需氨基酸对凡纳滨对虾的生长促进效果明显，但仍达不到鱼粉组的饲喂效果。在添加了晶体必需氨基酸的鸡肉粉饲料中进一步补充晶体非必需氨基酸对凡纳滨对虾的生长没有明显促进作用；饲喂高蛋白水平（40％）的饲料比饲喂低蛋白水平（31％）的饲料更能促进凡纳滨对虾的生长，且高饲料蛋白水平可增加凡纳滨对虾的体蛋白质沉积，减少体脂肪沉积（Tan等，2005；Birirrk等，2003；邱红等，2015；林建伟等，2015）。

4. 在其他动物生产中的应用 肉骨粉作为饲料，大大节约了养殖成本，除了应用在养猪生产、畜禽养殖、水产养殖中外，还可用作宠物饲料。宠物饲料的生产制作在本质上与猪、禽和水产饲料并无差别，都是在确保安全的前提下，为动物提供日常生长代谢所需的营养物质，原料的适口性、外观以及营养的全面性和均衡性仍然是其饲料生产配制时主要考虑的问题。猫、狗等宠物与其他哺乳动物相比需要更高的蛋白质水平，日粮中需含常量和微量矿物质。日粮高灰分会降低日粮品质，当肉骨粉灰分含量较低时，可考虑在日粮中添加较多的肉骨粉。澳大利亚公布了肉骨粉在宠物饲养中的推荐用法，依据其他饲料原料的多寡、狗的生理阶段（生长、妊娠和哺乳）的不同，可以在狗的食品中使用20％～25％的肉骨粉；猫食品中使用肉骨粉，需考虑灰分含量，低灰分肉骨粉（＜20％）可使用较大的量，但也要考虑其他原料的选择和可利用性（楚耀辉等，2006）。

很多国家已经禁止用反刍动物副产物制成的肉骨粉饲喂反刍动物。在我国，由于很多厂家生产肉骨粉时，将畜禽、反刍动物等原料混在一起，其标识不明，为防止疯牛病等类似疾病发生，农业部在1992年就发文禁止在反刍动物饲料中添加或使用动物源性饲料，并于2001年再次专门发文重申这一规定，但对猪和畜禽饲料无明确规定（张克英等，2006；张冬英等，1999）。

（七）肉粉和肉骨粉的加工方法与工艺

将动物下脚料加工为肉粉和肉骨粉的主要目的在于，第一，将其加工为干燥粉末状的形态结构，方便饲料的调配以及饲喂；第二，粉末状有利于动物采食，特别是对于禽类和水产类，其口较小，对于体积较大的饲料难以采食，会导致饲料的浪费；第三，在加工过程中，通过加热蒸煮，可以使其中的大分子物质如蛋白质被一定程度地分解，有利于动物的消化吸收，可以提高饲料的利用率；第四，加工过程中，在高温的作用下酶活性丧失、微生物灭活，阻止了营养物质的进一步降解、流失；第五，在高温条件下，微生物灭活，再通过干燥，肉骨粉中的水分含量也大幅度下降，更加利于其保藏、运输和销售。

肉骨粉的典型加工工艺流程如图1-3所示。

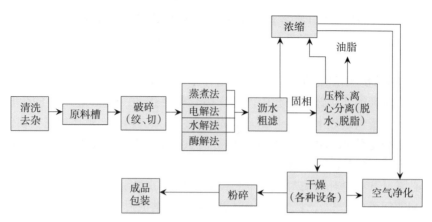

图 1-3　肉骨粉的典型工艺流程

（资料来源：张克英等，2006）

对特定原料和产品的生产，以上工艺流程应视具体情况进行适当的组合和取舍，一般工艺流程可分为 5 个部分：①物料预处理；②灭菌、分解；③脱水、浓缩、液固分离；④干燥；⑤粉碎、包装。每一部分可分为几项单元工序。澳大利亚是肉骨粉传统生产国，普遍采用在常压、较低温度（低于 125℃）下连续蒸煮的方法生产肉骨粉，加工条件较温和，蒸煮时间短，被破坏的蛋白质少，蛋白质含量在 50%～55%，且品质较好。

图 1-4 是一种猪肉粉的生产工艺流程（CN 201410122934.2），其生产工艺与肉骨粉相似。

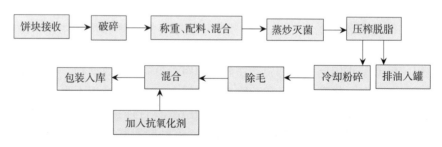

图 1-4　一种猪肉粉的典型工艺流程

澳大利亚肉骨粉生产商首先采用了 ISO 9000 系列质量标准。欧盟肉骨粉生产规程要求蒸煮温度 133℃、蒸煮压力 200kPa、蒸煮时间 20min，该工艺条件会显著降低肉骨粉中的氨基酸消化率，降低肉骨粉利用率，但可降低疯牛病病毒的传播风险。美国动物蛋白及油脂提炼协会提供的肉骨粉生产条件为 130℃高温蒸煮长达 1h 以上，高温蒸煮过程结束后，再经过挤压机处理进一步脱脂，所得的肉骨粉粗蛋白质含量均高于其他国家的肉骨粉。

国内肉骨粉的传统加工一般是简单地压榨和粉碎，只能脱脂，而不能除去有害物质。目前肉骨粉加工普遍采用压榨-热喷工艺技术。压榨-热喷工艺（曹河源等，2006）是指将动物废弃组织及骨压榨脱脂后，再根据各原料的可利用营养成分按一定的比例配合，经烘干、粉碎、过筛等工艺制作肉骨粉。肉骨粉的热喷工艺使原料在高压罐内经受 10min、压力 1.10MPa、温度 160℃、含水量 40% 的处理，产生的膨化效应和水解作用能有效地提高其产品品质，提高营养元素的吸收率，同时可以杀灭有害菌，消除不良气味，破坏有毒成分，改善适口性，提高肉骨粉的品质和消化率（王克卿和秦玲，2008）。

肖珺（2013）采用挤压法对肉骨粉进行预处理，再经正己烷溶剂浸出，以获得脱脂肉骨粉。结果表明，以正己烷为浸出溶剂，料液比为（w/V）1∶3，浸出时间 30min，即可取得较佳脱脂效果；脱脂后肉骨粉的风味和色泽明显改善，各项指标均满足一级饲用肉骨粉的质量要求，粗脂肪含量由 9.80% 下降到 0.37%，粗蛋白质含量由 54.50% 提高到 61.20%，蛋白质体外消化率由 86.01% 提高到 90.45%，酸价由 9.00mg/g 降到 2.60mg/g。经蒸汽处理 5min，挥发性盐基氮(TVBN)含量比脱脂前降低 33.3%（由每 100g 60.0mg 降到 40.0mg），组胺含量也小幅降低（由 20.1mg/kg 降到 19.6mg/kg）；在常温常湿条件下，与未脱脂肉骨粉和添加抗氧化剂的肉骨粉相比，脱脂肉骨粉在 8 个月贮藏期内未出现脂肪酸败味和霉变现象，其酸价、TBA 值、TVBN 值升高缓慢，其贮藏稳定性得到提高。

（八）肉粉和肉骨粉作为饲料资源的开发利用与政策建议

1. 加强开发利用肉粉、肉骨粉作为饲料资源　我国虽然是畜产品生产和消费大国，可为肉骨粉提供丰富原料，但由于肉、骨作为饲料原料利用存在问题，以及肉骨粉生产工艺和贮藏方法不当，造成其营养成分损失和品质下降，使得肉骨粉作为饲料被利用非常有限，故在加强肉骨粉作为蛋白源饲料在动物生产和其他方面应用的同时，要积极扩大原料来源，有效控制病原菌以保证原料品质。

目前我国肉骨粉的规模生产企业相对较少。虽然我国肉骨粉资源总量较大，但比较分散，衍生出很多作坊式肉骨粉加工厂。这些工厂没有足够的资金投入，生产厂房破旧，设备简单、人员素质不高、技术力量薄弱，生产工艺不符合规定要求，都是靠日晒干燥（鲜骨）、土锅熬油的方法生产肉骨粉，一旦遇上连续阴雨天，原料极易发霉、生虫、滋生大量有害菌等。其仓储条件差，原料、产品易腐败变质，霉菌等有害菌严重超标，一些中小养殖户和小型饲料企业由于质量安全意识差，贪图价格便宜，使用这些肉骨粉产品后，常导致畜禽疫病的暴发和传播。作坊式加工厂不成规模、分散隐蔽和生产不连续的特点，给管理工作带来很大的难度。加强执法监督力度，对管理难度较大的小作坊加工厂，在做好查处工作的同时，要向养殖户及饲料企业做好宣传引导工作，使其认识到使用不合格肉骨粉给养殖业带来的严重后果，自觉抵制购买无卫生安全保障的肉骨粉产品，切断小作坊加工厂的销售渠道，从而达到净化肉骨粉市场的目的。

对生产企业明确必须严格分类生产动物源性肉骨粉，禁止饲喂同种动物源性肉骨粉。农业农村部应出台《动物源性饲料产品安全卫生管理办法》补充意见，对猪、禽肉骨粉使用作出明确规定，禁止饲喂同种动物源性肉骨粉，控制疫病传播。要做到这一点，就需要肉骨粉生产厂按肉骨粉原料的畜禽品种分类生产，并在产品标签上注明肉骨粉的种类。为便于监管，饲料管理部门应对肉骨粉生产厂的原料采购渠道进行注册备案，不定期监督检查，打击掺杂掺假行为。各级饲料管理部门应加大对掺杂掺假肉骨粉的打击力度，尤其打击利用病死畜禽生产肉骨粉的不法行为。同时要向养殖户及饲料企业普及肉骨粉鉴别知识，不定期对专业大户及饲料企业质量负责人进行培训，使他们掌握从感官、理化检测到显微镜检测评价肉骨粉质量的方法，确保肉骨粉的使用安全。总之，肉骨粉作为一种资源，应该得到充分利用。但安全使用肉骨粉是关键，这就要求从源头上抓肉骨粉的产品质量，尤其是卫生质量。此外，必须要做到科学合理利用，防止疫病传播，只有这样我国肉骨粉产业才能健康稳定发展。

2. 改善肉粉、肉骨粉作为饲料资源开发利用方式

（1）控制原料来源　目前，原料不分类，饲喂同种动物源性肉骨粉的现象比较普遍。为防止疯牛病的发生，我国对反刍动物的肉骨粉使用有严格规定，即严格禁止在反刍动物饲料中使用肉骨粉，但对猪、禽肉骨粉使用无明确规定。目前生产肉骨粉的原料很多，有反刍动物牛、羊下脚料，也有猪、禽下脚料。很多肉骨粉生产厂原料不按畜禽品种分类，将猪、禽、反刍动物肉骨粉原料混在一起生产，而且产品标识不明确，养殖户不能有选择地使用。因而饲喂同种动物源性肉骨粉的现象很普遍，这极可能引发同种畜禽之间疫病传播。

（2）改进生产工艺和贮藏方法　①生产工艺中合理调控加热温度和时间。影响肉骨粉蛋白质品质的关键因素在于加热温度和维持的加热时间。蛋白质过热可降低热敏氨基酸的利用率，主要造成氨基酸的总体被破坏，发生美拉德反应、氨基酸之间的交链等营养破坏（冯定远等，1997）。②对肉骨粉进行脱脂处理。肉骨粉中脂肪含量较高，氧化酸败严重，将肉骨粉中的脂肪脱除具有重要性和迫切性。但肉骨粉的粉末度很大，粉末料的浸出脱脂一直是油脂工业上的一个技术难点，主要问题是粉料在浸出设备中易结块、架桥、"短路"，严重降低脱脂效率，且浸出油中细微粉末含量过高，后续精炼很困难。因此需要预先对肉骨粉进行挤压预处理，使之适合于现在常规的工业浸出脱脂设备。③国标要求肉骨粉在符合规定条件下保质期为180d，目前主要通过添加抗氧化剂和防腐剂等来延长肉骨粉的贮藏期，此外，贮藏条件对肉骨粉贮藏期有显著影响。肖珺（2013）等研究表明，相对湿度（RH）54.4%、温度20℃条件下，脱脂肉骨粉在8个月贮藏期内未出现脂肪酸败味和霉变现象，其酸价、硫代巴比妥酸反应物（TBARS）值、TVBN值增加缓慢。在RH 43.2%、温度30℃条件下，脱脂肉骨粉的酸价、TBARS值、TVBN值快速增长，在贮藏后期增速率提高，而组胺含量受温度影响不大。TBARS值、TVBN值增加缓慢。在RH 69.9%、温度20℃条件下，酸价、TBARS值、TVBN值迅速增加，组胺含量则有所降低，但第6个月已伴有明显的霉变现象，因此脱脂肉骨粉在该条件下贮藏时不宜超过6个月。

（3）提高肉骨粉的营养价值使其得到充分利用　肉骨粉并不是一种营养平衡的蛋白质饲料，主要缺乏色氨酸、赖氨酸和异亮氨酸等重要限制性氨基酸。在有条件的情况下，应考虑添加这些限制性氨基酸以平衡日粮的氨基酸。肉骨粉的氨基酸消化率属于中等，在设计日粮配方时，应考虑其氨基酸的消化率或利用率，以保证肉骨粉替代常规蛋白质饲料时的有效氨基酸供给量。

3. 完善饲料产品用肉粉、肉骨粉的质量标准　进一步修订完善国家标准 GB 8936—1988，可参照 GB/T 19164—2003 鱼粉标准。除 GB 8936—1988 规定的指标外，常规指标应增加粗灰分，营养指标应增加蛋氨酸、赖氨酸，卫生指标除 GB 13078—2001 规定指标外，还应增加细菌总数、沙门氏菌、大肠杆菌、寄生虫等指标；此外还应增加反映产品新鲜度指标（如挥发性盐基氮、油脂酸价、组胺等指标），以及防止掺杂掺假的指标（如胃蛋白酶消化率、尿素等指标）。

4. 科学确定肉粉、肉骨粉作为饲料原料在日粮中的适宜添加量 肉粉和肉骨粉虽然具有较高的粗蛋白质和矿物质含量，但其适口性较差，氨基酸的可消化率不高，尤其是赖氨酸、胱氨酸和色氨酸。一些专家认为过量使用肉粉和肉骨粉会使胶原蛋白的含量升高导致蛋白质品质降低，并且高钙会和日粮中其他成分如磷和锌发生交互作用引起动物生产性能降低。因此，肉粉和肉骨粉在生长育肥猪料中推荐用量为3%～5%；而早期断奶仔猪需提供消化率高、适口性好的日粮以便获得最大生产率，因此其饲料中尽量不用或少用；在家禽饲料中，好的肉粉和肉骨粉的使用量一般不超过8%，还要注意补给蛋氨酸。其他动物饲料视具体情况而定。

三、肠膜蛋白粉、动物内脏粉、水解畜毛粉、动物水解物、羽毛粉、水解蹄角粉、禽爪皮粉

（一）肠膜蛋白粉概述

1. 我国肠膜蛋白粉及其加工产品资源现状 肠膜蛋白粉（Dried porcine solubles，DPS）是食用动物的小肠黏膜提取肝素钠后的剩余部分，经除臭、脱盐、水解、干燥、粉碎获得的产品，不得使用发生疫病和含禁用物质的动物组织（夏继华等，2011；贾晓燕和程文虹，2006）。

美国Nutra-flo公司早在20世纪90年代就开始研究猪小肠水解并且开始生产DPS，目前这种新型的蛋白质原料已在美国、中国、越南等国家普遍应用（夏继华等，2011）。2018年我国生猪出栏69 382万头，猪肉产出地集中在华中、华东、西南等地区，平均出栏重115.8kg（国家统计局，2018）。猪肠道占机体重的3%～6%（余冰等，2010），据此推算，可供生产肠膜蛋白粉的猪肠道年产量241.03万～482.06万t，由于部分猪肠道可被人食用，猪肠膜蛋白粉的具体产量不详。《2017年中国肉鸡养殖行业发展现状分析报告》中指出，2016年我国专业型肉鸡出栏量约为89.9亿只，鸡肉产量1 325.8万t，出栏体重0.85kg/只（郑麦青等，2015），鸡肠占鸡体重的4%（夏继华等，2011）。经推算，2016年我国可供生产鸡肠膜蛋白粉的鸡肠道产量约为30.39万t。

2. 肠膜蛋白粉作为饲料原料利用存在的问题 肠膜蛋白粉的制作工艺复杂，不同流程的制作工艺可能导致肠膜蛋白粉的质量产生较大差异，造成肠膜蛋白粉可溶蛋白含量、小肽含量不稳定（王春维等，2005）。

3. 开发利用肠膜蛋白粉及其加工产品作为饲料原料的意义 肠膜蛋白粉富含小肽，易被幼龄动物消化吸收和利用；其含有特殊的肠道营养因子，能有效刺激幼龄动物的肠道发育与成熟、确保幼龄动物的肠道健康；具有特殊的腥香味、诱食性和适口性。我国作为一个饲料蛋白源短缺的国家，利用动物副产品补充饲料蛋白源的短缺已成为有效的途径，同时肠膜蛋白粉的营养生理作用已被广泛认可，并且价格相对同类型的饲料蛋白源较低，因此肠膜蛋白粉在畜禽、水产等动物的饲料中可以广泛推广利用（王春维等，2005）。

4. 肠膜蛋白粉及其加工产品的营养价值 肠膜蛋白粉是由小肠黏膜经特殊蛋白酶酶解处理得到的产物，含有丰富的小肽和游离氨基酸，由美国Nutra-flo公司生产的

DPS 40、DPS 50 肠膜蛋白粉的营养成分如表 1-4 所示。

表 1-4　猪 DPS 的营养成分

营养成分	DPS 40	DPS 50	营养成分	DPS 40	DPS 50
粗蛋白质（%）	42.34	50.00	缬氨酸（%）	2.04	2.40
干物质（%）	97.40	98.00	苏氨酸（%）	1.67	2.00
灰分（%）	21.10	27.00	异亮氨酸（%）	1.59	1.80
钙（%）	0.16	0.05	苯丙氨酸（%）	1.60	1.80
氯（%）	0.58	1.00	组氨酸（%）	0.87	1.00
磷（%）	1.00	1.40	蛋氨酸（%）	0.76	0.90
钾（%）	1.18	1.00	色氨酸（%）	0.53	0.35
硫（%）	3.80	5.00	牛磺酸（%）	0.12	0.30
钠（%）	5.99	8.00	谷氨酸（%）	5.26	6.00
镁（%）	0.11	0.07	天冬氨酸（%）	3.46	4.00
锌（mg/kg）	65.00	70.00	甘氨酸（%）	2.79	3.40
铁（mg/kg）	305.00	150.00	丙氨酸（%）	2.20	2.55
猪 ME（MJ/kg）	15.28	15.30	脯氨酸（%）	2.02	2.40
猪 DE（MJ/kg）	16.48	16.73	丝氨酸（%）	1.62	0.65
亮氨酸（%）	29.70	3.40	胱氨酸（%）	1.04	0.85
赖氨酸（%）	2.70	3.10	羟脯氨酸（%）	0.62	0.70
精氨酸（%）	2.10	2.30			

注：DE 表示消化能，ME 表示代谢能。
资料来源：贾晓燕和程文虹（2006）。

5. 肠膜蛋白粉及其加工产品中的抗营养因子　纯肠黏膜蛋白的吸湿性很强，易板结，因此 DPS 的主要成分除了肠膜蛋白水解物外，还含有一定量的赋形剂。进口 DPS 多用黄豆皮作防板结分散剂，但黄豆皮中有抗营养因子存在，影响 DPS 的吸收利用。因此，去除黄豆皮中的抗营养因子或选用新材料作赋形剂是 DPS 加工工艺中需要进一步研究的问题（要秀兵，2005）。

此外，生猪作为肠膜蛋白粉的原料来源，由于其生产环境及日粮中含有会富集重金属、抗生素等的有毒有害的物质，在畜禽和水产动物的日粮中添加富集了此类物质的肠膜蛋白粉，会影响生产动物甚至人类的健康。

6. 肠膜蛋白粉及其加工产品在动物生产中的应用

（1）在养猪生产中的应用　在 90 头 18～24 日龄断奶仔猪日粮中用 6% 的 DPS 代替乳清粉，先饲喂 2 周试验日粮，后 2 周改喂普通日粮，结果表明在前 2 周内采食 DPS 的猪日采食量、日增重及饲料效率均显著优于只饲喂乳清粉的猪，在后 2 周，当所有的猪都喂以普通日粮（以乳清粉作为蛋白质补充料）时，则在最初 2 周内喂 DPS 的处理组的性能表现一直优于对照组（Gatnau 等，1992）。从日采食量、日增重和饲料转化率来看，在断奶仔猪日粮中用 3.5％的 DPS 50 或 5％的 DPS 30 替代 2.5％的 AP9 50、DPS 与 AP（血浆蛋白粉）（2.5％的 DPS 50＋2.5％的 AP 950）的效果优于单独添加 2.5％的 DPS 50，但不及 3.5％的 DPS 50（高欣等，2001）。因此，用 DPS 全部或部分替代乳清粉或 AP，能够在降低成本的同时保持甚至提高断奶仔猪的生长性能（贾晓燕和程文虹，2006）。将 DPS 添加到断奶仔猪的饲料中，以评价 DPS 的应用效果，试验结果表明，DPS 能提供与高品质动物蛋白相似的功效，且 DPS 的添加量为 2.5％～3％时能增加仔猪的采食量（Cho 等，2010）。

（2）在反刍动物生产中的应用　由于疯牛病和"瘦肉精事件"的严重威胁，我国农业部发布的《禁止在反刍动物中添加和使用动物性饲料的通知》中要求，严禁在反刍动物中使用肉骨粉、骨粉、血粉、血浆粉、动物下脚料、动物脂肪、蹄角粉、羽毛粉、鸡杂碎粉等（王金宝，2003）。

（3）在家禽生产中的应用　肠膜蛋白粉在家禽中的研究报道较少，但是仍有学者在家禽生产中试验添加此种小肽营养素并得到了较好的生产效果。姚巧粉等（2010）在 72 周龄强制换羽肉种鸡日粮中添加多肽类饲料（0.3％深海鱼肽或 1％猪肠膜蛋白粉），结果表明，肠膜蛋白粉能够促进试验动物对营养物质的吸收，有助于蛋白质在体内的沉积，从而显著提高了种蛋的哈氏单位，改善了种蛋的品质；提高了种蛋的活力，显著提高了种蛋的孵化率和受精蛋的孵化率，对强制换羽肉种鸡的产蛋率有一定的促进作用。

（4）在水产品生产中的应用　猪肠膜蛋白粉作为动物性饲料蛋白源在水产动物生产中的应用也有相关报道。陈建等（2011）将猪肠膜蛋白粉在初重（1.89±0.05）g 的斑点叉尾鮰日粮中分别以 0、16％、28％、40％、52％、64％、76％、88％比例替代国产鱼粉，饲养 45d 后测定试验鱼的体长、体重、体组成和肠道的消化酶活力等生长和消化性能指标。结果显示，除对照组外，前 5 个替代比例试验组在相对增重率和蛋白质效率方面并无显著差异，但显著高于其余各组；在消化性能方面，除对照组外，前 5 个替代比例试验组的蛋白酶活力并无显著差异，但显著高于其余各组，因此，综合考虑，在斑点叉尾鮰日粮中以肠膜蛋白粉替代国产鱼粉蛋白的适宜比例为 52％。杨志强等（2010）以三氧化二铬作为指示剂，使用 70％基础饲料，分别添加 30％花生粕、玉米蛋白粉、羽毛粉、肠膜蛋白粉、鸡肉粉、肉骨粉和喷雾干燥血粉等 7 种蛋白原料配制成试验饲料，检测了凡纳滨对虾［初重（2.08±0.01）g］粗蛋白质和氨基酸的表观消化率，结果显示凡纳滨对虾对猪肠膜蛋白粉的粗蛋白质表观消化率（86.38％）和氨基酸平均消化率（88.18％）在 7 种蛋白原料中均表现最好。

（二）动物内脏粉概述

1. 我国动物内脏粉及其加工产品资源现状　动物内脏粉（Animal offal meal）是新鲜或经冷藏、冷冻保鲜的食用动物内脏经高温蒸煮、干燥、粉碎获得的产品。常见的动物内脏粉有鸡内脏粉、猪内脏粉、猪肝脏粉、鸡肠粉。猪内脏年产量为 562.4 万 t，但由于绝大部分猪内脏被人食用，因此仅有很少的一部分猪内脏被作为饲料原料应用，产量不详。根据联合国粮食及农业组织（FAO）的统计数据，除个别年份外，我国肉鸡存栏量、出栏量和肉鸡产量基本都呈增长趋势。鸡内脏占鸡体重的 8％～9％（Jayathilakan 等，2012），据此推算，2016 年我国可供生产鸡内脏粉的鸡内脏产量为

61.1万～68.7万 t，产量可观。

2. 动物内脏粉及其加工产品作为饲料原料利用存在的问题　内脏粉制作原料来源于动物内脏，在动物生产过程中，如果饲料遭受了重金属污染，重金属就会在动物内脏如肾脏、肝脏中沉积，导致加工成的内脏粉可能存在重金属污染或超标问题，将其饲喂养殖动物则引起养殖动物重金属中毒或肉质重金属超标等问题，进一步导致食品安全问题；另外，动物内脏在屠宰中容易受到细菌污染，需关注动物内脏粉微生物超标问题。

3. 开发利用动物内脏粉及其加工产品作为饲料原料的意义　动物内脏中含有多种畜禽必需的氨基酸，而且比例适当，利用率高；并含有未知生长因子及多种维生素，尤其 B 族维生素含量丰富，为配合饲料开辟了新的蛋白质资源，这对缓解当前鱼粉短缺、动物蛋白质不足的问题具有重要意义（王金宝，2003）。

4. 动物内脏粉及其加工产品的营养价值　动物内脏粉作为一种优质的动物性饲料原料，富含动物体所需的多种维生素和矿物元素，如维生素 A、维生素 B_1、维生素 B_2、Fe 等，猪肝、鸡肝、猪和鸡内脏粉的营养成分分别见表 1-5、表 1-6。

表 1-5　猪肝、鸡肝的营养成分

常规营养物质（鲜重）	猪肝	鸡肝
蛋白质（%）	21.30	16.60
脂肪（%）	4.50	4.80
碳水化合物（%）	1.40	2.80
钙（%）	0.01	0.01
磷（%）	0.27	0.27
铁（%）	0.025	0.012
锌（%）	0.005 8	0.002 4

资料来源：Hernández 等（2010）。

表 1-6　猪、鸡内脏粉的营养成分

项目	猪内脏粉	鸡内脏粉
常规成分分析（g/kg）		
干物质	976.0	944.0
粗蛋白质	548.0	649.0
粗脂肪	101.1	121.1
灰分	244.4	127.0
粗纤维	82.3	103.2
总能（kJ/g）	16.82	17.12
营养物质表观消化率（%）		
蛋白质表观消化率	92.3	98.1
干物质表观消化率	85.9	89.2
总能表观消化率	79.4	87.1
氨基酸（g/kg）		

（续）

项目	猪内脏粉	鸡内脏粉
丙氨酸	41.3	47.6
精氨酸	38.9	41.8
天冬氨酸	40.6	49.6
谷氨酸	70.9	92.0
甘氨酸	70.3	52.2
组氨酸	11.4	13.1
异亮氨酸	18.5	28.9
亮氨酸	35.3	59.6
赖氨酸	33.6	34.8
蛋氨酸	8.5	9.9
苯丙氨酸	18.8	36.6
丝氨酸	13.9	26.3
苏氨酸	18.5	23.7
酪氨酸	17.2	25.1
缬氨酸	24.6	32.0

资料来源：Hernández 等（2010）。

5. 动物内脏粉及其加工产品在动物生产中的应用

（1）在养猪生产中的应用　侯水生等（2004）在早期断奶仔猪日粮中添加 6% 的鸡肠粉，试验组仔猪在 24 日龄、28 日龄、35 日龄进行屠宰试验，取胃内样品进行酶活力测定，试验结果表明：日粮中添加 6% 的鸡肠粉能有效提高胃蛋白酶和脂肪酶的活力。

（2）在反刍动物生产中的应用　我国明确规定，严禁将肉骨粉、血粉、动物下脚料及鸡杂碎等添加到反刍动物日粮中（王金宝，2003）。

（3）在家禽生产中的应用　动物内脏粉在家禽中的研究报道较少，但是仍有学者在家禽生产中添加了此种动物性饲料原料并得到了较好的生产效果。卞克明等（1987）在日粮中添加 4% 肝粉替代部分鱼粉饲喂蛋鸡，补足蛋氨酸水平后，可以赶上或超过全部用鱼粉的生产效果，生产 1kg 蛋可以节省饲料费用 0.128 元。Edney 等（2014）分别以 30g/kg、60g/kg、90g/kg、120g/kg 的添加量在肉鸡日粮中添加鸡内脏粉，饲喂 6 周后对肉鸡的生长性能和生化指标评估；结果显示，饲喂 6 周后，肉鸡末重、饲料转化率、屠宰率随鸡内脏粉添加量的增加呈二项式分布，肉鸡的生长性能和胴体重分别在鸡内脏粉添加 53g/kg 和 65g/kg 时达到最大，腹腔脂肪指数随鸡内脏粉添加量的增加呈线性增长，在鸡内脏粉添加 120g/kg 时达到最大，研究者认为这可能是添加鸡内脏粉后，肉鸡日粮中氨基酸水平更加平衡造成的。此外，Bellaver 等（2014）通过类似的试验，认为在家禽日粮中添加 73.7g/kg 的鸡内脏粉可以提高家禽的生长性能。

（4）在水产品生产中的应用　动物内脏粉在水产品生产中的应用也有相关的报道，Hernández 等（2010）使用猪内脏粉（Porcine offal meal，以下简称 PM）和鸡内脏粉

(Poultry offal meal，以下简称 POM) 完全替代鱼粉 (Fish meal，以下简称 FM) 制成等氮等能的试验日粮，将尼罗罗非鱼分为 FM 组、PM 组、POM 组、对照组 (商业饲料组) 4 个组，饲喂试验饲料 8 周后，分别对各个组中蛋白质表观消化率进行评估，结果显示，FM 组和 POM 组蛋白质表观消化率显著高于 PM 组，FM 组和 POM 组的生长性能和饲料转化率没有显著性差异但显著高于 PM 组和商业饲料组，PM 组和商业饲料组的生长性能和饲料转化率没有显著性差异，以上试验结果表明，猪内脏粉和禽内脏粉可以在养殖鱼类中有效替代鱼粉。

6. 动物内脏粉及其加工产品的加工方法与工艺 动物内脏粉是新鲜或经冷藏、冷冻保鲜的食用猪内脏经高温蒸煮、干燥、粉碎获得的产品，具体加工工艺流程见图 1-5。

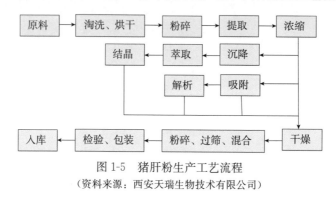

图 1-5　猪肝粉生产工艺流程

(资料来源：西安天瑞生物技术有限公司)

(三) 水解畜毛粉概述

1. 我国水解畜毛粉及其加工产品资源现状 水解畜毛粉是指未经提取氨基酸的清洁未变质的家畜毛发经水解、干燥、粉碎获得的产品。我国畜肉类加工厂每年都会产生大量的废弃角蛋白，包括毛、蹄、角等，这类角蛋白可以被加工成蛋白粉或复合氨基酸用作饲料蛋白 (叶元土等，1990)。但是由于不同家畜毛占家畜表皮的质量百分比以及畜毛质量不同，加之畜毛与家畜年龄、存在部位等有关，定量统计畜毛粉的含量有一定的困难。为了减少畜毛这一资源的浪费以及对环境的污染程度，可通过加强畜毛资源的利用或者加大对畜毛的回收力度来缓解这一情况，准确统计这方面的数据也是必然趋势 (王永昌，2010)。2018 年全国猪的出栏量为 69 382 万头，每头猪屠宰后能得 0.2kg 刨毛，1kg 刨毛可生产 0.7kg 水解猪毛粉 (董玉珍和岳文斌，2004)，以此计算出每年我国可产出的水解猪毛粉约为 9.7 万 t。另外，我国作为全球主要的羊毛生产国之一，2016 年我国绵羊毛产量为 427 237t，虽然我国羊毛大部分是作为羊绒毛线等处理 (耿仲钟等，2013)，但是依然有些不好的下脚料用在饲料等加工产品中。

2. 水解畜毛粉及其加工产品作为饲料原料利用存在的问题 畜毛粉中含有大量的角蛋白，对于动物来说利用率低，只有通过在一定压力条件下水解一定时间，才可以增加可利用蛋白的量，但是不同畜毛粉的水解条件并不相同，仍需继续探索。

3. 开发利用水解畜毛粉及其加工产品作为饲料原料的意义 当前饲料动物蛋白源尤其鱼粉资源短缺，价格昂贵，这是影响饲料行业发展的重要因素；畜毛中含有大量不易被动物消化利用的蛋白质，可以通过水解等加工方式来提高畜毛粉的可利用率。将水解畜毛粉作为饲料动物蛋白源之一，一方面可充分将畜毛粉利用，避免资源浪费和环境污染，另一方面，开发利用水解畜毛粉用于饲喂动物具有一定的经济效益，可开辟新的蛋白源。

4. 水解畜毛粉及其加工产品的营养价值　猪毛等畜毛粉中含有 80％ 的蛋白质，由于其结构是锁状的高分子形式，直接吸收效率极低，可通过一定的加工方式处理来提高可利用率（章海祥和黄槐亭，1987）。畜毛水解产物主要成分见表 1-7。

表 1-7　畜毛水解产物主要成分（％）

粗蛋白质	精氨酸	谷氨酸	组氨酸	赖氨酸	脯氨酸	酪氨酸	胱氨酸	亮氨酸	苏氨酸	缬氨酸
75.8	11.3	15.3	1.1	3.9	3.8	3.5	13.8	8.5	6.4	5.9

资料来源：李加新和关燕霞（2000）。

牛毛蛋白质含量高达 85％ 以上，主要是由 α-螺旋角蛋白组成，结构中富含半胱氨酸和二硫键等特殊的氨基酸及官能团（曾维才等，2013）。牛毛水解物有较高的水解度并富含半胱氨酸、谷氨酸、精氨酸、丝氨酸等多种活性氨基酸。

5. 水解畜毛粉及其加工产品在动物生产中的应用

（1）在养猪生产中的应用　猪毛粉在自然状态下含有较多的角蛋白、胱氨酸和二硫键，化学性质稳定，不易被直接消化吸收，营养价值不高。水解后的猪毛粉蛋白质含量丰富，水解的猪毛粉粗蛋白质含量为 93％～95％，可消化粗蛋白质含量为 74.7％，赖氨酸含量为 3.7％，蛋氨酸含量为 1.06％；在猪饲料中当添加量为 2％～5％ 时，可以明显提高猪的生长速度，并改善猪的饲料效率（毛延强，1989）。

（2）在反刍动物生产中的应用　在反刍动物饲养试验中，使用合理的加工处理方法对猪毛粉进行处理，发现其蛋白质效率（33.1％）低于豆饼（90.6％）和羽毛粉（80.4％）。研究中分别使用牛和羊的生长与消化试验来评价其用作反刍动物蛋白质来源的营养价值，猪毛粉粗蛋白质中含有大量反刍动物相对不能利用的角蛋白，通过在蒸汽压强下水解，其提供的可代谢蛋白质也会相应增多，猪毛粉的真蛋白质氮消化率随之提高（Michael 和王琳，2000）。然而，未经处理的动物性饲料原料是禁止在反刍动物日粮中使用的（王金宝，2003）。

（3）在家禽生产中的应用　猪毛中粗蛋白质含量约为 80％，但是必须经过高温、高压、酸碱处理等工艺才能被动物吸收。利用畜毛水解物提取胱氨酸后的液状废弃物加吸附剂并粉碎后制成的饲料，可以替代一定量的进口鱼粉饲喂蛋鸡，不仅降低了饲料成本，对产蛋率也无不良影响。此外，以一定比例饲喂肉鸡，在成活率以及增重方面也无大的影响（章海祥和黄槐亭，1987）。

（4）在水产品生产中的应用　我国对于水解畜毛粉的研究还不够深入，在水产品生产应用中鲜有相关报道，有待进一步研究。

6. 水解畜毛粉及其加工产品的加工方法与工艺（图 1-6）

图 1-6　水解畜毛粉加工工艺

（资料来源：李加新和关燕霞，2000）

将800kg工业浓盐酸放入水解池中，加热至80℃，迅速投入畜毛物500kg，加热至100℃后控制加热速度，在60～80min内升温至112～118℃，保温静置7～8h，玻璃纤维过滤，取液去渣，滤液在搅拌下用30%～40%的工业碱液中和，当pH达到3.0时降低中和速度，至4.8时停止，静置36h让其充分沉淀，再用滤布滤取沉淀物，离心后在77～83℃条件下烘干得水解产物240kg（李加新和关燕霞，2000）。

（四）动物水解物概述

1. 我国动物水解物及其加工产品资源现状 动物水解物是指洁净的可食用动物的肉、内脏和器官经研磨粉碎、水解获得的产品，可以是液态、半固态或经加工制成的固态粉末。我国动物水解物资源丰富，包括猪骨水解液、鸡水解粉、牛水解膏等，但是对它们的利用率却很低。例如我国每年产出大量的猪骨，但是由于利用不充分导致猪骨蛋白被大量浪费，或是加工成附加值很低的产品，成为工业原料或动物饲料等，对骨中的蛋白质及其他营养成分并未充分利用（赵霞和马丽珍，2003）。生猪内脏约占机体的7%，据此推算，2018年我国可供生产猪内脏水解液的猪内脏产量约为562.4万t，但由于绝大部分猪内脏被人食用，因此仅有很少的一部分被用于猪内脏水解液的制备，产量不详。鸡内脏占鸡体重的8%～9%（Jayathilakan等，2012），经推算，2016年我国可供生产鸡内脏水解液的鸡内脏产量为61.1万～68.7万t。

2. 动物水解物及其加工产品作为饲料原料利用存在的问题 动物水解物的物理特性受水解所用的酶的种类、水解度等影响。动物水解物需要经过复杂的化学变化以及压力温度等条件的控制，成本高，不易被接受，且相关科研工作开展有限，对动物水解物的特性功能研究还不充分，它应有的价值并未完全发挥出来。

3. 动物水解物及其加工产品的营养价值 猪骨水解液中含有构成蛋白质的所有氨基酸和人体必需的氨基酸，且氨基酸比例均衡，属于优质蛋白（表1-8）。它还含有丰富的呈味物质，主要为呈味氨基酸、肽类、核苷酸、有机酸、含氮有机物等。骨骼中钙磷含量高，钙和磷的比例接近2:1，是人体吸收钙磷的最佳比例（杨迎伍等，2002）。猪骨水解液中矿物质种类丰富，营养价值高。如果经常吃猪骨深加工产品，会缓解缺钙现象（杨铭铎等，2009）。猪骨水解液主要用于制作调味品、餐饮业及家庭烹饪中。

表1-8 猪骨水解液的游离氨基酸含量（单位：g，以每100mL计）

天冬氨酸	苏氨酸	丝氨酸	谷氨酸	甘氨酸	丙氨酸	半胱氨酸	缬氨酸	甲硫氨酸	异亮氨酸	亮氨酸	酪氨酸	苯丙氨酸	赖氨酸	组氨酸	精氨酸	脯氨酸
0.09	0.16	0.14	0.21	0.19	0.3	0.06	0.17	0.07	0.12	0.33	0.1	0.18	0.21	0.09	0.21	0.02

资料来源：姜绍真等（1989）。

肉类水解液是提供蛋白氮源的常用原料，如牛肉水解液、猪肉水解液、鸡肉水解液等，都具有呈味肽，产品口感鲜味强，香气柔和，具有独特的肉香味，氨基酸含量丰富。肉类水解液具有天然、纯正等优点，但强度不大，主要是由于含水量高，达80%左右，以致有效成分低，固形物含量约为20%左右，主要用于制备肉味香精，产品肉味逼真，有烹饪感（李文方和邢海鹏，2010）。

4. 动物水解物及其加工产品的加工方法与工艺（图 1-7）

去骨 → 砸碎 → 冷冻 → 前处理 → 冷却 → 过滤 → 离心分离 → 水解液

图 1-7　猪骨水解液制备工艺

（资料来源：杨铭铎等，2009）

酶解法提取猪骨水解液营养成分的最佳工艺条件为：底物浓度 15％，酶/底物值 600U/g，酶解时间 4h，酶解温度 50℃，酶解 pH 7.5，木瓜蛋白酶与胰酶酶活性比 1∶1（杨铭铎，2009）。

鸡肉、猪肉、牛肉水解液的制备：将不含脂肪的三种肉类切成小块，分别放入沸水中煮 10min，将肉切碎加入，加入 25％的水，加入相当于干重质量 0.5％的木瓜蛋白酶，在 60℃下放置 12h，这种酶会在 90℃、15min 条件下被释放出来（Van Delft，1978；Chhuy，1978）。将水解肉浆在离心机下以 10 500r/min 离心 15min，将上清液中的油除去，得到的物质就被称为肉水解液（李志军等，2003）。

（五）羽毛粉概述

1. 羽毛粉及其加工产品资源现状　羽毛粉是由畜禽的羽毛和抽绒剩下的羽毛梗加工而成，属于动物蛋白质饲料原料。2016 年我国专业型肉鸡出栏量约为 89.9 亿只，按每 2.1 万只肉鸡生产 1t 羽毛粉计算，则年产羽毛粉约为 42.8 万 t，产地主要为山东、河南、辽宁、江苏、吉林、河北、安徽等省份。

2. 羽毛粉及其加工产品作为饲料原料利用存在的问题

（1）氨基酸组成不平衡　与鱼粉相比，羽毛粉中 10 种必需氨基酸组成极不平衡，组氨酸为第一限制氨基酸，蛋氨酸为第二限制氨基酸，色氨酸、赖氨酸含量也很低，很难被动物有效利用（吴建开和雍文岳，2000；荣长宽和梁素秀，1994）。

（2）消化率低　家禽羽毛含粗蛋白质 80％～85％，其中 85％～90％是角蛋白。羽毛角蛋白中的肽链之间形成许多二硫键和氢键，性质非常稳定，动物消化道中的消化酶很难将它们消化分解（郑诚和莫逊，1991）。

3. 开发利用羽毛粉及其加工产品作为饲料原料的意义　养殖业的高速发展带动饲料行业对饲料蛋白源的需求迅速增加。我国主要依靠鱼粉作为饲料中的主要蛋白源，然而近年来鱼粉资源短缺、产量下降而且价格昂贵，因此急需开发新的蛋白源替代鱼粉来满足动物生长需要。禽类羽毛的蛋白质含量在 75％～90％，其加工产物羽毛粉用作饲料可以降低成本，还可以补充蛋白质饲料的不足，是一种潜在的待开发的动物蛋白原料。

4. 羽毛粉及其加工产品的营养价值　羽毛粉粗蛋白质含量在 80％以上，氨基酸含量总和大于 70％，羽毛粉含有丰富的必需氨基酸，除蛋氨酸、赖氨酸、组氨酸和色氨酸含量较低外，其他氨基酸尤其是胱氨酸、苏氨酸、异亮氨酸、精氨酸以及缬氨酸含量均高于鱼粉（Latshaw 等，1999）。羽毛粉常见的加工方法有水解法和膨化法。水解羽毛粉干物质平均粗蛋白质含量为 89.4％，粗脂肪为 1.5％，粗纤维为 1.5％，粗灰分为 6.8％，表观代谢能为 11.69MJ/kg，粗蛋白质的胃蛋白酶消化率为 83.9％（郑诚和莫逊，1991）。膨化羽毛粉干物质平均粗蛋白质含量为 80％以上，胃蛋白酶消化率为

74.72%（张晓辉等，2000）。水解羽毛粉和膨化羽毛粉的营养价值如表1-9所示。

表1-9　水解和膨化羽毛粉营养成分（%）

营养成分	水解羽毛粉	膨化羽毛粉
干物质	90.70	93.70
粗蛋白质	71.30	79.06
粗脂肪	1.77	—
粗灰分	15.60	9.79
钙	1.26	0.45
磷	0.57	0.72
总氨基酸	60.13	79.66
天冬氨酸	3.86	5.08
苏氨酸	2.90	3.16
丝氨酸	5.58	7.04
谷氨酸	7.03	8.69
脯氨酸	7.05	9.42
甘氨酸	3.15	7.04
丙氨酸	2.67	4.31
胱氨酸	2.89	1.67
缬氨酸	4.52	6.80
蛋氨酸	0.40	0.66
异亮氨酸	3.93	1.60
亮氨酸	5.02	8.05
酪氨酸	1.55	1.70
苯丙氨酸	3.32	4.06
赖氨酸	1.32	1.22
组氨酸	0.43	0.48
精氨酸	4.51	6.12

资料来源：龚月生（2003）。

5. 羽毛粉及其加工产品中的抗营养因子　羽毛蛋白质骨架内部的肽链之间存在许多锁状结构的二硫键，使其很难被蛋白水解酶水解，从而影响动物的消化吸收。羽毛粉虽然含有多种氨基酸，但是各种氨基酸含量不均衡，赖氨酸、蛋氨酸和色氨酸含量很低，而含硫氨基酸（胱氨酸）含量却较高，能达到9%～11%，从而影响动物对羽毛粉营养成分的利用。

6. 羽毛粉及其加工产品在动物生产中的应用

（1）在养猪生产中的应用　水解羽毛粉添加量的提高会造成生长猪日粮蛋白质利用率降低，生长性能降低，当添加量达到6%时有显著差异（龙定彪等，2011）。而育肥猪日粮中羽毛粉的添加量低于8%时，对生产性能没有不良影响。当添加量超过10%时，会对采食量、日增重产生不良影响（Van等，2002）。体重20～50kg的生长育肥猪生长试验表明，日粮中水解羽毛粉替代秘鲁鱼粉水平达到100%时，猪生长速度和饲料转化率与对照组无显著差异（周圻和周翎，1993）。

（2）在家禽生产中的应用　水解羽毛粉方面，研究表明水解羽毛粉占日粮的3%～5%时，不会对肉仔鸡的生长产生负面影响（朱建津和顾建华，1997）。日粮中添加2.5%、5%的酶解羽毛粉对蛋鸡只日耗料量、产蛋率、只日产蛋量、平均蛋重、料蛋比5项指标均无显著影响（栗晓霞和高建新，2007），表明在蛋鸡日粮中用羽毛粉代替部分植物蛋白饲料是经济的、可行的。在蛋鸡日粮中分别添加2%～3%的酶解羽毛粉和0.15%的蛋氨酸，可明显降低饲料成本而不影响蛋鸡采食量、增重、产蛋率和蛋重，而且还能防止蛋鸡各阶段的啄肛、啄羽现象。在肉鸡日粮中，按2%～3%的羽毛粉比例添加0.2%的蛋氨酸和0.1%的赖氨酸，仔鸡体增重和饲料转化率没有明显的差别（Guichard，2008）。蛋鸭饲料中可添加到2.5%～4%。

膨化羽毛粉方面，在海兰蛋鸡上的研究表明，日粮中添加1%的膨化羽毛粉对产蛋率和饲料转化率没有影响，但平均蛋重增加。添加量超过2%时则会对产蛋率、饲料转化率产生不利影响。添加量在1%～2%时，会对蛋壳品质有明显的改善作用（段明文，2008）。

（3）在水产品生产中的应用　对大西洋鲑（Bransden等，2001）、鲤（沈维华等，1993）、虹鳟（Koops，1982）和银大麻哈鱼（Hasan，1997）的研究中发现，用羽毛粉替代其他蛋白源是可行的。虹鳟饲料中添加50%羽毛粉是可行的（Tiews，1979）。然而，对大麻哈鱼的研究发现，其生长性能和羽毛粉含量呈负相关（Roley，1977）。用常温常压处理的羽毛粉替代鲤饲料中0、50%和100%的鱼粉，结果表明，羽毛粉替代鲤饲料中50%的鱼粉，并不会引起氨基酸消化率的显著下降，而100%替代会导致饲料氨基酸消化率的显著下降（沈维华等，1993）。Bransden等（2001）用水解羽毛粉替代饲料中40%的鱼粉蛋白时，大西洋鲑的增重和蛋白质沉积率显著低于对照组。Li等（2009）研究指出，9.4%的羽毛粉替代饲料中25%的鱼粉，不影响点带石斑鱼的正常生长。Fowler（1990）报道，15%的羽毛粉替代饲料中48%的鱼粉对大鳞大麻哈鱼生长、饲料效率及渗透压的调节并无显著影响。鱼饲料中，最佳使用量是5%～10%。用酶解羽毛粉替代鱼粉时，可以替代1/3的鱼粉。虾饲料中添加量不宜超过10%。

7. 羽毛及其加工产品的加工方法与工艺

（1）水解羽毛粉

①高温高压水解法。将新鲜的羽毛投入水解罐中，根据羽毛的含水量调整羽毛湿度，控制羽毛湿度在65%～70%，步骤如图1-8。生产的羽毛粉的质量主要取决于水解时间、温度、压力和湿度四个参数的综合效应（刘玉芬等，2010；李宝林等，2009）。

图1-8　高温高压水解步骤

②酶解-水解。酶解法所用的酶制剂主要由脂肪酶、蛋白水解酶和其他一些辅助酶组成，其具有分解脂肪、角质蛋白和除臭的功能（刘玉芬等，2010）。主要流程如图1-9所示。

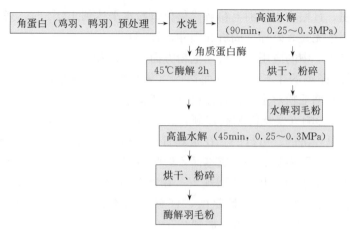

图 1-9　酶解-水解法步骤

③常压高温水解法。羽毛在低压条件下，以 130℃高温经 2.5h 的加热处理，然后加载体米糠或麸皮干燥（水分在 8%～10%），粉碎即为成品。缺点主要是水解不完全，影响消化吸收（沈银书和霍启光，1996）。

④化学酸碱处理法。A. 碱处理法，用 0.2%～0.6% 的氢氧化钠溶液，处理 30～70min。B. 酸处理法，使用盐酸浓度在 3% 时，处理时间为 1h（4%，0.5h），常压煮沸（何武顺，2001）。基本流程如图 1-10 所示。

羽毛 → 浸泡 → 漂洗 → 酸或碱处理 → 浓缩 → 干燥 → 粉碎

图 1-10　化学酸碱处理流程

⑤微生物发酵或酶处理。据报道处理羽毛粉的微生物有从土壤中分离的链霉菌，从动物皮肤分离出的真菌，以及从禽粪便中分离到的地衣芽孢杆菌品系 PWD-1 等（刘文奎，2004）。张凤清等（2006）分离一株菌种 A9，其处理的羽毛粉蛋白质表观消化率可达到 91.08%。解肮酶处理羽毛粉，也可以提高体外羽毛粉蛋白质消化率。

（2）膨化羽毛粉

①膨化药剂法。采用膨化剂对羽毛进行膨化处理，利用膨化药剂及膨化机内的高温高压和高剪切作用使二硫键断裂，将角质蛋白纤维变成较小的蛋白质亚单元和线状排布的肽链群，易于被动物消化吸收（徐张贤，2011）。

②挤压膨化法。采用膨化机对羽毛进行膨化处理，原理是利用膨化机内高温高压和高剪切作用，使羽毛角质蛋白结构在出模孔减压膨化时遭到破坏（何武顺，2001）。

（六）水解蹄角粉概述

1. 我国水解蹄角粉及其加工产品的资源现状　蹄角粉（Hoof horn powder）是一种动物蛋白饲料添加剂，也可用于肥料。原料是猪、牛、羊、马的蹄和角。其含有丰富的磷、钙及多种微量元素和其他未知因子，转化率高，易消化及吸收。水解蹄角粉即指将动物蹄角经水解、干燥、粉碎获得的产品。若能确定原料来源为某一特定动物种类和部位，则应具体标明，如水解猪蹄粉、水解羊蹄角粉。

每头猪有 0.04kg 蹄，每头牛有 0.2kg 蹄角，每只羊有 0.025kg 蹄角，1993 年全国共有蹄角资源2.17万t，可制蹄角粉1.38万t（李爱科，2012）。

2018年我国生猪出栏69 382万头，按每头猪蹄为0.04kg计（李爱科，2012），即有2.78万t猪蹄。猪肉占毛重77.5%、牛肉重占63%、羊肉重占62.5%；而猪、牛、羊蹄角各占其毛重2%（Jayathilakan等，2012）。2018年国家统计局的数据显示：猪肉产量为5 404万t，牛肉产量为644万t，羊肉产量为475万t。据此推算2018年我国猪蹄角产量为108.08万t，牛蹄角产量为12.88万t，羊蹄角产量为9.5万t。

2. 水解蹄角粉及其加工产品作为饲料原料利用存在的问题　动物蹄角粗蛋白质含量高达80%左右，但这些蛋白质属于纤维蛋白、角蛋白或硬蛋白，其含二硫键较多，结构紧密，不易被畜禽消化吸收（刘翠然和张淑芬，1992）。

3. 水解蹄角粉及其加工产品的抗营养因子　蹄角粉中含有大量的角蛋白，角蛋白作为一种硬蛋白不溶于水、盐液、稀酸或稀碱，并且含有较多的胱氨酸，二硫键含量多，同时肽链中有一定的交联作用，化学性质特别稳定，导致蹄角粉不易直接被动物消化利用。即使通过水解的方法进行处理，也很难完全降解角蛋白。对于其他抗营养因子的报道，目前还未见。

4. 水解蹄角粉加工方法与工艺　常规的加工方法如图1-11所示（来源于河北省无极县亨运生物科技有限公司）。

原料：猪、牛、羊和马的蹄角。

生产方法：①原料装入高压罐内不加水，用160℃蒸汽蒸煮2～3h；②用平床干燥室进行烘干；③粉碎；④进行规格分筛；⑤包装。

酶解法流程如下：

图1-11　酶化蹄角粉生产流程

（七）禽爪皮粉概述

1. 我国禽爪皮粉及其加工产品的资源现状　禽爪皮粉是指加工禽爪过程中脱下的类角质外皮经干燥、粉碎获得的产品。它的原料应来源于同一动物种类，产品名称应标明具体动物种类，如鸡爪皮粉。

中国的鸡肉产量占禽肉总产量的70%，鸭占15.5%，鹅占14.4%。2018年，禽肉产量为1 994万t。2011年，我国肉鸡产量是1 320万t，其屠宰中产生的鸡爪外皮作为一种蛋白质资源可有6万t以上的产量（林金莺等，2013），而2016年我国鸡肉产量1 325.8万t（郑麦青等，2015），由此推算在2016年我国鸡爪皮产量大约为6.03万t。

2. 禽爪皮粉及其加工产品作为饲料原料利用存在的问题　由表1-10中可见，鸡爪外皮经胃蛋白酶消化8h，再经胰蛋白酶消化16h后，体外消化率仅为42.19%，消化率比较低，而通过处理，即样品2（减小原料粉碎粒度）、样品3（挤压膨化）和样品4（高压蒸煮）消化率相对提高，分别增加了11.99%、22.38%和32.33%，即使消化率最高组（样品4）达到74.52%，但与其他蛋白质的消化率相比（鸡蛋97%、肉鱼95%、优质鱼粉90%），还是很低。这与鸡爪外皮的蛋白质结构有关，其含有的二硫键及其他的抗营养因子，都对其利用产生了负面影响。目前，如何消除二硫键和抗营养因子的研究很少，提高鸡爪外皮的利用率仍然是一个难题（聂新艳，2013）。

表 1-10　鸡爪外皮的体外消化率

项目	样品 1	样品 2	样品 3	样品 4
体外消化率（%）	42.19	51.80	64.57	74.52

资料来源：聂新艳（2013）。

3. 开发利用禽爪皮粉及其加工产品作为饲料原料的意义　作为畜禽加工产生的废弃物——禽爪外皮粉，其蛋白质含量很高，若能将这些蛋白质利用起来，便能够在一定程度上缓解蛋白资源紧缺问题。假若不对这些资源加以利用，每年将损失 6 万 t 以上的蛋白质（林金莺等，2013）。而且，废弃物长时间堆积对生态环境造成很大的危害，对人体的健康也造成巨大的威胁。

4. 禽爪皮粉及其加工产品的营养价值　由表 1-11 可见，鸡爪外皮中粗蛋白质和粗脂肪含量都很高，具有很高的利用价值。粗蛋白质含量高于大豆（38%）、猪肉（17%）、鸡肉（23.3%）、鸡骨（10.35%）等（林金莺等，2013）。

表 1-11　鸡爪外皮主要成分及含量

项目	水分	粗脂肪	粗蛋白质	灰分	其他
含量（%）	4.54	21.09	68.25	1.26	4.86

资料来源：林金莺等（2013）。

由表 1-12 中可以看出，鸡爪外皮蛋白质含有 18 种氨基酸，其中 8 种必需氨基酸含量较高，占氨基酸总量的 30.45%。缬氨酸、苯丙氨酸等疏水性氨基酸含量为 22.92%，而亲水性氨基酸含量约为 47.71%，可以预测该蛋白质的溶解性较好（聂新艳，2013）。

表 1-12　鸡爪外皮蛋白质氨基酸组成（单位：g，以每 100g 计）

氨基酸	含量
天冬氨酸	4.49
谷氨酸	9.17
丝氨酸	6.76
组氨酸	1.01
甘氨酸	9.78
苏氨酸*	2.42
精氨酸	5.51
丙氨酸	2.73
酪氨酸	5.03
半胱氨酸	1.17
缬氨酸*	3.52
蛋氨酸*	1.61
苯丙氨酸*	3.18
异亮氨酸*	3.01
亮氨酸*	5.03

（续）

氨基酸	含量
赖氨酸*	2.37
脯氨酸	3.47
色氨酸*	0.37

注：*为必需氨基酸。

5. 禽爪皮粉及其加工产品中的抗营养因子 禽爪皮粉主要蛋白质肽链之间存在很多二硫键，使其很难被蛋白水解酶水解，从而影响动物的消化吸收。虽然含有多种氨基酸，但是各种氨基酸含量不均衡，从而也一定程度地降低了它的营养价值。

6. 禽爪皮粉及其加工产品的加工方法与工艺（图 1-12）。

禽爪皮、杂石、羽毛等 → 爪皮选取 → 风干 → 粉碎 → 过30目筛 → 禽爪皮粉

图 1-12　禽爪皮粉及其加工产品的加工方法与工艺

（八）小结

1. 动物副产物资源状况　2018 年我国生猪出栏69 382万头（国家统计局数据），按照平均生猪出栏重 115.8kg，猪肠道占机体重的 3%～6%，内脏占 7%（含肠道），猪毛大约 0.2%，猪脚 2%（其中蹄角部分约占 0.04%），经推算，全国可供生产肠膜蛋白粉的猪肠道年产量为 241.03 万～482.06 万 t，可供生产猪内脏粉的猪内脏（含肠道）年产量约为 562.4 万 t，可产出的猪毛约为 9.7 万 t，可供生产蹄角粉的猪蹄约为 2.78 万 t；而 2016 年专业型肉鸡出栏量约为 89.9 亿只，鸡肉产量为 1 325.8万 t，鸡内脏占鸡体重的 8%～9%，按每 2.1 万只肉鸡生产 1t 羽毛粉计算，可供生产鸡内脏粉的鸡内脏年产量为 61.1 万～68.7 万 t，而羽毛粉年产量约为 42.8 万 t。除猪内脏大部分被人食用外，猪其他副产物以及鸡内脏可以作为动物饲料原料来应用，其可用于生产的总产量分别为 71 万～80 万 t（不含羽毛粉，鲜重）和 40 万 t，如果按照动物内脏含有 20% 的水分进行折算，那么每年有 14 万～16 万 t 的动物副产物粉（不含羽毛粉）和 40 万 t 的羽毛粉可供饲料生产，其产量可观。

2018 年我国鱼粉进口总量为 103.85 万 t，国产鱼粉年产量超过 100 万 t。如果能够有效地将这些动物副产物（不含羽毛粉）用于养殖动物，按照动物副产物（不含羽毛粉）与鱼粉 2∶1 的比例替代，每年将可以节约 7 万～8 万 t 的鱼粉量，这对缓解当前动物蛋白源短缺尤其是鱼粉短缺具有重要意义。

2. 动物副产物利用中存在的一些问题

（1）大部分屠宰场较为分散、难以形成规模化产量，而部分屠宰场的屠宰、贮藏等条件简陋，导致副产物的质量难保证，对环境存在污染。

（2）不重视对动物副产物尤其内脏等的深加工，加工条件单一、缺乏有效的监管，使得加工后的副产物质量参差不齐，部分产品存在掺杂、油脂氧化、重金属超标、卫生指标超标等质量问题。此外，对动物副产物深加工及其应用研究较少，可参阅资料有限，亟待深入研究。

3. 对策与建议

（1）必须高度重视动物副产物的深加工。鼓励集中屠宰，在厂区内建立副产物加工生产线，对资源进行集中处理，一方面保证将副产物全部转化为蛋白质饲料，另一方面，充分利用加工中产生的肉食成分副产物，并保障产品的质量，如新鲜度高、营养价值高且稳定。

（2）加强对动物副产物深加工的研究，通过不同的加工处理，如高温、水解、酶解等方法，改善利用率和质量，改善成品的储存方法，使其易于在饲料生产中应用。

总之，充分开发和利用动物副产物（内脏、蹄角、羽毛、畜毛等），对动物副产物进行合理回收、处理和循环利用，对我国养殖业可持续发展、改善环境污染、缓解当前动物蛋白源短缺具有重要的意义。

（武汉轻工大学王春维，江南大学金青哲、王永进，西北农林科技大学吉红）

第二节 鱼和其他水生动物及其副产品
作为饲料原料的研究进展

一、鱼及其加工产品

（一）概述

1. 我国鱼及其加工产品资源现状

（1）鱼及其加工产品的主要类别　参考中华人民共和国农业部第 1773 号公告（《饲料原料目录》，2013 年 1 月 1 日起施行），鱼及其加工产品作为蛋白质原料的种类及其特征描述见表 1-13。

表 1-13　鱼及其加工产品作为蛋白质原料的种类及其特征

名称	特征描述	主要使用对象
白鱼粉	鳕、鲽等白肉鱼种的全鱼或其为原料加工水产品后剩余的鱼体部分（包括鱼骨、鱼内脏、鱼头、鱼尾、鱼皮、鱼眼、鱼鳞和鱼鳍），经蒸煮、压榨、脱脂、干燥、粉碎获得的产品	鳗、鳖、对安全质量敏感的肉食性鱼类、猪教槽料和保育料
鱼粉	全鱼或经分割的鱼体经蒸煮、压榨、脱脂、干燥、粉碎获得的产品。在干燥过程中可加入鱼溶浆。不得使用发生疫病和受污染的鱼。该产品原料若来源于淡水鱼，产品名称应标明"淡水鱼粉"	所有的养殖动物。主要为水产动物、猪、蛋鸡、毛皮动物、两栖类和爬行类动物、微生物发酵培养基
鱼排粉	加工鱼类水产品过程中剩余的鱼体部分（包括鱼骨、鱼内脏、鱼头、鱼尾、鱼皮、鱼眼、鱼鳞和鱼鳍）经蒸煮、烘干、粉碎获得的产品	水产养殖动物、家禽、两栖类和爬行类动物
鱼虾粉	以鱼、虾、蟹等水产动物及其加工副产物为原料，经蒸煮、压榨、干燥、粉碎等工序获得的产品。不得使用发生疫病和受污染的鱼	水产动物、蛋鸡、毛皮动物、两栖类和爬行类动物

（续）

名称	特征描述	主要使用对象
鱼溶浆	以鱼粉加工过程中得到的压榨液为原料，经脱脂、浓缩或水解后再浓缩获得的膏状产品。产品中水分含量不高于50%	水产养殖动物、毛皮动物、两栖类和爬行类动物、微生物发酵培养基
鱼溶浆粉	鱼溶浆（或与载体混合后）经过喷雾干燥或低温干燥获得的产品。使用载体应为饲料法规中许可使用的原料，并在产品标签中标明载体名称	水产动物、猪（教槽料和保育料）、蛋鸡、毛皮动物、微生物发酵培养基
鱼膏	以鲜鱼内脏等为原料，经油脂分离、酶解、浓缩获得的膏状物	海水养殖动物（虾蟹类）、部分淡水肉食性鱼类
鱼浆	鲜鱼或冰鲜鱼绞碎后，经饲料级或食品级甲酸（添加量不超过鱼鲜重的5%）防腐处理，在一定温度下经液化、过滤得到的液态物，可真空浓缩。挥发性盐基氮每100g含量不高于50mg，组胺含量不高于300mg/kg	水产养殖动物、毛皮动物、两栖类和爬行类动物
水解鱼蛋白粉	以全鱼或鱼的某一部分为原料，经浓缩、水解、干燥获得的产品。产品中粗蛋白质含量不低于50%	猪（教槽料和保育料）、部分鳗、鳖、对安全质量敏感的肉食性鱼类以及微生物发酵培养基

在这些产品中，产量大、使用量大的是鱼粉、白鱼粉、鱼排粉，而鱼虾粉、水解鱼蛋白粉、鱼膏、鱼溶浆、鱼溶浆粉、鱼浆是最近几年开发的新产品，其产量较小，主要在仔猪教槽料、部分水产饲料、毛皮动物饲料中使用。

（2）鱼粉等鱼及其加工产品原料　用于生产鱼粉等产品的原料包括整鱼原料和食用鱼加工后的副产物两大类，前者为主要原料。如果从海水或淡水鱼来源看，有来自海水的整鱼、加工副产物，也有来自淡水的整鱼、加工副产物，以海水鱼及其加工副产物为主。整鱼是指捕捞的、达不到食用规格或不宜食用的鱼类，一般是个体较小的鱼类，而加工副产物是指个体较大的鱼类不能生产食用的部分，如生产鱼片后剩余的鱼排（鱼头、鱼骨、鱼尾、鳍条等）、内脏、鱼皮等副产物。

用于生产鱼粉等蛋白质饲料原料的鱼主要为个体规格很小或者不容易保存而不能满足食用质量要求的鱼类。直接用于鱼粉等蛋白质饲料生产的鱼类种类方面，白鱼粉生产的原料鱼有鳕、鲽等；红鱼粉生产的原料鱼有鳀、沙丁鱼、凤尾鱼，以及其他各种小杂鱼。

鳀（Anchovy）属温水性上层小型鱼类，产卵鱼群体长为75～140mm，体重5～20g。以水蚤、太平洋磷虾等浮游动物为主要捕食对象。秘鲁渔业资源丰富，鳀生物资源量在800万～1 000万t，鳀捕捞量在较高的年份能达到400万～500万t。

鲱（Herring）为重要的经济鱼类，广泛分布于大西洋和太平洋北部水域，属于小型鱼类，体长一般25～35cm，最大个体可达50cm。鲱以浮游生物为食。鲱分为两种：一种是生活在大西洋两岸的大西洋鲱，另一种是分布在太平洋北半部的太平洋鲱。沙丁鱼（Sardine）是鲱科中沙丁鱼属、小沙丁鱼属和拟沙丁鱼属的鱼类统称。

毛鳞鱼（*Mallotus villosus*）生活于北大西洋东、西两岸和西北太平洋高纬度海域，属于冷水性经济鱼类，幼鱼摄食桡足类及其他浮游动物，成鱼摄食端足类、磷虾、十足目、虾类和幼鱼。

鳕通常是指鳕形目鱼类，是海洋世界的大家族，已知约有50种，是海洋渔业的主要捕捞对象。1996 年全球鳕捕获量达 1 071 万 t，占海洋渔业总产量的 15％～18％。一般体长 25～40cm，体重 300～750g。鳕为肉食性鱼类，摄食鱼类、磷虾、糠虾等。鳕、鲽等白肉鱼种的全鱼或下脚料是白鱼粉的主要原料，依加工方法分为工船加工和岸上加工。白鱼粉具有色淡、蓬松、鱼肉多、黏弹性好、易与各种 α-淀粉及其他鱼粉配合使用的特点。挥发性盐基氮低于 0.4mg/g，组胺低于 50mg/kg。

秘鲁是鱼粉最大的输出国。主要用来生产鱼粉的为鳀、沙丁鱼及鲭，其中鳀的量较大。智利主要用于生产鱼粉的鱼为鳀、沙丁鱼及鲭。美国用于生产鱼粉的鱼为油鲱、金枪鱼及其他底层鱼，其中油鲱、鳀的量较大，约占 65％。挪威用于生产鱼粉的鱼为蓝鳕、玉筋鱼、鲱及其他鱼，其中蓝鳕的量最大，约占 38％。中国鱼粉市场正逐渐发展，主要用于生产鱼粉的鱼有鳀、鲭、毛鳞鱼、刀鲚（凤尾鱼）、玉筋鱼等。

鱼加工副产物是生产鱼排粉、鱼膏等产品的主要原料，是海洋捕捞、淡水养殖的食用加工鱼类的副产物，如鱼头、鱼骨、鱼尾、内脏、鱼皮等。海洋捕捞鱼类包括鳕、鲱、金枪鱼等，加工副产物是去掉鱼体两侧的鱼片之后的副产物，也包括带鱼等切段后的鱼头、鱼尾等。淡水养殖鱼类主要为罗非鱼、斑点叉尾鮰、越南巴沙鱼等。

上述食用鱼加工副产物如果是在加工厂进行加工，则相对集中，有利于直接用于鱼排粉的生产；如果在交易市场进行加工，则需要及时收集、运到鱼排粉加工厂进行生产。淡水鱼如罗非鱼、斑点叉尾鮰、越南巴沙鱼等的鱼片加工一般都是在工厂中进行的；而海水鱼多数是在加工厂加工，部分鱼（如金枪鱼等）在交易市场进行加工。

利用上述副产物按照鱼粉生产工艺流程生产得到的产品为鱼排粉。中国利用罗非鱼、斑点叉尾鮰加工后的鱼排生产鱼排粉，内脏水解后得到鱼膏产品。

国内罗非鱼鱼片加工生产中，依据百洋水产集团股份有限公司对一个生产周期的统计数据，以鲜活的罗非鱼为原料，生产罗非鱼带皮鱼片的出成率为 (45.06±1.81)％，去掉鱼皮后的出成率为 (36.15±1.94)％。因此，副产物包括鱼排（头、骨和鱼尾、鳍条等）、内脏、鱼皮的比例大致为 64％，这些副产物用于罗非鱼鱼排粉的生产。

（3）原料鱼与鱼粉、鱼排粉产品的比例　来自国际鱼粉鱼油协会（IFFO）和联合国粮食及农业组织（FAO）的资料显示，原料鱼和鱼粉的比值为 4.44，原料鱼和鱼油的比值为 20.83。以 2010 年数据为例计算比值的结果为：1 386.6 万 t 的整鱼和 462.9 万 t 的鱼加工副产物用于鱼粉、鱼油的生产，得到 416.6 万 t 的鱼粉、88.8 万 t 的鱼油，其余为 1 346.1 万 t 的水分；即 1 849.5 万 t 的原料（整鱼和加工副产物）产出 416.6 万 t 鱼粉、88.8 万 t 鱼油；因此，计算得到原料鱼与鱼粉的比值为 4.44，原料鱼与鱼油的比值为 20.83。当然，这个比值与不同种类原料鱼的油脂含量也有直接关系。此外，2010 年用于生产鱼粉（鱼油）的原料中整鱼（1 386.6 万 t）与加工副产物（462.9t）的比值为 2.99：1，即加工副产物占全部鱼粉生产原料的比例为 25％。

依据对国内鱼粉生产企业的调查，原料鱼（包括加工副产物）与鱼粉产量的比例一般为 4.0～4.5，主要受到原料鱼个体大小、油脂含量与水分含量的影响，并与鱼粉生产过程中鱼溶浆是否返回鱼粉中有很大关系。国内利用加工副产物作为鱼粉等产品生产原料所占比例一般在 20％左右。与上述 IFFO 和 FAO 统计的数据相近。

而对于高含水量的产品，如鱼膏、鱼浆则分别是以整鱼加工副产品中的内脏、捕捞的整鱼为生产原料，原料鱼和鱼膏（或鱼浆产品）的比例接近 1：1。

鱼溶浆则是鱼粉、鱼排粉等生产过程中原料鱼经过蒸煮、压榨后的液体经过油水分离后得到的水溶液，再经过真空浓缩后得到含水量低于50%的鱼溶浆产品。鱼溶浆粉则是浓缩鱼溶浆再经干燥后的产品。

（4）我国进口鱼粉数量　2000年以来，我国从国外进口鱼粉数量的统计如表1-14所示。

表1-14　2000年以来我国从国外进口鱼粉的数量

年份	总进口量 （t）	秘鲁 （t）	智利 （t）	美国 （t）	俄罗斯 （t）	新西兰 （t）	五国比例* （%）	秘鲁和智利比例 （%）
2000	1 189 257	941 878	52 340	59 245	88 748	22 859	97.97	83.60
2001	904 053	652 763	89 774	70 168	53 256	22 583	98.28	82.13
2002	960 521	640 159	158 163	68 919	44 445	21 422	97.15	83.11
2003	802 841	458 143	152 519	72 865	32 489	24 808	92.28	76.06
2004	1 127 886	787 413	135 212	73 287	28 507	22 250	92.80	81.80
2005	1 581 744	1 070 938	277 368	67 395	31 820	18 525	92.69	85.24
2006	983 210	602 263	159 007	69 348	34 961	16 432	89.71	77.43
2007	969 840	516 557	187 564	72 172	39 190	14 392	85.57	72.60
2008	1 351 349	876 338	239 352	77 323	49 137	16 644	93.15	82.56
2009	1 310 532	730 450	339 922	88 870	40 169	16 985	92.82	81.67
2010	1 042 375	612 157	131 144	66 685	46 371	15 687	83.66	71.31
2011	1 212 455	729 462	136 392	155 419	38 463	7 452	88.02	71.41
2012	1 249 363	708 702	125 192	172 381	47 762	8 747	85.07	66.75
2013	980 614	459 963	115 935	109 924	49 159	8 999	75.87	58.73
2014	1 041 642	510 935	94 233	97 727	47 148	11 899	73.15	58.10

注：＊五国指秘鲁、智利、美国、俄罗斯和新西兰。

资料来源：IFFO和中国海关统计数据。

从表1-14可以发现，2000年以来，我国进口鱼粉量最高的年份为2005年，达到158万t左右，2014年进口鱼粉量为104万t左右。

进口鱼粉的来源地发生了很大的变化，2000—2005年期间，从秘鲁、智利、美国、俄罗斯和新西兰五国进口的鱼粉占进口鱼粉总量的92.69%～98.28%。其中从秘鲁、智利两国进口的鱼粉占进口的鱼粉总量的76.06%～85.24%，这两个国家是我国进口鱼粉的主要来源地。2005年之后，我国从秘鲁、智利、美国、俄罗斯和新西兰五国进口的鱼粉占进口鱼粉总量的比例逐渐下降，2014年下降到73.15%，而从秘鲁、智利两国进口的鱼粉占进口鱼粉总量的比例下降到58.10%。

（5）国产鱼粉数量　要准确地统计我国鱼粉生产量较为困难，主要原因是国产鱼粉目前尚未纳入饲料统计之中，我国也没有专项的饲料原料统计。

通过对中国水产流通与加工协会、中国饲料在线、荣成市海圣饲料有限公司、荣成市蓝海海洋生物科技有限公司、浙江玉环五丰鱼粉有限公司等单位和企业的调研，获得的我国鱼粉产品、生产企业数的结果见表1-15。

我国鱼粉生产量从 2000 年到 2014 年变化很大（表 1-15），最低为 19 万 t（2002 年），最高达到 122 万 t（2012 年）。主要特征是鱼粉生产企业数量多，最高时有 312 个鱼粉生产企业，2013 年即使在山东、浙江等地区对鱼粉企业进行了整改、重新核发鱼粉和鱼油生产许可证，生产企业仍达 310 个；单个企业产量低，2014 年国产鱼粉量为 72 万 t、生产企业数量为 148 个，计算得到的单个企业的平均生产量仅为 0.49 万 t。

表 1-15 2000—2014 年国产鱼粉产量、生产企业数量、进口鱼粉量以及我国消费鱼粉总量

年份	国产鱼粉产量（万 t）	生产企业数量（个）	进口鱼粉量（万 t）	我国消费鱼粉总量（万 t）
2000	20	54	118.925 7	138.925 7
2001	24	65	90.405 3	114.405 3
2002	19	66	96.052 1	115.052 1
2003	29	87	80.284 1	109.284 1
2004	36	103	112.788 6	148.788 6
2005	38	120	158.174 4	196.174 4
2006	42	149	98.321 0	140.321
2007	47	169	96.984 0	143.984
2008	45	195	135.134 9	180.134 9
2009	58	253	131.053 2	189.053 2
2010	57	270	104.237 5	161.237 5
2011	107	307	121.245 5	228.245 5
2012	122	312	124.936 3	246.936 3
2013	77	310	98.061 4	175.061 4
2014	72	148	104.164 2	176.164 2

表 1-15 同时统计了 2000 年以来进口鱼粉和国产鱼粉总量，两者之和作为我国消费鱼粉总量。2014 年我国消费鱼粉总量约为 176 万 t。

2. 鱼及其加工产品作为饲料原料利用存在的问题

（1）鱼粉的市场价格成为影响饲料成本、动物养殖成本的主要因素之一　鱼粉等作为蛋白质饲料原料是一类资源型产品，其原料来自捕捞的非食用鱼类、食用鱼类的加工副产品。海洋捕捞受到全球海洋渔业资源总量、海洋鱼类资源在全球水域分布及其变化的影响。虽然全球鱼粉等产品总量基本维持在 450 万～500 万 t，但不同年份在不同区域的分布差异较大，尤其是厄尔尼诺现象对传统的鱼粉生产国如秘鲁、智利等的影响较大，从而对国际市场上鱼粉加工产生了较大影响。同时，由于鱼粉等产品进入了期货交易模式，而市场投机资本对鱼粉等大宗原料期货市场价格的介入，经常导致其期货价格背离供求关系。尤其是近几年来，国际市场鱼粉价格，特别是蒸汽鱼粉的价格在一个养殖周期内发生 4 000～5 000 元/t 的波动，受国际市场鱼粉加工量及其期货市场波动的影响，国产鱼粉的价格也随之发生剧烈波动。

鱼粉等鱼产品加工的蛋白质饲料原料是水产饲料、猪的教槽料和保育料、种禽和部分蛋鸭料的主要蛋白质原料，其市场价格的波动对饲料产品生产成本的影响很大。养殖

动物产品的市场价格维持相对稳定，要求配合饲料的市场价格保持相对稳定，但鱼粉等蛋白质原料价格的波动幅度通常大于配合饲料市场价格的波动幅度，因此，饲料企业必须通过技术手段控制鱼粉等原料在饲料配方中的使用量，同时还要保持配合饲料产品质量的相对稳定。

由此可见，鱼粉等产品价格大幅度波动受海洋捕捞资源量、期货市场资本行为的影响。鱼粉等鱼加工产品的国际市场长期波动、大幅度波动呈现常态化，一方面对配合饲料产品质量和市场价格形成巨大的压力，进而对水产、猪、禽等养殖业产生重大影响；另一方面，促进了饲料技术的进步，提高了对新的动物蛋白质原料开发的动力。

值得强调的是，中国虽然是国际鱼粉的主要消费市场，中国配合饲料总量仅次于美国，水产配合饲料产量为世界第一，但是，我们对鱼粉等重要动物蛋白质原料和其他大宗饲料原料的市场价格却没有话语权，更没有定价权。在未来，中国如何建设主要动物蛋白质原料、大宗饲料原料的国际期货市场、国际性交易市场将是我们需要考虑的重点方向之一。

（2）国产鱼粉生产管理混乱、资源浪费严重，对饲料工业、养殖业的支撑作用严重不足　我国鱼粉等鱼加工产品蛋白质饲料主要有国际市场和国内市场两大来源，而国内的鱼粉等产品生产管理混乱、产品质量差异大、资源浪费很大，导致国内市场的鱼粉等产品对我国饲料产业和养殖产业的支撑力度严重不足，进而导致我国饲料工业需要的鱼粉等蛋白质饲料严重依赖于国际市场的供给，同时也受到国际市场价格波动的严重影响。

国产鱼粉等产品目前产量不足 100 万 t，一方面存在捕捞鱼资源量不足的问题；另一方面由于生产企业过多（单个鱼粉生产企业产量平均不足 0.5 万 t）、生产工艺设备良莠不齐，导致资源严重浪费。此外，对食用副产品几乎没有再利用。

（3）对鱼及其加工产品营养特性和生产技术的研究缺乏　我国鱼粉等的生产开始于 20 世纪 90 年代，即使到 2000 年，国产鱼粉的总量也只有 20 万 t，生产企业 54 家。

首先，对鱼及其加工产品如鱼粉、鱼溶浆（粉）、鱼膏等营养特殊性没有进行系统、深入的研究，仅分析了其蛋白质、脂肪等常规营养成分的含量。例如，由于对养殖动物生理所需要的、来源于鱼及其加工产品的特殊营养物质种类和含量等缺乏研究，从而将鱼粉中的特殊营养物质统称为"未知生长因子""未知特殊营养因子"等，这也在一定程度上影响了动物饲料中鱼粉替代技术的应用。

其次，对鱼粉等产品生产工艺与设备缺乏系统的研究。鱼及其加工产品的生产是一项系统工程，涉及海洋捕捞鱼类的保鲜、原料鱼的蒸煮、鱼溶浆的浓缩、鱼粉或鱼溶浆等产品的烘干、鱼及其加工产品的抗氧化，以及鱼蛋白粉的水解、鱼浆的水解、鱼膏的水解等，目前缺乏对相应生产工艺流程、主要工段控制参数的系统研究。相应的机械设备等也基本是用食品加工的设备，缺少对设备的系统研究。再加上对海洋捕捞资源的管理不到位，鱼粉等生产企业规模小、设备不系统等原因，导致我国鱼粉等产品质量差异很大，在饲料中的应用效果不稳定，其市场价格也显著低于国际市场鱼粉的价格，造成我国有限的渔业资源的巨大浪费。

再次，对生产过程中质量变异缺乏系统的研究。鱼类、甲壳类、软体动物等生产原料在离开水体死亡后极易变质，其蛋白质容易腐败，其中的鱼油也容易氧化。在生产过程中，温度过高、高温时间过长等因素极易造成鱼粉等产品质量变异，使产品质量下降，甚至可能产生有害物质，例如组胺与赖氨酸反应产生肌胃糜烂素、鱼油氧化产生丙二醛等有害物质，导致国产鱼粉产品质量整体不如进口鱼粉。

我国每年有超过 3 万 t 的虾粉产量，但没有虾粉专用生产工艺和设备，基本采用鱼粉的生产工艺和设备。由于虾类原料不耐高温，导致生产出来的虾粉焦化、蛋白质过度热变性、油脂氧化，其产品质量远不如进口的磷虾粉。

上述现状不仅对有限的渔业资源造成了极大的浪费，且由于有害物质的产生，对养殖动物的生理健康、生长效率也产生了严重不良的影响，如造成鸡的肌胃糜烂，鱼体肝胰脏损伤、体色变化等，对养殖业造成了不良影响。

（4）鱼及其加工产品在饲料中的使用技术需要进一步优化　鱼及其加工产品是优质的动物蛋白质原料，也是市场价格很高的饲料原料，如何显著降低其在饲料中的使用量且同时保障饲料产品质量是现代饲料学主要的任务和目标。我国饲料工业和养殖业在近30 年得到了快速的发展，饲料总量也达到了 2 亿 t 左右，而鱼粉的使用量没有随之增加，进口鱼粉的数量基本维持在 100 万 t 左右，这是我国动物营养基础研究与饲料技术进步的重要成就。

但是，如何更有效地发挥鱼及其加工产品的营养作用，如何再进一步降低其在饲料中的使用量，如何依据不同养殖动物的营养需要、有针对性地选择不同的鱼及其加工产品等，依然需要系统、深入的研究。尤其是水产动物饲料，水产养殖动物种类多，又是变温动物，受环境变化的影响大，目前配合饲料中鱼粉的使用量还较高，而相应的鱼粉替代技术尚待更深入、系统的研究。

3. 开发利用鱼及其加工产品作为饲料原料的意义

（1）鱼粉等是具有特殊营养价值的动物蛋白质原料，对我国饲料工业、养殖业的发展具有重要支撑作用。生命起源于海洋，鱼及其加工产品中含有的特殊物质对养殖动物生长和正常生理维持具有特殊的作用。鱼及其加工产品具有营养价值高、消化利用率高、营养素平衡性好等显著特点，对配合饲料质量具有关键性的作用。在早期的猪、家禽饲料中，鱼及其加工产品作为主要动物蛋白质原料保障了配合饲料的营养质量，满足了生猪、家禽养殖业对饲料的需求，我国饲料工业和养殖业得到快速发展，全国饲料总量达到近 2 亿 t 的高水平。即使在营养学基础研究和饲料技术有了很大进步的今天，猪的教槽料和保育料、种禽饲料和部分蛋鸭饲料中依然要使用 1%～5% 的鱼及其加工产品作为蛋白质饲料原料，以保障饲料质量和养殖动物的营养需求，这显示出鱼及其加工产品在养殖动物营养方面的特殊营养价值。

对于水产饲料，鱼及其加工产品是不可或缺的动物蛋白质原料，在满足养殖动物生长营养需要、生理代谢营养需要方面，鱼及其加工产品具有关键性的作用。依据 FAO和 IFFO 的资料，在 20 世纪 60 年代，全球鱼粉 50% 用于生猪饲料、48% 用于家禽饲料；而到了 21 世纪初期，全球鱼粉仅仅 20% 用于生猪饲料、5% 用于家禽饲料，用于水产饲料的鱼粉比例达到 73%。这既是全球养殖业结构调整的结果，也是鱼及其加工产品对不同养殖动物具有重要营养价值的结果。

因此，鱼及其加工产品作为动物蛋白质饲料原料，是决定配合饲料质量水平的关键因素之一，也是我国饲料工业、养殖业快速发展的重要基础之一。

（2）鱼及其加工产品作为饲料资源的应用，是海洋生物资源的高效再利用，是人类动物食品的有效保障，也是对全球海洋渔业资源的有效保护。鱼及其加工产品的原料来源，一是海洋捕捞的非食用鱼类、虾类、软体动物等，二是食用鱼类的加工副产物，是资源的再利用，并不与人类争夺食物蛋白质资源。人们一直担心，动物养殖业尤其是水产养殖业的快速发展会导致海洋渔业资源的枯竭，会造成海洋渔业资源的巨大浪费，并可能影响到人类海洋食物蛋白质的来源和供给保障。如果以目前对鱼粉等产品使用量很大的水产饲料为例进行分析，实际情况并不像人们所担心的那样，相反，正是由于以海洋捕捞的非食用鱼、食用鱼的加工副产品作为鱼及其他动物蛋白质饲料，通过其再利用获得更多的、更优质的养殖动物产品，更有效地保障了人类对动物食品的需要。随着人类对动物食品需求量的增加，这种作用更为显著。鱼及其加工产品的使用效率逐步提高，那么，以水产养殖的饲料使用为例，通过饲用鱼粉和鱼油、多少千克饲料鱼可以生产1kg养殖鱼？习惯上，按照"整鱼投入与整鱼产出"（FIFO，fish in：fish out）的方式来进行分析，即以捕捞的整鱼量（加工为鱼粉、鱼油）加入饲料中，再通过饲料养殖获得的养殖鱼类整鱼量的比值。资料显示，欧洲主要的养殖鱼类为三文鱼，从野生饲料鱼到养殖三文鱼的FIFO值是1.4：1，即每生产1kg养殖三文鱼需要1.4kg的饲料鱼。就所有使用水产饲料的水产养殖业而言，统计的FIFO值是0.3：1（2010年），这意味着全球水产养殖业每生产1kg养殖鱼和甲壳类（主要是虾类），只使用了300g野生鱼。

IFFO统计了全球水产饲料养殖业FIFO值变化，结果见表1-16。随着水产动物营养研究成果的应用和水产饲料技术的发展，从2000年到2010年的FIFO值显著降低。中国水产养殖以鲤科鱼类（如青鱼、草鱼、鲤、鲫等）为主，FIFO值为0.1，即每养殖1kg鲤科鱼类仅仅需要0.1kg的非食用鱼类的鱼及其加工产品蛋白质饲料作为原料，是1：10的关系。这是对捕捞鱼类资源、食用鱼加工副产品的高效利用。中国水产饲料产量为世界第一，对于全球渔业资源的高效利用做出了重要贡献。

表1-16　2000年与2010年养殖海洋食品的FIFO值

摄食饲料的养殖种类	2000年	2010年
鳗鲡	3	1.8
鲑科鱼类（包括鳟）	2.6	1.4
海水鱼类	1.5	0.9
甲壳类	0.9	0.4
罗非鱼	0.3	0.2
其他淡水鱼类（如鲴）	0.6	0.2
鲤科鱼类	0.1	0.1
摄饲水产动物合计	0.6	0.3

资料来源：FAO。

可以预见的是，随着对水产动物营养学基础研究成果的应用，水产饲料技术的快速发展，水产饲料和水产养殖的FIFO值还会进一步降低，主要理由是：鱼粉和鱼油在水产饲料配方中的百分比正在降低；同时在资源利用方面，除了继续利用海洋捕捞的非食用鱼作为原料生产鱼粉、鱼油等产品外，会有更多的食用鱼的加工副产品废料被用于制造鱼粉和鱼油；随着饲料技术的发展，水产饲料能够更好地转换为增肉量。

如果以全球进口鱼粉使用效率分析，按照每年从全球范围内进口的鱼粉量与产出的养殖水产品量分析，中国水产饲料、水产养殖业的贡献率是最高的。如中国每年进口鱼粉约100万t，但产出了全球约61.7%的水产品；而欧洲约进口70万t的鱼粉，仅贡献了4.3%的水产品产量；日本进口40万t鱼粉，产出了1.0%的水产品；越南进口10万t鱼粉，生产出4.6%的水产品。

从饲料系数（投入的饲料转化为养殖动物产品的比值）分析，三文鱼的饲料系数为1.2：1或者更低，罗非鱼为（1.6~1.8）：1，而猪类为（3~4）：1、禽类约为2：1、牛为（5~20）：1。

水产养殖业的快速发展缓解了对海洋渔业资源的压力，保障了水产品的供给。人类对水产品的需求持续增长，水产养殖业在满足市场需求方面发挥了重要作用。全球水产品产量的增长速度高于全球人口的增长速度。2012年，全球水产养殖鱼类和其他水产动物的养殖产量为6 660万t、水产养殖植物2 400万t，水产养殖仍然是全球食品生产领域增长最快的产业（FAO，2014）。

中国的水产养殖为保护海洋渔业资源做出了巨大贡献，保障了人们对水产品的需求。人类获取食物的途径大多经历了狩猎/捕捞到养殖的过程，获取水产类食物也是如此。20世纪70年代，人类摄食的水产品大约6%来自养殖，但这一数据到2006年已超过50%，到2009年超过70%。根据FAO的数据，中国水产养殖产量为全球水产养殖产量的69%，水产养殖总量已经达到4 600万t，居世界第一。正是水产养殖业的快速发展，保障了我国人民对水产品日益增长的需求，对改善食品结构做出了重要的贡献，也缓解了对海洋渔业资源的巨大压力，对世界海洋渔业资源和水产养殖业的发展做出了重要的贡献。

（二）鱼及其加工产品的营养价值

1. 鱼及其加工产品的营养价值具有特殊性 鱼粉等蛋白质原料在动物饲料中显示出特殊的营养价值和营养作用。这种特殊性主要体现在对养殖动物生长速度和效率的高效性、对养殖动物健康和正常生理状态维持的特殊作用性，在实际生产中表现为日粮中是否有鱼粉对养殖动物尤其是水产动物的生长和生理健康具有显著性的差异。

地球上的生命起源于海洋，生长于海洋、淡水中的鱼加工的鱼粉等蛋白质原料产品可能含有维持陆生动物生长、生理代谢所需要的特殊物质，而这些物质可能正是其他陆生动植物蛋白质原料所不具备的。因此，鱼及其加工产品的营养价值可以从以下几个方面来认识。

（1）常规营养素含量高、平衡性好、消化率高 作为动物蛋白质原料，鱼及其加工产品除了营养素含量高、消化率高外，主要价值体现在其氨基酸的平衡性以及养殖动物所需要的限制性氨基酸如赖氨酸、蛋氨酸含量等方面，较其他陆生动物蛋白质、植物蛋白质具有更高的营养价值。鱼及其加工产品中含有的高不饱和脂肪酸，尤其是EPA、DHA，这是其他陆生动物、植物蛋白质（海藻除外）所不具备的。在矿物质元素组成方面，除了含量较高外，不同矿物质元素之间的比例，即平衡性更适合养殖动物的需要

（杨勇等，2004）。

（2）具有特殊的营养价值和生理调节活性物质　鱼及其加工产品有如下特点：①相对于植物蛋白质原料而言，其所含有的抗营养因子少。②特殊的诱食活性物质种类多、含量高，这些活性物质包括牛磺酸、氧化三甲胺、二甲基丙酸噻亭等，对养殖动物具有很好的诱食性，同时对胃肠道黏膜细胞生长、胃肠道黏膜结构屏障的维持具有一定作用。③含有对养殖动物生理代谢具有调节作用的物质，如一些生物胺，在低剂量条件下对动物的生理代谢、生理活性具有调节作用。

显然，鱼及其加工产品对养殖动物特殊的营养价值不仅仅是某一个方面的作用，而是营养物质平衡性、诱食性、胃肠道黏膜屏障结构与功能维持、对代谢调节的生理活性等多个方面协同作用的综合结果，而这正是其他陆生动物蛋白质、植物蛋白质原料所不具备的。另外，我们未知的一些小分子有机物可能尚具有特殊的营养价值，需要更系统的研究。

2. 鱼及其加工产品中的部分特殊物质

（1）牛磺酸等稀有氨基酸　牛磺酸（Taurine）广泛分布于动物组织细胞内，在海生动物中含量尤为丰富。

（2）具有诱食活性的物质　氧化三甲胺（Trimetlylamine oxide）化学式：$(CH_3)_3NO$，结构式见图1-13。氧化三甲胺为水产动物所特有，尤其在渗透压调节方面具有重要的作用。在水产动物饲料中补充一定量的氧化三甲胺已经显示出能很好地促进生长、维护机体生理健康的作用。氧化三甲胺在一定条件下分解，可以产生三甲胺、二甲胺、甲胺等物质，这些物质具有很强烈的

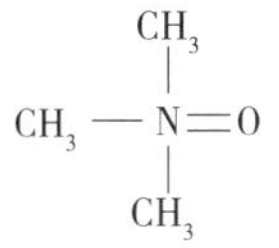

图1-13　氧化三甲胺结构式

鱼腥味，是水产动物所特有的气味，也因此成为促进水产动物摄食的有利因素。海水鱼肌肉中的氧化三甲胺含量比淡水鱼高，白肉鱼氧化三甲胺含量比红肉鱼高。硬骨鱼肌肉净重中氧化三甲胺含量为$20\sim70\mu mol/g$，而软骨鱼肌肉净重中的含量高达$140\mu mol/g$。淡水鱼类和陆生动物体内氧化三甲胺含量很低。氧化三甲胺在板鳃类肌肉中的含量为$10\sim15g/kg$，在乌贼外套膜肌肉中含量为$500\sim1\,500mg/kg$。

水产动物体内的氧化三甲胺主要有两种来源：一是摄取的食物（如浮游植物）被吸收后沉积于水产动物体内，部分淡水鱼类具有将日粮中前体物质合成氧化三甲胺的能力；二是水产动物自身的生物合成。广盐性硬骨鱼类其体内的氧化三甲胺基本都是内源性的。

胆碱（Choline）是一种强有机碱，是卵磷脂的组成成分，也存在于神经鞘磷脂之中，是机体代谢甲基的一个来源，在体内参与合成乙酰胆碱或组成磷脂酰胆碱等。其结构式见图1-14。

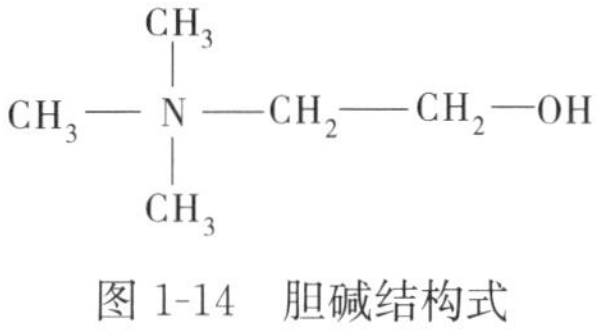

图1-14　胆碱结构式

甜菜碱（Betaine，N-三甲基甘氨酸）为胆碱的氧化代谢产物，去甲基后可生成甘氨酸，可从天然植物的根、茎、叶及果实中提取，或采用三甲胺和氯乙酸为原料化学合成。甜菜碱盐酸盐的合成以三甲胺作为原料，甜菜碱盐酸盐中三甲胺的含量是衡量胆碱产品质量的重要项目之一。其结构式见图1-15。

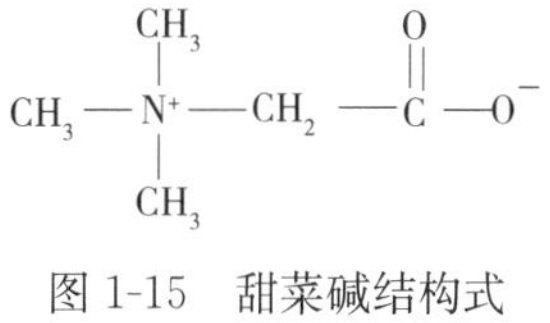

图1-15　甜菜碱结构式

硫代甜菜碱（Sulfobetaine）化学名为二甲基乙酸噻亭（Dimethylthetin，简称 DMT）。其结构式见图 1-16。

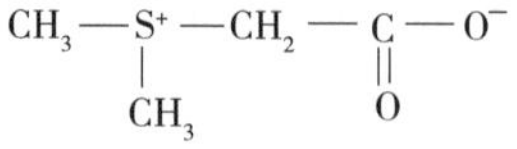

$$CH_3-S^+-CH_2-C-O^-$$

图 1-16　硫代甜菜碱结构式

二甲基-β-丙酸噻亭（Dimethyl-β-propiothetin，DMPT，S，S-二甲基-β-丙酸噻亭）是从海藻中提取的纯天然化合物，在海水鱼类中也存在，是水产动物产品中自然存在的物质，对水产动物具有很好的诱食作用。其结构式如图 1-17 所示。

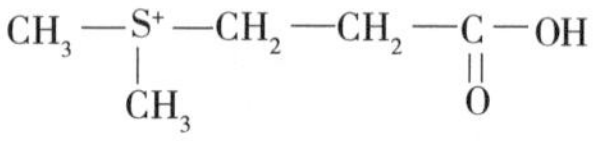

$$CH_3-S^+-CH_2-CH_2-C-OH$$

图 1-17　二甲基丙酸噻亭结构式

氧化三甲胺、二甲基-β-丙酸噻亭是海水水产中自然存在的、对养殖水产动物具有很好诱食作用的物质。氧化三甲胺主要存在于海水鱼类中，而二甲基-β-丙酸噻亭则主要存在于海藻中。甜菜碱、硫代甜菜碱也具有一定的诱食作用，人工合成时以三甲胺为原料进行合成。

三甲胺是水产品中鱼腥味的主要成分，对水产动物也具有一定的诱食作用。但过量的三甲胺有一定的毒副作用，也是鱼粉、水产品新鲜度、水产品安全质量的检测指标之一。其结构式见图 1-18。

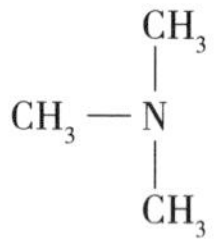

$$CH_3-N \begin{matrix} CH_3 \\ \\ CH_3 \end{matrix}$$

图 1-18　三甲胺结构式

（3）生物胺的作用具有多重性　生物胺是动物、植物体内正常的组成物质，具有多种生理活性。水产动物体内含有生物胺的种类、数量较其他陆生动物多。对于养殖的水产动物而言，鱼粉中、饲料中维持一定量的生物胺具有很好的生物学功能性作用。这或许是鱼粉不同于其他动物性蛋白质原料的一个方面。但是，组胺、尸胺、腐胺、精胺、酪胺等生物胺超过一定的数量，对人体、养殖动物都会产生毒副作用。对于不同的动物，哪些生物胺、多大剂量范围内表现出毒副作用则是需要研究的问题。

因此，生物胺的生理活性作用、对养殖动物生长的促进作用、超过一定剂量对养殖动物的毒副作用等构成了生物胺生物学作用的多重性，既体现了鱼粉等水产来源动物蛋白质的营养性、功能作用的特殊性，又是其质量安全、新鲜度控制的重要指标。

3. 不同鱼粉产品的营养价值特征一般性的描述　9 种鱼及其加工产品原料的一般性营养特征见表 1-17。

表 1-17　鱼及其加工产品不同类型的一般性营养特征描述

名称	营养特征描述	安全特征描述
白鱼粉	以"白色肉"原料鱼及其加工副产物为主，组氨酸含量较低；新鲜度高；高不饱和脂肪酸含量高；粗灰分含量较高。与 α 淀粉混合的黏弹性好	多以冷水性鱼类或其加工副产物为原料，新鲜度好，安全质量好
水解鱼蛋白粉	以食用鱼加工副产物或整鱼为原料，蛋白质部分酶解，水溶性蛋白质、多肽、游离氨基酸含量高，蛋白质含量高，消化利用率高。喷雾干燥或加载体烘干	安全质量较好。烘干温度和工艺对产品质量影响大

（续）

名称	营养特征描述	安全特征描述
鱼粉	以整鱼或加工副产物为原料，原料鱼营养质量成为鱼粉产品质量的决定因素；生产过程中是否"返回鱼溶浆"会造成全脂鱼粉、半脱脂鱼粉、脱脂鱼粉等产品质量差异，主要在蛋白质含量、脂肪含量与脂肪酸组成、粗灰分含量上差异较大。淡水鱼和海水鱼原料在蛋白质氨基酸组成和脂肪酸组成以及氧化三甲胺等小分子物质组成上有较大差异	主要的安全因素受到原料的新鲜度、加工方式（直火干燥或蒸汽干燥或低温干燥）的影响，这些影响到鱼粉产品的蛋白质、鱼油的新鲜度和安全性。此外，是否返回"鱼溶浆"对水溶态氮物质、小分子成分影响大。过高温度（>120℃）产生肌胃糜烂素量显著增加，油脂氧化程度增加
鱼膏	以鱼内脏为原料，生产过程中，原料有部分水解，水溶性蛋白质、多肽和游离氨基酸含量高，油脂含量较高，诱食性和可消化性较高，水分含量高	受原料新鲜度、鱼膏保存方法的影响，蛋白质腐败和油脂氧化的安全质量差异大。产品微生物数量较高，是安全隐患之一
鱼排粉	以鱼排为原料，蛋白质含量（50%）较低，粗灰分含量高。可消化质量受加工温度影响较大	原料如果能够在3h内用于鱼排粉生产，其产品新鲜度好
鱼溶浆	以鱼粉压榨后水溶液为原料，产品水溶性好，消化率高，诱食性好。浓缩方式（真空浓缩、加热蒸发浓缩）对产品质量有较大影响。诱食性好。盐分高，TVBN和生物胺含量高	安全质量受原料新鲜度和浓缩方式的影响很大。含盐量、微生物含量也是主要影响因素
鱼溶浆粉	以鱼溶浆为原料，产品质量与鱼溶浆类似，但干燥方式（加载体烘干或喷雾干燥）、是否加载体对产品质量有很大影响。蛋白质含量高。诱食性好	安全质量受到原料新鲜度和干燥方式的影响很大。含盐量也是主要影响因素
鱼虾粉	以整鱼、部分虾蟹为原料，原料中虾蟹比例、加工方式对产品质量有决定性影响。蛋白质含量低于鱼粉	虾蟹类原料不耐高温，原料中虾蟹组成、原料新鲜度和生产过程温度对安全质量有很大影响
鱼浆	以整鱼或加工副产物为原料，原料种类对产品质量有很大影响。水分含量低于50%。是否有水解对营养质量有较大影响。诱食性好。消化率高	原料新鲜度和保存方式（冷冻或常温）对安全质量有直接影响。相对于鱼粉其新鲜度较好

4. 鱼粉等产品的常规营养成分　见表1-18。

表1-18　鱼及其加工产品常规营养成分及代谢能（饲喂状态）

饲料名称	干物质（%）	粗蛋白质（%）	粗脂肪（%）	粗纤维（%）	粗灰分（%）	钙（%）	总磷（%）	有效磷（%）	家禽代谢能（kJ/kg）	猪代谢能（kJ/kg）
鱼粉（CP 67%）	92.4	67.0	8.4	0.2	16.4	4.56	2.88	2.88	12 976.14	7 280
鱼粉（CP 60.2%）	90.0	60.2	4.9	0.5	12.8	2.90	90.0	60.2	11 804.10	6 610
鱼粉（CP 53.5%）	90.0	53.5	10.0	0.8	20.8	3.20	90.0	53.5	12 138.97	7 540
蟹粉	95	30	2.2	10.5	31	18	1.5	1.5	6 215.99	—
鱼粉（AAFCO）	88	59.0	5.6	1.0	20.2	5.50	3.30	3.30	10 883.21	2 480
鱼粉（大西洋鲱丁鱼）	93	72.0	10.0	1.0	10.4	2.00	1.00	1.00	13 352.72	3 130
鱼粉（大鲱）	92	62.0	9.2	1.0	19.0	4.80	3.00	3.00	12 348.26	3 220
鱼粉（秘鲁鳀）	91	65.0	10.0	1.0	15.0	4.00	2.85	2.85	11 804.10	2 950

（续）

饲料名称	干物质（%）	粗蛋白质（%）	粗脂肪（%）	粗纤维（%）	粗灰分（%）	钙（%）	总磷（%）	有效磷（%）	家禽代谢能（kJ/kg）	猪代谢能（kJ/kg）
鱼粉（红鱼）	92	57.0	8.0	1.0	26	7.70	3.80	3.80	12 431.98	2 550
鱼粉（沙丁鱼）	92	65.0	5.5	1.0	16	4.50	2.70	2.70	11 971.54	2 500
鱼粉（金枪鱼）	93	53.0	11.0	5.0	25.0	8.40	4.20	4.20	10 590.21	10 590.21
鱼粉（白鱼）	91	61.0	4.0	1.0	24.0	7.00	3.50	3.50	10 883.21	10 297.20
鱼粉（淡水大肚鲱）	90	65.7	12.8	1.0	14.6	5.20	2.90	2.90	14 357.47	14 399.33
浓缩鱼溶浆	51	31.0	4.0	0.5	10.0	0.10	0.50	0.50	8 329.85	—
脱水鱼溶粉	93	40.0	6.0	5.5	12.5	0.40	1.20	1.20	14 566.75	12 306.40

注：CP 指粗蛋白质含量，AAFCO 为美国饲料管理协会，下同。

5. 鱼粉等产品的氨基酸组成　见表 1-19。

表 1-19　鱼粉等产品氨基酸含量（饲喂状态）（%）

饲料名称	精氨酸	组氨酸	异亮氨酸	亮氨酸	赖氨酸	蛋氨酸	胱氨酸	苯丙氨酸	酪氨酸	苏氨酸	色氨酸	缬氨酸
鱼粉（CP 67%）	3.93	2.01	2.61	4.94	4.97	1.86	0.60	2.61	1.97	2.74	0.77	3.11
鱼粉（CP 60.2%）	3.57	1.71	2.68	4.80	4.72	1.64	0.52	2.35	1.96	2.57	0.70	3.17
鱼粉（CP 53.5%）	3.24	1.29	2.30	4.30	3.87	1.39	0.49	2.22	1.70	2.51	0.60	2.77
蟹粉	1.70	0.50	1.20	1.60	1.40	0.50	0.20	1.20		1.20	0.30	1.50
鱼粉（AAFCO）	3.73	1.53	3.64	4.69	5.17	1.72	0.57	2.68		2.49	0.67	3.26
鱼粉（大西洋鲱丁鱼）	5.64	1.91	3.00	5.10	5.70	2.20	0.72	2.56	.	2.88	0.80	5.70
鱼粉（大鲱）	3.65	1.52	2.40	4.40	4.70	1.70	0.50	2.28		2.75	0.50	2.80
鱼粉（秘鲁鳀）	3.38	1.50	4.00	5.00	4.90	1.60	0.60	2.39		2.70	0.75	3.40
鱼粉（红鱼）	4.10	1.30	3.50	4.90	6.60	1.80	0.40	2.50		2.60	0.60	3.33
鱼粉（沙丁鱼）	2.70	1.30	3.30	3.30	4.30	0.80	0.50	2.50		2.60	0.60	2.80
鱼粉（金枪鱼）	3.20	1.80	2.40	3.80	3.90	1.50	0.40	2.50		2.50	0.71	2.80
鱼粉（白鱼）	4.20	1.93	2.40	4.40	1.65	0.75	2.80			2.75	0.70	3.25
鱼粉（淡水大肚鲱）	4.69	1.93	3.40	4.80	5.49	1.93	0.47	2.91		3.29	0.63	3.58
浓缩鱼溶浆	1.37	1.09	0.70	1.60	1.46	0.45	0.19	0.70		0.70	0.11	1.00
脱水鱼溶粉	1.80	0.90	1.20	2.60	2.60	0.64	0.50	1.30		1.10	2.30	1.60

6. 鱼粉等产品的矿物质元素　见表 1-20。

表 1-20　鱼粉等产品的矿物质含量（饲喂状态）

饲料名称	钠（%）	氯（%）	氟（%）	硫（%）	镁（%）	钾（%）	铁（mg/kg）	铜（mg/kg）	锰（mg/kg）	锌（mg/kg）	硒（mg/kg）
鱼粉（CP 67%）	1.04	0.71			0.23	0.74	337	8.4	11	102	2.70

（续）

饲料名称	钠(%)	氯(%)	氟(%)	硫(%)	镁(%)	钾(%)	铁(mg/kg)	铜(mg/kg)	锰(mg/kg)	锌(mg/kg)	硒(mg/kg)
鱼粉（CP 60.2%）	0.97	0.61		0.16		1.10	80	8.0	10.0	80.0	1.50
鱼粉（CP 53.5%）	1.15	0.61		0.16		0.94	292	8	9.7	88.0	1.94
蟹粉	0.85		1.50	0.04	0.88	0.45	440.0	33.0	133.0	102.0	3.80
鱼粉（AAFCO）	1.07	—		0.24	0.21	0.39	360.0	15.0	23	100.0	1.5～2.00
鱼粉（大西洋鲱丁鱼）	0.73	0.90	0.62	0.18		1.50	110.0	5.0		100.0	2.00
鱼粉（大鲱）	0.68	0.80	0.45	0.21		0.96	880.0	40.0		92.0	2.00
鱼粉（秘鲁鳀）	0.88	0.60	0.54	0.27		0.90	226.0	9.0	9.0	100.0	2.70
鱼粉（红鱼）	0.10	—		0.45	0.15	0.30	280.0	8.0		88.0	1.80
鱼粉（沙丁鱼）	0.18	—		0.30	0.10	0.30	300.0	20.0	25.0	105.0	1.80
鱼粉（金枪鱼）	0.70			—	0.30	0.40	650.0	6.0	10.0	240.0	4.00
鱼粉（白鱼）	0.97	0.50			0.22	1.10	80.0	8.0	10.0	80.0	1.50
鱼粉（淡水大肚鲱）	0.24	—			0.15	0.60	620.0	18.0	20.0	80.0	1.70
浓缩鱼溶浆	1.00		2.65	0.13	0.02	1.75	300.0	48.0	12.0	38.0	2.00
脱水鱼溶粉	0.40	—	—		0.27	2.50	948.0	10.0		76.0	—

7. 鱼粉等产品的维生素组成与含量　见表 1-21。

表 1-21　鱼粉等产品的维生素含量（饲喂状态）

饲料名称	维生素 E (mg/kg)	维生素 B_1 (mg/kg)	维生素 B_2 (mg/kg)	泛酸 (mg/kg)	维生素 B_3 (mg/kg)	生物素 (mg/kg)	叶酸 (mg/kg)	胆碱 (mg/kg)	维生素 B_6 (mg/kg)	维生素 B_{12} (μg/kg)
鱼粉（CP 67%）	5.0	2.8	5.8	9.3	82	1.30	0.90	5 600	2.3	210
鱼粉（CP 60.2%）	7.0	0.5	4.9	9.0	55.0	0.20	0.30	3 056	4.00	104.0
鱼粉（CP 53.5%）	7	0.5	4.9	9	55	0.2	0.3	3 056	4	104
蟹粉	—	—	7.5	6.6	44.0	—		2 024		448
鱼粉（AAFCO）	18.5	1.30	6.5	8.7	60.8			3 510		250
鱼粉（大西洋鲱丁鱼）	16.8	0.10	8.7	21.7	141.6	200	520	5 240		588
鱼粉（大鲱）	5.7	0.20	4.8	8.8	55.0	150	1 000	3 080		150
鱼粉（秘鲁鳀）	5.6	0.10	7.5	20.3	135.0	200	220	5 100		600
鱼粉（红鱼）	5.6	1.50	7.0	8.4	35.0	200	—	3 429		—
鱼粉（沙丁鱼）	5.6	0.08	4.4	14.3	100.0	100		3 880		300
鱼粉（金枪鱼）	5.6	—	8.8	8.8	65.0			3 050		143
鱼粉（白鱼）	5.6	1.51	4.6	4.7	38.0			4 050		71
鱼粉（淡水大肚鲱）	5.6	0.10	3.7	10.0	34.0			4 230		284
浓缩鱼溶浆	—	5.50	14.5		169.0	200		4 028		350
脱水鱼溶粉	—	6.80	16.5		209.0	490	726	3 960		308

(三) 鱼及其加工产品中的抗营养因子

鱼及其加工产品是以海水或淡水鱼、食用鱼加工的副产物为原料生产的蛋白质原料，鱼本身所含有的抗营养因子较少，主要的抗营养因子是由于富集水域环境中的一些有毒有害物质，以及鱼产品在生产加工过程中的变质所产生的一些有毒有害物质。

1. 重金属等有害矿物质 鱼及其加工产品蛋白质原料中，因为原料鱼所处的水域环境被污染，鱼体富集水域环境中重金属并存留于鱼及其加工产品蛋白质原料中。主要的重金属包括镉（Cd）、铅（Pb）、砷（As）、汞（Hg）等。

这些重金属在我国的饲料卫生标准中均进行了严格的限制（表 1-22）。不同水域环境中捕捞的鱼产品，其体内重金属的含量也有很大的差异，比如海岸线、近海和远海所捕捞的鱼产品重金属含量差异很大。

表 1-22　饲料卫生标准（GB 13078）中鱼粉等产品重金属限量（mg/kg）

重金属等有害物质	原料	限量	检验方法
砷（以总 As 计）的允许量	鱼粉、肉粉、肉骨粉	≤10.0	GB/T 13079
铅（以 Pb 计）的允许量	骨粉、肉骨粉、鱼粉、石粉	≤10.0	GB/T13080
氟（以 F 计）的允许量	鱼粉	≤500	GB/T 13083
汞（以 Hg 计）的允许量	鱼粉	≤0.5	GB/T 13081
镉（以 Cd 计）的允许量	鱼粉	≤2.0	GB/T 13082

2. 蛋白质腐败及其产物 鱼体死亡后，有一个基本的变化过程：鲜度良好状态鱼→鱼体软→僵硬→软化→自溶→腐败。在这个过程中，蛋白质的变化是影响鱼及其加工产品蛋白质原料品质的重要因素。

鱼体的自溶是其细胞内酶（如溶酶体）、消化系统中酶作用的结果，会产生游离氨基酸、小肽等物质。而"腐败"则是鱼体的微生物利用游离氨基酸、小肽等为原料用于自身的繁殖和生长，导致蛋白质腐败，产生一些含生物胺的恶臭物质。因此，挥发性盐基总氮、生物胺等含量成为原料鱼、食用鱼新鲜度的重要判别指标。

原料鱼腐败产生的挥发性盐基总氮、生物胺等不仅是原料鱼新鲜度的重要判别指标，而且这些物质残留于鱼及其加工产品的蛋白质原料中，对养殖动物也会产生一些生理作用。这些物质对养殖动物所产生的作用包括对养殖动物有利的作用和不利的作用两个方面，例如一些生物胺在日粮中低剂量时显示出对生理代谢的生物活性作用，而在高剂量时则出现类似"中毒"的副作用。目前关于这方面的研究还有待更为深入和系统地开展。

总结鱼及其加工产品蛋白质饲料原料、鱼产品中关于挥发性盐基总氮、生物胺的种类和部分性质，分别见表 1-23 和表 1-24。

（1）挥发性盐基总氮 挥发性盐基总氮的主要种类和部分性质见表 1-23。挥发性盐基总氮（TVBN），又称为挥发性盐基氮（VBN），指鱼类样品浸液在弱碱性条件下与水蒸气一起蒸馏出来的总氮量，主要是氨和胺类，如三甲胺、二甲胺等。通常每

100g 鱼 TVBN 含量低于 50mg 时表示鲜度优良，超过 150mg 表示已开始腐败。

表 1-23　鱼产品中挥发性盐基总氮物质种类和部分性质

名称	化学式	摩尔质量 (g/mol)	熔点（℃）	沸点（℃）	溶解性（水）
三甲胺	$N(CH_3)_3$	59.11	−117.08	2.87	互溶
甲胺	CH_3NH_2	31.06	−93.5	−6.8	每 100mL 108g (20℃)
二甲胺	C_2H_7N	45.08	−92.2	6.9	每 100mL 354g (20℃)
氧化三甲胺	C_3H_9NO	75.11	220~222 (二水合物熔点 96℃)	—	溶于水
氨	NH_3	17	−77.7	−33.5	极易溶于水

由表 1-23 中不同含氮物质的熔点、沸点和溶解性可以发现，除氧化三甲胺外，其余含氮物质的熔点、沸点都很低，而在水中的溶解度很大。因此，TVBN 作为鱼产品或肉品的新鲜度或作为鱼及鱼产品蛋白质原料的生产原料（鱼或其副产物）的新鲜度指标是较为适宜的，而作为鱼粉等加工产品的新鲜度存在争议。因为，鱼及鱼产品蛋白质原料要经过蒸煮、压榨、烘干等工艺过程，尤其是烘干温度越高，TVBN 含量会越低。

（2）生物胺　生物胺是一类低分子量含氮有机化合物的总称，主要种类包括组胺、尸胺、腐胺、酪胺、苯乙胺、色胺、胍丁胺、精胺、亚精胺、多巴胺等（表 1-24）。生物胺是以游离氨基酸为原料生成的，在动物活体中是在氨基酸脱羧酶的作用下，由氨基酸脱羧的产物，其参与体内生理活动。然而，动物死亡后，在微生物产生的脱羧酶作用下，以游离氨基酸为底物产生生物胺，是蛋白质腐败的产物。

表 1-24　动物饲料中常见的生物胺

生物胺		氨基酸前体	生理作用 (赵中辉，2011)	生物胺的毒性 (赵中辉，2011)
脂肪族胺	腐胺（Putrescine）	鸟氨酸	引起低血压，破伤风，四肢痉挛	LD_{50}：1 600 mg/kg （小鼠经口）；300mg/kg （大鼠皮下）
	尸胺（Cadaverine）	赖氨酸		LD_{50}：270mg/kg （大鼠经口）
	精胺（Spermine）	S-腺苷蛋氨酸	细胞增殖，促进细胞损伤的修复	LD_{50}：100mg/kg （小鼠经口）
	亚精胺（Spermidine）	S-腺苷蛋氨酸		
芳香族	酪胺（Tyramine）	酪氨酸	边缘血管收缩，增加心率，增加呼吸作用，增加血糖浓度，消除神经系统中的去甲肾上腺素，引起偏头疼	偏头痛：100mg；中毒性肿胀：1 080mg
	β-苯乙胺（Phenethylamine）	苯丙氨酸	一种生物碱与单胺类神经递质，提升细胞外液中多巴胺的水平，同时抑制多巴胺神经活化	

（续）

生物胺		氨基酸前体	生理作用 （赵中辉，2011）	生物胺的毒性 （赵中辉，2011）
杂环胺	组胺（Histamine）	组氨酸	释放肾上腺素和去甲肾上腺素，刺激感觉神经和运动神经，控制胃酸分泌，参与炎症反应和免疫反应，调节细胞因子	轻微中毒：8～40mg；中等中毒：40mg；严重中毒：100mg
	色胺（Tryptamine）	色氨酸	升高血压	

因此，鱼及其加工产品蛋白质原料中的生物胺来源包含了鱼体原有的生物胺，以及原料鱼、鱼粉等蛋白质原料腐败所产生的生物胺，并以后者为主。鱼粉原料中的生物胺主要在鱼体腐败阶段及以后的时期产生，游离氨基酸转化为生物胺的主要促进者是微生物，而不是鱼体内源性的代谢酶。Yoshida（1992）在研究贮藏温度对鲭体内生物胺形成的影响时发现，新鲜的鱼肉中不含组胺，但将新鲜的鲭在室温下保存24h后，组胺含量为28.4mg/kg，而48h后又增至1 540mg/kg。

采用液相色谱方法，对29个批次的国产鱼粉（浙江省和山东省）中几种生物胺进行分析，结果为精胺（19.04±17.67）mg/kg、亚精胺（33.44±28.10）mg/kg、腐胺（468.62±313.41）mg/kg、尸胺（939.62±604.76）mg/kg、组胺（910.56±240.81）mg/kg。上述结果显示国产鱼粉中主要生物胺为腐胺、尸胺和组胺，且不同批次中生物胺含量差异较大。

由于生物胺不容易挥发，在鱼粉烘干、保存中稳定存在，又是原料鱼、鱼粉蛋白质腐败的产物，因此作为新鲜度鉴定指标很有效。用于评价鱼粉等蛋白质原料新鲜度的生物胺通常是指鱼粉中生物胺的总浓度，或用组胺、尸胺、酪胺和腐胺共4种生物胺总量。

美国FDA规定食品中组胺含量不得超过50 mg/kg，欧盟规定水产品及其制品中组胺含量不得超过100mg/kg，南非的限量标准为100mg/kg，澳大利亚的限量标准是200mg/kg，而我国规定鲐类中组胺的限量标准为1 000mg/kg，其他海产鱼类为300mg/kg。

3. 组胺与肌胃糜烂素　鱼及其加工产品蛋白质原料中的组胺和肌胃糜烂素对鸡、猪和水产动物有较大的副作用，成为鱼及其加工产品蛋白质原料的一类安全限制因素。

鱼及其加工产品蛋白质原料中的组胺由原料中蛋白质氨基酸水解所产生的游离组氨酸，在微生物脱羧酶作用下，脱去羧基形成（图1-19）。在鱼产品中，产生组胺能力较强的菌种有摩氏摩根菌、克雷伯氏菌、假单胞菌科细菌、肠杆菌科细菌、明串珠菌科细菌、弧菌科细菌等。

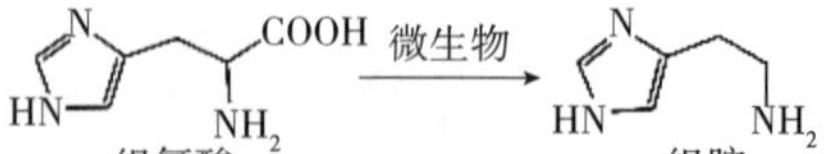

$$HN{\overset{N}{\diagup}}\diagdown CH_2CH(NH_2)COOH \xrightarrow{\text{微生物}} HN{\overset{N}{\diagup}}\diagdown CH_2CH_2NH_2$$
组氨酸　　　　　　　　　　　　　　组胺

图1-19　组氨酸与组胺的产生

肌胃糜烂素来源于组胺和赖氨酸的热反应，组胺与赖氨酸中的 ε-NH_2（蛋白质中赖氨酸的 α-NH_2 已经用于生成肽键）在120℃以上时容易发生反应，生成肌胃糜烂素（图1-20）。

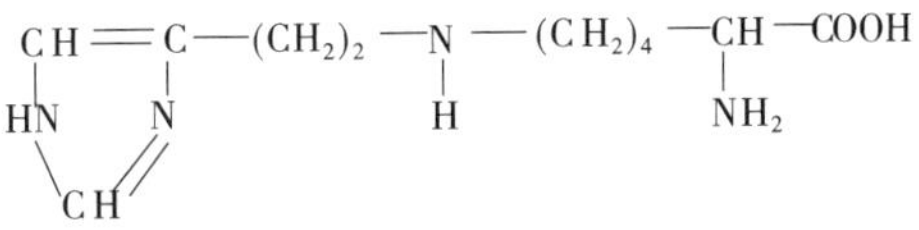

$$CH = C-(CH_2)_2-N-(CH_2)_4-CH-COOH$$

图 1-20　肌胃糜烂素的结构式

组胺和肌胃糜烂素是生物胺毒性综合征（如猪的溃疡和家禽的胃糜烂）的主要诱因。野口忠（1986）在 10kg 鱼粉中分离出致病物质纯品约 $100\mu g$，他把这种化合物命名为胃溃素（Gizzersine，Gizz），2-amino-9-（4-imidazoyl）-7-azano-nanoicacid（Okazaki 等，1983；Sugahara，1984），且认定是鱼粉中最强的致肌胃溃疡物质，胃溃素的活性为组胺的 1 000 倍以上。日粮中含 0.2mg/kg 的 Gizzersine 就有可能导致动物生产性能下降。

肌胃糜烂素最适生成条件是 8~10 个大气压、温度约 170℃。营原道熙（1993）模拟鱼粉加工条件对肌胃糜烂素生成量进行了分析（表 1-25）。肌胃糜烂素于 100℃加热 2h 开始产生；100~150℃时，随温度和时间的延长，肌胃糜烂素含量都呈上升趋势；160~180℃随时间的延长，肌胃糜烂素逐渐分解；190℃达到最大值，但随时间延长肌胃糜烂素分解迅速；低温情况（80℃）时，随时间延长肌胃糜烂素含量增加。

表 1-25　鱼粉加工温度、时间与肌胃糜烂素生成量的关系（mg/kg）

加热温度	时间				
	0h	0.5h	1h	2h	3h
50℃	0.6	—	0.5	0.6	0.6
60℃	0.6	—	0.6	0.6	0.5
70℃	0.5	—	0.5	0.5	0.5
80℃	0.5	—	0.5	0.5	0.6
90℃	0.5	—	0.6	0.5	0.6
100℃	0.5	—	0.5	0.8	0.9
105℃	0.7	—	0.9	1.1	1.5
110℃	0.8	—	1.3	1.9	2.2
120℃	1.9	—	2.9	5.2	4.9
130℃	3.4	—	5.6	8.1	10.4
140℃	4.4	—	9.7	11	12.6
150℃	7.9	—	13.3	14.4	13.6
160℃	11.6	—	16.4	16.2	12.4
170℃	17.3	18.1	16.7		
180℃	17.9	13	9.7		
190℃	25	7.5	3.9		
200℃	23.6	3.3	2.9		

资料来源：营原道熙（1993）。

组胺和肌胃糜烂素对鸡、猪、鱼的生理作用有较大的差异，目前的研究结果显示，鸡是最为敏感的养殖动物，日粮中含 0.2mg/kg 的肌胃糜烂素就有可能导致生产性能下降、肌胃出现溃疡性糜烂症状，胃部出血导致鸡呕吐物为黑色，称为鸡的"黑死病"。在饲料中添加12%的红鱼粉就会造成鸡的"黑色呕吐症"，当含量减为8%时，症状就会得到控制。组胺会通过结合鸡胃部H2受体，导致胃酸亢进性分泌。Masumura 等（1985）证明肌胃糜烂素刺激鸡胃酸分泌的能力10倍于组胺，致糜烂能力300倍于组胺。

对猪、鼠的试验结果显示，肌胃糜烂素没有造成胃部损伤，会导致骨骼中灰分和钙的含量提高。Horikawa 等（1993）报道，给母鼠喂以含10mg/kg DL-肌胃糜烂素的日粮，试验进行20d，股骨灰分和钙的含量提高，体增重没有下降。

对鱼类，William 等（1994）报道，给虹鳟饲喂可以造成鸡胃溃疡的鱼粉或组胺添加量为2 000mg/kg的饲料都能造成虹鳟胃增大，但胃部没有明显的病变，生长性能也没有降低。在国内的黄颡鱼饲料中，也发现有组胺、肌胃糜烂素过高造成胃黏膜糜烂，进而导致体色变化的情况，显示出肌胃糜烂素对有胃鱼类的一种损伤作用。

红肉鱼与白肉鱼相比较，红肉鱼含丰富的组氨酸，达7～18mg/g，而白肉鱼只有0.1mg/g。富含游离组氨酸的红肉鱼类如鲭、鲹（游离组氨酸含量1g/kg）、沙丁鱼、金枪鱼（游离组氨酸含量15g/kg）等海洋鱼类体内含有多种生物胺，如组胺、腐胺、尸胺、酪胺、胍丁胺、精胺和亚精胺等。如每100g鲹鲜鱼中含有127mg组胺、56mg腐胺。组胺是海产鲭科鱼类中最主要的生物胺。

4. 鱼油氧化酸败及其产物 鱼粉等产品中含有较高含量的鱼油，鱼油含有多不饱和脂肪酸，容易被氧化。目前关于鱼油氧化酸败产物的分析资料不多，其产物种类也较为复杂，其主要有自动氧化、酶促氧化和光敏氧化3种氧化方式，其中都有过氧化物产生阶段，而自动氧化还有过氧化自由基产生阶段。过氧化物、过氧化自由基导致脂肪酸分子中不饱和键发生过氧化断裂的位置具有随机性和不确定性，尤其是过氧化自由基在脂肪酸链上的传递作用，导致脂肪酸链断裂的位置具有随机性和不确定性，由此导致氧化的中间产物和终产物种类、含量具有不确定性，其结果也导致对养殖动物的氧化损伤作用、毒副作用的机制具有显著不确定性。整体上，鱼油氧化后中间产物以过氧化物为主，而终产物则是低碳链数的脂肪酸、醛、酮、醇、酸、聚合物等，其中研究较多的为丙二醛。

（四）鱼及其加工产品在动物生产中的应用

1. 鱼粉等产品在不同养殖动物饲料中的使用比例

（1）不同养殖动物饲料中鱼粉使用比例差异较大 不同时期养殖动物的种类和结构发生显著的变化，全球鱼粉（鱼油）在养殖动物饲料中的使用比例也随之发生显著的变化。依据 IFFO 和 FAO 统计的数据（表1-26），全球鱼粉、鱼油的利用从20世纪60年代的以生猪和禽类饲料为主，转变为21世纪的以水产饲料为主。至2010年，水产养殖利用了全球生产的鱼粉和鱼油的73%，水产饲料是使用鱼粉的主要饲料种类。

在我国的饲料种类中，从在饲料配方中使用的比例看，水产饲料中使用鱼粉等产品的比例较高，部分种类如肉食性海水、淡水鱼类饲料中鱼粉比例达到20%～50%。但是，水产饲料占全国饲料总量的比例较小（16%左右）。鱼粉在猪的教槽料和保育料中使用的比例为 5% 左右，但全国有 7 亿头以上的生猪养殖量，猪饲料占全国饲料的比例超过 47%。

表 1-26 不同年份全球鱼粉产品用于不同养殖动物饲料的比例变化（%）

饲料类别	1960 年	1980 年	2010 年
猪饲料	50	36	20
禽类饲料	48	50	5
水产饲料	<1	10	73
其他饲料	2	4	2

资料来源：IFFO 和 FAO。

（2）中国不同种类饲料产量的变化　依据《中国饲料工业年鉴》统计、全国饲料信息中心的饲料数据，饲料总量、不同种类配合饲料量的有关信息见表 1-27。

表 1-27 我国饲料、配合饲料总量（万 t）

年份	饲料总量	配合饲料总量	配合饲料					
			猪	肉禽	蛋禽	水产	反刍	其他
2007	12 331	9 318	2 411	3 270	1 820	1 287	350	180
2008	13 700	10 590	2 893	3 814	1 993	1 299	359	232
2009	14 800	11 534	3 363	4 104	2 065	1 426	383	193
2010	16 202	12 975	4 112	4 354	2 320	1 474	493	222
2011	18 063	14 915	5 050	4 898	2 520	1 652	535	260
2012	19 449	16 660	5 991	5 116	2 604	1 857	775	317
2013	19 340	16 544	6 629	4 619	2 425	1 833	795	243
2014	19 700	16 917	8 013	3 950	1 900	1 781	876	397
年均增量	1 052.7	1 085.6	800.3	97.1	11.4	70.6	75.1	31.0

资料来源：《饲料统计年鉴》。

依据上述数据，以 2014 年为例，不同种类配合饲料占全国配合饲料总量的比例为：猪饲料 47.4%、肉禽饲料 23.3%、蛋禽饲料 11.2%、水产饲料 16.9%、反刍饲料 5.2%、其他饲料 2.3%，禽类饲料合计 34.6%。

2007—2014 年中国饲料产量变化与鱼粉使用量的关系如图 1-21 所示。

由表 1-21 可知，2007 年以来，我国饲料总量、配合饲料总量平均每年分别以 1 052.7 万 t、1 085.6 万 t 增长，使用鱼粉等产品较多的猪饲料、水产饲料平均每年分别以 800.3 万 t、70.6 万 t 的速度快速增长。但是，我国使用的鱼粉总量 2007 年为 143.984 万 t，2014 年为 176.164 2 万 t，其间使用鱼粉量最多的 2012 年也仅仅为 246.936 3 万 t。因此，从图 1-21 中也可以看出，我国饲料总量、猪饲料、水产饲料在快速增量发展的同时，使用的鱼粉数量并未同步增长，反而有下降的趋势。主要原因：一是动物营养、饲料学基础研究与技术进步，减少了饲料中鱼粉的使用量；二是受鱼粉

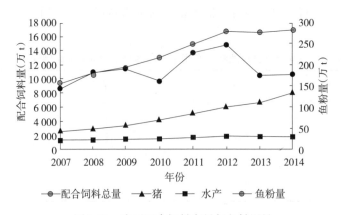

图 1-21　我国配合饲料产量与鱼粉用量

市场价格的影响，减少了鱼粉等产品在饲料中的使用量。

2. 猪饲料中鱼粉的应用　猪不同生长阶段的饲料中，教槽料（代乳料）、保育料（断奶后 10～30kg 的阶段）需要有很好的适口性、易消化性和高营养水平，是鱼及其加工产品蛋白质饲料使用的主要方式。而育肥期饲料鱼粉使用量大幅减少，或基本不用。

仔猪出生后，会经历生活环境、温度环境、营养环境的重大变化，尤其是消化道还处于逐步发育、完善的过程中，随着营养方式的改变，消化系统承担着营养物质消化、吸收、免疫防御、内分泌等重要生理功能，更需要增强机体的抗氧化、抗应激能力。这对教槽料和保育料的饲料组成、营养水平、营养物质的平衡性和可消化性等提出了很高的要求，而鱼及其加工产品蛋白质饲料就是良好的蛋白质原料。

断奶前后仔猪饲料使用 3％～5％的优质鱼粉，主要是白鱼粉、超级蒸汽鱼粉、鱼溶浆粉、鱼水解蛋白粉等产品，这些产品蛋白质含量高、易消化吸收、安全性高，可使仔猪保持良好的生长速度，同时避免仔猪下痢，保证较高的仔猪成活率。对于育肥阶段的猪饲料一般不再使用鱼及其加工产品蛋白质饲料，除了对饲料成本的考量，还要考虑鱼油还可能使猪的体脂升高、肉带鱼腥味。

猪饲料中使用鱼粉等产品的量，一般的计算方法是：一头生猪一般需要 225kg 左右的饲料，其中教槽料、保育料一般为 30kg 左右，教槽料、保育料占一头生猪全部饲料量的比例为 13.3％。全国生猪配合饲料的产量以 2014 年的数据为例（8 013 万 t），按照教槽料、保育料的比例（13.3％）计算，有 1 066 万 t 左右的教槽料和保育料。如果以 5％～6％的鱼粉等蛋白质饲料计算，使用的鱼粉等蛋白质饲料的量为 53 万～64 万 t。2014 年我国使用鱼粉总量为 176.164 2 万 t，因此，2014 年猪教槽料和保育料使用的鱼粉量占鱼粉总量的比例为 30％～36％。

3. 反刍动物饲料中鱼粉的应用　农业部发布了《禁止在反刍动物中添加和使用动物性饲料的通知》（农牧发〔2001〕7 号）的要求，反刍动物饲料禁止使用鱼粉等动物性产品。

4. 家禽饲料中鱼粉的应用　目前使用鱼及其加工产品蛋白质饲料的种类主要为部分种禽饲料和蛋鸭饲料，其他种类和生长阶段的家禽基本不使用鱼及其加工产品蛋白质饲料。

家禽饲料中使用鱼粉等产品的主要限制因素是组胺、肌胃糜烂素和盐分含量。鱼粉中组胺、肌胃糜烂素等因子也限制其在鸡饲料中的使用。红鱼粉含有较高的组胺，直火干燥或加热过度可使组胺与赖氨酸结合，形成肌胃糜烂素。饲喂含肌胃糜烂素的鱼粉，可使鸡产生肌胃糜烂症，其症状为嗉囊肿大、肌胃糜烂、溃疡及穿孔、腹膜炎等，严重者吐血而死亡。鸡日粮中含 0.2mg/kg 的肌胃糜烂素就有可能导致生产性能下降、肌胃出现溃疡性糜烂症状。鱼粉等产品中的鱼油也是一个影响因素，易引起鸡蛋、鸡肉的异味。

5. 水产饲料中鱼粉的应用 水产饲料中鱼粉的使用量较大。在全球大约有 70% 的鱼粉用于水产饲料，中国的情况大致也如此。

中国水产养殖总量的增长满足了大众日益增长的对水产品的需求，水产饲料工业的发展基本适应了水产养殖对饲料的需求，鱼粉等蛋白质饲料的应用为饲料产业和养殖业的发展奠定了物质基础，也是对海洋渔业资源的有效的、主动的保护。

中国水产养殖快速发展，拉动了水产饲料工业的发展。依据《中国渔业年鉴》统计的数据，我国 2007—2014 年海水养殖、淡水养殖产量的变化情况，尤其是其中可以摄食配合饲料的水产养殖种类产量的变化情况见表 1-28。

表 1-28 2007—2014 年我国摄食配合饲料的海水、淡水养殖种类与数量（万 t）

年份	海水养殖量				淡水养殖量					饲养总量	配合饲料	鱼粉量
	鱼	虾蟹	虾	蟹	鱼	摄饲鱼	虾蟹	虾	蟹	其他			
2007	69	92	71	21	1 751	1 228	167	118	49	31	1 587	1 287	144
2008	75	94	73	22	1 837	1 287	177	125	52	35	1 668	1 299	180
2009	77	102	80	22	1 957	1 364	196	139	57	39	1 777	1 426	189
2010	81	106	83	23	2 064	1 446	214	154	59	42	1 890	1 474	161
2011	96	113	90	23	2 185	1 545	216	152	65	44	2 015	1 652	228
2012	103	125	101	24	2 334	1 678	234	163	71	49	2 190	1 857	247
2013	112	134	108	26	2 482	1 793	243	170	73	51	2 334	1 833	175
2014	119	143	116	27	2 603	1 858	256	176	80	51	2 427	1 781	176
年均增量	7.1	7.3	6.4	0.9	121.7	90.0	12.7	8.3	4.4	2.9	120.0	70.6	4.6

注："摄饲鱼"为减去了鲢、鳙和银鱼后的淡水养殖鱼类总量；"其他"为淡水养殖的龟、鳖、蛙产量；"饲养总量"为海水、淡水养殖种类中摄食饲料种类的总量；"配合饲料"为《中国饲料工业年鉴》中的水产配合饲料总量；"鱼粉量"为进口和国产鱼粉总量；"年均增量"为（2014 年产量－2007 年产量）/7。

从表 1-28 可以知道，我国水产养殖主要还是以淡水养殖为主，仅仅以摄食饲料的鱼、虾、蟹和龟、鳖、蛙（其他类）计算，2007—2014 年的年均增量达到 120 万 t/年，而水产配合饲料的增速不如养殖总量的增速，饲料的年均增量仅为 70 万 t 左右。如果再与我国使用的鱼粉总量进行比较，则鱼粉总量并未显著增长。

如图 1-22 所示，2007—2014 年摄食饲料的养殖水产品总量持续增长，而配合饲料在 2013 年、2014 年出现下降，鱼粉的使用量也同期出现显著下降。

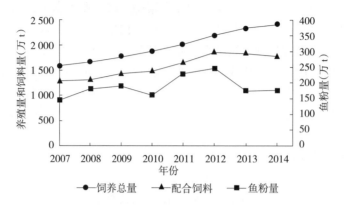

图 1-22　水产养殖总量、饲料量和鱼粉量

公开资料中没有不同养殖种类的饲料量统计数据。依据主要饲料企业、不同地区水产饲料生产情况，分析不同水产养殖种类饲料中鱼粉等鱼及其加工产品蛋白质饲料在配合饲料中的比例（表 1-29）。

表 1-29　水产饲料中蛋白质含量与鱼粉等产品使用量

类别	主要养殖种类	饲料蛋白质含量（%）	饲料中鱼粉比例（%）	鱼粉等产品类型
海水鱼	大黄鱼、金昌鱼、鲈、军曹鱼、鲷、鲆、鲽等	38～45	28～50	蒸汽鱼粉为主，少量鱼膏、鱼浆、鱼溶浆粉
海水虾	中国对虾、凡纳滨对虾等	36～41	25～35	蒸汽鱼粉、鱼排粉、鱼虾粉
淡水肉食性鱼类	加州鲈、乌鳢、鲇、黄鳝、黄颡鱼、翘嘴红鲌等	36～42	25～38	蒸汽鱼粉、鱼排粉、鱼虾粉为主，少量鱼膏、鱼浆、鱼溶浆粉
	鳖、鳗鲡等	40～48	38～50	蒸汽鱼粉、白鱼粉、鱼水解蛋白粉等
淡水虾蟹	罗氏沼虾、凡纳滨对虾、中华绒螯蟹等	32～40	15～35	鱼粉、鱼排粉、鱼虾粉为主，少量鱼膏、鱼浆、鱼溶浆粉
鲤科鱼类	草鱼、鲫、团头鲂、鲤等	26～34	1～15	鱼粉、鱼排粉、鱼虾粉
淡水加工鱼类	罗非鱼、斑点叉尾鮰	26～36	2～15	鱼粉、鱼排粉、鱼虾粉

水产养殖饲料中使用鱼粉等产品较多的主要还是海水、淡水肉食性鱼类，尤其是在自然环境中以鱼作为食物来源的鱼食性种类，如大黄鱼、鳗鲡、鳖、鲇等。

水产饲料中鱼粉等产品应用技术的快速进步主要表现在以下几个方面。一是鱼粉等产品营养作用的基础研究取得进展。水产动物种类繁多，又是变温动物，不同种类水产动物营养需要、生理代谢、营养与免疫等基础研究工作对于鱼粉等在饲料中的应用指导性作用，我国对相关研究极为重视，也取得了一些进展，在一定程度上保障了我国水产饲料工业的稳定、健康发展。尤其是近年来，蛋白质组学、基因组学、转录组学等组学研究方法和技术的应用，推动了鱼粉等产品营养与生物学价值的基础研究。二是鱼粉替代技术取得进步。以其他动物蛋白质原料、以植物性原料、以动植物组合型原料对饲料中鱼粉进行替代的研究一直受到广泛的关注，我国在这方面的研究工作较为广泛，也取得了重要进展，这也是在水产养殖业快速发展、水产饲料工业快速发展的同时，而鱼粉的使用量并未同步增长的技术基础。尤其是在饲料中，采用微量营养素的组合方案、不同蛋白质原料的组合方案的系统替代技术受到重视，也取得了显著的技术进步。三是鱼粉等鱼及其加工产品新产品开发和应用技术取得进步。以保存鱼类原料中有效营养物质和有效活性物质、增强饲料诱食性、保障养殖水产动物健康为目标，我国近年来开发了鱼膏、鱼浆、鱼水解蛋白等新产品，并将鱼粉生产过程中的鱼溶浆、鱼溶浆粉等作为单项产品开发，并在不同水产动物饲料中加以应用，尤其是通过改进配合饲料的生产工艺和技术，使鱼膏、鱼浆、鱼溶浆等高含水量的产品得到应用，并取得了很好的养殖效果。

6. 其他动物饲料中鱼粉的应用　貂、狐、貉是我国饲养的三大主要毛皮动物。中国皮革协会发布的《中国貂、狐、貉取皮数量统计报告（2014）》显示，2014 年中国水貂数量 6 000 万只，狐狸数量为 1 300 万只，貉子数量为 1 400 万只。

传统的毛皮动物饲养主要以饲喂新鲜的鱼虾和禽类内脏为主。随着毛皮动物养殖种类和数量的增多以及养殖区域的扩大，从 20 世纪 80 年代开始试用干饲料与鱼肉类搭配饲养，但完全使用配合饲料还没有得到很好的应用。

（五）鱼及其加工产品的加工方法与工艺

1. 原料的来源、获取方式　鱼及加工产品蛋白质饲料的原料主要包括整鱼、食用鱼加工的副产物。

（1）来自海洋捕捞的原料鱼　用于鱼粉等生产的原料鱼主要为海水捕捞鱼类，海洋成为鱼及加工产品蛋白质饲料的原料主要来源地。地球表面积为 5.1 亿 km²，其中：海洋 3.61 亿 km²，占 70.8%；陆地 1.49 亿 km²，占 29.2%。全球大约有 5.4 亿人口从事捕捞业和水产养殖业。

全球海洋渔业捕捞量。2012 年全球渔业总产量 1.58 亿 t，全球渔业捕捞产量 9 130 万 t，其中海洋捕捞产量超过 8 000 万 t。渔业资源评估结果显示，2011 年，全球渔业资源中 70% 以上处于生物可持续水平，约 30% 处于过度捕捞状态，完全开发的渔业资源占 60%，尚未完全开发的渔业资源约为 10%（FAO，2014）。

2011 年，全球逾 9 000 万 t 的总捕获量中，大约有 1 700 万 t 整鱼用于生产鱼粉和鱼油（IFFO）。如果加上鱼加工副产物约 500 万 t，IFFO 计算出每年流向鱼粉和鱼油生产的原料总量大约为 2 200 万 t。依据此数据，按照 4.5∶1 的原料鱼与鱼粉产量计算，全球有 488.9 万 t 左右的鱼粉产量。

（2）鱼加工副产物　全球生产的鱼粉等鱼产品蛋白质饲料中，有 25%～35% 是来自食用鱼加工后的副产物，包括鱼排、内脏、鱼皮等。这其中主要的有金枪鱼、鳕、带鱼、罗非鱼、斑点叉尾鮰、越南巴沙鱼等的加工副产物。

食用金枪鱼加工包括罐头和鱼片（含生鱼片）的加工，剩余的鱼排、内脏、鱼皮等则作为鱼粉等产品的生产原料，也有少量加工成为鱼糜用于宠物饲料中。各种食用鱼的加工副产物，如鱼头、鱼骨和下脚料等鱼类切割后的产物，占了鱼类加工产量的 70%。至 2010 年，已有 36% 的产量来自副产物。

2. 原料的处理技术及其对产品质量的影响　原料不仅对鱼及其加工产品蛋白质饲

料的质量具有决定性影响，对其安全质量、可消化质量也有很大的影响。

（1）以鱼为原料的处理方式　以海洋捕捞的鱼作为原料生产鱼粉等蛋白质饲料，可以将原料运回岸上，在陆地上生产鱼粉等产品，也可以直接在渔船上生产鱼粉等蛋白质饲料。

①工船直接生产鱼粉。这种方式在美国有一定的数量，将捕捞的鱼产品直接在大型船舶（一般称为母船）上直接用于鱼粉生产，这类鱼粉又称为"工船鱼粉"。原料鱼具有很好的新鲜度，鱼粉等产品的安全质量高。这种生产方式需要有较大型的船体，也要消耗很多的能量用于鱼粉的蒸煮、烘干。

②原料鱼运回陆地生产鱼粉。多数国家和地区采用这种方式，将海洋捕捞鱼原料运回岸上，在陆地建厂生产鱼粉等产品。原料鱼的处理方式有几种方式：

a. 原料鱼不处理，直接将原料鱼运回陆地鱼粉加工厂。这种方式一般是被近海岸线捕捞作业的渔船采用。这种方式下，原料鱼容易腐败变质，对鱼粉等产品质量有很大的影响。

b. 原料鱼冷冻处理，一般在近海或远海捕捞的原料鱼采取这种处理方式，将捕捞的鱼进行食用鱼、非食用鱼分级处理，以冻板方式进行冷冻处理，运回陆地工厂后，将冻板鱼绞碎用于鱼粉等生产。冻板鱼也可以在陆地冷冻工厂保存一段时间再用于鱼粉的生产，这是鱼粉生产企业调节原料鱼供给的主要方式。

c. 加盐或其他防腐剂处理，一般在近海捕捞的原料鱼，采取加盐进行防腐，一周之内运回陆地工厂用于鱼粉等生产。也有采用其他防腐剂处理的，如食用苯甲酸。这种方式下，原料鱼的含盐量较高。

（2）鱼加工副产物的处理方式　这类原料包括：

①海水鱼类加工副产物。海水捕捞的鱼，一般以冷冻方式保存并运回陆地，在陆地工厂加工，将食用部分和非食用部分分离，非食用部分如鱼排、内脏、鱼皮等用于鱼粉等产品的生产。鱼粉加工厂一般临近食用鱼加工厂。作为鱼粉等产品生产的副产物原料，其新鲜度很好。

②淡水养殖鱼类加工副产物。斑点叉尾鮰、越南巴沙鱼、罗非鱼是用于食用鱼片加工的主要鱼类，这些鱼都来自养殖场，为鲜活的淡水鱼。在鱼片加工厂生产鱼片之后，其副产物直接用于鱼粉等产品生产，所以原料的新鲜度较好。以鲢、鳙为原料生产鱼糜等产品的过程中，也有一些副产物用于鱼粉的生产。

淡水原料鱼与海水原料鱼，在脂肪酸组成上尤其高不饱和脂肪酸含量上差异较大。同时，海水鱼的氧化三甲胺、二甲基丙酸噻亭、牛磺酸等小分子物质含量较淡水鱼高。

因为原料鱼中肌肉比例低、骨骼等比例高，所以以鱼加工副产物为原料生产的鱼粉、鱼排粉等产品粗灰分含量较高，一般大于20％，而蛋白质则一般低于60％。

3. 工艺流程

（1）鱼粉、鱼排粉、白鱼粉、鱼虾粉、鱼溶浆、鱼溶浆粉的生产工艺路线　如图1-23所示，从这个工艺路线图中可以看出，鱼浆为最后鱼粉产品类型的主要决定因素。

①全脂鱼粉。原料鱼经过蒸煮，压榨脱去大部分水分后，直接进入烘干机，这样得

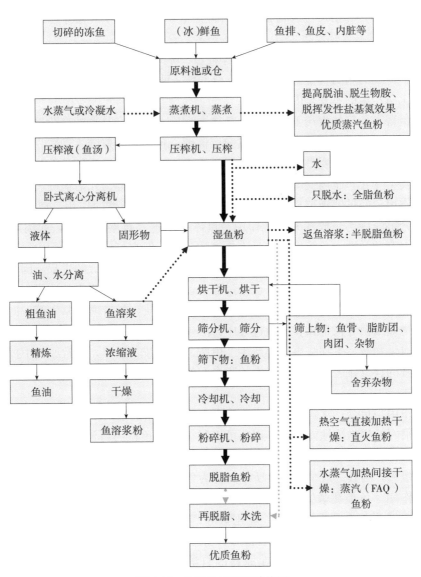

图 1-23 鱼粉生产工艺路线图

到的鱼粉含有原料鱼的油脂和蛋白质，称为全脂鱼粉。一般是含脂量较低的原料鱼采用该种工艺，我国浙江地区生产的鱼粉多数为全脂鱼粉。

②半脱脂鱼粉。原料鱼经过蒸煮、压榨，得到压榨后的湿鱼粉，压榨液经过油水分离，水溶液为鱼溶浆，鱼溶浆在经过减压浓缩后得到浓缩鱼溶浆，然后再返回到湿鱼粉中进入烘干机，得到的鱼粉称为半脱脂鱼粉，因为部分鱼油在制备过程中已被分离了。

③脱脂鱼粉、鱼溶浆、鱼溶浆粉。鱼溶浆原料经过压榨、油水分离，得到浓缩鱼溶浆，含水量低于50%，为膏状物，目前多用于毛皮动物饲料和部分水产饲料中。

鱼溶浆粉。浓缩鱼溶浆经过进一步干燥处理，如喷雾干燥，或加入部分载体（鱼粉）后烘干，得到的产品就是鱼溶浆粉，主要用于猪的教槽料、保育料、种禽饲料、部分水产动物饲料。鱼溶浆粉蛋白质含量可以达到70%以上。

脱脂鱼粉。湿鱼粉进入烘干机烘干后得到的鱼粉，由于大部分油脂已经随压榨液被提取了，所以称为脱脂鱼粉。脱脂鱼粉脂肪含量一般低于8%，蛋白质含量相对较高，可以达到66%以上。

④低脂鱼粉。在常规鱼粉生产工艺基础上，对得到的鱼粉产品，再经过正丁烷等脱脂、水洗，得到的脂肪含量低于2%的鱼粉，是一种新型的低脂鱼粉，可有效避免鱼粉中鱼油氧化所产生的不安全因素。

（2）鱼膏、鱼浆的生产工艺路线　鱼体死亡后，有一个基本的变化过程：鲜度良好状态→鱼体软→僵硬→软化→自溶→腐败。僵硬：鱼类和一般陆生动物一样，死后不久即发生僵硬现象，这主要是鱼死后，肌原纤维蛋白质的物理性质随ATP（三磷酸腺苷）的消失而发生变化。肌肉变硬，从有透明感变成不透明，称为死后僵硬。

自溶作用。经过僵硬期后的鱼体，由于组织中蛋白酶类的作用，使蛋白质逐渐分解，这种分解作用，一般称为自溶作用。鱼体组织进入自溶阶段后，肌肉组织逐渐变软，失去固有的弹性。自溶作用本身不是腐败分解，但它可使鱼体组织中氨基酸一类物质增多，为腐败微生物的繁殖提供了有利的条件，从而加速腐败的进程。因此，自溶阶段的鱼类鲜度质量已开始下降。在这个过程中，鱼体细胞溶酶体中的酶得到释放，并被激活而发挥作用，将蛋白质等进行酶解产生小分子物质，如游离氨基酸等。同时，鱼体上的微生物如细菌等在生长、繁殖过程中，产生一些胞外酶，将一些氨基酸如组氨酸等转氨而生成生物胺，生物胺再分解产生二甲胺、三甲胺、氨等，导致原料中挥发性盐基氮、生物胺的含量显著增加。原料中油脂含有的不饱和脂肪酸也易氧化酸败，产生一系列有害物质。

自溶作用与鱼膏、水解鱼粉。自溶状态下产生大量的水解多肽、游离氨基酸，部分多肽具有很好的生物活性或生理作用，可以显著提高鱼粉的可消化利用率、生理活性。因此，可以将新鲜的原料鱼打碎后，利用原料鱼自身蛋白酶的自溶作用，得到水解鱼粉或水解鱼蛋白，因其一般呈膏状，所以又称为鱼膏。

腐败作用。鱼类在微生物的作用下，鱼体中的蛋白质、氨基酸及其他含氮物质被分解为氨、三甲胺、吲哚、组胺、硫化氢等产物，使鱼体产生具有腐败特征的臭味，这种过程称为腐败。原料鱼中的生物胺、挥发性盐基氮、脂肪氧化产物等是决定原料新鲜度的主要物质。这些物质在原料的自溶、腐败、油脂氧化过程中产生并留存在原料中。在鱼粉生产过程中，这些物质大部分进入了压榨液中，部分留存在压榨饼中。因此，压榨液物质是否返回鱼粉中也成了影响鱼粉新鲜度、鱼粉安全质量的主要因素之一。

基本的生产工艺路线见图1-24。

图1-24　鱼膏、鱼浆、水解鱼蛋白粉生产工艺路线

4. 加工过程中的质量变化　在加工过程中鱼粉等鱼及其加工产品蛋白质饲料的质量有很大的变化。蒸煮、鱼溶浆返回和烘干等主要工段对产品质量有很大的影响。总结

鱼粉生产过程中产品质量的主要变化及其影响因素，如图 1-25 所示。

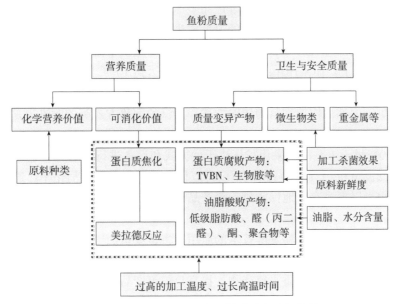

图 1-25 鱼粉生产过程中鱼粉质量变异与控制

（1）蒸煮工段 蒸煮工段加水量、蒸煮时间、蒸煮机结构与工作原理是质量主要影响因素。

（2）鱼溶浆工段 鱼溶浆是否返回对鱼粉等产品质量有很大影响，如前文的阐述。

（3）烘干工段 烘干工段是影响鱼粉等蛋白质饲料产品质量的重要环节，主要因素包括烘干设备结构与烘干工艺、烘干工段最高温度、高温持续时间等。

直火鱼粉。湿鱼粉如果利用直火热气作为烘干媒介，得到的鱼粉就称为直火鱼粉。这种鱼粉烘干温度高，热气流温度可以达到 180℃，导致部分蛋白质过度热变性或焦化，鱼油也在高温下氧化酸败，尤其是以组胺和赖氨酸为前体的肌胃糜烂素大量生成，所以，这类鱼粉质量相对较差。但因为工艺简单、设备投资少，在一些国家和地区依然采用这种方式烘干鱼粉。值得注意的是，由于直火烘干温度高，大部分的挥发性盐基氮挥发了，所得产品中 TVBN 含量较低。

蒸汽鱼粉。以水蒸气为热源，烘干机中以盘管散热而带走水分的烘干方式所生产的鱼粉称为蒸汽鱼粉。烘干机盘管中蒸汽的压力和盘管排列方式决定了烘干机的烘干温度、高温持续时间。目前，多采用 3～4 个烘干机以串联的方式，将湿鱼粉经过一级、二级、三级、四级烘干机进行烘干，这样，每级烘干机的最高温度可以控制在 100℃ 以下，避免了鱼粉蛋白质的过度变性、焦化和鱼油的氧化酸败。我国山东和浙江地区的鱼粉企业，多数已经采用这种多级烘干的工艺生产鱼粉等产品。

低温鱼粉。整个流程中烘干温度低于 100℃ 干燥得到的鱼粉称为低温鱼粉。关键设备是烘干机，水蒸气的温度是随着水蒸气压力而变化的，常压下水的蒸发温度为 100℃，当蒸汽压力下降时，水的蒸发温度下降。因此，如果采用负压烘干机（即烘干机内压力低于一个大气压），则物料中水分就可以在低于 100℃ 条件下大量蒸发，从而达到烘干物料水分的目标。蒸汽压力是低温鱼粉生产的一个关键点。

5. 加工工艺的发展趋势

（1）低温工艺与低温鱼粉　鱼粉等产品生产过程中，烘干温度成为影响营养产品质量的重要因素，因此，降低烘干过程的温度成为加工工艺发展的大趋势。

目前烘干方式以直火烘干和蒸汽管道烘干为主，但烘干温度依然很高，直火烘干的温度达到180℃以上，而采用单级烘干工艺的温度达到150℃以上，采用二级烘干的最高温度也在130℃，采用三级以上烘干的温度则可以控制在100℃左右。

对蒸汽烘干内部机构如物料的传输方式、蒸汽的散热方式等的改进也是烘干设备的发展趋势。

低于100℃烘干工艺需要采用减压烘干的方式和设备进行，这种工艺得到的鱼粉产品称之为"低温鱼粉""LT鱼粉"，不仅可以保持很好的蛋白质消化率，避免鱼油的氧化酸败等，也可以更为有效地保障鱼粉等产品的质量，尤其是安全质量和可消化质量得到有效保障。

（2）酶解技术与混合原料发酵技术的应用　将鱼或鱼加工副产物绞碎后，利用鱼体自身的水解酶如细胞溶酶体中的酶、消化道和肝胰脏中的酶，在55℃保温条件下进行水解，可以得到更多的蛋白质水解产物，提高鱼粉等产品的水溶性、可利用性。所得产品包括鱼浆、水解蛋白质粉、鱼膏、虾膏、酶解鱼溶浆、酶解鱼浆等产品。依据酶解技术，也开发出了其他海洋生物的新产品，如酶解虾浆、酶解乌贼浆、酶解鱿鱼内脏浆等产品。这类产品可以烘干或直接使用，在水产动物饲料、猪的教槽料和保育料、种禽饲料、毛皮动物饲料中获得了很好的养殖效果。

酶解产品最大的优势是酸溶蛋白含量、小肽含量和游离氨基酸含量较高，提高了产品的生物学效价。同时，采用低温干燥或直接使用含水量42%～52%的浆状产品，保留一些易挥发的小分子物质，增加了产品的诱食性和生物学效价。这类产品目前还处于发展的初期，但取得的效果令人鼓舞。

酶解产品质量评价的核心指标是酸溶蛋白质含量、小肽含量和游离氨基酸含量。酸溶蛋白质含量的测定方法是用5%的三氯醋酸将蛋白质和分子量大于10ku的肽沉淀，测定滤液中的蛋白质即为酸溶蛋白质。酸溶蛋白含量－游离氨基酸含量（水溶性包括非蛋白氮）等于小肽含量。

发酵技术一般应用于植物蛋白质原料。近年来，为了提高植物蛋白质发酵饲料的产品质量和养殖效果，在发酵原料中加入了鱼浆、鱼溶浆等产品，进行动物蛋白质与植物蛋白质混合发酵。所得发酵产品中植物蛋白质水溶性物质含量提高，提高了消化利用率，同时也保存了微生物发酵产物和海水鱼类特殊营养物质，显著提高了发酵产品的利用率、诱食活性，尤其是增加了对养殖动物具有生理代谢活性的物质，对养殖动物的抗氧化能力、免疫防御能力有显著的改善。这类混合原料发酵技术的应用得到快速发展。

（3）高湿（高含水量）产品开发与利用　传统的鱼粉等产品生产方式均是用不同的干燥工艺和设备得到低含水量（水分含量＜10%）的粉状产品，这类产物需要通过高温方式排出大量的水分，而鱼、虾、软体动物等原料耐高温能力很差，会导致产品质量显著下降，甚至产生有毒有害物质。在饲料生产过程中还需要加入水分来满足调质、制粒的需要。

近年来，以鱼及其加工产品为原料，采用酶解或混合发酵技术得到高含水量

（42%～52%的水分含量）产品，如鱼浆、鱼膏、酶解鱼溶浆、酶解鱼浆等，以及混合发酵的高含水量原料，这类原料不再经过高温烘干而直接进入饲料生产过程，保全了原料中热敏感物质，也控制了高温所产生的有毒有害物质，产品的使用效果得到显著提升。

这类产品生产技术和高湿产品的应用技术发展速度很快，也是这类产品在饲料中使用效果显著的有力证明。

（六）鱼及其加工产品作为饲料资源的开发利用与政策建议

1. 促进鱼及其加工产品作为优质饲料原料产业的健康发展　鱼粉等鱼及其加工产品是重要的动物蛋白质饲料原料，其产品的主要营养价值在于：①蛋白质、油脂、矿物质、维生素等主要营养素含量高；②不同营养素之间的比例关系适合于养殖动物尤其是水产动物的营养需要，即营养素的平衡性是其他蛋白质饲料原料难以达到的，也因此在动物饲料中显示出更高的营养作用；③消化利用率高，作为饲料蛋白质原料、油脂原料的营养素效率很高，也是其他蛋白质原料、油脂原料难以达到的；④生命起源于海洋，鱼粉等鱼及其加工产品中含有的一些有机、无机小分子物质在诱食性、对动物生理代谢的调控、对动物生理健康维持等诸多方面具有重要作用，也是其他饲料原料所难以达到的。

因此，鱼粉等鱼及其加工产品作为最为重要的蛋白质和油脂饲料资源，对于饲料工业和养殖业的发展以及动物食品保障具有非常重要的作用和意义。鱼粉等鱼及其加工产品是配合饲料产品质量的关键因素，在很大程度上，是其他饲料原料所难以替代的。质量稳定、质量高效的配合饲料对于养殖动物的生长效率、健康维持等具有决定性的作用。在维持养殖动物健康的前提下，可以更为有效地控制疾病的发生，饲料物质可以更高效地转化为动物产品，更有效地满足动物快速生长的营养要求，可以获得稳定的、食用安全的养殖动物产品，满足人类对动物食品的需要。

在很长的时期内，鱼粉等鱼及其加工产品作为优质饲料原料对于饲料工业、养殖业的地位和作用还难以被其他原料所取代。所以，我们必须进一步开展以下重要工作：

（1）更为系统地研究鱼粉等鱼及其加工产品的营养组成与生物学价值　我们现有的大量的研究工作是针对饲料如何使用鱼粉等鱼及其加工产品，即"鱼粉替代"和"降低鱼粉量"，而对于前端的鱼粉等鱼及其加工产品的营养组成与营养价值等的研究则相对薄弱。

如果对鱼粉等鱼及其加工产品的营养组成没有系统的研究，就会导致后端的使用技术的研究存在"盲区"，也就出现目前的"单一原料难以替代鱼粉（和鱼油）、可以由多种原料组合进行系统的替代"。鱼粉等鱼及其加工产品为什么具有如此高效的营养作用？为什么具有特殊的营养作用？应该有其物质基础的，所以，我们应该更为系统地研究鱼粉等鱼及其加工产品的营养组成与营养价值。鱼粉等产品中含有"未知生长因子"被普遍认可，但随着科学技术的发展，这些因子不能永远是"未知的生长因子"，应该是确定的生长因子。

（2）更为系统地研究鱼粉等鱼及其加工产品的饲料资源高效利用技术　鱼粉等鱼及其加工产品的生产原料包括海洋渔业资源、食用鱼类加工副产物，涉及的资源和管理政策非常广泛，从原料到鱼粉等鱼及其加工产品、到饲料产品、到养殖过程、到养殖动物产品的产业链，环节很长、很复杂，既要从更为宏观、更为系统的层面去研究资源利用与管理的政策，也要从技术层面去研究如何更为有效地、更为节约地利用渔业资源。既要有效保护好渔业资源，又要有效利用好渔业资源，更为有效地保障养殖业的健康发展，为人类提供更好的、更多的动物食品。

2. 改善鱼及其加工产品作为饲料资源的开发利用方式　人们已经意识到，鱼粉等鱼及其加工产品作为饲料蛋白质、油脂资源对于饲料工业、养殖业的稳定发展具有重要的作用和意义。但是，我们对于相应的渔业资源作为饲料资源开发利用的方式还存在很多问题，主要表现在以下几个方面：

（1）对渔业资源的管理较为混乱　鱼粉等鱼及其加工产品的生产准入门槛低，导致全国有 140 多家生产企业、仅生产约 70 万 t 鱼粉（平均一个鱼粉企业生产不足 0.5 万 t 鱼粉）的局面。

（2）资源利用的方式相对单一　大多采用相同的工艺流程、工艺技术和设备生产鱼粉、鱼油，表现为生产过程过于单一化、生产的产品过于单一化，造成了"渔业资源本来就有限，但还造成很大的资源浪费"的现象。

（3）对鱼粉等鱼及其加工产品生产技术和设备、生产过程中质量变异与质量控制的研究严重不足　这一因素造成质量变异大，对有效物质破坏大，甚至在生产过程中产生有害物质，形成了"国产鱼粉质量与价格都不如进口鱼粉"的现状。

因此，我们需要开展以下研究：

（1）创新管理方式，提高资源的利用效率　强化对渔业资源、鱼粉等鱼及其加工产品生产的管理方式，让有限的渔业资源在高效的管理方式下，发挥高效的作用。"无差别的捕捞方式"应该逐步转变为"有限控制的捕捞"和"有选择性的捕捞"的生产方式，这是一项涉及面很广的工作，需要多部门参与。

（2）研究多样化的产品类型，满足市场需求　海洋渔业资源包括鱼、虾、蟹、软体动物等，因为其物质组成差异很大，需要有不同的生产工艺流程和生产技术要求，可以生产不同类型的饲料原料产品。养殖动物包括猪、鸡、鸭、鱼、虾、蟹、软体动物、龟、鳖、蛙、毛皮动物等，根据其对饲料中蛋白质、油脂原料的需求不同提供不同的产品类型。此外，同一种养殖动物在不同生长阶段（季节），对饲料中鱼粉等鱼及其加工产品类型的需求也是有很大差异的。因此，在新的《饲料原料目录》中，在原来较为单一的白鱼粉、鱼粉、鱼排粉产量类型基础上，增加了鱼虾粉、鱼膏（虾膏）、鱼浆、鱼溶浆、鱼溶浆粉、水解鱼蛋白粉等多种产品类型，以后可能还会增加其他产品种类。但是，目前缺乏相应的基础和技术研究以及相应的生产工艺、设备等研究，需要开展这类研究工作，开发更多的、适合市场需要的产品类型。

（3）创新饲料原料利用方式和技术，发挥更高效的营养作用　鱼粉等鱼及其加工产品有干粉状产品，也有高含水量的膏状、液体状产品类型，前者在饲料中的使用较为方便，而后者是饲料生产的新方向。鱼及其加工产品除了可以生产为干的粉状的产品外，还可以生产为膏状的、液体状的产品，这些产品对原料的处理方式上利用了酶解技术，可以使原料的营养价值显著提高；同时，生产过程中没有高温、高压条件，可以更为有效地保存其原有的有效物质，也避免生产过程中产生有害物质，应该是海洋渔业资源、鱼加工副产品更为有效的利用方式和产品类型。但是，这种生产方式使得以干粉原料为主的饲料生产工艺、生产设备、生产过程中的质量管理必须调整，需要有技术创新、工艺创新，并研究相关的设备等。

目前，鱼及其加工产品形式较为单一，主要为鱼粉，而鱼粉生产需要有蒸煮、高温烘干等工艺过程，对产品质量尤其是安全质量有很大的不良影响。今后，利用鱼及其加工产品生产鱼浆、鱼膏、鱼溶浆、鱼溶浆粉、低温鱼粉等多样化的产品形式，可以更好地保存鱼类产品的有效成分、控制有害成分的产生，满足养殖动物对鱼类产品特殊营养物质的需要，这将是鱼及其加工产品的发展方向之一。

3. 制定鱼及其加工产品作为饲料产品的质量标准 任何一种饲料产品、饲料原料产品，都应该有产品质量标准。但是，鱼粉等鱼及其加工产品作为蛋白质饲料的产品标准制定却是一项异常艰难的工作，主要在于以下几个方面：

（1）非标准化的原料，制定质量标准化的产品难度大 产品质量受制于原料质量以及生产过程中的质量变异。鱼粉等鱼及其加工产品的生产原料为海洋捕捞产品和食用鱼加工的副产物，原料种类具有非常大的不确定性，也导致原料的质量状态具有很大的不确定性。例如鳗、鲱、金枪鱼本身的物质组成和质量状态差异就很大，而海洋捕捞的水产品不是单一鱼种的渔获物，而是混合物，因此，其质量状态是混合原料的质量状态。再加上生产过程中，不同原料在同一生产过程中的质量变异有很大的差异。因此，得到的鱼粉等产品质量差异很大，要制定一个统一的产品质量标准，难度非常大。

（2）原料的物质组成、特殊营养物质还缺乏系统的研究，产品质量标准的内容具有不确定性 鱼粉等鱼及其加工产品具有与其他动物蛋白质原料不同的营养价值，这是由其营养物质组成不同所致，但我们还缺乏对鱼粉等鱼及其加工产品营养组成、特殊营养物质的系统研究。或者说，我们还未完全掌握鱼粉等鱼及其加工产品中哪些物质更为重要，仅仅依据蛋白质含量、脂肪含量、粗灰分含量等常规指标来限定其产品质量，并不能代表这类产品的真实质量水平和质量状态。

（3）对鱼粉等鱼及其加工产品中有害物质种类、安全剂量等缺乏系统研究 产品质量标准需要对具有正面营养作用的营养物质种类、含量进行规定，同时也要对其安全质量进行规定。目前，《饲料卫生标准》对鱼粉等鱼及其加工产品饲料原料的卫生质量进行了统一的要求，但是，对于鱼粉等鱼及其加工产品自身含有的、在原料处理过程中和生产过程中产生的有害物质的种类、安全剂量等，如生物胺的限量、肌胃糜烂素限量等，还缺乏系统的研究。因此，在这种情况下，鱼粉等鱼及其加工产品作为饲料蛋白质原料的安全质量标准难以界定。

因此，鱼粉等鱼及其加工产品作为饲料蛋白质原料的产品质量标准制定难度很大，但又是不得不做的一项艰苦的工作。这需要我们做好以下工作：

（1）要创新产品标准的内容，产品质量评价更科学化 现有的产品质量标准内容主要是蛋白质、脂肪、灰分含量，以及蛋白质腐败产生的挥发性盐基氮、油脂氧化酸败的酸价等指标内容。指标的局限性在于：没有完全反映鱼粉等鱼及其加工产品作为蛋白质原料的特殊营养质量价值；对安全质量的指标内容反映不具有真实性和代表性，例如挥发性盐基氮作为新鲜的水产品或动物产品新鲜度的指标是有效的，而对于经过高温加工过的动物产品则是不科学的，因为高温可以减少挥发性盐基氮的含量，所以把挥发性盐基氮作为蛋白质腐败产物种类和含量的限定指标，是不科学的，并且难以反映其真实质量状态。

因此，需要再研究鱼粉等鱼及其加工产品作为蛋白质饲料原料的特殊营养物质组成及有效含量，需要研究原料中自身具有的、在生产过程中产生的有害物质种类和含量，优化现有的标准指标体系，创新发展适合于鱼粉等鱼及其加工产品作为蛋白质原料的新的、更系统的、更有效的产品标准内容，反映该类产品的真实的质量状态。例如，尝试增加氧化三甲胺、牛磺酸、二甲基丙酸噻亭等有效成分的指标作为鱼粉等鱼及其加工产品蛋白质饲料的特殊营养物质指标，废弃挥发性盐基氮作为蛋白质新鲜度的指标，而增加主要生物胺（组胺、酪氨、腐胺、尸胺）、肌胃糜烂素等作为蛋白质腐败产物的指标，增加丙二醛等醛酮类作为鱼油氧化产物的指标等。

（2）建立统一的鱼及其加工产品蛋白质饲料标准　目前已经有 9 类鱼及其加工产品蛋白质饲料原料，虽然加工方式和产品形态不同，但是其采用的生产原料基本一致，作为饲料蛋白质原料的质量要求，应该有统一的质量标准内容，可以探讨建设模式化的质量标准。

（3）尝试建立鱼粉等鱼及其加工产品蛋白质饲料生产的 GMP 认证和 ISO 9000、HACCP 管理模式　鱼粉等鱼及其加工产品的蛋白质饲料具有较为典型的"非标"产品特性，原料种类和质量对产品质量有决定性影响。同时，生产过程对产品质量也具有非常重大的影响。而 GMP（Good manufacturing practice），即"良好生产管理规范"，以及 ISO 9000、HACCP 管理等，在制药、食品等行业作为强制性标准显示出很好的效果，应该适用于鱼粉等鱼及其加工产品蛋白质饲料生产管理规范。

如果有很好的生产原料，有良好的生产管理规范，就会有质量稳定的产品。对于鱼粉等鱼及其加工产品蛋白质饲料这类"非标"特性显著的产品而言，建立生产原料的管理、生产过程的"良好管理规范"，或许比建立最后的产品指标更为有效，应该进行尝试。

4. 科学确定鱼及其加工产品作为饲料原料在日粮中的适宜添加量　鱼粉等鱼及其加工产品蛋白质饲料在动物饲料中的应用，对于保障配合饲料产品质量，促进我国饲料工业和养殖业的快速发展发挥了重要的作用。但是，在鱼粉等产品市场价格变化剧烈、长期波动以及鱼及其加工产品类型多样化的情况下，为更为有效地在饲料中使用这类产品，需要对鱼粉等产品的使用技术进行更深入、系统的研究。

（1）更深入地研究鱼粉等产品对动物生长、代谢的营养作用　鱼粉等产品在养殖动物正常生理代谢、生长发育过程中的营养作用还需要更深入的、系统的研究，这是科学制定鱼及其加工产品作为饲料原料在日粮中的适宜添加量的理论基础。目前虽然在饲料尤其是育肥猪饲料和家禽饲料中基本实现了无鱼粉日粮，但是，在水产动物饲料中还需要较大比例地使用鱼粉等产品来满足养殖动物的营养需要，鱼粉等产品还具有"不可替代性"，这也显示出我们对鱼粉等产品的认识还不完整，对鱼粉等产品在饲料中的作用价值还未完全掌握，还需要进行相应的基础研究。

（2）更深入、系统地研究鱼及其加工产品蛋白质饲料的营养组成和生物学价值　养殖动物尤其是水产动物，为什么对鱼粉等产品具有依赖性？鱼粉等产品中的"未知生长因子"是什么？鱼粉等产品中是什么物质对养殖动物尤其是水产动物具有生理活性，对生理代谢具有调控作用？对于鱼粉等产品，我们还有很多未知的内容需要进行系统而深入的研究，需要将具体的物质组成进行量化研究，并进行相关的生物学研究，只有在了解和掌握鱼粉等产品的营养组成、生物学价值的基础上，才能科学制定鱼及其加工产品作为饲料原料在日粮中的适宜添加量，才能更有效地利用鱼粉等产品。

（3）研究高水分含量的鱼膏、鱼浆等产品在饲料中的使用方法　为了更有效地保存鱼及其加工产品的有效性，开发了鱼膏、鱼浆、鱼溶浆等高水分含量的产品类型，利用酶解技术还可能开发鱼水解蛋白浆或膏等产品。而对于虾类、软体动物类原料也可能开发出膏状或液体状的蛋白质饲料原料产品类型。这类产品如何在饲料中使用？如何改进现有的饲料生产工艺和设备？如何更有效地发挥这类产品的生物学、营养学价值？这些都是需要研究的课题。

（4）重点研究某些鱼类、毛皮动物饲料中鱼粉等产品的使用技术　海水鱼类、淡水肉食性鱼类是目前使用鱼粉等产品较多的种类，而毛皮动物养殖发展速度很快，这类动物饲料目前较大量地使用冰鲜鱼、肉等，配合饲料的研究和使用还在初期阶段。因此，需要对这些饲料中鱼粉等产品的使用技术进行研究，依赖基础研究成果、依赖饲料技术的进步，显著降低其饲料中鱼粉等产品的使用量，有效地节约资源。

5. 合理开发利用鱼及其加工产品作为饲料原料的战略性建议　鱼粉等产品对饲料产品质量具有决定性的作用，对于我国饲料工业、养殖业的可持续发展具有重要的作用和意义，是海洋渔业资源有效的再利用方式，也是对海洋渔业资源的主动性保护。需要加强对海洋渔业资源的有效管理，科学管理鱼粉等鱼及其加工产品的生产许可，全面提升我国鱼粉等动物蛋白质资源对饲料工业、养殖业发展的支撑作用。

（1）科学认识海洋渔业资源的保护与高效利用方式　海洋渔业资源保护是全球各国的义务和责任，世界各国都应该重视并行动起来。而海洋渔业资源是一类可再生资源，科学、合理、高效地利用也是对海洋渔业资源的主动性保护。

海洋渔业资源、食用鱼的加工副产物作为蛋白质原料开发利用，是对海洋渔业资源的再利用。利用废弃的、非食用的渔业资源作为鱼粉等产品开发，可以养殖更多的动物产品而满足人类生活的需要，减轻对海洋渔业资源需求的巨大压力，这就是对海洋渔业资源的主动性保护和科学开发利用方式。

人类生存需要食物，世界人口的增长需要更多的食物尤其是蛋白质类食物。一方面，直接利用海洋渔业资源作为人类食物来源，仅从数量上即难以满足人类的需要，加上世界人口的增长速度如果大于海洋渔业资源再生的速度，就会对海洋渔业资源造成更大的需求压力，其结果可能导致对海洋渔业资源的巨大破坏。另一方面，如果充分利用废弃的、食用鱼的加工副产物、非食用的海洋渔业资源作为鱼粉等动物蛋白质饲料开发，依赖营养与饲料技术以及养殖业的发展，可以生产出更多的动物产品，以此为基础来满足人类对动物产品的需求，满足日益增长的人口对动物食物的需求，这是更为科学的利用方式。如此，海洋渔业资源的食物来源压力就小很多，因此可以更有效地保护好全球的海洋渔业资源。由 IFFO 和 FAO 关于水产动物饲料的 FIFO 资料可见，海水鱼类、甲壳类、罗非鱼、鲤科鱼类等，需要不到 1kg 的鱼原料投入，即可生产 1kg 的养殖鱼产品，尤其是我国养殖量最大的鲤科鱼类，0.1kg 的原料鱼投入，通过饲料养殖就可以获得 1kg 的养殖鱼产品，这是我国科技工作者所做出的重要贡献。

减少世界人口的饥饿是政府的优先事务，鱼类养殖被认为是不断增长的人口重要的潜在蛋白质来源。迄今为止，鱼粉和鱼油是鱼类饲料中表现最佳的原料（FAO，2014）。

Fish to 2030：Prospects for Fisheries and Aquaculture（世界银行、FAO 和国际食物政策研究所）一书显示，随着野生捕捞渔场的渔获物趋于平稳，以及全球新兴中产阶级（尤其是中国）的需求大幅增长，至 2030 年水产养殖将提供全球食用鱼消费总量的近 2/3。至 2030 年 62% 的食用鱼将来自水产养殖。至 2050 年，世界人口预测将增长到 90 亿，尤其是在食品安全高危地区，如果水产养殖业被负责任地发展和规范化地执业，将对全球食品安全和经济增长做出重大贡献。这表明，水产养殖业的发展具有重要的作用。

（2）科学制定我国海洋渔业资源管理对策，提高远洋捕捞能力建设　鱼粉等鱼及其加工产品蛋白质饲料的生产原料是海洋捕捞产品和食用鱼的加工副产物，海洋渔业资源在有效的、科学的管理模式下，是一类可再生的渔业资源，而对海洋渔业资源的管理则是一项非常重要、也非常复杂的工作，需要引起足够的重视。

（3）海洋渔业资源的分区管理　全球海域面积远远大于陆地面积。对于我国领海范围内、专属经济区的渔业资源要进行合理分区，而对于国际水域渔业资源也应该积极地参与。以科学的管理保障渔业资源的可再生性。

（4）必须加强对海洋捕捞方式与捕捞主体的严格管理　对于海洋渔业资源采用什么方式进行捕捞是海洋渔业资源的管理要素，而以什么为主体（个体或是大型企业）则是管理的关键。

捕捞方式管理是影响海洋渔业资源的主要因素，也是影响作为饲料蛋白质原料鱼产品质量的主要因素。而对实施主体的管理则是关键点。国际鱼粉鱼油协会（IFFO）构建了一个鱼粉、鱼油负责任生产全球认证标准（IFFO RS），很值得借鉴。

（5）以环保和生产能力为限制条件，控制鱼粉等生产企业数量　要全面提升我国利用非食用鱼、食用鱼的加工副产物作为鱼粉等蛋白质饲料的生产能力和产品的质量水平，就必须对生产企业进行严苛的限制和有效的管理，需要加强对环境保护的力度，对生产企业实施 GMP 认证和生产过程的 ISO 9000、HACCP 管理，使有限的渔业资源得到更有效的生产和利用。如果以年产 5 万 t 的鱼粉、鱼油等产品作为对生产规模的基本要求，我们现有国产鱼粉 70 万～100 万 t 的产量，只需要 14～20 家生产企业即可实现目标。

（6）加强鱼及其加工产品生产技术与质量保障技术的研究　目前对于鱼粉等鱼及其加工产品的有关研究是严重缺位的，包括对生产原料的质量管理，对原料营养组成尤其是特殊营养物质的研究，对生产过程中质量变异和质量控制的研究，对不同原料、不同产品的生产工艺流程、工艺参数、相关设备等的研究，对产品质量认证或产品质量标准的研究等，目前严重缺乏相应的研究工作，也缺乏相应的研究成果应用，从而导致技术水平差异大，生产工艺和设备差异大，产品质量不稳定。鱼粉等生产企业仅仅依赖不同质量水平的、不同种类的鱼粉进行配合来满足饲料企业对鱼粉等产品的质量要求。这种局面如果不能改变，我国鱼粉等鱼及其加工产品蛋白质饲料原料的产品质量难以得到保障，对饲料工业、养殖业发展的支撑作用和地位就难以实现。

（7）加强不同养殖动物蛋白质代谢机制研究与饲料鱼粉等科学使用技术研究　我国饲料工业、养殖业在最近 30 年得到快速发展，而对鱼粉等鱼及其加工产品蛋白质饲料的使用量没有显著增加，这是我国科技工作取得的显著成就。但是，鱼粉在不同种类饲料中的使用比例发生了显著的变化，从 20 世纪 60 年代的以猪饲料、家禽饲料使用为主，发展到 2010 年水产饲料使用 70% 左右的鱼粉、猪饲料和家禽饲料使用 30% 的鱼粉的现状，表明我们后期的工作需要加强水产饲料中鱼粉等产品使用技术的研究。此外，一些最近快速发展起来的养殖动物如毛皮动物，其饲料中鱼粉等产品使用技术的研究也值得重视。

二、水生软体动物及其加工产品

（一）我国水生软体动物及其加工产品资源现状

1. 我国水生软体动物简介　软体动物是无脊椎动物的重要类群，已记载超过 13 万种，仅次于节肢动物，为动物界的第二大门。依据构造不同可分为单板纲（Monoplacophora）、无板纲（Merostomata）、多板纲（Polyplacophora）、腹足纲（Gastropoda）、掘足纲（Scaphopoda）、瓣鳃纲（Lamellibranchia）、头足纲（Cephalopoda）7 个纲（赵文，2005）。软体动物种类繁多，栖息范围广，海水、淡水和陆地皆有分布。就数量而言，绝大多数为海水种类，淡水种类较少，仅有腹足纲和瓣鳃纲中的一些种类；而陆生种类仅限于腹足纲肺螺亚纲的一些种类，因此水生软体动物是软体动物的主体。根据生活习性，水生软体动物可分为浮游软体动物和底栖软体动物，而底栖软体动物占主体。贝类和头足类是重要的底栖软体动物，具有重要经济价值，是水生软体动物养殖和捕捞的主要品种。其中贝类 700 多种，头足类 500 多种。

我国是世界贝类生产大国和出口大国，养殖产量占世界养殖总产量的 70% 以上，出口量占世界出口总量的 40% 以上。2017 年，我国养殖贝类有 60 余种，产量在 1 500 万 t 左右，约占我国渔业养殖总产量的 24%，但占海水养殖产量的 72%，主要养殖品种为牡蛎、鲍、螺、蚶、贻贝、江珧、扇贝、蛤、蛏和河蚌，其中牡蛎 487 万 t、扇贝 200 万 t、蛤 417 万 t；头足类年产 60 万 t 以上，但主要靠海洋捕捞，主要捕捞品种为章鱼、乌贼和鱿鱼，其中鱿鱼年产 32 万 t，占头足类产量一半以上（徐乐俊，2018）。

2. 我国水生软体动物及其加工产品的种类及营养价值　贝类和头足类肉味鲜美，营养价值极高，富含维生素、蛋白质和无机盐，其肉除鲜食外，还可进行加工，其加工产品主要以冷冻产品为主（>67%），也可制成干制品，如干贝、蛏干、墨鱼干、鱿鱼干等，是重要的海味，还可制成罐头产品。而贝类和头足类在加工过程中，也产生大量的副产品（付万冬，2009；章超桦，2014）。贝类加工中产生的副产物包括贝壳、中肠腺软体部和裙边肉等，占总重量的 25% 以上，这些加工的下脚料每年高达数百万吨之多。其中汤汁、裙边肉或中肠腺软体部富含多不饱和脂肪酸（HUFA）、氨基酸、牛磺酸和多糖等生物活性物质，以及锌和铁等微量元素，利用酶解和发酵技术、喷雾技术和美拉德反应增香技术可用以生产氨基酸、牛磺酸和调味品；而贝壳可成为工艺美术和石灰的原料，也可成为中药的来源，通过物理生化方法还可制成生物钙、土壤改良剂和饲料矿物质添加剂等（毛文君，1997；章超桦，2014）。鱿鱼加工处理的过程中产生的副产物包括鱿鱼眼、表皮、软骨、内脏和墨囊等，占鱿鱼体总重的20%～25%。其中鱿鱼内脏占到鱿鱼湿重的15%，含20%～30%的粗脂肪，其脂肪酸组成与鱼类的鱼油相似，不饱和脂肪酸占86%，n-3系列脂肪酸含量为37%（其中EPA占12%，DHA占24%），是提取EPA、DHA和生成鱼油的良好原料；鱿鱼软骨约占鱿鱼体重的2%，其主要成分为硫酸软骨素和蛋白质，是制取硫酸软骨素的重要原料；鱿鱼眼约占鱿鱼体重的2%，是生产透明质酸的优质来源；鱿鱼皮占鱿鱼体重10%左右，含有大量的胶原蛋白；鱿鱼精巢组织含有丰富的鱼精蛋白；鱿鱼墨汁具有抗氧化、抗菌和治疗溃疡等功能，是很好的药用原料（马永均，2008；吴少杰，2011；聂琴，2014；陈金梅，2015）。

目前，水生软体动物及其加工产品主要有乌贼粉、乌贼内脏粉、鱿鱼粉、鱿鱼膏、鱿鱼内脏粉、扇贝边粉、干贝粉和贻贝粉等，可作为饲料原料中常用的成分（付万冬，2009；Olsen，2011；Han，2018）。因加工及处理方式的不同，水生软体动物及其加工产品的营养价值差别也很大。部分水生软体动物及其加工产品的常规营养成分、氨基酸组成等见表1-30和表1-31。

表1-30　部分水生软体动物及其加工产品常规营养成分（%）

营养成分	粗蛋白质	粗脂肪	水分	灰分	粗纤维
乌贼粉	70～80	5.8～7.4	6.6～8.3	—	—
乌贼内脏粉（日本）	52.0	18.2	6.1	11.1	1.3
乌贼内脏粉1（厦门）	51.7	10.7	6.6	9.9	2.2
乌贼内脏粉2（厦门）	50.6	11.3	8.2	10.4	2.3
乌贼内脏粉（山东）	51.5	12.7	5.7	9.6	2.7
乌贼内脏粉（台湾）	52.1	20.5	3.7	11.2	2.1
乌贼内脏粉（未去油）	35.0～40.0	25.0～40.0	8.0～13.0	—	—
鱿鱼精粉	≥70.0	≤15.0	≤12.0	≤10.0	
鱿鱼内脏粉	≥48.0	≤20.0	≤12.0	≤10.0	
鱿鱼膏	≥32.0	≥18.0	≤35.0	—	
贻贝粉	61.7	2.0	11.4	19.4	
贻贝内脏粉	68.6	6.8	6.7	11.0	
扇贝边（全边）	67.83	8.09	6.01	—	
扇贝边（纯边）	80.67	3.21	5.09	—	

表1-31　部分水生软体动物及其加工产品氨基酸组成（%）

营养成分	乌贼内脏粉（日本）	乌贼内脏粉（中国台湾）	扇贝边（全边）	扇贝边（纯边）
天冬氨酸	2.69	2.40	5.04	7.34
苏氨酸	1.37	0.96	2.53	3.48
丝氨酸	2.53	1.26	2.33	3.40

（续）

营养成分	乌贼内脏粉（日本）	乌贼内脏粉（中国台湾）	扇贝边（全边）	扇贝边（纯边）
谷氨酸	4.59	4.08	7.15	10.86
甘氨酸	3.17	4.25	4.89	5.67
丙氨酸	2.38	2.80	2.80	4.54
半胱氨酸	0.46	0.33	0.83	1.25
缬氨酸	1.71	1.11	5.40	6.03
蛋氨酸	0.65	0.74	1.43	2.21
异亮氨酸	1.20	0.92	2.26	3.10
亮氨酸	2.60	1.69	3.79	5.52
酪氨酸	1.18	0.98	2.17	2.94
苯丙氨酸	1.55	1.08	2.14	2.83
赖氨酸	1.44	1.55	3.24	4.80
组氨酸	0.57	0.44	1.08	1.39
精氨酸	2.08	1.78	3.45	5.20
脯氨酸	0.98	0.92	0.75	1.43

3. 水生软体动物及其加工产品的加工方法与工艺　贝类和鱿鱼的加工产品，已形成一定的综合利用途径（王建中，1999；吴莉敏，2007；吴少杰，2011；章超桦，2014）。其综合加工利用方法和工艺已有相关报道。水生软体动物副产物蛋白质的水解方法可分为酸水解、碱水解和酶水解等多种方法，其中酸水解和碱水解是比较传统的方法。碱水解会使蛋白水解生成的氨基酸消旋化，从而失去部分营养价值。与酸或碱对蛋白质的水解相比，酶对蛋白质的水解能在较温和的条件下进行，副反应和副产物少，不仅能较好地保存水解物中多肽和小肽的营养价值，还可选择酶的种类和反应条件进行定位水解，以产生特定组成或特定 C-端、N-端氨基酸残基的水解物或肽类，由此控制蛋白质水解物的功能特性，因而能较好地满足对蛋白质水解产物应用的需求，成为蛋白质水解物制备重要的发展方向。

对贝类和鱿鱼副产物的酶解来讲，选择合适的蛋白酶非常重要。首先要考虑水生软体动物副产物蛋白酶解液的质量，要求获得的酶解液具有较高的水解度和良好的风味；其次必须考虑酶解效率和蛋白酶的价格，蛋白酶的性价比越高越好。目前蛋白酶主要分成 3 种：动物源蛋白酶，如胃蛋白酶、胰蛋白酶等对蛋白的水解效果较好，但由于原料来源困难，价格较高，不适合较大规模的工业化应用；植物源蛋白酶，如木瓜蛋白酶、菠萝蛋白酶等尽管酶解效率相对较低、容易失活，但由于来源丰富，生产较简单，价格较低，比动物蛋白酶划算，可用于水生软体动物副产物酶解液的生产；微生物蛋白酶，是通过发酵法生产的，随着基因工程菌的广泛应用，发酵法产酶效率大大提高，为大规模工业应用创造了条件，蛋白酶溶解性好，活力高，适合水生软体动物副产物酶解液的制备。

鱿鱼肝脏富含多种活性酶类，经生化加工提取酶制剂，作为水产产业专业酶，应用在渔用饲料和水产发酵工业中，无疑将是一个更高层次的利用途径（Lian，2005）。提纯原理为：原料→剥离→冰水中研磨→萃取脱脂→EDTA、PMSF 中浸提→离心分离→凝胶过滤→亲和色谱提纯→固化→真空冷冻干燥→活性蛋白酶制剂（图 1-26）。鱿鱼膏是以鱿鱼内脏为原料，经高温蒸煮处理，杀死其自身所含的酶类及丰富的微生物后进一步发酵、杀菌后干燥处理而成的膏状物，含有丰富的诱食性氨基酸，是动物饲料优良的诱食剂。

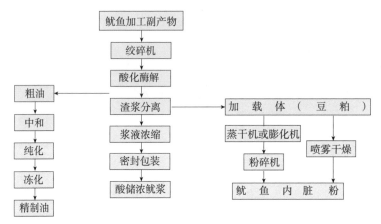

图 1-26　鱿鱼内脏加工流程图

（二）水生软体动物及其加工产品在水产养殖中的应用

我国拥有丰富的贝类和头足类资源，随着水产养殖和捕捞业的迅速发展，这些海产品在成为各种风味营养品的同时，也产生了大量下脚料，而对这些副产物的处理方式主要是就地掩埋，这不仅造成了水产资源的极大浪费，同时也给当地环境造成严重污染。因此提高这些副产物的高值化利用，将有助于提高贝类和头足类资源的综合利用，提升企业经济效益，也将极大促进我国建立资源节约型和环境友好型社会。水生软体动物加工副产物除了含有丰富的蛋白质、脂肪和矿物质之外，其氨基酸组成均衡且含量丰富，还含有活性多肽、糖蛋白、不饱和脂肪酸、牛磺酸等多种生理活性物质，相比鱼粉，也是一种值得人们开发的优质动物性蛋白源，可用作动物饲料蛋白源。目前，水生软体动物及其加工产品在畜牧业中的应用较少，但在水产饲料中用作诱食剂和动物蛋白源应用较多，并取得了很好的生产效果。

目前应用于水产养殖中的水生软体动物加工副产物主要有贻贝粉、扇贝边粉和鱿鱼粉。研究发现，在多佛鲽、大菱鲆、北极红点鲑、虹鳟、欧亚鲈的饲料中添加蓝贻贝粉，可提高饲料的适口性，增加鱼类的摄食（Kikuchi，2009；Carlberg，2015；Weiss，2017）。同时，在虹鳟、长丝异鳃鲇、真鲷、大菱鲆、日本牙鲆和红鳍东方鲀等的养殖实验发现，蓝贻贝粉可作为替代鱼粉的优质蛋白源，最高可替代 45% 的鱼粉，且不影响上述鱼类的生长（Kikuchi，2009；Alatise，2005；Weiss，2017）；而对欧洲鲷的研究发现，贻贝粉可替代 75% 的鱼粉，并增加其特定生长率和摄食，降低饲料转化率和肌肉脂肪含量（Mongile，2015）。对海参的研究发现，相较于天然饵料，绿贻贝粉可像刀额新对虾肌肉粉一样提高其摄食率（Orozco，2014）。

扇贝边粉也具有良好的促摄食或生长效果。对刺参的研究发现，相对于 100％天然饵料，添加 10％的鱼粉和扇贝边粉都能有效地促进刺参的生长（王彦苏，2011）。而对斑节对虾的研究也发现，卤虫粉和扇贝边粉按 2∶1 混合可替代 60％的鱼粉，且生长效果更优；同时，扇贝边粉和虾头粉混合蛋白源的促生长效果远好于沙丁鱼粉和虾头粉（或龙虾）等其他混合蛋白源（Sudaryono，1995；李爱杰，2004）。对真鲷的研究表明，豆粕和扇贝边粉 3∶2 混合发酵后可替代至少 30％的鱼粉，且不影响生长、体组成（Kader，2011）。扇贝边粉单独作用亦可促进大口鲇的摄食（许国焕，2000）。

鱿鱼粉作为诱食剂，也能促进水产动物的生长。鱿鱼内脏粉和提取液作为诱食剂，分别在罗非鱼和异育银鲫养殖中表现出良好的促食效果（Xue，2001；姜瑞丽，2008）。鱿鱼粉或酶解产品可部分替代鱼粉，成为鱼虾饲料配方中的关键动物蛋白源。对南美白对虾的研究表明，鱿鱼酶解物与鱼粉的促生长效果相似（Córdova-Murueta，2002）。而对蓝对虾、南美白对虾、斑节对虾和印度对虾来讲，16％的鱿鱼粉可促进其生长（Cruz-Ricque，1987）。对真鲷的研究表明，鱿鱼或扇贝副产物与发酵蛋白的混合蛋白，以及单独的鱿鱼粉都可替代 80％的鱼粉（Kader，2012）。对尖吻鲈的研究发现，用鱿鱼粉替代10％～20％的鱼粉会有更好的生长效果，且好于贻贝粉和磷虾粉（Nankervis，2006）。鱿鱼粉和豆粕 1∶1 混合发酵可替代牙鲆饲料中 36％的鱼粉，且不影响生长（Abdul，2012）。

而对真鲷、红鳍东方鲀、条纹鲈、长鳍鲕和南美白对虾的研究表明，扇贝、蛤蜊、乌贼（鱿鱼）提取物对其有显著的诱食作用（梁萌青，2000；Martín，2010；Benitez-Hernández，2018）。因此，贝类和头足类的加工副产物作为优质蛋白源和诱食剂，可单独使用，或与其他蛋白源协同使用，以促进水产经济动物的摄食和生长。

（三）水生软体动物及其加工产品作为饲料原料利用存在的问题及开发利用与政策建议

虽然水生软体动物及其加工产品作为水产动物饲料原料具有一些优势，并逐渐被应用，但在实际利用过程中也存在一些亟待解决的问题。

其一，由于水产动物生长的水域环境受到工业废水、生活污水和养殖水体自身污染的影响，而且污染物可通过食物链被水生软体动物富集，使以贻贝粉、扇贝边粉和鱿鱼粉等为原料的饲料存在抗营养因子、生物毒素、重金属等有害物质（表 1-32）。

表 1-32　部分水生软体动物及其加工产品存在的有害物质

项目	镉（以 Cd 计）（mg/kg）	挥发性盐基氮（mg/g）	酸价（mg/g，以 KOH 计）	霉菌（个/g）
乌贼内脏粉（日本）	113	2.13	14.9	127
乌贼内脏粉（厦门）	87	2.71	12.6	1954
鱿鱼内脏粉（厦门）	95	1.97	7.8	631
乌贼内脏粉（山东）	124	2.53	11.5	584
乌贼内脏粉（台湾）	76	2.19	16.3	883

其二，水生软体动物及其加工产品在加工、储运过程中易出现霉变、酸败的问题，这会影响加工产品的品质，进而会影响饲料品质，最终威胁水产养殖动物的健康。

其三，目前贻贝粉、扇贝边粉和鱿鱼粉仅在少量水产养殖动物中应用，缺乏大部分水产经济养殖动物相关营养数据，限制了水生软体动物及其加工产品在水产养殖中的应用。

综上所述，水生软体动物及其加工产品具有重要的营养价值，可成为水产饲料产业中鱼粉替代的优质蛋白源，需增强其在水产养殖中的应用，以促进我国水产养殖业的可持续发展。为此，水生软体动物及其加工产品作为饲料原料的开发方向和趋势应包括以下几方面：加强开发利用水生软体动物及其加工产品作为饲料资源；改善水生软体动物及其加工产品作为饲料资源的开发利用方式；制定水生软体动物及其加工产品作为饲料产品的标准；科学制定水生软体动物及其加工产品作为饲料原料在日粮中的适宜添加量；加强国际合作，积极引进国外先进技术，同时增强自主创新的能力和实力，提升产品的国际竞争力。

三、甲壳类动物及其副产品

（一）虾粉概述

1. 我国虾粉及其加工产品资源现状　虾粉是指食用虾、加工虾食品后剩下的虾壳、虾头、肠道、虾眼等副产物及海捕小全虾，经干燥、粉碎后的产品。根据不同组分，可以将虾粉分为虾壳粉、虾头粉、全虾粉等（刘兴旺和王华朗，2006）。我国虾粉资源十分丰富，沿海地区的对虾、龙虾、虾蛄等虾类加工可年产虾粉超过 10 万 t，主要集中于山东渤海湾、浙江舟山群岛等地（聂青平，1996）。

2. 虾粉作为饲料原料利用存在的问题　虾粉营养成分受多种因素影响，变化范围较大，而且加工中为了防腐往往加入食盐，故虾粉含盐量较高。一般来说，盐分高于 7% 的虾粉不适宜用于配合饲料。

虾粉在生产过程中容易污染细菌、腐败及被氧化。使用前需要检验挥发性盐基氮来判断其新鲜度，另外，还要检测细菌总数、肠道致病菌沙门氏菌等。

虾粉的粗蛋白质包含来自甲壳的几丁质氮，且几丁质含量与粗纤维相近，除甲壳外还存在于胃壁内层，利用价值很低。

3. 开发利用虾粉作为饲料原料的意义　虾粉除含有丰富蛋白质、甲壳素外，还富含 EPA、DHA、胆碱、磷脂、胆固醇、虾青素、虾红素及钙、磷、铁、锰、锌、铜等多种有益元素。虾粉中的蛋白质、胆碱、磷脂、胆固醇主要富集在头腔、螯肢和步足中，是动物体不可缺少的物质，有改善动物脂肪代谢、提高免疫力的功效。虾粉中的 DHA 和 EPA 有改善动物血液循环、促进神经系统和生殖系统功能的作用。虾青素和虾红素能减缓脂质过氧化进程，避免动物细胞遭自由基破坏，而且具有着色效果，是天然无毒的可食用色素。此外，虾壳含有丰富的活性钙，极易被畜禽吸收利用（江星，2013）。

因此，可以说虾粉是一种可利用价值高的蛋白质原料。

4. 虾粉的营养价值　不同来源虾粉的营养水平如表 1-33 所示。

表 1-33 不同来源虾粉的营养水平（%）

项目	虾壳粉	虾粉 2 （江星，2013）	虾粉 3 （王润莲等，1999）	虾粉 4 （王文娟，2012）
水分	12	—	8.61	10.3
粗蛋白质	30.8	70.5	74.64	45.2
粗脂肪	2.6	1.4	1.61	8.7
粗灰分	39.4	9.5		6.5
钙	12.1			3.7
总磷	1.4		1.04	2.6
蛋氨酸	0.65	1.845	2.04	0.60
赖氨酸	1.68	5.598	5.72	3.84
总氨基酸		63.065	64.92	

5. 虾粉在动物生产中的应用

（1）在养猪生产中的应用 虾粉在畜禽及水产饲料中都有很好的应用价值。虾粉可提高饲料适口性，改善猪的食欲，在育肥猪中添加 3%～5% 虾粉，可明显改善肉色。

（2）在家禽生产中的应用 王润莲等（1999）报道，刚出壳的艾维茵商品代雏鸡饲料中添加 5%～8% 虾粉，养殖 7 周后，0～3 周龄日增重和 3 周龄末重与对照组相比差异不显著；4～7 周龄平均日增重、7 周龄末重，5% 虾粉组与对照组相近，差异不显著，8% 虾粉组显著低于对照组。

（3）在水产品生产中的应用 虾粉一般可作为鱼虾饲料的诱食剂，在饲料中用量不超过 5%，具有良好的诱食、促生长和改善体色的效果（刘兴旺和王华朗，2006）。王文娟（2012）报道，初始体重为 13.0g 的凡纳滨对虾对虾粉的干物质、粗蛋白质、粗脂肪、总能、总磷的表观消化率分别为 70.91%、78.17%、86.67%、72.04%、58.67%，对蛋氨酸、赖氨酸的表观消化率分别为 75.26%、68.14%；初始体重为 130.0g 的军曹鱼对虾粉的干物质、粗蛋白质、粗脂肪、总能、总磷的表观消化率分别为 55.53%、84.82%、76.01%、89.47%、65.41%，对蛋氨酸、赖氨酸的表观消化率分别为 93.98%、94.94%；初始体重为 32.0g 的斜带石斑鱼对虾粉的干物质、粗蛋白质、粗脂肪、总能、总磷的表观消化率分别为 73.86%、85.47%、90.75%、74.31%、48.40%，对蛋氨酸、赖氨酸的表观消化率分别为 83.75%、88.34%。江星（2013）报道，初始体重为 63.72g 的中华绒螯蟹对虾粉的粗蛋白质、能量的表观消化率分别为 90.53%、82.45%，对蛋氨酸、赖氨酸的表观消化率分别为 78.93%、89.36%。

Laining 等（2003）报道，初始体重约为 20g 的老鼠斑石斑鱼对虾头粉的干物质、粗蛋白质和总能的表观消化率分别为 58.5%、78.0% 和 63.6%。Brunson 等（1997）报道，凡纳滨对虾对虾粉的粗蛋白质的表观消化率为 57.66%。

6. 虾粉的加工方法与工艺 虾、虾头、肠道等原料→高温蒸煮→消毒杀菌→烘干→磨粉→筛分除杂→保鲜→包装→入库。

7. 虾粉作为饲料资源开发利用的政策建议

（1）加强开发利用虾粉作为饲料资源 虾粉在多种水产动物、畜禽动物上的应用研究表明，虾粉是新的优质蛋白源，可以替代部分鱼粉，在水产饲料、畜禽饲料中广泛应用，尤其是特种水产饲料。全面分析虾粉的营养成分，并与鱼粉进行对比研究，有利于更好地加工利用虾粉，同时也为配合饲料生产提供理论依据。

（2）改善虾粉作为饲料资源开发利用方式　虾粉在常温下长期贮藏必将导致其品质下降，营养价值降低，尤其是在高温季节，质量品质下降更快。研究虾粉的保鲜方法、贮藏条件对虾粉质量的影响、不同生产工艺条件对虾粉品质的影响和不同水产动物对虾粉消化利用率及其可替代鱼粉的适宜比例，是开发利用虾粉的保障和依据。虾粉作为饲料资源开发利用不应局限于替代鱼粉的蛋白源，更应该研究其副产物如虾青素、虾红素等特殊营养物质的应用，尤其是在三文鱼、对虾、螃蟹等特种养殖种类中的应用。

（3）制定虾粉作为饲料产品标准　虾粉作为饲料产品属于优质蛋白源，制定虾粉产品的行业标准和国家标准势在必行，这对虾粉生产企业、供应商和使用者合理使用虾粉具有重要的指导意义和限制作用。

（4）科学确定虾粉作为饲料原料在日粮中的适宜添加量　虾粉作为优质蛋白源，在饲料中应用时应确定其适宜的添加量，这对于节约鱼粉和促进养殖动物生长等具有重要意义。科学制定虾粉在饲料中适宜添加量，应首先评估虾粉的营养价值及其功能作用；其次研究养殖动物对虾粉的表观消化率；再次研究不同养殖动物饲料中虾粉替代鱼粉的适宜量；最后根据虾粉的营养价值、养殖动物的表观消化率和适宜替代比例，科学制定虾粉在该种动物饲料中的适宜添加量。

（5）合理开发利用虾粉作为饲料原料的战略性建议　合理开发利用虾粉，首先，应从生产虾粉的原料，如虾、虾头和肠道等副产物进行控制；其次，制定相关行业或国家标准，规范虾粉生产企业的生产工艺和虾粉质量；最后，制定虾粉使用标准，规范饲料生产企业合理贮藏、使用虾粉，保证饲料安全和食品安全。

（二）虾头粉概述

1. 我国虾头粉资源现状　虾头粉主要来源于虾仁加工后的副产物，一般为凡纳滨对虾、斑节对虾、小龙虾等虾类加工后剩下的虾头，含有极少的虾肉，经过烘干粉碎后的产物。不同品种虾头占体重的比例差异较大，如凡纳滨对虾虾头占体重 35.8%，罗氏沼虾占 58.69%，斑节对虾占 40.81%（刘洪亮等，2011）。

2012 年我国养殖虾总产量 242 万 t，其中养殖对虾产量 153 万 t。养殖虾类 40%左右以出口为主，出口产品又以虾仁居多，在对虾的加工过程中会产生大量的虾头（占整虾的 30%～40%），按照鲜重计算，虾头产量高达 38 万 t 左右。

虾头粉主要分布于我国沿海对虾加工企业集中地区，如广东、海南、广西、浙江、山东等地，分布不均匀，收集困难，难以大规模加工处理（郭文龙和张庆，1992；Fanimo 等，2000）。

2. 虾头粉作为饲料原料的利用存在问题　一是消化率低，虾头粉主要成分为几丁质，这严重影响了虾头粉的消化吸收率。二是分布不均、收集加工困难，虾肉加工企业主要分布在沿海地区，如广东的湛江、茂名，广西的北海，浙江的舟山，山东的荣成等地区。这些地方虾肉加工占全国 80%以上。虾头粉作为虾仁加工后的副产物未得到多数企业的重视，一般作为不可处理的垃圾进行焚烧和深埋。

3. 开发利用虾头粉作为饲料原料的意义　虾头中残留着大量的蛋白质，另外还有多不饱和脂肪酸、维生素 E、虾青素和各种矿物质等成分，营养价值很高。此外，虾头内含有的虾黄，具有良好的风味，并且虾副产品中含有经济价值非常高的甲壳质（周歧存等，2005）。鱼粉的资源匮乏和价格居高不下对饲料企业经营形成了较大压力，为了可持续发展，鱼粉替代成为永恒话题。虾头粉是一种常规蛋白源饲料，在水产饲料中的应用广泛，可作为替代鱼粉的常规原料（NRC，1993），这能有效地缓解目前国内鱼粉资源紧张的状况。虾头粉等副产物的回收，能减少污染，起到改善环境的作用。

4. 虾头粉的营养价值　虾头粉受虾品种影响，营养成分差异较大。研究结果表明（表 1-34），凡纳滨对虾虾头水分含量为 78.44%，以湿重计算，蛋白质含量为 6.38%，灰分含量为 3.62%，甲壳素含量为 3.33%（张祥刚等，2009）。

表 1-34　虾头粉常规营养成分分析（以湿重计，%）

常规营养指标	含量（%）
水分	78.44
蛋白质	6.38
灰分	3.62
甲壳素	3.33
总糖（还原糖）	0.27
脂肪	2.42
总酸度	2.30

凡纳滨对虾虾头中游离氨基酸的种类较齐全、含量丰富（表 1-35），以干物质计算，总量为 2.358%。虾头中 8 种必需氨基酸基本齐全，必需氨基酸占游离氨基酸总量的 41.52%，必需氨基酸与非必需氨基酸比值约为 0.7（郝鲁青等，2014）。

表 1-35　虾头中游离氨基酸的含量（以干重计，%）

氨基酸种类	占比	氨基酸种类	占比
天冬氨酸	0.070	苯丙氨酸	0.130
苏氨酸	0.160	赖氨酸	0.230
丝氨酸	0.060	组氨酸	0.046
谷氨酸	0.210	精氨酸	0.320
甘氨酸	0.340	脯氨酸	0.056
丙氨酸	0.230	牛磺酸	0.160
缬氨酸	0.110	氨基酸总量	2.358
甲硫氨酸	0.070	必需氨基酸总量	0.979
异亮氨酸	0.083	非必需氨基酸总量	1.379
亮氨酸	0.150	鲜味氨基酸总量	0.850
酪氨酸	0.093		

虾头中必需脂肪酸种类齐全，油酸、亚油酸、DHA、EPA 含量丰富。如表 1-36 所示，虾头中不饱和脂肪酸占总量的 55.75%，而单种脂肪酸以油酸含量最高，干重为虾

壳粉的 3.06%，其次为十六酸、亚油酸和十八酸，干重含量分别为 2.92%、1.58% 和 1.48%（周荣等，2013）。

表 1-36　虾头中脂肪酸的含量（以干重计，%）

脂肪酸名称	占比	脂肪酸名称	占比
十四酸	0.079	十六碳一烯酸	0.18
十五酸	0.060	油酸	3.06
十六酸	2.92	亚油酸	1.58
十七酸	0.18	花生酸	0.088
十八酸	1.48	二十碳一烯酸	0.16
十九酸	0.060	EPA	0.93
二十二酸	0.10	DHA	0.22
二十四酸	0.093	不饱和脂肪酸	6.218
饱和脂肪酸	4.972	脂肪酸总量	11.19

5. 虾头粉抗营养因子　虾头粉中主要抗营养因子为几丁质，这影响了虾头粉的消化吸收率，限制了其在饲料中的应用（刘志海，2002）。

6. 虾头粉在动物生产中的应用

（1）在养猪生产中的应用　在育肥猪日粮中添加一定量的虾头粉，无论对育肥猪的日增重还是饲料转化率以及经济效益都有不同程度的效果。虾头粉和鱼粉配合使用作为育肥猪日粮蛋白源比单独使用虾头粉效果要好，日增重高，建议使用虾头粉时尽量和进口鱼粉搭配使用（Amar 等，2001）。虾头粉中含有一定的盐分，在使用时需根据其在日粮中所占的比例来调整日粮中的食盐用量。由于受加工条件的限制，虾头粉一般都有一股不良气味，从而影响了适口性，所以在育肥猪日粮中要控制使用量，一般以不超过10% 为宜。

（2）在家禽生产中的应用　虾头粉含有大量色素，如胡萝卜素、类胡萝卜素等。对虾壳色素有抗病毒作用，同时具有高效淬灭单重氧的作用，可清除自由基，是维生素前体之一，其生物活性是维生素 E 的 100 多倍，具有保健作用。虾头粉在禽料中的增色效果较好，添加比例一般不高于 8%。

（3）在水产动物生产中的应用　虾头粉在水产动物中的应用研究较少，在水产饲料中主要作为增色剂使用，如真鲷饲料。虾头粉作为蛋白源饲料，在水产饲料中一般作为鱼粉替代物使用，但受虾头粉几丁质含量等影响，添加比例不高于 15%。

（4）在其他动物生产中的应用　虾头粉鲜味氨基酸含量高，非常适合加工成调味品或调味料，还可制成虾味香精、酱油等，利用虾副产品加工生产调味料，市场潜力巨大。此外，虾头粉在壳聚糖、甲壳素、多不饱和脂肪酸等高附加值产品提取方面也取得了重大成果。

7. 虾头粉加工方法与工艺　如图 1-27 所示，虾头粉主要来源于分离虾仁后剩下的虾头和虾壳的进一步分离，只剩下虾头，虾头再经过蒸煮，使虾副产物熟化；再经过压榨，使虾头等物质和虾油、水等分离；再经过烘干、粉碎，变成虾头粉；最后经过冷却、打包。

8. 虾头粉作为饲料资源开发利用的政策建议

（1）加强开发利用虾头粉作为饲料资源　对虾加工过程中会产生大量的虾壳及虾头等副产品，其含有丰富的蛋白质、甲壳素和灰分等，但虾头粉等副产品大都被丢弃，既浪费资源又污染环境（杨振海和蔡辉益，2003）。水产饲料研发证明，虾头粉可以作为蛋白质饲料原料

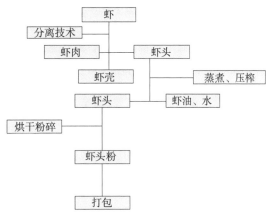

图 1-27　虾头粉加工方法与工艺

料，可以直接应用于水产料配合饲料，同时可作为禽料增色剂使用。为了提高虾类加工后副产物利用率，同时减少环境污染，有必要加强开发虾头粉等资源。

（2）改善虾头粉作为饲料资源的开发利用方式　虾头粉受其几丁质、非蛋白氮含量高等影响，养殖动物对其消化率低，限制了其使用价值和在饲料中的添加比例（刘宏超和杨丹，2009）。通过生物等处理方式可以提高虾头粉的利用价值。

生物方法主要为发酵法和酶解法。

①发酵法。从自然界中提取能够分解几丁质的菌种，加以分离和纯化。在菌种最适生存条件下，虾头粉被有益菌发酵分解。在发酵分解过程中要注意菌种纯度、活力，以及发酵环境的控制。经过几天发酵，虾头粉中几丁质被菌类分解、代谢，可变成高蛋白、消化率高的蛋白质原料。

②酶解法。通过对虾头粉进行酶解，可加快几丁质中高分子有机物壳聚糖的分解，使壳聚糖变成消化吸收率高的小分子有机肽，提高虾头粉的利用率。

（3）制定虾头粉作为饲料产品标准　虾头粉是一种蛋白类原料，但受虾头粉来源、加工工艺等影响，营养指标差异较大，按照目前国内虾头粉检测结果，可以制定以下标准。

感官性状：颗粒均匀、色泽新鲜一致，无发酵、氧化及异味异臭。不得掺假，不得添加国家禁止添加的任何物质。

质量指标：水分≤12.0%，粗蛋白质≥30.0%，粗灰分≤35.0%，钙10.0%～15.0%，磷≥12.0%，盐分≤7.0%（注：海虾粉盐分≤15.0%），挥发性盐基氮≤120mg/g。

卫生指标：铅≤30.0mg/kg，砷≤2.0mg/kg，氟≤1 800mg/kg，镉≤2.0mg/kg，汞≤0.5mg/kg。

（4）科学制定虾头粉作为饲料原料在日粮中的适宜添加量　由于虾头粉中几丁质含量高、消化吸收率低，作为饲料原料使用需要控制其在配方中的添加量。在高档水产料中，虾头粉添加比例较高时，饲料利用率降低，饲料系数偏高，鱼虾类增重率降低（刘洪亮等，2011）。在禽料中主要作为增色剂使用，添加比例一般不高于8%，添加比例过高时也会造成养殖动物增重率降低、饲料系数高。

（5）合理开发利用虾头粉作为饲料原料的战略性建议　受全球变暖、环境污染等因

素影响，鱼类等资源量会越来越匮乏，而虾类养殖量却逐年增多，虾类副产物也逐年增多（Robert and Eric，1992）。虾类副产物虾头粉是一类较好的蛋白质原料，可替代部分鱼粉，一定程度上可缓解鱼类资源匮乏，对缓解鱼类资源衰退，以及改善环境有重要意义。未来饲料业在健康、可持续、环境友好发展过程中，需要合理开发虾头粉等虾类副产物。

建议强制虾肉加工企业建立虾副产物回收机制，有效改善虾副产物对环境的污染。沿海地区以省为单位，建立虾副产物集中处理区，提高虾头粉产量。加快虾头粉在水产饲料中的应用研究，加强产学研合作，促进虾头粉在水产饲料中的应用。通过物理、生物等方法，加快研究提高虾头粉的消化吸收率的技术手段。

（三）虾壳粉

虾壳粉是以海虾为原料，通过高温蒸煮、消毒灭菌、烘干去肉、过筛等工序加工而成，含有丰富甲壳素（几丁质）、蛋白质、胆碱、磷脂、胆固醇、虾青素及磷、钙、铁、锰、锌、铜等多种有益元素（Robert 和 Eric，1992）。虾壳粉可提高饲料的适口性，是在水产饲料中最为合适也最为常用的诱食剂和着色剂，水产饲料中添加 5％具有良好的诱食效果，也具有增加动物抗病能力、促进动物生长和改善虾品质的效果（Fanimo 等，1996）。

目前我国暂无虾壳粉质量国家标准。美国饲料管理协会（AAFCO）对虾粉的定义为："可食部除去后的新鲜虾杂，含有少量全虾，干燥粉碎即得虾粉，食盐量超过 3％时应标示，以 7％为限。"虾壳粉与虾粉之间并无明确区分，几乎不含虾肉则为虾壳粉。

虾壳粉要注意新鲜度、粗蛋白质含量、盐分。由于虾壳中含有几丁质，其中有部分氮为非蛋白氮（张祥刚等，2009），在计算配方时，虾壳粉的粗蛋白质含量要打折扣。虾壳粉的氨基酸总和与粗蛋白质的差距较大。

1. 我国虾壳粉及其加工产品资源现状　虾壳粉主要分布于我国沿海对虾加工企业集中的地区，如广东、海南、广西、浙江、山东等地，分布不均匀。据统计，我国虾壳粉年产量有 10 万～15 万 t，但受分布不均、收集困难、难以大规模加工等因素影响，虾壳粉产品和产业链一直难以做大做强（Fanimo 等，2000）。

2. 虾壳粉及其加工产品作为饲料原料利用存在的问题

一是消化率低。虾壳粉主要成分为几丁质，这严重影响了虾壳粉的消化吸收率。周凡等（2014）研究了中华鳖日本品系（*Pelodiscus sinensis*，Japanese strain）幼鳖对蝇蛆蛋白粉、虾壳粉、发酵豆粕、豌豆浓缩蛋白、大豆浓缩蛋白以及玉米蛋白粉的干物质、粗蛋白质、氨基酸、粗脂肪和总能的表观消化率。结果表明，原料总氨基酸表观消化率最低值出现在虾壳粉组。任鸣春等（2012）在关于军曹鱼（*Rachycentron canadum*）7 种饲料原料表观消化率的研究中发现，白鱼粉、虾壳粉和酪蛋白消化率均高于 90％。在能量表观消化率方面，白鱼粉、水解羽毛粉、酪蛋白和明胶能量消化率显著高于虾壳粉、血粉和棉籽粕（周歧存等，2005）。

二是收集加工困难、产量不足。虾壳粉一般作为虾肉加工后的副产物，多数企业都未重视，一般作为不可处理的垃圾进行焚烧和深埋。大的虾肉加工企业虾壳粉产生量大，会收集并加工制作成虾壳粉。由于虾肉加工企业量小、分散，虾副产物处理成本高等，虾壳粉还未形成大的产业链，且收集困难，产量不足。

三是分布不均。我国虾壳粉主要来自虾肉加工企业，这些加工企业以出口为主，其主要集中在沿海地区，如广东的湛江、茂名，广西的北海，浙江的舟山，山东的荣成等地区，这些地方虾肉加工占全国80%以上。

3. 开发利用虾壳粉及其加工产品作为饲料原料的意义　虾壳粉是虾加工后的副产物，是一种常规蛋白源饲料，其在水产饲料中的应用广泛，可以起到替代鱼粉的作用，能有效地缓解目前国内鱼粉资源紧张的状况。同时虾壳粉等虾副产物的回收，能减少污染，起到改善环境的作用。

4. 虾壳粉及其加工产品的营养价值　如表1-37所示，虾壳粉水分含量一般要求≤15%，由于虾壳粉中盐分含量较高，海水虾类盐分高达15%左右，淡水虾盐分低于7%，吸湿性较大，所以水分要求低于15%。其蛋白质含量受虾壳分离技术、虾壳粉来源等因素影响，蛋白质含量差异较大，一般为22%～45%。虾壳粉油脂含量较低，一般为8%以下。虾壳粉灰分含量高，一般为40%以下（石天虹等，2010）。

表1-37　虾壳粉常规营养指标（%）

常规营养指标	含量
水分	≤15
蛋白质	22～45
脂肪	≤8
灰分	≤40
盐分	0～15

5. 虾壳粉及其加工产品中的抗营养因子　虾壳粉主要抗营养因子为几丁质，这严重影响了虾壳粉的消化吸收率。虾壳粉蛋白质有1/2为几丁质，几丁质是由β-1,4键连接的氨基葡萄糖多聚体，是存在于自然界中的一种高分子聚合物（胡金金等，2007），很难被动物消化，所以虾壳粉真正可利用的蛋白质只有1/2左右。

虾壳粉中重金属含量较高，如铜、铅、砷等物质。虾血液中的血蓝蛋白是一种含铜的呼吸色素，通过与氧结合和分离运输氧气，所以虾壳粉中铜含量相对偏高。

6. 虾壳粉及其加工产品在动物生产中的应用

（1）在养猪生产中的应用　猪对虾壳粉中的几丁质消化吸收率较低，故虾壳粉在猪料中的应用价值小，几乎没有猪饲料企业在猪饲料中添加虾壳粉，相关研究还未见报道。

（2）在反刍动物生产中的应用　反刍动物能够通过瘤胃中微生物的作用，增加对蛋白质、纤维素的利用率。虾壳粉作为蛋白类饲料在反刍动物中的应用研究少，是未来研究的一个重点方向。

（3）在家禽生产中的应用　虾壳粉中含有大量的虾青素。虾青素是一种天然的色素，在禽料中的增色效果较好。在鸡饲料中添加虾壳粉，有可能改善蛋黄着色（董玉华和赵元凤，2006），同时还可增加鸡爪、鸡皮等黄色素沉淀，提高鸡的卖相。虾壳粉除了营养结构较为平衡，还具有明显的诱食作用，能提高蛋鸭日摄食量。

（4）在水产品生产中的应用　虾壳粉在水产动物中的应用较广泛。虾壳粉富含的钠、钙、镁、钾、磷等元素对昆虫、甲壳类（尤其是虾蟹类）动物骨骼的构成具有重要作用；其所含的几丁质可以作为蛋白质的凝聚剂和鱼类生长促进剂，对虾蟹甲壳的形成具有重要作用。虾青素作为一种高效的纯天然抗氧化剂，最主要的功能是清除自由基，另外，虾青素还具有很强的诱导细胞分裂的活性，具有重要的免疫调节作用。此外，虾壳粉富含赖氨酸和甲壳素（杨振海和蔡辉益，2003）。叶玉珍（1996）在鲤（*Cyprinus carpio*）的生产试验中发现，虾壳粉混合制成颗粒饵料不仅质量好，而且味道香，具有很强的诱食性。在养殖期间，鲤的摄食力强，因而生长速度快。Kalinowski（2007）还报道，添加虾壳粉（含酯化的虾青素）有助于真鲷（*Pagrus pagrus*）皮肤色素的沉淀。

（5）在其他动物生产中的应用　虾壳粉受产量限制、消化吸收率等影响，暂未大规模使用，主要集中在水产、禽料中使用，在其他动物中的应用研究较少。

7. 虾壳粉及其加工产品作为饲料资源的开发利用与政策建议

（1）加强开发利用虾壳粉及其加工产品作为饲料资源　对虾加工过程中会产生大量的虾壳及虾头等副产品，其含有丰富的蛋白质、甲壳素和灰分等（Pan 等，2010）。近年来，随着虾类养殖产量逐年增加，其加工过程中的副产物如虾壳、虾头等越来越多，但虾壳粉等副产品大都被丢弃，既浪费资源又污染环境（Amar 等，2001）。水产饲料研发证明，虾壳粉可以作为蛋白质饲料原料，可以直接应用于水产配合饲料，也可作为禽料增色剂。为了提高虾类加工后副产物利用率，减少环境污染，有必要加强开发虾壳粉等资源的利用。

（2）改善虾壳粉及其加工产品作为饲料资源的开发利用方式　虾壳粉的几丁质、非蛋白氮含量高，影响了其使用价值和在饲料中的添加比例。为了提高虾壳粉的利用价值，可以通过物理、生物等处理方式，降解几丁质中高分子有机物壳聚糖。

①物理方法。目前较常用的方法为高温高压膨化。肖丽凤等（2012）认为虾壳粉在水分含量 24%、螺杆转速 314r/min、挤压温度 120℃、供料速度为 116r/min 的条件下，虾壳的膨化效果最好。通过电镜图可以看出，膨化前虾壳粉结构致密，组织完整，呈片状条形；经过挤压喷爆处理后，虾壳粉的致密结构被破坏、表面破碎、凹凸不平，呈现出不规则状细小碎片，同时，挤压膨化处理对虾壳粉晶体破坏较为明显，结晶度有较大程度的降低。

②生物方法。主要为发酵法和酶解法。同虾头粉。

（3）制定虾壳粉及其加工产品作为饲料产品标准（表 1-38）

表 1-38　虾壳粉及其加工产品作为饲料产品的标准

感观指标	水分	粗蛋白质	粗灰分	盐分	含沙量	挥发性盐基氮
色泽均匀一致，新鲜，无掺假，可见虾头，有虾仁香味，无任何色素	≤16%	≥30%	≤40%	≤16%	≤4%	≤1mg/g

（4）科学制定虾壳粉及其加工产品作为饲料原料在日粮中的适宜添加量　水产饲料适宜添加范围：5%～10%；畜禽饲料适宜添加范围：1%～5%。

（四）磷虾粉

1. 磷虾资源现状　南极磷虾是南大洋南极水域的小型海洋甲壳类动物，通常所说的南极磷虾是南极大磷虾（*Euphausia superba*），体长 5cm 左右，因该种只栖息于南极辐聚带以南的南极洋，所以又称为"南极磷虾"。磷虾在许多方面与众不同，是世界上资源最丰富的多细胞动物之一，也是迄今发现分解蛋白质最强的酶生产者，是目前地球上海洋生物聚集最多的动物之一。磷虾在虾群中生命周期为5～7年，是南极生态系统中一个重要的物种。南极磷虾资源充足，生物量为6.5亿～10亿 t（黄洪亮等，2007；Hewitr 和 Low，2000；吴伟平和谢营樑，2010），现有的捕捞量远未达到捕捞限额，其庞大的资源量是南极磷虾产业发展的最大动力（陈雪忠等，2009）。

2. 磷虾粉作为饲料原料利用存在的问题　南极磷虾生活在寒带水域，富含以 DHA 和 EPA 为代表的 n-3 脂肪酸等药用成分和活性物质，是珍贵的保健食品和美容产品原料，其体内特有的低温蛋白酶、脂肪酶、淀粉酶和纤维素酶是重要的工业原料等（Opstvedt 等，2003）。但国际上对这一终端产品的技术开发程度不尽如人意，产品设计、加工工艺均不成熟，高附加值产品技术和市场开发不够。

南极磷虾的氟含量尽管远高于其他动物，但氟的分布与其他动物相似，也主要富集于甲壳（潘建明等，2000）。肌肉占磷虾总重量的40％，但所含的氟量仅为磷虾的6.8％，头胸部中的氟含量相当高（Yoshitomi 等，2007）。南极磷虾的甲壳对氟有很强的富集能力，其含量是海水中氟含量的3 000倍。鲜活的南极磷虾肉的氟含量很低，在人类食用允许范围内；但南极磷虾死后，虾壳中的氟会很快渗透到虾肉中，致使南极磷虾肉因含有过量的氟而失去食用价值。另外，磷虾体内含有活性很强的消化酶，在磷虾死后会立即分解虾体组织，因此，在磷虾捕获后必须立即进行加工。如果是作为人的食品，需在磷虾捕获后的3h内加工完毕；如果是作为动物饵料，则需在10h内加工完毕。在南极磷虾的商业利用中，必须开发高效率的加工方法，改善加工工艺，将南极磷虾的脱壳去氟及低氟南极磷虾粉生产技术研发作为广大科研人员的首要任务。

3. 开发利用磷虾粉作为饲料原料的意义　水产养殖业的蓬勃发展导致鱼粉需求量和产量之间的矛盾急剧加大。因此，迫切需要新的蛋白源替代鱼粉，保证水产养殖的可持续发展。南极磷虾具有生物量大、分布广、营养价值高的特点，符合新型蛋白源的要求，具有较大的开发潜力。

南极磷虾可谓浑身是宝，其蛋白质含量很高，含有的 n-3 脂肪酸对维护心血管的健康很有益处。另外，磷虾还富含天然色素、维生素和动物所需的其他重要成分（刘勤等，2014）。大多数磷虾被加工成水产养殖饲料，以冷冻干燥的整条或粉碎形式销售。磷虾作为饲料原料对一些鱼具有积极的效用，如刺激食欲或增加抗病力。另外，磷虾含有类胡萝卜素，可作为色素剂提升一些鱼的皮肤和肉色鲜艳度。Allahpichay 和 Shimizu（1984）研究指出，在饲料中加入南极磷虾粉会刺激某些鱼类（海鲷、日本鳗鲡、黑鲷和鲱）的摄食行为。Ogle 和 Beaugz（1991）研究指出，凡纳滨对虾喜欢摄食含有磷虾粉的饲料；另外，在亲鱼培育商业饲料常用的16种配料中，磷虾粉效果较优。Watanabe 等（1991）在报告中指出，新鲜冷冻的全虾有助于提高海鲷卵的质量。

4. 磷虾粉的营养价值　磷虾是重要的蛋白质来源。它以浮游植物为食，营养级较低，意味着它的蛋白质对人类有特殊的营养价值（陈一平，1997）。按湿重计算，南极磷虾肉中含蛋白质17.56％，脂肪2.11％，灰分2.36％，水分77.26％。南极磷虾肌肉鲜样中含粗蛋白质16.31％，粗脂肪1.30％，粗灰分2.76％，无氮浸出物4.94％，水分74.69％；肌肉干样中含粗蛋白质64.44％，粗脂肪5.14％，粗灰分10.90％，无氮浸出物19.52%（郝鲁青等，2014）。磷虾中呈鲜味和甜味的谷氨酸、天冬氨酸、甘氨酸、丙氨酸、丝氨酸和苏氨酸含量也很高，共占蛋白质含量的46.73%。磷虾含人体所必需的8种氨基酸，且占蛋白质含量的41.04%，如果加上精氨酸和组氨酸2种人体的半必需氨基酸，则占蛋白质含量的53.0%（孙雷等，2008）。通过对南极磷虾蛋白质氨基酸组成的进一步分析发现，南极磷虾含有人体所必需的全部氨基酸，尤其是代表营养学特征的赖氨酸的含量更为可观，比金枪鱼、虎纹虾及牛肉还要高（王克等，2001）。磷虾的不饱和脂肪酸（EPA和DHA）含量高，饱和脂肪酸的含量低（刘洪亮等，2011）。磷虾中含有各种金属元素，全虾中灰分含量为3.37%，虾肉中为2.36%。磷虾复眼中还含有丰富的胡萝卜素（Hiroaki等，2002）。朱元元等（2010）对南极磷虾硒及矿质元素的初步研究表明，南极磷虾中富含人体必需的元素，且硒、磷、镁、锌的含量均高于中国海虾，尤其是硒的含量是中国海虾的2~5倍。南极磷虾作为良好的补硒食物源，在食品或饲料中添加磷虾可以有效提高硒含量，进而增强人体（或动物）的免疫力和抗病性（Maleki和Safavi，2005）。

5. 磷虾粉中的抗营养因子　南极磷虾粉中的不良物质如重金属和二噁英的含量很低，这与磷虾捕获和加工时所处的水域尚未污染密切相关。南极磷虾渔场具有其自身的天然屏障，如海流活动、极地大气风和有限的人类干预，工业污染极少。磷虾生活的水域的重金属主要来源于火山活动，如砷，其在海水中主要呈有机无毒的形式，欧盟规定鱼和其他海水动物可摄食总砷含量上限为10mg/kg，而在整个磷虾中砷含量仅为3mg/kg。褐鱼粉、白鱼粉、磷虾粉的数据表明，镉和铅的含量均在欧盟规定范围之内。在海水鱼类中有机汞（甲基汞）被认为是有毒物质，在食物链顶端富集，金枪鱼、大菱鲆、鲨鱼和其他掠夺性种类富集了较多的汞（0.5~1mg/kg，湿重）。相反，食物链低营养级的种类如摄食浮游生物的南极磷虾，其富集的汞含量低于0.1mg/kg（湿重）。磷虾粉的汞含量符合欧盟的规定，是安全的饲料原料（徐吟梅等，2010）。

氟是电负性大、具有双阈值性质的微量生命元素，适量的氟能促进机体的生长、发育，在硬组织的构建方面具有不可替代的作用。过量的氟会影响机体健康，甚至导致死亡。然而，对淡水鱼类而言，较低浓度的水溶性氟对鱼类就有毒性。Nicol和Stolp（1991）通过对不同氟浓度的海水中的南极磷虾中氟的测定表明，南极磷虾甲壳中氟的浓度主要受海水中氟的浓度的影响而不是食物。目前，南极磷虾的氟是制约其在各领域加工利用的主要因素。

南极磷虾粉干粉的氟含量极高，一般在2 400mg/kg以上。用高氟水平的磷虾粉喂养水生动物的安全性一直是人们关注的问题。用含有较高氟含量的磷虾粉替代鱼粉作为蛋白源，氟不会在海水养殖鱼类肌肉和骨骼中沉积。Moren等研究表明，大西洋鲑、大西洋鳕、虹鳟和大西洋比目鱼4种海洋鱼类的骨骼和肌肉的氟含量不受饲料氟含量影响。用磷虾粉投喂淡水或半咸水养殖的鱼类，氟离子会在鱼骨骼中不断累积，随着饲料中氟含量的升高，其骨骼中的氟含量也随之升高（Tiews等，1982）。这些研究结果差异主要是因为海水鱼和淡水鱼的矿物质代谢过程不同。海水鱼不断地吞饮海水以补充丢失的水分，饲料中的氟能在肠道中同海水中的钙离子、镁离子结合，从而降低了氟的生物利用性。而淡水鱼则需要通过排尿来排除多余的水，因此氟离子更容易累积在各组织中。Hansen等（2011）用磷虾粉和氟化钠作为淡水鱼饲料氟的来源，同时在饲料中添加氯化钙，研究钙离子能否降低淡水鱼的氟的生物利用性。结果表明，在饲料中添加钙离子能够降低淡水养殖的虹鳟血清中的氟离子浓度，从而有效地降低淡水养殖条件下虹鳟对于氟的利用率，减少氟在虹鳟各组织的累积。氟在鱼骨骼的累积不仅与饲料中氟的含量高低、鱼类生长的水体环境有关，也与鱼的种类有关。

6. 磷虾粉在动物生产中的应用 磷虾含丰富的蛋白质、糖类以及胡萝卜素，其中虾青素对鱼类的着色非常有效。另外，磷虾还含脯氨酸、甘氨酸等氨基酸，可提高摄食量，促进某些鱼类的生长；磷虾饲料可以促进早期免疫系统的发育，提高刚孵化的鲑的抗病力。日本捕获的南极磷虾约50%用作鱼类的饲料添加剂。1991 年，Watanab 等在报告中指出，新鲜冷冻全虾有助于提高海鲷卵的质量。Gaber(2005)的试验表明，饲料中添加 1.5% 的南极磷虾肉可以有效促进尼罗罗非鱼幼鱼的进食，增加体重，提升摄食率和消化率。

孔凡华等以南极磷虾粉蛋白分别替代饲料中的 0%、20%、40% 和 60% 的鱼粉蛋白制成 4 种等氮等能的饲料，结果表明，饲料中南极磷虾粉水平对大菱鲆（*Psetta maxima*）的特定生长率没有显著性影响。Julshamn 等用南极磷虾全虾粉替代 30% 鱼粉饲喂大西洋鲑（*Salmo salar*）12 周，其增重及特定生长率和鱼粉饲料组没有显著性差异。Nunes 等用全虾粉替代 11% 鱼粉投喂凡纳滨对虾（*Penaeus vannamei*），结果也无显著性差异。以上研究结果表明，在海水鱼虾饲料中使用南极磷虾粉替代部分鱼粉不会对其生长产生负面影响。

Yoshitomi 等（2006）分别用 7%、15% 和 30% 的全虾粉替代鱼粉饲喂虹鳟（*Oncorhynchus mykiss*），结果表明 7% 和 15% 南极磷虾粉组的摄食量、增重率和特定生长率与对照组没有显著差异，而 30% 南极磷虾粉组虹鳟的各项生长指标均低于对照组，可能是由于虹鳟骨骼中氟的累积导致其生长速度变慢。Hansen 等（2010）研究发现将全磷虾粉作为大西洋鲑的单一蛋白源时，其生长率显著降低，而脱壳磷虾粉饲料组的大西洋鲑的特定生长率显著提高。Yoshitomi 和 Nagano（2012）的研究也得到类似结果，使用 0、15% 和 100% 的全虾粉和脱壳粉替代鱼粉分别投喂黄尾鰤（*Seriola quinqueradiata*），结果 100% 全虾粉饲料组的黄尾鰤，增重和特定生长率均显著下降，而低氟南极磷虾粉组的黄尾鰤特定生长率却显著升高。

Tibbets 等（2011）用南极磷虾粉替代 0、25%、50%、75% 和 100% 的鱼粉，发现 100% 替代组的大西洋鳕（*Gadus morhua*）和大西洋大比目鱼（*Hippoglossus hippoglossus*）的增重和特定生长率都显著高于其他各组，作者认为所用的冻干南极磷虾粉具有很好的诱食促生长作用，能够较好促进摄食，试验对象摄食量与体重均显著增加。黄艳青等（2010）在基础日粮中添加 0、2.0%、4.0% 和 6.0% 的南极磷虾粉，发现添加 4.0% 南极磷虾粉的饲料，点带石斑鱼（*Epinephelus coioides*）幼鱼的生长速度最快，增重率、特定生长率和蛋白质转化效率最大，饵料系数最低。William 等（2005）也发现添加 5% 南极磷虾粉组的斑节对虾（*Penaeus monodon*）生长率提高了20%，饵料系数与对照组相比显著降低。

以上研究表明，虽然南极磷虾粉替代鱼粉的结果不一，但将其作为添加剂使用时效果都较好。部分替代鱼粉或少量添加南极磷虾粉对水产动物有较好的诱食性，能促进水产动物的生长，而将南极磷虾粉作为单一蛋白源在饲料中替代鱼粉时，去壳的磷虾粉不会对水产动物的生长产生影响，而全磷虾粉则有可能导致水产动物的生长减缓。

7. 磷虾粉的加工方法与工艺 20 世纪 80—90 年代，常见的南极磷虾加工产品主要有饲料级虾粉、冻虾和食品级去皮磷虾肉，加工技术研发也主要围绕上述 3 种产品类型的需求开展。随着加工技术及对南极磷虾保健功能认识的不断提高，进入 21 世纪后，南极磷虾加工技术也已经开始从传统的饲料、水产养殖等方向逐步转为医药和保健品的研发，其主要加工产品有南极磷虾饲料级干虾粉、冷冻磷虾、虾油，食品级（冷冻和罐装）虾仁、虾油，医药级磷虾油以及酶、可溶性蛋白和干燥的水解产物等（岳冬冬等，2015）。

8. 磷虾粉作为饲料资源开发利用的政策建议

（1）加强开发利用磷虾粉作为饲料资源 南极磷虾资源量巨大，营养价值丰富，越来越受到世界各国的重视。磷虾在水产饲料方面的应用已经成为磷虾产品的一个最重要的出路。水产养殖特别是鲑鳟鱼类的养殖，需要耗费全球 88.5% 的鱼油和 68.2% 鱼粉（Tacona 和 Metian，2008）。因为鱼粉、鱼油的紧缺，迫切需要寻求新的饲料蛋白源。南极磷虾因其蛋白质和必需氨基酸的含量高，污染物含量低于鱼油和鱼粉，并且天然色素可以为养殖鱼虾进行着色，成为水产饲料中具高附加值的饲料源。我们要进一步加强磷虾加工产品作为饲料源的研究，磷虾渔业的发展趋势就是对捕获的磷虾进行最大限度的综合利用，在海洋生物资源，尤其是传统海洋生物资源日趋衰退的今天，磷虾渔业无疑是满足人类对水产品需求和缓解粮食危机的有效途径。

（2）改善磷虾粉作为饲料资源的开发利用方式 随着捕捞和加工技术的不断进步，南极磷虾的用途逐步扩大，人们先后开发出多种磷虾产品，使产品的附加值不断提高，实现了对磷虾这一宝贵资源最大限度的综合利用。南极磷虾粉和液态磷虾油是目前较为普遍的产品。其中，磷虾粉可作为蛋白质增强剂、增味剂和重要的氨基酸补充剂使用，可作渗透调节之用，同时，可以作为矿物质来源、脂质来源、几丁质/几丁聚糖免疫增强剂、天然色素（类胡萝卜素）来源使用。磷虾粉的目标市场更倾向于水产饲料，磷虾油的目标市场主要倾向于营养保健和制药行业。相对于磷虾粉，磷虾油的市场价值更高。在开发高附加值产品的同时，应加强对南极磷虾粉或提取虾油后的虾肉与虾壳混合物作为专用饲料添加剂的研究，如诱食剂、着色剂、免疫增强剂等；或者应用于幼体和亲体的饲料中，提高成活率和繁殖率的研究。

（3）合理开发利用磷虾粉作为饲料原料的战略性建议 在大部分海洋生物资源已被充分或过度开发的背景下，南极磷虾作为资源量丰富、营养价值高的海洋生物将是新的优质蛋白源，并可在水产饲料中广泛应用，因此着力开发和利用南极磷虾资源将是必然趋势。这可能是一个较为漫长的过程，因为这主要取决于消费市场是否成熟、技术体系是否完善以及替代品的价格水平。磷虾开发的未来发展趋势就是对磷虾进行最大限度的综合利用，随着捕捞和加工技术的不断进步，使磷虾产品的附加值不断提高。磷虾在水产饲料方面的应用已成为磷虾产品的一个最重要的出路，在过去的几年中它在市场中的定位已是高价值的水产饲料。除此之外，南极磷虾含极微量的二噁英、多氯化联苯和重金属，这些主要特性决定了南极磷虾粉将成为不可替代的饲料成分。综上所述，将磷虾开发作为饲料原料具有广阔的市场前景。

（五）蟹粉

1. 我国蟹粉资源现状 美国饲料管理协会将蟹粉定义为："可食部分除去之后的

蟹杂碎，包括未变质的壳、内脏及蟹肉，干燥粉碎之后即得本品，蛋白质含量应在25％以上，含盐量超过3％时应标示于标签上，但以7％为限。"我国内地商品蟹粉饲料主要由渤海湾沿海地区的小型饲料原料加工厂生产，由小海蟹加工而成，通过脱脂、烘干、粉碎得到本品。目前，我国蟹粉没有统一的营养标准和卫生标准，渤海湾地区饲料厂家对蟹粉出厂的蛋白、脂肪、灰分、水分等营养指标不明确，粗蛋白质含量不一，这与生产工艺、原料用蟹的肥满度、新鲜度有关。目前蟹粉在国内饲料厂没有大规模使用，在渤海湾地区有饲料厂在猪料、禽料配方中使用，但量少，具体年产量也不明确。

2. 蟹粉利用存在的问题

（1）近年来海蟹捕捞产量下降，蟹又是人类喜欢食用的食物，因此可供制作饲料蟹粉的原料蟹资源较少，不能稳定供应。

（2）蟹粉整体产量少，加工不成规模、工艺落后，缺乏相应的国家标准和行业标准（包括营养标准和卫生标准），导致蟹粉档次差异较大，常用卫生指标低于国产鱼粉，饲料安全和质量得不到保证。

（3）由于蟹粉中含有大量几丁质，故蟹粉中粗蛋白质含量高，但可利用蛋白质含量低。

3. 开发利用蟹粉作为饲料原料的意义　蟹粉价格便宜，性价比高，在鸡饲料、鱼饲料中可少量替代鱼粉；生长育肥猪饲料中使用5％的蟹粉的效果比肉骨粉等好很多；蟹粉含有虾红素，用于鱼饲料、蛋鸡蛋鸭饲料具有着色效果；可当鱼虾饲料的诱食剂。丛文虎等对优质的蟹粉的研究表明，优质蟹粉作为蛋白源对仿刺参幼参的生长效果甚至优于鱼粉和大豆蛋白。

4. 蟹粉的营养价值　有关蟹粉营养价值研究较少，且由于原料和加工工艺不同，蟹粉的营养指标不一，如表1-39所示。叶元土等（2003）对市售商品蟹粉的研究表明，该蟹粉水分含量为9.32％、粗蛋白质为36.78％、粗脂肪为5.13％、粗灰分为14.15％、钙为4.17％、磷为1.07％；草鱼对蟹粉中α-氨基辛二酸、苏氨酸、丝氨酸、谷氨酸、甘氨酸、丙氨酸、缬氨酸、蛋氨酸、异亮氨酸、亮氨酸、酪氨酸、苯丙氨酸、赖氨酸、组氨酸、精氨酸、脯氨酸的表观消化率分别为：76.6％、60.1％、72.1％、92.4％、54.6％、57.1％、22.0％、88.0％、99.5％、86.6％、80.0％、65.4％、26.8％、83.6％、84.7％、57.5％；林仕梅等（2001）对草鱼的研究表明，草鱼对蟹粉的干物质表观消化率为56.68％，蛋白质表观消化率为80.22％，脂肪表观消化率为59.23％。

表1-39　蟹粉常规化学组成（％）

饲料原料	水分	粗蛋白质	粗脂肪	粗灰分	钙	磷
蟹粉 A	9.32	36.78	5.13	14.15	4.17	1.07
蟹粉 B	5.7	40.1	1.4	36.8	12.4	1.8
蟹粉 C	4.4	41.7	3.0	36.9	9.0	1.6

5. 蟹粉的抗营养因子　蟹粉中钙含量过高，添加太多会影响其他矿物质的吸收；蟹粉多以日晒干燥而成，易腐败氧化，引发动物肠道疾病，影响其消化吸收；有些

厂家为防止原料腐败而加了大量盐,因此在应用中应注意蟹粉的盐含量,防止盐含量过高。

6. 蟹粉在动物生产中的应用

(1)在养猪生产中的应用　生长育肥猪饲料中使用5%的优质蟹粉有良好的效果,比肉骨粉等好很多。少量当药物使用可以预防治疗肠炎。

(2)在家禽生产中的应用　蟹粉在鸡饲料中使用可以提升风味,在蛋鸡、蛋鸭饲料中使用具有着色效果,少量当药物使用可以预防治疗肠炎。

(3)在水产品生产中的应用　优质蟹粉可以替代部分鱼粉,价格便宜,诱食效果好,矿物质含量丰富。

(4)在其他动物生产中的应用　优质蟹粉作为蛋白源对仿刺参幼参生长效果甚至优于鱼粉和大豆蛋白;药用蟹壳粉还可以作为药物使用,具有散瘀止血和解毒消肿的功效。

7. 蟹粉的加工方法与工艺　国内蟹粉主要由梭子蟹等海蟹加工而成,一般将除去可食用部分的蟹杂碎晒干、烘干、粉碎,制得的蟹粉档次较低;或者人类不食用的新鲜海蟹经过清洗、脱脂、烘干、粉碎制作而成,制得的蟹粉则档次较高。

8. 蟹粉为饲料资源的开发利用与政策建议

(1)加强开发利用蟹粉作为饲料资源　我国沿海海蟹资源丰富,且随着水产养殖业的发展,海蟹与河蟹产量日益增加,人类消费后的蟹副产物也随之增加。故可将不可食用的海蟹或者除去食用部分的蟹杂碎集中收集,通过现代化生产工艺对其科学加工,减少蟹粉中营养物质损失,降低蟹粉中抗营养物质含量,这样可以减少生物资源的浪费和环境污染。目前鱼粉产量日益紧张,将蟹粉部分替代鱼粉合理搭配在配合饲料中有较好的诱食效果,蟹粉中矿物元素含量丰富,可满足部分动物对矿物质的营养需求。

(2)改善蟹粉作为饲料资源的开发利用方式　改善蟹粉原料新鲜度,尽量将要制作成饲料的蟹杂碎冰冻处理,而不是通过加盐晒干处理,这样减少蟹粉中盐含量,提升蟹粉原料新鲜度。改良加工工艺,增加蟹粉的粉碎细度可以提高蟹粉的消化吸收率;使用喷雾干燥等现代化干燥生产工艺取代直火干燥,提高蟹粉中可消化吸收营养组分含量。

(3)制定蟹粉作为饲料产品标准　参观学习各地区主流蟹粉饲料生产厂家,确定科学的样品收集方法,并对主流生产厂家样品采样收集,在国内多家主流实验室检测样品,科学严谨地分析各样品数据,向全行业征求专家和同行意见,制定蟹粉饲料产品标准。

(4)科学制定蟹粉作为饲料原料在日粮中的适宜添加量　根据现有饲料厂添加量经验和参考研究文献,设计蟹粉在不同动物中的添加量梯度,通过在多个权威实验室的养殖实验,收集数据、科学分析,制定蟹粉作为饲料原料在日粮中的适宜添加量。

(5)合理开发利用蟹粉作为饲料原料的战略性建议　随着水产养殖业的发展,养殖蟹产量增加,人类消费后的蟹副产物增多,合理回收利用该副产物,提高生物资源利用,减少环境污染;改良加工工艺,减少营养流失,提高蟹粉营养价值;合理利用天然蟹资源,不要过度捕捞,将蟹苗和大规格产卵蟹放回,确保生物资源可持续利用。

(苏州大学叶元土、蔡春芳、吴萍,中国海洋大学艾庆辉、张文兵)

⟩ 参考文献

Eric Royer，张永刚，2015. 重金属污染的动物内脏与人类食品—实际饲喂中采取预防措施防止重金属污染 [J]. 饲料工业，36（18）：64.

白建，赵光英，米志毅等，2005. 动物骨粉的应用研究 [J]. 肉类工业（4）：32-35.

边连全，2005. 农药残留对饲料的污染及其对畜产品安全的危害 [J]. 饲料工业（9）：1-5.

卜克明，孙守信，王玉华，等，1987. 肝粉可以替代部分鱼粉喂产蛋鸡 [J]. 饲料研究（4）：40-41.

曹河源，孙丙勇，张玉环，等，2006. 压榨-热喷肉骨粉应用试验 [J]. 饲料博览（8）：19-21.

曾维才，张文昌，廖学品，等，2013. 牛毛水解物的抗氧化活性 [J]. 中国皮革，42（15）：11-15.

车振明，2000. 猪血的综合开发和利用 [J]. 农牧产品开发，21（12）：22-23.

陈冬星，贾敏，刘伟，等，2000. 添加喷雾干燥血浆蛋白粉饲喂仔猪试验 [J]. 中国畜牧杂志，36（5）：36-37.

陈建，程华，罗小红，等，2011. 肠膜蛋白粉（DPS）替代鱼粉对斑点叉尾鮰生长及消化酶的影响 [J]. 渔业科技创新与发展方式转变-2011 年中国水产学会学术年会论文摘要集.

陈金梅，李锋，郑允权，等，2015. 鱿鱼加工副产物高值化综合利用综述 [J]. 渔业现代化，42（1）：44-47.

陈星，吴大伟，周岩民，等，2012. 肉粉替代鱼粉对肉鸡生产性能、血清生化指标和抗氧化性能的影响 [J]. 粮食与饲料工业（10）：53-56.

陈雪忠，徐兆礼，黄洪亮，2009. 南极磷虾资源利用现状与中国的开发策略分析 [J]. 中国水产科学，16（3）：451-457.

陈一平，1997. 磷虾——新的渔业资源 [J]. 海洋信息，9：17-28.

陈豫川，杨加豹，张亚平，等，2013. 日粮营养水平及肉粉用量对肉小鸭生长性能的影响 [J]. 四川畜牧兽医，40（10）：30-32.

程池，蔡永峰，1998. 可食用动物血液资源的开发利用 [J]. 食品与发酵工业，24（3）：66-72.

程福亮，胡顺珍，徐海燕等，2008. 需氧和厌氧联合发酵提高动物性蛋白原料利用率的初步研究 [J]. 饲料工业，24：32-35.

楚耀辉，刘君健，聂新，2006. 对骨粉、肉骨粉加工生产的研究 [J]. 饲料广角（16）：19-20.

崔秀明，汪之和，施文正，2011. 南极磷虾粗虾油提取工艺优化 [J]. 食品科学，32（24）：126-129.

邓红玉，1999. 血粉饲料的开发和利用 [J]. 浙江畜牧兽医（2）：12-13.

邓莹莹，余冰，陈代文，等，2007. 喷雾干燥破膜血球蛋白粉替代血粉对断奶仔猪生长性能的影响 [J]. 饲料工业，28（17）：22-25.

董玉华，赵元凤，2006. 虾青素生物学来源和功能的研究进展 [J]. 水产科学，24（10）：50-52.

董玉珍，岳文斌，2004. 非粮型饲料高效生产技术 [M]. 北京：中国农业出版社：138-139.

杜忍让，杨福有，祁军昌等，1996. 复合蛋白饲料代替鱼粉饲喂蛋鸡试验 [J]. 四川畜禽，12：7-8.

段明文，2008. 不同用量的膨化羽毛粉饲喂海兰蛋鸡的效果观察 [J]. 云南畜牧兽医（3）：15-16.

段玉兰，2004. 膨化肉粉对鸡的营养价值评定 [D]. 杨凌：西北农林科技大学.

范宏刚，王洪斌，刘焕奇，等，2003. 膨化血粉饲喂生长犬的效果试验 [J]. 黑龙江畜牧兽医，9：8-9.

冯定远，叶汉良，赖逸飞，等，1997. 中猪饲粮中使用肉骨粉替代鱼粉的比较饲养试验 [J]. 广东饲料（6）：17-19.

付万冬，杨会成，李碧清，等，2009. 我国水产品加工综合利用的研究现状与发展趋势 [J]. 现代渔业信息，24（12）：3-5.

高欣，马秋刚，计成等，2001. 肠膜蛋白粉对早期断奶仔猪生产性能及消化道的影响 [J]. 动物营养学报（2）：15-19.

高颖新，李德发，肖长艇等，1998. 肉骨粉替代鱼粉饲喂肉仔鸡的试验 [J]. 饲料工业（2）：38-39.

耿仲钟，孙致陆，肖海峰，2013. 中国羊毛生产区域布局变动特征分析及展望 [J]. 农业展望（6）：52-55.

龚月生，2003. 水解羽毛粉与蒸制羽毛粉营养价值的比较研究 [J]. 饲料工业，24（6）：14-16.

郭爱红，2014. 羽毛粉营养价值及其在畜禽生产中的应用 [J]. 广东饲料（7）：30-32.

郭文龙，张庆，1992. 虾头粉饲喂育肥猪试验 [J]. 饲料研究，10：5-6.

韩书祥，1988. 值得重视的毛发水解蛋白饲料 [J]. 新农业，4：24.

郝鲁青，黄国清，肖军霞，2014. 从虾头中提取壳聚糖的工艺研究 [J]. 食品研究与开发，14：22-24.

何武顺，2001. 饲用羽毛粉的加工方法 [J]. 粮食与饲料工业（2）：22-24.

侯水生，黄苇，赵玲等，2004. 日粮蛋白质来源对早期断奶仔猪胃内消化酶活性的影响 [J]. 动物营养学报（4）：47-50.

胡金金，靳远祥，傅正，2007. 天然虾青素在畜牧生产中的应用前景 [J]. 浙江畜牧兽医，32（1）：8-9.

胡少芳，刘国兵，刘梅群，等，1997. 仔猪日粮中肉骨粉替代鱼粉试验 [J]. 中国饲料（20）：16-17.

黄洪亮，陈雪忠，2004. 南极磷虾资源开发利用现状及发展趋势 [J]. 中国水产科学，11（s1）：114-119.

黄洪亮，陈雪忠，冯春雷，2007. 南极磷虾资源开发现状分析 [J]. 渔业现代化，34（1）：48.

黄建成，2002. 哺乳母猪饲料中调价血球蛋白粉的效果研究 [J]. 浙江畜牧兽医，27（2）：3-4.

黄嫚秋，陈家文，宋代军，2011. 国内肉骨粉营养成分的比较研究 [J]. 饲料研究（9）：80-82.

黄群，马美湖，杨抚林，等，2003. 畜禽血液血红蛋白的开发利用 [J]. 肉类研究（10）：19-25.

黄艳青，高露姣，陆建学，等，2010. 饲料中添加南极大磷虾粉对点带石斑鱼幼鱼生长与肌肉营养成分的影响 [J]. 海洋渔业，32（4）：440-446.

惠欢庆，2012. 南极磷虾油脂及其他成分的提取分离 [D]. 大连：大连理工大学.

贾晓燕，程文虹，2006. 肠膜蛋白粉的营养特性及在养猪生产中的应用 [J]. 饲料研究（8）：39-41.

江星，2013. 中华绒螯蟹饲料中适宜糖源、蛋白能量比及其原料消化利用率的研究 [D]. 上海：华东师范大学.

姜瑞丽，王岩，薛敏，等，2008. 在饲料中添加乌贼内脏粉对罗非鱼摄食、生长和饲料利用的影响 [J]. 饲料工业，29（14）：20-22.

姜绍真，王新民，卢建莎，等，1989. 从猪蹄壳水解液分离胱氨酸和酪氨酸 [J]. 河南农业科学（8）：35-36.

焦洪超，朱建华，2002. 血粉的加工工艺 [J]. 广东饲料，11（1）：25-26.

金菲，2008. 酶解猪血球蛋白粉的制备及饲喂效果的研究 [D]. 湖北：武汉工业学院.

李爱杰，刘铁斌，2004. 中国对虾养殖前期4种饲料配方的对比实验 [J]. 齐鲁渔业，21（10）：1-2.

李爱科，2012. 中国蛋白质饲料资源 [M]. 北京：中国农业大学出版社.

李宝林，张维金，崔德成，2009. 酶解羽毛粉加工方法的研究及在饲料中的使用 [C]. 中国家禽科学研究进展——第十四次全国家禽科学学术讨论会论文集.

李贵雄，2010. 饲料中添加不同喷雾肉粉对芙蓉鲤生长的影响 [J]. 齐鲁渔业（4）：20-22.

李加新，关燕霞，2000. 用禽畜毛角水解产物作为饲料添加剂的研究 [J]. 广州化工（4）：68-15.

李文立，殷太岳，李星晨，等，2015. 山东省毛皮动物配合饲料发展概况 [J]. 经济动物学报，19
　（3）：167-171.

李志军，张明，吕宁华，2003. 水解蛋白的研究与应用 [J]. 中国食物与营养 (4)：36-38.

栗晓霞，高建新，2007. 酶解羽毛粉对蛋鸡生产性能的影响 [J]. 饲料广角 (2)：32-33.

梁萌青，于宏，常青，等，2000. 不同诱食剂对 3 种鱼类诱食活性的研究 [J]. 中国水产科学，7
　（1）：60-63.

林东康，聂芙蓉，崔朝霞，等，2001. 膨化羽毛粉营养价值的评定 [J]. 河南畜牧兽医，22 (9)：
　5-6.

林建伟，张春晓，孙云章，等，2015. 鸡肉粉完全替代鱼粉饲料中补充晶体氨基酸对凡纳滨对虾
　生长性能、体成分、血浆及肌肉游离氨基酸含量的影响 [J]. 动物营养学报 (6)：1709-1721.

林金莺，周勇强，王一凡，等，2000. 生产鸡骨提取物的工艺研究 [J]. 中国调味品 (1)：8-11.

刘翠然，张淑芬，1992. 动物蛋白酶化技术 [J]. 河南师范大学学报（自然科学版）(2)：116-120.

刘观洲，陈四年，2003. 肉鸡日粮中使用血球蛋白粉替代鱼粉的研究 [J]. 中国饲料 (13)：7-9.

刘海燕，2014. 鱼粉与肉骨粉营养成分的对比分析 [J]. 养殖与饲料 (5)：34-36.

刘宏超，杨丹，2009. 从虾壳中提取虾青素工艺及其生物活性应用研究进展 [J]. 化学试剂，31
　（2）：105-108.

刘洪亮，周爱梅，林晓霞，等，2011. 对虾虾头、虾壳副产品综合利用的研究概述 [J]. 福建水
　产，33 (2)：65-69.

刘勤，刘志东，陆亚男，等，2014. 南极磷虾产品研究及发展趋势 [J]. 渔业信息与战略，29
　（2）：115-121.

刘润芝，肖业云，单茶秀，等，1984. 几种角蛋白的水解及其所含氨基酸的分析 [J]. 湖南师范大
　学自然科学学报 (3)：87-89.

刘文奎，2004. 羽毛粉的开发与利用 [J]. 中国家禽，26 (15) .

刘兴旺，王华朗，2006. 虾糠和乌贼膏的质量控制 [J]. 饲料广角，16：34-36.

刘艳，2000. 低质蛋白——血粉的有效利用 [J]. 饲料工业，21 (5)：19-20.

刘玉芬，仇德勇，徐伟，等，2010. 羽毛粉加工工艺与开发 [J]. 畜牧与饲料科学 (1)：87-88.

刘云，王亚恩，李立德，等，2011. 南极磷虾油改善大鼠学习记忆能力研究 [J]. 食品科学，412
　（15）：273-276.

刘运枫，2001. 膨化血粉的加工工艺及饲喂效果研究 [D]. 哈尔滨：东北农业大学 .

刘运枫，王洪斌，李德军，等，2005. 膨化血粉加工工艺的研究 [J]. 黑龙江畜牧兽医 (9)：
　60-61.

刘志海，2002. 用对虾头粉代替部分鱼粉饲喂肉仔鸡的效果 [J]. 现代畜牧兽医 (5)：20.

龙定彪，杨飞云，刘作华，等，2000. 水解羽毛粉替代豆粕饲喂生长猪的效果研究 [J]. 四川畜牧
　（7）：22-25.

马永均，秦乾安，陈小娥，等，2008. 鱿鱼加工副产物综合利用研究进展 [J]. 渔业现代化，35
　（4）：62-65.

毛文君，李八方，程贤明，1997. 扇贝边蛋白质营养价值的评价 [J]. 海洋科学，1：10-12.

毛延强，1989. 新型动物蛋白资源——猪毛粉 [J]. 饲料研究 (10)：26.

穆同娜，张惠，景全荣，2004. 油脂的氧化机理及天然抗氧化物的简介 [J]. 食品科学，25 (s1)：
　241-244.

聂琴，周小辉，杨凡，2014. 酵母水解物与乌贼副产品的营养价值比较 [J]. 中国饲料，11：
　42-43.

聂青平，1996. 浅谈虾糠的利用与检验 [J]. 广东饲料，1：42-43.

聂新艳，2013. 鸡爪外皮蛋白质的提取与性质研究 [D]. 无锡：江南大学 .

潘建明，张海生，刘小涯，2000. 南大洋磷虾富氟机制：氟的化学赋存形态研究 [J]. 海洋学报，

22（2）：58-64.

彭侃，罗其刚，叶元土，等，2015. 鱼粉生产过程中蛋白质、油脂安全质量变化的初步研究 [J]，动物营养学报，27（8）：2637-2648.

彭英利，马承愚，2005. 超临界流体技术应用手册 [M]. 北京：化学工业出版社：33-37.

邱红，李弋，侯迎梅，等，2015. 鸡肉粉或猪肉粉部分替代鱼粉对凡纳滨对虾生长性能、饲料利用及血清生化指标的影响 [J]. 动物营养学报，27（9）：2784-2792.

权心娇，王思珍，曹颖霞，2014. 饲料中主要抗营养因子作用机理及其防治措施 [J]. 吉林畜牧兽医（12）：21-23

任鸣春，艾庆辉，麦康森，等，2012. 军曹鱼七种饲料原料表观消化率的研究 [J]. 中国海洋大学学报（自然科学版）42（s1）：45-50.

荣长宽，梁素秀，1994. 中国对虾对 16 种饲料的蛋白质和氨基酸的消化率 [J]. 水产学报，18（2）：131-137.

沈维华，林可椒，钱雪桥，1993. 用羽毛粉替代鱼粉饲养鲤鱼的研究 [J]. 中国饲料（9）：9-11.

沈银书，霍启光，1996. 水解羽毛粉加工技术的研究进展 [J]. 饲料工业，17（12）：6-11.

石天虹，黄保华，魏祥法，等，2010. 不同饲料添加剂对鸭蛋成分，蛋品质和蛋黄着色效果影响的研究 [J]. 饲料工业，31（21）：7-11.

史新娥，2004. 膨化肉粉对肉仔鸡营养价值的研究 [D]. 杨凌：西北农林科技大学.

史新娥，龚月生，2005. 肉粉类产品营养价值及影响因素分析 [J]. 饲料博览（10）：31-33.

孙雷，周德庆，盛晓风，2008. 南极磷虾营养评价与安全性研究 [J]. 海洋水产研究，29（2）：57-64.

唐峰，许学勤，李珏，2007. 水酶法提取鲢鱼内脏油脂的工艺研究 [J]. 食品科技，32（11）：216-218.

唐精，方怀义，梁广尧，等，2006. 草鱼对血球蛋白粉离体消化的研究 [J]. 饲料工业，27（1）：50-51.

唐胜球，董小英，2003. 喷雾干燥猪血浆蛋白粉改善早期断奶仔猪腹泻与增重的研究 [J]. 中国畜牧杂志，9（2）：22-23.

仝军，马学会，赵超，等，2007. 虾青素的功能及在家禽生产中的应用 [J]. 中国禽业导刊，24（4）：36-36.

王彩理，滕瑜，乔向英，等，2003. 鱿鱼内脏液化蛋白对南美白对虾的诱食性试验 [J]. 水产养殖，24（5）：40-41.

王春维，胡奇伟，杨海锋，2005. 猪肠膜蛋白粉（DPS）生产工艺研究 [J]. 粮食与饲料工业（1）：29-30.

王方国，1994. 羽毛粉及其在畜禽饲料中作用的研究 [J]. 饲料研究（8）：2-4.

王建中，吕玉英，徐正琪，1999. 鱿鱼内脏的综合利用研究 [J]. 中国海洋药物，69（1）：55-58.

王金宝，2003. 牛羊禁用肉骨粉等动物饲料后的几种替代品 [J]. 北方牧业，20：25.

王克，王荣，高尚武，2001. 东海浮游动物昼夜垂直移动的初步研究 [J]. 海洋与湖沼，9（32）：532-539.

王克卿，秦玲，2008. 热喷膨化肉骨粉应用试验研究 [J]. 养殖与饲料（5）：92-93.

王润莲，李焕友，杨茂东，1999. 虾粉的饲用价值探讨 [J]. 饲料研究，6：28-29.

王文娟，2012. 斜带石斑鱼、军曹鱼和凡纳滨对虾对常用饲料原料表观消化率的研究 [D]. 湛江：广东海洋大学.

王彦苏，2011. 稳定同位素标记技术分析不同饲料对刺参（*Apostichopus japonicus*）生长及消化吸收的影响 [D]. 青岛：中国海洋大学.

吴建开，雍文岳，2000.13 种饲料原料蛋白质对尼罗罗非鱼的营养价值 [J]. 中国水产科学，7（2）：37-42.

吴莉敏，2007. 鱿鱼内脏的营养及其开发利用 [J]. 农产品加工（学刊），8：94-96.

吴买生，周乃贵，李菊芬，等，1994. 肉粉代替鱼粉饲喂育肥猪试验 [J]. 饲料研究（1）：42-43.

吴少杰，张俊杰，姚兴存，等，2011. 我国鱿鱼的综合加工利用现状与展望 [J]. 食品研究与开发，32（1）：154-156.

吴伟平，谢营樑，2010. 南极磷虾及磷虾渔业 [J]. 现代渔业信息，25（1）：10-13.

武书庚，贾国文，张海军，等，2011. 国产肉骨粉和肉粉生物学利用率研究 [D]. 北京：中国农业科学院饲料研究所.

郗伟斌，陈乃明，穆新元，等，2005. 不同蛋白来源和蛋白质水平对 28 天断奶仔猪生产性能影响的研究 [D]. 辽宁：沈阳农业大学.

夏继华，张立娟，王长维，等，2011. 肠膜蛋白的研究现状及展望 [J]. 饲料博览（10）：37-39.

夏淼，董华龙，2002. 鱼粉生产工艺对鱼粉质量的影响 [J]. 浙江海洋学院学报（自然科学版），21（3）：288-291.

肖珺，2013. 肉骨粉的挤压预处理与脱脂提质研究 [D]. 无锡：江南大学.

肖丽凤，邬海雄，杨公明，等，2012. 虾壳粉双螺杆挤压膨化工艺研究 [J]. 广东农业科学，39（17）：93-95.

谢建华，封伟贤，2005. 喷雾干燥血浆蛋白对定位栏哺乳母猪生产性能的影响 [J]. 广西畜牧兽医，21（6）：262-264.

徐清海，明霞，2001. 由鸡羽毛制备复合氨基酸铁复合物方法 [J]. 沈阳农业大学学报，32（1）：51-53.

徐吟梅，邱卫华，余丽萍，等，2010. 南极磷虾粉的营养与功能 [J]. 现代渔业信息，8（25）：14-16.

徐张贤，2011. 浅议羽毛粉蛋白饲料的开发利用 [J]. 中国科技博览（31）：26-26.

许国焕，丁庆秋，王燕，2000. 几种诱食剂对大口鲇摄食效果的影响 [J]. 水利渔业，20（2）：40-41.

杨桂苹，1997. 骨粉营养成分的分析 [J]. 食品科技（6）：39-41.

杨铭铎，沈春燕，张根生，2009. 猪骨水解液营养成分分析研究 [J]. 食品科学，30（14）：272-275.

杨卫兵，吴大伟，唐志刚，等，2013. 肉粉和肉骨粉氧化变质规律及抗氧化剂的抗氧化作用研究 [J]. 中国粮油学报（6）：62-66.

杨迎伍，张利，李正国，2003. 畜骨的营养价值、开发现状及发展前景 [J]. 食品科技（1）：60-61.

杨勇，解绶启，刘建康，2004. 鱼粉在水产饲料中的应用研究 [J]. 水产学报，28（5）：573-578.

杨远新，罗献梅，饶俊，等，2006. 发酵血粉代替豆粕对育肥猪的影响 [J]. 饲料工业，27（5）：31-32.

杨振海，蔡辉益，2003. 饲料添加剂安全使用规范 [M]. 北京：中国农业出版社.

杨志强，曹俊明，朱选，等，2010. 凡纳滨对虾对 7 种蛋白原料的蛋白质和氨基酸的消化率 [J]. 饲料工业（2）：24-27.

要秀兵，2009. 不同动物蛋白源在早期断奶仔猪日粮中的应用效果研究 [D]. 乌鲁木齐：新疆农业大学.

叶玉珍，1996. 虾壳粉代替鱼粉养鲤鱼生产试验 [J]. 饲料研究（10）：12.

叶元土，肖湘，陈太华，等，1990. 废猪毛酸水解制备复合氨基酸浓度的选择试验 [J]. 饲料工业，12：11-12.

于海瑞，张琴，童潼，等，2014. 三种不同来源肉骨粉营养成分的比较 [J]. 潍坊学院学报（2）：80-82.

余冰，张克英，郑萍，等，2010. 猪营养与肠道健康 [J]. 中国畜牧杂志（15）：73-76.

袁玥，2013. 南极磷虾粉营养成分分析及贮藏性和安全性评价 [D]. 上海：上海海洋大学.

岳冬冬，王鲁民，黄洪亮，等，2015. 我国南极磷虾资源开发利用技术发展现状与对策 [J]. 中国农业科技导报，17（3）：159-166.

张佰帅，王宝维，2010. 动物油脂提取及加工技术研究进展 [J]. 中国油脂（12）：8-11.

张冬英，王军，钱锡芳，1999. 肉鸭饲料中进口肉骨粉替代进口鱼粉的应用研究 [J]. 粮食与饲料工业，(6)：67.

张凤清，张昕，解丛林，2006. 鸡羽毛的生物转化 [J]. 饲料工业，27（7）：21-24.

张克英，崔立，胡秀华，等，2006. 不同肉骨粉替代鱼粉对仔猪生产性能的影响 [J]. 畜牧市场（9）：29-30.

张琴，于海瑞，童潼，等，2014. 3种不同来源的水产用肉骨粉安全性的比较研究 [J]. 饲料研究（5）：67-70.

张祥刚，周爱梅，林晓霞，等，2009. 凡纳滨对虾虾头，虾壳化学成分的对比研究 [J]. 现代食品科技，25（3）：224-227.

张晓辉，王志民，冯有善，2000. 处理废弃羽毛的新工艺——膨化法 [J]. 饲料研究（11）：33-35.

张延华，潘晓玲，马国红，等，2009. 罗非鱼对膨化肉粉蛋白表观消化率的测定 [J]. 河北渔业（2）：7-8.

张一清，吴明夏，1999. 美国肉骨粉饲喂肉仔鸡效果试验 [J]. 湖南畜牧兽医（2）：9-10.

章超桦，秦小明，2014. 贝类加工与应用 [M]. 北京：中国轻工业出版社.

章海祥，黄槐亭，1987. 毛发水解蛋白饲料及其在蛋、肉鸡日粮中利用的研究 [J]. 饲料工业，5：38-39.

赵传凯，姜国良，赵静，等，2012. 南极大磷虾油脂的提取及其脂肪酸组成分析 [J]. 食品工业科技（3）：207-209.

赵文，2005. 水生生物学 [M]. 北京：中国农业出版社.

赵霞，马丽珍，2003. 酶解骨蛋白的研究 [J]. 食品科技（7）：99-101.

郑诚，莫逊，1991. 水解羽毛粉营养价值的研究 [J]. 华南农业大学学报：31-38.

郑麦青，宫桂芬，仇宝琴，等，2015. 2014年我国肉鸡产业发展监测报告 [J]. 中国家禽，4：68-71.

周凡，丁雪燕，何丰，等，2014. 中华鳖日本品系对6种饲料蛋白原料表观消化率的研究 [J]. 水生态学杂志，35（1）：81-86.

周圻，周翎，1993. 水解羽毛粉替代进口鱼粉饲养肉鸡和生长育肥猪试验 [J]. 海南大学学报（自然科学版），11（1）：25-31.

周歧存，麦康森，刘永坚，等，2005. 动植物蛋白源替代鱼粉研究进展 [J]. 水产学报，29（3）：404-410.

周荣，高翔，虞宗敢，2013. 一种利用虾头生产发酵饲料的方法 [P]. 中国专利：CN102823719B.

朱建津，顾建华，2011. 水解羽毛粉在肉鸡饲养中的效果 [J]. 中国家禽（9）：21-22.

朱钦龙，1996. 肉骨粉在猪饲料中的应用 [J]. 西部粮油科技，4：46-48.

朱滔，黄小燕，2015. 肠膜蛋白在动物生产中应用研究进展 [J]. 饲料研究（20）：9-13.

朱元元，尹雪斌，周守标，2010. 南极磷虾硒及矿质营养的初步研究 [J]. 极地研究，22（2）：135-140.

Abdul Kader M，Koshio S，Ishikawa M，et al，2012. Can fermented soybean meal and squid by-product blend be used as fishmeal replacements for Japanese flounder (Paralichthys olivaceus)? [J]. Aquaculture Research，43（10）：1427-1438.

Ai Q，Mai K S，Yan，B P，et al，2006. Replacement of fish meal by meat and bone meal in diets for large yellow croaker, *Pseudosciaena crocea* [J]. Aquaculture, 260 (1-4): 255-263.

Ali-Nehari A, Kim S B, Lee Y B, et al, 2012. Characterization of oil including astaxanthin extracted from krill (*Euphausia superba*) using supercritical carbon dioxide and organic solvent as comparative method [J]. Korean Journal of Chemical Engineering, 29 (3): 329-336.

Amar E, Kiron V, Satoh S, et al, 2001. Influence of various dietary synthetic carotenoids on bio-defence mechanisms in rainbow trout, *Oncorhynchus mykiss* (Walbaum) [J]. Aquaculture research, 32 (s1): 162-173.

Andrew J, 2009. Fish In- Fish Out, Ratios Explained [J]. Aquaculture Europe (3) .

Andrew J, C J Shepherd, 2010. Proceedings of Workshop on Advancing the Aquaculture [C]. 15-16 April, OECD.

Baiaonc, Laraljc, 2005. Oil and fat in broiler nutrition [J]. Brazilian Journal of Poultry Science, 7 (3): 129-141.

Balogh K, Weber M, Erdelyi M, et al, 2007. Investigation of lipid peroxide and glutathione redox status of chicken conserning on high dietary selenium intake [J]. Acta Biologica Hungarica, 58 (3): 269-279.

Beiping Tan, Kangsen Mai, Shixuan Zheng, et al, 2005. Replacement of fish meal by meat and bone meal in practical diets for the white shrimp *Litopenaeus vannamai* (Boone)[J]. Aquaculture Research, 36 (5): 439-444.

Bellaver C, Brum P A R, Lima G M M, et al, 2001. Partial substitution of soybean meal by poultry offal meal in diets balanced according to protein and total or digestible amino acids for broilers [J]. Revista Brasileira de Ciência Avícola, 3 (3): 233-240.

Benitez-Hernández A, Jiménez-Bárcenas S, Sánchez-Gutiérrez E, et al, 2018. Use of marine by-product meals in diets for juvenile longfin yellowtail *Seriola rivoliana* [J]. Aquaculture Nutrition, 24 (1): 562-570.

Bransden M, Carter C, Nowak B, 2001. Effects of dietary protein source on growth, immune function, blood chemistry and disease resistance of Atlantic salmon (*Salmo salar* L.) parr [D]. Animal Science, 73 (1): 105-113.

Brunson J F, Romaire R, Reigh R C, 1997. Apparent digestibility of selected ingredients in diets for white shrimp *Penaeus setiferus* L [J]. Aquaculture Research, 3: 9-16.

Carlberg H, Cheng K, Lundh T, et al, 2015. Using self-selection to evaluate the acceptance of a new diet formulation by farmed fish [J]. Applied Animal Behaviour Science, 171: 226-232.

Chhuy L C , 1978. Edible compositions having a meat flavor and processes for making same. US Patent 4, 081, 565.

Cho J H, Lindemann M D, Monegue H J, et al, 2010. Feeding value of dried porcine solubles for weanling pigs [J]. The Professional Animal Scientist, 26 (4): 425-434.

Cruz-Ricque L E, Guillaume J, Cuzon G, et al, 1987. Squid protein effect on growth of four penaeid shrimp [J]. Journal of the World Aquaculture Society, 18 (4): 209-217.

Córdova-Murueta J, García-Carreño F, 2002. Nutritive value of squid and hydrolyzed protein supplement in shrimp feed [J]. Aquaculture, 210 (1-4): 371-384.

Degussa A G. 1997. Amino acid recommendations for poultry: feed formulation guide [M]. Germany: Degussa AG, Hanau.

Dumay J, Donnay-Moreno C, Barnathan G, et al, 2006. Improvement of lipid and phospholipid recoveries fromsardine (*Sardina pilchardus*) viscera using industrial proteases [J]. Process Biochemistry, 41 (11): 2327-2332.

Ermer P M, Miller P S, Lewis A J, 1994. Diet preference and meal patterns of weanling pigs offered diets containing either spray-dried porcine plasma or dried skim milk [J]. Journal of Animal Science, 72 (6): 1548-1554.

Fanimo A, Mudama E, Umukoro T, et al, 1996. Substitution of shrimp waste meal for fish meal in broiler chicken rations [J]. Tropical agriculture, 73 (3): 201-205.

Fanimo A, Oduguwa O, Onifade A, et al, 2000. Protein quality of shrimp-waste meal [J]. Bioresource Technology, 72 (2): 185-188.

Fowler L G, 1990. Feather meal as a dietary protein source during parr-smolt transformation in fall chinook salmon [J]. Aquaculture, 89 (3): 301-314.

Gaber M M A, 2005. The effect of different levels of krill meal supplementation of soybean-based diets on feed intake, digestibility, and chemical composition of juvenile Nile Tilapia *Oreochromis niloticus*, L [J]. Journal of the World Aquaculture Society, 36 (3): 346-353.

Gatnau R, Zimmerman D R, 1992. Determination of optimum levels of inclusion of spray-dried porcine plasma (SDPP) in diets for weaning pigs fed in practical conditions [J]. J. Anim. Sci, 70 (S1): 60.

Goren M B, Grange J M, Aber V R, et al, 1982. Role of lipid content and hydrogen peroxide susceptibility in determining the guinea-pig virulence of *Mycobacterium tuberculosis* [J]. British Journal of Experimental Pathology, 63 (6): 693-700.

Guichard B L, 2008. Effect of feather meal feeding on the body weight and feather development of broilers [J]. European Journal of Scientfic Research, 24 (3): 404-409.

Hamner W M, Hamner P P, Strand S W, et al, 1983. Behavior of Antarctic krill, *Euphausia superba*: chemoreception, feeding, schooling, and molting [J]. Science, 220 (4595): 433-435.

Han D, Shan X, Zhang W, et al, 2018. A revisit to fishmeal usage and associated consequences in Chinese aquaculture [J]. Reviews in Aquaculture, 10 (2): 493-507.

Hansen J Ø, Shearer K D, Øverland M, et al, 2011. Dietary calcium supplementation reduces the bioavailability of fluoride from krill shell and NaF in rainbow trout (*Oncorhynchus mykiss*) eared in freshwater [J]. Aquaculture, 318: 85-89.

Hansen J, Penn M, Verland M, et al, 2010. High inclusion of partially deshelled and whole krill meals in diets for Atlantic salmon (*Salmo salar*) [J]. Aquaculture, 310 (1/2): 164-172.

Hasan et al, 1997. Evaluation of poultry-feather meal as a dietary protein source for Indian major carp, *Labeo rohita* fry [J]. Aquaculture, 151 (1): 47-54.

Hernández C, Hardy R W, et al, 2010. Complete replacement of fish meal by porcine and poultry by product meals in practical diets for fingerling Nile tilapia *Oreochromis niloticus*: digestibility and growth performance [J]. Aquaculture Nutrition, 16 (1): 44-53.

Hewitr R P, Low E H L, 2000. The fishery on Antarctic krill: Defining an ecosystem approach to management [J]. Reviews in Fisheries Science, 8 (3): 235.

Isong E U Essien E U, Eka O U, et al, 2000. Sex-and organ-specific toxicity in normal and malnourished rats fed thermoxidized palm oil [J]. Food and Chemical Toxicology, 38 (11): 997-1004.

Jayathilakan K, Sultana K, Radhakrishna K, et al, 2012. Utilization of byproducts and waste materials from meat, poultry and fish processing industries: a review [J]. Journal of food science and technology, 49 (3): 278-293.

Johnson J A, Summerfelt R C, 2007. Spray-dried blood cells as a partial replacement for fishmeal in diets for rainbow trout *Oncorhynchus mykiss* [J]. Journal of the World Aquaculture Society, 31 (1): 96-104.

Kader M A, Koshio S, Ishikawa M, et al, 2011. Growth, nutrient utilization, oxidative condition, and element composition of juvenile red sea bream *Pagrus major* fed with fermented soybean meal and scallop by-product blend as fishmeal replacement [J]. Fisheries Science, 77 (1): 119-128.

Kader M, Koshio S, 2012. Effect of composite mixture of seafood by-products and soybean proteins in replacement of fishmeal on the performance of red sea bream, *Pagrus major* [J]. Aquaculture, 368: 95-102.

Kalinowski C, Izquierdo M, Schuchardt D, et al, 2007. Dietary supplementation time with shrimp shell meal on red porgy (*Pagrus pagrus*) skin colour and carotenoid concentration [J]. Aquaculture, 272 (1): 451-457.

Kats L J , Nelssen J L, Tokach M D, et al, 1994. The effect of spray-dried porcine plasma on growth performance in the early-weaned pig [J]. Journal of Animal Science, 72 (8): 2075-2081.

Kerr B J, Kidd M T, Cuaron J A, et al, 2004. Utilization of spray-dried blood cells and crystalline isoleucine in nursery pig diets [J]. Journal of Animal Science, 82: 2397-2404.

Kevin C M, Mathew S R, Mildred F, et al, 2009. Krill oil supplementation increases plasma concentrations of eicosapentaenoic and docosa hexaenoic acids in overweight and obese men and women [J]. Nutrition Research, 29: 609-615.

Kikuchi K, Furuta T, 2009. Inclusion of blue mussel extract in diets based on fish and soybean meals for tiger puffer *Takifugu rubripes* [J]. Fisheries Science, 75 (1): 183-189.

Kikuchi K, Furuta T, 2009. Use of defatted soybean meal and blue mussel meat as substitute for fish meal in the diet of tiger puffer, *Takifugu rubripes* [J]. Journal of the World Aquaculture Society, 40 (4): 472-482.

Knaus W F, Beermann D H, Tedeschi L O, et al, 2002. Effects of urea, isolated soybean protein and blood meal on growing steers fed a corn-based diet [J]. Animal Feed Science and Technology, 102: 3-14.

Koops H, Tiews K, Gropp J, et al, 1982. Further results on the replacement of fish meal by other protein feed-stuffs in pelleted feeds for rainbow trout (*Salmo gairdneri*) [J]. Arch. FischereiWiss, 32, 59-75.

Laining A, Ahmad T, Williams K, 2003. Apparent digestibility of selected feed ingredients for humpback grouper, *Cromileptes altivelis* [J]. Aquaculture, 218: 529-538.

Latshaw J D, Musharaf N, Retrum R, 1994. Processing of feather meal to maximize its nutritional value for poultry [J]. Animal Feed Science and Technology, 47 (3): 179-188.

Li K, Wang Y, Zheng Z X, et al, 2009. Replacing fish meal with rendered animal protein ingredients in diets for Malabar grouper, *Epinephelus malabaricus*, reared in net pens [J]. Journal of the World Aquaculture Society, 40 (1): 67-75.

Li M, Wu W, Zhou P, et al, 2014. Comparison effect of dietary astaxanthin and Haematococcus pluvialis on growth performance, antioxidant status and immune response of large yellow croaker *Pseudosciaena crocea* [J]. Aquaculture, 434: 227-232.

Lian P, Lee C, Park E, 2005. Characterization of squid-processing byproduct hydrolysate and its potential as aquaculture feed ingredient [J]. Journal of Agricultural and Food Chenmistry, 53: 5587-5592.

Maleki N, Safavi A, Doroodmand MM, 2005. Determination of seleniumin water and soil by hydride generation atomic absorption spectrome try using solidreagents [J]. Talanta, 66: 858-862.

Man Y B C, Asbi A B, Azudin M N, et al, 1996. Aqueous enzymatic extraction of coconut oil [J].

Journal of the American Oil Chemists' Society, 73 (6): 683-686.

Martin H'D, Jäger C, Ruck C, et al, 1999. Anti-and Prooxidant Properties of Carotenoids [J]. Journal für praktische Chemie, 341 (3): 302-308.

Martín T, Roberto C, Lilia I, et al, 2010. Apparent digestibility of dry matter, protein, and essential amino acid in marine feedstuffs for juvenile whiteleg shrimp *Litopenaeus vannamei*. Aquaculture, 308 (3-5) 166-173.

Menghong Hu, Youji Wang, Qian Wang, et al, 2008. Replacement of fish meal by rendered animal protein ingredients with lysine and methionine supplementation to practical diets for gibel carp, *Carassius auratus gibelio* [J]. Aquaculture, 275 (1): 260-265.

Mongile F, Mandrioli L, Mazzoni M, et al, 2015. Dietary inclusion of mussel meal enhances performance and improves feed and protein utilization in common sole (*Solea solea*, Linnaeus, 1758) juveniles [J]. Journal of Applied Ichthyology, 31 (6): 1077-1085.

Nankervis L, Southgate P, 2006. An integrated assessment of gross marine protein sources used in formulated microbound diets for barramundi (*Lates calcarifer*) larvae [J]. Aquaculture, 257 (1-4): 453-464.

National Research Council, 1993. Nutrient requirements of fish [M]. National Academies Press: 114.

Nicol S, Stolp M, 1991. Molting, feeding, and fluoride concentration of the Antarctic Krill *Euphausia superba* Dana [J]. Journal of Crustacean Biology, 11 (1): 10-16.

O' Brien J S, Sampson E L, 1965, . Fatty acid and fatty aldehyde composition of the major brain lipids in normal human gray matter, white matter, and myelin [J]. Journal of Lipid Research, 6: 545-551.

Olsen Y, 2011. Resources for fish feed in future mariculture [J]. Aquaculture Environment Interactions, 1 (3): 187-200.

Opstvedt J, Aksnes A, Hope B, et al, 2003. Efficiency of feed utilization in Atlantic salmon (*Salmo salar* L.) fed diets with increasing substitution of fish meal with vegetable proteins [J]. Aquaculture, 221: 365-379.

Orozco Z, Sumbing J, Lebata-Ramos M, et al, 2014. Apparent digestibility coefficient of nutrients from shrimp, mussel, diatom and seaweed by juvenile *Holothuria scabra* Jaeger [J]. Aquaculture research, 45 (7): 1153-1163.

Pan C H, Chien Y H, Wang Y J, 2010. The antioxidant capacity response to hypoxia stress during transportation of characins (*Hyphessobrycon callistus* Boulenger) fed diets supplemented with carotenoids [J]. Aquaculture Research, 41 (7): 973-981.

Parr T M, Kerr B J, Baker D H, 2004. Isoleucine requirement for late-finishing (87 to 100kg) Pigs [J]. Journal of Animal Science, 82 (5): 1334-1338.

Parsons C M, Hashimoto K, Wedekind KJ, et al, 1991. Soybean an protein solubility potassium hydroxide: An in vitro test of in vivo protein quality [J]. Journal of Animal Science, 69 (7): 2918-2924.

Polo J, Quigley J D, Russell L E, et al, 2005. Efficacy of spray-drying to reduce infectivity of pseudorabies and porcine reproductive and respiratory syndrome (PRRS) viruses and seroconversion in pigs fed diets containing spray-dried animal plasma [J]. Journal of Animal Science, 83 (8): 1988-1938.

Richard C W, George W L, 1977. Dried blood meal as a protein source in diets for growing finishing swine [J]. Journal of Animal Science, 44 (5): 778-783.

Rosenthal A, Pyle D L, Niranjan K, 1996. Aqueous and enzymatic processes for edible oil extraction [J]. Enzyme and Microbial Technology, 19 (6): 402-420.

Saito H, Kotani Y, Keriko J M, et al, 2002. High levels of n-3 polyunsaturated fatty acids in *Euphausia pacifica* and its role as a source of docosahexaenoic and icosapentaenoic acids for higher trophic levels [J]. Marine Chemistry, 78 (1): 9-28.

Scott M L, Nesheim M C, Young R J, 1969. Nutrition of the chicken [J]. Nutrition of the Chicken.

Shi X, Wang R, Zhuang P, et al, 2011. Fluoride retention after dietary fiuoride exposure in Siberian sturgeon *Acipenser baerii* [J]. Aquaculture Research, 42 (1): 1-6.

Shi X, Zhuang P, Zhang L, et al, 2009. Growth in hibition of Siberian sturgeon (*Acipenser baerii*) from dietary and water borne fluoride [J]. Fluoride, 42: 137-141.

Silva E P, Rabello C B V, Lima M B, et al, 2014. Poultry offal meal in broiler chicken feed [J]. Scientia Agricola, 71 (3): 188-194.

Sovilj M N, 2010. Critical review of supercritical carbon dioxide extraction of selected oil seeds [J]. Acta Periodica Technologica (41): 105-120.

Sudaryono A, Hoxey M, Kailis S, et al, 1995. Investigation of alternative protein sources in practical diets for juvenile shrimp, *Penaeus monodon* [J]. Aquaculture, 134 (3-4): 313-323.

Tacona G J, Metian M, 2008. Global overview on the use of fish meal and fish oil in industrially compounded aquafeeds: trends and future prospects [J]. Aquaculture, 285: 146-158.

Tibbetts S M, Olsen R E, Lall S P, 2011. Effects of partial or total replacement of fish meal with freeze dried krill (*Euphausia superba*) on growth and nutrient utilization of juvenile Atlantic cod (*Gadus morhua*) and Atlantic halibut (*Hippoglossus hippoglossus*) fed the same practical diets [J]. Aquaculture Nutrition, 17 (3): 287-303.

Tiews K, Manthey M, Koops H, 1982. The carry-over of fluoride from krill meal pellets into rainbow trout (*Salmo gairdneri*) [J]. Arch. FishWiss, 32: 39-42.

Van Heugten E, Van Kempen T, 2002. Growth performance, carcass characteristics, nutrient digestibility and fecal odorous compounds in growing-finishing pigs fed diets containing hydrolyzed feather meal [J]. Journal of Animal Science, 80 (1): 171-178.

Wahlstrom R C, Libal G W, 1977. Dried blood meal as a protein source in diets for growing-finishing swine [J]. Journal of Animal Science, 44 (5): 778-783.

Watanabe T, Fujimura T, Lee M J, et al, 1991. Effect of polar and nonpolar lipids from krill on quality of eggs of red seabream, *Pagrus major* [J]. Nippon suisan Gakkaishi, 57 (4): 695-698.

Weidner W J, Sillman A J, 1997. Low levels of cadmium chloride damage the corneal endothelium [J]. Archives of Toxicology, 71 (7): 455-460.

Weiss M, Buck B, 2017. Partial replacement of fishmeal in diets for turbot (*Scophthalmus maximus*, Linnaeus, 1758) culture using blue mussel (*Mytilus edulis*, Linneus, 1758) meat [J]. Journal of Applied Ichthyology, 33 (3): 354-360.

Wibrand K, Berge K, Messaoudi M, et al, 2013. Enhanced cognitive function and antidepressant-like effects after krill oil supplementation in rats [J]. Lipids in Health and Disease, 12 (1): 6.

William S H, 2007. Omega-3 fatty acids and cardiovascular disease: A case for omega-3 index as a new risk factor [J]. Pharmacological Research, 55: 217-223.

Williams K C, Smith D M, Barclay M C, et al, 2005. Evidence of a growth factor in some crustacean-based feed ingredients in diets for the giant tiger shrimp *Penaeus monodon* [J]. Aquaculture, 250 (1-2): 377-390.

Xue M, Cui Y, 2001. Effect of several feeding stimulants on diet preference by juvenile gibel carp

(*Carassius auratus gibelio*), fed diets with or without partial replacement of fish meal by meat and bone meal [J]. Aquaculture, 198 (3-4): 281-292.

Yamaguchi K, Murakami M, Nakano H, et al, 1986. Supercritical carbon dioxide extraction of oils from Antarctic krill [J]. Journal of agricultural and food chemistry, 34 (5): 904-907.

Yan Wang, Jin-lu Guo, Dominique P, et al, 2005. Replacement of fish meal by rendered animal protein ingredients in feeds for cuneate drum (*Nibea miichthioides*) [J]. Aquaculture, 252 (2-4): 476-483.

Yang Y, Xie S, Cui Y, et al, 2004. Effect of replacement of dietary fish meal by meat and bone meal and poultry by-product meal on growth and feed utilization of gibel carp, *Carassius auratus gibelio* [J]. Aquaculture Nutrition, 10 (5): 289-294.

Yoshitomi B, Aoki M, Oshima S, 2007. Effect of total replacement of dietary fish meal by low fluoride krill (*Euphausia superba*) meal on growth performance of rainbow trout (*Oncorhynchus mykiss*) in fresh water [J]. Aquaculture, 266: 219-225.

Yoshitomi B, Aoki M, Oshima S, et al, 2006. Evaluation of krill (*Euphausia superba*) meal as a partial replacement for fish meal in rainbow trout (*Oncorhynchus mykiss*) diets [J]. Aquaculture, 261 (1): 440-446.

Yoshitomi B, Nagano I, 2012. Effect of dietary fluoride derived from Antarctic krill (*Euphausia superba*) meal on growth of yellowtail (*Seriola quinqueradiata*) [J]. Chemosphere, 86 (9): 891-897.

Zhang Q, Veum T L, Bollinger D, 1999. Spray dried animal blood cells in diets for weanling pigs [J]. Animal Science. 77 (S1): 62.

Zhang S, Xie S, Zhu X, et al, 2006. Meat and bone meal replacement in diets for juvenile gibel carp (*Carassius auratus gibelio*): effects on growth performance, phosphorus and nitrogen loading [J]. Aquaculture Nutrition, 12 (5): 353-362.

Šližyte R, Daukšas E, Falch E, et al, 2005. Yield and composition of different fractions obtained after enzymatic hydrolysis of cod (*Gadus morhua*) by-products [J]. Process Biochemistry, 40 (3-4): 1415-1424.

Šližytè R, Rustad T, Storrø I, 2005. Enzymatic hydrolysis of cod (*Gadus morhua*) by-products: Optimization of yield and properties of lipid and protein fractions [J]. Process Biochemistry, 40 (12): 3680-3692.

第二章
植物性蛋白质饲料资源

第一节 大豆及其加工产品作为饲料原料的研究进展

一、大豆及其加工产品

（一）概述

1. 我国大豆及其加工产品资源现状

（1）我国大豆资源现状 大豆及其加工产品蛋白质含量高、氨基酸组成合理，是畜禽的优质饲料蛋白质来源，为我国畜禽配合饲料提供至少70％的蛋白质。我国种植大豆已有5 000多年的历史，品种极为丰富，全国大豆品种有7 000多种，且种植地域分布广泛，凡有作物生长的地方，几乎都有种植，是我国五大农作物之一。然而，近几年大豆的产量堪忧，2005—2015年，国产大豆产量逐年降低，2016年才开始恢复。2018年，我国自产大豆1 600万t，进口8 803万t（表2-1），大豆成为我国粮食进口依存度最高的品种。

表2-1 2005—2018年中国大豆自产量和进口量（万t）

年份	2005	2010	2011	2012	2013	2014	2015	2016	2017	2018
自产量	1 740	1 508	1 448	1 305	1 256	1 245	1 170	1 293	1 455	1 600
进口量	2 580	5 479	5 263	5 838	6 337	7 140	8 173	8 391	9 553	8 803

资料来源：《中国饲料工业年鉴》2005—2015年数据；2016—2018年数据来源于国家粮油信息中心。

（2）我国大豆加工产品资源现状 长期以来，大豆油是大豆加工的主导产品，制油剩余的产物是副产物。改革开放前，机械压榨是常用的大豆制油工艺，其副产物大豆饼的用途包括食品、饲料和肥料。改革开放后，机械压榨工艺逐渐被取代，溶剂浸提成为主导工艺，其副产物大豆粕成为我国饲料蛋白质的主要来源。随着对幼畜禽，特别是断奶仔猪和犊牛发育生理特点的深入认识，对大豆抗营养因子对畜禽、水产动物抗营养作用及其机制的深入研究，逐步开发出膨化大豆、膨化豆粕、酶解豆粕和发酵豆粕等新的大豆加工产品。

目前，大豆粕是饲料中应用最广泛的大豆加工产品，是饲料工业中应用最广泛的植物性蛋白原料，约占国内饲料蛋白原料的 60%。随着我国养殖业和饲料工业的快速发展，豆粕的需求量呈现不断增加的趋势。2006 年以来我国豆粕产量逐年增加，至 2016 年达到 6 805.8 万 t。我国豆粕的供需平衡情况方面，2006—2016 年，豆粕的需求逐年增长，年均增长率约为 9%。表 2-2 列出了 2009—2016 年我国饲料用豆粕消费情况，总体趋势是逐年递增，其中 2013 年饲料用豆粕消费量较 2012 年下降 8.10%，2014 年又开始增长，但增长率有所下降，其原因可能与赖氨酸、苏氨酸、色氨酸等饲料用氨基酸的价格降低和猪的低蛋白质日粮推广应用有关。

表 2-2　2009—2016 年中国饲料用豆粕消费量（万 t）

年份	2009	2010	2011	2012	2013	2014	2015	2016
饲料用消费量	3 802	3 980	4 191	4 269	3 924	5 400	5 850	6 150

资料来源：《中国饲料工业年鉴》2009—2013 年数据；2014—2016 年数据来源于国家粮油信息中心。

由于大豆压榨出油率低，豆饼中大豆抗原蛋白等抗营养因子含量高，压榨过程中受热不均匀，容易造成美拉德反应，从而降低氨基酸的利用率等原因，大豆饼的产量已越来越少，估计目前全国不到 20 万 t。膨化大豆、膨化豆粕、酶解豆粕和发酵豆粕等新型饲料用大豆加工产品的确切数据很难统计，估计 2015 年全国膨化大豆、发酵豆粕（包括酶解豆粕）的产量分别为 60 万 t 和 50 万 t 左右，用于饲料的浓缩大豆蛋白估计 2 万 t 左右。

从加工工艺的角度讲，目前市场上所谓的膨化豆粕实质上是膨胀豆粕。为了提高出油率，一些制油厂在浸提前增加了膨胀工艺。

2. 大豆及其加工产品作为饲料原料利用存在的问题　大豆及其加工产品作为饲料中主要的蛋白质来源，是重要的饲料资源，然而在作为饲料原料利用中存在以下问题：

（1）大豆是含抗营养因子最多的豆科籽实，特别是含有热稳定的抗原蛋白和大豆寡糖。虽然经过热处理、发酵或酶解后的大豆饼粕、膨化大豆、发酵豆粕等原料中抗营养因子含量明显降低，但并不能完全消除，对幼龄动物仍会产生不利影响，如引起过敏反应、损伤消化系统和降低生产性能等。加工工艺的优劣对抗营养因子的含量和活性影响很大，因此在应用时仍然需要注意检测胰蛋白酶抑制因子、抗原蛋白、寡糖等抗营养因子的含量，并根据含量确定其在幼畜禽，特别是断奶仔猪和犊牛饲料中的适宜用量。

（2）一些新的大豆加工产品的生产工艺容易产生一定的不确定性。例如，发酵豆粕生产过程中，为了保证小肽的含量而导致发酵物黏度升高，不利于实际操作，对设备要求高。此外，发酵菌种和发酵条件等差异较大，导致不同厂家发酵出来的豆粕的抗营养因子含量有差异，因此，不同厂家的产品质量差异大。

（3）除了普通豆粕和发酵豆粕外，其他大豆及其加工产品均没有相应的国家标准或行业标准，相关产品缺乏统一的规范管理，质量参差不齐。

（4）大豆资源短缺是大豆及其加工产品作为饲料原料的最大问题。如前所述，我国自产大豆越来越少，进口依存度越来越大，造成我国豆粕价格的巨大波动，2011—2018

年，我国大豆粕的价格波动幅度达 2 200～4 900 元/t，是我国畜禽产品市场价格大幅度波动的重要因素之一。研究降低饲料中大豆粕用量的低蛋白质日粮，使饲料配方中的蛋白质原料多元化，强化工业氨基酸使用技术，是解决大豆资源短缺的重要手段。

3. 开发利用大豆及其加工产品作为饲料原料的意义　我国是畜禽养殖大国，2018年我国肉类产量 8 517 万 t，禽蛋 3 128 万 t，均居世界第一，牛奶 3 075 万 t，居世界第三。饲料作为养殖业的主要投入品，体量庞大，2018 年我国工业饲料总产量 2.28 亿 t，连续 7 年居世界第一。随着城市化进程的加速，我国居民对动物性蛋白质的需求仍呈刚性增长的态势，畜禽养殖对饲料的需求将随之增长。蛋白质是饲料中最主要的营养素之一，我国又是世界上蛋白质饲料资源短缺最严重的国家之一。目前，我国人均动物性蛋白质的日摄入量为 30g，要达到 35g 的世界平均水平，需要从饲料中提供粗蛋白质 8 755 万 t，而包括农区和牧区在内的所有可利用饲料资源中可提供的粗蛋白质是 5 500 万 t，缺口 3 255 万 t，这个缺口相当于 1 亿 t 大豆中所含的粗蛋白质。也就是说，按照我国目前粮食的生产水平和对饲料资源的利用水平，未来的十年即使美国生产的全部大豆都供应中国，仍不能填补缺口。现阶段，大豆及其加工产品提供畜禽全价饲料中 60％以上的蛋白质，即使我们努力发展非依赖大豆蛋白源日粮，畜禽养殖对大豆及其加工产品的需求仍然很大。

大豆及其加工产品还有另外一个重要的用途，膨化大豆、发酵豆粕、酶解豆粕、浓缩大豆蛋白、大豆磷脂等大豆深加工产品是幼畜禽饲料中重要的功能性蛋白质，对于改善幼畜禽，特别是断奶仔猪和犊牛的生理发育缺陷有重要作用。我国乳制品工业不发达，棉籽及其加工产品、菜籽及其加工产品等其他蛋白质饲料又存在氨基酸不平衡等营养缺陷，因此，膨化大豆、发酵豆粕等大豆深加工产品在相当长时期内仍是我国幼畜禽最重要的功能性蛋白质资源。由此可见大豆及其加工产品作为饲料原料的重要性。

（二）大豆及其加工产品的营养价值

1. 大豆及其加工产品的营养特点

（1）蛋白质含量高　大豆籽实一般含 40％左右的蛋白质，比禾谷类作物小麦、稻米和玉米高 2～3 倍，也高于肉类、蛋类和奶类。而经过提油后的豆粕和豆饼的蛋白质含量高达 42％～48％。此外，大豆蛋白质不仅含量高，而且质量好，易溶于水，易被机体吸收利用，吸收率高达 85％以上。

（2）氨基酸含量丰富、平衡性好　大豆蛋白质中氨基酸种类齐全，其中必需氨基酸占总氨基酸的比例达 43％。我国东北地区种植大豆的谷氨酸和谷氨酰胺在总氨基酸中含量最高，平均达 18％；天冬氨酸和天冬酰胺第二，平均含量达 11.8％，占总氨基酸总量的 29.8％；含量在 5％～8％的氨基酸依次为精氨酸、亮氨酸、缬氨酸、丝氨酸；含量在 2％～5％的依次为脯氨酸、异亮氨酸、甘氨酸、赖氨酸、苏氨酸、酪氨酸、组氨酸（葛庆斌，2014）。但大豆蛋白质缺乏蛋氨酸和色氨酸，尤其是蛋氨酸。

（3）脂肪及不饱和脂肪酸含量高　大豆和膨化大豆中脂肪含量高达 17％～18％。因此能量含量较高，属于高能高蛋白质饲料。但经过提油后的豆粕和豆饼中脂肪含量明显下降。膨化大豆、豆饼和豆粕等大豆加工产品中的脂肪酸含量非常丰富，其中约 85％

都是不饱和脂肪酸，特别是亚油酸，占总脂肪酸总量的50％以上，对降低血液中胆固醇含量非常有益。

（4）矿物质和维生素含量丰富　大豆及其加工产品中矿物质含量极为丰富，钙含量比其他谷物类或动物食品高数倍、十几倍甚至几十倍，铁、磷含量也较高，且含有多种维生素，如胡萝卜素、硫胺素、核黄素和维生素E等。

（5）富含其他活性物质，包括低聚糖、异黄酮、维生素和植物甾醇等，作为饲料资源饲喂动物后能发挥多种生理活性功能，如大豆异黄酮的抗氧化作用。

综上，大豆及其加工产品中除了蛋白质、能量含量高，还富含脂肪、维生素、矿物质、脂肪酸以及大豆磷脂等，是高营养价值的饲料原料。由于不同大豆加工产品的营养成分和营养特点不同，在用作饲料原料时需充分考虑利用率的问题。

2. 大豆及其加工产品的营养价值

（1）全脂大豆的营养价值　全脂大豆约含40％的蛋白质和20％的脂肪，为世界提供了60％的植物蛋白质来源，其蛋白质约是肉类食品蛋白质的2倍，且氨基酸组成比例平衡，接近理想蛋白质模式中氨基酸的比例（表2-3）。

（2）膨化大豆的营养价值　膨化大豆又称为膨化全脂大豆，李素芬（2001）检测了不同膨化温度下膨化全脂大豆的常规养分及氨基酸组成（表2-4）。随着膨化温度的升高，膨化大豆中的水分含量逐渐减少，且当膨化温度超过130℃时，蛋白质溶解度迅速下降。因此，将脲酶活性、抗原蛋白含量、胰蛋白酶抑制因子等抗营养因子含量和蛋白质溶解度结合起来，才能客观地评价膨化大豆的营养价值。

（3）大豆粕的营养价值　尼键君（2012）测定了来自不同省份的10个豆粕的常规养分及其对猪的消化能值和代谢能值（表2-5）。康玉凡（2003）分析比较了去皮豆粕和带皮豆粕的营养成分及其对生长猪的养分消化率和有效能值（表2-6和表2-7）。这些研究表明，去皮豆粕的养分消化率和有效能高于带皮豆粕。

Zhang等（2012）报道，豆粕对生长猪的净能值为9.00～9.42MJ/kg（干物质基础）。Li等（2015）比较研究了不同国家来源豆粕的有效能值，结果表明，来自中国、美国、巴西和阿根廷的豆粕对生长猪的消化能分别为15.73MJ/kg、15.93MJ/kg、15.64MJ/kg和15.90 MJ/kg，代谢能分别为15.10MJ/kg、15.31MJ/kg、14.97MJ/kg和15.42 MJ/kg，但均没有统计学上的显著差异。

（4）膨化豆粕的营养价值　如上所述，在实际大豆加工中，没有实质意义上的膨化豆粕，但还是在有些研究报道了膨化豆粕的营养价值。膨化对豆粕的化学养分有一定的影响，如膨化工艺中的高温过程使得蛋白质由折叠结构逐渐向展开结构转变，在改善蛋白质消化吸收的同时，其含量会略有降低。魏凤仙等（2014）测定了普通豆粕经120℃膨化处理后的膨化豆粕的营养成分（表2-8），豆粕膨化后养分变化较小，但蛋白溶解度显著降低。

（5）发酵豆粕的营养价值　彭辉才（2008）测定了不同厂家8种发酵豆粕的常规养分、钙、磷、水溶性蛋白质和大豆肽等养分含量，结果见表2-9。王园（2014）以湿热链球菌、酿酒酵母和枯草芽孢杆菌（1∶1∶1）复合菌种对豆粕进行固态发酵，表2-9和表2-10列出了其对发酵后产品的营养成分及其对生长猪的养分消化率和有效能值。

表 2-3　大豆中常规养分及部分氨基酸含量（饲喂基础，%）

样品	水分	蛋白质	脂肪	灰分	粗纤维	赖氨酸	亮氨酸	异亮氨酸	苏氨酸	缬氨酸	钙	磷	铁	硫胺素	核黄素
种质大豆	10.2	36.3	18.4	5.0	4.8	2.29	3.63	1.61	1.65	1.80	367	571	11	0.79	0.25
生大豆	10.6	36.2	17.9	4.5	5.8	2.31	2.85	1.58	1.43	1.77	—	—	—	—	—

注：水分、蛋白质、脂肪、粗纤维、灰分和氨基酸单位为每100g 的克数，钙、磷、铁、硫胺素和核黄素单位为每100g 的毫克数。
资料来源：种质大豆数据来自赵文伟等（2007）；生大豆数据来自李素芬等（2001）。

表 2-4　不同膨化温度处理的膨化大豆中常规养分及部分氨基酸含量（饲喂基础，%）

样品（膨化温度）	水分	粗蛋白质	蛋白溶解度	粗脂肪	粗纤维	粗灰分	赖氨酸	蛋氨酸	胱氨酸	苏氨酸	缬氨酸	异亮氨酸	亮氨酸	精氨酸	组氨酸
膨化大豆（110℃）	5.11	38.27	82.57	18.82	6.07	4.99	2.35	0.50	0.39	1.46	1.72	1.60	2.84	2.29	0.98
膨化大豆（120℃）	3.94	38.45	74.94	18.83	5.94	5.12	2.27	0.50	0.39	1.51	1.69	1.57	2.87	2.24	0.98
膨化大豆（130℃）	3.69	38.67	71.58	18.97	5.71	5.29	2.27	0.49	0.38	1.47	1.70	1.57	2.90	2.30	1.06
膨化大豆（140℃）	2.67	39.20	32.59	18.28	5.59	5.40	2.11	0.46	0.37	1.46	1.78	1.61	2.95	2.22	0.97

资料来源：李素芬等（2001）。

表 2-5　大豆粕的常规养分及对猪的有效能值（饲喂基础）

样品（$n=10$）	干物质（%）	粗蛋白质（%）	粗脂肪（%）	粗灰分（%）	粗纤维（%）	中性洗涤纤维（%）	酸性洗涤纤维（%）	总能（MJ/kg）	消化能（MJ/kg）	代谢能（MJ/kg）
豆粕	88.77	45.06	0.95	6.29	6.56	16.15		17.33	15.64	14.79

资料来源：尼键君（2012）。

表 2-6　去皮豆粕和带皮豆粕营养物质组成及对生长猪的氮消化率和有效能值（饲喂基础）

样品（$n=9$）	营养物质组成									养分消化率和有效能值				
	粗蛋白质（%）	蛋白溶解度（%）	粗脂肪（%）	粗灰分（%）	粗纤维（%）	中性洗涤纤维（%）	酸性洗涤纤维（%）	钙（%）	磷（%）	干物质消化率（%）	氮消化率（%）	总能（MJ/kg）	消化能（MJ/kg）	代谢能（MJ/kg）
去皮豆粕	47.18	82.73	1.32	5.99	3.61	9.86	4.42	0.30	0.68	93.90	92.00	17.39	15.34	14.31
带皮豆粕	44.59	84.25	1.47	5.90	4.49	13.35	6.08	0.31	0.65	92.50	89.50	17.12	15.17	14.00

资料来源：康玉凡（2003）。

表2-7　去皮豆粕和带皮豆粕中部分氨基酸组成及对猪的回肠表观消化率（饲喂基础，%）

样品 (n=9)	部分氨基酸组成								氨基酸表观回肠消化率						
	蛋白质	赖氨酸	蛋氨酸	苏氨酸	缬氨酸	色氨酸	异亮氨酸	亮氨酸	赖氨酸	蛋氨酸	苏氨酸	色氨酸	缬氨酸	异亮氨酸	亮氨酸
去皮豆粕	47.18	3.04	0.61	1.93	2.05	0.61	2.14	3.62	89.67	88.72	82.68	86.58	81.25	88.95	88.37
带皮豆粕	44.50	2.89	0.58	1.86	1.96	0.57	2.06	3.42	86.51	88.30	79.59	85.48	79.08	86.44	85.67

资料来源：康玉凡（2003）。

表2-8　膨化豆粕的常规养分和氨基酸含量（%）

样品	水分	蛋白质溶解度	蛋白质	粗纤维	脂肪	灰分	赖氨酸	蛋氨酸	蛋氨酸+胱氨酸	苏氨酸	氨基酸总和	小肽
普通豆粕	11.50	90.13	47.03	6.30	2.1	7.6	2.93	0.48	1.09	1.93	46.12	5.10
膨化豆粕	10.02	76.37	46.56	5.10	1.9	7.8	2.88	0.45	0.97	1.87	44.55	6.34

资料来源：魏凤仙等（2014）。

表2-9　发酵豆粕营养物质组成及对猪的有效能值（饲喂基础）

样品	营养物质组成												总能消化率及有效能值		
	干物质(%)	粗蛋白质(%)	粗脂肪(%)	粗灰分(%)	粗纤维(%)	中性洗涤纤维(%)	酸性洗涤纤维(%)	钙(%)	磷(%)	总能(MJ/kg)	可溶蛋白(μmol/g)	乳酸(mmol/kg)	消化能(MJ/kg)	代谢能(MJ/kg)	总能表观消化率(%)
发酵豆粕	88.06	49.68	0.87	6.65	4.12	19.08	6.65	0.27	0.89	17.67	270.0	157.6	17.04	16.51	84.90

资料来源：王园（2014）。

表2-10　发酵豆粕中部分氨基酸组成及对猪的标准回肠消化率（饲喂基础，%）

样品	部分氨基酸组成							氨基酸标准回肠消化率						
	赖氨酸	蛋氨酸	苏氨酸	缬氨酸	色氨酸	异亮氨酸	亮氨酸	赖氨酸	蛋氨酸	苏氨酸	色氨酸	缬氨酸	异亮氨酸	亮氨酸
发酵豆粕	2.72	0.66	1.83	2.17	0.64	2.13	3.54	83.2	87.5	81.0	83.8	86.5	86.5	88.0

资料来源：王园（2014）。

（三）大豆及其加工产品中的抗营养因子及其钝化消除技术

1. 大豆抗营养因子及其抗营养作用和机制　大豆中含有多种抗营养物质，是大豆物种进化过程中形成的保护性物质。大豆是含抗营养物质种类最多的种植作物之一，其分类方法很多。由于热处理对钝化消除大豆抗营养因子具有特殊的作用，因此可将其分为热敏性抗营养因子和热稳定性抗营养因子。表 2-11 列出了大豆及其加工产品中主要抗营养因子的组成和抗营养作用，其中胰蛋白酶抑制因子、凝集素、抗原蛋白、不良寡糖对动物的抗营养作用最强。

表 2-11　大豆中的主要抗营养因子

名称或种类	组成成分	抗营养作用
热敏性		
胰蛋白酶抑制因子	蛋白质或多肽	抑制胰蛋白酶、凝乳蛋白酶活性，使蛋白质消化率下降；造成胰腺补偿性反应分泌过多胰腺酶；引起胃肠道中毒、胰腺肿大，消化吸收功能障碍，导致腹泻、生长受限等
脲酶	酶蛋白	将尿素分解为氨和二氧化碳，降低尿素利用率，并且粪尿中氨含量过高，造成环境污染
大豆凝集素	酶蛋白	可结合小肠黏膜上皮的微绒毛表面的糖蛋白，引起微绒毛损伤和发育异常，从而抑制肠壁对养分的消化吸收，蛋白质利用率降低，导致生长受阻、停滞
致甲状腺肿素	有机小分子	影响甲状腺形态，导致甲状腺肿大
抗维生素因子	酶蛋白	包括双香豆素、硫氨酸酶、脂肪氧化酶等，与维生素具有相似的化学结构或与维生素结合，破坏维生素活性，降低其效价，干扰动物对维生素的利用
热稳定性		
抗原蛋白	大分子蛋白质或糖蛋白	主要为大豆球蛋白和 β-伴大豆球蛋白，具有抗原性和致敏性，导致消化道过敏，引起腹泻和生长受限
不良寡糖	半乳寡糖	又称胀气因子，主要是棉籽糖和水苏糖，不能被动物小肠水解，进入后肠道被微生物发酵，产生大量的二氧化碳、氢气和甲烷，导致胃胀气和腹痛、腹泻
植酸	肌醇六磷酸	与金属离子形成稳定的络合物——植酸盐，并与蛋白质、淀粉、脂肪结合，降低其活性，影响消化
皂苷	低聚配糖体	溶血，影响肠道渗透性

周天骄等（2015）和王潇潇（2015）采用不同方法测定了大豆及其加工产品中主要抗营养因子含量。周天骄等的结果（表 2-12）表明，经发酵或膨化工艺处理后，发酵豆粕和膨化大豆中大豆球蛋白和 β-伴大豆球蛋白的含量显著降低，发酵工艺对胰蛋白酶抑制因子和水苏糖含量也有明显的钝化消除效果，但去皮工艺对这几种抗营养因子的钝化消除效果不明显。王潇潇的结果（表 2-13）表明，膨化加工和微生物发酵对大豆球蛋白、β-伴大豆球蛋白和棉籽糖均有较好的钝化消除效果，而钝化消除水苏糖效果最佳的工艺是发酵。从这两个研究报道还可以看出，采用不同检测方法测定的大豆及其加工产品中抗营养因子含量有差异。

表2-12　酶联免疫吸附法及色谱法测定的大豆及其加工产品中主要抗营养因子平均含量（mg/g）

样品（样品数）	大豆球蛋白	β-伴大豆球蛋白	胰蛋白酶抑制因子	样品（样品数）	棉籽糖	水苏糖
生大豆（n＝410）	125.5	92.2	17.7	豆粕（n＝27）	6.5	17.0
膨化大豆（n＝21）	24.2	12.8	21.6	发酵豆粕（n＝24）	9.8	4.3
去皮豆粕（n＝25）	122.6	87.7	23.6	膨化豆粕（n＝21）	7.8	19.4
带皮豆粕（n＝3）	129	165	59.2			
发酵豆粕（n＝188）	53.9	51.4	8.7			
去皮膨化豆粕（n＝21）	140	140.9	27.1			

注：大豆球蛋白、β-伴大豆球蛋白和胰蛋白酶抑制因子的测定方法为间接竞争酶联免疫吸附法（ELISA）；棉籽糖和水苏糖的测定方法为离子色谱法。

资料来源：周天骄等（2015）。

表2-13　近红外反射光谱法测定的大豆加工产品中主要抗营养因子平均含量（干物质基础，mg/g）

样品（样品数）	大豆球蛋白	β-伴大豆球蛋白	棉籽糖	水苏糖
膨化大豆（n＝40）	35.84	40.04	8.88	43.79
去皮豆粕（n＝40）	105.80	138.52	140.99	48.24
膨化豆粕（n＝40）	44.73	62.83	11.72	44.44
发酵豆粕（n＝140）	92.72	33.24	0.46	3.21

注：各抗营养因子均采用近红外反射光谱法（NIR）进行检测。

资料来源：王潇潇（2015）。

李德发（2003）在《大豆抗营养因子》一书中对主要抗营养因子的抗营养作用进行了详细论述。以下介绍几种主要大豆抗营养因子近年来的一些新的研究进展。

（1）胰蛋白酶抑制因子的抗营养作用及其机制　大豆胰蛋白酶抑制因子是大豆中主要抗营养因子之一，生大豆抗营养作用的40％是由胰蛋白酶抑制因子引起的。用生大豆、豆粕和豆饼饲喂畜禽，发现胰蛋白酶抑制因子可显著降低仔猪、生长猪、肉鸡的增重和饲料转化效率，同时引起动物胰腺增生和胰腺肥大，甚至产生胰腺瘤等（张国龙等，1995；臧建军等，2007）。饲喂生大豆使蛋鸡开产日龄推迟1周、产蛋率下降5％、产蛋高峰期持续时间缩短，且所受影响程度与日粮中胰蛋白酶抑制因子水平存在线性关系。以仔猪为例，日粮中胰蛋白酶抑制因子的含量为每千克饲料2.4g时，仔猪生长速度比对照组下降13％，当含量增加到每千克饲料7.2g时，生长速度下降32％（李德发，2003）。

目前，一般认为胰蛋白酶抑制因子的抗营养作用机制为：动物食入含胰蛋白酶抑制因子的日粮时，小肠内胰腺分泌的胰蛋白酶和胰凝乳蛋白酶与抑制因子迅速发生反应，形成复合物而使酶失活，或者大豆胰蛋白酶抑制因子与胰腺分泌的丝氨酸蛋白酶发生反应，抑制各蛋白酶的活性，与此同时，通过抑制蛋白酶活性负反馈调节胰腺分泌功能，引起胰腺组织的代偿性增生和损伤。

（2）大豆凝集素的抗营养作用及其机制　成熟大豆种子中的大豆凝集素的含量可占大豆蛋白质的10％左右。日粮中高浓度的大豆凝集素对动物生长有较强的抑制作用，这种抑制作用随动物种属、年龄和大豆凝集素水平等因素而异。一般而言，单胃动物、鼠和雏鸡对大豆凝集素较为敏感，而大豆凝集素对成年反刍动物生长性能没有显著影响。以大鼠和断奶仔猪为动物模型（汤树生等，2007；臧建军等，2007）的研究发现，饲料中大豆凝集素明显抑制大鼠的氮沉积，并导致其生长性能显著下降，当饲料中大豆凝集素含量达到 1.5mg/g 时，显著抑制大鼠细胞免疫和体液免疫功能。饲喂含 0.1%～0.2% 大豆凝集素饲料的断奶仔猪，肠上皮结构被破坏，养分利用率降低，生产性能显著下降。利用回肠瘘管、同位素示踪和免疫组化定位技术研究发现，大豆凝集素在胃和小肠各段均有吸收，且可广泛分布于胃肠道黏膜表面。其作用机制是通过降低紧密连接蛋白表达量，增加肠上皮细胞通透性，诱导肠神经内分泌细胞分泌胆囊收缩素（CCK），并诱发多胺依赖的小肠和胰腺增生。

（3）大豆抗原蛋白的抗营养作用及其机制　大豆中抗原蛋白很多，目前已被确认的有 20 多种，其中 β-伴大豆球蛋白和大豆球蛋白在大豆抗原蛋白中免疫抗原性最强，是引起仔猪等动物过敏反应的主要物质，二者约占大豆总蛋白的 70%。大量的研究已经表明，大豆抗原蛋白引起的迟发型过敏反应是仔猪断奶综合征的原发性原因，主要表现为断奶后采食量下降、肠绒毛萎缩（图 2-1）、生长停滞甚至腹泻（Li 等，1990）。

图 2-1　大豆抗原蛋白引起的断奶仔猪空肠绒毛损伤

（资料来源：Li 等，1990）

在分离纯化大豆球蛋白和 β-伴大豆球蛋白的基础上，Sun 等（2009）揭示了这两种抗原蛋白对仔猪的致敏机制：①通过不同水平大豆球蛋白对仔猪的致敏试验，发现其诱发的过敏反应为Ⅱ型辅助性 T 淋巴细胞介导的免疫反应，其机制为大豆球蛋白导致猪体内细胞因子紊乱，引起免疫球蛋白 E（IgE）介导的小肠肥大细胞数量上升和组胺释放增加，进而破坏仔猪的体液和细胞免疫平衡，引发过敏反应并降低生产性能；②采用蛋白质组学技术研究发现，β-伴大豆球蛋白通过破坏猪肠道上皮细胞结构，减缓核转录并加大细胞应激压力，从而导致肠道损伤；③用等电点沉淀技术，进一步分离出高纯度的大豆球蛋白的酸性亚基和碱性亚基，以及 β-伴大豆球蛋白的 α′、α、β 三个亚基，发现这些亚基均具有较强的免疫活性，但以 α′ 亚基活性最强。大豆抗原蛋白对仔猪的致敏机制见图 2-2。

（4）不良寡糖的抗营养作用及其机制　在大豆寡糖与仔猪生产性能和饲料营养物质利用的量效关系上，Zhang 等（2001）研究发现，当饲料中棉籽糖和水苏糖的含量超过 1% 时，断奶仔猪肠道食糜的流通速度明显加快，日粮能量、干物质、蛋白质、有机物、粗纤维和氨基酸的消化率显著降低，仔猪生产性能受到明显抑制，并导致腹泻，其作用机制是大豆寡糖通过加快食糜在肠道中的流通速率降低养分利用率。

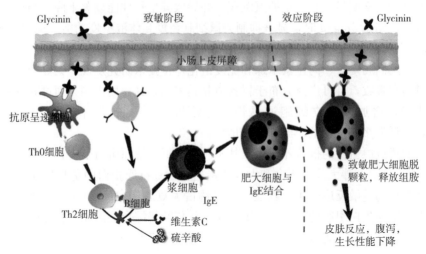

图 2-2　大豆抗原蛋白对断奶仔猪的致敏机制

（资料来源：Sun 等，2009）

2. 大豆抗营养因子的钝化消除技术　热处理是最早使用并沿用至今的钝化大豆抗营养因子的常用方法。但普通热处理对抗原蛋白、不良寡糖等热稳定性大豆抗营养因子的钝化效果非常有限。20 世纪 70 年代，溶剂浸提等化学方法得到深入研究并普遍使用。随着集约化、规模化养殖业发展对功能性蛋白质的需求，逐渐发明了膨化、微生物发酵等大豆抗营养因子的钝化消除技术。李德发（2003）在《大豆抗营养因子》一书中详细论述了大豆抗营养因子的钝化消除技术。以下着重讨论近年来大豆抗营养因子新的钝化消除技术。

（1）物理钝化技术　压榨处理、烘烤和热风喷射等干热处理、蒸汽加热和蒸煮等湿热处理、挤压膨化处理都被用于大豆抗营养因子的钝化。压榨是最早使用的物理钝化技术，但以取油为主要目的，对抗营养因子的钝化效果最差。20 世纪 80—90 年代，全世界对烘烤、热风喷射、蒸汽加热、蒸煮等不同形式的热处理方法钝化大豆抗营养因子的效果进行了广泛、深入的研究，目前这些物理钝化技术很少被单一用来处理大豆，大多与化学钝化和生物钝化技术结合使用。这一时代还研究了高频微波电磁场、低频超声波、辐射等物理方法对大豆抗营养因子的钝化效果，但由于成本问题，这些技术至今尚未实际应用。挤压膨化技术分为干法挤压和湿法挤压两种。20 世纪 70—90 年代，干法挤压膨化技术应用广泛，但容易因温度过高造成美拉德反应。20 世纪 90 年代，国内外对湿法挤压膨化技术进行了大量研究，目前使用的湿法挤压膨化技术实际上结合了干法挤压的许多特点，不仅能使胰蛋白酶抑制因子等热敏性抗营养因子失活，还能显著减少大豆抗原蛋白的抗原活性。

（2）化学钝化技术　化学钝化技术是应用化学物质与抗营养因子中的二硫键结合，使其分子结构改变而失去活性的技术。在科学研究方面，有不少关于偏重硫酸钠、亚硫酸钠、硫酸钠、碳酸钠、高锰酸钾、碳酸钙、氢氧化钠、碳酸氢钠等化学物质钝化胰蛋白酶抑制因子的报道，但这些化学处理方法至今尚未应用到大豆加工工艺中。甲醇、乙醇、异丙醇等有机溶剂，特别是乙醇，价格低廉、易挥发、对蛋白酶类抑制因子钝化效果好，所以目前被广泛使用。乙醇浸提可使 50% 的蛋白酶类大豆抗营养因子失活。

目前，很多制油企业使用物理方法，特别是挤压膨化技术，更确切地说是膨胀技术与有机溶剂浸提的化学方法相结合处理大豆，不仅能提高蛋白酶类抗营养因子的钝化效果，还能部分破坏大豆抗原蛋白的抗原活性。

（3）生物学技术　生物学方法是用适宜的酶制剂或有益微生物发酵处理豆粕，以达到生物降解大豆中的抗营养因子的目的。中性蛋白酶、酸性蛋白酶、碱性蛋白酶、木瓜蛋白酶等均能不同程度地降解大豆蛋白酶类抑制因子和抗原蛋白，其对胰蛋白酶抑制因子的降解能力为：碱性蛋白酶＞酸性蛋白酶＞中性蛋白酶＞木瓜蛋白酶（吴非和霍贵成，2002）。中国农业大学用选育出的耐高温酿酒酵母、嗜热链球菌和枯草芽孢杆菌 MA139 等固态发酵大豆粕，可将豆粕中的大豆球蛋白含量由 $120\sim130mg/g$ 降低到 $10.23\sim12.59mg/g$，β-伴大豆球蛋白含量由 $180\sim220mg/g$ 降低到 $12.31\sim15.09mg/g$，比发酵前降低了 $80\%\sim90\%$，不良寡糖含量下降 95% 以上，乳酸含量达 7.5% 以上。

目前，发酵豆粕和酶解豆粕已成为断奶仔猪和犊牛重要的功能性蛋白质原料。2015年，我国发酵豆粕和酶解豆粕的消费量已超过 50 万 t。

（4）其他方法　随着分子育种技术的进步，利用转基因或基因敲除技术改良和培育低蛋白酶抑制因子、低或无免疫原性的大豆品种已成为重要手段。还可以通过营养学方法调节大豆及其加工产品中抗原蛋白的致敏作用，例如，通过在日粮中添加或口服硫酸锌、葡萄籽原花青素和维生素 C 等可有效缓解模式动物的过敏症状（Sun 等，2009；Han 等，2010；Song 等，2011）。

（四）大豆及其加工产品在动物生产中的应用

1. 在养猪生产中的应用　大豆及其加工产品在养猪生产中的作用举足轻重，养猪业消耗的大豆占我国饲料消费大豆总量的 45%。

（1）豆饼在养猪生产中的应用　直到 20 世纪 90 年代，豆饼在猪饲料中应用广泛。随着大豆制油工艺的进步和对抗营养因子研究的深入，目前已很少使用在猪的饲料中。

（2）豆粕在养猪生产上的应用　豆粕是猪饲料中最重要的蛋白质来源。20 世纪 80—90 年代，曾对豆粕在猪饲料中的用法、用量、使用效果进行了大量研究。近年来的研究工作已经少见，零星见于豆粕替代仔猪饲料中的鱼粉应用效果的报道（表 2-14）。

表 2-14　豆粕在养猪业中的应用效果

生长阶段	添加量	饲喂时间	饲喂效果	资料来源
31 日龄仔猪	23.09%、26.65% 或 30.2%	28d	提高了断奶仔猪的生长性能和养分消化率，降低了仔猪的腹泻指数，可以完全替代鱼粉	孙培鑫 等（2006）
32 日龄仔猪	21.80%、25.60% 或 29.36%	21d	完全替代鱼粉后不会影响仔猪生长性能，且无鱼粉或 2.5% 鱼粉（即全部取代或取代一半）日粮组仔猪日增重和料重比均优于 5% 鱼粉组	陈昌明 等（2004）
生长猪，初重 36.65kg	—	5d	去皮豆粕提高了生长猪对日粮干物质、氮和能量的利用效率	康玉凡 （2003）
泌乳母猪	21.2%、24.7% 或 24.9%	产后 21d 仔猪断奶	显著提高仔猪的日增重，改善母猪泌乳期失重和背膘损失	余斌等 （2000）

（3）膨化大豆的应用　膨化全脂大豆必需氨基酸和脂肪酸含量丰富、平衡，消化率高，蛋白质类抑制因子和抗原蛋白含量少、活性低，且具特殊香味，适口性好，是猪的功能性饲料原料。目前主要用于仔猪教槽料和保育料中，用量为5％～10％。四川农业大学的研究表明，膨化全脂大豆用于泌乳母猪日粮可提高采食量，改善哺乳仔猪的生长性能，在夏季高温季节，这种作用尤其明显。表2-15列出了一些膨化全脂大豆在仔猪和母猪日粮中的用量和饲喂效果。

表2-15　膨化大豆在养猪业中的应用

生长阶段	添加量	饲喂时间	饲喂效果	资料来源
断奶仔猪，初重6.65kg	5％	30d	降低豆粕用量，提高仔猪日增重和饲料转化效率，对采食量影响不大	余东游等（2000）
28日龄断奶仔猪	4％或12.60％	21d	4％膨化大豆组仔猪日增重比对照组高，相对空肠黏膜重比12.60％组高	张莉莉等（2008）
28日龄断奶仔猪	18.50％	14d	减少小肠黏膜隐窝和绒毛被大量淋巴细胞和浆细胞浸润的现象，降低了小肠隐窝深度，增加空肠和回肠绒毛高度，改善了肠道形态	Qiao等（2003）
28日龄断奶仔猪	20％	28d	提高了试验全期仔猪日增重（提高14.24％），但对采食量没有显著影响，明显改善仔猪腹泻情况，降低了过敏高峰期（第10天）血清中IgG含量，提高了粗蛋白质、干物质和粗脂肪的表观消化率	王红云（2002）
28日龄断奶仔猪	20％	28d	提高仔猪日增重，降低腹泻率，提高养分的表观消化率，降低仔猪增重成本	王红云等（2004）
35日龄断奶仔猪	11％或22％	40d	11％组日增重高于对照组，11％和22％均提高饲料利用率，22％组干物质消化率显著高于对照组	张金枝等（2006）
生长育肥猪，初重30kg	8.2％	45d	显著提高了日增重，降低了料重比	张爱忠等（2001）
泌乳母猪	4％、8％或10％	产后第4天断奶	部分替代豆粕可显著提高泌乳母猪提供仔猪断奶重，提高母猪采食和缩短发情时间，8％添加比例最佳	余斌等（2000）

（4）膨化豆粕的应用　如前所述，目前大型大豆制油企业在溶剂浸提前对豆粕进行了膨胀处理，所以有些企业将之称为膨化豆粕，但称为膨胀豆粕比较确切。表2-16列出了一些膨化豆粕对断奶仔猪饲喂效果的试验结果。

表2-16　膨化豆粕在养猪业中的应用

生长阶段	添加量	饲喂时间	饲喂效果	资料来源
21日龄断奶仔猪	3％	28d	降低断奶仔猪的皮肤过敏反应；降低血清尿素氮浓度和血清白蛋白水平，提高了血清中球蛋白水平	孙培鑫等（2007）
28日龄断奶仔猪	完全或取代一半鱼粉	21d	膨化豆粕取代50％或100％的断奶仔猪日粮中的鱼粉对仔猪生产性能无不良影响	余林等（2005）
30日龄断奶仔猪	17.5％	40～46d	提高生长速度，更加快速地达到目标体重，提高饲料利用率，降低腹泻率	穆晓峰等（2007）

2. 在家禽生产中的应用

（1）豆饼的应用　与养猪生产上的应用状况相同，20 世纪 90 年代前，豆饼广泛用于家禽饲料中，目前已很少使用。金云行等（2010）测定了豆饼日粮中添加复合酶制剂后的有效能和养分消化率，结果发现，添加复合酶后显著提高了豆饼的表观代谢能、真代谢能、氮校正表观代谢能和氮校正真代谢能。

（2）豆粕、发酵豆粕、膨化豆粕的应用　商业生产中，白羽肉鸡、快大型黄羽肉鸡生长速度很快，需要高能高蛋白饲料，因此，豆粕是肉鸡日粮中主要的蛋白质来源，用量大，范围广。相比于肉禽而言，蛋禽适应性强，为节省成本，蛋禽日粮中豆粕的用量相对较少，棉籽粕、菜籽粕等用量相对较多。

由于家禽对大豆抗原蛋白不敏感，发酵豆粕和膨化豆粕在家禽生产中应用较少，但仍有一些研究工作。表 2-17 和表 2-18 列出了近年来去皮豆粕、发酵豆粕、膨化豆粕在蛋禽和肉禽日粮中应用效果的研究报道。

表 2-17　去皮豆粕和发酵豆粕在蛋禽生产中的应用报道

大豆制品	生长阶段	添加量	饲喂时间	饲喂效果	资料来源
去皮豆粕	21 周龄蛋鸡	24.1%	9 周	产蛋率、枚蛋重增加 0.08% 和 0.34%，而采食量却下降了 2.78%	王健等（2010）
去皮豆粕	28 周龄蛋种鸡	25.6%	100d	产蛋率明显改善（提高 4.06%），平均蛋重增加，料蛋比下降	刘爱巧等（2003）
发酵豆粕	54 周龄蛋鸡	2.5%	56d	减少日粮中大肠杆菌，增加有益菌数量，降低 pH；饲喂后肠道内容物和粪便中大肠杆菌数量下降，乳杆菌等有益菌数量增加	陈国营等（2012）

表 2-18　去皮豆粕、发酵豆粕、膨化豆粕在肉禽生产中的应用报道

大豆制品	畜生长阶段	添加量	饲喂时间	饲喂效果	资料来源
去皮豆粕	1 日龄肉仔鸡	前期 34.85%，后期 30.25%	42d	显著提高日粮中粗蛋白质利用率，但对日增重和料重比无显著影响	易中华等（2006）
去皮豆粕	1 日龄肉仔鸡	25.75%	45d	死淘率和耗料分别降低 1.94% 和 0.96%，育成体重提高 2.79%，但料重比增加了 5.60%	王健等（2010）
膨化豆粕	31 日龄肉鸡	前期（31～42d），28%，后期（42～49d），23%	18d	提高了肉仔鸡对蛋白质的消化吸收率，显著改善日增重	邱树武等（2000）
发酵豆粕	1 日龄肉仔鸡	3%、6%或9%	28d	在 9% 水平下，体增重、成活率、血清碱性磷酸酶活性、乳酸菌数量均显著提高，料重比、血清尿酸含量、大肠杆菌数显著下降，且肥大细胞数最低，sIgA 阳性细胞数最高	许丽惠等（2013）
发酵豆粕	1 日龄肉仔鸡	3%、6%或9%	10 周	体增重提高，料重比降低，且 6%组料重比最低；6%和9%组均提高了成活率；3%组腿肌率最高	祁瑞雪等（2012）

（续）

大豆制品	畜生长阶段	添加量	饲喂时间	饲喂效果	资料来源
发酵豆粕	1日龄樱桃谷鸭	2%	42d	腿肌 pH 显著降低，1～21d 料重比有降低的趋势，其他指标差异不显著	杨卫兵等（2012）
发酵豆粕	1日龄樱桃谷鸭	3%、6%或9%	42d	9%组显著提高采食量，3个水平均能提高体重，3%和6%组提高了胸肌率，9%组提高了腿肌率	黄艺伟等（2012）

（3）膨化大豆的应用　膨化全脂大豆由于具有高能量、高蛋白的特点，自20世纪60年代被国外用于肉鸡饲料中，70年代达到高峰。我国家禽生产，尤其是肉鸡生产中膨化大豆的研究始于20世纪90年代，21世纪初开始在生产中应用，但使用的广泛程度不如断奶仔猪和犊牛。表2-19列出了膨化全脂大豆在家禽生产中饲喂效果的研究报道。

表2-19　膨化大豆在家禽生产中的饲喂效果报道

畜种及生长阶段	添加量	饲喂时间	饲喂效果	资料来源
蛋鸡	5%	预试期7d，正式试期6d	膨化大豆对日粮干物质和粗纤维的消化率没有显著影响，但提高了有机物的消化率	骈永亮（2011）
蛋种鸡，产蛋期	17%	—	海兰褐鸡饲用膨化大豆后，产蛋率明显回升，采食量也明显增加，死淘率下降；但在罗曼褐壳蛋种鸡中对死淘率和产蛋率无影响，且采食量还有所下降	吴耀忠等（1996）
肉仔鸡	16%	49d	显著提高了日粮粗脂肪的表观消化率；对日增重、饲料转化效率和氮表观消化率有所提高，但差异不显著	谯仕彦等（1998）
肉仔鸡	前期22.5%，中期25%，后期21%	49d	整体而言，相对于生大豆组、油脂组和鱼粉组，提高了肉仔鸡体重，降低了料重比；谷草转氨酶和谷丙转氨酶活性比生大豆组低	刘永生等（2000）

3. 在反刍动物生产中的应用

（1）豆饼粕的应用　由于成年反刍动物瘤胃微生物能降解大豆抗营养因子，所以目前仅存的一些小榨油厂生产的少量豆饼主要用于成年反刍动物饲料中，但几乎没有文献报道。另外，由于反刍动物能利用非蛋白氮，对棉籽饼粕、菜籽饼粕的利用率也比较高，所以豆饼粕在反刍动物饲料中的用量较少。近年来，一些研究表明，发酵豆粕、膨化豆粕在幼年反刍动物和哺乳期奶牛饲料中取得很好的应用效果（表2-20）。

表2-20　豆粕等在反刍动物生产中的应用

大豆制品	畜种及生长阶段	添加量	饲喂时间	饲喂效果	资料来源
发酵豆粕	荷斯坦犊牛，0～2月龄	—	60d	提高犊牛日增重，改善饲料转化效率	王福慧等（2013）
发酵豆粕	黄淮白山羊公羔，初重11.77kg	2.5%、5.0%或7.5%	30d	7.5%水平胴体骨重和骨肉比显著提高，但对生长性能和肉品质均无显著影响	方飞等（2012）

（续）

大豆制品	畜种及生长阶段	添加量	饲喂时间	饲喂效果	资料来源
膨化豆粕	哺乳期荷斯坦奶牛	7%	21d/期，共4期	减轻因日粮脂肪增加引起的乳蛋白降低而产生的不良影响，增加过瘤胃蛋白，继而减少瘤胃氨浓度和血浆尿素氮含量，但对产奶量无显著影响	Chen等（2002）
普通豆粕	东北细毛羊，初重35kg	—	8d预试期	豆粕粉碎粒度越小，其干物质和粗蛋白质在绵羊瘤胃中的降解速度越快；细粉和中粉豆粕组日粮粗蛋白质消化率高于粗粉豆粕组	生广旭等（2009）

（2）膨化大豆的应用　近年来的研究表明，犊牛等幼龄反刍动物日粮中使用膨化大豆可促进其生长发育。泌乳高峰期奶牛日粮中使用膨化大豆可提高产奶量和乳品质。此外，膨化大豆中脂肪酸，尤其是不饱和脂肪酸含量丰富，可用于提高牛肉或羊肉中多不饱和脂肪酸的含量，改善肉品质。表2-21列出了近年来膨化大豆在反刍动物生产中的应用研究资料。

表2-21　膨化大豆在反刍动物生产中的应用

畜种及生长阶段	添加量	饲喂时间	饲喂效果	资料来源
荷斯坦奶牛，泌乳高峰期	0.5kg/（头·d）、1.5kg/（头·d）或2.5kg/（头·d）	63d	3个添加水平均显著提高产奶量和标准乳产量；并提高血清尿素氮；1.5kg/（头·d）和2.5kg/（头·d）水平时，提高乳蛋白率和血液胆固醇含量；0.5kg/（头·d）和1.5kg/（头·d）水平时，提高乳脂率	刘文杰等（2012）；王明海等（2012）
荷斯坦奶牛，泌乳高峰期	1kg/（头·d）、1.7kg/（头·d）或2.5kg/（头·d）	21d/期，共4期	长链不饱和脂肪酸含量显著增加，中短链饱和脂肪酸相对含量下降；1.7kg水平下效果最佳，牛乳中共轭亚油酸含量显著增加	马俊云（2007）
娟姗奶牛，泌乳高峰期	1kg/（头·d）	60d	改善奶牛日粮（精料）的适口性；显著提高产奶量，以及牛乳中乳蛋白和乳脂含量	赖景涛等（2013）
荷斯坦公犊，初重41.20kg	与蒸汽压片玉米混合	120d	混合使用可以替代代乳粉饲喂断奶后公犊，并能增大眼肌面积	刘萍等（2013）
延边黄牛，育肥后期	5%	90d	提高日增重、采食量，以及粗蛋白质和粗脂肪消化率；牛肉中粗脂肪含量增加，改善牛肉品质	宫强等（2013）
昭乌达肉羊，初重30kg	5%		提高羊胴体重和屠宰率；提高了后腿肌和背最长肌中亚油酸、γ-亚麻酸、α-亚麻酸和PUFA	李建云等（2014）

4. 在水产养殖中的应用

（1）豆粕的应用　由于鱼粉价格昂贵、资源少，近年来，开展了大量关于去皮豆粕、发酵豆粕和膨化豆粕在水产养殖中的应用研究，结果表明，不同品种的水产动物对这些大豆加工产品的适应性不同，一些品种可利用适量去皮豆粕、发酵豆粕和膨化豆粕，用量过大会降低肠道消化酶的产生，破坏肠道组织形态和结构，从而降低生长性能，发酵豆粕的使用效果要好于去皮豆粕（表2-22）。

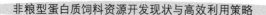

表 2-22　大豆加工产品在水产生产中的应用

大豆制品	鱼类及生长阶段	添加量	饲喂时间	饲喂效果	资料来源
去皮豆粕	埃及胡子鲇	13.06%、26.12%、39.18%或52.2%	8周	当添加量超过 26.12%或 39.18%时，降低胃、肠道和胰脏蛋白酶活力，以及后肠道淀粉酶活力，还引起肠道组织结构完整性被破坏	吴莉芳等（2010a）
去皮豆粕	草鱼	9.8%、19.6%、29.4%或39.2%	8周	肝胰脏和肠道蛋白酶活力随添加量递增而逐渐降低，29.2%时达到显著水平；29.4%和39.2%水平均能够降低中肠淀粉酶活力	吴莉芳等（2010b）
去皮豆粕	幼建鲤，初重10.29g	17.45%、34.7%、51.78%或68.58%	9周	随添加量增加，特定生长率下降，料重比升高，51.78%时达到显著差异，且肠道皱襞顶端上皮细胞脱落	张锦秀等（2007）
发酵豆粕	楔形鼓鱼苗，初重29.8g	11.3%、22.5%、33.8%、45%或56.3%	8周	56.3%组显著增加鱼苗的采食量，体重随添加量线性下降；除11.3%组，其余添加水平均降低了试验末重和提高了料重比；45%和56.3%组增加了鱼体中水分和脂肪含量	Wang 等（2006）
发酵豆粕	鲤，初重49.44g	19.50%或39%	75d	对特定生长率和料重比无显著影响，但19.50%添加量显著提高了鲤的蛋白质效率	李云兰等（2015）
膨化豆粕	虹鳟，初重4g	13.6%、27.2%、40.8%或54.4%	90d	13.6%～40.8%添加量对生长性能、脏体比、全鱼主要养分、谷草转氨酶活力等各指标无显著影响，54.4%时可降低生长性能	陆阳等（2010）
膨化豆粕	军曹鱼，初重32.3g	7.14%、14.28%、21.43%、28.57%、35.71%或42.86%	8周	添加水平超过28.57%后，鱼的增重、饲料转化效率、蛋白效率和蛋白净能值显著下降，二次回归分析得出最佳添加量为12.07%	Chou 等（2004）

（2）膨化大豆的应用　由于鱼类对全脂大豆能量的转化要胜于对碳水化合物的热能转化，因此膨化大豆对寒带水域的鱼类是非常有益的。一般水产饲料中膨化大豆的使用量为25%左右。研究表明，膨化大豆饲喂水产动物，如虹鳟，其粗蛋白质和所有氨基酸几乎能完全被消化吸收，消化率高于95%。王常安等（2009）研究了膨化全脂大豆不同梯度替代日粮中豆粕对杂交鲟生长和免疫功能的影响，结果发现，替换豆粕后并不影响杂交鲟的生长性能，但当添加比例为20%时，显著提高了鱼血浆中超氧化物歧化酶和溶菌酶活力，添加量达到20%和30%均能显著增加鱼血浆中总蛋白和球蛋白水平。这些研究促进了膨化全脂大豆在水产养殖中的应用。

5. 在其他动物生产中的应用　在其他动物，如狐、貉、貂等毛皮动物和宠物饲料中也有应用。以膨化大豆为例，膨化大豆作为高能、高蛋白原料，可配制出较高代谢能水平的饲料，有利于毛皮动物高代谢能及高蛋白需求。而且，膨化大豆中的必需脂肪酸，尤其是亚油酸含量很高，可促进毛皮动物脂肪的存积和增重，改善毛皮质量。有研究报道了膨化大豆替代鱼粉（替代比例为 25%、50%、75% 和 100%）对育成期乌苏里貉体质量和毛皮质量的影响，结果发现，膨化大豆不同比例替代鱼粉后并不会影响毛的长度、细度和毛皮质量、毛坯长度等，且 25% 组平均日增重最高，显著高于对照组（叶子纯等，2009；白玉妍等，2010）。这表明膨化大豆可部分替代鱼粉而不影响乌苏里貉的生长和毛皮质量，但全部替代会限制其生长和发育。

（五）大豆及其加工产品的加工方法与工艺

我国的大豆加工有着悠久历史，直到改革开放初期，压榨仍是主要的大豆加工工艺，加工的主要目的是获取大豆油。改革开放后，随着我国养殖业的迅猛发展，大豆制油副产品的质量受到极大重视，以钝化消除大豆抗营养因子为目标的新的加工工艺不断涌现，出现了大豆粕、去皮大豆粕、大豆皮、膨化大豆、发酵豆粕、酶解豆粕等主要用于养殖业的大豆加工新产品。同时，浓缩大豆蛋白、分离大豆蛋白也用于仔猪、犊牛和某些水产饲料中。图 2-3 描述了主要用于养殖业的大豆加工产品的生产工艺。

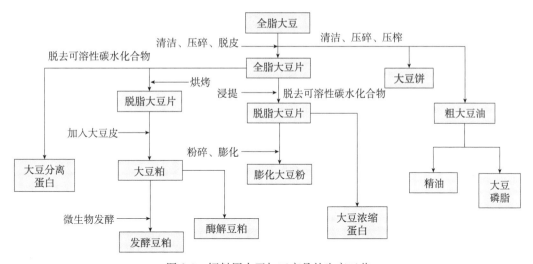

图 2-3　饲料用大豆加工产品的生产工艺

下面详细介绍现代大豆制油工艺中大豆粕、发酵豆粕和膨化豆粕的工艺流程。

（1）去皮豆粕和普通豆粕（或带皮豆粕）的加工工艺　我国于 20 世纪 80 年代中期实现由压榨法向有机溶剂浸出法的转变，90 年代后期开始引入去皮浸出生产工艺。中国去皮豆粕一般脱皮率在 80% 左右，个别的仅为 60%～70%。脱皮工艺的引进，推进了去皮豆粕的发展。用脱皮工艺生产的产品为去皮或部分去皮豆粕。例如，用户要求粗蛋白质含量 44% 的豆粕，制油厂需要将豆皮加热粉碎后，按比例重新加入去皮豆粕中，并混合均匀（汪学德等，2003）。因此，对于现代化的去皮浸出工艺来说，带皮的普通豆粕并不普通，而是经过再加工的产品。我国现代化去皮豆粕和带皮豆粕的生产工艺见图 2-4（汪学德等，2003），根据此工艺可提供不同粗蛋白质含量的豆粕。

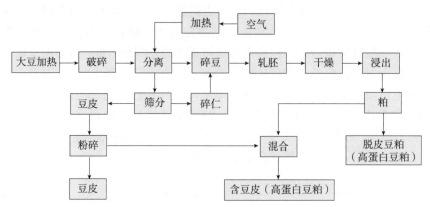

图 2-4　现代工艺中去皮豆粕和带皮豆粕的加工工艺
(资料来源：汪学德等，2003)

（2）膨化豆粕的加工工艺　膨化豆粕的生产工艺流程见图 2-5。有研究报道，膨化豆粕的最佳技术参数为：生胚进膨化机的水分 10%～11%，温度 60～65℃；膨化机出料温度为 110℃左右，水分 12%～13%，膨化机的饱和蒸汽压力为 0.65～0.75MPa（刘玉兰，2006）。由此可见，在工业化生产中，为提高出油率和进一步钝化加工产品的抗营养因子含量，在溶剂浸提工艺前增加了一道膨化工艺，为加大产量，这里所谓的膨化实质上是膨胀。所以，把工业化生产的膨化豆粕称为膨胀豆粕更加确切。

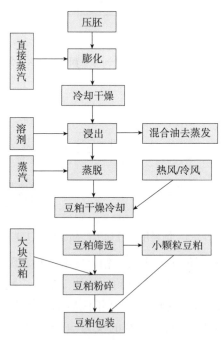

图 2-5　膨化豆粕生产工艺流程

（3）发酵豆粕的加工工艺　发酵豆粕，顾名思义，就是通过微生物发酵处理后的豆粕，即利用现代生物工程技术与中国传统的固体发酵技术相结合，以豆粕为主要原料，接种有益微生物，通过微生物的发酵最大限度地消除豆粕中的抗营养因子，将大分子的大豆蛋白降解为小分子的蛋白质或肽，破坏蛋白酶类抑制因子和抗原蛋白的抗原活性，并可产生益生菌、寡肽、谷氨酸、乳酸、维生素、未知生长因子等活性物质。发酵豆粕的一般加工工艺见图2-6。

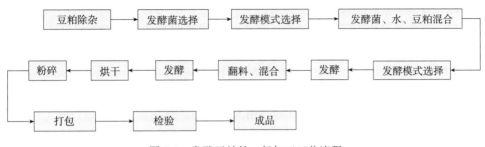

图2-6 发酵豆粕的一般加工工艺流程

（六）大豆及其加工产品作为饲料资源开发利用的政策建议

1. 精准使用大豆及其加工产品 近年来，在大豆及其加工产品作为饲料资源开发利用的工作中，除了不断开发新的大豆加工产品，如开发大豆皮、大豆磷脂和豆渣等，另一重要工作是不断加强大豆及其加工产品基础数据的积累，建立大豆及其加工产品作为饲料原料利用的数据库。最近几年，中国农业大学通过大量的消化代谢试验和饲养试验验证，建立了用粗蛋白质、粗纤维、中性洗涤纤维（NDF）、酸性洗涤纤维（ADF）、氨基酸等常规养分估测消化能（DE）、代谢能（ME）、净能（NE）和氨基酸标准回肠消化率（SID）的数学方程（表2-23），以及用近红外光谱技术（NIRS）预测大豆及其加工产品的氨基酸含量、有效能值和氨基酸标准回肠消化率，为大豆及其加工产品的精准利用提供了基础数据。

表2-23 大豆及其加工产品有效能值预测方程

来源及样品数	预测方程	资料来源
7种去皮豆粕和 7种带皮豆粕	DE (MJ/kg, DM) $=11.46+0.13$ CP$+0.33$ CF-0.43 Ash ($R^2=0.92$) ME (MJ/kg, DM) $=6.18+17$ CP$+0.26$ CF-0.19 Ash ($R^2=0.94$)	Kang 等，2004
来自不同省份的 10种豆粕	DE (MJ/kg, DM) $=43.01-0.19$ NDF-3.38 Ash ($R^2=0.85$) ME (MJ/kg, DM) $=61.12-3.03$ Ash-0.17 NDF-1.12 GE ($R^2=0.85$)	尼键君，2012
5种不同营养水平的豆粕	DE (MJ/kg, DM) $=15.35+0.58$ EE$+0.34$ SUc-0.15 CF ($R^2=0.98$) ME (MJ/kg, DM) $=13.36+0.50$ SUc$+0.75$ EE-0.14 CF ($R^2=0.98$) NE (MJ/kg, DM) $=12.19-0.05$ NFE-0.14 CF ($R^2=0.95$)	张桂凤，2014
来自不同国家的 22种豆粕	DE (MJ/kg, DM) $=38.44-0.43$ CP-0.98 GE$+0.11$ ADF ($R^2=0.67$) ME$=2.74+0.97$ DE-0.06 CP ($R^2=0.79$)	Li 等，2015

注：ADF=酸性洗涤纤维；Ash=粗灰分；CF=粗纤维；CP=粗蛋白质；DE=消化能；EE=粗脂肪；GE=总能；ME=代谢能；NDF=中性洗涤纤维；NE=净能；NFE=无氮浸出物；SUc=蔗糖。

2. 深入研究大豆深加工工艺，开发更多功能性大豆加工产品　目前，大豆作为饲料资源的主要开发利用方式是通过浸提、膨化或发酵等加工技术制备豆粕、膨化大豆、发酵豆粕等蛋白质饲料。膨化大豆和发酵豆粕作为幼龄动物的功能性蛋白质原料，在猪、家禽、反刍动物和水产养殖中都得到了一定程度的利用，但仍需对其工艺进行改进，并深入评价加工工艺与产品使用效果之间的关系，提高产品品质。此外，由于大豆中还富含低聚糖、异黄酮、维生素和植物甾醇等活性物质，除了不断改进大豆及加工产品的物理化学处理、发酵、酶解等工艺，最大程度钝化或消除大豆抗营养因子的抗营养作用外，还可通过提取与加工技术开发利用大豆中的活性物质，或者通过酶工程，将大豆蛋白降解为大豆肽来利用。陈丽娟等（2010）以产共轭亚油酸植物乳杆菌发酵豆粕后，发酵豆粕中共轭亚油酸产量为 65.093μg/g，且 7S 抗原蛋白得到一定程度的降解，脲酶活性由 0.368U/g 降低至 0.145U/g，粗蛋白质含量由 44.15% 增加到 51.36%。同样，优化豆粕发酵条件（初始含水量 40%，含糖量 0.5%，外源蛋白酶 0.3%，发酵温度 40℃，发酵时间 5h），营养价值得到改善，抗营养因子含量降低，小分子蛋白质含量提高，饲喂断奶仔猪可提高生长性能和干物质全肠道表观消化率，缓解仔猪腹泻（王园，2014）。然而，这些手段并不能完全降解大豆抗营养因子的抗营养作用，相关的加工工艺还有待进一步研究和优化。

以脱脂大豆胚芽等为原料，提取、分离纯化得到大豆异黄酮和大豆皂苷等产品，具有清除自由基和抑制猪油氧化等抗氧化功能（汪海波，2008），从体内饲喂效果来看，大豆异黄酮和大豆皂苷能影响牙鲆肠道胰蛋白酶、糜蛋白酶或消化酶的活性（米海峰等，2011）。此外，朱建平等（2002）报道，在樱桃谷肉种鸭日粮中补充 6mg/kg 的大豆异黄酮，产蛋率提高 7.69%，料重比降低 6.15%，并能促进卵泡发育。大豆皂苷作为一种有效的抗氧化剂，饲喂异育银鲫能明显提高血清超氧化物歧化酶的活性，对异育银鲫的非特异性免疫防御力有促进作用（张伟等，2010）。因此，提取利用大豆及其副产物中的活性物质不失为一种有效改善大豆及其加工产品作为饲料资源开发利用的手段。然而，大豆异黄酮等大豆活性物质提取物并未达到理想的饲喂效果，例如，在抗氧化效果上，与人工合成抗氧化剂 BHA 相比仍有一定的差距（汪海波，2008）。

3. 制定大豆及其加工产品作为饲料原料的产品标准　饲料用大豆及其加工产品中，目前只有《饲料用大豆粕》（GB/T 19541—2017）国家标准（表 2-24）和《饲料原料发酵豆粕》（NY/T 2218—2012）农业行业标准（表 2-25）。近 10 年来，豆粕的加工目的和工艺发生了很大变化，因此，与 2004 版豆粕国家标准相比，2017 年发布的豆粕国家标准取消了带皮大豆粕和去皮大豆粕的概念，增加了赖氨酸和净含量指标，且修订了在部分指标的检验方法。同样，2012 年制定的发酵豆粕的技术标准中许多指标已不符合目前生产的需求，该标准目前正在修订之中。

表 2-24　豆粕产品标准技术指标及质量分数

项目	等级		去皮大豆粕	
	特级品	一级品	二级品	三级品
粗蛋白质（%）	≥48.0	≥46.0	≥43.0	≥41.0
粗纤维（%）	≤5.0	≤7.0	≤7.0	≤7.0

（续）

项目	等级		去皮大豆粕	
	特级品	一级品	二级品	三级品
赖氨酸（%）	≥2.50		≥2.30	
水分（%）	≤12.5			
粗灰分（%）	≤7.0			
尿素酶活性（U/g）	≤0.30			
氢氧化钾蛋白质溶解度（%）	≥73.0			

资料来源：《饲料原料 豆粕》（GB/T 19541—2017）。

表 2-25　饲料原料发酵豆粕的技术指标

项目	指标
水分（%）	≤12.0
粗蛋白质（%）	≥45.0
粗纤维（%）	≤5.0
粗灰分（%）	≤7.0
尿素酶活性（U/g）	≤0.1
酸溶蛋白（占粗蛋白质含量，%）	≥8.0
赖氨酸（%）	≥2.5
水苏糖（%）	≤1.0
黄曲霉毒素 B_1（μg/kg）	≤10.0
大肠杆菌（MPN/g）	≤0.3

而膨化大豆、大豆皮、大豆浓缩蛋白、大豆磷脂等大豆加工产品还没有相应的国家标准或行业标准。实际生产中，常根据产品色泽、形状和气味等感官指标及脲酶活性、粗蛋白质含量、脂肪和水分等理化指标来衡量这些大豆加工产品的质量，缺乏规范性，而且工艺和概念不清晰的问题屡见不鲜。因此，急需制定相应标准，从工艺、概念、质量要求等方面规范相关产品。

4. 科学推荐大豆及其加工产品在各种动物饲料中的适宜用量　大豆及其加工产品作为饲料中最重要的蛋白质来源，寻找适宜的用量非常关键。用量不足会导致日粮蛋白质含量不足，无法满足动物机体对蛋白质需求；使用过量，因抗营养因子含量较高引起动物机体过敏反应或消化道系统损伤，同时也会导致营养过剩，造成大豆及其加工产品饲料资源的浪费，加剧我国蛋白质资源短缺的问题。

近年来，关于豆粕、膨化大豆、发酵豆粕等加工产品在动物日粮中用量的研究较多。比如，陆阳等（2010）在研究虹鳟日粮中膨化豆粕对鱼粉的替代比例时发现，膨化豆粕替代日粮中 20%～60% 的鱼粉并不会影响虹鳟的生长及饲料利用指标，且通过二次多项式回归分析，膨化豆粕替代 26.90% 的鱼粉时最佳，对应的膨化豆粕用量为 18.29%。在膨化大豆方面，用量为 5%～10% 时对仔猪日增重和料重比有所改善，尤其是对腹泻改善效果更佳（孙平清等，2006）。

不同种属和不同生长阶段畜禽对大豆抗营养因子的敏感性不同。中国农业大学、吉林农业大学在其研究工作的基础上，总结了大量研究资料，提出了不同种属和不同生长阶段畜禽对大豆抗营养因子的抗营养阈值（表2-26），为饲料配方中大豆及其加工产品的科学使用和适宜用量提供了依据。

表2-26　大豆抗营养因子对不同种属和不同生长阶段畜禽的抗营养阈值

动物	胰蛋白酶抑制因子（mg/g）	大豆凝集素（mg/g）	大豆球蛋白（mg/g）	β-伴大豆球蛋白（mg/g）	棉籽糖（%）	水苏糖（%）
肉仔鸡	3.7	1.8	—	—	<0.5	<0.5
蛋雏鸡	3.5	2.0	—	—	<0.5	<0.5
生长蛋鸡	4.6	2.5	—	—	<0.5	<0.5
仔猪	9.8	3.3	8.5	4.8	<0.5	<0.5
生长猪	20	10	—	—	—	—
犊牛	—	—	9.8	5.3	—	—

5. 战略性建议　根据目前大豆及其加工产品在畜禽、水产饲料中的使用情况和重要性，建议：①鼓励大豆种植，增加国产大豆产量；②加强大豆中抗营养因子快速检测技术的研究及相关检测标准的制定；③深入研究大豆抗营养因子的钝化消除技术，改进加工工艺，如进一步优化膨化加工工艺参数，开发对大豆抗营养因子降解效果更优的酶和微生物菌种，改进发酵和后处理工艺；④加强低抗营养因子或无抗营养因子大豆品种的培育；⑤加强大豆及其加工产品作为饲料原料的产品标准的研究；⑥加强大豆低聚糖、乳清蛋白、大豆皂苷、大豆异黄酮、大豆纤维、大豆磷脂和大豆植物甾醇等的应用基础研究，充分利用大豆及其加工产品中的活性物质。

二、豆渣

（一）豆渣概述

1. 我国豆渣产品资源现状　我国是世界大豆第一大消费国和第二大生产国，大豆压榨加工量逐年增大。豆渣是各类大豆制品如豆腐、腐乳、豆腐干、豆乳等生产加工过程中所产生的副产物，即大豆经浸泡、碾磨，加工成豆制品或提取蛋白后的副产品，占黄豆干重的15%～20%。目前，我国是世界上豆渣产出量最大的国家之一。据不完全统计，我国每年湿豆渣产出量超过2 000万t，巨大的年产量给其处理带来了严峻的问题。湿豆渣含水率为78%～85%，由于其水分含量大，运输困难，极易腐败变质。因此，湿豆渣应及时加工，必须在生产过程中直接加工成食品或干燥后方能保存运输。然而，由于干燥费用高，严重阻碍了豆渣的综合利用。

2. 豆渣作为饲料原料利用存在的问题　豆渣作为豆制品生产下脚料，本身含水量比较高，易变质，不易保存；而且存在口感粗糙、外观品质较差、不易在市场上销售及可溶性与不溶性膳食纤维组成不合理等问题。然而，脱水干燥后的豆渣仍有较高的利用价值，含粗蛋白质25%～34%，粗纤维14%～20%；但因含有抗营养因子，其在动物饲料中的应用受到限制。目前，发展中国家对豆渣的利用率不容乐观，我国国内各厂家、作坊等生产制作豆制品时产生的大量豆渣，多数作为饲料直接喂养动物，其营养和能量利用率不到 20%；有的甚至作为废物丢弃，如印度每年被焚烧的豆渣多达几百万吨，中国香港每年作为废弃物堆放的豆渣数量多达几十万吨。由此可见，当前豆渣利用率较低，造成了极大的资源浪费，如何更好地利用豆渣成为亟待解决的一个难题。

3. 开发利用豆渣作为饲料原料的意义　目前，全球面临着蛋白质资源匮乏的现实，饲料蛋白原料不足已成为严重制约我国饲料工业发展的重要因素。寻求开发新型蛋白质资源已成为当今研究的热点。豆腐营养丰富且口感颇佳深受人们喜爱，其高销量使得其副产品——豆渣的产量也很大。豆渣中含有丰富的蛋白质，豆渣中必需氨基酸（EAA）与非必需氨基酸（NEAA）比值为 0.58，EAA 与总氨基酸（TAA）比值为 0.37，均与联合国粮食及农业组织（FAO）提出的最佳蛋白模式参考值接近，具有较高的营养价值。同时，豆渣中支链氨基酸含量较高，而芳香氨基酸含量较低，可与动物蛋白的氨基酸形成互补；豆渣中鲜味氨基酸含量较高，特别是谷氨酸。然而，由于豆渣能量较低，口感粗糙，利用率不足 20%，造成了极大的资源浪费。开发利用豆渣这一现有蛋白质资源作为饲料原料，实现资源再利用，既可解决当今蛋白饲料资源少和成本高的难题，又能使豆渣得到充分利用。

（二）豆渣的营养价值

1. 常规营养成分　豆渣营养丰富，富含蛋白质、脂肪、碳水化合物、多种矿物质和维生素（表 2-27）。豆渣干物质中脂肪含量为 6.0%～12.4%，且主要由不饱和脂肪酸组成；蛋白质含量为 16.2%～19.3%，经微生物发酵后，豆渣中的大分子蛋白质可以降解为小肽和游离氨基酸，更有利于机体的消化和吸收。

表 2-27　豆渣中常规营养成分（%，干样）

蛋白质	脂类	灰分	无氮浸出物	纤维素	资料来源
18.69	7.70	3.37	36.00	—	张恒，1994
25.40～28.40	9.30～10.90	3.00～3.70	3.80～5.30	52.80～58.10	Van der Riet，1989
16.20～18.40	6.00～6.10	3.10～3.30	43.50～44.00	19.00～21.50	董英，2001
19.32	12.40	3.54	—	51.80	高金燕，2003
20.80	0.30	3.80	56.30	22.50	莫重文，2007
15.20	8.30	3.90	4.10	42.40	Li 等，2008
28.52	9.84	3.61	2.56	55.48	Redondo-Cuenca，2008
20.60	2.73	3.40	37.03	4.83	吴迎春，2011
30.20	8.50	3.00	3.80	55.40	Villanueva 等，2011
18.20	6.80	3.10	—	19.70	祝义伟，2017
19.12	11.90	—	—	53.26	喻远东，2018

豆渣膳食纤维的含量较高，豆渣中膳食纤维主要包括半纤维素、纤维素、木质素和

果胶等，其中绝大部分是水不溶性的。不可溶性膳食纤维可以增加粪便的体积，减少其经过胃肠道的时间，还对肠应激综合征的腹泻和便秘有积极的治疗作用。

2. 氨基酸组成　由表 2-28 可知，豆渣 EAA 组成与大豆蛋白类似。总体而言，豆渣氨基酸绝对含量不高，但氨基酸占蛋白质的相对比例较高。豆渣氨基酸组成结构与 FAO 推荐值（EAA/NEAA＝0.6；EAA/TAA＝0.4）相近，豆渣 EAA 与 NEAA 比值为 0.58，EAA 与 TAA 比值为 0.37。同时，支链氨基酸如亮氨酸、异亮氨酸、缬氨酸等含量较高，而芳香氨基酸如苯丙氨酸、酪氨酸、色氨酸等含量较低，可与动物蛋白氨基酸形成互补；豆渣赖氨酸含量高于其他谷物氨基酸，可适量替代部分传统谷物饲料蛋白。

表 2-28　豆渣和大豆蛋白中必需氨基酸含量（%，蛋白质）

项目	大豆[①]	豆渣 1[①]	豆渣 2[②]	豆渣 3[③]
赖氨酸	6.05	4.60	5.86	5.14
苏氨酸	4.30	5.20	3.94	5.01
缬氨酸	4.75	5.40	4.72	5.31
亮氨酸	9.58	8.60	9.25	8.32
异亮氨酸	4.20	4.20	4.68	4.16
蛋氨酸	1.08	1.20	1.24	1.32
色氨酸	1.22	1.19	1.48	1.30
苯丙氨酸	4.75	5.70	5.97	5.72

资料来源：①何晓哲等（2013）；②张振山等（2004）；③喻远东等（2018）。

3. 维生素和矿物质　由表 2-29 可知，豆渣中矿物质元素含量较高，与《中国食物成分表》中奶片的各种矿物质元素相比，豆渣中部分矿物质含量低于奶片，但钾、钙、铜含量高于奶片，且豆渣中钙易被吸收和利用。因此，豆渣是一种廉价、易得的钙源和钾源。此外，豆渣中还含有丰富的维生素 E 及核黄素等维生素。

表 2-29　每 100g 干豆渣中矿物质和维生素成分含量（mg）

成分	奶片	Van der Riet (1989)	邓红 (2009)	Mateso (2010)	Wang (2010)	汤小明 (2015)	祝义伟 (2017)
锌	3.00	3.5～6.4	2.26	0.3	2.6	4.90	2.35
锰	—	2.3～3.1	1.51	0.2	1.9	2.31	—
铁	—	6.2～8.2	0.7	0.6	11	9.40	—
铜	0.06	1.1～1.2	1.15	0.1	0.7	0.74	0.30
钙	269	260～428	210	320	419	214	367
镁	—	158～165	39	130	257	302	
钾	356	1 046～1 233	200	1 350	936	1 925	1 260
钠	179.7	16.2～19.1	—	30	96	18	37.73
磷	427	396～444	380			655	247
维生素 B_1	0.05	0.48～0.59	0.27				0.35
维生素 B_2	0.20	0.02～0.03	0.98				0.11

（三）豆渣中的抗营养因子

豆渣中主要含胰蛋白酶抑制因子、大豆皂苷、植酸、单宁等抗营养因子，但其抗营养因子含量因大豆加工方式的不同而有所差异（表2-30）。

表2-30 不同处理大豆加工所得100g豆渣中抗营养因子含量（mg）

处理	单宁	植酸	大豆皂苷	总多酚	胰蛋白酶掏因子
未处理	47.97±1.34	306.06±3.32	635.82±4.51	138.91±8.42	112.87±6.23
浸泡					
室温25℃，4h	39.04±0.15	177.31±13.21	593.42±11.29	122.04±7.30	109.34±4.82
室温25℃，8h	29.38±0.42	164.72±12.53	569.39±6.78	105.21±3.26	92.39±2.45
室温25℃，12h	29.41±0.52	151.71±10.98	535.28±8.75	95.23±5.23	86.02±1.43
冷藏4℃，12h	29.48±0.39	167.90±4.79	531.95±11.96	129.13±10.87	81.97±18.46
炒制处理	34.69±0.14	198.10±11.58	602.07±11.80	128.76±10.88	81.56±1.27
发芽处理	23.76±0.84	119.37±37.97	490.29±32.38	79.43±4.22	12.88±3.81
家庭制作豆浆	5.08±1.12	56.96±3.23	206.35±3.40	20.12±0.23	0.15±0.33

资料来源：史海燕等（2003）；晋展等（2009）。

（四）豆渣在动物生产中的应用

由于豆渣中含有多种抗营养因子，且其能值较低、口感粗糙，因此豆渣在动物生产中的应用研究报道较少，大部分研究均采用发酵豆渣作为养殖动物的饲料原料加以使用。

1. 在养猪生产中的应用 生豆渣易腐败，不易保存，直接给生猪食用会导致猪出现腹泻等症状。此外，豆渣中抗营养成分也对猪的生长健康不利。因此，经过发酵后的豆渣优势更为突出。

（1）分解抗营养因子 生豆渣中包含多种抗营养因子，其与胃中蛋白酶结合，影响了生猪对营养成分的吸收，出现腹泻症状，使生猪营养不良，体质差。发酵处理后的豆渣，可部分分解豆渣中抗营养因子，并释放有益因子，提高了生猪疾病抵抗力和饲料转化率。

（2）良好的适口性 豆渣含有大量粗纤维，易导致生猪厌食；经过发酵，粗纤维含量降低30%，可提高生猪食欲，促进生猪的消化吸收。

（3）便于储存 发酵豆渣更易于保存。在常温状态下，豆渣的保存时间约为3d，微生物技术处理后为1个月；如果进行密封处理，烘干后存放，通常储存时间为6~12个月，能够实现对优质饲料的长期保存。

（4）节省饲料成本 发酵豆渣可节省饲料成本，尽管饲喂前需经过处理，但发酵后的豆渣能够替代部分饲料，创造了更大的经济效益。

Hermann等（2004）报道，饲料中添加20%豆渣对生长猪日增重、日采食量和料重比均无明显负面影响，豆渣可作为生长猪饲料的蛋白原料。王美凤等（2010）比较研究了饲料中添加30％发酵豆渣和30％新鲜豆渣对生长猪生长性能和饲料利用率的影响，结果表明：发酵豆渣组较新鲜豆渣组日增重提高12.78％，饲料利用率提高10.36％，平均毛利率增加12.78％。文优云等（2004）研究发现，饲喂发酵豆渣生猪皮毛红亮有光泽、爱睡，而饲喂新鲜豆渣生猪皮毛略显红亮、毛长、易惊醒；且发酵豆渣组出栏平均重比新鲜豆渣组多6.2kg，提高6.2％。隋开斌（2007）等采用发酵豆渣饲喂育肥猪，育肥猪生长快、成活率高、发病率低，且粪便臭味显著降低，不仅解决了熟豆渣饲喂带来的麻烦，而且能大幅提高粗饲料的适口性和转化率，节约饲料成本20％以上。此外，发酵豆渣含有各种抗氧化类物质，如黄豆苷、染料木黄酮、异黄酮等，提高动物抗病性和生产水平。哺乳母猪日粮中添加30％发酵豆渣（干物质）提高了仔猪成活率，且仔猪黄痢、仔猪白痢现象减少。

2. 在反刍动物生产中的应用 王建军等（2007）比较研究了鲜酒糟＋鲜豆渣（鲜酒糟和鲜豆渣比例随时间调整）、青草＋精料两种方式喂养洼地绵羊的效果。结果表明，鲜酒糟＋鲜豆渣组（10.72kg）总增重比青草＋精料组（4.15kg）提高了158％，Li等（2011）报道，豆渣替代奶牛和黄牛饲料中50％豆粕，对其产奶量、乳脂率和采食量均无明显影响，且饲料成本明显下降。Callegaro等（2015）比较研究了日粮中添加不同水平豆渣（0、3％、6％、9％、12％）对肉牛摄食率和生长性能的影响，结果表明：豆渣添加水平对肉牛蛋白质和干物质采食量及生长性能均无明显影响；随着豆渣添加水平的提高，粗脂肪摄入量呈逐渐上升的趋势，中性洗涤纤维（NDF）和酸性洗涤纤维（ADF）摄入量呈逐渐下降的趋势。由此可知，肉牛饲料中添加12％豆渣是可行的。

3. 在家禽生产中的应用 李思聪（2011）比较研究了干豆渣和发酵豆渣对肉鸡免疫器官指数、肠道消化酶活性和盲肠菌群结构的影响。结果表明：肉鸡日粮中添加5％发酵豆渣＋5％干豆渣有助于改善日增重和料重比，并对肉鸡免疫器官指数有一定改善作用（表2-31）；随着发酵豆渣比例的提高，肉鸡十二指肠、空肠和回肠中蛋白酶和淀粉酶活性呈升高的趋势（表2-32）；5％～10％发酵豆渣替代组肉鸡盲肠需氧菌和大肠杆菌数量均较10％干豆渣组有所下降，而乳酸杆菌数量有所提高（表2-33）。

表2-31 日粮中添加发酵豆渣对肉鸡免疫器官指数的影响

项目	10％干豆渣	5％干豆渣＋5％发酵豆渣	10％发酵豆渣
平均日增重（g）	34.23±2.22	35.82±2.30	33.30±2.73
平均日采食量（g/只）	61.49	61.12	59.87
料重比	1.80±0.12	1.71±0.11	1.81±0.16
脾脏指数	1.33±0.12	1.54±0.10	1.60±0.11
法氏囊指数	1.98±0.24	2.12±0.53	1.91±0.22
胸腺指数	1.55±0.16	1.64±0.18	1.71±0.15

表2-32 日粮中添加发酵豆渣对肉鸡十二指肠、空肠和回肠中消化酶活性的影响（U）

项目	蛋白酶		淀粉酶	
	内容物	肠壁	内容物	肠壁
十二指肠				
10％干豆渣	260.53±29.32	108.17±14.55	2.91±0.17	1.43±0.13

（续）

项目	蛋白酶		淀粉酶	
	内容物	肠壁	内容物	肠壁
5％干豆渣＋5％发酵豆渣	275.63±23.42	119.86±9.63	3.13±0.26	1.59±0.09
10％发酵豆渣	303.18±17.96	117.23±11.2	3.15±0.31	1.78±0.16
空肠				
10％干豆渣	199.84±12.83	84.07±13.61	2.14±0.19	1.18±0.26
5％干豆渣＋5％发酵豆渣	198.77±11.83	99.86±8.86	2.45±0.12	1.30±0.10
10％发酵豆渣	205.56±11.90	93.28±11.06	2.79±0.16	1.54±0.10
回肠				
10％干豆渣	148.41±10.40	51.40±9.41	2.56±0.14	1.30±0.28
5％干豆渣＋5％发酵豆渣	170.63±22.75	61.30±7.00	3.18±0.21	1.58±0.19
10％发酵豆渣	173.23±14.77	67.92±9.91	3.13±0.38	1.67±0.32

表 2-33　日粮中添加发酵豆渣对肉鸡盲肠菌群的影响（CFU/g）

细菌	10％干豆渣	5％干豆渣＋5％发酵豆渣	10％发酵豆渣
需氧菌	7.80±0.41[a]	7.22±0.29[b]	7.45±0.69[ab]
大肠杆菌	7.89±0.79[a]	7.57±0.32[ab]	7.23±0.66[b]
乳酸杆菌	7.19±0.67[b]	7.58±0.48[ab]	7.95±0.63[a]
双歧杆菌	6.45±0.43	6.72±0.51	6.41±0.55

杨晨敏等（1997）研究发现，6％发酵豆渣可替代蛋鸡饲料中 3％鱼粉；马萍等（2015）研究也发现，20％发酵豆渣替代 20％鲜豆渣明显改善了青脚麻鸡生长率和料重比，并显著降低了死淘率。蒋爱国（2009）等用市售全价饲料配合少量豆渣喂鸭，可提高饲料利用率，显著降低饲料成本。

4. 在水产品生产中的应用　豆渣中含有丰富的蛋白质，El-Saidy（2011）采用豆渣蛋白部分或全部替代罗非鱼饲料中的鱼粉蛋白，结果发现饲料中加入 25％～75％豆渣显著提高了粗蛋白质、粗脂肪和能量表观消化率，从而提高了鱼体脂肪含量。周兴华等（2015）研究了发酵豆渣对鲫生长性能和肌肉化学组成的影响，结果表明：饲喂 20％发酵豆渣对鲫增重率、特定生长率、饵料系数和蛋白质效率无显著影响。Wong 等（1996）比较研究了豆渣、木瓜蛋白酶酶解豆渣、64％豆渣＋34％牛肝混合物、木瓜蛋白酶酶解豆渣＋牛肝混合物对鲤生长性能的影响。结果表明：牛肝补充组鲤生长性能显著高于豆渣组；木瓜蛋白酶酶解豆渣组均显著提高了鲤生长性能，且木瓜蛋白酶组水体浊度明显低于未酶解组。赵鹏飞（2018）研究发酵豆渣在大口黑鲈饲料中的应用，结果显示大口黑鲈饲料中添加发酵豆渣替代 16％豆粕显著提高大口黑鲈的生长性能。此外，Yamamoto（2010）等研究发现，饲料中添加发酵豆渣不会引起虹鳟肠道形态学的变化和肠道病变。由此可见，发酵豆渣作为鱼类饲料蛋白源是可行的。

（五）豆渣的加工方法与工艺

大豆豆渣主要分为两大类，第一类是利用脱脂豆粕加工成大豆分离蛋白（SPI）过程中产生的副产物；第二类为加工豆奶或豆腐过程中产生的副产品。目前，市场上常用豆渣主要是第二类。图 2-7 为其流程概要，大豆原料精选后加以水洗，然后浸渍 10～20h，边滴水边磨成浆，加入 2～3 倍水将之煮熟，压榨后即得液状豆奶及豆渣。

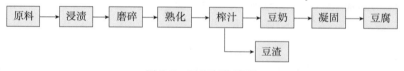

图 2-7　豆渣制作流程

（六）豆渣作为饲料资源的开发利用方式

1. 加强开发利用豆渣作为饲料资源　我国每年豆类食品的生产和消费数量巨大，随之产出大量豆渣，除极少部分作为食品加工或作为单一的饲料及肥料加以利用外，其余大部分常作为豆类食品的加工废料而废弃，既降低了大豆利用率，同时也造成了环境污染。因此，合理开发利用豆渣已成为当今科学界关注的问题之一。

2. 改善豆渣作为饲料资源开发利用的方式　豆渣干燥后可当配合饲料原料使用，但因干燥成本高，多直接以湿豆渣供饲牛、猪、兔、家禽等。湿豆渣是反刍动物良好多汁性原料，猪料亦可用之，但肉猪使用太多会引起软脂现象而影响屠体品质。此外，豆渣中含有较高含量的抗营养因子，不适宜直接作为养殖动物的饲料原料。目前，常利用酶技术、生物技术等现代生产工艺对豆渣加以综合利用开发，使其营养成分得以充分利用，实现资源的循环利用，降低环境污染。豆渣经微生物发酵后蛋白质及游离氨基酸含量提高，粗纤维含量下降，不但可以改善其适口性，同时又可提高其营养价值。既成为优质蛋白饲料资源，部分代替动物蛋白使用，又可降低饲料成本，提高经济效益。

三、大豆皮

（一）大豆皮概述

1. 我国大豆皮资源现状　随着高蛋白脱脂大豆制品生产的发展及对大豆油和大豆磷脂质量要求的提高，大豆脱皮工艺逐渐成为生产大豆油的重要工序，大豆皮则成为大豆去皮加工中的重要副产品。2018 年，我国自产和进口大豆共约 1.1 亿 t，按出大豆皮率 8% 计算，大约产大豆皮 880 万 t。

依据大豆皮的来源及营养组成，美国饲料管理官方协会（AAFFCO）将大豆皮副产物分为三类：

（1）大豆皮（Soybean hulls）　指脱胚工艺中脱下的大豆种皮。

（2）大豆加工厂下脚料（Soybean mill feed）　指在大豆皮与去皮加工生产大豆粉（Soybean flour）和大豆碎粒（Soybean grits）过程中产生的废弃物混合物，其粗蛋白质≥13.0%，粗纤维≤32%。

（3）大豆加工厂饲料（Soybean mill run）　指在加工去皮豆粕过程中，脱皮处理所产生的大豆皮与部分豆仁碎片的混合物，粗蛋白质≥11.0%，粗纤维≤35%。其国际饲料编号为 IFN4-04-595。

2. 大豆皮作为饲料原料利用的注意事项　随着大豆皮产量逐渐增多，合理有效地利用大豆皮作为饲料原料对饲料工业具有重要的现实意义。目前，大豆皮对牛、羊等反刍动物，猪、兔等单胃动物的饲用价值已被众多学者证实。然而，大豆皮密度小（120～130kg/m³）、胰蛋白酶抑制因子等抗营养因子含量高等特性使大豆皮这一饲料资源在我国至今尚未得到合理有效的应用。

（1）大豆皮在草食动物粗饲料中所占比例问题　大豆皮颗粒小、容重大、过瘤胃速度快，不利于日粮干物质和纤维素的消化吸收。因此，大豆皮不能完全代替草食动物粗饲料。Loest（2001）分别以大豆皮和精料为基础日粮的对比研究发现，大豆皮日粮比精料日粮日增重低 29%，饲料转化率低 27%。在大豆皮中加干草可减少日粮过瘤胃时间，提高干物质消化率。然而，Trater（2001）试验表明，大豆皮基础日粮中添加 30% 干草，并不能降低日粮过瘤胃时间和提高干物质消化率。因此，大豆皮作为草食动物粗饲料的适宜添加量问题有待进一步研究。

（2）注意添加适量必需氨基酸　饲喂以大豆皮为基础的日粮可导致草食动物缺乏几种必需氨基酸，从而限制其蛋白质合成和沉积率。因此，以大豆皮为蛋白源的基础日粮中必须添加适量蛋氨酸、组氨酸、亮氨酸、缬氨酸等限制性氨基酸方可改善动物的生长性能。

（3）清除大豆皮中的营养抑制因子　大豆皮中含有较高水平的胰蛋白酶抑制因子，其脲酶活性为 1.0～1.6mg/（min·g）（以 N 计），超过国家标准规定的 0.4mg/（min·g）（以 N 计），可影响动物消化吸收和生长性能。

（4）饲喂方式　大豆皮具有体积大，密度小，易进入动物呼吸道导致气管堵塞，或直接被风吹走造成浪费等特点。因此，在饲喂前应先进行制粒或拌水饲喂，以利于动物采食。

3. 开发利用大豆皮作为饲料原料的意义　2017 年，我国国内大豆产量为 1 530 万 t，进口大豆产量 9 600 万 t。大豆皮作为大豆生产过程中的副产物，其饲用价值已被众多学者证实。大豆皮价格为 0.6～0.8 元/kg，而玉米和小麦麸价格为 1.1 元/kg，其不仅可以代替粗饲料，还能替代部分玉米和小麦等谷物饲料，且价格低廉。因此，将大豆皮作为饲料原料在一定程度上既可解决饲料浪费的问题，又可带来巨大的经济效益。此外，大豆皮中含有丰富的膳食纤维，并且具有其他饲料替代品（如麸皮、棉籽、甜菜和柑橘的下脚料）所不具备的优点，可以添加到其他高能量但纤维含量低的精饲料中，不仅可以减少因为高精料日粮导致的酸中毒，形成对瘤胃有利的 pH，而且能刺激瘤胃液中分解纤维素的微生物快速生长，增强分解纤维素的活力。因此，大豆皮作为一种新型饲料资源有很大的潜力。对大豆皮的综合利用，不仅可以促进资源的合理利用，而且可以为企业带来经济效益。

（二）大豆皮的营养价值

1. 常规营养成分　因大豆品系或品种的不同，大豆皮占籽实重量比例为 7.32%～8.49%，平均 8%。大豆皮营养组成因大豆品种、大豆破碎程度及去皮加工工艺的不同而存在差异。表 2-34 中列出了世界著名油脂生产商提供的大豆皮营养成分含量。由表

2-34 可知，大豆皮中粗蛋白质含量较低，仅为 9.40%～13.30%；粗脂肪为 1.00%～2.60%；粗灰分为 4.50%～5.00%；粗纤维含量较高，达 32.80%～36.50%。

表 2-34　大豆皮的常规营养成分（%）

指标	Ewing (1997)	NRC (1992)	ADM	Feedstuff	法国国家农业科学研究院（INRA）	Weiss 等 (2015)	堪萨斯州立大学	ACV
干物质	90.00	90.00	89.00	89.40	89.40	91.80	—	88.80
粗蛋白质	11.60	12.60	10.00	13.30	12.00	16.90	9.40	12.00
粗脂肪	1.80	1.80	1.00	1.80	2.20	—	2.50	2.60
粗灰分	4.50	4.90	4.60	4.90	4.70	4.80	5.00	4.50
粗纤维	—	34.10	36.50	32.80	34.20	—	35.00	35.00
木质素	—	—	—	—	2.10	—	2.00	—
NDF	67.50	—	61.00	—	56.40	59.90	74.00	—
ADF	30.50	—	45.50	40.90	40.40	43.40	47.00	—
淀粉	5.00							
糖	9.00				1.50			
钙	0.50	0.44	0.45	0.37	0.49	0.61	0.60	0.57
磷	0.20	0.16	0.19	0.19	0.14	0.17	0.22	0.14
镁	0.25	0.32	0.23	—	0.22	0.22	—	0.17
钾	1.00	1.51	1.16	—	1.20	1.40	1.70	1.30
钠	0.02	0.25	—	—	0.01	—	0.01	0.01

2. 氨基酸组成　表 2-35 列出了不同大豆生产商提供的大豆皮中氨基酸含量。由表 2-35 可知，不同来源大豆皮中氨基酸组成存在一定的差异。总体而言，大豆皮氨基酸绝对含量不高，但氨基酸占蛋白质的相对比例较高。

表 2-35　大豆皮中蛋白质的氨基酸组成（%）

指标	Kornega (1981) 大豆皮 1	Kornega (1981) 大豆皮 2	ADM	INRA	NRC (1996)
苏氨酸	0.37	0.43	0.37	0.43	0.50
缬氨酸	0.46	0.50	0.47	0.51	0.63
胱氨酸	0.10	0.12	0.21	0.19	0.12
蛋氨酸	0.16	0.19	0.12	0.14	0.16
异亮氨酸	0.36	0.41	0.37	0.44	0.54
亮氨酸	0.62	0.75	—	0.74	0.90
苯丙氨酸	0.40	0.47	—	0.45	0.60
赖氨酸	0.67	0.66	0.71	0.71	0.87
组氨酸	0.25	0.28	—	0.28	0.40
精氨酸	0.48	0.60	0.48	0.59	0.72
色氨酸	—	—	0.08	0.14	0.15

（续）

指标	Kornega（1981）		ADM	INRA	NRC（1996）
	大豆皮1	大豆皮2			
必需氨基酸	3.77	4.29	—	4.43	5.48
非必需氨基酸	5.07	5.84	—	5.40	5.48
总氨基酸	8.84	10.15	—	9.83	10.96

3. 脂肪酸组成　目前，有关大豆皮中脂肪酸含量的资料有限。法国国家农业科学研究院（INRA）分析了大豆皮中主要脂肪酸含量（表 2-36），其中以亚油酸为主。

表 2-36　大豆皮中脂肪酸组成

脂肪酸		脂肪酸含量（%）	脂肪酸含量（g/kg）
豆蔻酸	$C_{14:0}$	0.1	0.0
棕榈酸	$C_{16:0}$	10.5	2.2
棕榈油酸	$C_{16:1}$	0.2	0.0
硬脂酸	$C_{18:0}$	3.8	0.8
油酸	$C_{18:1}$	21.7	4.5
亚油酸	$C_{18:2}$	53.1	11.1
亚麻酸	$C_{18:3}$	7.4	1.6

4. 碳水化合物　大豆皮除糊粉层含有一定量的蛋白质和脂肪外，其余几乎都是碳水化合物。大豆皮中碳水化合物约占 80%；其中，淀粉约占 5%，糖分约占 9%，其余为不溶性碳水化合物。不溶性碳水化合物以纤维素、半纤维素、木质素等纤维物质为主（表 2-37）。康玉凡（2003）研究表明，大豆皮中 ADF 含量为 35.01%，NDF 为 54.06%，木质素为 10.19%，纤维素为 43.87%，半纤维素为 24.82%。

表 2-37　大豆皮中不溶性碳水化合物的种类和含量

种类	提取方法	含量（%）
半乳甘露聚糖 I	室温水	9~10
半乳甘露聚糖 II	60℃水	9~10
果胶质	50%草酸铵	10~12
木聚糖	10%氢氧化钾	9~10
甘露聚糖	10%氢氧化钾+4%硼酸	—
纤维素	同上并提取残渣	40

资料来源：李德发（2003）。

（三）大豆皮中的抗营养因子

大豆皮中存在大量的抗营养因子，阻碍了机体对营养物质的消化吸收，且会对动物健康及生产性能产生不良反应。大豆皮中的抗营养因子主要有脲酶、胰蛋白酶抑制因子、大豆凝集素等。目前，有关大豆皮中抗营养因子组成和含量的资料较少。据报道，大豆皮中某些抗营养因子含量较高，如脲酶活性在 1mg/（min·g）（以 N 计）以上。然而，大豆皮中寡糖的含量较低，棉籽糖约为 0.15%，水苏糖约为 0.41%。大豆皮特性参数如表 2-38 所示。

表 2-38　大豆皮特性参数

项目	参数
容重（kg/m³）	120.0～130.0
脲酶活性［mg/（min·g）］（以 N 计）	1.0～1.6
粗蛋白质（%）	10.0～11.0
粗纤维（%）	3.4～35.0
灰分（%）	4.5～5.0

资料来源：李德发（2003）。

加热处理对消除大豆抗营养因子具有特殊的重要性。李艳玲等（2007）研究了蒸汽加热处理对大豆皮抗营养因子活性的影响。结果表明：经过不同时间的热处理，大豆皮化学成分含量没有显著变化（表 2-39）；随着加热时间延长，大豆皮中脲酶活性、胰蛋白酶抑制因子活性和蛋白质溶解度显著下降，蒸汽加热处理 25min，可明显降低抗营养因子含量，但对蛋白质溶解度的影响不大（表 2-40）。

表 2-39　经不同时间蒸汽加热处理的大豆皮化学成分变化（干物质基础,%）

项目	蒸汽加热处理时间（min）				SEM	P 值
	0	12.5	25	37.5		
干物质	91.6	90.2	90.6	90.1	0.6	0.341
粗蛋白质	10.8	11.0	11.2	11.3	0.2	0.122
NDF	69.9	70.9	71.2	71.0	0.7	0.636
ADF	48.0	48.9	49.0	49.9	0.3	0.083

资料来源：李艳玲等（2007）。

表 2-40　不同时间处理的大豆皮脲酶活性、胰蛋白酶抑制因子活性及蛋白质溶解度

项目	蒸汽加热处理时间（min）				SEM	P 值
	0	12.5	25	37.5		
脲酶活性	0.80	0.43	0.23	0.12	0.04	0.001
胰蛋白酶抑制因子活性	9.46	6.89	2.65	1.76	0.29	<0.001
蛋白质溶解度（%）	39.80	36.10	34.20	32.50	1.30	0.043

注：脲酶活性定义为在（30±5）℃和 pH＝7 的条件下，每分钟每克大豆皮分解尿素所释放氨态氮的毫克数；胰蛋白酶抑制因子活性以 mg/g 表示。

资料来源：李艳玲等（2007）。

（四）大豆皮在动物生产中的应用

国内外学者对大豆皮的研究主要集中在大豆皮的可消化性和能量价值两方面，且主要针对反刍动物和猪，而针对家禽和水产动物的研究较少。

1. 在养猪生产中的应用　猪作为一种杂食性单胃动物，其后肠存在大量纤维分解菌，

这些微生物可将饲料中的粗纤维分解和发酵成短链脂肪酸（SCFA），为猪提供20%～30%的能量。大豆皮是猪日粮中较好的粗纤维来源，猪日粮中添加粗纤维的作用为：①吸附水分，防止腹泻；②增加排泄物体积，防止便秘；③减少母猪分娩时的脱肛现象。

Kornegay等（1978）采用三个饲养试验研究添加不同水平大豆皮对仔猪、生长猪和育肥猪生产性能和养分消化率的影响。结果表明：日粮中添加2%～30%大豆皮对仔猪日增重、平均日采食量和饲料转化率无显著影响；大豆皮添加量低于12%时对生长猪生长率没有明显影响，但饲料转化率下降6%；大豆皮添加量提高到24%时，生长猪生长率和饲料转化率分别下降6%和8%。

Kornegay等（1981）采用消化试验研究了日粮中添加7.5%、15%和30%大豆皮对母猪和生长育肥猪养分消化率的影响。结果表明：随着日粮中大豆皮添加水平的提高，干物质、粗蛋白质和能量消化率下降，而ADF和纤维素消化率增加。

Mitaru等（1984）以菜籽皮、大豆皮和纯纤维为日粮纤维来源，研究其对干物质、能量、蛋白质和氨基酸回肠消化率的影响。结果表明，当猪日粮中粗纤维水平为9%时，对蛋白质和氨基酸的消化率没有副作用（表2-41）。

表2-41　猪对大豆皮中氨基酸的回肠末端及全消化道表观消化率（%）

指标	大豆皮		纯纤维	
	回肠末端	全消化道	回肠末端	全消化道
干物质	86.7	91.4	84.1	87.3
蛋白质	88.7	90.6	92.6	94.3
精氨酸	92.1	93.0	94.6	94.8
组氨酸	93.2	94.7	96.2	96.9
异亮氨酸	91.5	92.6	93.4	95.3
亮氨酸	94.6	95.3	96.2	96.7
赖氨酸	94.3	94.4	96.9	96.3
蛋氨酸	88.3	97.9	98.9	98.6
苯丙氨酸	93.7	94.2	95.2	95.6
苏氨酸	90.6	92.3	92.0	94.4
缬氨酸	91.7	93.1	95.2	95.4
胱氨酸	71.4	79.6	51.4	76.7

资料来源：Mitaru等（1984）。

Moore和Kornegay（1988）研究了玉米-豆粕型日粮中添加15%大豆皮对断奶仔猪日粮氮、纤维消化率以及肠道黏膜形态的影响。结果表明，日粮NDF、ADF、纤维素和半纤维素消化率分别为60.5%、60.6%、59.6%和60.6%，饲喂大豆皮使仔猪回肠绒毛变得钝圆和折叠。

Chee等（1989）比较研究了大豆皮和小麦麸对育肥猪和生长猪的营养价值。结果表明：饲料中分别添加10%大豆皮（热处理使其脲酶活性降到0.1个单位）和10%小麦麸，两者对饲料转化率、生产性能、眼肌面积和背膘厚度没有显著差异。

Dilger等（2002）比较研究了玉米-淀粉日粮中添加3%、6%和9%大豆皮对生长猪日粮氨基酸回肠消化率的影响。结果表明：不同大豆皮添加水平对氮的回肠消化率没有影响，但干物质、粗蛋白、精氨酸、组氨酸、赖氨酸、苯丙氨酸消化率呈线性下降趋势。可见，生长猪对日粮纤维的耐受是有限的。与对照组相比，9%大豆皮组日粮赖氨酸、甘氨酸、蛋氨酸和色氨酸的回肠表观消化率分别从85.0%、76.4%、88.2%和88.9%下降到82.3%、75.1%、86.8%和87.5%。

康玉凡等（2004）比较研究了在玉米-去皮豆粕基础日粮中分别添加0、9.25%、18.5%大豆皮对断奶仔猪生产性能和消化生理的影响。结果表明：日粮中添加9.25%～18.5%大豆皮可提高仔猪断奶生产性能，降低腹泻发生率，提高肠道纤维素分解酶活性和挥发性脂肪酸产生量，增加胃、小肠、大肠、胰脏和肝脏的相对重量以及十二指肠和空肠绒毛高度，降低隐窝深度、营养物质消化率。

杨建华（2003）研究表明，育肥猪日粮中大豆皮替代麸皮的最佳比例随季节的变化而不同，在夏季只能勉强添加4%，春季增加至7%，冬季可以达到14%；主要原因可能是大豆皮属于高纤维饲料，猪在消化过程中会提高体增热，夏季会加重育肥猪的热应激反应，影响生产性能，而冬季则有利于维持正常体温。因此，由于大豆皮含有较高含量的可利用纤维，是育肥猪很好的纤维饲料原料，但在不同季节需调整在日粮中的添加比例。

芦春莲等（2007）分别以6%、10%大豆皮代替生长猪日粮中的麦麸，发现用大豆皮代替6%、10%麸皮对猪增重、耗料量和料重比无不利影响。朱梅芳等（2011）研究表明，日粮配方中使用3.2%、5.6%大豆皮代替麦麸饲喂63.5～70kg生长育肥猪，不会影响增重效果和料重比，并且可降低饲料成本。

Wang等（2009）研究认为，生长猪日粮中添加5%～15%大豆皮可降低干物质消化率、血浆尿素氮水平、粪便pH和NH_3排放量，提高了粪便中H_2S排放量，而对其生长性能无明显影响。

冯平（2013）研究表明，育肥猪后肠优势纤维分解菌群的建立需要一定适应期，适应期长短因纤维类型而异，大豆皮纤维具有消化适应性时间短和良好的发酵特性，较麸皮和玉米皮有明显的优势。

朱梅芳等（2013）在日粮中使用3.2%、5.6%大豆皮替代麦麸饲喂生长育肥猪。结果表明，3.2%或5.6%大豆皮对猪采食量无影响，对猪生长率也无显著影响，但可降低饲料成本，开拓饲料资源。

庞华静等（2012）比较研究了不同日粮纤维对不同品种猪（烟台黑猪、鲁农2号）常规养分消化率和氮平衡的影响。结果表明：与对照组（基础日粮）相比，10%大豆皮组各养分消化率有降低的趋势，但差异不显著；而NDF、ADF和半纤维素消化率则明显提高。大豆皮纤维素具有较高的消化率和较好的纤维品质，大豆皮可一定程度促进饲粮纤维消化的"正互作效应"。

徐熔泽（2017）研究认为，食用纤维含量不等的饲料有利于提高仔猪生长性能，且大豆皮中富含大豆异黄酮，可以大大增加母猪的窝产仔数量，起到提升动物繁衍能力的作用。

曲强等（2018）研究发现，大豆皮可提升动物生育能力，其主要是由于大肠微生物可为猪提供大量能量。当母猪处于妊娠期时使用高纤维饲料喂养，不仅可以提高母猪产仔量，而且可大大提高仔猪存活率。因此，大豆皮作为粗纤维饲料，既可促进动物生长，也可提高动物繁殖能力。

此外，化学分析还表明：大豆皮中还含有一些与糖基结合的异黄酮类糖苷，能够引起动物发情。美国大豆协会（1981）研究表明，大豆皮对妊娠母猪的生产性能无不良影响，甚至提高了产仔数和降低了饲料成本。Reese 等（1997）试验结果表明，给妊娠期母猪饲料中添加 20％大豆皮，可提高每窝断奶仔猪数 0.5～0.7 头；类似的，杨晋青等（2017）通过给妊娠母猪提供合适的含大豆皮高纤维饲料，可以改变妊娠母猪产仔性能，提高活仔猪数量，保证其存活率。这可能与大豆皮中含有较高浓度的大豆异黄酮有关，大豆异黄酮有类似雌激素提高动物繁殖性能的作用。

2. 在反刍动物生产中的应用 由于大豆皮纤维素木质化程度很低，反刍动物对其干物质消化率可达 90％以上，因此，大豆皮可以代替秸秆和干草作为冬季反刍动物牛、羊的粗饲料。此外，大豆皮含有适量的蛋白质和能量，可代替反刍动物部分精料补充料。

（1）在奶牛饲料中的应用

①奶牛利用大豆皮的养分消化率及大豆皮对奶牛的能量价值。反刍动物对大豆皮中纤维物质的消化率和消化速度都较高。奶牛采食后 27h 对大豆皮的干物质消化率可达 91％。闵晓梅等（2000）用尼龙袋法测定的大豆皮干物质和细胞壁消化速度分别为 7.2％/h 和 6.3％/h。体外消化试验表明，大豆皮细胞壁 48h 几乎完全被消化，消化率高达 99％，消化速度可达 11.3％/h（表 2-42）。

表 2-42 大豆皮细胞壁的消化率与消化速度

消化率（％）	消化速度（％/h）	试验方法	资料来源
—	6.2	体外法	Ludden 等（1995）
99.0	11.3	体外法	Belyea 等（1989）
90.0	—	体外法	Quicke 等（1959）
88.8	6.3	尼龙袋法	闵晓梅等（2000）

大豆皮中可消化纤维含量高，其有效能值也较高。大豆皮干物质的产奶净能为 7.4MJ/kg，而生产中常用的玉米、小麦麸和燕麦产奶净能分别为 8.2MJ/kg、6.7MJ/kg 和 7.4MJ/kg，表明可以用大豆皮替代奶牛日粮中某些能量饲料（表 2-43）。

表 2-43 大豆皮与玉米的养分含量和对反刍动物有效能值比较（干基）

项目	玉米[1]	大豆皮[1]	大豆皮[2]	大豆皮[3]	大豆皮[4]
干物质（％）	89.0	91.0	90.3	91.0	91.0
粗蛋白质（％）	8.9	11.0	11.0	11.0	11.0
总可消化养分（％）	71.2	70.1	69.5	49.1	70.1
产奶净能（MJ/kg）	6.9	6.7	—	—	6.7
维持净能（MJ/kg）	7.2	7.1	7.1	4.2	6.8
增重净能（MJ/kg）	4.9	4.6	4.6	2.1	4.4
粗纤维（％）	2.3	36.5	36.0	36.5	36.5
中性洗涤纤维（％）	8.0	61.0	59.9	—	61.0
酸性洗涤纤维（％）	2.7	45.5	44.2	—	45.5
木质素（％）	0.9	1.8	1.8	1.8	1.8

资料来源：1 奶牛 NRC（1998）；2 肉牛 NRC（1996）；3 绵羊 NRC（1985）；4 美国饲料成分表（1982）。

虽然大豆皮的粗纤维含量高，但有效 NDF（eNDF）含量低，约为 4%，而苜蓿干草 NDF 中的 92% 是 eNDF（Preston，1999）。eNDF 是衡量饲料中 NDF 刺激动物反刍、唾液分泌、瘤胃乙酸比例和乳脂率的实际能力指标。奶牛日粮中 eNDF 含量不应低于 15%（Preston，1999）。Meng 等（2000）报道，大豆皮替代奶牛精料中玉米和小麦麸显著提高了饲粮 NDF 的消化率。因此，奶牛日粮中大量使用 eNDF 含量低的大豆皮，有可能引起瘤胃消化功能障碍。因此，饲料中大豆皮添加应适量而不宜过多。

　　②大豆皮替代能量饲料对奶牛生产性能的影响。反刍动物采食低品质粗饲料通常会限制其能量的摄入。提高能量摄入常用的方法就是补饲谷物类能量饲料，而大量富含淀粉的谷物类饲料会在瘤胃中快速发酵，导致瘤胃液 pH 迅速降低和微生物区系紊乱，从而影响饲料干物质和粗纤维的消化。采用大豆皮代替部分谷物饲料，不仅可减少因高精料日粮导致的酸中毒，形成有利的瘤胃 pH，而且大豆皮能刺激瘤胃液中分解纤维的微生物快速生长，增强降解纤维的活力。Quicke 等（1959）体外试验结果表明，大豆皮中的粗纤维消化率比甜菜碱和苜蓿粉高。McGregor 等（1976）发现，用大豆皮替代奶牛混合精料中 50% 玉米，ADF 消化率从 48.3% 提高到 62.4%，纤维素消化率从 57.9% 上升到 70.2%。

　　大豆皮是反刍动物较好的能量饲料。Weider（1994）测定了荷斯坦奶牛日粮中添加不同水平大豆皮替代 25%～42% 牧草对营养物质消化率和产奶性能的影响。结果表明：大豆皮分别提高干物质消化率、NDF 和产奶量的 14%、33% 和 9%。Fiekins（1995）试验表明，奶牛日粮 NDF 为 14%～16%，其中 28%～31%NDF 来自大豆皮，奶牛产奶性能不受影响。表 2-44 总结了近年来国内外学者有关大豆皮替代牧草对奶牛标准乳产量和进食量影响的试验研究结果。

表 2-44　大豆皮替代牧草对奶牛产奶性能的影响

对照组牧草水平（%，干物质）	牧草类型	替代牧草水平（%）	牧草提供 NDF 的比例(%)		变化值（%）			资料来源
			对照组	试验组	NDF 摄入	提高干物质采食量	提高校正奶产量	
43.2	苜蓿干草：青贮玉米=1:1	4.6	80.0	70.0	−2.6	−2.7	−1.8	Sarwar 等（1992）
50.0	苜蓿干草：青贮玉米=1:4	9.1	80.0	60.0	−2.6	—	9.7	Cunningham 等（1993）
		12.5	75.6	57.8	3.0	−2.2	−3.7	
		25.0	75.6	39.6	—	−4.5	−11.4	
52.6	青贮苜蓿：青贮玉米=1:1	14.1	76.6	51.3	25.6	9.4	8.2	Stone 等（1993）
					31.3	14.7	8.4	
60.0	青贮苜蓿：青贮玉米=1:1	25.0	80.0	45.0	23.7	7.2	11.76	Weidner & Grant（1994a）
60.0	青贮苜蓿：青贮玉米=1:1	25.0	80.0	45.0	26.6	—	10.60	Weidner & Grant（1994a）

由于大豆皮粗蛋白质含量为 10%～12%，高于玉米的 10%，低于麸皮的 12%～18%；同时，大豆皮净能为 7.4MJ/kg，高于麸皮的 6.7MJ/kg，低于玉米的 8.2MJ/kg。因此，大豆皮也被学者定义为体积较大的精饲料，而非粗饲料。Corad 和 Hibbs（1961）研究证实，用大豆皮替代奶牛混合精料中 63% 燕麦，对奶牛 4% 乳脂率校正乳（4%FCM）产量没有影响。Macgergor（1976）报道，当奶牛精料与苜蓿青贮料之比为 57∶43 时，采用大豆皮代替精料中 48.9% 玉米，4%FCM 产量未受显著影响。Kohlmeier 等（1996）和 Kung 等（1997）指出，采用大豆皮替代奶牛混合精料中部分谷物饲料，对产奶量和产奶效益没有明显的负面影响甚至有所提高。孟庆翔等（2000）以大豆皮分别替代奶牛精料中 25% 和 50% 玉米和小麦麸，日粮干物质采食量、奶牛日产奶量、乳蛋白、乳糖、无脂固形物及饲料转化率没有明显差异，但 4%FCM 产量分别提高 5.3% 和 4.2%，乳脂率和经济效益显著提高。表 2-45 总结了近年来国内外学者采用大豆皮替代奶牛精料补充料中不同比例能量饲料对 4%FCM 产量和进食量影响的试验研究结果。从表 2-45 可见，大豆皮替代奶牛精料补充料中不同比例谷物，干物质和采食量均有不同水平的提高，部分试验中 4%FCM 产量略有下降，但差异不显著。可见，大豆皮可以作为奶牛饲料中较好的精料替代成分。

表 2-45　大豆皮替代奶牛精饲料成分对产奶性能的影响（%）

对照组谷物	日粮中谷物比例	豆皮替代谷物比例	提高干物质采食量	提高校正乳产量	资料来源
燕麦	47.9	63	8.0	1.7	Corad 和 Hibbs（1961）
玉米	48.0	27～48	—	5.1	McGregor 和 Owen（1976）
玉米	45.0	24	1.7	1.1	Nakamura 和 Owen（1989）
		45	2.6	−2.5	
玉米	38.5	48	2.6	−2.5	Sarwar 等（1992）
		89	5.2	13.2	
玉米和小麦麸	34.0	14	—	−1.6	Coomer 等（1993）
		31	3.7	1.6	
玉米和小麦麸	27.0	25	1.0	5.3	鲁琳等（2000）
		50	0.8	4.2	
玉米和小麦麸	50.0	25	1.0	5.3	孟庆翔等（2000）
		50	0.8	4.2	
玉米和小麦麸	57.8	30	—	13.6	McKinnon 等（2003）
玉米	47.0	22	4.3	2.1	Wickersham 等（2004）

饲喂大豆皮可提高奶牛乳脂率。大豆皮替代产奶牛日粮中部分能量饲料，瘤胃微生物发酵产生的挥发性脂肪酸中乙酸的比例显著升高，丙酸比例显著下降，有助于提高乳脂率。Nakamura（1989）研究表明，奶牛混合精料中大豆皮含量为 0、50% 或 95% 时，平均日产奶量为 29.8kg、28.9kg 和 27.3kg，平均乳脂率为 3.13%、3.37% 和 3.49%。鲁琳等（2000）也证实，提高大豆皮在奶牛饲料中的比例，可显著提高乳脂率。

总体来说，大豆皮替代奶牛混合精料中 30% 以下谷物类能量饲粮（如玉米、大麦、燕麦等）可有效提高乳脂率和日粮纤维物质消化率，对产奶量和饲料转化率等均无显著影响，且能降低因饲喂高精料补充料引起的瘤胃代谢病发病率。因此，大豆皮替代反刍动物中部分混合精料是完全可行的，而且还能降低饲料成本。

（2）在肉牛饲料中的应用　对于生长和育肥期肉牛来说，日粮精料水平越低，饲料中添加大豆皮的营养价值越高。给放牧牛或采食低精料日粮的架子牛，分别补饲等量的玉米与大豆皮，大豆皮与玉米营养价值相近，肉牛生产性能也相似。Ludden 等（1995）分析了饲粮中添加大豆皮对不同精料水平肉牛生产性能的影响。结果表明：日粮精料水平低于 25％时，大豆皮营养价值与玉米完全相等；日粮精料水平介于 25％～50％，大豆皮饲用价值相当于玉米的 80％～95％；日粮精料水平高于 50％时，大豆皮饲用价值相当于玉米的 67％～80％。根据我国肉牛饲养实际情况，给架子牛和放牧牛补饲适量大豆皮，既能大大提高肉牛生长速度，又可有效降低养殖成本。

（3）在羊饲料中的应用　Hsu 等（1987）研究发现，大豆皮中干物质、有机物、NDF 和 ADF 在绵羊瘤胃中的消化率分别是 54％、58％、73％和 67％。当用大豆皮饲喂羔羊时，干物质采食量和消化率与饲喂玉米相比基本无差异。Zervas 等（1998）研究发现，当精粗比为 60∶40 时，泌乳绵羊日粮中用大豆皮替代 60％玉米，产奶量和4％FCM 产量分别提高 16％和 36％；乳脂、乳蛋白和非脂乳固体含量也显著提高，但是体重变化不显著。Araujo 等（2008）利用大豆皮分别替代泌乳绵羊干草中 33％、67％和 100％NDF 时，奶产量、乳糖含量均线性提高，但是乳脂、乳蛋白和总固体物却不受影响。此外，Araujo 等（2008）还发现，随着大豆皮替代量的升高，羔羊断奶前平均日增重线性升高，但断奶后的平均日增重却线性降低。大豆皮替代饲粮中全部玉米对羔羊日粮干物质消化率、干物质采食量、日增重和饲料转化率均无明显影响；而以大豆皮替代饲粮中 50％纤维饲料（玉米秸秆）时，羔羊日粮干物质消化率、增重率和饲料转化率均有显著提高。因此，羔羊日粮中可适量添加大豆皮作为饲料原料。Araujo 等（2009）研究发现，大豆皮替代 Coastcross 牧草对泌乳绵羊产后卵巢活性无明显影响。Souza 等（2009）报道，随着饲料中大豆皮添加水平的提高，干物质、有机物和糖类摄食量、咀嚼活动次数、瘤胃 pH 和 NH_3-N 水平线性降低，干物质、粗纤维和 NDF 消化率、氮沉积率和瘤胃中挥发性脂肪酸（VFA）浓度线性升高。Santos 等（2010）研究发现，饲喂 15％大豆皮有助于降低绵羊瘤胃 pH 和 NH_3-N 水平，提高瘤胃中 VFA 含量，而对采食量和营养素消化率无明显影响。Miranda 等（2012）评价大豆皮作为绵羊纤维源的可行性。结果表明：采用大豆皮替代牧草对绵羊干物质、有机物、碳水化合物和可消化营养素摄入量均无明显影响，但明显提高干物质、有机物和粗蛋白质的消化率，而对绵羊生长性能无明显影响。López 等（2014）比较研究了大豆皮替代玉米对产奶羔羊能量和氮分配、甲烷产气和泌乳量的影响。结果表明：大豆皮完全替代 61％玉米对泌乳山羊干物质摄食量无明显影响；明显提高了纤维素表观消化率，降低了干物质、有机物和蛋白质消化率；明显提高了 VFA 含量，降低了 NH_3-N 浓度；提高了粪便和甲烷能量损失及体增热，降低了代谢能摄入量；提高了乳中蛋白质、脂肪和干物质含量，而对泌乳量无明显影响。刘萍等（2017）研究表明大豆皮替代饲粮中 33％和67％稻草，提高了波杂山羊平均日采食量（ADFI）和平均日增重（ADG），降低了饲料转化率（F/G），显著提高了营养物质表观消化率，然而饲粮中稻草被 100％替代时，波杂山羊采食量、日增重和养分消化率降低，对血液生化指标无不利影响。因此，波杂山羊饲粮中大豆皮替代稻草的适宜水平为33%～67%。

3. 在家禽生产中的应用　关于大豆皮在家禽饲料中应用的研究报道较少。王宝维等（2014）研究了不同水平发酵大豆皮对5～12周龄五龙鹅生长性能、屠宰性能和营养物质利用率的影响。结果表明：添加7%～9%发酵大豆皮可显著提高日增重、鹅屠宰率、半净膛率、全净膛率、胸肌率、腿肌率和胴体品质，降低料重比、死淘率和腹脂率；此外，添加7%～9%发酵大豆皮可显著提高粗蛋白质、粗脂肪、钙、磷、粗纤维、NDF、ADF、EAA和TAA利用率，而添加水平超过11%时，粗蛋白质、粗脂肪、钙和磷利用率有所下降。可见，大体积纤维饲料通过制粒，可以提高家禽采食量，满足家禽对能量及其他营养素的需求。

4. 在水产品生产中的应用　关于大豆皮在水产饲料中的研究鲜见报道。美国大豆协会（2001）采用大豆皮作为纤维素源的比较研究见表2-46。结果表明：利用价格低廉的大豆皮作为纤维素源，可降低饲料成本，但不会影响草鱼生长速度和饲料利用率。因此，大豆皮可以作为草鱼饲料中价格低廉且有效的纤维素源，在水产饲料工业和草鱼养殖业中有着广阔的应用前景。

表 2-46　美国大豆协会配制的草鱼饲料 32/3 配方

原料	草鱼饲料（32/3）
普通豆粕（44%）	50.00
面粉	21.00
大豆皮	16.00
玉米蛋白粉（60%）	8.90
鱼油	1.30
磷酸二氢钙	2.43
维生素预混料	0.10
矿物质预混料	0.25
乙氧基喹啉	0.02

注：32/3是指粗蛋白质含量为32%，粗脂肪含量为3%。

5. 在其他动物生产中的应用　兔对能量的需要量比其他家畜相对要高，但能量摄入量又不宜过多，否则易引起妊娠母兔过肥和酮代谢病；此外，兔具有利用低能饲料的能力，饲喂低纤维高能日粮反而易引起肠炎和腹泻。因此，可消化纤维是兔重要的营养素，日粮中适宜粗纤维水平不仅可以预防肠炎，而且可获得最高增重和防止食毛癖。李艳玲等（2007）利用蒸汽加热处理的大豆皮进行家兔盲肠微生物的体外消化试验。结果表明，随着湿热处理时间的延长，大豆皮产气速度直线上升，而粗蛋白质消化率降低，但对大豆皮的干物质消化率和理论最大产气量没有显著影响。孟庆翔等（1999）进行了大豆皮替代肉兔日粮中草粉的试验研究。结果表明：大豆皮替代25%和50%草粉可改善肉兔健康状况和提高增重率。孟庆翔等（2000）进行了蒸煮处理大豆皮替代肉兔日粮中玉米和小麦麸的试验研究。结果表明：添加25%和37.5%大豆皮对肉兔生长性能、腹泻发病率和死亡率无显著影响。Garcia等（2000）研究发现，大豆皮明显提高了兔盲肠内 VFA 和 NH_3-N 浓度，从而可为兔提供一定的能量；但 VFA 提高也表明盲肠微生物发生了过度发酵，可能造成兔腹泻。孟庆翔等（2002）采用大豆皮代替粗饲料测定肉兔生产性能，发现大豆皮代替 25％和 50％大豆秸，肉兔日增重和饲料转化率呈先上升后下降趋势，其中大豆皮代替 25％大豆秸日增重最高，达 42.6g/d。尚随民（2016）研究表明，肉兔日粮中添加适量大豆皮可显著提高肉兔生产性能。

王圆圆等（2013）在评定大豆皮和花生皮对生长獭兔的营养价值时发现，大豆皮总能、干物质、粗蛋白质、粗脂肪、粗纤维、NDF、ADF、酸性洗涤木质素、粗灰分、钙、磷、无氮浸出物含量分别为 15.43MJ/kg、88.03％、11.47％、1.42％、40.51％、57.64％、39.68％、15.29％、5.57％、0.46％、0.12％、28.48％。而生长獭兔对大豆皮中的总能、干物质、粗蛋白质、粗脂肪、粗纤维、NDF、ADF、酸性洗涤木质素、粗灰分、钙、磷和无氮浸出物的表观消化率分别为 43.81％、41.26％、73.38％、41.31％、29.59％、48.23％、40.88％、0.53％、66.34％、70.05％、31.42％、62.33％。可见，生长獭兔对大豆皮中粗蛋白质、粗灰分和钙消化率较高，对粗纤维消化率低，对酸性洗涤木质素消化极少。

大豆皮也是狗粮中很好的能量来源。Cole 等（1999）报道，狗粮中添加 7.5％～9％大豆皮对营养物质消化和吸收无副作用。此外，大豆皮也常用于需限制能量摄入的宠物饲料中，既能防止宠物过于肥胖，又可加快饲料在消化道内的流通速度，从而减少消化道有毒代谢产物（如氨、胺），改善动物的健康状况。

Kabe 等（2015）比较研究了浓缩饲料中添加不同大豆皮水平对马粪便微生物菌群及营养物质利用率的影响。结果表明：浓缩饲料中添加不同水平的大豆皮对营养素消化率、粪便 pH 缓冲能力、短链脂肪酸比值、链球菌和乳酸球菌数量均无明显影响。

（五）大豆皮的加工方法与工艺

目前，大豆脱皮工艺主要有 Crown & Buhler 热脱皮和 De Smet 冷脱皮两种。两种脱皮工艺在生产中各有相应的配置，可得到不同的豆粕粗蛋白质含量，见表 2-47。表 2-48 为热脱皮和冷脱皮在不同大豆水分含量时所消耗的能量比较。

表 2-47　不同脱皮方法豆粕粗蛋白质含量

脱皮	大豆（%）	豆粕（%）	脱皮率（%）
冷脱皮	35.2～35.6	45.5～47.0	2.5～3.5
温脱皮	35.2～35.6	47.0～48.0	5.0～7.0
热脱皮	35.2～35.6	48.0～49.0	7.0～8.0

资料来源：左青等（2006）。

表 2-48　冷脱皮和热脱皮的能量消耗比较

处理	大豆水分（%）	冷脱皮		热脱皮	
		水分（%）	蒸汽（kg/t）	水分（%）	蒸汽（kg/t）
脱皮时，两种工艺的以能量比较	13	10.5	112	10.5	97

（续）

处理	大豆水分（%）	冷脱皮		热脱皮	
		水分（%）	蒸汽（kg/t）	水分（%）	蒸汽（kg/t）
脱皮时，两种工艺的能量比较	12	10.5	94	10.5	84
	11	10.0	84	9.5	78
不脱皮时，两种工艺的能量比较	13	10.5	112	10.5	97
	12	10.5	67	10.5	84
	11	10.5	51	9.5	78

资料来源：左青等（2006）。

热脱皮工艺和原料预处理、豆皮粉碎和豆粕破碎分离布置在一起。根据不同的原粮大豆生产等级豆粕，其蛋白含量分别为48%、46%、44%。进行工艺调整，分别采取热脱皮、二次温脱皮、一次温脱皮或冷脱皮。热脱皮过程是大豆经调质后，经快速加热器，采用两次脱皮，三次风选。其主要流程：原粮→清理→调质干燥→热风脱皮→喷射干燥→破碎到1/4～1/2瓣→热风脱皮→破碎到1/8瓣→冷风脱皮→轧坯→浸出。大豆皮经粉碎、进仓、并入计量绞龙；豆粕经计量、初破碎、分级、破碎、筛理、计量绞龙、出粕。

冷脱皮系统是将大豆在温度70～80℃下烘干4～6h，降低水分后，再自然冷却24h。破碎后直入冷脱皮系统，其设备有吸皮器、风管、风机、刹克龙、关风器、平面回转筛、二次吸皮器、豆皮粉碎机、皮蒸煮器。

（六）大豆皮作为饲料资源的开发利用与政策建议

1. 加强大豆皮作为饲料资源的开发利用　长期以来，我国养殖业依赖粮食转化生产动物产品，很大程度上忽视了非常规饲料原料的开发利用。大豆皮作为非常规饲料原料，资源相当丰富，但长期得不到合理利用，甚至以废物的形式丢弃。随着人畜争粮的矛盾日益突出，开发利用大豆皮作为饲料资源日显重要。

2. 改善大豆皮作为饲料资源的开发利用方式　非常规饲料一般不可直接用来饲喂畜禽和鱼类，需要经物理、化学或微生物处理后才能被养殖动物利用。目前，大豆皮加工技术还未完全成熟，部分加工方式破坏了饲料的营养价值，尚需进一步完善；一些加工方式成本高，能耗大，产品缺乏竞争力。因此，大豆皮加工的各项条件参数尚未系统化、标准化，影响加工产品的质量。

3. 制定大豆皮作为饲料的产品标准　大豆皮质量很不稳定，受到很多因素的影响。不同来源、不同加工方式的原料生产出的产品质量各不相同。因此，设立统一的质量标准相当困难。随着大豆皮作为饲料原料的广泛应用，制定相关的产品标准也是必不可少的。

4. 科学制定大豆皮作为饲料原料在日粮中的适宜添加量标准　Ewing（1997）推荐，不同种类动物日粮中大豆皮的适宜添加量为：犊牛10%，奶牛25%，肉牛25%，羔羊10%，母羊20%，育肥猪5%，母猪10%。目前，大豆皮在降低饲料成本、增加经济效益等方面已得到公认。但是，日粮中以确保良好的饲养效益和经济效益为目的的适宜添加量尚未有定论，还需进一步深入探讨。

5. 合理开发利用大豆皮作为饲料原料的战略性建议　加强宣传，提高认识，充分意识到大力开发利用大豆皮作为非常规饲料资源对促进我国非常规饲料的发展有着重要的现实意义和战略意义。因此，应加强大豆皮饲料资源开发利用，着力构建安全、优质高效的现代饲料产业体系。

四、大豆蛋白

（一）大豆蛋白概述

1. 我国大豆蛋白的资源现状　大豆蛋白是以脱脂豆粕为原料，利用现代工艺生产的新兴大豆制品。大豆蛋白无论从营养组成还是加工技术方面，都是人类非常熟悉、安全和经济的植物蛋白源，是取代动物蛋白非常理想的植物蛋白之一。大豆蛋白制品主要包括大豆浓缩蛋白、大豆分离蛋白、大豆组织蛋白等，以及以其为底物生产的大豆酶解蛋白。这些产品提高了大豆的附加值和科技含量，既是食品工业的主要原料，又是动物的功能性蛋白质来源。

（1）大豆浓缩蛋白　大豆浓缩蛋白（Soy protein concentrate，SPC）是低温豆粕除去其中的非蛋白成分（主要是可溶性碳水化合物，如单糖和寡糖，也包含一些低分子含氮物质等）后获得的蛋白质含量不低于 65%（以干基计）的产品，粗蛋白质是强制性标示要求。目前，我国 SPC 总产能在 40 万 t 以上。

（2）大豆分离蛋白　大豆分离蛋白（Soy protein isolate，SPI）是以低温豆粕为原料，利用碱溶酸析的原理，将蛋白质和其他可溶性成分萃取出来，再在等电点下析出蛋白质，蛋白质含量不低于 90%（以干基计）的产品，粗蛋白质是强制性标示要求。SPI相对分子质量范围为 1 000~500 000，蛋白质分散度（PDI）为 80%~90%。目前，我国 SPI 总产能为 60 万 t 左右。

（3）大豆酶解蛋白　大豆酶解蛋白（Eenzyme-treated soybean protein，ESP）是大豆或大豆加工产品（脱皮豆粕、SPC）经酶水解、干燥后获得的产品。酸溶蛋白（三氯乙酸可溶蛋白）、粗蛋白质、粗灰分和钙是强制性标示要求。

2. 大豆蛋白作为饲料原料利用存在的问题　大豆蛋白制品中蛋白质含量高，氨基酸平衡，钙、磷、铁和维生素 B_1、维生素 B_2 等必需营养物质含量丰富。近年来，随着养殖业的快速发展，SPC、SPI、ESP 等大豆蛋白制品得到快速应用，但也存在着一些问题。

（1）大豆蛋白制品中存在抗营养因子　大豆中富含多种抗营养因子，如 β-伴大豆球蛋白、大豆凝集素、大豆球蛋白、抗维生素因子、胰蛋白酶抑制因子、植酸、大豆皂苷、大豆异黄酮、单宁等。虽然在大豆蛋白制品加工过程中可以去除大部分抗营养因子，但仍存在部分抗营养因子，从而影响动物对其营养物质的吸收利用。陈伟等（2009）发现，随着大豆皂苷含量的提高，牙鲆摄食量呈线性下降趋势；Buttle 等（2001）研究表明，大豆凝集素可与大西洋鲑肠道刷状缘黏膜结合，从而导致肠道组织结构发生病变，影响蛋白质的消化吸收。

（2）大豆蛋白制品研发滞后　目前，SPC、SPI 和 ESP 主要应用于食品工业，而很少应用于饲料工业。除 SPC 外，至今尚无饲料级产品。此外，SPI 和 ESP 加工工艺尚处于试验探索阶段，尚无比较成熟的加工工艺流程，导致产品成本较高。

3. 开发利用大豆蛋白作为饲料原料的意义　鱼粉作为优质的动物性蛋白源饲料原料，广泛应用于饲料工业中。随着养殖业的快速发展，养殖模式由粗放型向集约型转变，鱼粉用量越来越大。然而，由于过度捕捞、环境污染及"厄尔尼诺"现象等不良因素影响，鱼粉资源日益减少。因此，鱼粉的供应将不能满足日益增长的水产养殖需求，寻求鱼粉蛋白替代源已成为亟待解决的重大问题。在众多鱼粉替代源中，豆粕因其供应稳定、价格低廉和氨基酸相对平衡等优点已成为养殖业最适合和可行的鱼粉蛋白替代品之一。然而，由于豆粕中含有许多大豆抗营养因子（如胰蛋白酶抑制因子、非淀粉多糖、植物凝集素、植酸和抗原蛋白）可破坏鱼类消化道结构，对鱼类消化力产生不利影响，降低鱼生长性能，使肝胰脏肿大且影响其分泌功能，同时会降低消化道中蛋白酶的活性，因而极大地限制了豆粕在水产饲料中的应用。大豆蛋白制品以低温脱脂豆粕为原料，除去了大豆的胀气因子及豆腥味物质，同时又最大限度地保留了大豆蛋白的营养成分，粗蛋白质含量高，必需氨基酸相对平衡。因此，大豆蛋白的开发应用具有更现实的意义。

（二）大豆蛋白的营养价值

1. 大豆浓缩蛋白的营养价值　SPC 生产工艺主要有四种：湿热浸提法、稀酸浸提法、乙醇提取法和超滤膜法。不同方法生产的 SPC，其营养价值存在一定的差异（表2-49）。稀酸浸提法生产的产品氮溶解指数（NSI）为 69%，而湿热浸提法和乙醇提取法生产的产品 NSI 仅为 3%～5%，其他营养成分差异不大（表 2-50）。由于消除了低聚糖类胀气因子、胰蛋白酶抑制因子和凝集素等抗营养因子的影响，SPC 中的营养素消化率有一定程度的提高，而且改善了产品风味和品质，从而使得 SPC 成为当前饲料工业使用量最大的大豆蛋白制品。

表 2-49　不同加工法制得大豆浓缩蛋白优缺点比较

工艺	优点	缺点
乙醇提取法	①大豆乳清蛋白损失少 ②氨基酸含量和比率几乎没有影响 ③乙醇容易清除	①乙醇易燃易爆 ②NSI 较低
稀酸浸提法	①NSI 高 ②主要溶剂是水，安全廉价	①豆粕吸水溶胀，去除成本高 ②风味较差
湿热浸提法	①工艺简单 ②成本低廉	①发生美拉德反应 ②蛋白质不可逆变性
超滤膜法	①可保持蛋白质的物理化学特性 ②蛋白质回收率高 ③NSI 高 ④不需处理废水	成本较高，畜牧业难以接受

资料来源：李林桂等（2015）。

表 2-50　不同加工法制得大豆浓缩蛋白成分和理化性质比较

项目	湿热浸提法	稀酸浸提法	乙醇提取法
蛋白质（N×6.25，%）	70.0	67.0	66.0
水分（%）	3.1	5.2	6.7
粗脂肪（%）	1.2	0.3	0.3
粗纤维含量（%）	4.4	3.4	3.5
灰分（%）	4.7	4.8	5.6
氮溶解系数（NSI，%）	3.0	69.0	5.0
pH（1∶10 水分系数）	6.9	6.6	6.9

资料来源：李正明和王兰君（1998）。

　　1983 年 1 月，美国农业部食品营养学会确定了 SPC 中蛋白质含量大于 60% 的质量标准。1987 年，国际食品规范委员会、蔬菜蛋白规范委员会在古巴哈瓦那会议上，通过了 FAO/WHO 联合食品标准规程，提出 SPC 中蛋白质含量为 65%～90%。由于 SPC 目前主要用于食品工业，国内外尚无饲料级产品的标准。

　　乙醇提取法和稀酸浸提法制取的 SPC 氨基酸组成，除了少数氨基酸组成略有差异外，两种产品中各种氨基酸含量相近（表 2-51）。此外，两种方法所生产的 SPC 氨基酸组成和含量均好于大豆粉。

表 2-51　不同加工工艺制得大豆浓缩蛋白的氨基酸组成（%）

氨基酸	大豆粉	稀酸浸提法	乙醇提取法
丙氨酸	4.00	4.86	4.03
精氨酸	6.95	7.98	6.46
天冬氨酸	11.26	12.84	11.28
胱氨酸	1.45	1.40	1.36
谷氨酸	17.18	20.20	18.52
甘氨酸	3.99	4.60	4.60
组氨酸	2.60	2.64	2.59
异亮氨酸	4.80	4.80	5.26
亮氨酸	6.50	7.90	8.13
赖氨酸	5.70	6.40	6.67
蛋氨酸	1.34	1.40	1.40
苯丙氨酸	4.72	5.20	5.61
脯氨酸	4.72	6.00	5.32
丝氨酸	5.00	5.70	5.97
苏氨酸	4.27	4.46	3.93

（续）

氨基酸	大豆粉	稀酸浸提法	乙醇提取法
色氨酸	1.80	1.60	1.35
酪氨酸	3.40	3.70	4.37
缬氨酸	4.60	5.00	5.57

资料来源：Campbell（1985）。

2. 大豆分离蛋白的营养价值　SPI 生产工艺主要有 3 种：碱溶酸沉法、膜分离法和反胶束萃取分离法。碱溶酸沉法作为一种传统的分离方法是利用蛋白质在等电点沉淀的特性来提取 SPI，此方法得到的 SPI 粗蛋白质含量高达 90％以上，但是酸碱溶液耗费大，产品得率低，成本较高。膜分离法主要是利用不同材料和截留分子量的膜，能够对不同分子量以及形状的大豆蛋白进行分离。此方法能耗少，产物得率高，排放废水的污染也得到一定程度解决。反胶束萃取法是指表面活性剂在有机溶剂中可形成一种聚集体，其表面活性剂的非极性尾在外，能够与有机溶剂接触，极性头在内，会形成极性核，此核能够包含水溶液以及溶解蛋白质，因此，可以从含有反胶束的有机溶剂自水相中萃取出蛋白质。此操作过程应迅速。反胶束萃取法的技术优点是：操作方便、选择性高、萃取剂可循环利用、分离和浓缩可同步进行；缺点是：在现有反胶束体系中蛋白质稳定性不高，致使萃取前后蛋白质活性损失较大，因而制约了其应用。

SPI 蛋白含量高（表 2-52），含有丰富的赖氨酸、亮氨酸、甘氨酸和色氨酸等养殖动物所需的必需氨基酸（表 2-53）。SPI 氨基酸组成和含量均好于 SPC，但略低于 ESP。另外，SPI 氨基酸评分和校正消化率明显优于菜籽分离蛋白和葵花籽浓缩蛋白，说明 SPI 在氨基酸平衡方面更符合养殖动物的需求（表 2-54）。

表 2-52　大豆分离蛋白的主要质量指标

蛋白（%）	脂肪（%）	水分（%）	灰分（%）	纤维（%）	糖类（%）	植酸磷（%）
≥92.0	≤0.4	≤4.7	≤3.2	≤0.2	≤10	0.5

资料来源：李正明和王兰君（1998）。

表 2-53　大豆蛋白的必需氨基酸组成（mg/g，以蛋白质计）

必需氨基酸	大豆分离蛋白	大豆浓缩蛋白	大豆酶解蛋白
组氨酸	28	25	26
异亮氨酸	49	48	51
亮氨酸	82	79	90
赖氨酸	64	64	66
蛋氨酸＋胱氨酸	26	28	33
苯丙氨酸＋酪氨酸	92	89	87
苏氨酸	38	45	41
色氨酸	14	16	11
缬氨酸	50	50	46

表 2-54　不同植物浓缩蛋白质制品氨基酸校正消化率的比较

蛋白	蛋白质真消化率（%）	氨基酸评分	氨基酸校正消化率（%）
大豆分离蛋白	98	94	92
菜籽分离蛋白	95	87	87
葵花籽浓缩蛋白	94	39	37

3. 大豆酶解蛋白的营养价值　ESP 是大豆或大豆加工产品（脱皮豆粕/大豆浓缩蛋白）经酶水解、干燥后获得的产品。不同原料、不同酶处理方式所得 ESP 的营养成分差异较大（表 2-55）。由表 2-55 可知，大豆酶解后，小肽和游离氨基酸含量明显增加，而且磷表观消化率也明显提高。

ESP 中小肽含量是反映产品饲用品质的一个重要技术指标。目前，常采用测定三氯乙酸法测定 ESP 中小分子蛋白（10 000u 可溶性肽）含量，但 ESP 中小肽含量应指分子量小于 2 000u 的寡肽（含 2~20 个氨基酸），寡肽含量指标才能真实反映大豆肽蛋白饲料的品质。此外，分子量分布也是肽产品的重要特性指标，直接反映产品中不同分子量肽的构成特征。

表 2-55　大豆蛋白酶解前后常规营养成分和氨基酸组成

项目	脱皮豆粕		豆粕		大豆浓缩蛋白	
	酶解前	酶解后	酶解前	酶解后	酶解前	酶解后
小肽分布（以每 100g 蛋白质计，单位为 g）	—	—	27.00	28.87	—	—
≥60ku	—	—	43.16	37.51	—	—
20~60ku	—	—	29.84	33.62	—	—
≤20ku	—	—			—	—
干物质（%）	89.98	92.70	89.32	91.48	93.0	93.5
粗蛋白（%）	47.73	55.62	45.07	54.40	63~67	55~60
粗脂肪（%）	1.52	1.82	1.07	1.13	0.5~3.0	2.5
碳水化合物（%）	34.46	28.21	—	—	—	—
灰分（%）	6.27	7.05	—	—	4.8~6.0	6.2~6.8
能量（kJ/g）	17.83	18.63	—	—	—	—
消化能（kJ/g）	3.62	3.88	—	—	—	—
总钙（%）	0.33	0.31	0.26	0.35	—	—
钙表观消化率（%）	62.90	60.90	—	—	—	—
总磷（%）	0.71	0.75	0.67	0.74	—	—
磷表观消化率（%）	39.00	60.00	—	—	—	—
必需氨基酸（%）						
精氨酸	3.45	3.95	3.06	3.75	—	—
组氨酸	1.28	1.41	1.13	1.35	—	—
异亮氨酸	2.14	2.48	1.89	2.31	—	—
亮氨酸	3.62	4.09	3.37	3.98	—	—

（续）

项目	脱皮豆粕		豆粕		大豆浓缩蛋白	
	酶解前	酶解后	酶解前	酶解后	酶解前	酶解后
赖氨酸	2.96	3.20	2.77	3.06	—	—
蛋氨酸	0.66	0.71	0.63	0.71	—	—
苯丙氨酸	2.40	2.78	2.33	2.74	—	—
苏氨酸	1.86	2.13	1.71	2.02	—	—
色氨酸	0.66	0.72	0.62	0.69	—	—
缬氨酸	2.23	2.57	1.96	2.40	—	—
非必需氨基酸（%）						
丙氨酸	2.06	2.41	1.86	2.25		
天冬氨酸	5.41	6.14	4.80	5.71		
胱氨酸	0.70	0.78	0.67	0.76		
谷氨酸	8.54	9.62	7.48	8.75		
甘氨酸	1.99	2.32	1.77	2.26		
脯氨酸	—		2.08	2.46		
丝氨酸	2.36	2.66	1.97	2.35		
酪氨酸	1.59	2.03	1.67	2.03		

资料来源：NRC（2012）；Cervantes-Pahm 和 Stein（2011）。

（三）大豆蛋白中的抗营养因子

大豆蛋白制品因其蛋白质含量高和氨基酸平衡而成为理想的植物蛋白源。然而，大豆蛋白制品中还存在多种抗营养因子，包括胰蛋白酶抑制因子、凝集素、大豆异黄酮、抗原蛋白、大豆皂苷和植酸等。这些抗营养因子通过干扰营养物质的消化吸收、破坏正常的新陈代谢和引起动物不良的生理反应等多种方式危害动物（尤其是幼龄动物）的生长和健康，从而在一定程度上降低了大豆蛋白制品在动物中的利用。

1. 大豆浓缩蛋白中的抗营养因子 SPC 除了对蛋白质进行"浓缩"之外，还大幅度减少了大豆中的抗营养因子。SPC 加工过程可清除部分抗营养因子：①溶剂可以清除大部分低聚糖（80%以上）；②溶剂可以使蛋白质变性，从而破坏大豆抗原蛋白结构；③通过后期加热可减少热敏性因子，如胰蛋白酶抑制因子、大豆凝集素等。然而，SPC 仍含有胰蛋白酶抑制因子、大豆球蛋白、β-伴大豆球蛋白、大豆素和染料木黄酮等抗营养因子（表 2-56）。SPC 抗营养因子含量因其加工方法的不同而有所差异。湿热处理可使 SPC 中胰蛋白酶抑制因子含量减少一半（Li 等，1991）；醇洗法可除去 97%以上皂苷，而酸洗法仅能除去 10%皂苷。

表 2-56　大豆浓缩蛋白中抗营养因子的含量

蛋白酶抑制因子（mg/g）	球蛋白（mg/g）	β-伴大豆球蛋白（mg/g）	醇洗总皂苷（mg/g）	酸洗总皂苷（mg/g）	大豆素（μg/g）	染料木黄酮（μg/g）
13.89	20.4～32.9	14.7～25.5	1.61	6.5	30	50

注：数值为各种抗营养因子含量占粗蛋白质比例。

2. 大豆分离蛋白中的抗营养因子　SPI 中胰蛋白酶抑制因子（TI）和脂肪氧化酶的含量较低。生 SPI 和热处理 SPI 中 TI 含量分别为 24.5mg/g 和 4.7mg/g。SPI 中 TI 等抗营养因子含量与其加工工艺有关。大豆蛋白 2S 组分中的 TI 是主要的抗营养因子。经分离去除 2S 球蛋白和 15S（脲酶等）复合蛋白制得的 SPI 产品，是以 7S 和 11S 两种球蛋白为主，因此，SPI 中 TI 含量较低。另外，该工艺还可以破坏及钝化脂肪氧化酶等气味因子，使产品的气味很好地改善。

3. 大豆酶解蛋白中的抗营养因子　ESP 中所含抗营养因子与其酶解原料密切相关（表 2-57），且 ESP 中抗营养因子含量远低于制取原料。此外，酶解方式不同，其抗营养因子含量亦有所差异（表 2-58）。

表 2-57　大豆酶解蛋白中抗营养因子含量

项目	豆粕		大豆浓缩蛋白	
	未酶解	酶解	未酶解	酶解
糖类（%）			<3.5	<1.0
葡萄糖	ND	0.49		
蔗糖	7.81	ND		
麦芽糖	ND	ND		
果糖	0.63	1.11		
水苏糖	5.17	0.71	1～3	<0.3
棉籽糖	1.08	0.16	<0.2	<0.2
抗原蛋白				
大豆球蛋白（mg/kg）	$2.3×10^4$	$0.53×10^4$	<0.1	<0.1
$β$-伴大豆球蛋白（mg/kg）	$1.5×10^4$	1.0	<0.01	<0.01
胰蛋白酶抑制因子（U/mg）	4.0	2.1	2～3	1～2
植酸（%）			0.6	0.6

表 2-58　不同酶解方式处理的大豆酶解蛋白中大豆球蛋白和 $β$-伴大豆球蛋白相对含量（%）

来源	$β$-伴大豆球蛋白			大豆球蛋白		平均值
	$α'$	$α$	$β$	A	B	
Alcalase®2，4L FG	100.0	100.0	100.0	100.0	100.0	100.0
Flavourzyme®1000L	61.0	100.0	100.0	100.0	27.0	63.0
Pepesin	100.0	100.0	100.0	100.0	100.0	100.0
Corolase®7089	70.5	100.0	100.0	45.4	35.2	70.2
Corolase®2TS	100.0	100.0	100.0	85.3	64.5	90.0
Papain（0.05%）	100.0	100.0	100.0	100.0	79.5	95.9

资料来源：Meinlsdhmidt 等（2016）。

（四）大豆蛋白在动物生产中的应用

1. 在养猪生产中的应用

（1）SPC 在养猪生产中的应用　SPC 是动物饲料的优质蛋白源，目前主要用于早期断奶仔猪的日粮中。与其他植物浓缩蛋白质相比，其粗蛋白质、蛋白质真消化率、氨基酸评分及蛋白质校正消化率均好于豌豆浓缩蛋白、豌豆粕浓缩蛋白及菜籽浓缩蛋白（表 2-59）。

表 2-59 不同植物浓缩蛋白制品氨基酸校正消化率的比较

项目	蛋白质真消化率（%）	氨基酸评分	氨基酸校正消化率（%）
SPC	95	104	99
菜籽浓缩蛋白	68.3	98	93
豌豆浓缩蛋白	61.2	55	57
豌豆粕浓缩蛋白	57.0	79	73

①SPC 对仔猪营养物质消化率的影响。Sohn 和 Maxwell（1990）比较研究了断奶仔猪（初始体重 5.5kg）对不同蛋白源中营养物质的表观消化率。结果表明，21 日龄断奶仔猪日粮中添加 SPC 时，日粮干物质、粗蛋白质和赖氨酸表观消化率显著高于豆粕组，而与添加脱脂奶粉日粮组的效果相近（表 2-60）。Yang 等（2007）比较分析了断奶仔猪（初始体重 5.9kg）对豆粕、SPC 和 Hamlet 蛋白中营养物质的表观消化率。结果表明，断奶 14 日龄仔猪对 SPC 组日粮中各种营养物质的表观消化率均明显优于豆粕组和 Hamlet 蛋白组（表 2-61）。

表 2-60 不同蛋白质来源对 21 日龄断奶仔猪消化率的影响（%）

项目	脱脂奶粉日粮组	SPC 日粮组	豆粕日粮组
干物质	92.5	92.0	83.0
蛋白质	92.6	92.2	82.1
赖氨酸	91.9	88.4	82.6

资料来源：Sohn 和 Maxwell（1990）。

表 2-61 不同蛋白质来源对 14 日龄断奶仔猪消化率的影响（%）

项目	豆粕日粮组	SPC 日粮组	Hamlet 蛋白日粮组
总能	79.10	82.57	80.79
干物质	79.85	82.80	80.47
粗蛋白质	66.72	73.85	71.49
粗脂肪	51.65	58.58	40.92
灰分	50.10	57.07	48.87
钙	43.44	50.21	45.91
磷	44.01	48.50	40.84

资料来源：Yang 等（2007）。

Sohn 等（1994）采用 T 形瘘管技术比较测定了仔猪对脱脂奶粉、SPC 和豆粕在回肠中的蛋白质和氨基酸表观消化率。结果发现，SPC 组干物质、粗蛋白质和多数氨基酸表观消化率均显著高于豆粕组，略低于脱脂奶粉组（表 2-62）。类似的，NRC（2012）研究结果显示，生长猪对各种大豆蛋白（脱皮豆粕、酶解脱皮豆粕、SPC 和

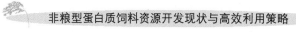

SPI）均具有较高的消化率，且 SPC 组粗蛋白质和大多数氨基酸表观消化率均明显高于豆粕组（表 2-63）。豆粕组回肠氨基酸消化率低可能是豆粕中抗营养因子引起内源性氮损失增加造成的（Yang 等，2007）。

表 2-62　仔猪对不同蛋白质产品的回肠蛋白质和氨基酸表观消化率（%）

项目	脱脂奶粉组	SPC 组	豆粕组
干物质	84.72	82.74	71.80
粗蛋白质	89.22	87.65	77.29
必需氨基酸			
精氨酸	88.4	90.4	82.2
组氨酸	86.5	88.2	80.5
异亮氨酸	92.2	90.1	81.9
亮氨酸	92.5	91.6	82.2
赖氨酸	91.7	88.3	79.3
苯丙氨酸	88.6	87.9	77.4
苏氨酸	85.3	85.3	74.9
缬氨酸	89.5	85.6	75.3
非必需氨基酸			
丙氨酸	89.7	89.1	79.9
天冬氨酸	88.6	89.3	81.2
谷氨酸	93.4	92.4	82.2
甘氨酸	84.9	81.9	73.5
脯氨酸	85.8	84.9	77.8
丝氨酸	94.4	93.2	84.5
酪氨酸	89.9	86.9	77.8

资料来源：Sohn 等（1994）。

表 2-63　脱皮豆粕、酶解脱皮豆粕、SPC 和 SPI 标准蛋白质和氨基酸回肠消化率（%）

项目	脱皮豆粕	酶解脱皮豆粕	SPC	SPI
粗蛋白质	87	88	89	89
必需氨基酸				
精氨酸	94	96	95	94
组氨酸	90	90	91	88
异亮氨酸	89	90	91	88
亮氨酸	88	89	91	89
赖氨酸	89	86	91	91
蛋氨酸	90	91	92	86
苯丙氨酸	88	86	90	88

（续）

项目	脱皮豆粕	酶解脱皮豆粕	SPC	SPI
苏氨酸	85	83	86	83
色氨酸	91	83	88	87
缬氨酸	87	89	90	86
非必需氨基酸				
丙氨酸	85	86	89	90
天冬氨酸	87	86	88	92
胱氨酸	84	73	79	79
谷氨酸	89	88	91	94
甘氨酸	84	89	88	89
丝氨酸	89	87	91	93
酪氨酸	88	92	93	88

资料来源：NRC（2012）。

②SPC对仔猪生长性能的影响。由上可知，由于SPC去除了豆制品中一般的抗营养因子，蛋白质和氨基酸的消化率有所提高。NRC（2012）数据显示，SPC中氨基酸表观消化率普遍高于脱脂奶粉和血浆蛋白粉；脂肪、还原糖及水分含量低，储存不易变质，且品质能维持恒定；酸碱度接近中性，适宜仔猪消化吸收；不含豆腥味，且具有特殊芳香味，利于诱食。因此，SPC可作为脱脂奶粉和血浆蛋白粉的替代品。CSFR（1996）采用SPC替代早期断奶仔猪日粮中的脱脂奶粉，结果发现：饲喂SPC仔猪饲料转化率略差，但生长性能没有差异（表2-64）。Yang等（2007）比较研究了豆粕、SPC和Hamlet蛋白对断奶仔猪（初始体重5.9kg）生长性能的影响。结果表明，不同生长阶段SPC组仔猪生长性能均明显优于豆粕组和Hamlet蛋白组（表2-65）。此外，欧洲生产实践也证实，将SPC与乳清粉配合使用，饲喂不同日龄的早期断奶仔猪，可取得与脱脂奶粉类似的生长性能（表2-66）。

表2-64　大豆浓缩蛋白对仔猪生长性能的影响

项目	脱脂奶粉	大豆浓缩蛋白
日增重（g）	270	270
日采食量（g）	297	325
饲料转化率	1.09	1.21

资料来源：Centrance Soye Feed Research（1996）。

表2-65　不同大豆蛋白源对仔猪生长性能的影响

项目	豆粕日粮组	SPC日粮组	Hamlet蛋白日粮组
0～14日龄			
平均日增重（g）	267	291	282

（续）

项目	豆粕日粮组	SPC 日粮组	Hamlet 蛋白日粮组
平均日采食量（g）	430	446	449
料重比	1.60	1.53	1.57
15～35 日龄			
平均日增重（g）	430	477	461
平均日采食量（g）	684	711	700
料重比	1.56	1.49	1.52

资料来源：Yang 等（2007）。

表 2-66　大豆浓缩蛋白对断奶仔猪生长性能的影响

项目	对照组	试验组
14 日龄	脱脂奶粉	大豆浓缩蛋白
初重（kg）	4.40	4.42
日增重（g）	208	205
日采食量（g）	260	253
饲料转化率	1.25	1.24
21 日龄	脱脂奶粉＋乳清粉	大豆浓缩蛋白＋乳清粉
初重（kg）	6.7	6.7
日增重（g）	388	400
日采食量（g）	691	600
饲料转化率	1.78	1.50
28 日龄	脱脂奶粉	大豆浓缩蛋白＋乳清粉
初重（kg）	6.3	6.4
日增重（g）	449	443
日采食量（g）	799	740
饲料转化率	1.78	1.67

资料来源：李德发（2003）。

　　Kats 等（1992）采用喷雾干燥血浆蛋白粉、血粉和 SPC，饲喂 21 日龄断奶仔猪（初始体重 6kg），发现断奶后 9d 至 28d 期间 SPC 组和喷雾干燥血粉组仔猪生长性能相似，但略低于喷雾干燥血浆蛋白粉组。Li 等（1991）对 SPC 改善仔猪生长性能的机理进行了研究，结果表明：饲喂 SPC 日粮仔猪肠绒毛高度和绒毛表面积比脱脂奶粉日粮组低，但显著高于豆粕日粮组；此外，血清抗大豆蛋白抗体效价的结果表明，SPC 日粮组免疫原性显著低于豆粕组。可见，SPC 提高仔猪生长性能的机理是改善了小肠绒毛发育，降低了大豆蛋白抗原的过敏反应（表 2-67）。

表 2-67　不同蛋白来源对断奶仔猪生长性能、营养物质消化率及肠黏膜形态的影响

项目	脱脂奶粉日粮	豆粕日粮	大豆浓缩蛋白日粮
生长性能			
日增重（g）	173	127	150
日采食量（g）	231	204	232
饲料转化率	1.23	1.61	1.55
消化率			
干物质（%）	88.5	87.3	88.6
氮（%）	83.0	79.7	81.4
小肠组织形态			
绒毛高度（μm）	266	175	207
绒毛面积（μm^2）	26 915	16 495	22 191
抗大豆抗体（$\log_2$）	3.86	6.67	3.83

资料来源：Li 等（1991）。

总之，SPC 因其蛋白质和氨基酸组成良好，抗营养因子含量低，营养物质消化率高，适口性好，价格相对便宜，是幼龄动物尤其是早期断奶仔猪理想的蛋白质来源。目前，一些发达国家在仔猪日粮中 SPC 添加水平为 2.5%～17.5%。

（2）SPI 在养猪生产中的应用　SPI 营养价值高，养殖动物所需的必需氨基酸含量丰富、组成平衡，且具有优良的溶解性、保水性、乳化性、凝胶性、发泡性等功能特性。因此，SPI 广泛应用于面制品、肉制品、乳制品和饮料等食品工业。由于 SPI 价格昂贵，目前在饲料工业中很少应用。

①SPI 对仔猪营养物质消化率的影响。Cervantes-Pahm 和 Stein（2009）比较分析了断奶仔猪（初始体重 10.9kg）对不同大豆蛋白源中营养物质的表观消化率。结果表明，断奶仔猪对 SPI 组日粮中各种营养物质的表观和标准回肠消化率均明显优于豆粕组和酶解豆粕组（表 2-68、表 2-69）。类似的，NRC（2012）结果显示，SPI 组粗蛋白质和大多数氨基酸表观消化率优于豆粕组，而与 SPC 组类似（表 2-63）。此外，Chae 等（1999）研究发现，早期断奶仔猪和正常断奶仔猪对 SPI 日粮中粗蛋白质和多数必需氨基酸的表观回肠消化率均明显高于豆粕和喷雾干燥血浆蛋白粉组。

表 2-68　豆粕、酶解豆粕和大豆分离蛋白的表观回肠消化率（%）

项目	豆粕	酶解豆粕	SPI
干物质	59.9	61.3	72.0
粗蛋白质	70.0	76.8	82.2
必需氨基酸			
精氨酸	84.7	90.4	92.8
组氨酸	80.8	82.7	87.9

（续）

项目	豆粕	酶解豆粕	SPI
异亮氨酸	79.8	84.4	87.2
亮氨酸	78.9	83.7	86.4
赖氨酸	79.9	82.2	88.8
蛋氨酸	80.1	86.2	87.8
苯丙氨酸	80.4	85.5	88.4
苏氨酸	67.5	72.5	76.5
色氨酸	82.2	82.1	84.3
缬氨酸	74.2	78.9	82.7
非必需氨基酸			
丙氨酸	68.9	77.3	80.3
天冬氨酸	77.2	82.4	85.9
胱氨酸	70.2	73.7	76.2
谷氨酸	80.9	89.3	91.2
甘氨酸	38.6	59.3	64.2
脯氨酸	32.7	43.9	70.1
丝氨酸	74.9	78.9	84.1
酪氨酸	82.4	86.0	88.2
氨基酸平均值	74.4	80.9	85.3

资料来源：Cervantes-Pahm 和 Stein（2009）。

表 2-69　豆粕、酶解豆粕和大豆分离蛋白的标准回肠消化率（%）

项目	豆粕	酶解豆粕	SPI
粗蛋白质	84.3	91.9	95.0
必需氨基酸			
精氨酸	92.0	98.1	99.2
组氨酸	85.9	88.8	93.0
异亮氨酸	84.9	89.7	91.6
亮氨酸	84.0	89.2	90.9
赖氨酸	85.0	88.1	93.5
蛋氨酸	87.0	92.1	93.2
苯丙氨酸	86.3	91.8	93.6
苏氨酸	79.6	85.7	87.8
色氨酸	87.0	87.5	89.1
缬氨酸	84.0	89.4	91.4
非必需氨基酸			
丙氨酸	79.5	88.5	90.0

（续）

项目	豆粕	酶解豆粕	SPI
天冬氨酸	82.3	88.1	90.6
胱氨酸	79.9	85.1	86.8
谷氨酸	84.9	93.5	94.5
甘氨酸	70.6	94.4	93.0
脯氨酸	130.7	148.2	156.3
丝氨酸	84.6	89.2	92.3
酪氨酸	88.1	92.0	93.3
氨基酸平均值	86.3	93.7	95.8

资料来源：Cervantes-Pahm 和 Stein（2009）。

②SPI 对仔猪生长性能的影响。由上可知，由于 SPI 去除了大部分抗营养因子，其蛋白质和氨基酸消化率得到了明显提高。Chae 等（1999）比较研究了 SPI、豆粕和喷雾干燥血浆蛋白粉对早期断奶仔猪生长性能的影响（表 2-70）。结果表明：断奶 0～7d 期间，SPI 组断奶仔猪日增重、日采食量和饲料转化率与豆粕组相近，但明显低于喷雾干燥血浆蛋白粉组；断奶 8～21d 期间，SPI 组断奶仔猪日增重、日采食量和饲料转化率明显高于豆粕组，与喷雾干燥血浆蛋白粉组类似；断奶 22～35d 期间，不同处理组断奶仔猪日增重、日采食量和饲料转化率无明显差异。断奶 0～35d 期间，SPI 组断奶仔猪日增重和饲料转化率均明显高于豆粕组，与喷雾干燥血浆蛋白粉组一致。

表 2-70 不同蛋白源对断奶仔猪生长性能的影响

项目	豆粕组	SPI组	喷雾干燥血浆蛋白粉组
断奶 0～7d			
平均日增重（g）	103	113	255
平均日采食量（g）	176	208	313
饲料转化率（g/kg）	567	550	812
断奶 8～21d			
平均日增重（g）	383	468	475
平均日采食量（g）	575	645	655
饲料转化率（g/kg）	670	740	726
断奶 22～35d			
平均日增重（g）	685	635	655
平均日采食量（g）	1065	993	1023
饲料转化率（g/kg）	644	640	642
断奶 0～35d			

（续）

项目	豆粕组	SPI组	喷雾干燥血浆蛋白粉组
平均日增重（g）	440	488	503
平均日采食量（g）	693	698	733
饲料转化率（g/kg）	636	700	686

资料来源：李德发（2003）。

　　Li 等（1991）研究证实，SPI 中大豆球蛋白和 β-伴大豆球蛋白含量下降，SPI 组早期断奶仔猪小肠绒毛高度及小肠绒毛面积均高于豆粕组，对肠道形态和免疫功能有益。此外，血清抗大豆蛋白抗体效价的结果表明，SPI 日粮组免疫原性显著低于豆粕日粮组。由此可见，SPI 日粮可改善小肠绒毛发育，降低大豆蛋白抗原的过敏反应（表 2-71），从而提高仔猪生长性能。因此，SPI 可作为脱脂奶粉和血浆蛋白粉的替代品。

表 2-71　大豆蛋白制品对仔猪肠道组织的影响

项目	脱脂奶粉组	豆粕组	SPC组	SPI组
小肠绒毛高度（μm）	266.20	175.00	207.30	216.80
隐窝深度（μm）	198.00	222.40	214.10	189.70
小肠绒毛面积（μm^2）	26 915.00	16 495.00	22 191.30	19 068.10
抗大豆蛋白抗体效价（IgG）（log$_2$）	3.86	6.67	3.83	2.56

资料来源：Li 等（1991）。

　　（3）ESP 在养猪生产中的应用　　大豆蛋白经过蛋白酶处理后，形成大豆多肽类和小分子物质的混合物，其理论特性和营养特性相比蛋白质和氨基酸具有许多优点，如溶解性好、黏度低，能抑制蛋白质凝胶，比蛋白质和氨基酸更易于消化吸收，促进微生物发酵、低抗原性等。近年来，ESP 逐渐应用于饲料工业体系中。

　　①ESP 对仔猪营养物质消化率的影响。陈卫东等（2014）比较研究了日粮中添加ESP 对商品猪肠道消化酶活性的影响。结果表明，日粮中添加 1%～2%ESP 显著提高了十二指肠、空肠、回肠黏膜中脂肪酶和淀粉酶活性，以及日粮蛋白质、脂肪及糖类的消化利用率。Cervantes-Pahm 和 Stein（2009）比较分析了断奶仔猪（初始体重10.9kg）对不同大豆蛋白源中营养物质的表观消化率。结果表明，断奶仔猪对 ESP 组日粮中干物质、粗蛋白质和各种氨基酸的表观和标准回肠消化率均明显优于豆粕组。类似的，NRC（2012）结果显示，ESP 组粗蛋白质和大多数氨基酸表观消化率优于脱皮豆粕组，而与 SPC 组类似。此外，张爱民等（2015）研究发现，降低饲粮 1%粗蛋白质同时添加 1.5%ESP 可以显著提高仔猪饲粮有机物和粗蛋白质表观消化率。

　　②ESP 对仔猪生长性能的影响。Lindemann 等（2000）开展了 ESP 对仔猪饲喂价值的系列评估试验。结果表明：日粮中添加 2%～8%ESP 替代等氮鱼粉均明显改善了仔猪（初始体重 7.9kg）日增重、日采食量和料重比（表 2-72）；日粮中添加 2%～6%ESP 替代等氮喷雾干燥血浆蛋白粉均明显改善了仔猪（初始体重 6.3kg）日增重和日采食量，而对料重比无明显影响（表 2-73）；日粮中添加 1%～2%ESP 替代等氮喷雾干燥血浆蛋白粉均明显改善了不同生长阶段仔猪日增重、日采食量和料重比（表 2-74）。

表 2-72　日粮中不同鱼粉和 ESP 水平对仔猪生长性能的影响

项目	鱼粉（%）			
	6	4.5	3	0
ESP（%）	0	2	4	8
日增重（kg）	0.396	0.420	0.426	0.416
日采食量（kg）	0.639	0.672	0.680	0.650
料重比	1.604	1.593	1.589	1.554

资料来源：Lindemann 等（2000）。

表 2-73　日粮中不同喷雾干燥血浆蛋白粉和 ESP 水平对仔猪生长性能的影响

项目	喷雾干燥血浆蛋白粉（%）			
	6	4	2	0
ESP（%）	0	2	4	6
日增重（kg）	0.225	0.303	0.272	0.249
日采食量（kg）	0.293	0.382	0.355	0.342
料重比	1.326	1.245	1.323	1.393

资料来源：Lindemann 等（2000）。

表 2-74　日粮中不同喷雾干燥血浆蛋白粉和 ESP 水平对仔猪生长性能的影响

项目	喷雾干燥血浆蛋白粉（%）			
	6ESP（%）0	4ESP（%）1	2ESP（%）2	0ESP（%）3
阶段Ⅰ基础饲料，第1周				
日增重（kg）	0.175	0.196	0.199	0.179
日采食量（kg）	0.255	0.271	0.272	0.236
料重比	1.592	1.529	1.422	1.367
阶段Ⅰ基础饲料，第1～2周				
日增重（kg）	0.279	0.282	0.295	0.269
日采食量（kg）	0.403	0.400	0.397	0.384
料重比	1.451	1.419	1.355	1.431
阶段Ⅱ基础饲料，第1～3周				
日增重（kg）	0.567	0.552	0.572	0.562
日采食量（kg）	0.941	0.908	0.931	0.931
料重比	1.660	1.642	1.627	1.655
阶段Ⅱ基础饲料，第1～5周				
日增重（kg）	0.451	0.444	0.461	0.445
日采食量（kg）	0.727	0.704	0.718	0.712
料重比	1.607	1.584	1.553	1.600

资料来源：Lindemann 等（2000）。

③ESP 对仔猪肠道健康的影响。肠道正常发育是仔猪对饲粮消化吸收的基础。小

肠绒毛高度、隐窝深度、绒毛高度/隐窝深度比值可综合反映小肠功能状态。张爱民（2015）报道，ESP可通过改善仔猪空肠、回肠绒毛高度和各小肠段隐窝深度来促进肠道绒毛的发育，从而提高仔猪对营养物质的消化吸收能力。类似的，张晶等（2006）、潘翠玲等（2006）研究发现，ESP可促进肠道发育，这可能与酶解产物中某些活性肽可作为肠黏膜上皮细胞发育的能源底物，有效促进肠黏膜组织发育有关。

仔猪肠道组织发育及功能发挥依赖于肠道绒毛细胞结构的完整性。陈卫东等（2014）分别在保育猪、中猪和大猪阶段日粮中添加2.0%、1.5%和1.0%ESP开展试验。结果表明，添加1.0%～2.0%ESP均显著降低了血清中丙二醛含量，提高了过氧化氢酶、超氧化物歧化酶、谷胱甘肽和总抗氧化力活性，以及补体C3、C4、IgG含量（表2-75）。唐玲等（2014）也报道了类似的研究结果。张爱民（2015）报道，仔猪饲粮添加1.5%和2.0%ESP可显著降低血清二胺氧化酶（DAO）活性和提高sIgA含量，从而促进肠道上皮细胞完整性和肠道免疫。可见，ESP可促进肠道消化吸收功能的正常发挥，增强肠道免疫能力，减少肠道病原菌感染机会，从而保证肠道处于健康状态。这可能与ESP含有部分大豆活性肽有关，活性肽可增强肠道黏膜免疫力，促进sIgA分泌，减少病原微生物入侵，进一步降低肠上皮细胞损伤。

表2-75　ESP对仔猪抗氧化力和免疫力的影响

项目	对照组	ESP组	项目	对照组	ESP组
丙二醛（nmol/mL）	0.510	0.200	谷胱甘肽（μmol/L）	169.210	202.440
总抗氧化力（U/mL）	0.012	0.020	补体C3（g/L）	0.096	0.107
过氧化氢酶（U/mL）	4.540	5.440	补体C4（g/L）	0.058	0.061
超氧化物歧化酶（U/mL）	45.230	51.490	IgG（g/L）	0.263	0.272

资料来源：陈卫东等（2014）。

仔猪肠道微生态系统由多种菌群组成。这些菌群主要存在于盲肠和结肠。研究发现，猪正常肠道菌群包括乳酸杆菌、双歧杆菌属等有益菌群，以及大肠杆菌属等有害菌群。动物肠道健康状况下菌群处于平衡状态，当有害菌大量增殖占优势时，动物则会出现腹泻等临床症状。张爱民（2015）报道，ESP可提高仔猪盲肠、结肠乳酸杆菌数量和乳酸杆菌/大肠杆菌比值，优化肠道菌群结构。这可能是由于饲粮中添加ESP促进了肠道发育，提高了饲粮营养物质整体利用效率，减少了进入大肠内未消化营养物质，从而优化了肠道后段的菌群结构。

总之，ESP中所含二肽、三肽和活性肽可通过促进肠道绒毛发育、增强肠道黏膜免疫、减少肠上皮细胞损伤来提高仔猪消化能力，使饲粮有机物和蛋白质表观消化率提高；减少进入后肠未消化的营养物质，优化肠道菌群结构，进一步改善肠道内环境，从而提高仔猪生长速度。

2. 在反刍动物生产中的应用

（1）SPC在反刍动物生产中的应用　目前，许多奶牛业发达的国家和地区，多用代乳粉和开食料组合对犊牛实施早期断奶。然而，在20世纪60年代，由于脱脂奶粉价格较低，曾在代乳粉中大量使用脱脂奶粉；直到80年代中期，随着脱脂奶粉价格的上涨，在代乳粉中使用植物蛋白源的问题引起了人们的关注。任慧波（2004）分别以牛奶、SPC、SPC＋玉米蛋白为蛋白源代乳粉日粮饲喂 8～12 日龄荷斯坦奶牛公犊。结果表明，SPC＋玉米蛋白组荷斯坦奶牛公犊日增重优于其他组，且其饲养成本最低。可见，SPC 和玉米蛋白的复合物可作为犊牛代乳粉的蛋白源，不同蛋白源间有一定的互补性；饲喂代乳粉培育犊牛的日增重不低于牛奶培育方式，且比牛奶培育方式饲养成本低。另外，贺永康等（2008）用 SPC 代替 75％乳蛋白不会影响犊牛生长，但犊牛由于出生体重的不同利用 SPC 的能力也存在一定差异，出生体重较大的犊牛优于出生体重小的，且对断奶后犊牛补偿生长影响较明显。Akinyele 等（1983）也比较研究了脱脂乳蛋白和 SPC 代替 75％乳蛋白对犊牛生长性能的影响。结果表明，第一阶段（10～15d），SPC 组犊牛干物质、蛋白质、脂肪和粗灰分表观消化率明显低于全乳蛋白组；第二阶段（30～35d）犊牛对 SPC 组营养物质消化率和氮沉积比第一阶段有较大的提高，而且断奶后补偿生长也较明显。虽然出生日龄可影响犊牛对 SPC 的利用率，但仍可将其作为有效的代乳料蛋白源。

总之，SPC 是一种有效的代乳料蛋白源，也是一种优良的植物蛋白源。使用 SPC 不仅可以达到替代乳蛋白的效果，而且能明显降低生产成本。

（2）SPI 在反刍动物生产中的应用　SPI 蛋白质含量高达 90％左右，在动物体内的利用率较高，但其生产成本较大豆粉和 SPC 高。Khorasan 等（1988）研究了用 SPI 代替乳蛋白对牛犊蛋白质和氨基酸消化和胰腺酶分泌的影响。结果表明，用 SPI 代替乳蛋白降低了蛋白质和一些氨基酸的消化率。脱脂乳蛋白组、50％脱脂乳蛋白＋50％SPI 组、100％SPI 组回肠中必需氨基酸消化率分别为 82.1％、75.8％和 61.8％，肠道中必需氨基酸消化率分别为 90.0％、82.6％和 74.0％。可见，犊牛对 SPI 中氨基酸的表观消化率低于脱脂乳蛋白组，但干物质表观消化率差异不显著。Lalles 等（1995）采用 SPI 代替 60％乳蛋白能维持肉牛较快的生长速度，这主要是由于 SPI 本身具有较高的消化性和较低的抗原活性。此外，孙进（2003）、叶纪梅（2006）也得到类似研究结果。

3. 在家禽生产中的应用

（1）SPI 在家禽生产中的应用　张静（2014）通过试验评估热处理 SPI 对肉鸡生长性能和免疫功能的影响。结果表明，热处理 SPI 4h 和 8h 可增加蛋白质羟基含量，降低巯基与自由氨基含量。8h 处理组肉鸡体重、14 日龄肝脏重、21 日龄脾脏和法氏囊重显著低于对照组，14 日龄肉鸡血清和十二指肠 IgG 含量显著低于对照组。8h 处理组 21 日龄肉鸡血清肾上腺皮质激素和皮质醇含量显著高于对照组，14 日龄肉鸡血清和黏膜过氧化酶活性显著高于对照组。可见，热处理可诱导 SPI 氧化，而氧化蛋白质对肉鸡免疫功能起负面影响。陈星（2014）等在热处理 SPI 饲粮对肉鸡胰腺功能影响的研究中也发现，摄食热处理 SPI 饲粮对肉鸡早期（14 日龄）胰腺功能相关指标无显著影响，但随着摄食热处理 SPI 饲粮时间的延长（21 日龄），肉鸡胰腺代偿性增大，胰腺胰蛋白酶活性降低，并伴随胰腺抗氧化防御能力的降低，说明摄食热处理 SPI 饲粮一定时间后会对肉鸡胰腺功能产生负面作用。因此，采用含有 SPI 饲料饲喂家禽时，应避免使用经高温处理过的家禽饲料。

（2）ESP 在家禽生产中的应用　付生慧等（2007）通过在肉仔鸡日粮添加 ESP 试验研究发现，肉仔鸡日粮中添加适宜比例 ESP，可显著提高肉仔鸡生长性能和成活率，特别是以可消化氨基酸模型配制日粮时，不仅可提高生长性能，降低死亡率，而且可更大限度地发挥 ESP 这一高效植物蛋白源在家禽日粮中的应用。

4. 在水产品生产中的应用

（1）SPC 在水产品生产中的应用 SPC 粗蛋白质含量和鱼粉接近，价格却比鱼粉便宜。近年来，大量学者在不同鱼类饲料中尝试采用 SPC 替代鱼粉。研究结果显示，不同鱼类品种替代比例差异较大。

①对水产动物消化功能的影响。Kim 等（1998）在鲤鱼上的研究表明，18℃时，SPC 组干物质和粗蛋白质表观消化率高于鱼粉组，25℃时，只有粗蛋白质表观消化率显著高于鱼粉组，而 Ca 和 P 表观消化率两个温度均显著低于鱼粉组。

②对水产生物生长性能的影响。对于不同种类鱼类 SPC 替代鱼粉效果差异较大。Deng 等（2006）报道，随着 SPC 替代鱼粉水平的提高，牙鲆生长性能显著线性降低；即使在最低的 25% 替代水平时，牙鲆生长性能仍显著低于鱼粉组。由此可知，牙鲆不能有效利用 SPC。Kissil 等（2000）在乌颊鱼研究中也得到了类似的结果。乌颊鱼生长性能与饲料中 SPC 含量呈显著负相关，即使在最低的 30% 替代水平时，其生长性能仍显著低于鱼粉组。李晨晨等（2018）比较研究了 SPC 替代 0、10%、20%、30%、40% 和 60% 鱼粉对黄颡鱼生长性能的影响。结果表明：饲料中 SPC 替代鱼粉水平不超过 20% 时，生长性能无显著变化，但当替代水平提高到 30% 以上时，生长性能显著降低（表 2-76）。相反，有关虹鳟（Kaushik 等，1995；Médale 等，1998；Mambrini 等，1999）、鲤（Escaffre 等，1997）、大西洋鲑（Storebakken 等，1998，2000；Refstie 等，2001）、大西洋庸鲽（Berge 等，1999）、塞内加尔鳎（Aragão 等，2003）和大黄鱼（冯建等，2017）的研究却发现，SPC 能够部分（40%～75%）或完全（100%）替代鱼粉蛋白。Ward 等（2016）比较研究了 SPC 替代豆粕对大西洋牙鲆生长性能的影响。结果表明，随着 SPC 替代豆粕比例的提高，大西洋牙鲆生长性能、饲料效率和攻毒后成活率逐渐提高，且 60% SPC 完全可替代鱼粉对照组（表 2-77）。可见，SPC 是一种鱼类优质植物蛋白源，其生物利用率远远高于豆粕。

表 2-76 SPC 替代鱼粉对黄颡鱼生长性能的影响

项目	0SPC组	10%SPC组	20%SPC组	30%SPC组	40%SPC组	60%SPC组
饲料效率	1.05±0.02	1.14±0.04	1.12±0.05	1.03±0.06	1.04±0.08	1.09±0.01
蛋白质效率	2.20±0.04	2.33±0.07	2.29±0.11	2.12±0.13	2.11±0.15	2.08±0.25
特定生长率（%/d）	3.80±0.27	3.71±0.25	3.70±0.12	3.58±0.23	3.57±0.18	3.51±0.29

资料来源：李晨晨等（2018）。

表 2-77 SPC 替代豆粕对大西洋牙鲆生长性能、饲料系数和攻毒后成活率

项目	鱼粉组	0SPC组	12%SPC组	24%SPC组	36%SPC组	48%SPC组	60%SPC组
饲料系数	1.2	2.7	2.9	2.2	2.1	1.4	1.4
特定生长率（%/d）	2.7	1.7	1.7	2.0	2.0	2.3	2.7
攻毒后成活率（%）	20.0	24.0	14.0	30.0	37.0	45.0	19.0

资料来源：Ward 等（2016）。

Paripatananont 等（2001）发现 SPC 替代 50％鱼粉仍不影响对虾生长率 Forster 等（2002）报道，SPC 可取代 75％鱼粉而对虾生长率无不良影响。刘栋辉等（2002）报道，对虾饲料中添加 8％SPC 替代鱼粉，可明显提高对虾成活率、生长性能和饲料利用率。此外，梁运祥等（2007）研究发现在虾料中使用 SPC 可以有效地保护池塘水质，显著降低水中 H_2S、氨氮、亚硝酸盐和活性磷含量（表 2-78）。Soares 等（2007）比较研究了 SPC 替代鱼粉对凡纳滨对虾生长性能的影响。结果表明，随着 SPC 替代鱼粉比例的提高，凡纳滨对虾摄食率和末重逐渐降低，但 75％替代组与鱼粉对照组间无显著差异。总之，SPC 作为一种高效、优质的植物性蛋白源不仅能降低鱼粉用量，还能减轻对虾养殖对水体的污染，开发潜力大。

表 2-78　SPC 部分替代鱼粉后水质的变化（g/L）

项目	H_2S	亚硝酸盐	氨氮	总无机盐	总活性磷
鱼粉	0.196	0.040	0.055	0.269	0.014
SPC 部分替代鱼粉	0.004	0.027	0.020	0.212	0.020

由上可知，不同试验研究结果差异较大，其原因主要有以下 3 个方面：一是，大多数有关 SPC 替代鱼粉的研究中，SPC 饲料中补充了相应的必需氨基酸（尤其是蛋氨酸），由此相应地提高了 SPC 替代鱼粉的水平。二是，饲料原料质量有所差异，国内研究所使用的鱼粉多为红鱼粉，鱼粉质量较差；而国外大多数研究中使用的鱼粉为白鱼粉。三是，养殖鱼类种类的差异。不同的养殖对象，SPC 替代鱼粉水平也不同。Deng 等（2006）和刘兴旺等（2014）均研究发现，鲆鲽类饲料中 SPC 替代比例均低于 20％，而虹鳟等鱼类相对替代水平较高（Kaushik 等，1995；Boonyoung 等，2013）。

李二超等（2005）通过分析 SPC 各种营养成分及抗营养素的组成和含量，并与进口鱼粉进行比较，对 SPC 作为水产饲料蛋白源的利弊进行了全面评价。结果显示，必需氨基酸指数 SPC 最高，秘鲁鱼粉次之，普通豆饼最低；当以蛋氨酸＋胱氨酸为第一限制性氨基酸时，秘鲁鱼粉蛋白价最高，SPC 次之，而普通豆饼最低。此外，还发现 SPC 中组氨酸和蛋氨酸含量显著低于鱼粉。可见 SPC 作为水产饲料蛋白源比普通的豆饼价值高，但与鱼粉相比，由于其某些氨基酸含量显著低于鱼粉，所以完全替代水产动物饲料中的鱼粉可能会导致水产动物某些氨基酸缺乏，阻碍水产动物生长。因此，生产时可将多种饲料合理搭配在一起，使饲料蛋白质中必需氨基酸相互补偿，以提高蛋白质的营养价值。

（2）SPI 在水产品生产中的应用　SPI 蛋白含量可达 85％以上，其抗营养因子含量较低。然而，由于 SPI 生产加工成本较高，目前 SPI 在水产品生产中应用的研究报道较少。

姜光丽和周小秋（2005）比较研究了用 SPI 替代鱼粉对幼建鲤肝胰腺发育和消化道蛋白酶活性的影响。结果表明：饲料中用 SPI 替代鱼粉蛋白水平对幼建鲤肝胰腺指数、肝胰脏中的胰蛋白酶、凝乳蛋白酶活性及肠道中胰蛋白酶、凝乳蛋白酶活性影响显著。徐奇友等（2008）比较研究了 SPI 替代鱼粉对哲罗鱼稚鱼生长、体成分和血液生化指标的影响。结果表明，SPI 替代鱼粉会显著降低哲罗鱼的生长性能和鱼体质量。姜光丽和周小秋（2008）研究了用 SPI 替代鱼粉对幼建鲤生长性能的影响。结果表明：SPI 可替代 40%鱼粉，但随着 SPI 替代鱼粉蛋白比例的增加，鱼体重量显著下降，饵料系数上升，蛋白质效率比和蛋白质沉积率均显著下降（表 2-79）；当 SPI 替代鱼粉蛋白比例超过 60%时，蛋白质沉积率极显著下降。Xu 等（2012）比较研究了 SPI 替代鱼粉对鲟生长、消化酶活性和血浆生化指标的影响。结果表明：饲料中 SPI 替代 62.5%鱼粉对鲟肠道蛋白酶、脂肪酶和淀粉酶活性及生长性能和饲料利用率无明显影响。Wang 等（2014）比较研究了饲料中 SPI 分别替代 0、20%、40%、60%、80%和 100%鱼粉对虹鳟生长、体组成、消化率和氮磷排泄的影响。结果表明：当 SPI 替代至 40%时，虹鳟特定生长率、体增重和蛋白质效率显著提高，随后显著下降。黎慧等（2014）采用肉骨粉和 SPI 以 1∶1 比例混合分别替代 0、15%、30%、45%、60%和 75%鱼粉，探讨其对黑鲷幼鱼消化性能及血清生化指标的影响。结果表明：当混合蛋白替代比例超过60%时，胃蛋白质酶活性显著降低，而幽门、前肠和中肠胰蛋白酶活性无显著变化；干物质和粗蛋白质消化率随着混合蛋白替代比例的增加而显著升高，而血清谷草转氨酶和谷丙转氨酶活性随混合蛋白替代比例的增加而显著升高。王常安等（2018）比较研究了饲料中 SPI 分别替代 0、25%、37.5%、50%、62.5%、75%、87.5%和 100%鱼粉对哲罗鱼消化生理的影响。结果表明：随着替代比例的增加，哲罗鱼胃、前肠、幽门盲囊、中肠和胰腺的蛋白酶、脂肪酶和淀粉酶活性均呈显著下降趋势；肠道绒毛和纹状缘高度亦呈显著下降趋势；高比例替代水平（＞75%）时，哲罗鱼肠道组织结构完整性被破坏，纹状缘融合、部分脱落，肝脏空泡化现象严重，形态轮廓逐渐模糊，肝细胞核偏移，且溶解或缺失。

表 2-79　SPI 对幼建鲤蛋白质效率比和蛋白质沉积率的影响

试验组	蛋白质效率比	蛋白质沉积率（%）
0SPI	1.87±0.10	25.57±0.18
40%SPI	1.74±0.28	24.52±0.48
60%SPI	1.49±0.11	18.48±0.08
80%SPI	1.31±0.00	11.30±0.56
100%SPI	1.19±0.08	14.10±0.38

鱼类在水体中所处营养级越高，其食谱越窄，适应较高 SPI 水平越难。因此，有关 SPI 在水产品生产中的应用效果与鱼类食性密切相关，不同食性鱼类饲料中 SPI 中适宜添加比例有待进一步深入研究。

（3）ESP 在水产生产中的应用　由于水产动物的生理特点，使得水产动物对蛋白质的数量和质量要求很高。ESP 饲料中富含易被水产动物消化吸收的氨基酸、寡肽、多肽等小分子物质，而且还含有多种维生素、矿物质等特殊营养成分，是替代鱼粉的最佳选择。

①对水产动物消化功能的影响。由于水产动物特殊的生理结构，使得水产动物对饲料蛋白质品质要求很高。大量试验证实，ESP 能够有效刺激水产动物肠道消化酶活性，促进动物生长繁殖。李惠等（2007）有关斑点叉尾鲴的试验发现，ESP 替代 25%～100%鱼粉显著提高了斑点叉尾鲴肝胰蛋白酶和淀粉酶活性。

②对水产动物生长性能的影响。研究证实，ESP 适量替代饲料中鱼粉，可以提高

水产动物生长性能。赵丽梅等（2011）分别用 13％、24％、34％、44％ ESP 替代鱼粉，结果发现 34％ ESP 替代鱼粉时，金鲳生长性能达到最佳，而添加 44％ESP 替代鱼粉时，金鲳生长性能明显下降，说明适量添加 ESP 可以替代部分鱼粉，从而使金鲳达到最佳生长性能。李惠等（2007）有关斑点叉尾鮰的试验表明，ESP 替代 25％～75％鱼粉显著提高了斑点叉尾鮰特定生长率和增重率。张国良等（2008）研究了饲料中分别添加 0、2.5％、5％、7.5％和 10％ESP 替代鱼粉对奥尼罗非鱼生长性能的影响。结果表明，随着替代比例的增加，奥尼罗非鱼特定生长率、平均日采食量和蛋白质效率逐渐降低，饲料系数逐渐升高。此外，ESP 替代 50％鱼粉对奥尼罗非鱼平均日采食量和特定生长率无显著影响；但 ESP 替代 100％鱼粉显著降低了奥尼罗非鱼生长性能和饲料利用率（表 2-80）。

表 2-80　酶解大豆蛋白对奥尼罗非鱼生长性能的影响

组别	特定生长率（％）	平均每尾日采食量（g/d）	饲料系数	蛋白质效率	存活率（％）
对照组	1.95±0.04	0.54±0.01	1.97±0.12	1.67±0.10	96.67
1 组	1.82±0.01	0.52±0.01	2.28±0.02	1.43±0.01	96.67
2 组	1.70±0.02	0.51±0.01	2.45±0.04	1.34±0.02	95.00

注：对组照为添加 10％的鱼粉组；1 组以 50％大豆酶解蛋白替代鱼粉；2 组以 100％大豆酶解蛋白替代鱼粉。

付生慧（2007）采用不同大豆蛋白源饲料（豆粕、膨化豆粕、SPC 和 ESP）替代鱼粉饲喂草鱼试验表明，与对照组（鱼粉组）相比，ESP 组草鱼生长速度和饲料系数有一定程度的改善（表 2-81）。可见，ESP 不仅可适当改善鱼类生长性能，且可明显降低饲料成本，增加养殖利润。

表 2-81　不同大豆蛋白源对草鱼生长性能的影响

项目	鱼粉组	豆粕组	膨化豆粕组	大豆酶解蛋白组	大豆浓缩蛋白组
特定生长率（％）	1.63±0.07	1.51±0.21	1.47±0.06	1.72±0.04	1.65±0.09
饲料系数	1.21±0.03	1.41±0.03	1.81±0.03	1.19±0.03	1.57±0.02
蛋白质消化率（％）	89.42±0.77	76.78±0.26	81.03±0.44	88.67±0.41	79.23±0.41

③对水产动物机体免疫力的影响。研究发现，ESP 能够有助于水产动物体内有益菌的繁殖，其中活性小肽能够参与机体的免疫系统调节，提高机体免疫能力。宋文新等（2009）有关黑鲷幼鱼试验表明，ESP 替代 10％鱼粉明显提高了黑鲷幼鱼机体内过氧化物歧化酶和溶菌酶活性；但当 ESP 替代水平提高到 30％～50％时，过氧化物歧化酶和血清溶菌酶活性显著下降，表明过量添加 ESP 影响黑鲷幼鱼免疫能力。陈萱等（2005）有关异育银鲫试验表明，饲料中添加 ESP 改善了异育银鲫生长性能和非特异性免疫力。

影响 ESP 添加量的因素主要有 3 点。一是抗营养因子，抗营养因子主要影响动物对饲料中营养成分的利用，从而降低其生长速率和健康水平。水产饲料中添加过多ESP 往往容易造成饲料中抗营养因子过量，从而导致水产动物的不良生长。二是氨基酸组成，ESP 与鱼粉相比，虽然大豆肽的粗蛋白质含量丰富，甚至高于鱼粉，但是某些必需氨基酸缺失，氨基酸不平衡往往容易导致水产动物生长性能降低。三是适口性，适口性是影响大豆肽在饲料中添加量的主要因素之一。与鱼粉相比，大豆肽适口性比较差，随着大豆肽含量的增加，必然导致水生动物的摄食量减少。

（五）大豆蛋白作为饲料资源开发利用

1. 加强开发利用大豆蛋白作为饲料资源　蛋白质是维持动物生长和生命活动的主要功能物质。大豆中的蛋白质含量丰富，是谷类食品的4～5倍。大豆蛋白氨基酸，除蛋氨酸略低外其余EAA含量均较高，是植物型的完全蛋白质；大豆蛋白营养价值高，不含胆固醇，是众多植物蛋白中为数不多的可替代动物蛋白的蛋白源。此外，大豆蛋白是目前供应比较稳定的植物蛋白原料。然而，豆粕中含有较多抗营养因子，影响养殖动物的适口性，易导致动物发生肠炎。为了提高大豆蛋白在仔猪和鱼类饲料中的添加比例，需降低其抗营养因子含量。大豆蛋白制品中大豆抗营养因子含量普遍较低，有利于提高其在饲料中的添加比例，当前应加大大豆蛋白制品加工流程研发力度，降低加工成本。

2. 改善大豆蛋白作为饲料资源开发的利用方式　随着我国畜牧业与水产养殖业的快速发展，对蛋白质饲料的需求量将会快速增加。大豆蛋白是一种氨基酸组成比较完善的植物性蛋白，是一种良好的植物蛋白源，具有广阔的开发前景。目前，大豆蛋白主要应用于食品方面，而在饲料中的应用仍处于市场开拓阶段，特别是ESP应用报道相对较少，需进一步探究。

另外，由于大豆蛋白中含有多种抗营养因子，对动物的生长、发育有一定的抑制作用。因此，有效去除抗营养因子对大豆蛋白在动物饲料中应用具有推动作用。目前，抗营养因子的处理方法包括加热、乙醇浸提、微波处理和微生物发酵法等，其中微生物发酵法处理大豆蛋白不仅可去除多种抗营养因子，同时还可积累有益代谢产物。

五、大豆筛余物

（一）大豆筛余物概述

1. 我国大豆筛余物资源现状　目前，国内外市场对大豆品质的要求越来越高。大豆在栽培生产、收割清理、运输和贮藏过程中，易受不良环境因素的影响，对大豆籽粒造成损伤，进而对大豆品质产生一定的影响。大豆籽实进行初清筛选的过程中，会产生一定的筛上物质——筛余物。大豆筛余物为大豆籽实清理过程中筛选出的瘪的（籽粒不饱满，瘪缩达粒面1/2及以上或子叶青达1/2及以上）或破碎的［子叶残缺（包括整半粒）、横断、破裂的颗粒］籽实、种皮和外壳。《饲料原料目录》中其主要强制标识成分为粗纤维和粗灰分。迄今，国内外对大豆筛余物的利用与研究较少，仅有大豆筛余物中皱瘪大豆、破碎籽实、种皮、外壳的零星报道。

近年来，随着我国大豆生产和贸易的发展，我国在世界大豆供求关系中的影响也越来越大。我国大豆常年种植面积占粮食耕地面积的8%～10%，位于水稻、小麦、玉米之后。我国大豆主产区集中在东北三省、黄淮海平原以及长江中下游地区。东北大豆产区为我国最大的大豆产区，种植面积和总产量占全国的45%～50%。在大豆主产区，大豆筛余物相对较多。然而，迄今尚未有大豆筛余物的统计数据。

2. 大豆筛余物作为饲料原料利用存在的问题 大豆筛余物中破碎的籽实即使有损伤，也还是具有一定的食用价值，但在使用过程中要考虑抗营养因子的问题。瘪的大豆脂肪含量较低、出油率低、非还原糖含量低，使用过程中不仅要考虑抗营养因子的问题，还要考虑其品质和营养成分的问题。大豆种皮是大豆在清理过程中受到摩擦挤压，产生的种皮。大豆种皮中可消化粗纤维含量高、有效能值也较高，但 eNDF 含量低。大豆外壳属于非常规饲料，属于质量低、体积大的粗饲料，其中粗纤维含量高、营养浓度低，在生长育肥动物日粮中的使用受到限制，只有少数供饲草食动物，其余大多数都被当作垃圾掩埋。然而，填埋处理极易霉变、腐败发臭，既造成资源浪费，又引起环境污染。与常规饲料原料相比，大豆外壳的利用缺乏相关研究数据。

3. 开发利用大豆筛余物作为饲料原料的意义 中国是世界养殖大国之一，畜产品和水产品产量逐年增加，随之对饲料需求量也大幅增加，在现有的养殖生产体系中，常用谷物、豆饼和豆饼粉等常规传统饲料供饲单胃动物、反刍动物和水产动物。然而，我国耕地面积正逐年减少，粮食产量增长缓慢，加上养殖业的大力发展，粮食供应难以支持持续增长的饲料原料需求，饲料原料问题已经成为制约我国养殖业发展的瓶颈。合理利用现有的粮食资源，提高资源利用率，是缓解养殖业饲料原料供求平衡的有效措施。

按照我国每年的大豆产量，加之大量的进口大豆，在大豆初清过程中产生的大豆筛余物产量巨大，若对于这一饲料原料能合理利用，将是缓解饲料原料不足的方法之一。

（二）大豆筛余物的营养价值

栾凤侠等（1995）比较研究了大豆损伤粒（如破碎籽实、皱瘪籽实）与未损伤粒（完整籽实）脂肪、蛋白质、灰分、脂肪酸、游离脂肪酸和非还原糖含量。结果表明：破碎籽实粗蛋白质、粗脂肪和灰分含量分别为 41.29%、19.87% 和 5.56%，分别比未损伤粒高 0.23%、0.65% 和 0.80%；皱瘪籽实粗蛋白质、粗脂肪和灰分含量分别为 42.92%、15.21% 和 5.85%，分别比未损伤粒高 1.86%、-4.01% 和 1.00%（表 2-82）。整体而言，破碎籽实较未损伤粒，主要的化学成分含量变化不大，说明破损状态对大豆内在品质没有影响，适合用作饲料原料；但皱瘪籽实脂肪含量较低、出油率低，且非还原糖含量降低，故皱瘪籽实对大豆食用和使用价值影响较大。

表 2-82 大豆未损伤粒与损伤粒化学成分比较（%）

项目	未损伤粒（CK）	破碎 1/8	皱瘪 1/2	皱瘪>1/2
脂肪	19.22	19.87	15.21	16.90
与 CK 差值	—	0.65	-4.01	-2.32
蛋白质	41.06	41.29	42.92	43.47
与 CK 差值	—	0.23	1.86	2.41
灰分	4.85	5.56	5.85	5.48
与 CK 差值	—	0.80	1.00	0.63

（续）

项目	未损伤粒（CK）	破碎 1/8	皱瘪 1/2	皱瘪＞1/2
非还原糖	7.51	—	5.28	2.02
与 CK 差值	—	—	−2.23	−5.49
水泡 24h 后的品质	豆粒膨胀较好，豆粒颜色正常、无异味，水液无色透明、无异味	豆粒膨胀较好，豆粒颜色正常、无异味，水液无色透明、无异味	豆粒膨胀较差，豆粒颜色正常、无异味，水液无色透明、无异味	豆粒膨胀较差，豆粒颜色正常、无异味，水液无色透明、无异味

　　大豆外壳占大豆籽实重量的 8%～10%。王思珍等（1996）分析测定了风干大豆荚常规营养成分，并与几种常见饲草和粗饲料营养成分进行比较，如表 2-83 所示。由表 2-83 可知，大豆荚粗蛋白质含量为 5.5%，除较苜蓿低外，高于干草粉、玉米秸、小麦秸、谷草、羊草等；大豆荚粗脂肪含量为 2.6%，高于玉米秸、谷草，甚至高于羊草和苜蓿等优良牧草；粗纤维含量为 32%，只较羊草和苜蓿稍高，低于其他粗饲料；无氮浸出物含量为 39%，较羊草稍低，同其他几种饲草和粗饲料相近。由此说明，大豆荚具有较高的营养价值，可作为优质粗饲料。另外，大豆荚粗灰分含量高于玉米秸、麦秸、羊草、苜蓿等。因此，大豆荚可在复合饲料中作为无机盐的补充材料。Mullin 和 Xu（2001）报道了大豆外壳营养成分，尽管大豆外壳粗纤维含量高，但是大豆外壳也是蛋白质的重要来源，其蛋白质品质与玉米谷粒相当，为大豆荚壳资源开发利用提供了良好的理论依据。

表 2-83　大豆荚与几种饲草营养成分（%）

种类	粗蛋白质	粗脂肪	粗纤维	无氮浸出物	粗灰分
大豆荚 1	5.5	2.6	31.8	38.8	8.8
大豆荚 2	7.3	4.4	32.2	—	5.3
干草粉	2.9	3.5	34.3	40.7	7.4
玉米秸	2.0	1.5	34.4	39.7	5.6
小麦秸	1.4	3.2	38.3	38.6	6.3
谷草	3.8	1.6	37.3	41.3	5.5
羊草	4.3	2.5	28.7	44.5	5.5
苜蓿	14.9	2.3	28.3	37.3	8.6

　　大豆荚壳中氨基酸含量丰富（表 2-84），其中谷氨酸和蛋氨酸含量最高，含量分别为 0.53% 和 0.49%；总氨基酸含量为 4.49%，必需氨基酸（EAA）含量为 2.11%。

　　根据 FAO/WHO 提出的参考模型，必需氨基酸/总氨基酸（EAA/TAA）值应达 0.4 左右，必需氨基酸/非必需氨基酸（EAA/NEAA）值应达 0.6 以上。大豆荚壳 EAA/TAA 值为 0.42，EAA/NEAA 值为 0.89，都符合 FAO/WHO 理想蛋白质标准模式。可见，大豆荚壳中 EAA 总量和所占 TAA 比例均较高，其氨基酸组成模式是非常理想的。

表 2-84　大豆荚壳与几种饲草氨基酸含量（%）

氨基酸	含量	氨基酸	含量
天冬氨酸（Asp,%）	0.008 7	异亮氨酸（Ile,%）	0.215 6
苏氨酸（Thr,%）	0.262 7	亮氨酸（Leu,%）	0.384 6
谷氨酸（Glu,%）	0.529 2	酪氨酸（Tyr,%）	0.246 9
甘氨酸（Gly,%）	0.258 3	苯丙氨酸（Phe,%）	0.226 4
丙氨酸（Ala,%）	0.230 0	赖氨酸（Lys,%）	0.316 1
胱氨酸（Cys,%）	0.047 4	组氨酸（His,%）	0.269 8
缬氨酸（Val,%）	0.216 5	精氨酸（Arg,%）	0.214 2
蛋氨酸（Met,%）	0.492 6	脯氨酸（Pro,%）	0.244 9
TAA（%）			4.486 1
EAA（%）			2.114 5
NEAA（%）			2.371 6
EAA/TAA			0.471 3
EAA/NEAA			0.891 6

注：TAA 为氨基酸总质量分数；EAA 为必需氨基酸总质量分数；NEAA 为非必需氨基酸总质量分数。

（三）大豆筛余物中的抗营养因子

1. 瘪的或破碎的大豆籽实中的抗营养因子　迄今，很少有关瘪的或破碎的大豆籽实中抗营养因子的研究报道，但其抗营养因子可能与完整籽实类似。目前，自然界已发现的抗营养因子有数百种，仅大豆的抗营养因子就有十余种。

2. 大豆外壳中的抗营养因子　目前，针对大豆外壳抗营养因子的报道较少，大豆外壳主要化学成分有纤维素、半纤维素和木质素，还含有单宁、果胶素、有机溶剂抽取物（包括树脂、脂肪、蜡等）等少量组分。

3. 大豆种皮中的抗营养因子　目前，有关大豆种皮中抗营养因子组成和含量的资料很少。大豆种皮中某些抗营养因子含量较高，如脲酶活性在 1mg/（min·g）（以 N 计）以上。大豆种皮中寡糖的含量较低，棉籽糖一般为 0.15% 左右，水苏糖为 0.41% 左右。

（四）大豆筛余物在动物生产中的应用

1. 瘪的或破碎的大豆籽实在动物生产中的应用　迄今，尚未见瘪的或破碎的大豆籽实在动物生产中应用的研究报道。由上述瘪的或破碎的大豆籽实营养成分和抗营养因子含量分析可知，破碎的大豆籽实与完整大豆籽实营养价值相当，可以作为整粒大豆来使用；但瘪的大豆籽实不仅要考虑抗营养因子的问题，还要考虑其品质和营养成分的问题。

2. 大豆外壳在动物生产中的应用　大豆外壳较硬，外皮有茸毛，通常牲畜不喜食；但经粉碎制成豆荚粉，既方便贮存，又可加水软化便于喂养。因此，大豆外壳不仅适用于牛羊等反刍动物的饲养，而且对猪、鹅、兔等动物来说，亦是优质粗饲料。因此，可将豆荚粉根据配方制成适用于不同畜禽的全价颗粒饲料。

朱纯刚等（2004）采用发酵豆荚皮粉和复合氨基酸浓缩液替代生长育肥猪15％全价日粮。结果表明：豆荚皮粉处理组与对照组生长育肥猪日增重（每头每天分别为651g和613g）和料重比（分别为2.71、2.77）差异不显著，但明显降低了养猪饲养成本，提高了养猪经济效益。

Best（2004）比较研究了肉鸡日粮中添加1％或2％商品角豆荚粉对肉鸡生长性能及其所用垫料质量的影响。结果表明：角豆荚粉营养价值比较低，角豆荚粉添加于幼雏料、生长料和育肥料中可显著改善垫料质量而不危害肉鸡生长性能。

菜用大豆荚壳粗蛋白质平均含量为12.5％、粗纤维平均含量为30.5％，且有奶牛等反刍动物营养需要的主要营养成分；其营养成分含量与羊草相当，因而具有作为反刍动物粗饲料的饲用价值，可加以开发利用。添加青贮添加剂的菜用大豆豆荚壳的青贮效果均优于直接青贮的对照组，特别是同时添加甲酸和乳酸菌制剂处理试验组能显著提高青贮豆荚壳中乳酸含量，显著降低其氨态氮、丁酸、乙酸含量。经过这些处理的青贮豆荚壳具有良好的保存效果，能够保存半年以上。80％豆荚壳和20％干玉米芯混合青贮效果优于新鲜菜用大豆豆荚壳单独青贮，具有良好的青贮品质。用混合青贮豆荚壳饲料替代奶牛日粮中部分苜蓿，奶牛产奶量和乳蛋白率略有下降，但有助于提高乳脂率，对奶牛血液生化指标影响差异不显著。混合青贮菜用大豆豆荚壳可以作为奶牛粗饲料资源，通过混合青贮菜用大豆豆荚壳饲料在奶牛粗饲料中的使用，可以降低奶牛饲养成本，提高奶牛养殖经济效益。

（五）大豆筛余物作为饲料资源利用与政策建议

1. 加强开发利用大豆筛余物作为饲料资源　大豆筛余物作为饲料原料的开发研究还相对较少。为使其得到充分利用，必须加大大豆筛余物作为饲料原料的研究开发力度，合理开发利用大豆筛余物，同时这也是避免大豆及其加工产品浪费的重要途径。

2. 改善大豆筛余物作为饲料资源开发利用方式　大豆筛余物中的大豆外壳一般不直接用来饲喂畜禽，需要经过物理、化学或微生物处理后才能被畜禽和水产动物所利用。

3. 制定大豆筛余物作为饲料产品标准　大豆筛余物作为饲料资源的生产方法、加工工艺尚处于探索阶段，其加工时的各项条件参数都没有系统化和标准化的规范。因此，制定相应的饲料产品标准势在必行。

4. 科学确定大豆筛余物作为饲料原料在日粮的适宜添加量标准　大豆筛余物中的破碎籽实甚至瘪的籽实、大豆外壳、大豆皮均可部分代替常规饲料，而且可降低饲料成本、提高经济效益。但大豆筛余物在不同动物饲料中的适宜添加量尚未确定，因此需制定大豆筛余物作为饲料原料在日粮的适宜添加量标准。

（中国农业大学谯仕彦，云南农业大学邓君明）

第二节　菜籽及其加工产品作为饲料原料的研究进展

一、菜籽及其加工产品概述

（一）我国菜籽及其加工产品资源现状

油菜是世界第二大油料作物，属十字花科、芸薹属，越年生或一年生作物，其籽粒是浸提油脂原料主要品种之一。根据遗传特性、形态特性、农艺性状和产量等可分为白菜型、芥菜型和甘蓝型。但是，普通油菜中硫苷含量高，硫苷的水解产物对畜禽的毒性较强，从而限制了菜籽饼粕的综合利用（陈付琴和徐福海，2009）。而双低油菜的培育大大降低了双低菜籽饼粕中硫苷的含量，提高了双低菜籽饼粕在畜禽生产中的使用率。双低油菜品种最早来源于加拿大。而我国是从 20 世纪 70 年代后期才开始培育双低油菜，目前已选育出一批常规或杂交双低油菜品种，并实现了优质高产这一基本目标。在1985—2000 年全国共审定了双低油菜品种 90 个，其中常规品种 61 个，杂交品种 29 个（傅廷栋等，2003）；并优选出中双 4 号、中双 6 号、中双 7 号、花杂 4 号、华双 3 号、中油杂 1 号和中油杂 2 号等双低油菜品种作为主推品种。到 2014 年，我国双低油菜的栽培品种和杂交品种已经超过了 282 个（Bonjean 等，2016）。经过推广种植，目前中国双低油菜的种植已超过 90%（王汉中，2010）。

我国油菜根据种植季节分为冬油菜和春油菜，其中冬油菜占油菜总种植面积的90% 以上，较集中在长江流域。中国油菜籽产量和播种面积均在前 7 位的省份是湖北、四川、湖南、安徽、江苏、贵州和江西。据国家统计局统计，2016 年全国油菜的总产量为 1 454.6 万 t（表 2-85），播种面积达 733.1 万 hm²，而这 7 个省份产量的总和占全国总产量的 73.3%，播种面积占总面积的 73.6%。

表 2-85　2016 年中国油菜不同省份的产量和播种面积

省份	产量（万 t）	播种面积（万 hm²）
湖北	241.6	115.04
四川	241.1	103.43
湖南	210.6	130.68
安徽	116.8	50.07
江苏	93.6	33.60
贵州	90.2	53.00
江西	71.8	53.42
全国	1 065.7	733.1

注：数据来源于国家统计局官网 http://data.stats.gov.cn（2018-3-22）。

（二）开发利用菜籽及其加工产品作为饲料原料的意义

我国是养殖大国，对饲料资源需求量大，尤其是蛋白质饲料原料，然而我国蛋白质资源供应紧张。另外，动物蛋白（如鱼粉等）价格昂贵，品质不稳定，使人们倾向于使用质量较稳定的植物性蛋白质原料。而通常被广泛使用的植物性蛋白质原料（豆粕）的价格高于其他饼粕类原料，且供给量不能满足生产需要，故有必要开发和利用新的饼粕类蛋白质原料。我国是油菜籽的生产大国，2017年世界油菜籽产量为7 309万t，而我国的菜籽产量高达1 310万t，仅次于加拿大位居世界第二。菜籽饼粕作为菜籽榨油过程中主要的副产物，其粗蛋白质含量为35%～42%，接近豆粕。另外，菜籽饼粕的必需氨基酸（如蛋氨酸、胱氨酸）的含量丰富，色氨酸和赖氨酸的含量也较高，同时氨基酸平衡性好，在一定程度上可以与豆粕互补。菜籽饼粕中微量元素（如硒、铁、镁、锰、锌）的含量也都高于豆粕。因此，菜籽饼粕是替代豆粕的较理想的植物性蛋白质饲料原料。

（三）菜籽及其加工产品作为饲料原料利用存在的问题

1. 抗营养因子　随着育种技术的发展，菜籽饼粕的硫苷和芥酸的含量已大大降低，但是在日粮中大量添加或长时间饲喂仍会影响动物的采食或日增重（Seneviratne等，2010）。菜籽饼粕的抗营养因子详见下文"菜籽及其加工产品中的抗营养因子"。除硫苷外，关于菜籽及菜籽饼粕中单宁、芥子碱、植酸等抗营养因子的研究较少，成效不明显，还有待进一步的改善。此外，菜籽饼粕的纤维含量是豆粕的2～3倍，纤维与能量和氨基酸消化率呈负相关，菜籽饼粕的有效能值和氨基酸消化率低于豆粕，因此，高纤维是影响菜籽饼粕品质及其高效利用的又一因素（席鹏彬，2002）。

2. 菜籽及菜籽饼粕的变异较大　我国的油菜种植面积居世界首位，不同地区土壤和气候条件的差异以及油菜籽品种的多样化，导致油菜籽质量参差不齐。同时，中国榨油厂的规模、榨油工艺和加工条件的控制也不同。因此，菜籽和菜籽饼粕的化学成分和营养价值存在较大变异（左磊，2011；王风利，2013）。

二、菜籽及其加工产品的营养价值

饲料用的菜籽饼粕为褐色、小瓦片状、片状或饼状（菜籽饼），黄色或浅褐色、碎片或粗粉状（菜籽粕）；具有菜籽油的香味；无发酵、霉变、结块及异臭；水分含量不得超过12.0%。按国家农业行业标准《低芥酸低硫苷油菜籽》（NY 415—2000），商品菜籽芥酸含量5%（油）以下，每克饼粕硫苷含量45μmol以下，通称"双低"油菜。双低菜籽饼粕则是低硫苷、低芥酸油菜籽榨油后的副产物。

（一）菜籽加工产品的养分组成

从表2-86的菜籽及其加工产品常规养分含量可见，菜籽饼粕的粗蛋白质含量比豆粕低3%～10%，粗纤维含量较高，是豆粕的2倍多，钙和磷的总量也都高于豆粕。和菜籽相比，菜籽饼粕的粗脂肪含量低，而其他常规养分（如粗蛋白质、粗纤维、粗灰分、钙和总磷）的含量均较高，主要是因为经过榨油处理后，大部分粗脂肪被提取，使菜籽饼粕其他养分含量得到提高。

表 2-86　菜籽及其饼粕中常规养分含量（%，干物质基础）

项目	菜籽		菜籽粕		菜籽饼		豆粕[5]
	普通[1]	双低[1]	普通[2]	双低[3]	普通[1]	双低[4]	
粗蛋白质	24.38	22.80	40.65	42.00	42.47	39.09	49.66
粗脂肪	41.04	41.23	1.92	1.50	6.43	9.94	2.13
粗纤维	—	—	14.41	14.37	—	18.15	6.63
中性洗涤纤维	28.22	28.66	32.75	36.39	39.61	42.70	15.28
酸性洗涤纤维	21.31	21.89	20.46	23.80	23.29	25.58	10.79
灰分	4.53	4.46	8.60	8.46	8.03	7.31	6.85
钙	0.40	0.44	0.83	0.88	0.71	0.74	0.37
磷	0.76	0.76	0.93	0.92	1.28	1.08	0.70

注：1 数据来源于席鹏彬（2002）；2 数据来源于左磊（2011）；3 数据来源于王风利（2013）；4 数据来源于李培丽（2018）；5 数据来源于中国饲料成分及营养价值表（2014）。

（二）菜籽及其加工产品的有效能值

菜籽及其加工产品是一种蛋白质饲料原料，但是其有效能值在饲料配方制作中也是一个重要的考虑因素。中国猪饲养标准（2004）推荐的普通菜籽饼和菜籽粕的消化能值分别为 12 049kJ/kg 和 10 585kJ/kg。由于双低油菜的推广，关于双低菜籽饼粕的有效能值的研究也越来越多（表 2-87）。经测定，我国双低菜籽粕生长猪消化能和代谢能平均值分别为 12 452.91kJ/kg 和 11 523.65kJ/kg（王风利，2013），双低菜籽饼的消化能和代谢能平均值分别为 14 516.53kJ/kg 和 13 084.97kJ/kg（李培丽，2018），两者的净能值分别为 8 551.70kJ/kg 和 11 109.25kJ/kg（李忠超，2017）。与 NRC（2012）推荐值和 Maison（2015）研究的加拿大及欧洲双低菜籽饼粕的有效能值相比，我国菜籽饼粕的有效能值较低。国内外这些能值的差异可能与菜籽饼粕的纤维、脂肪和硫苷的含量有关。因此，在利用国内的菜籽饼粕配制日粮时，不能盲目参考国外数据库的营养价值，应根据菜籽饼粕的化学成分，参考国内菜籽饼粕的营养价值评定的数据。此外，与豆粕相比，菜籽粕的有效能值低，而菜籽饼的有效能值高；因此，相对于菜籽粕，用菜籽饼替代豆粕更具有能量优势。

表 2-87　双低菜籽饼粕的有效能值（kJ/kg，干物质基础）

项目	中国*		NRC（2012）		Maison（2015）	
	菜籽粕	菜籽饼	菜籽粕	菜籽饼	菜籽粕	菜籽饼
消化能	12 452.91	14 516.53	15 002.09	16 990.37	14 487.23	16 764.34
代谢能	11 523.65	13 084.97	13 892.84	15 914.61	13 260.78	15 449.98
净能	8 551.70	11 109.25	8 660.53	10 569.28	—	—

注：*菜籽粕和菜籽饼消化能和代谢能数据分别来源于王风利（2015）和李培丽（2018），净能数据来源于李忠超（2017）。

（三）菜籽饼粕的氨基酸和氨基酸消化率

菜籽饼粕是替代豆粕的重要的植物性蛋白质饲料原料，衡量其营养价值的重要指标是蛋白质含量和可利用性。菜籽饼粕的粗蛋白质含量在 37% 左右（饲喂基础）。与豆粕相比，菜籽粕的赖氨酸含量比豆粕低40%左右，硫氨基酸含量略高，其他氨基酸含量与豆粕相似，氨基酸组成比较平衡（表2-88）。而从表2-89总结的菜籽饼粕和豆粕的粗蛋白质和必需氨基酸的标准回肠消化率可以看出，氨基酸消化率从低到高依次为菜籽粕、双低菜籽饼粕、豆粕，菜籽粕的氨基酸消化率低于双低菜籽饼粕，可能是由于菜籽粕抗营养因子硫苷含量较高。此外，双低菜籽饼粕的氨基酸消化率平均比豆粕低10%，菜籽饼粕的纤维含量高于豆粕可能是其氨基酸消化率低的主要原因，因为纤维会影响菜籽饼粕营养物质的消化率，并且增加氨基酸的内源损失（Fan等，1996）。因此，在利用菜籽饼粕替代豆粕配制日粮时，应该考虑补充氨基酸或增加蛋白质原料比例，以保证标准可消化氨基酸能满足动物的营养需要。

表2-88 菜籽饼粕及大豆饼粕氨基酸含量（%）

氨基酸	菜籽饼 NY/T2级	菜籽粕 NY/T2级	大豆粕		大豆饼 NY/T2级
			NY/T1级	NY/T2级	
精氨酸	1.82	1.83	3.67	3.19	2.53
组氨酸	0.83	0.86	1.36	1.09	1.10
异亮氨酸	1.24	1.29	2.05	1.80	1.57
亮氨酸	2.26	2.34	3.74	3.26	2.75
赖氨酸	1.33	1.30	2.87	2.66	2.43
蛋氨酸	0.60	0.63	0.67	0.62	0.60
胱氨酸	0.82	0.87	0.73	0.68	0.62
苯丙氨酸	1.35	1.45	2.52	2.23	1.79
酪氨酸	0.92	0.97	1.57	1.47	1.53
苏氨酸	1.40	1.49	1.93	1.92	1.44
色氨酸	1.42	0.43	0.69	0.64	0.64
缬氨酸	1.62	1.74	2.15	1.99	1.70

资料来源：中国猪饲养标准（2004）。

表2-89 猪菜籽饼粕粗蛋白质和必需氨基酸回肠标准消化率（%）

项目	菜籽粕[1] N=12	双低菜籽粕[2] N=11	双低菜籽饼[3] N=10	大豆粕[4] N=17
粗蛋白质	70.1	72.6	70.7	84.3
精氨酸	74.8	85.8	85.0	94.8
组氨酸	74.3	81.6	82.1	89.9
异亮氨酸	68.5	76.9	76.5	87.8
亮氨酸	72.8	79.6	80.0	87.8
赖氨酸	68.6	69.4	66.9	88.9
蛋氨酸	79.4	81.8	86.7	90.0
苯丙氨酸	72.8	79.7	82.6	87.0
苏氨酸	64.8	68.9	69.3	83.4
色氨酸	61.4	74.4	75.7	86.3
缬氨酸	67.9	74.2	71.4	85.8

注：1数据来源于左磊（2011）和郑萍等（2012）；2数据来源于郑萍等（2012）和王风利（2013）；3数据来源于郑萍等（2012）和李培丽（2018）；4数据来源于姜建阳（2006）和李忠超（2015）。

三、菜籽及其加工产品中的抗营养因子

菜籽饼粕含有多种抗营养因子（表2-90），饲喂价值明显低于大豆饼粕，这些抗营养因子主要有硫苷、单宁、植酸和芥子碱。硫苷在芥子酶的作用下很容易分解成异硫氰酸酯、噁唑烷硫酮和腈类等有毒物质，会导致动物生长速度降低、甲状腺肿大、肝和肾体积增大重量增加，影响肾上腺皮质、脑垂体和肝等器官；单宁主要分布于菜籽皮壳中，每100g菜籽壳中含14～2 131mg，与蛋白酶结合，会降低饲料蛋白质的消化率（Amarowicz等，2000）；植酸在双低菜籽饼粕中的含量为3%～6%，可降低矿物质、蛋白质、淀粉和脂质的消化利用率，并且降低单胃动物对磷的利用率；芥子碱是芥酸的胆碱酯，在双低菜籽饼粕中含量为0.6%～1.8%，是菜籽饼粕产生苦味的主要原因之一，影响适口性。

表2-90 双低菜籽粕和普通菜籽粕有毒有害物质

项目	双低菜籽粕	普通菜籽粕
噁唑烷硫酮（mg/g）	0.059	0.129
异硫氰酸酯（mg/g）	0.403	1.680
硫苷（μmol/g）	27.20	155.60
植酸（%）	1.93	2.50
单宁（%）	1.68	0.80

资料来源：徐建雄等（2005）。

另外，菜籽饼粕中粗纤维含量高，对动物养分消化起负作用，故纤维被认为是菜籽饼粕中的抗营养因子之一。同豆粕相比，由于菜籽饼粕中纤维含量较高，导致菜籽饼粕消化率下降（Mailer等，2008）。日粮中的纤维分为可溶性纤维和不可溶性纤维，它们在动物消化中的作用机制不同。可溶性纤维（如果胶、胶质等）可使肠道内的食糜黏度增加，而食糜黏度的增加，使回肠末端内源氮和氨基酸的排出量增加（Larsen等，1993）。不溶性纤维是细胞壁的组成成分，是溶解度很低的葡萄糖多聚体，在日粮中起稀释营养物质的作用。细胞壁的致密结构使消化酶很难与细胞壁成分及被其包被的内容物接触，使中性洗涤纤维中的蛋白质只能部分消化（Shah等，1982）。随着日粮中中性洗涤纤维含量增加，被包裹不被消化的氮或与纤维相连的氮增加，从而降低了氨基酸消化率（Schulze等，1994）。因此，日粮中菜籽饼粕添加比例的提高，可能导致日粮营养物质消化率的降低，进而影响动物的生长性能。因此，应根据动物对纤维利用的不同特点，合理控制日粮中菜籽饼粕的添加比例。

四、菜籽及其加工产品在动物生产中的应用

（一）在养猪生产中的应用

在仔猪日粮中添加双低菜籽粕时，仔猪的生长性能随着其添加比例的增加而下降，这主要是由于双低菜籽粕中纤维含量较高，而且双低菜籽粕中单宁和芥子碱的存在降低了其适口性（齐德生，2009）。因此双低菜籽饼粕在仔猪日粮中的添加比例一般限制在

5％以内。但若是以净能和可消化氨基酸为基础来配制日粮，双低菜籽饼粕在仔猪日粮中的添加比例可达到20％（Landero等，2011，2012）。双低菜籽粕完全替代豆粕饲喂生长育肥猪对其生长性能没有负面影响。若是以可消化氨基酸为基础来配制日粮的话，双低菜籽粕的添加比例可达到25％而对猪生长性能没有负面影响（彭健，2000）。

双低菜籽粕可用在种母猪妊娠和泌乳期饲料中，在妊娠母猪饲料中添加10％双低菜籽粕并不影响母猪的繁殖性能（Flipot和Dufour，1977）。但为避免纤维含量摄入太多导致哺乳母猪后肠道微生物剧烈发酵，双低菜籽饼粕在其饲料中添加比例应限制在15％以内（Canola Meal Feed Industry Guide，2009）。

（二）在反刍动物生产中的应用

双低菜籽饼粕在奶牛和肉牛饲料中是一种良好的蛋白补充料，而且双低菜籽粕对反刍动物来说是一种适口性非常好的蛋白原料。双低菜籽饼粕的使用可提高奶牛的产奶量（Brito和Broderick，2007）和肉牛的生长效率。

（三）在家禽生产中的应用

双低菜籽饼粕的有效能值较低，因而限制了其在肉鸡上的应用，大部分用在蛋鸡上。国内关于双低菜籽粕在家禽上的研究较少。双低菜籽饼粕在商品蛋鸡饲料中普遍使用，不影响蛋鸡的采食量、鸡蛋的大小和鸡蛋的产量，但是降低了蛋重（Kaminska，2003；海存秀，2012）。若以可消化氨基酸水平为基础配制蛋鸡的日粮则对蛋重和蛋鸡的生长性能没有负面影响（Novak等，2004；陆勤等，2009）。高硫苷含量的菜籽饼粕在蛋鸡中的添加比例限制在10％，这主要是因为残留的硫苷可导致蛋鸡肝出血死亡，而现在由于双低油菜在育种方面的突破，双低菜籽粕的硫苷含量大大降低，在蛋鸡中的添加比例达到17％也没有任何副作用（高玉鹏，2000）。另外，由于褐色蛋鸡采食双低菜籽粕会导致鸡蛋产生鱼腥味，从而限制了其在褐色蛋鸡饲料中的添加量仅为3％（Butler等，1982）。双低菜籽饼粕并不影响肉鸡的采食量和死亡率，但是其有效能值含量较低，限制其在肉鸡的添加量为20％（Canola Meal Feed Industry Guide，2009）。

（四）在水产品生产中的应用

双低菜籽饼粕可在鲑、鳟、鲤、鲇、罗非鱼和对虾等水产动物饲料中使用。但是由于其有效能值和蛋白质含量较低，使其在水产饲料中无法直接广泛使用，但是其浓缩产品——菜籽浓缩蛋白将会在水产饲料中占主导地位（Thiessen等，2004）。

五、菜籽及其加工产品作为饲料资源开发利用的政策建议

（一）高效利用菜籽及其加工副产物

1. 提高菜籽饼粕的营养价值　菜籽饼粕含有硫苷、纤维等抗营养因子，研究表明通过培育新品种，改进加工工艺和添加酶制剂可以提高菜籽饼粕的有效能值和氨基酸消化率（Khajali等，2012）。

2. 合理地应用数据库　由于中国的菜籽及菜籽饼粕的化学成分和营养价值存在较

大变异，因此应用时要根据菜籽及菜籽饼粕本身的特性去选择合适的数据库，也可以利用动态预测方程更快速准确地预测产品的有效能值和氨基酸消化率。尽量选用代谢能体系，有条件也可以选择净能值；同时，测定粗蛋白质和氨基酸的标准回肠末端消化率，利用菜籽饼粕的标准可消化氨基酸进行日粮配制，更合理有效地利用菜籽饼粕。

3. 菜籽饼粕的应用要与时俱进 以往菜籽饼粕在断奶仔猪饲料中的推荐量不超过5%（Canola Council of Canada，2009），但是有研究表明在断奶仔猪日粮里菜籽饼粕添加量上升到20%时不影响断奶仔猪的生长性能（Seneviratne 等，2011；Landero 等，2011，2012）。这和菜籽饼粕的质量及配料时选用的净能体系等有很大的关系。因此，随着菜籽饼粕本身质量及营养价值评价体系的进步，应该重新评估其饲用价值，提高其在日粮中的添加水平。此外，近年来研究发现低蛋白质日粮相对于传统日粮具有诸多优势，因此，低蛋白质日粮得到越来越广泛的推广和应用。在低蛋白质日粮中，可以充分利用菜籽饼粕替代豆粕，降低蛋白质水平和饲料成本，减少我国对国外大豆的依赖。

（二）改善菜籽及其加工产品作为饲料资源开发利用方式

1. 改进加工工艺 现在有脱皮冷榨工艺可以提高菜籽的出油率和菜籽饼粕的蛋白质含量和营养价值（李文林，2004）。同时菜籽壳可以用来提取单宁或用作纤维饲料或发酵饲料，提升菜籽的价值（钱彩虹，2004）。

2. 对菜籽饼粕进行深加工 利用菜籽饼粕可以生产菜籽多酚、菜籽浓缩蛋白和植酸等产品。陈云飞等（2010）的研究表明，深加工1万t菜籽饼粕可以生产4 000t以上的浓缩蛋白和3 000t蛋白饲料，而菜籽浓缩蛋白的蛋白质含量在60%以上，在饲料中可以部分替代鱼粉，应用广泛，可缓解我国蛋白质缺乏的紧张局势。

（三）关于饲用菜籽饼粕标准的建议

我国有饲用菜籽粕（GB/T 23736—2009）和菜籽饼（GB 10374—1989）的标准。但是由于新品种的培育和饲料加工工艺的进步，要定时采集菜籽及菜籽饼粕，对其化学成分进行检测，与前一次的值进行对比，必要时对标准进行更新。此外，标准选择粗蛋白质、粗纤维、粗脂肪和粗灰分为分级指标，但是随着分析技术或研究的发展，建议粗纤维指标可以用中性洗涤纤维、酸性洗涤纤维或总膳食纤维进行替代，这样更能细化菜籽饼粕的质量等级。

（中国农业大学赖长华）

第三节 棉籽及其加工产品作为饲料原料的研究进展

一、棉籽

（一）棉籽概述

1. 我国棉籽及其加工副产品资源现状 棉籽是棉花的种子，其主要用途是从棉籽胚中提取棉油和生产蛋白饲料,目前市场上主要的棉籽蛋白饲料有棉籽饼、棉粕和棉籽蛋白。

棉花是我国的重要经济作物,我国棉花种植地域广阔,根据自然气候和农业特点,我国棉花种植分为华南、黄河流域、长江流域、北部特早熟区和西北内陆五个主要产区,其中主要是黄河流域棉区、长江流域棉区和西北内陆棉区,占我国棉花种植面积的95%以上,产量占97%以上。近年来新疆地区棉花种植面积和产量稳步增长,种植面积占全国棉花种植面积的50%以上,产量占全国棉花产量的62%以上。2015年我国棉花种植面积为380万 hm²,产量为561万 t(国家统计局数据),根据棉籽占棉花的比例为62%计算,2015年我国棉籽产量915万 t,可以生产567万 t棉籽相关的蛋白质饲料。

2. 棉籽及其加工副产品作为饲料原料利用存在的问题 随着市场的需求提高和棉籽加工技术的进步,我国市场上的棉籽蛋白饲料产品主要是棉粕和棉籽蛋白,另外,一些高蛋白的棉籽饼也在不断出现。其中随着加工工艺的改进,棉粕和棉籽蛋白的粗蛋白质含量不断升高,质量也不断提高,但是畜禽饲料中如何使用这些产品还缺乏相关营养价值数据和使用方法。表 2-91 列出了一些主要饲料原料数据库中棉籽加工副产品的营养成分含量。由表 2-91 可以看出,这些数据库中很难见到目前市场上常用的较高粗蛋白质含量的棉粕(粗蛋白质>55%)和棉籽蛋白(粗蛋白质>60%)等产品数据。

表 2-91 主要数据库中棉粕副产品营养成分含量(%)

数据库名称	干物质	粗蛋白质	粗脂肪	NDF	ADF	粗灰分	钙	总磷
NRC (2012) 棉粕	90.69	39.22	5.50	25.15	17.92	6.39	0.25	0.98
法国棉粕 1	91.3	42.6	2.9	24.8	16.5	6.7	0.25	1.17
法国棉粕 2	90.1	36.3	2.7	31.8	22.2	6.5	0.24	1.14
中国棉粕 1	90.0	47.0	0.5	22.5	15.3	6.0	0.25	1.10
中国棉粕 2	90.0	45.3	0.5	28.4	19.4	6.6	0.29	0.89
中国棉籽蛋白	92.0	51.1	1.0	20.0	13.7	5.7	0.59	0.96

(二)棉粕的营养价值

棉籽经压榨取油后称为棉籽饼,经预压榨浸提取油后的副产品为棉粕。普通棉粕中蛋白质含量为36.3%~47.0%,仅次于豆粕,而一些公司加工出来的高蛋白棉粕的蛋白质含量可达到50%以上。棉粕中赖氨酸、蛋氨酸的含量相对较低,精氨酸的含量多,钙含量较低,磷含量较高,其中磷多为植酸磷。棉籽粕的氨基酸组成平衡不好,氨基酸的利用率不高,如果在棉籽粕日粮中添加蛋氨酸、赖氨酸,氨基酸组成比较平衡,可以提高棉籽粕的利用率(周培校等,2009)。棉籽粕中矿物元素含量充足,其营养价值比谷物类饲料也要高,而且磷、铁、镁等元素含量最为丰富,同时与豆粕相比,具有更高含量的 B 族维生素。

在表 2-92 中为相关棉粕营养成分数据资料。由此表可知,棉粕的干物质含量相对比较稳定,为89.3%~91.3%。与国外的棉粕营养成分数据对比,中国的粗脂肪含量低,可能是由于棉粕的提油工艺不同,粗脂肪含量变异较大,为 0.5%~5.5%,粗蛋白质含量变异较大,为 36.3%~43.5%。棉粕的粗纤维(Crude fiber,CF)、中性洗涤纤维（Neutral detergent fiber，NDF）和酸性洗涤纤维（Acid detergent fiber，ADF）也存在一定差异。国内外棉粕样品的钙和总磷含量水平相近，变异范围分别为0.24%～0.28%和0.98%～1.17%。不同来源的棉粕氨基酸种类齐全，其中必需氨基酸中精氨酸、亮氨酸和苯丙氨酸含量较高，但是蛋氨酸和色氨酸含量较低。在棉籽粕的氨基酸组成中，赖氨酸含量为1.61%～2.13%，低于豆粕。棉籽粕中蛋氨酸含量为0.53%～0.58%，与豆粕相当，但是棉籽粕中精氨酸、苯丙氨酸和缬氨酸的含量均高于豆粕。

表 2-92　不同来源棉粕常规营养成分（饲喂基础）

项目	美国		中国[3]	法国[4]	
	美国[1]	美国[2]		CF 7%～14%	CF 14%～20%
干物质（DM,%）	89.30	90.69	90.00	91.30	90.10
粗蛋白质（CP,%）	42.30	39.22	43.50	42.60	36.30
粗脂肪（EE,%）	—	5.50	0.50	2.90	2.70
酸解脂肪（AEE,%）	3.80	—	—	—	—
粗纤维（CF,%）	—	13.96	10.50	11.90	16.90
中性洗涤纤维（NDF,%）	24.60	25.15	28.40	24.80	31.80
酸性洗涤纤维（ADF,%）	17.10	17.92	19.40	16.50	22.20
日粮总纤维（TDF,%）	—	—	—	—	—
粗灰分（Ash,%）	8.10	6.39	6.60	6.70	6.50
钙（Ca,%）	—	0.25	0.28	0.25	0.24
总磷（TP,%）	—	0.98	1.04	1.17	1.14
淀粉（%）	—	1.95	1.80	—	—
总能（GE，MJ/kg）	18.03	18.35	—	18.70	18.30
必需氨基酸（EAA）					
精氨酸（Arg,%）	4.25	4.04	4.65	4.66	3.86
组氨酸（His,%）	1.07	1.11	1.19	1.22	1.07
异亮氨酸（Ile,%）	1.29	1.21	1.29	1.33	1.12
亮氨酸（Leu,%）	2.31	2.18	2.47	2.39	2.01
赖氨酸（Lys,%）	1.71	1.50	1.97	1.68	1.46
蛋氨酸（Met,%）	0.63	0.51	0.58	0.60	0.53
苯丙氨酸（Phe,%）	2.09	1.98	2.28	2.21	1.86
苏氨酸（Thr,%）	1.21	1.36	1.25	1.33	1.16
色氨酸（Trp,%）	0.33	0.53	0.51	0.55	0.47
缬氨酸（Val,%）	1.79	1.86	1.91	1.93	1.60
非必需氨基酸（NEAA）					
丙氨酸（Ala,%）	1.57	1.51	—	1.84	1.51
天冬氨酸（Asp,%）	3.49	3.28	—	3.88	3.31
胱氨酸（Cys,%）	0.65	0.82	0.68	0.73	0.61

（续）

项目	美国		中国[3]	法国[4]	
	美国[1]	美国[2]		CF 7%~14%	CF 14%~20%
谷氨酸（Glu,%）	7.30	6.93	—	8.03	6.76
甘氨酸（Gly,%）	1.64	1.58	—	1.75	1.45
脯氨酸（Pro,%）	1.36	1.50	—	1.38	1.23
丝氨酸（Ser,%）	1.40	1.80	—	1.81	1.55
酪氨酸（Tyr,%）	1.11	0.98	1.05	1.16	0.98

注：1 数据来源于 González-Vega and Stein（2012）；2 数据来源于 NRC（2012）；3 数据来源于熊本海等（2012）；4 数据来源于谯仕彦等（2005）。

通过表 2-93 可知，棉粕在猪中的消化能值和代谢能值变异较大，分别为 9.68~13.6MJ/kg 和 8.43~12.3MJ/kg，这可能是棉粕中粗脂肪含量的差异造成的。因此，在制作饲料配方时要选择最佳的适合自己使用棉粕的消化、代谢能值，表中还提供了棉粕在猪上的净能值，也为我们进一步高效利用棉粕提供了依据。棉粕在鸡上有代谢能的数值可供参考。表 2-94 列出了不同数据库中棉粕的粗蛋白质和氨基酸的猪表观和标准回肠末端消化率，中国饲料原料数据库中缺少关于棉粕的部分非必需氨基酸的标准回肠末端消化率的数据，需要通过进一步的实验研究来补充和完善中国饲料原料数据库，为饲料生产商和广大的畜牧研究者提供更加准确而且完善的数据。

表 2-93　不同来源棉粕有效能值（饲喂基础）

项目	美国[1]	中国[2]	法国[3]	
			CF 7%~14%	CF 14%~20%
干物质（DM,%）	90.69	90.00	91.30	90.10
粗蛋白质（CP,%）	39.22	43.50	42.60	36.30
猪消化能（MJ/kg）	12.19	9.68	13.60	12.10
猪代谢能（MJ/kg）	11.07	8.43	12.30	11.10
猪净能（MJ/kg）	6.80	4.22	7.40	6.40
鸡代谢能（MJ/kg）	—	8.49	8.60	7.00
肉牛维持净能（MJ/kg）	—	7.35	—	—
肉牛增重净能（MJ/kg）	—	4.69	—	—
奶牛产奶净能（MJ/kg）	—	6.44	—	—
羊消化能（MJ/kg）	—	12.47		

注：1 数据来源于 NRC（2012）；2 数据来源于熊本海等（2012）；3 数据来源于谯仕彦等（2005）。"—"表示无数据。

表 2-94　不同来源棉粕粗蛋白质及氨基酸猪表观或标准回肠末端消化率（％，饲喂基础）

项目	表观回肠末端消化率（AID）			标准回肠末端消化率（SID）			
	美国		法国[3]	美国		法国[3]	中国[4]
	美国[1]	美国[2]	CF 7%～14%	美国[1]	美国[2]	CF 7%～14%	
粗蛋白质（CP）	57.3	73	—	74.3	77	—	77
必需氨基酸（EAA）							
精氨酸（Arg）	81.1	87	89	87.8	88	90	88
组氨酸（His）	71.0	72	75	76.2	74	76	74
异亮氨酸（Ile）	59.8	67	72	66.7	70	74	70
亮氨酸（Leu）	62.7	70	74	68.6	73	76	73
赖氨酸（Lys）	46.6	59	61	56.8	63	63	63
蛋氨酸（Met）	61.8	70	71	66.3	73	73	73
苯丙氨酸（Phe）	74.7	79	82	78.7	81	83	81
苏氨酸（Thr）	55.7	64	68	66.7	68	71	68
色氨酸（Trp）	81.3	68	63	88.1	71	68	71
缬氨酸（Val）	63.9	69	74	70.3	71	76	73
非必需氨基酸（NEAA）							
丙氨酸（Ala）	53.7	66	70	67.3	70	73	
天冬氨酸（Asp）	66.7	74	78	73.2	76	80	
胱氨酸（Cys）	64.4	73	73	72.7	76	76	76
谷氨酸（Glu）	79.2	83	85	83.0	84	86	
甘氨酸（Gly）	38.1	67	71	76.6	77	73	
脯氨酸（Pro）	98.9	58	80	112.0	84	84	
丝氨酸（Ser）	65.4	72	76	74.6	75	78	
酪氨酸（Tyr）	69.3	73	78	75.9	76	81	76

注：1 数据来源于 González-Vega and Stein（2012）；2 数据来源于 NRC（2012）；3 数据来源于 Sauvant 等（2005）；4 数据来源于熊本海等（2012）。

（三）棉籽的抗营养因子

棉籽及其加工副产品抗营养因子的含量是影响其在畜禽饲料中使用的主要因素。棉粕中含有棉酚、环丙烯脂肪酸和单宁等抗营养因子，其中棉酚毒性最大，是限制棉粕使用的主要成分。棉酚的毒性主要是由游离棉酚中的活性醛基和羟基引起（Men 等，2004；Lordelo 等，2005）。棉酚是细胞、血管和神经性毒物，能够导致许多浆液浸润和出血炎症，对心、肝、脾等细胞及神经、血管、生殖机能均有毒性，使动物实质器官病变、坏死，消化机能紊乱。喂饲时间的延长和棉酚含量的增加能够使棉酚在体内各脏器中的含量增加，而棉酚在体内各脏器中的含量与饲料中的蛋白含量成反比（王建华，2002）。棉酚是棉籽中的有害物质，用传统工艺加工棉籽所生产的棉饼（粕）无法解决脱酚脱毒的问题。

（四）棉粕在动物生产中的应用

1. 在养猪生产中的应用　由于棉粕和其他高蛋白饲料原料之间价格的关系，利用棉粕对猪肉生产商来说是一个降低成本的好机会（Tanksley，1990）。有研究表明，在日粮中添加低水平的棉粕可以不影响猪生长性能（Robison，1931；Papadopoulos 等，1987）。Balogun 等（1990）报道了育肥猪饲喂日粮中含有 20％的未脱壳棉籽加工的棉粕后，增重受到显著抑制。Tanksley 和 Knabe（1984）报道，猪对采用螺旋压榨和直接浸提两种方法生产的棉籽粕中必需氨基酸的平均回肠表观消化率分别为 72.0％和 79.5％。Aherne 和 Kennelly（1983）研究发现日粮中游离棉酚的水平达到 0.01％就可以抑制成年猪的生长。Hale 等（1958）报道了 0.02％水平的游离棉酚可能导致仔猪死亡，超过 0.03％可能导致成年猪的中毒死亡。在实际生产和应用中，对于乳猪料和仔猪料是不建议使用棉粕的。

2. 在反刍动物生产中的应用　在瘤胃中游离棉酚可以与氨基酸螯合成无毒的复合物。因此，对反刍动物来说，棉粕是无毒的。吴高风等（2009）研究了棉粕在反刍动物上的使用技术，包括限量使用、配合使用和脱毒全面使用。Solomon 等（2008）在对棉粕进行添加后，对山羊的消化性能以及对肉品质的相关指标进行测定发现，每千克饲料 300g 的用量对提高山羊的生产性能产生显著影响。有试验表明，棉籽粕的饲喂量影响瘤胃对游离棉酚的脱毒作用，当瘤胃动物喂食高剂量的棉籽粕时，瘤胃的钝化脱毒作用会变得很弱（Zhang 等，2007）。Solaiman 等（2009）以努比亚公山羊为试验动物，在配制的日粮中添加不同浓度的（0、15.7％和 32.7％）棉籽粕后发现，努比亚公山羊能够耐受 32.7％的棉籽粕用量，但是高剂量的添加会对山羊血清指标以及繁殖性能产生不良影响。目前，棉粕在反刍动物上的应用还有很多工作要做，发酵棉粕、棉饼以及棉籽蛋白在反刍动物上的应用需要进一步研究。

3. 在家禽生产中的应用　近年来，棉粕在蛋鸡上的应用主要包括游离棉酚对蛋鸡生产性能的影响、游离棉酚对血液生化指标的影响及对内脏器官的损害和脱毒棉粕的饲喂效果等几个方面。蛋鸡对游离棉酚的耐受力是较强的。有研究表明，当蛋鸡日粮中游离棉酚含量≤70mg/kg 时，血液内的红细胞数量的变化不显著，当游离棉酚含量≥80mg/kg 时，红细胞数量会有明显的下降趋势，当游离棉酚≥90mg/kg 时，谷草转氨酶、谷丙转氨酶有明显的上升趋势（李建国和王建华，2007）。硫酸亚铁法被人们认为是棉粕脱毒的最经济的方法。该方法通过调整游离棉酚和二价铁离子结合的比例，可以把对蛋鸡的生产性能、蛋品质和血液生化指标的影响降到最小，具有简单可行、经济实惠的优点；缺点是只能够把游离棉酚变为结合棉酚，而棉酚的总量却是没有变化的。

当前，棉籽粕在肉鸡饲料中的应用较为广泛，但是如今没有一个既合适又安全的添加量。Jalees 等（2011）研究表明，日粮中添加 13％的棉籽粕时，日增重和饲料转化效率都不会产生影响，但雄性个体的繁殖能力将会降低。Gamboa 等（2001）研究表明，棉籽粕在肉鸡饲料配方中的含量提高至 28％后，肉鸡的生长性能并没有产生显著影响，但是通过检测发现血浆、肝脏、肾脏和肌肉中含有残留的游离棉酚，以肝脏的残留浓度最高。这表明肝脏可能是禽体内代谢分解游离棉酚的主要器官。Nagalakshmi 等（2007）报道了禽类对棉籽粕的耐受差异可能与肉鸡种类、日龄和棉籽粕来源相关。而且，日粮中的蛋白质与氨基酸水平对棉籽粕的添加量也有影响。肉鸡日粮中添加棉籽粕后，通过对日粮的蛋白质含量适当提高，肉鸡的生长性能可以与饲喂豆粕的效果相一致（Sterling 等，2002）。Azman 等（2005）研究发现，在肉鸡日粮中额外添加 1.5% 或 3.0% 赖氨酸，可提高肉鸡对棉籽粕的耐受力。棉籽粕中赖氨酸的回肠真消化率在 83% 左右，基于此消化率估算得出，可消化赖氨酸的需求量在日粮中占比为 1.28%～1.55%，赖氨酸的不足能够对肉鸡的生长性能产生直接影响（Zaboli 等，2011）。总之，在实际生产中，棉粕在蛋鸡和肉鸡上的应用还需要我们进一步的研究与思考。

4. 在水产品生产中的应用　棉粕在水产养殖业应用非常广泛。棉粕在世界上资源充足，对水产动物来说，有一部分种类对游离棉酚的敏感程度相比于畜禽类单胃动物要低很多。在水产动物中，棉粕的使用量非常大，可以达到 10%～40%。目前已经有许多国内外学者对棉粕在水产动物上的应用进行了研究。

棉粕能够对水生动物非特异性免疫指标产生影响。伍代勇等（2007）报道，随着棉籽粕和菜籽粕使用比例的增加，对虾血清超氧化物歧化酶活力显著上升，但是血清谷草转氨酶活性和谷丙转氨酶活性均无显著差异。试验结果表明，饲料中不同的蛋白源可以对鱼类的免疫系统产生显著影响，鱼类的免疫应答反应也将会出现差异。

Dias 等（1997）研究发现，欧洲鲈对富含植物蛋白的饲料的摄食量明显低于以鱼粉为主的饲料的摄食量，而在饲料中添加诱食剂后可提高摄食量。Blom 等（2001）研究表明，饲料中棉籽粕全部替代鱼粉后对虹鳟饲养 6 个月，鱼的生长和成活率不会产生影响，但是雌性亲本的繁殖性能会下降。Robinson 和 Brent（1989）研究表明，斑点叉尾鮰饲料中添加 15% 棉籽粕是可行的；Robinson（1991）报道，在不补充赖氨酸的情况下，预压浸提的棉籽粕可以替代斑点叉尾鮰幼鱼饲料中 50% 豆粕，斑点叉尾鮰的生长性能也不会产生影响，而在补充赖氨酸的条件下，可 100% 替代鱼粉；Barros 等（2002）研究表明，在无鱼粉的豆粕日粮中添加铁，将棉籽粕替代 50% 豆粕后，斑点叉尾鮰的增重和饲料利用率会得到提高和改善。

综上可知，棉粕可作为优质的植物蛋白原料替代鱼粉和豆粕，从而节约饲料成本，优化饲料配方，提高水产养殖者的实际经济利益。随着棉粕加工工艺的改善，尤其是棉籽蛋白等产品的质量提高，使得棉粕类产品在水产养殖领域的应用前景更加广阔。

二、棉籽蛋白及其加工产品

（一）棉籽蛋白及其加工产品概述

1. 我国棉籽蛋白及其加工产品资源现状　我国是世界最大的棉花生产国。作为重要的经济作物，我国的棉花品种主要有草棉、亚洲棉、海岛棉和陆地棉。棉花种植区域主要分布在新疆、山东、江苏、河北、湖北、安徽、河南等地（图 2-8）。近 8 年来我国棉花年平均种植面积在 520 万 hm^2 以上，皮棉年平均产量 676.57 万 t（表 2-95）。在皮棉加工过程中，籽棉生产皮棉和棉籽的平均得率分别为 40% 和 58%。据此推算，我国棉籽年产量近 1 000 万 t，棉粕年产量达 600 万 t 以上（乔晓艳等，2013）。在各类植物饼粕中，棉粕年产量仅次于豆粕，占各类植物饼粕总产量的 30%（丁耿芝等，2010）。

棉粕的外观及营养因产地不同而异,新疆棉粕多为棕红色,粗蛋白质含量高;而中部地区(如山东、湖北等)的棉粕多为黄色,粗蛋白质含量较新疆的略低。总体来讲,棉粕粗蛋白质含量为38%~45%。据美国农业统计中心(USDA)调查,600万t棉粕可满足7 000万人一整年的蛋白质需求(王晓翠等,2014)。可见,综合开发与利用棉籽蛋白资源,具有深远的战略意义和现实意义。

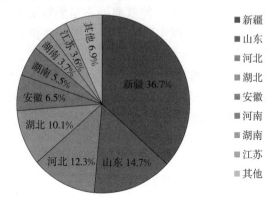

图 2-8　2012 年我国各地区棉花播种面积占全国的比例
(资料来源:《2013 年中国农村统计年鉴》)

表 2-95　2005—2012 年我国棉花种植面积及皮棉产量

项目	年份								平均
	2005	2006	2007	2008	2009	2010	2011	2012	
种植面积(万 hm²)	506	582	596	575	495	485	504	469	5 26
皮棉产量(万 t)	571.4	753.3	762.4	749.2	637.7	596.1	658.9	683.6	676.57

资料来源:《2013 年中国农村统计年鉴》。

2. 棉籽蛋白及其加工产品作为饲料原料利用存在的问题　王安平等(2010)对来自全国不同主产区的 5 个棉粕样品和 5 个棉籽蛋白样品进行了常规营养成分分析。结果表明,棉粕平均粗蛋白质、粗脂肪、酸性洗涤纤维含量分别为 39.28%、0.28%、21.60%,棉籽蛋白平均粗蛋白质、粗脂肪、酸性洗涤纤维含量分别为 51.96%、0.75%、13.29%。可见,棉籽及其饼粕可作为一种既经济又有效的饲料蛋白源。然而,棉籽及其饼粕含有棉酚、植酸、环丙烯脂肪酸、单宁、低聚糖等多种抗营养因子。这些抗营养因子为植物自身所固有,并通过亲代遗传下来,为植物自身生存繁殖所必需,它们的存在不仅影响棉籽及其饼粕的饲用价值,而且会以不同的形式危害动物的健康。在以上几种抗营养因子中,游离棉酚毒性最大。朱利民等(2017)对来自两地的棉籽粕进行了分析,发现湖北、江西产的棉籽粕中的游离棉酚含量分别为 437.7mg/kg、863mg/kg。王安平等(2010)报道棉粕和棉籽蛋白的游离棉酚平均含量分别为 1 021.14mg/kg 和 687.75mg/kg。动物试验表明,过量游离棉酚的存在是制约棉籽及其饼粕综合利用的最大障碍。

3. 开发利用棉籽蛋白及其加工产品作为饲料原料的意义　饲料资源短缺已成为我国饲料行业乃至畜牧业生产发展的瓶颈。当前我国饲料粮约占粮食总产量 35%,预计到 2020 年和 2030 年，比例将分别达到 45％和 50％，但粮食预期年增量只有 1％左右，饲料粮缺口在所难免，优质蛋白质饲料资源将更加紧张。现阶段我国应用最广泛的蛋白质饲料主要有鱼粉、豆粕、菜粕和棉粕。鱼粉具有资源性和产地集中性特点，随着自然环境恶化、过度捕捞导致渔业资源破坏及国际市场的垄断，鱼粉价格居高不下已成不争的事实，这无疑增添了养殖业成本负担；近年来豆粕价格也一路走高。而且当前中国大豆和鱼粉等优质蛋白质饲料对进口的依存度已超过 70％。据预测，到 2020 年，中国蛋白质饲料的供需缺口将达到 4 800 万 t，因此，加强我国现有蛋白质饲料资源的开发与利用是缓解这一矛盾的关键环节（邓露芳等，2011），开发低价、有效饲用蛋白饲料已成为当务之急。

我国每年皮棉和油脂加工产出大量的棉籽和饼粕。棉粕蛋白含量丰富，氨基酸配比较为均衡，价格不及豆粕一半，有巨大的开发利用潜力。因此，加强开发与合理利用棉籽蛋白与棉籽饼粕，使其全部或部分替代鱼粉或豆粕，是解决我国目前蛋白质饲料资源严重短缺的一种重要且十分有效的途径。

（二）棉籽蛋白及其加工产品的营养价值

棉籽蛋白与棉籽粕的营养成分含量见表 2-96，氨基酸组成见表 2-97。由表 2-96 可知，棉籽粕和棉籽蛋白的干物质占总重量 90％以上。其中，粗蛋白质含量高达 43％～51％，粗纤维含量 6.9％～10.5％，粗灰分含量 5.7％～6.6％。除上述营养成分外，棉籽粕和棉籽蛋白还含有少量的粗脂肪、淀粉、钙和有效磷等。棉籽及棉籽饼粕钙少磷高，而磷多为植酸磷，生物利用率不高。

表 2-96　棉籽及棉籽粕的营养成分含量（％）

营养成分	棉籽粕（浸提，GB 21264—2007 1 级）	棉籽粕（浸提，GB 21264—2007 2 级）	棉籽蛋白
干物质（DM）	90.0	90.0	92.0
粗蛋白质（CP）	47.0	43.5	51.1
粗脂肪（EE）	0.5	0.5	1.0
粗纤维（CF）	10.2	10.5	6.9
无氮浸出物（NFE）	26.3	28.9	27.3
粗灰分（Ash）	6.0	6.6	5.7
中性洗涤纤维（NDF）	22.5	28.4	20.0
酸性洗涤纤维（ADF）	15.3	19.4	13.7
淀粉	1.5	1.8	—
钙（Ca）	0.25	0.28	0.29
总磷（P）	1.10	1.04	0.89
有效磷（A-P）	0.28	0.26	0.29

数据来源：《中国饲料成分及营养价值表》（2018 年第 29 版）。

由表 2-97 可知，棉籽蛋白和棉籽粕的氨基酸含量丰富。其中，精氨酸含量高达 4.65%～6.08%，其次是亮氨酸、苯丙氨酸、缬氨酸和赖氨酸，再次是苏氨酸、酪氨酸、异亮氨酸、组氨酸，色氨酸和胱氨酸含量较少。就氨基酸的均衡性而言，棉粕中赖氨酸、蛋氨酸含量偏低，若向棉粕型日粮中补充适量上述两种氨基酸，将会提高棉籽蛋白和棉籽粕的营养价值。

表 2-97　棉籽蛋白和棉籽粕的主要氨基酸组成（%）

氨基酸	棉籽粕 （浸提，GB 21264—2007 1 级）	棉籽粕 （浸提，GB 21264—2007 2 级）	棉籽蛋白
精氨酸（Arg）	5.44	4.65	6.08
组氨酸（His）	1.28	1.19	1.58
异亮氨酸（Ile）	1.41	1.29	1.72
亮氨酸（Leu）	2.60	2.47	3.13
赖氨酸（Lys）	2.13	1.97	2.26
蛋氨酸（Met）	0.65	0.58	0.86
胱氨酸（Cys）	0.75	0.68	1.04
苯丙氨酸（Phe）	2.47	2.28	2.94
酪氨酸（Tyr）	1.46	1.05	1.42
苏氨酸（Thr）	1.43	1.25	1.6
色氨酸（Trp）	0.57	0.51	—
缬氨酸（Val）	1.98	1.91	2.48

数据来源：《中国饲料成分及营养价值表》（2018 年第 29 版）。

（三）棉籽蛋白及其加工产品中的抗营养因子

所谓抗营养因子是指在饲料中干扰营养成分吸收和利用的物质。抗营养因子的毒性主要表现在降低饲料的各种营养物质利用率、减缓动物生长速度、影响动物健康等方面。在棉籽及其饼粕中，抗营养因子主要有棉酚、植酸、环丙烯脂肪酸、单宁、低聚糖、黄曲霉毒素等（胡小中等，2001；乔晓艳等，2014）。

1. 棉酚　俗称棉毒素，是锦葵科棉属植物色素腺体产生的一种黄色色素（多酚二萘衍生物），存在于棉花的根、茎、叶和籽实中。棉酚的分子式为 $C_{30}H_{30}O_8$，相对分子质量518.5，结构式见图 2-9。棉酚及其衍生物占色素腺体质量的 20.6%～39.0%（张继东等，2006）。棉酚易溶于甲醇、乙醇、正丁醇、乙醚、丙酮、氯仿等有机溶剂，不溶于低沸点的石油醚和水。棉酚在棉籽及其饼粕中的存在形式有 3 种：游离棉酚（Free gossypol，FG）、结合棉酚（Bound gossypol，BG）和变性棉酚（Denaturation gossypol，DG）。游离棉酚分子结构中的活性基团醛基未被其他物质"封闭"，对动物毒性大。结合棉酚是棉籽加工油的工艺中，料胚润湿促使棉酚腺体破坏，料胚受水分、温度、压力等因素影响，游离出来的棉酚与料胚中的蛋白质、氨基酸、磷脂、糖类等物质相互作用，形成在体内无毒的物质。棉酚与蛋白质结合物的结构式见图 2-10。

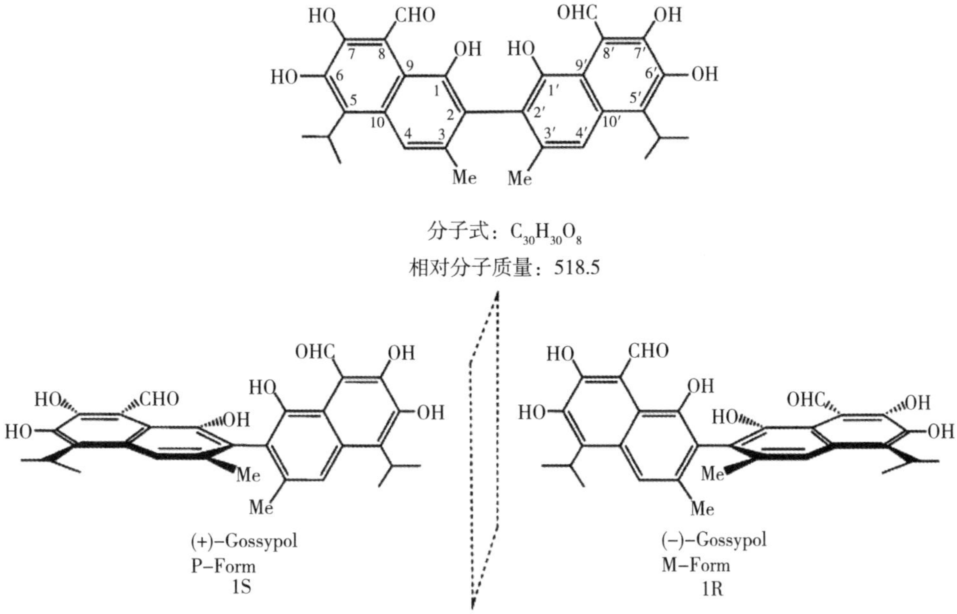

分子式：$C_{30}H_{30}O_8$

相对分子质量：518.5

(+)-Gossypol
P-Form
1S

(-)-Gossypol
M-Form
1R

图 2-9　棉酚的结构式

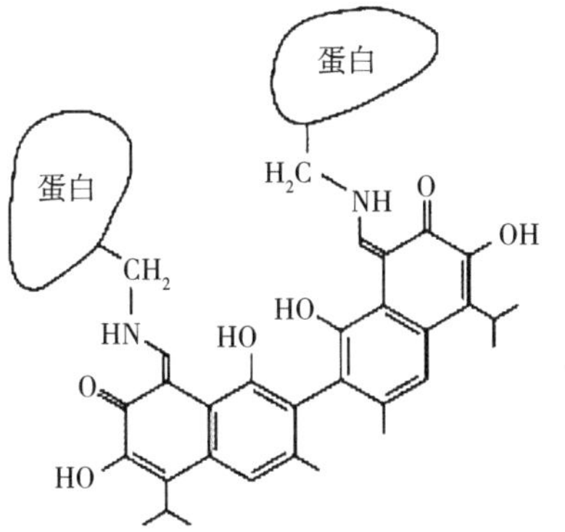

图 2-10　棉酚蛋白的结构式

在某些动物体内，结合棉酚在消化过程中可以转化成游离棉酚（侯红利等，2005）。变性棉酚是游离棉酚在一定温度经连续受热而形成的一类无毒或低毒化合物，其结构有待确认。游离棉酚的毒性和危害主要表现在：①是细胞、血管和神经的毒物。游离棉酚进入消化道后，刺激胃肠黏膜，引起胃肠炎。吸收入血后，增强血管壁的通透性、促使血浆和血细胞向周围组织渗透，使受害组织发生浆液性浸润、出血性炎症和体腔积液。游离棉酚易溶于脂质，能在神经细胞中积累并使神经系统的机能发生紊乱。②干扰动物体正常生理机能。在体内，许多功能蛋白质和一些重要的酶与游离棉酚结合后，丧失正常的生理功能。③与铁离子结合，干扰血红蛋白合成，引起缺铁性贫血。④影响雄性动物生殖机能。游离棉酚破坏睾丸的生精上皮，导致精子畸形、死亡，甚至无精子。因此，游离棉酚降低了动物的繁殖力，甚至会引起公畜不育。⑤降低蛋白质与氨基酸的吸收与利用。⑥抑制消化酶活性，降低饲料利用率。⑦影响禽蛋品质（邓露芳等，2011；扎依旦·阿布力孜，2015）。

2. 植酸及植酸盐 植酸又名肌醇六磷酸，学名环己六醇磷酸酯。植酸分子式 $C_6H_{18}O_{24}P_6$，相对分子质量 660.08，结构式见图 2-11。植酸是一种淡黄色或淡褐色黏稠液体，相对密度 1.58，易溶于水、95% 乙醇和丙酮，不溶于苯、氯仿和己烷。在植物体中，植酸以非游离形式的复盐（与若干金属离子）或单盐（与 1 个金属离子）形式存在，称为"植酸盐"或称"肌醇六磷酸盐"。植酸可与钙、铁、镁、锌等金属离子结合，生成难溶于水的化合物。

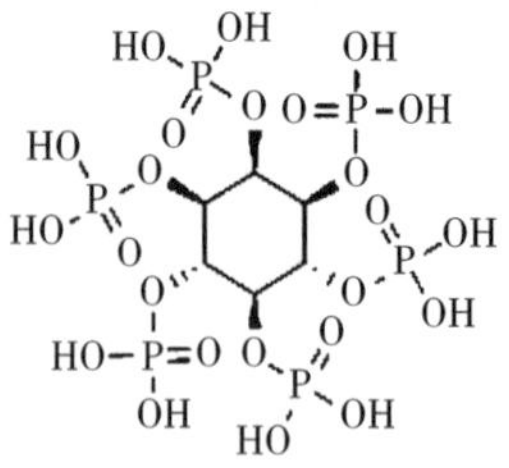

图 2-11 植酸的结构式

植酸还可与蛋白质结合成螯合物，当 pH<PI 时，蛋白质带正电，在强烈静电作用下，蛋白质易与带负电的植酸形成不溶性复合物。蛋白质的带正电基团很可能是赖氨酸的 ε-氨基、精氨酸和组氨酸的胍基。当 pH>PI 时，蛋白质的游离羧基和组氨酸上未质子化的咪唑基带负电，蛋白质以多价阳离子为桥，与植酸形成溶解度极低的三元复合物（胡小中等，2001）。植酸在棉籽饼粕中含量为 2.9%～4.8%。尽管植酸无毒，但它仍是饲料中的一种主要抗营养因子，其抗营养因子作用主要表现在：①是一种很强的络合剂，可与钙、锌、铜、铁、锰等多种金属离子螯合，形成稳定且不易分解的植酸-金属络合物，阻碍动物对必需矿物元素的吸收和利用。②降低磷的利用率。植物性饲料中的有机磷主要以植酸磷形式存在，植酸磷占总磷的 1/3～1/2。只有在植酸酶存在的条件下，植酸磷才能被水解成可吸收的磷。然而，单胃动物不能或很少分泌植酸酶，导致磷的利用率降低。大量未被动物消化利用的磷随粪便排出，造成土壤和水源等环境的磷污染。③影响动物对蛋白质的消化与吸收。④与消化酶结合，降低消化酶活性，使摄取的营养物质利用率下降。

3. 环丙烯类脂肪酸 环丙烯类脂肪酸（CPFA）主要有苹婆酸和锦葵酸 2 种异构体，存在于棉籽油及棉籽饼残油中。当棉籽粕含残油 4%～7% 时，环丙烯类脂肪酸为 250～500mg/kg；当棉籽粕含残油 1% 时，环丙烯类脂肪酸含量则在 70mg/kg 以下。环丙烯类脂肪酸的抗营养因子作用主要体现在对禽蛋品质及家禽的生理机能影响上。①增大卵黄膜的通透性。蛋黄中的铁离子透过卵黄膜转移到蛋清中，与蛋清蛋白形成红色的复合体使蛋清变红。如果蛋清中的铁离子达到一般蛋清中铁含量的 7～8 倍时，蛋清中的水分可转移到蛋黄使其膨大变形。②使蛋黄变硬。当饲粮中的环丙烯类脂肪酸含量达 30mg/kg 以上时，蛋黄受热形成所谓的"海绵蛋"。③降低种蛋的受精率和孵化率。④改变脂肪代谢和脂肪酸组成，引起肝细胞坏死、不正常的糖原沉积、胆管增生及纤维化等病理反应（Struthers 等，1975；张继东等，2006）。

4. 单宁 亦称鞣酸，是一种多羟基水溶性酚类化合物，主要存在于豆科、油科类植物籽实中。单宁的抗营养因子作用主要体现在：①有涩味，降低饲料适口性和动物采食量。②与日粮中蛋白质结合，降低蛋白消化率。③与肠道消化酶结合，抑制消化酶活性。④与钙、镁、锌、铁、铜等金属离子络合，降低矿物质元素的吸收和利用。⑤有收敛性，降低肠道上皮通透性，使肠道运动机能减弱，导致肠道吸收养分量减少和便秘。

5. α-半乳糖苷 α-半乳糖苷为无色透明液体，不溶于水，具有良好的热稳定性，即使在 140℃ 也不会分解。因此，普通饲料调制加工过程不会使其失活。α-半乳糖苷在棉籽及其饼粕中存在的主要形式为棉籽糖和水苏糖。棉籽中棉籽糖和水苏糖含量分别为

6.91％和2.36％（Kuo等，1988），饼粕中的棉籽糖含量为3.6％。

α-半乳糖苷是引起动物胀气的主要因素（Zhang等，2019），其抗营养因子作用主要体现在：①不能被单胃家畜消化吸收。Gitzelmann等（1965）研究表明，α-半乳糖苷不能被鸡的内源酶消化，也未见鸡小肠黏膜中具有α-半乳糖苷酶活性。②降低营养物质的消化率。α-半乳糖苷增加了小肠内容物的渗透性和液体的保持力，降低了营养物质的水解。由于营养物质水解作用减弱，增加了小肠内容物含量，刺激小肠蠕动反射，从而增加了肠道内饲料运转速度，影响了动物对营养物质的充分吸收。③引起肠道胀气。α-半乳糖苷经胃肠道发酵后产生短链脂肪酸、CO_2、CH_4和H_2等，这些化合物极大地提高了大肠的渗透压和通透性，引起肠道胀气（Bäckhed等，2005）。除了引起胀气外，还会导致腹痛、腹泻、痉挛、肠鸣等症状（Yamaguishi等，2009），使畜禽采食量下降。

6. 黄曲霉毒素 是一类化学结构类似的二氢呋喃香豆素衍生物，存在于土壤、动植物、各种坚果中。黄曲霉毒素1993年被世界卫生组织（WHO）的癌症研究机构划定为1类致癌物。黄曲霉毒素B_1是最危险的致癌物，在玉米、花生、棉花种子和一些干果中常能检测到。黄曲霉毒素B_1的半数致死量为每千克体重0.36mg，其抗营养因子作用主要表现在：①抑制蛋白质的合成。②损伤肝脏。临床表现有胃部不适，食欲减退，恶心呕吐，腹胀及肝区触痛等，严重者出现水肿昏迷，甚至抽搐死亡。我国规定饲料中黄曲霉毒素的卫生标准为50μg/kg，为安全起见，一般饲料中黄曲霉毒素以不超过20μg/kg为宜。

（四）棉籽蛋白及其加工产品在动物生产中的应用

1. 在养猪生产中的应用 在棉籽饼粕的应用上，日粮中添加4％～6％棉籽蛋白对生长育肥猪的生产性能无明显影响，可以提高饲料转化率。Hale和Lyman（1957）报道，用含15.5％的蛋白饲料（游离棉酚≤100mg/kg）饲养猪，未观察到猪的棉酚中毒症状；用含15.5％的蛋白饲料（游离棉酚＝150mg/kg）饲养猪，观察到有猪的棉酚中毒症状，但未见到猪死亡现象；用含15.5％的蛋白饲料（游离棉酚≥190mg/kg）饲养猪，观察到有猪死亡现象。用含30％的蛋白饲料（游离棉酚＝300mg/kg）饲养猪，未观察到猪的棉酚中毒症状。Rincon等（1978）报道，当猪的日粮中棉籽饼游离棉酚含量超过160mg/kg时，猪的采食量明显下降，猪的生长受到抑制。可见，猪的棉酚中毒症状与饲料蛋白含量、棉籽饼粕游离棉酚含量有关。

在脱酚棉籽蛋白的应用上，李敏等（2012）在玉米-豆粕-脱脂米糠型日粮基础上，用15％的脱酚棉籽蛋白（蛋白含量50.90％，游离棉酚含量385mg/kg）替代基础日粮中16％的豆粕蛋白，同时将玉米在原料中的比例提高10个百分点，饲养63kg的"杜×长×大"三元商品育肥猪，获得了良好的生长性能和正常的屠宰率、肉质效果。周维仁等（2000）在大麦-米糠-豆粕型日粮基础上，用脱酚棉籽蛋白（蛋白质含量≥46％，游离棉酚≤450mg/kg）等量替代全部豆粕，在日粮中添加16％脱酚棉籽蛋白，不仅未影响猪的正常生长，而且还取得了日增重达860g的饲喂效果。

在棉籽酶解蛋白的应用上，丁超等（2010）选择体重33kg左右生长猪135头，随机分为9栏，每组3栏，每栏15头，公母各半，分别饲喂不同的试验料。在玉米-豆粕-

麸皮-膨化大豆日粮基础上，分别用5％、10％的发酵棉粕（游离棉酚含量200mg/kg）替代等量豆粕，均不影响猪的生长性能。马丽等（2012）研究发现，生长猪（30～60kg阶段）日粮中可使用5％～10％发酵棉粕（游离棉酚含量640mg/kg）替代豆粕，对生长猪的日增重、采食量和料重比等生产性能无明显影响；腹泻率则随发酵棉粕添加量的增加有增加趋势。秦金胜等（2010）报道，用普通棉粕（游离棉酚含量422.43mg/kg）替代豆粕的比例达5％时，"杜×长×大"猪的日增重有下降趋势；达10％时可显著降低猪的日增重。发酵棉粕（游离棉酚含量181.85mg/kg）替代豆粕的比例达到15％时，对猪生长育肥期的生长性能无不良影响。朱献章等（2010）分别对断奶仔猪过渡期、保育仔猪和育肥猪饲养10d、35d和100d，结果发现，发酵棉粕（游离棉酚含量324mg/kg）以豆粕在全价料中粗蛋白所占比例的50％进行替代，对猪的增重、饲料利用率以及健康状况无显著影响。而未经发酵的棉粕（游离棉酚含量670mg/kg）不适合作为猪的饲料。

2. 在反刍动物生产中的应用 Uddin等（2013）证实棉籽饼具有极高的营养价值，是家畜特别是反刍动物蛋白质补充的重要来源之一。饲料中将棉籽饼的比例提高至35％，奶牛的产奶量随棉籽饼比例的提高而增加。可见，提高棉籽饼在配合饲料中的比例，可以提高反刍动物产奶、增重等方面的性能。艾比布拉·伊马木等（2011）以豆粕和棉粕分别作为肉牛育肥用配方精料中的蛋白质补充料，通过90d的育肥后，豆粕组（占混合精饲料的25.4％）肉牛的平均增重量达到148kg，比棉粕组（占混合精饲料的25.2％）肉牛增加了28kg。但是，由于棉粕组肉牛的日均饲料费用12.6元低于豆粕组肉牛的15.2元，肉牛每增重1kg所消耗的饲料费用在两组肉牛间无明显差异。这说明在精料配方中添加水平合理前提下棉粕可代替豆粕取得提高肉牛的育肥效益。

Velasquez-pereira等（1999）报道，以400mg/kg的棉籽粕喂养犊牛，导致10头犊牛中的4头死亡。尸检结果与被棉酚致死的反刍动物类似。但在日粮中补充高浓度维生素E，可以增加犊牛对饲料的摄入量，牛犊的体重也随之增加，可见，维生素E具有减少棉酚对犊牛毒性的作用。

在用含棉籽壳（游离棉酚含量246.51mg/kg）、棉籽粕（游离棉酚含量655.13mg/kg）的饲料饲养中国美利奴（军垦型）肉毛兼用型细毛羊（4月龄断奶）公羊的试验中，周恩库等（2014）和潘晓亮等（2009）发现：棉酚会引起绵羊慢性中毒，损害肾脏，抑制肾脏Na-K-ATP酶，降低钾离子回收，导致肾脏失钾（Holmberg，1988；Hudsony，1988）。棉酚使肾小球和肾小管发生病理变化，肾小球和肾小管上皮细胞异常通透性，为磷酸根、钾离子、镁离子和大分子物质异常滤过创造条件，后期肾组织炎症、增生、坏死、脱落都为尿结石的形成提供了基质。棉籽壳与棉籽粕中的游离棉酚是导致绵羊尿结石形成的最主要原因。

在脱酚棉籽蛋白的应用上，郭翠华等（2006）报道，用脱酚棉籽蛋白替代奶牛精料配方中50％～75％的豆粕，即占精料10％～15％，而其他饲料组成比例不变，在宁夏平吉堡、天津工农联盟、北京南口和新疆呼图壁等奶牛场中，选择胎次、泌乳月和头日产奶量相近的荷斯坦奶牛分为试验组和对照组，或用大群奶牛前后期对比的方法进行了6次饲养试验。研究表明，试验牛的产奶量增加了13.83％，对奶牛的繁殖无不良影响，每头牛每年约可增加收入861元。用脱酚棉籽蛋白替代对照组精料中45.45％的豆粕，即占日粮的 10%，可以提高试验牛的产奶量，试验牛的食欲很好，发病率比对照组低，体质得到改善，经济效益提高。在泌乳牛日粮中可以用 10%～15% 的脱酚棉籽蛋白代替豆粕，提高产奶量 5%～13% 并降低日粮成本。在犊牛和青年牛的应用方面，一般来说，奶牛消化器官的发育主要在 4～6 月龄以前，以后变化不大。因此，断奶至 6 月龄犊牛的日粮中应含有足够的精饲料，一般为 1.4～1.8kg 的精料和 1.8～2.2kg 的优质干草。日粮中应含有较高比例的蛋白质，以满足其生长的需要，一般精料的蛋白含量应在 22% 左右。7～15 月龄的牛为育成牛，此阶段精料喂量一般为 1.5kg 左右，精料的蛋白含量 15% 左右。脱酚棉籽蛋白可代替青年牛和断奶犊牛饲料中部分豆粕，以提供所需的蛋白质。在断奶犊牛和育成牛日粮中可以用 10%～15% 的脱酚棉籽蛋白代替同等数量的豆粕而不影响增重速度和繁殖性能。

张国民等（2004）分别以经"兴牧一号"微生物菌液发酵处理后的 40% 发酵棉粕为唯一的蛋白质原料，以 40% 的豆粕为唯一蛋白质原料的饲料，以 20% 豆粕＋20% 发酵棉粕各半的蛋白质原料饲喂犊牛，犊牛的生产性能与对照组无显著差异，未表现出临床中毒症状，在增重上没有明显差异。由于使用微生物发酵后的棉粕饲养犊牛降低了饲料成本，可以提高经济效益。刘明珠等（2013）报道，在玉米-棉籽粕-稻草型日粮中添加烟酸有助于改善瘤胃发酵功能，添加量以 600mg/kg 为宜。

3. 在家禽生产中的应用　尹进等（1992）报道，用棉酚含量较高的棉粕饲料喂鸡，会导致鸡蛋在贮存中蛋黄变褐变硬、蛋清变红的变色现象，这是由于棉酚与鸡蛋蛋白结合，蛋黄膜超微结构发生变化，蛋黄中的钙、铁等元素流到蛋清中去，与蛋清发生一系列化学、物理以及生物学反应。徐岩等（2003）选择新罗曼蛋种鸡 832 只，随机分成 4 组，对照组饲喂不含棉粕的基础日粮；其他 3 组分别饲喂棉粕含量为 4%、5%、6% 的日粮。结果表明，棉粕添加量 4%～6%，可维持产蛋鸡的产蛋率不变，但受精率、孵化率显著下降。在使用棉粕与菜粕混合饲料饲养鸭的试验中，曾饶琼等（2008）用 6 日龄的川麻杂交鸭 1 000 只，共计 10 个处理，每个处理设 4 个重复，每个重复 25 只，试验期为 28d，研究不同水平的棉粕（0、7%、12% 和 17%）对川麻杂交鸭生长性能（日增重、采食量和料重比）的影响。结果表明：随着棉粕添加量的增加，各处理组日增重呈下降趋势，采食量呈先下降后上升趋势。随着菜粕添加量的增加，日增重呈下降趋势。添加 7% 棉粕（鸭配合饲料中游离棉酚含量低于 61mg/kg）和 15% 菜粕处理组生产性能最佳。

在脱酚棉籽蛋白的使用上，贾喜涵等（2007）报道，在肉鸡日粮中前期添加 6%、中后期添加 9% 可以在保证生产效果的前提下降低饲养成本，而添加量达到 12% 时，肉鸡的前期生长性能较低，日增重明显低于对照组。

发酵棉粕应用于鸡、鸭饲养方面，王文秀等（2010）选用酵母菌、乳酸菌、EM 菌 3 种混合菌的原液按 2% 的比例溶解到水中，再将溶解后的水，按 30% 比例拌入棉粕中，常温密闭厌氧发酵 15d，然后将发酵好的棉粕（棉酚含量低于 188mg/kg）按照 2% 的比例加入日粮中，既提高了总氨基酸、粗蛋白等营养成分，又增加了肠道内有益微生物数量，使鸡体内大肠杆菌、沙门氏菌等有害菌减少，降低了鸡群的发病率，节约了预防用药成本，增加了蛋重，降低了饲料消耗量。冯江鑫等（2015）报道，在日粮中添加 5% 的枯草芽孢杆菌发酵的棉籽粕可以显著提高黄羽肉仔鸡对饲料粗蛋白质、钙、磷和干物质的代谢率。黄羽肉仔鸡平均日增重、平均日采食量、成活率、饲料转化率均优于2%和8%的添加量。闫理东等（2012）研究添加不同比例发酵棉粕对黄羽肉鸡生长性能及屠宰性能的影响。他们选用14日龄健康黄羽肉鸡320只，随机分成4组，每组4个重复，每个重复20只鸡，Ⅰ组为空白对照组，Ⅱ、Ⅲ、Ⅳ组分别添加3%、6%和9%的发酵棉粕，研究不同添加量对肉仔鸡生长前期（14～28日龄）、中期（29～45日龄）、后期（46～65日龄）各阶段生长性能和屠宰性能的影响。结果表明：①较Ⅰ组而言，Ⅱ组的肉仔鸡生长前期平均日增重提高2.50%（$P>0.05$），Ⅲ组的肉仔鸡生长前期平均日增重极显著提高7.22%（$P<0.01$），Ⅳ组则极显著下降15.03%（$P<0.01$）；生长前期采食量Ⅱ、Ⅲ组分别显著提高1.47%和1.73%，Ⅳ组则极显著下降7.66%（$P<0.01$）；前期料重比Ⅱ组下降0.97%（$P>0.05$），Ⅲ组极显著下降5.34%（$P<0.01$），Ⅳ组则极显著提高8.74%（$P<0.01$）；肉仔鸡生长中、后期以及全期平均日增重、采食量、料重比Ⅱ、Ⅲ组有所提高，Ⅳ组则下降，但差异均不显著。②较Ⅰ组而言，半净膛率Ⅱ、Ⅲ组分别极显著提高2.73%、3.60%（$P<0.01$）；胸肌率Ⅱ、Ⅲ组分别极显著提高14.83%、16.68%（$P<0.01$）；腿肌率Ⅲ组提高最为明显，为14.17%（$P<0.01$）；屠宰率、全净膛率各试验组均差异不显著（$P>0.05$）。由此可见，添加6%发酵棉粕组在日增重、采食量、料重比、屠宰率、胸肌率和腿肌率都优于3%和9%发酵棉粕组，以添加6%发酵棉粕为宜。刘珍等（2006）报道，利用发酵棉粕（游离棉酚含量200mg/kg）代替豆粕饲喂蛋鸡，当添加量9%～12%时，不影响蛋鸡的生长性能，蛋鸡的健康状况也无不良反应。

4. 在水产品生产中的应用 Herman（2010）在研究棉酚对虹鳟的毒性时，发现饲料中游离棉酚含量为95mg/kg会引起鱼的肝脏和肾脏组织学变化；当游离棉酚含量高于290mg/kg时，虹鳟的生长受到抑制；当游离棉酚含量高于531mg/kg时，虹鳟的血细胞比容、血红蛋白、血浆蛋白均显著下降。以醋酸棉酚形式添加游离棉酚，当含量在400mg/kg以上时，鲤的生长明显受到抑制，且肝脏中棉酚蓄积量与饲料中棉酚含量呈正相关；鲤按每千克体重腹腔注射醋酸棉酚0mg、7.3mg、54mg、100mg、200mg、400mg，96h后死亡率分别是0、0%、20%、70%、90%、100%；在96h内，游离棉酚对鲤的半致死剂量为每千克体重63.6mg。赵大伟（2015）报道，鱼虾等水生变温动物对游离棉酚的抵抗能力远比畜禽动物强，棉酚对鱼类的影响主要表现在采食量下降、生长受抑制、肝脏脂肪沉积增加等。不同鱼类对游离棉酚的敏感程度不同。

（1）棉粕直接饲养 周俊杰等（2010）报道，饲料中棉粕添加量为30%时，对青鱼生长、饲料利用及存活率无显著影响；但添加量达40%时，对青鱼生长、饲料利用、存活率均不利。Wang等（2014）报道，当棉籽粕含量高于36%（游离棉酚含量431.3mg/kg）会影响鲤的生长性能和血液指标；当日粮中棉籽粕含量达54%（游离棉酚含量647.0mg/kg）时，会轻微损害鲤幼鱼肝脏，降低精子细胞数量；鲤幼鱼日粮中棉籽粕安全水平为27%（游离棉酚含量323.5mg/kg）。付熊等（2012）用不同比例棉粕（游离棉酚含量714.45mg/kg）及$FeSO_4$（5倍棉籽粕中游离棉酚量）处理的脱毒棉粕（游离棉酚含量223.21mg/kg）替代饲料中的鱼粉，配成等氮等能饲料，喂养（9.79±0.13）g的虹鳟10周，每组设3个重复，研究棉粕及脱毒棉粕对虹鳟生长性能、体成分及血清生化指标的影响。结果表明，棉粕替代鱼粉喂养（9.79±0.13）g的虹鳟的适宜比例为 19.62%。林仕梅等（2007）用菜粕、棉粕按 1 : 2 的比例等量替代豆粕（6%、12%、18%）作为蛋白源配制 3 种等能等氮的无鱼粉饲料，在室内饲养奥尼罗非鱼，8 周平均体重为（4.22 ± 0.09）g。结果表明，菜粕、棉粕替代不同水平豆粕对罗非鱼的生长、饲料利用和机体免疫力均产生了显著的影响。随菜粕、棉粕替代水平的增加，罗非鱼的生长、饲料利用和体蛋白含量均显著下降（$P<0.05$），而以无豆粕组影响最大。无豆粕组血清谷丙转氨酶、谷草转氨酶活力显著升高（$P<0.05$），而血清超氧化物歧化酶活力显著降低（$P<0.05$）。配方中棉粕和菜粕的总量超过 52% 对罗非鱼是不安全的。叶元土等（2005）以 35% 的鱼粉、57% 的豆粕、68% 的菜粕、60% 的棉粕、52% 的花生粕分别组成蛋白质含量为 30% 的配合饲料，在室内循环养殖系统中养殖草鱼 64d。在第二阶段的 43d 结束时，发现用棉粕组饲养草鱼的特定生长率为每天（0.49 ± 0.04）%，明显低于鱼粉组和豆粕组，且草鱼出现一定程度的贫血反应。这是游离棉酚与铁离子结合，干扰血红蛋白合成，引起缺铁性贫血。沈维华等（1995）报道，以棉粕代替饲料中 70% 的大豆粕喂养团头鲂鱼种。试验鱼和对照鱼的 40d 增重率各为 113.9% 和 147.7%，表明在不添加赖氨酸的情况下，以用量过高的棉粕替代豆粕，会导致鱼的生长和饲料转化率显著下降，建议替代量不超过 50%（棉粕在饲料中用量超过 20%），添加 0.1%～0.3% 的赖氨酸以改善鱼类的氨基酸平衡。胡毅等（2014）报道，棉籽粕中游离棉酚能同赖氨酸结合，导致赖氨酸利用率降低，对动物生长产生不利影响。游离棉酚能与亚铁离子结合形成棉酚亚铁的复合物。据 Zhang 等（2019a）报道，游离棉酚与亚铁离子反应后形成摩尔比为 1 : 1、1 : 2、1 : 3、1 : 4 的棉酚亚铁复合物，其中，按 1 : 2 摩尔比形成的化合物有两种。由此可见，游离棉酚降低了饲料中铁的吸收，引起动物红细胞数量下降。被吸收的游离棉酚存积于动物的肝脏、肾脏和肌肉组织中，引起累积性中毒。胡毅等（2014）以棉籽粕（粗蛋白质含量为 42%）等蛋白质替代 100% 的豆粕作为高棉籽粕饲料，并在高棉籽粕饲料中分别用 0.342% 晶体赖氨酸（有效含量 79%）、0.115% 七水硫酸亚铁以及 0.342% 晶体赖氨酸＋0.115% 七水硫酸亚铁等量替代鱼粉，分别作为高棉籽粕补充赖氨酸饲料、高棉籽粕补充铁饲料、高棉籽粕补充铁和赖氨酸饲料。结果表明，高棉籽粕饲料中补充铁和赖氨酸能促进青鱼幼鱼的生长，提高机体免疫力，降低肌肉和肝脏中游离棉酚含量，同时补铁和赖氨酸效果更明显。伍代勇等（2009）在使用 30% 鱼粉的基础上，分别添加 27% 豆粕、24% 花生粕、24% 棉粕、31% 菜粕，以高鱼粉组（含鱼粉 46%）和商品饲料作参照，挑选初均重（0.60 ± 0.02）g 的凡纳滨对虾，在室内养殖系统中饲养 8 周后发现：棉粕组对虾生长显著低于鱼粉组（$P<0.05$），但与商品饲料差异不显著，棉粕组与鱼粉组相比，对虾血清蛋白含量、血清 PO 活性、血清和肝胰脏的超氧化物歧化酶活性均无显著差异，但棉粕组肝胰脏谷草转氨酶和谷丙转氨酶活性显著高于商品饲料和豆粕组。

（2）脱酚棉籽蛋白饲养　据 GB 13078—2017 和 NY 5072—2002 的标准要求，在鱼类饲料中游离棉酚的安全使用限量应低于 150mg/kg，而脱酚棉籽蛋白的游离棉酚含量在 400mg/kg 以下，因此，理论上鱼饲料中脱酚棉籽蛋白的添加比例可达 37.5% 以上。但是与蛋白质含量高且氨基酸平衡的鱼粉相比，脱酚棉籽蛋白适口性较差、氨基酸水平低，而且不同鱼种对游离棉酚的耐受能力有所不同，因此，脱酚棉籽蛋白在不同水产动物中应酌情添加。

罗琳等（2005）以基础配方鱼粉使用量为45％计算，在体重（5.04±0.02)g的花鲈饲料中用脱酚棉籽蛋白替代50％以下的鱼粉蛋白时，不影响花鲈的生长、饲料表观消化率及鱼体成分组成；段培昌等（2011）用脱酚棉籽蛋白替代饲料中部分鱼粉（脱脂鱼粉占日粮58％），并调节饲料氨基酸水平。当替代比例达35％时，饲料必需氨基酸消化率及星斑川鲽幼鱼肌肉和全鱼氨基酸组成均未受到显著影响；而替代比例达52％时，9种必需氨基酸（Thr、Arg、Val、Met、Ile、Leu、Phe、Lys、His）的消化率均呈显著降低趋势。薛敏等（2007）报道，在（39.18±0.07)g的虹鳟饲料中用脱酚棉籽蛋白替代25％～50％的鱼粉，虹鳟的摄食和生长与对照组无显著差异；以0.17g左右的凡纳宾对虾虾苗为研究对象，用脱酚棉籽蛋白替代0、20％、35％、50％的鱼粉蛋白（对照组鱼粉添加量为36％），经过8周的饲养发现，脱酚棉籽蛋白替代20％鱼粉蛋白时，南美白对虾的增重率、特定生长率、饲料系数和蛋白质效率与对照组无显著差异。而替代35％以上的鱼粉蛋白时，增重率、特定生长率和蛋白质效率显著降低。

（3）棉籽酶解蛋白饲养　孙宏等（2014）选用初重为（9.20±0.22）g的黑鲷幼鱼400尾，随机分为4组，每组5个重复，每个重复20尾。4组试验鱼分别饲喂以0、8％、16％和24％的发酵棉籽粕替代基础饲料中鱼粉的等氮等能试验饲料，每天投喂饲料2次（07：00和16：00），并记录投喂量和鱼死亡情况，试验期为60d。结果表明，发酵棉籽粕可在黑鲷幼鱼饲料中最高添加至16％用于替代鱼粉，而对黑鲷的生长性能、体成分和血浆生化指标无显著影响。夏薇等（2012）研究表明，用等量棉粕水解蛋白肽替代建鲤日粮中的鱼粉或植物蛋白，可提高生长性能，降低饵料系数，促进鱼体粗蛋白沉积，降低内脏重量，优化建鲤形体指标，可提高建鲤的非特异性免疫力。刘文斌等（2006）以棉粕蛋白为酶解底物，用枯草芽孢杆菌蛋白酶对其进行酶解，以酶解产物1.5％和3.0％两个梯度等量替代鱼饲料配方的棉粕，在室内流水养殖系统中喂养（30±2)g的异育银鲫65d，测定鱼的生长、营养物质表观消化率、消化蛋白酶活性及肝胰脏中胰蛋白酶mRNA表达水平等指标。结果表明，添加1.5％和3.0％棉粕酶解产物的鱼在饲养35d后的特定增长率（SGR）分别比对照组高32.5％和56.7％，差异显著；在饲养65d后，两组特定增长率分别比对照组高8.0％和21.0％，且差异极显著，肝胰脏中胰蛋白酶mRNA表达水平也随棉粕酶解产物添加梯度提高而相应提高，同时棉粕蛋白酶解物对肠道蛋白酶的活性和营养物质表观消化率都有促进作用，而棉粕蛋白酶解物对鱼肌肉成分并没有改变，这也表明棉粕蛋白酶解物在促进鱼生长、内源酶活性的同时并未降低鱼的品质。孔丽等（2011）研究氨基酸粉、发酵菜粕和发酵棉粕对异育银鲫生长性能、氨基酸吸收、体成分及肝功能的影响。结果表明，在异育银鲫饲料中用3％氨基酸粉、6％发酵棉粕分别等量替代鱼粉、棉粕，能显著提高异育银鲫的生长性能以及对氨基酸的吸收效果。陈道仁等（2010）用23％发酵棉粕（游离棉酚含量208mg/kg）替代9％豆粕和15％全部棉粕（游离棉酚含量847mg/kg），饲养平均体重为125g的草鱼90d。结果显示，发酵棉粕组较对照组提高鱼体增重率24.52％，饵料系数降低了11.89％，血清溶菌酶、肝胰脏超氧化物歧化酶活力均有显著提高。这说明在草鱼配合饲料中使用发酵棉粕取代全部棉粕和部分豆粕能促进鱼体生长，降低饵料系数，提高草鱼的非特异性免疫能力。

杨霞等（2014）研究了普通棉籽粕（CSM）和发酵棉籽粕（FCSM）替代鱼粉对中华绒螯蟹幼蟹生长性能、体组分和肝胰腺消化酶活性的影响。他们选择初始均重为 (0.56 ± 0.04) g 的中华绒螯蟹幼蟹 660 只，随机分成 11 组，每组 3 个重复，每个重复 20 只。配制 CSM 添加量分别为 0、8.0％、16.0％、24.0％、32.0％、40.0％和 FCSM 添加量分别为 8.0％、16.0％、24.0％、32.0％、47.5％的 11 种等氮（粗蛋白质为 38.39％）等能（总能为 19.18MJ/kg）试验饲料。试验期为 6 周。结果显示，作为中华绒螯蟹幼蟹饲料中鱼粉的替代蛋白质源时，CSM 的适宜添加量为 16％，FCSM 的适宜添加量为 24％，相同替代水平下 FCSM 的替代效果好于 CSM。

（五）棉籽蛋白及其加工产品作为饲料资源开发利用与政策建议

1. 加强开发利用棉籽蛋白及其加工产品作为饲料资源　目前我国饲料资源面临着饲料粮严重紧缺、区域不平衡、蛋白饲料严重短缺的现状，饲用蛋白严重缺乏日益成为制约畜牧业和水产养殖业发展的瓶颈。棉粕蛋白含量丰富，氨基酸配比较为平衡，价格不及豆粕一半，开发与利用潜力巨大。加强开发与合理利用棉籽蛋白与棉籽饼粕，使其全部或大部分替代鱼粉或豆粕，是延缓或解决我国目前蛋白质饲料资源严重短缺的一种重要且十分有效的途径。

2. 改善棉籽蛋白及其加工产品作为饲料资源开发利用方式　由于棉籽含棉酚，随着棉籽脱壳榨油，大量游离棉酚残留在棉粕中，对动物毒害极大，棉籽饼粕的脱毒已成为制约棉籽蛋白及其加工成品作为优质饲料来源的最主要因素。目前，关于棉籽蛋白及其饼粕的脱酚加工方法和工艺国内外已有大量报道，归纳起来主要有物理法、化学法、溶剂萃取法、微生物发酵法等（赵大伟等，2015）。采用物理与化学方法对传统油脂加工产物棉籽饼粕脱酚，生产出的产品具有适口性差、营养价值偏低等缺陷。"液-液-固"三相萃取法也存在一些问题，如使用的萃取剂甲醇沸点低、蒸汽毒性大，易造成严重的环境污染；同时，还面临着能耗高和溶剂回收的难题；另外，加工出的产品无法回避溶剂残留的问题，影响了脱酚棉籽蛋白的适口性。因此，传统的棉粕蛋白脱酚方法与工艺无法满足棉籽蛋白饲料工业化清洁生产的要求。

与上述方法相比微生物发酵法具有高效脱毒、能耗低、环保安全的优势，且能够最大限度地保留或提升棉粕蛋白的营养价值。因此，棉籽酶解蛋白被认为是实现棉籽蛋白饲料工业化清洁生产的最理想方法。发明专利（CN 103937846 B）（Zhang 等，2016）介绍的 5 菌株两步棉粕固态发酵法，不仅脱去了游离棉酚，还大幅降低了其他抗营养因子含量。项目低碳环保、能耗低，生产环节无须添加化学药剂，微生物菌种经培养增殖后可多次利用，实现了循环经济模式，生产成本低；棉籽酶解蛋白中小肽所占比例大幅提高，蛋白活性完整保留，还增添了菌体蛋白含量，利于动物消化吸收；棉籽酶解蛋白风味也得到改善，动物适口性佳。经该工艺加工出的棉籽酶解蛋白，可以在更大程度上替代豆粕和鱼粉等蛋白饲料在日粮中的比例，广泛应用于畜禽和水产养殖业。该研究成果若得到深度开发与大范围推广，将产生巨大的经济效益和社会效益。

3. 制定棉籽蛋白及其加工产品作为饲料产品标准　棉籽蛋白含有游离棉酚及多种抗营养因子，添加量过高会影响动物生长发育和健康状况。饲料是畜禽产品、水产品的安全源头，饲料安全是食品安全的前提条件，直接关系着人民群众身体健康和生态环境可持续发展。因此，国家应尽快建立棉籽蛋白及其加工产品的饲料生产标准，以适应饲料工业持续健康发展、建设安全优质高效的饲料生产体系、健全和完善饲料安全监管体系的需要。

4. 合理开发利用棉籽蛋白及其加工产品作为饲料原料的战略性建议 集约化畜禽、水产等养殖业的发展，带动了饲料工业的快速发展，导致对配方饲料的需求日益增长，优质饲料蛋白源供应已明显不足，开发和利用低价、有效饲用蛋白源已成为我国饲料业迫切需要。棉粕是油料工业的副产品，具有资源丰富、价格低廉、粗蛋白质含量高等特点，开发潜能巨大。当然，棉粕作为饲料资源开发也面临脱毒的现实问题。所以，应立足战略角度，做好棉粕及其加工产品作为优质饲料原料的开发与利用工作，以促进饲料业的健康快速发展。

（1）加大合理开发与利用棉籽蛋白及其加工产品作为饲料原料的经费投入与研究力度　在大力推广棉粕作为优质饲料原料应用前，开展相关的基础应用研究工作尤为必要，包括棉粕营养成分及抗营养因子研究、棉酚脱毒方法研究、提高蛋白利用率的加工工艺研究等，尤其要加强对棉籽蛋白中游离棉酚的脱毒研究工作，因为游离棉酚脱毒工作的成败关系着棉籽蛋白及其加工产品能否作为优质饲料原料推广与利用。国家应加大游离棉酚脱毒研究工作的经费投入，尽快建立安全规范的限量标准，推动棉粕及其加工产品作为饲料原料的加工与利用，保障人民群众食品安全。

（2）加快棉籽蛋白及其加工产品的改进和推广步伐　目前国内外关于棉籽蛋白的脱酚方法已有大量报道，但都存在这样或那样的问题，如加工过程中易引起蛋白营养破坏、加工后的化学添加物残留、动物的适口性变差、工业化生产难以运作等。因此，对于市场前景看好的脱毒加工工艺与产业化推广的研究工作，国家应给予资金和政策支持。对国内新近研究较为成熟的科技成果，特别是与棉籽蛋白加工工艺相关且具有巨大开发潜力的高技术含量发明专利成果，国家更应加大资金支持力度，以便研究成果得到及时转化与推广，创造良好的经济效益和社会效益。

（3）制定与完善棉籽蛋白及其加工产品作为饲料原料的产品标准　棉籽蛋白及其加工产品作为饲料原料，其发展速度非常迅猛，原有的国家或行业标准已无法适应当前的棉籽蛋白及其加工产品作为饲料原料的开发与利用步伐。因此，进一步完善棉籽蛋白及其加工产品作为饲料原料的产品标准，加快标准制定与修订步伐，对于促进我国饲料工业产业结构调整、拓宽蛋白饲料来源和加快国民经济发展具有深远的意义。

（4）加强政府相关职能部门的监管力度　有效的监管体系，对于行业的发展特别是行业新门类的持续健康发展至关重要。政府相关职能部门应高度重视新型饲料原料的开发与利用，尽快建立多层次、多主体参与的现代监管体系，形成包括完善的法律环境、专业化的行业监管机构、多种行业自律组织、多级消费者权益保护组织、多渠道的传媒和公众监督在内的现代监管体系，为棉籽蛋白及其加工产品的开发与利用营造一个有利和健康的环境。只有监管有力，棉籽蛋白及其加工产品作为优质饲料原料的开发与利用事业才能快速茁壮成长。

（中国农业大学刘岭，武汉轻工大学张剑）

第四节　油橄榄饼作为饲料原料的研究进展

一、油橄榄饼概述

(一)我国油橄榄饼资源现状

油橄榄饼（Olive cake）是油橄榄果实榨油后的副产品。20世纪末以来，四川、甘肃、云南、重庆等省（直辖市）一些适宜种植的地区开始发展油橄榄产业。2012年，我国油橄榄种植面积约为3.3万 hm^2、有1 100多万株、鲜果产量约8 800t、橄榄油年产量约1 500t。其中，四川省广元市的种植面积达0.97万 hm^2，甘肃省陇南市的种植面积1.67万 hm^2，秦巴山区的种植面积约占全国种植面积的80%（张云华，2014）。每100kg油橄榄鲜果榨油后可以得到橄榄油16～25kg，油脚4～5kg，油饼35～40kg，植物水35～45kg。我国每年油橄榄饼产量为3 000～3 500t。

(二)油橄榄饼作为饲料原料利用存在的问题

由于我国油橄榄种植区域不够广泛，资源量不够大，因此其加工副产品油橄榄饼长期被忽视，没有在饲料中得到有效利用。另外，关于油橄榄饼营养价值的研究资料非常匮乏，仅有零散的化学分析数据，且缺乏氨基酸含量方面的数据，更无消化率、可利用养分含量等基础营养参数。总之，由于缺乏营养参数基础数据，油橄榄饼没有得到有效利用。

(三)开发利用油橄榄饼作为饲料原料的意义

油橄榄饼作为油橄榄榨油后的一种副产品，至今没有在饲料中得到充分有效的利用，导致资源浪费。如果经过系统研究，建立油橄榄饼营养价值基础数据库，确定其在不同动物饲料中的适用比例和应用方法，且能在饲料中得以充分合理的应用，不仅有利于饲料资源开发利用，还可以节省其他饲料原料的需求量，这对缺乏饲料资源的我国饲料工业具有重要意义。

(四)油橄榄饼的营养价值

关于油橄榄饼营养价值的研究资料非常匮乏，且缺乏氨基酸含量方面的数据。研究表明，油橄榄饼含粗蛋白质6.04%，粗脂肪12.6%，粗纤维49.1%，钙0.12%，磷0.034%，铅3.4mg/kg，砷0.25mg/kg，每克干物质含总能23.03kJ，能量代谢率22.87%（秦爱平，1995）。另有资料表明，油橄榄饼含干物质90.83%～93.00%、粗蛋白质6.93%～10.99%、粗脂肪7.0%～8.0%、粗灰分2.00%、无氮浸出物26.4%、钙0.43%、磷0.41%（周建民，1997）。总体来看，油橄榄饼的基础营养参数尚未经过系统测定。

二、油橄榄饼在动物生产中的应用

目前，仅有少量研究涉及油橄榄饼在反刍动物、家禽生产中的应用，尚未有在猪、水产动物及其他动物生产中应用的研究资料。由于研究资料缺乏，无法对油橄榄应用方面的资料进行系统总结，仅将现有文献加以梳理和总结。

（一）在反刍动物生产中的应用

在生长牛的饲料中添加 20％～30％的油橄榄饼，不影响牛的生长速度。周建民等（1997）用 30％油橄榄饼替代常规日粮中的等量玉米饲喂平均体重 300kg 左右的荷斯坦生长母牛，进行两期共 70d 试验。结果表明，两组牛在饲料适口性、进食量、日增重、饲料转化效率，以及血液生化指标等方面均无差异。Estaún 等（2014）用含 20％油橄榄饼（二次浸提工艺、干物质基础）的饲料饲喂 100kg 体重的生长牛，试验期 210d，结果表明饲喂含橄榄饼的饲料没有影响肉牛的生长性能。Molina-Alcaide 和 Yáñez-Ruiz 等（2008）认为，在肉羊饲料中使用 15％～25％的油橄榄饼不影响肉羊的采食量、增重和胴体品质。综上所述，用油橄榄饼代替日粮中的部分精饲料饲养生长牛和肉羊是可行的。

（二）在家禽生产中的应用

在肉鸡饲料中使用 5％～10％的油橄榄饼不会影响肉鸡的生产成绩、健康状况和肉品质。管武太等（1995）用 5％或 10％油橄榄饼在等蛋白等能量基础上替代饲粮中部分玉米饲喂肉仔鸡，结果表明 5％或 10％油橄榄饼对肉仔鸡的日增重和饲料增重并无显著影响；随着油橄榄饼在全价饲料中用量的增加，肉仔鸡胸肌的干物质、粗脂肪和粗蛋白质含量呈线性降低趋势。秦爱平（1994）及秦爱平和汪琳仙（1995）进一步研究发现，饲喂油橄榄饼的两组肉鸡其血浆中红细胞比容及数量、白细胞数量及分类、血浆蛋白等生理生化指标均在正常范围内，且饲喂油橄榄饼的肉鸡血浆中 IgG 水平高于对照组。以上结果表明，用油橄榄饼替代饲粮中的部分玉米饲喂肉仔鸡不影响其生长速度和健康状况，生产中可行。

三、油橄榄及其加工产品的加工方法与工艺

油橄榄果实被采摘后经一系列工序用于生产橄榄油，油橄榄饼则是其加工过程中形成的副产品。韩华柏和何方（2007）报道，油橄榄饼的主要生产工艺过程是：采果→清洗去杂→粉碎（包括果核）→榨油→分离油饼→自然烘干油饼→装袋在室内保存。生产的橄榄油初级产品则可通过油脂精炼工艺生产出精炼的橄榄油。

四、油橄榄饼作为饲料资源开发利用的政策建议

到目前为止，我国尚未采用生物学方法对油橄榄饼的营养价值和科学合理的应用方法进行系统研究，尽管有部分常规营养指标的测定结果，但缺乏氨基酸、微量元素、抗营养因子含量等基础数据。对于不同的动物种类、不同生产阶段的动物来说，油橄榄饼中营养成分的消化率、可利用养分含量等基础营养参数到底如何确定仍然是空白，这直接导致油橄榄饼无法在饲料中得到充分有效的利用，造成资源浪费。因此，有必要采用化学分析和生物学方法对油橄榄饼的营养价值进行系统评定，建立油橄榄饼的常规养

分、可利用养分、抗营养因子等基础数据库，制定其作为饲料原料的产品标准，确定其在不同种类的动物、同一种动物不同生产阶段饲料中的适宜用量，使之在动物饲料中得以科学合理的应用。

（华南农业大学管武太）

第五节 稻谷及其加工产品作为饲料原料的研究进展

一、稻谷及其加工产品概述

（一）我国稻谷及其加工产品资源现状

水稻是人类种植历史最为悠久的粮食作物之一。世界上近一半人口以稻米为主食，在我国超过 60％的家庭也是以大米为主食。按照不同的分类方法，水稻可以分为籼稻和粳稻、早稻和中晚稻、糯稻和非糯稻。在我国有大约 30 个省（自治区、直辖市）种植水稻。站在水稻生产区域变化角度看，西北和华北地区的水稻生产贡献比例小；东北地区水稻种植发展迅猛；东南沿海水稻产量逐年下降，并有向江西、湖南水稻大省聚集的趋势；西部的产量较为稳定。

我国是世界水稻王国，稻米产量居世界首位，年产稻谷 1.8 亿 t 左右，占世界总产量的 31.6％。与此伴随而生的是，每年 3 000 万 t 稻米副产品及其所含营养素一直未能得到有效利用。

稻谷加工是将稻谷除去杂质，脱去稻壳，提取糙米，碾去糙米糠层（皮层），生产出含碎米和杂质最少的分级白米的过程。稻谷制米过程中产生的副产品有稻壳、米糠、碎米等。一般 50kg 稻谷加工成大米时，约得精米 35kg，副产品如稻壳 10kg、米糠 3kg、碎米 2kg，数量很大，可进行深度开发利用。而稻谷产后深加工不仅能把稻谷加工成优质米，而且可制成营养米、发芽糙米、米制方便休闲食品，还可加工成大米淀粉、大米蛋白、米糠营养素、米糠多糖以及其他高附加值产品。

米糠俗称"油糠""青糠""全脂米糠""皮糠""精糠"等，是糙米精加工过程中脱除的果皮层、种皮层及胚芽等混合物，亦混有少量稻谷、碎米等。米糠约占稻谷总重的 10％。米糠除含有丰富的蛋白质、油脂、糖类等一般成分外，尚富含维生素 E、B 族维生素、谷维素和甾醇等一系列营养物质，是畜禽常用饲料原料之一。我国每年有 1 000 万 t 以上的米糠资源。

（二）开发利用稻谷及其加工产品作为饲料原料的意义

长期以来，我国稻谷加工始终处于一种满足人们口粮需求的初级加工状态，制约了稻谷资源特别是稻谷加工副产品的有效利用。国内外研究证明，稻谷全身皆是宝，含有丰富而优质的蛋白质、脂肪、多糖、维生素、矿物质等营养素和生育酚、γ-谷维醇、二十八烷醇等生理功能卓越的活性物质。通过深加工和科学合理的综合利用，稻谷可转化为营养丰富、功能卓越的健康食品原料，也可成为优质廉价的医药、化工原料。目前，稻米深加工已成为粮食产业发展的主要方向，但仍处于起步阶段。

（三）稻谷及其加工产品作为饲料原料利用存在的问题

稻谷在加工过程中会产生谷壳、碎米、米糠等副产物。谷壳按一定比例经过膨化加工后可以作为饲料原料应用于动物饲养中，如牛和蛋鸡。碎米与大米的营养价值基本相同，易消化但粗纤维和矿物质含量略高，而且营养成分含量随加工变化起伏较大。作为饲料原料时，要和其他原料组合使用，如蛋白原料。米糠营养价值高，但钙磷比低，而且磷以植酸酶为主，需要注意添加富含钙磷的饲料原料。此外，米糠也不耐储存、稳定性差，需要高温挤压等特殊工艺处理后才能延长使用时限。

二、稻谷及其加工产品的营养价值

（一）米糠

1. 营养成分　米糠化学成分以糖类、脂肪和蛋白质为主（表2-98），还含有较多的维生素、植酸盐和矿物质等营养素，含有64％的稻米营养素以及90％以上的人体必需元素。就脂肪酸而言，饱和脂肪酸比例为15％～20％，不饱和脂肪酸达70％以上（表2-99）。

表2-98　米糠营养成分（％）

水分	粗蛋白质	粗脂肪	粗纤维	粗灰分	钙	磷
10.5 (10.0～13.5)	13.0 (11.5～14.5)	14.0 (10.0～15.0)	7.5 (6.0～9.0)	12.0 (10.5～14.5)	0.1 (0.05～0.15)	1.4 (1.0～1.8)

表2-99　米糠脂肪酸组成（％）

豆蔻酸	软脂肪酸	硬脂肪酸	油酸	亚油酸	亚麻酸	其他脂肪酸
0.75 (0.5～1)	17.5 (17～18)	2 (1～3)	45 (40～50)	34.25 (29～42)	0.25 (0.1～0.5)	0.25 (0.1～0.5)

米糠中主要含清蛋白、球蛋白和谷蛋白，还有少量的醇溶蛋白，这4种蛋白质的质量比例大致为37：36：22：5，可溶性蛋白质占65％左右。其氨基酸种类齐全（表2-100），其中人体必需的8种氨基酸占氨基酸总量的41.9％，消化率可达90％。

表2-100　每100g米糠的氨基酸组成（g）

氨基酸	含量	氨基酸	含量
天冬氨酸	8.6～11.8	异亮氨酸	2.02～3.14
苏氨酸	1.68～2.11	亮氨酸	5.26～7.95
丝氨酸	2.84～3.4	酪氨酸	2.59～2.73
谷氨酸	17.61～17.99	苯丙氨酸	2.69～3.25

（续）

氨基酸	含量	氨基酸	含量
甘氨酸	8.21～8.44	赖氨酸	6.37～7.13
丙氨酸	3.11～3.61	组氨酸	3.09～3.83
胱氨酸	0.14～1.07	精氨酸	6.69～1.025
缬氨酸	2.67～3.51	脯氨酸	4.15～4.66
蛋氨酸	7.66～16.66		

2. 质量标准 饲料用米糠的质量标准参见《饲料用米糠》（NY/T 122—1989）（表2-101）。

表 2-101 饲料用米糠质量标准

饲料用米糠	一级	二级	三级	说明
粗蛋白质（%）	≥13.0	≥12.0	≥11.0	各项质量指标含量均以87%干物质为基础计算
粗纤维（%）	<6.0	<7.0	<8.0	
粗灰分（%）	<8.0	<9.0	<10.0	

米糠水分不得超过 13.0%，呈淡黄灰色的粉状，色泽新鲜一致，无酸败、霉变、结块、虫蛀及异味异臭。

3. 特性及饲用价值 米糠中粗蛋白组分有 4 种，分别是清蛋白、球蛋白、醇溶蛋白和谷蛋白，其中清蛋白和球蛋白的总含量远远高于其他谷物。有研究表明，大米蛋白质中的主要过敏原是清蛋白和球蛋白，两者中的 26 000～28 000u 组和 11 000～17 000u 组可诱发过敏介导 IgE 反应，从而引起过敏反应。不过与其他蛋白相比，特别是豆类蛋白，米糠蛋白仍然是已知谷物蛋白中过敏性最低的蛋白。米糠的脂肪含量在 20.5% 左右，不饱和脂肪酸的含量占脂肪含量的 60% 以上，其中亚油酸含量为 36%，油酸为41%，基本符合国际卫生组织推荐的油酸和亚油酸 1∶1 的最佳比例，亚麻酸含量极低。米糠含油高达 10%～18%，大多数属不饱和脂肪酸，油酸及亚油酸即占 79.2%，其中还含有 2%～5% 的天然维生素 E。

米糠所含的维生素中，维生素 B_1 和烟酸的含量相对最高，向体重小于 30kg 的生长育肥猪的饲粮中添加 10% 米糠，二者含量分别可达 2.8mg/kg 和 59mg/kg，远远高于中国饲养标准中 1.5mg/kg 和 24mg/kg 的需要量。

灰分中各种矿物质含量参差不齐，其中以钙最低，锰最高。不管以何种比例掺入生长育肥猪日粮中，锰的提供量都远远大于猪的需要量，钙和锌都不能满足猪的需要。当掺入比例大于 20% 时，铁的提供量也能满足猪的生长需要，而磷（0.32%）的提供量接近于猪的需要量（0.4%）。

米糠内含碳水化合物 30%～50%，以纤维素、半纤维素居多，其中 67.9% 为还原糖。米糠蛋白质主要有白蛋白、球蛋白、谷蛋白及精蛋白四种，氨基酸组成与一般谷类相似。米糠中富含 B 族维生素、维生素 E，但维生素 A、维生素 C、维生素 D 极少。米糠中锰、钾、镁、硅含量较丰富。米糠中高含量（9%～14.5%）的植酸盐和胰蛋白酶抑制因子，对蛋白质消化和动物生长有不利影响。

米糠作为饲料的一个缺点是其脂肪和植酸含量偏高，而且含有一定抗营养因子。稻谷中脂肪呈稳定状态，在米糠里极易被分解，释放出游离脂肪酸，并进一步被分解成低级的醛、酮等。贮存温度、湿度等因素对脂肪分解速度影响较大，正常情况下贮存4周就有60%脂肪受到影响，最终米糠产生酸败，适口性严重下降。米糠中含有胰蛋白酶抑制因子。有时候少量喂米糠可能造成仔猪腹泻，这其实与胰蛋白酶抑制因子有较大关系(造成蛋白质在仔猪后肠过剩，由肠细菌发酵和繁殖引起)，同时，腹泻也与脂肪含量过高有关系，给单胃动物大量饲喂米糠，可引起蛋白质消化障碍和雏鸡胰腺肥大。加热处理可使米糠中胰蛋白酶抑制因子失活，故而加热可以缓解大量喂米糠造成的腹泻，这也是农村喂米糠需要煮一煮的原因之一；但由于米糠的脂肪含量仍然过高，所以仍然可能引起腹泻发生。

(二)脱脂米糠

1. 概述　米糠经溶剂或压榨提油后的残留物称为脱脂米糠。脱脂米糠成分受原料、制法影响很大，批间成分也有差别。

2. 营养成分　脱脂米糠营养成分见表2-102。

表 2-102　脱脂米糠营养成分（%）

水分	粗蛋白质	粗脂肪	粗纤维	粗灰分	钙	磷
11.0	15.1	2.0	8.5	8.0	0.15	1.4
(10.0~12.5)	(11.5~18.5)	(1.0~2.5)	(7.0~10.0)	(7.0~10.0)	(0.1~0.2)	(1.1~1.6)

3. 特性及利用　脱脂米糠属低能量纤维性原料，除脂肪与脂溶性物质已被基本脱除外，其他营养成分与米糠类似，但耐贮性提高，使用范围扩大，适用于肉鸡，但蛋鸡、种鸡可以利用，用量不宜太高，控制在12%以下为宜。对猪的适口性较佳，对猪肉品质无任何不良影响，是很好的纤维素源原料，为避免造成能量不足，肉猪用量宜在20%以下，仔猪也可少量使用。对乳牛、肉牛用量多时，不必担心下痢和体脂变软问题，通常在牛精料中用至30%。

(三)大米蛋白粉

1. 大米蛋白　稻米加工副产品碎米可开发成大米蛋白。大米蛋白作为一种优质的谷物蛋白，其氨基酸组成较为平衡，在食品工业中有着广泛的用途。运用不同的提取手段可以得到不同蛋白质含量和不同性能的产品，一般作为营养补充剂。含量为40%~70%的大米蛋白一般用于宠物（猫、狗）食品、小猪饲料、小牛饮用乳等。除此之外，大米蛋白还有在日化行业中的应用，如用于洗发水，作为天然发泡和增稠剂。作为蛋白质补充剂，可添加在自己喜爱的各种食品中，具有高营养、易消化、低过敏和风味温和的特点，非常适合儿童、老人和病人。另外，该产品能值低，是蛋白质中能值最低的，成人作为蛋白质补充，不用担心摄入过多能量。

2. 米糠酶解蛋白　由于米糠中蛋白质与各种物质如纤维素、植酸和淀粉等紧密结合，对蛋白质的溶出具有严重的束缚作用，采用纤维素酶、淀粉酶和植酸酶等酶作用于米糠，可解除纤维素等对蛋白质的束缚，使被束缚的蛋白质游离出来。这些酶制剂的应用可显著提高米糠蛋白的提取效果。经过蛋白酶部分水解的米糠蛋白，其功能性质也发生了一些有利的变化，溶解性显著增加，乳化活性和乳化稳定性均有提高，适合于各种加工食品，特别是那些须在酸性条件下具有较高溶解性和乳化性的食品。酶法提取反应条件比较温和，蛋白质多肽链可水解为短肽链，提高了蛋白质的消化率，同时其反应的液固比小，不仅降低了水的消耗量，而且提高了提取液中的固形物含量，从而降低了除去提取液水分的能量消耗，为工业生产创造了条件。但是水解也易使蛋白质肽链上的疏水基团充分暴露，引起水解物产生苦味，一般采用控制水解度 DH（一般小于 5%）或者利用风味酶（Flavourzyme）解决米糠水解后产生苦味的问题。Flavourzyme 是由两种内肽酶和外肽酶组成的复合酶，能去除蛋白水解时产生苦味的疏水残基。

3. 大米糖渣 大米糖渣是大米磨浆通过 α-淀粉酶液化后过滤剩余的残渣，如以碎米为原料的淀粉糖和有机酸生产中的副产物。糖渣中除蛋白质外，其余的成分主要是碳水化合物，含量在 30% 左右。通过发酵、酶解、提取等工艺处理后可以得到饲用价值高的蛋白饲料或者是功能性多肽、氨基酸等高附加值产品。

4. 米糠饼 米糠饼是米糠榨油后的副产物，实质上是脱脂米糠，因其多呈饼状，故称米糠饼。其中膳食纤维较高，在 61.7% 左右，可溶性膳食纤维和不可溶性膳食纤维比例近 1∶3。膳食纤维、米糠多糖和蛋白质占脱脂米糠干基的 80% 左右，而且脱脂米糠蛋白具有合理的氨基酸组成，与 FAO（联合国粮食及农业组织）推荐的蛋白模式类似。

5. 米糠粕 米糠粕脂肪含量 1%～2%，蛋白质含量 15%～20%，淀粉含量 20% 左右，膳食纤维 50% 以上，矿物质 10% 左右。在猪饲料中生长前期以 10% 为宜，后期可提高到 20%，种猪为 10%～30%。在鸭中添加量可达 45%，但要保证在 69% 以内鱼饲料中可添加 5% 左右，浮力强；肉牛饲料中可添加 30%～40%，奶牛中可用到 15%～30%。

三、稻谷及其加工产品中的抗营养因子

1. 游离脂肪酸 米糠粗脂肪含量可高达 20%，主要为不饱和脂肪酸，极易氧化、酸败、发热和发霉，且米糠中含有活性很高的脂肪酶，可不断水解脂肪产生游离脂肪酸，导致米糠酸价提高。据报道，米糠的酸价以每小时 0.5%～2% 的速度递增。不仅如此，由于水解反应不可逆，酸价会随贮藏时间的延长持续增大，造成米糠发霉变质。米糠中脂肪酶活性受温度的影响非常大，温度越高，脂肪水解速率越快。

2. 植酸 植酸主要存在谷物的外壳中；米糠中植酸含量高，在 9.5%～14.5%。植酸可以直接或者间接影响蛋白质、矿物质、碳水化合物的消化吸收，使得畜禽表现出厌食、消瘦、生长繁殖机能衰退。

3. 血凝素 红细胞凝素又称为植物血凝素，主要存在植物籽实中，其特性是与糖体结合。这种物质可以使肠道上皮细胞的糖受体被结合，使得刷状缘功能紊乱，影响蛋白质的吸收。

4. 蛋白酶抑制因子 米糠中也自然存在能抑制胰蛋白酶、胃蛋白酶、糜蛋白酶等 13 种蛋白酶活性的物质。特别是胰蛋白酶抑制因子，会使动物生长不良和胰腺肥大。

5. 霉菌毒素 在新收获的谷物上一般存在多种微生物，米糠是稻米生产中的副产物，在储存不当的情况下极易引起腐败变质，产生像黄曲霉毒素、杂色曲霉毒素、呕吐

毒素等真菌毒素。这些毒素对动物体的肝脏、肾脏、免疫系统都有极大的破坏作用。此外，妊娠期的动物体摄入过多这些毒素会引起流产、死胎、畸胎。

6. 重金属 在重金属污染区，由于水稻的富集作用，Cd（镉）、Zn（锌）、Pb（铅）等重金属在稻谷的籽实中积累，特别是 Cd 极易向谷物籽实迁移，造成污染。

四、稻谷及其加工产品在动物生产中的应用

新鲜米糠适口性好，各类畜禽都喜食。目前用于畜牧业的米糠产品有全脂米糠和脱脂米糠。

1. 在养鸡生产中的应用 米糠作为饲料可补充鸡所需的 B 族维生素、矿物质锰及必需脂肪酸。以添加 5% 为宜，颗粒料酌量增加到 10%～20%，添加比例过高，会影响适口性和降低饲料转化率。

（1）肉鸡饲料中的利用 日粮中米糠使用量过多，会使肉鸡生长速度显著下降，饲料转化率也逐渐降低，因此添加量不要过大。有研究表明，对于 21～49 日龄的肉鸡，日粮中米糠使用量低于 20% 时，采食量不受显著影响。林丽珊等（2004）将米糠用 1% 的醋酸处理后，代替 20% 玉米和 100% 赖氨酸，结果发现，用醋酸处理组能提高米糠的营养价值，与对照组相比，米糠对比组体重提高 20%，饲料转化率提高 13%。

（2）蛋鸡生产中的利用 产蛋鸡对米糠的耐受量较肉鸡强。使用全脂米糠比使用脱脂米糠蛋鸡的蛋径、蛋重都有所下降。Najeewa 等（1980）发现，日粮中米糠使用量高于 45% 时，产蛋量开始受到影响。

2. 在养猪生产中的利用 米糠因其含油脂多，育肥猪喂量过多会影响肉质，产生软脂肉，故肉猪饲料添加量应控制在 15% 以下。仔猪饲料也不宜过多，以免产生下痢现象。经过热处理破坏胰蛋白酶抑制因子的米糠可增加用量，但对屠体脂肪软化的影响无法改善。妊娠母猪前期用量 20%～30%，中期 30%～70%，后期 30%～50%；30～60 日龄仔猪至 30kg 前宜在 5%～15%，如果用量过多会引起下痢；30～70kg 架子猪，用量 10%～20%；70kg 以上育肥猪，用量宜在 20%～25%；用量 25% 以内，其饲用价值相当于玉米，用量超过 30%，其饲用价值降低。

3. 在反刍动物生产中的应用 米糠对反刍动物无不良影响，适口性好，热能高，乳牛、肉牛精料中可用到 20%，但要注意米糠是否酸败，酸败的米糠会引起下痢及适口性降低。肉牛采食太多的米糠会引起下痢并软化体脂而呈黄色样，乳牛采食过多则会使乳酪变软。青年牛和干奶期牛用量较多，一般可以用到日粮干物质的 30%～40%；产奶牛随着泌乳阶段的变化而变化，一般可以用到日粮干物质的 15%～30%。作为肉牛的精料补充料，可以将米糠作为主要的补充物。

4. 在水产品生产中的应用 米糠是草食性及杂食性鱼全价饲料的重要原料，其可提供鱼类必需脂肪酸。脂肪利用率高，对鱼的生长效果较好。维生素中肌醇很高，是鱼类所缺乏的重要维生素。

5. 在其他动物生产中的应用

（1）鸭 鸭对于米糠的耐受性高于鸡，日粮中较大比例的米糠不会影响生产性能。Tangendaja（1986）研究发现，蛋用型成鸭日粮中米糠用量可高达 45%。

（2）鹅　在雏鹅饲粮中添加 30% 的米糠，并用 0.2% 的复合酶制剂，可以提高雏鹅的消化水平，促进雏鹅生长。当然，稻谷-米糠日粮也是雏鹅的传统日粮。

（3）饲料虫　米糠符合水生动物活饵料丰年虫、卤虫的幼虫成活需求。作为饲料配料有助于实现淡水高密度培育，降低养殖成本。同时，米糠也是优质动物饲料原料黄粉虫的饲料。

五、稻谷及其加工产品的加工方法与工艺

目前，米糠若要得到有效的开发利用，必须首先解决米糠的稳定化技术。新鲜米糠不易贮存，是因为米糠的不稳定性。其不稳定性表现为：经过碾米后，米糠中的脂肪酶和其作用物相互接触，油脂的变化就开始了，数小时后米糠就出现霉味。为了开发利用米糠资源，最重要的是要解决米糠的稳定化问题。稳定化的目的主要是有效抑制和钝化脂肪酶的活性。稳定的方法包括冷冻法、化学处理法、辐照法、微波法和热处理法等。从技术和经济上考虑，热处理法被普遍采用。冷冻法和微波法由于所需设备较昂贵，一时难以推广。通过高温下挤压，可以有效灭活米糠中的酶类和部分抗营养因子，既有利于保存，又有利于动物对其中养分的消化。加入植酸酶或浓度为 1% 的醋酸可以降低植酸的抗营养作用以及提高磷的消化吸收效果。在饲喂前浸泡米糠可以软化米糠中的纤维，提高其适口性。

六、稻谷及其加工产品作为饲料资源开发利用的政策建议

我国稻谷加工业仍有很大的发展潜力，许多工艺技术急需改进。有效利用我国南方大量的稻谷资源，进一步开发稻谷加工副产品，变废为宝，物尽其用，经济效益显著，发展前景广阔，是提高稻谷加工副产品能量利用效率的有效途径。

（湖南农业大学范志勇）

第六节　小麦加工产品作为饲料原料的研究进展

一、小麦加工产品概述

（一）我国小麦加工产品资源现状

小麦蛋白粉又称谷朊粉，是从小麦面粉中提取出来的天然蛋白质，蛋白质含量高达 75%～85%，主要为麦醇溶蛋白和麦谷蛋白，是营养丰富的植物蛋白资源，具有黏性、弹性、延伸性、吸水性、薄膜成型性和吸脂性等特性，是粮食工业、食品工业和饲料工业理想的天然添加剂（王六强等，2014）。我国小麦蛋白粉的开发利用还处于初级阶段，近几年小麦蛋白粉年产量为 $2 \times 10^5 \sim 3 \times 10^5$ t，其中 2013 年小麦蛋白粉产量为 2.2×10^5 t。据中国产业信息网调查数据显示，2014 年我国小麦蛋白粉的产量以华北地区最多，占

全国产量的 26％，其次是华南地区，占全国产量的 20％（图 2-12）。目前，全国生产小麦蛋白粉的企业已有 50 家左右。我国小麦蛋白粉主要用于食品工业改善加工食品的黏结度、弹性和口感，约占总消费量的 67％；同时应用于饲料工业改善饲料适口性和可消化性，约占总消费量的 20％；另有小部分应用于制造工业。

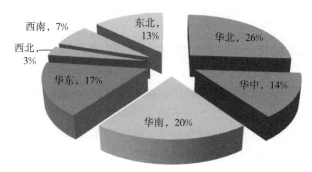

图 2-12　2014 年全国小麦蛋白粉产量分布
（资料来源：中国产业信息网数据）

小麦水解蛋白又称水解谷朊粉，是以小麦蛋白质（谷朊粉）为原料，采用多种酶制剂通过定向酶切、特定小肽分离技术和喷雾干燥等工艺获得的小分子多肽物质，具有水溶性好、分散稳定、易吸收、生物活性强等特点。目前，我国对小麦水解蛋白的开发利用程度不高，使用范围不广，主要应用于食品行业、饲料行业和化妆品行业。

小麦粉浆粉是小麦提取淀粉和谷朊粉后的液态副产物经浓缩、干燥获得的产品，而小麦糖渣是小麦生产淀粉糖的副产品。目前，我国对小麦粉浆粉和小麦糖渣的开发利用程度低，专门进行加工生产的企业少。小麦糖渣多用于鲜饲。

（二）小麦加工产品作为饲料原料利用存在的问题

小麦蛋白粉作为饲料原料主要存在水溶性低和产量受限的问题：一是小麦蛋白粉中含有较多的疏水性氨基酸残基，缺乏亲水性氨基酸残基，与水接触后在外围形成一层网络结构，导致其水溶性低，使其应用受到很大的局限（赵源等，2014）；二是小麦蛋白粉的生产需要消耗大量小麦，以日产 20t 小麦蛋白粉为例（设定水分 9％），设定其生产前端供应的特二粉原料出粉率为 73％，水分 14％，湿面筋含量 27％，则面粉日用量为 78t，普通硬质小麦日用量为 107t，满开工时间按 250d 计，年消耗小麦为 2.675×10^4 t（赵学敬，2013）。因此，小麦蛋白粉的产量受到限制，作为成年畜禽饲料原料将抬高饲料成本。

小麦水解蛋白作为饲料原料主要存在制作工艺烦琐和成本高的问题。小麦水解蛋白是通过使用蛋白酶水解小麦蛋白粉制得。首先，小麦蛋白粉的产量会限制小麦水解蛋白的产量。其次，由于使用蛋白酶，其生产成本比小麦蛋白粉高，同时蛋白酶和水解条件的选择会影响小麦水解蛋白的质量。

小麦粉浆粉和小麦糖渣也主要存在加工成本高的问题，其加工设备复杂，投资大。此外，新鲜的小麦糖渣含水量约为 58％，易酸败不易贮存。

（三）开发利用小麦加工产品作为饲料原料的意义

小麦蛋白粉作为饲料原料的意义主要在于其能改善饲料的营养价值和口感。①小麦蛋白粉在 30～80℃ 温度范围内吸水量能达到自身的 2 倍，将其添加到饲料中能提高饲料保水性，有效减少水分流失。②小麦蛋白粉中谷氨酸含量高，添加到饲料中不仅能满足不同种类动物的口味，还能改善动物肠道健康。③小麦蛋白粉由于具有较强的黏结性，将其应用于水产动物饲料中能增强颗粒饲料的黏结性，并使其悬浮于水面，一方面利于水产动物采食，另一方面降低营养物质的损失，提高动物对饲料的利用率（严忠军等，2005）。④小麦蛋白粉的价格是血浆蛋白粉或脱脂奶粉价格的 1/4，用其替代血浆蛋白粉或其他昂贵原料，可降低幼龄动物饲料的成本。

小麦水解蛋白在小麦蛋白粉的基础上，水溶性和可消化性均得到提高。同时，小麦水解蛋白中谷氨酸含量高，不仅能补充营养，还具有其他特殊功能。在乳猪料中用小麦水解蛋白代替部分血浆蛋白粉，能缓解断奶乳猪的应激，减少腹泻发生率；同时能修复小肠黏膜，改善肠道免疫功能，并且动物对其无过敏反应。

小麦粉浆粉和小麦糖渣由小麦淀粉工业的废水和副产物加工而成，变废为宝，能缓解小麦淀粉工业对环境造成的压力，提高对小麦资源的综合利用水平。同时，小麦粉浆粉不仅可为畜禽提供蛋白质，还因为其中含有较高的戊聚糖而具有特定的营养功能。

二、小麦加工产品的营养价值

小麦蛋白粉养分含量见表 2-103（Woychik 等，1961）。小麦蛋白粉蛋白质含量高，为 75％～85％，主要为麦醇溶蛋白和麦谷蛋白；谷氨酸含量高，达 35％以上，但赖氨酸含量较低；另含有少量淀粉、纤维、糖、脂肪和矿物质等。

表 2-103　小麦蛋白粉营养成分

成分	含量（%）	成分	含量（mg/kg）
粗蛋白质	80	苯丙氨酸	4.9
麦谷蛋白	30～40	异亮氨酸	4.0
麦醇溶蛋白	40～50	亮氨酸	6.8
清蛋白	3～5	赖氨酸	1.2
球蛋白	5～10	蛋氨酸	1.8
淀粉	6.45	组氨酸	2.2
中性洗涤纤维	0.6	精氨酸	2.4
脂肪	2.80	苏氨酸	2.5
糖类	3.12	丝氨酸	5.2
灰分	2.00	色氨酸	1.0
谷氨酸	37.3	缬氨酸	4.1
脯氨酸	13.7	酪氨酸	3.8
天冬氨酸	2.9	钙	780
胱氨酸	2.1	镁	7 000
丙氨酸	2.4	铁	62
甘氨酸	3.1		

小麦水解蛋白营养成分根据水解酶和水解条件的不同有所差异（Vente-Spreeuwenberg 等，2004；Wang 等，2011；戚鑫，2008）。在一般情况下，小麦水解蛋白蛋白质含量高，约为80%，肽含量约为35%；与小麦蛋白粉相似，其谷氨酸含量高，而赖氨酸、蛋氨酸、色氨酸和苏氨酸含量低；另含有少量脂肪、糖类、纤维和矿物质（表2-104）。

表2-104　小麦水解蛋白营养成分及含量（%）

成分	含量	成分	含量
粗蛋白质	80	丝氨酸	4.04
肽含量	35	缬氨酸	3.16
脂肪	4.7	精氨酸	2.73
粗纤维	0.1	甘氨酸	2.73
糖类	5.4	天冬氨酸	2.62
水分	3.3	异亮氨酸	2.46
灰分	2.5	酪氨酸	2.41
钙	0.5	苏氨酸	2.09
磷	1.2	丙氨酸	2.07
谷氨酸	30.00	组氨酸	1.69
脯氨酸	10.41	蛋氨酸	1.51
亮氨酸	5.42	赖氨酸	1.18
苯丙氨酸	4.28	胱氨酸	0.31

小麦粉浆粉养分含量见表2-105（杨劲峰和赵继红，2009）。粗蛋白质含量约为22%，粗淀粉含量为13%左右，而戊聚糖含量高，占小麦粉浆粉的54.6%。

小麦糖渣蛋白质含量为35%左右，脂肪含量为30%左右，另含有少量粗纤维和维生素等。

表2-105　小麦粉浆粉营养成分含量（%）

成分	粗淀粉	粗蛋白质	戊聚糖	其他
含量	13.2	22	54.6	10.1

三、小麦加工产品在动物生产中的应用

（一）在养猪生产中的应用

目前小麦蛋白粉和小麦水解蛋白主要使用在仔猪日粮中替代血浆蛋白粉和脱脂乳粉（表2-106、表2-107、表2-108）。在5.6～15.6kg仔猪上，可分别用9.65%小麦蛋白粉和8.65%小麦水解蛋白等氮替代日粮中脱脂乳粉（Richert 等，1994；Burnham 等，2000）；同时，可分别用3.64%小麦蛋白粉和9%小麦水解蛋白替代日粮中50%和100%的血浆蛋白粉（Burnham 等，2000；Lawrence 等，2004；戚鑫，2008；王石，2011）；另外，可用12%小麦蛋白粉替代日粮中40%豆粕（Lawrence 等，2004）。

表 2-106　小麦加工产品对仔猪生长性能的影响

添加物质	动物	饲喂时间（d）	日粮类型和添加量	生长性能	资料来源
小麦蛋白粉	仔猪（5.6~10.4kg）	14	9.1%~9.65%等氮替代脱脂乳粉	NS	Richert 等（1994）
小麦蛋白粉	仔猪（5.7~10.7kg）	14	8.88%等氮替代脱脂乳粉	NS	Burnham 等（2000）
小麦蛋白粉	仔猪（5.6~11.6kg）	14	1.82%、3.64%、5.45%、7.25%小麦蛋白粉分别替代25%、50%、75%、100%血浆蛋白粉	3.64%组↑	Burnham 等（2000）
小麦蛋白粉	仔猪（7.0~11.5kg）	14	3%、6%、9%、12%小麦蛋白粉分别替代10%、20%、30%、40%豆粕	NS	Lawrence 等（2004）
小麦水解蛋白	仔猪（5.6~10.4kg）	14	8.65%等氮替代脱脂乳粉	NS	Richert 等（1994）
小麦水解蛋白	仔猪（6.2~10.8kg）	14	2.25%、4.5%、6.75%、9%小麦水解蛋白分别替代25%、50%、75%、100%血浆蛋白粉	NS	Lawrence 等（2004）
小麦水解蛋白	仔猪（8.1~15.6kg）	21	1.5%、3%小麦水解蛋白分别替代50%、100%血浆蛋白粉	1.5%组↑	王石（2011）
小麦水解蛋白	仔猪（7.4~14.3kg）	28	3%小麦水解蛋白替代100%血浆蛋白粉	NS	戚鑫（2008）
小麦水解蛋白	仔猪（21~33 日龄）仔猪（33~54 日龄）	12 21	以3%小麦水解蛋白和2%进口酵母提取物替代血浆蛋白粉	↓ NS	石秋锋 等（2013）
小麦水解蛋白	仔猪（10.5~22.3kg）	28	0、3%和5%	NS	Wang 等（2011）
小麦蛋白粉和小麦水解蛋白	仔猪（8.5~10.6kg）	14	分别添加10%小麦蛋白粉和9.88%小麦水解蛋白	NS	Vente-Spreeuwenberg 等（2004）

注：NS 表示与对照组相比差异不显著；↑表示与对照组相比显著提高；↓表示与对照组相比显著降低。

表 2-107　小麦加工产品对仔猪蛋白质消化率的影响

添加物质	动物	饲喂时间（d）	日粮类型和添加量	蛋白质消化率	资料来源
小麦水解蛋白	仔猪（21~33 日龄）	12	以3%小麦水解蛋白和2%进口酵母提取物替代血浆蛋白粉	↓	石秋锋 等（2013）
小麦水解蛋白	仔猪（8.1~15.6kg）	21	1.5%、3%分别替代50%、100%血浆蛋白粉	1.5%组↑	王石（2011）

注：↑表示与对照组相比显著提高；↓表示与对照组相比显著降低。

表 2-108　小麦水解蛋白对仔猪腹泻率的影响

动物	饲喂时间（d）	小麦水解蛋白添加量	腹泻率	资料来源
仔猪（10.5~22.3kg）	28	3%和5%	↓	Wang 等（2011）

（续）

动物	饲喂时间（d）	小麦水解蛋白添加量	腹泻率	资料来源
仔猪（8.1~15.6kg）	21	1.5%、3%分别替代50%、100%血浆蛋白粉	1.5%组↓	王石（2011）
仔猪（7.4~14.3kg）	28	3%替代100%血浆蛋白粉	↓	戚鑫（2008）

注：↓表示与对照组相比显著降低。

（二）在反刍动物生产中的应用

小麦加工产品在反刍动物上的应用研究较少（表2-109）。在139kg 犊牛上，可用17.91%小麦蛋白粉完全替代日粮中脱脂乳粉（Toullec 和 Formal，1998）。在35kg 山羊日粮中添加32%小麦蛋白粉有利于瘤胃排空（孙镇平等，2006）。

表2-109　小麦加工产品对反刍动物的影响

添加物质	动物	饲喂时间（d）	添加量	饲喂效果	资料来源
小麦蛋白粉	犊牛（139kg）	14	8.96%和17.91%小麦蛋白粉分别替代50%和100%脱脂乳粉	干物质、有机物和脂肪表观消化率影响不显著，降低总氮消化率	Toullec 和 Formal（1998）
小麦蛋白粉	山羊（35kg）	20	32%	显著提高瘤胃平滑肌收缩力和收缩持续时间，减慢收缩频率	孙镇平等（2006）

（三）在家禽生产中的应用

小麦加工产品在家禽上的应用研究较少（表2-110）。在1~22日龄蛋鸡上，可分别用5%小麦蛋白粉和5%小麦水解蛋白替代日粮中大豆分离蛋白（Van Leeuwen 等，2004）。

表2-110　小麦加工产品对家禽生长性能的影响

添加物质	动物	饲喂时间（d）	添加量	生长性能
小麦蛋白粉	蛋鸡（1~22日龄）	21	5%替代大豆分离蛋白	NS
小麦水解蛋白	蛋鸡（1~22日龄）	21	5%替代大豆分离蛋白	NS

注：NS 表示与对照组相比差异不显著。
资料来源：Van Leeuwen 等（2004）。

（四）在水产养殖生产中的应用

小麦加工产品在水产动物上的使用主要是用于替代日粮中鱼粉（表2-111 和表2-112）。在鱼上，可分别用30%小麦蛋白粉或26.9%小麦水解蛋白替代日粮中52.5%和50%鱼粉（Helland 和 Grisdale-Helland，2006；Storebakken 等，2015；Storebakken 等，2000）。

表 2-111　小麦加工产品对水产动物生长性能的影响

添加物质	动物	饲喂时间(d)	添加量	生长性能	资料来源
小麦蛋白粉	欧洲鲈(23.9~80.5g)	96	29.2%、41%小麦蛋白粉分别替代50%、70%鱼粉	NS	Messina 等(2013)
小麦蛋白粉	大西洋比目鱼(61~124g)	56	10%、20%、30%小麦蛋白粉替代17.5%、35%、52.5%鱼粉	NS	Helland 和 Grisdale-Helland (2006)
小麦蛋白粉	大西洋鲑(956~2 186g)	126	16.7%替代35%鱼粉	NS	Storebakken 等(2000)
小麦蛋白粉	虹鳟(52~137g)	56	19.4%小麦蛋白粉+13.4%土豆浓缩蛋白替代56%鱼粉	NS	Tusche 等(2012)
小麦蛋白粉	西伯利亚鲟	56	42.4%小麦蛋白粉+28.8%豆粕+28.8%菜粕替代100%鱼粉	↓	盛洪建等(2008)
小麦水解蛋白	虹鳟(425~803g)	56	6.72%、13.46%、26.94%小麦水解粉分别替代12.5%、25%、50%鱼粉	NS	Storebakken 等(2015)

注：NS 表示与对照组相比差异不显著；↓表示与对照组相比显著降低。

表 2-112　小麦加工产品对水产动物营养物质消化率的影响

添加物质	动物	饲喂时间(d)	添加量	营养物质消化率	资料来源
小麦蛋白粉	大西洋鲑（900g）	14	3.68%、7.34%、14.6%、29.1%小麦蛋白粉分别替代6.25%、12.5%、25%、50%鱼粉	14.6%和29.1%组↑	Storebakkena 等(2000)
小麦蛋白粉	欧洲鲈（200g）	21	30%	↑	Robaina 等(1999)
小麦水解蛋白	虹鳟（425~803g）	56	6.72%、13.46%、26.94%小麦水解粉分别替代12.5%、25%、50%鱼粉	↑	Storebakken 等(2015)

注：↑表示与对照组相比显著提高。

四、小麦加工产品作为饲料资源开发利用的政策建议

（一）加强开发利用小麦加工产品作为饲料资源

当前动物蛋白源相对紧缺，价格居高不下，且存在传播病原的潜在风险，利用植物蛋白源替代动物蛋白源已逐渐成为饲料工业发展的趋势。作为植物来源的小麦加工产品，包括小麦蛋白粉、小麦水解蛋白、小麦粉浆粉和小麦糖渣的营养价值、安全性和性价比均比较高，为其作为饲料原料在养殖业中广泛使用提供了良好的基础。目前，我国小麦加工产品作为饲料资源的利用相对滞后，开发程度不高，尤其是小麦粉浆粉和小麦糖渣鲜有报道。小麦粉浆粉和小麦糖渣作为小麦淀粉工业的副产物，产量大，直接排放不仅对环境造成巨大影响，还会造成资源的浪费。因此，加强开发利用小麦加工产品作为饲料原料，不仅能缓解动物性饲料原料的紧缺，还能提高小麦资源的综合利用水平，

缓解小麦加工行业对环境的污染形势。

(二)改善小麦加工产品作为饲料资源开发利用方式

传统的小麦蛋白粉加工方法——马丁法对小麦蛋白的破坏大,生产的小麦蛋白粉品质差异大,生产效率低。而三相卧螺法对小麦蛋白的破坏小,生产的小麦蛋白粉质量更好,但由于三相卧螺分离机价格昂贵,操作复杂,在我国尚未进行大规模推广。小麦水解蛋白营养组成受水解酶和水解条件影响大,不同公司生产的小麦水解蛋白质量差异较大。小麦粉浆粉和小麦糖渣因其加工设备复杂,单独进行干燥加工价值低,其开发利用更是受到限制。改善小麦加工产品加工方式,能使产品质量更稳定,生产效率更高,有利于小麦加工产品的推广使用。

(三)制定小麦加工产品作为饲料产品标准

目前小麦加工产品作为饲料原料尚无统一的标准,不同厂家生产的产品质量差异大,受加工条件和加工环境影响大。制定小麦加工产品作为饲料产品的标准,如营养指标、感官指标、卫生指标、包装标准等,规范小麦加工产品生产,能增强其作为饲料原料使用的合理性、安全性和有效性。

(四)科学确定小麦加工产品作为饲料原料在日粮中的适宜添加量

现有的研究表明,不同试验条件下,小麦加工产品在动物上的使用效果及推荐的适宜添加量差异较大。因此,有必要规范和完善小麦加工产品作为饲料原料在动物上应用的研究方法。首先要进行科学设计,其次要制定研究条件标准,包括试验动物、试验环境、试验日粮、确定标识、统计方法等,使试验结果更合理、更准确、更可信。

(五)合理开发利用小麦加工产品作为饲料原料的战略性建议

小麦加工产品的开发利用是以消耗小麦为代价的,因此小麦加工产品作为饲料原料的开发不应该无限制,而应该根据我国小麦产量和实际国情酌情生产。同时,应完善加工方式,提高现有资源的利用率。

(四川农业大学周小秋)

第七节　玉米加工产品作为饲料原料的研究进展

一、玉米蛋白粉

(一)玉米蛋白粉概述

1. 我国玉米蛋白粉资源现状　玉米蛋白粉(Corn gluten meal,CGM),也叫玉米麸质粉,是生产玉米淀粉、淀粉糖、有机酸、氨基酸、糖浆或酒精后的副产物。由于水溶性极差,缺少色氨酸、赖氨酸等畜禽必需氨基酸,从营养的角度讲,玉米蛋白粉不是理想的蛋白质资源，生物学价值比较低，严重影响了其在饲料工业中的应用。目前，玉米蛋白粉作为饲料使用利用率很低，有的甚至直接废弃，这样既造成了环境的污染，又浪费了资源。据统计，国内有玉米湿法淀粉厂 600 多家，而且近几年发展迅速，生产量占全国各种淀粉产量的 80%，年产玉米淀粉 600 万 t，生产淀粉最多利用了玉米的 65%，而广大中小企业利用率只有 50%～55%，每年产生 60 万 t 玉米蛋白粉，大部分用作以粗饲料，许多工厂甚至未进行任何处理当作"三废"而自然排放，我国每年随废液排放的玉米蛋白超过 8 万 t，不仅对周围的环境造成严重污染，而且极大地浪费了资源。

2. 玉米蛋白粉作为饲料原料利用存在的问题

（1）玉米蛋白粉不易被动物体吸收利用　玉米蛋白粉主要由玉米蛋白组成，含有少量的淀粉和纤维。蛋白质在猪胃肠内以可溶性的蛋白质和不可溶性的蛋白质两种状态存在；不溶性的蛋白质易和其他大分子有机物或微量元素结合，不易被动物吸收利用，几乎全部被动物排出体外，是组成粪干物质的成分。淀粉包含抗性淀粉和慢性淀粉，抗性淀粉在消化道内不易被淀粉酶水解，吸收水分后黏滞性增大，影响食糜的蠕动，影响营养物质的消化吸收。玉米蛋白粉中的纤维成分由 NSP 和木质素组成。NSP 的含量、种类、结构在一定程度上影响了日粮的消化吸收，也影响氮的利用和排泄。

玉米蛋白水解后的异亮氨酸、亮氨酸、缬氨酸和丙氨酸等疏水性氨基酸和脯氨酸、谷氨酰胺等含量很高。玉米蛋白粉所含必需氨基酸总量大于大豆粉和鱼粉中的必需氨基酸总量，其中总含硫氨基酸和亮氨酸含量高于大豆粉和鱼粉，但玉米蛋白的氨基酸不平衡，尤其是必需氨基酸如赖氨酸、色氨酸等较缺乏，水溶性差，这种独特的氨基酸模式营养价值不高，限制了其在饲料工业中的应用。

（2）市场上玉米蛋白粉的掺假现象严重　玉米蛋白粉作为目前较好的高蛋白、高能量的产品，除赖氨酸和色氨酸缺乏外，其他各种氨基酸都比较平衡，在饲料生产中应用较为广泛。玉米蛋白粉在许多市场上是以蛋白计价，价格较贵，不法饲料厂商为了获得暴利，通过掺入蛋白精、玉米粉、小米粉等来改变玉米蛋白粉的商品外观；甚至掺入尿素来提高其蛋白含量，达到以假乱真的目的。在玉米蛋白粉中掺假，不仅会降低产品内在的品质，还可能会对畜禽的生长造成重大损害。

3. 开发利用玉米蛋白粉作为饲料原料的意义

（1）合理利用玉米加工副产品，节约资源　我国是玉米生产大国，近几年玉米产量均在 1.6 亿 t，仅次于美国，居世界第二位，资源优势显著，生产的玉米绝大多数用来生产淀粉，而我国的大部分工厂只能利用玉米的 50%～60%，利用率较低，生产淀粉后的副产物如玉米蛋白粉等，大多数作为饲料，有的甚至废弃。在我国每年生产的 60万 t 玉米蛋白粉中，随废水流走的达 8 万 t 之多，这不仅大大浪费了资源，而且对环境造成了巨大污染。倘若能够合理利用玉米蛋白粉，提高玉米的综合利用率和附加值，不仅能够缓解目前蛋白饲料价格昂贵的情况，降低饲料成本，提高养殖效益，而且能减轻对环境的污染，将带来良好的社会和经济效益。

（2）玉米蛋白粉作为饲料中鱼粉的替代物　鱼粉因必需氨基酸高及脂肪酸含量高、碳水化合物含量低、含有较少抗营养因子、适口性好、易吸收利用等优点，一直以来都是养殖业动物蛋白质的重要来源。然而，随着我国养殖业的快速发展，鱼粉短缺问题日益突出。2015 年我国进口鱼粉 108 万 t，由于全球捞捕用于鱼粉的产量稳定下降以及智利鱼粉配额降低等，使鱼粉和鱼油价格进一步攀升，从而严重制约养殖业发展，尤其是水产养殖业的发展。因此，正确的策略就是寻求合适的蛋白源以取代鱼粉，而植物蛋白源之所以成为替代鱼粉的优质蛋白源是因为价格较低且来源广泛。在众多的植物蛋白源中，玉米蛋白粉因具有蛋白质含量高、富含 B 族维生素和维生素 E、纤维素含量低、几乎不含抗营养因子等优点而经常被应用到饲料中。

（二）玉米蛋白粉的营养价值

不同生产工艺生产出来的玉米蛋白粉蛋白含量变化很大，但在畜禽饲料中使用的玉米蛋白粉蛋白质含量一般 60％左右；同时，玉米蛋白粉中的淀粉、脂肪等含量也有一定程度的变化（晏家友等，2009）。饲用玉米蛋白粉的常规化学组成见表 2-113（刘兴旺等，2006）。

表 2-113　玉米蛋白粉的化学组成

项目	含量
蛋白质（％）	55～65
淀粉（％）	15～20
脂肪（％）	5～7
水分（％）	9～12
纤维（％）	0.5～2.5
灰分（％）	0.5～3.7
类胡萝卜素（mg/kg）	100～300
密度（kg/L）	0.53～0.58

玉米蛋白粉含有的蛋白质主要为玉米醇溶蛋白（Zein，60％）、谷蛋白（Glutelin，22％）、球蛋白（Globulins，1.2％）和白蛋白（Albumin）。玉米蛋白水解后的 Ile、Leu、Val 和 Ala 等疏水性氨基酸和 Pro、Gly 等含量很高，很少含必需氨基酸 Lys、Trp，玉米蛋白粉的氨基酸组成见表 2-114（李维锋等，2007）。

表 2-114　玉米蛋白粉的氨基酸组成（％）

名称	简称	含量	名称	简称	含量
谷氨酸	Glu	12.26	异亮氨酸	Ile	2.05
亮氨酸	Leu	8.24	精氨酸	Arg	1.56
丙氨酸	Ala	4.81	苏氨酸	Thr	1.52
天冬氨酸	Asp	3.21	甘氨酸	Gly	1.36
苯丙氨酸	Phe	3.09	蛋氨酸	Met	1.05
缬氨酸	Val	3.00	赖氨酸	Lys	0.96
脯氨酸	Pro	3.00	组氨酸	His	0.87
丝氨酸	Ser	2.51	胱氨酸	Gys	0.56
酪氨酸	Tyr	2.31	色氨酸	Trp	0.20

玉米蛋白粉的氨基酸组成不佳，但这种独特的氨基酸组成通过生物工程控制其水解度，可以获得具有多种生理功能的活性肽。需要指出的是：玉米蛋白粉的氨基酸总和高于豆粕和鱼粉，其中含硫氨基酸和亮氨酸含量也比豆粕和鱼粉更高，因此玉米蛋白粉可以与豆粕和鱼粉蛋白源相互补充。此外，玉米蛋白粉粗纤维含量低，易消化；代谢能与玉米相当或高于玉米，为高能饲料；铁含量较多；维生素中胡萝卜素含量较高；富含色素，是较好的着色剂，玉米蛋白粉中叶黄素含量高，能有效地被鸡的肠道吸收或沉积在鸡皮肤表面，使蛋黄呈金黄色，鸡皮肤呈黄色。杨具田等（2001）报道，在褐壳蛋鸡日粮中添加 6.5% 玉米蛋白粉，可以提高蛋黄色泽级数。

玉米蛋白粉含有丰富的亚油酸，可以促进鸡的脂质代谢，保证必需氨基酸的合成，从而有利于提高能量消化率。在养牛生产中，用玉米蛋白粉作精饲料，还可以使部分不能被瘤胃消化的蛋白在小肠被更好地消化吸收。郭亮等（2000）研究不同种类玉米蛋白粉日粮纤维和能量对生长猪氮代谢的影响，结果表明，玉米蛋白粉日粮的 NDF 或 CF 含量降低，粪氮与日粮氮比值降低，即氮排出量减少，总氮利用效率提高，从而可以减少环境污染。韩斌等（2009）研究玉米蛋白粉替代部分鱼粉对凡纳滨对虾抗病力及非特异性免疫力的影响，结果发现，玉米蛋白粉用量不超过 15%（替代 25.8% 鱼粉），不影响凡纳滨对虾抗病力及溶菌酶、超氧化物歧化酶活性，从而可以降低饲料成本。此外，人们已经开始用玉米蛋白粉制备蛋白发酵粉、氨基酸（L-谷氨酸、L-亮氨酸）、玉米醇溶蛋白、玉米黄色素、玉米蛋白活性肽等产品，这些玉米蛋白粉加工产品无毒副作用，并且具有成本低、来源广、价格便宜等特点，应用前景相当可观。

（三）玉米蛋白粉的抗营养因子

目前饲料中常见危害较大的霉菌毒素主要有黄曲霉毒素、呕吐毒素、玉米赤霉烯酮、赭曲霉毒素、T-2 毒素和伏马毒素等。据张丞和刘颖莉（2006）报道，玉米加工副产品（玉米蛋白粉、玉米胚粕、DDGC）中的霉菌毒素（DON、FUM、ZEN、AFB_1）的检出率和含量均大大高于玉米，由此表明这些加工副产品中的霉菌毒素污染程度远比玉米本身更为严重。有检测显示玉米蛋白粉样本无论是从污染的霉菌毒素品种还是从其污染浓度上讲，主要受黄曲霉毒素（AFB）、玉米赤霉烯酮（ZEN）、呕吐毒素（DON）和伏马毒素（FUM）的严重污染，被检测含有 DON 和 FUM 的样本占 94%，平均污染浓度分别为 $1\,222\mu g/kg$ 和 $5\,687\mu g/kg$。何国茹（2011）研究显示，玉米蛋白粉的霉菌毒素污染率随季节变化，其中黄曲霉毒素、玉米赤霉烯酮和呕吐毒素在 7—9 月明显升高，10 月至翌年 6 月较低。此外，玉米加工副产品均为粉状物料，与空气接触面积比整粒籽实增大，容易吸潮，比整粒的玉米籽实更易霉变，故应注意对其水分含量的监测，其水分允许量标准更应严于玉米的水分允许量标准。

（四）玉米蛋白粉在动物生产中的应用

1. 在养猪生产中的应用　玉米蛋白粉对猪的适口性较好，玉米蛋白粉的赖氨酸含量低，为 1.5%。所以，当用玉米蛋白粉替代豆粕时，需要额外添加盐酸赖氨酸，其与豆粕合用可以起到平衡氨基酸的作用，玉米蛋白粉在猪配合饲料中的用量一般在 15% 左右。但有试验结果表明，随着豆粕添加量的减少、玉米蛋白粉添加量的增多，仔猪腹泻程度有加重趋势（郭春玲，2012）。此外，玉米蛋白粉的蛋白含量高低还与猪的表观消化能直接相关。

（1）玉米蛋白粉中蛋白质含量与表观消化能　玉米蛋白粉的蛋白含量高低与猪表观消化能值直接相关，能量与蛋白配比适宜或必需氨基酸与非必需氨基酸配比较平衡的原料常常有较高的消化率。研究人员通过在猪的基础饲料中添加蛋白含量不同的玉米蛋白粉，来测定猪的消化能（表2-115），结果发现含32％粗蛋白质的玉米蛋白粉表观消化能较高，其原因可能是其能量与蛋白比例比较适宜（郭亮等，2000）。

表2-115　玉米蛋白粉对猪消化能的影响

原料	粗蛋白质（％）	总能（MJ/kg）	表观消化能（μg/kg）	能量消化率（％）
玉米	8.9	16.4	13.43±3.18	81.79
玉米蛋白粉	52.0	17.45	15.52±1.97	78.81
玉米蛋白粉	47.4	19.87	16.11±2.89	81.03
玉米蛋白粉	32.0	18.58	16.32±1.38	87.60

由玉米淀粉提取玉米糖浆后的副产品制成的玉米蛋白饲料，含有7％～8％的柠檬酸，具有酸、香、甜味、适口性好、消化率高的特点。玉米蛋白饲料中含有的柠檬酸具有特殊的意义，采用柠檬酸等酸化剂来替代药物型的生长促进剂，不会残留有害物质在畜禽产品中，它还能提高畜禽的采食量和消化率。研究人员用50kg以上的"杜×长×大"育肥猪进行添加玉米蛋白饲料的研究表明，添加玉米蛋白饲料组的平均日增重比对照组高出308g，每增重1kg的饲料成本比对照组低0.289元（陈什培等，2000）。由此说明，玉米蛋白饲料用于饲喂生长育肥猪发展前景广阔。因为柠檬酸能抑制有害细菌的繁殖，降低有害细菌在饲料、猪栏、猪体中的生长与繁殖，因而能够改善猪的生产性能，提高猪的日增重。

（2）玉米蛋白粉在猪生产中的其他应用　研究人员通过对40头生长育肥猪进行全程饲养试验发现，利用玉米深加工副产品——玉米蛋白粉、脐籽粕和纤维渣饲喂生长育肥猪后，取得良好的生产效果，比全豆粕型日粮经济效益提高12.1％～25.7％（祁宏伟等，1997）。在配合饲料中加50％玉米蛋白粉，试验猪平均日增重较对照猪多0.046kg，全期多3.22kg，且体长和胸围分别比对照猪增加了6.5cm和3cm（秦旭东，2000）。

2. 在反刍动物生产中的应用　玉米蛋白粉可用作奶牛、肉牛的优质蛋白质饲料，但因其密度大，需要配合密度小的饲料原料使用，在精料中的添加量以30％为宜。用玉米蛋白粉作精饲料，可以使部分不能被瘤胃消化的蛋白在小肠中更好地消化吸收。

3. 在家禽生产中的应用

（1）玉米蛋白粉用作肉鸡着色　研究人员发现，在褐壳蛋鸡日粮中添加6.5％玉米蛋白粉可以提高其蛋黄的色泽级数（杨具田等，2003）。研究人员在艾维茵白羽肉鸡日粮中添加4％玉米蛋白粉后发现，与对照组相比，可以显著提高肉鸡胫色。玉米蛋白粉中叶黄素的着色效果比加丽素红、加丽素黄等化工合成着色剂稍差，但通过添加阿散酸，可以促进动物机体代谢，提高叶黄素沉积率，从而改善玉米蛋白粉对鸡皮肤的着色效果。此外其他研究表明，在肉鸡日粮中添加 2.5％玉米蛋白粉和 90mg/kg 阿散酸，可以显著提高肉鸡胫色和屠宰肉鸡胫色（富伟林，1998）。

（2）玉米蛋白粉可以提高蛋鸡产蛋率和饲料利用效率　以玉米蛋白粉为主的蛋鸡配合饲料可以对蛋鸡起到保健和促生长作用，从而提高蛋鸡的产蛋率和鸡蛋的蛋白品质。研究人员用不同量玉米蛋白粉代替等量豆粕饲喂蛋鸡的试验表明，用玉米蛋白粉替代豆粕，可以提高蛋鸡产蛋率和饲料利用效率，并可防治鸡的软骨症以及其他疾病，起到保健促生长作用，有利于提高鸡蛋蛋白品质。

（3）玉米蛋白粉在禽类饲料中的其他应用　玉米蛋白粉中含有丰富的亚油酸，可以促进鸡的脂质代谢，保证必需氨基酸的合成，有利于提高鸡的消化率。但玉米蛋白粉很细，所以它在鸡配合饲料中的用量不宜过多（一般在 5％以下），否则会影响鸡的采食量。

4. 在水产品生产中的应用

（1）玉米蛋白粉对鱼生长性能的影响　在鱼的日粮中添加适宜的玉米蛋白粉对鱼的生长无不良影响。陈然等（2009）分别用 4％、8％、12％和 16％的玉米蛋白粉替代异育银鲫日粮中 25％、50％、75％和 100％的鱼粉，研究玉米蛋白粉对异育银鲫生长性能的影响。结果显示，4％、8％和 12％玉米蛋白粉组异育银鲫的相对增重率、饵料系数、蛋白质效率与对照组之间无显著性差异（$P>0.05$）；当玉米蛋白粉添加比例达到 16％（即完全替代鱼粉）时，异育银鲫的相对增重率和蛋白质效率分别为 322.23％和 0.96％，分别较对照组降低 30.21％（$P<0.05$）和 20.66％（$P<0.05$）；饵料系数则较对照组提高 22.46％（$P<0.05$）。另一种鱼类大菱鲆的相关研究结果显示，日粮中 12％玉米蛋白粉组的大菱鲆的特定生长率、饲料效率、蛋白质效率和摄食率与对照组相比均无显著性差异（$P>0.05$），研究还发现，25％、38％和 50.5％玉米蛋白粉组大菱鲆的特定生长率、饲料效率、蛋白质效率均显著低于对照组（$P<0.05$）。在摄食率方面，随着玉米蛋白粉添加比例的升高，大菱鲆的摄食率呈下降趋势（刘兴旺等，2012）。综上所述，玉米蛋白粉作为鱼类日粮的组分对鱼类的生长没有显著的影响，所以应在鱼的日粮中合理地使用玉米蛋白粉。

（2）玉米蛋白粉对鱼营养物质表观消化率及体色的影响　体色是影响鱼类经济价值的主要因素之一，饲料中营养素对鱼类体色的影响主要是通过直接作用于鱼体色素细胞或色素体，从而导致鱼的体色发生变化（冯幼等，2014），其中类胡萝卜素和叶黄素是鱼类体表和肌肉的主要色素因子，玉米蛋白粉中含有丰富的叶黄素和类胡萝卜素。朱磊（2012）在黄颡鱼上进行了玉米蛋白粉对体色影响的试验，结果显示，黄颡鱼皮肤中总类胡萝卜素和叶黄素含量均随着日粮中玉米蛋白粉添加比例的增加而升高。试验开始时，黄颡鱼背部皮肤中总类胡萝卜素含量为 13 521.13mg/kg，经过 58d 饲养后，10％和 14％玉米蛋白粉组黄颡鱼背部皮肤中总类胡萝卜素含量分别提高了 4.5％和 18％；进一步研究还发现，玉米蛋白粉对黄颡鱼腹部皮肤叶黄素含量变化的影响较背部皮肤大，但各玉米蛋白粉组黄颡鱼血清和皮肤中总类胡萝卜素和叶黄素含量无显著性差异（$P>0.05$）。所以，玉米蛋白粉作为鱼类日粮组分对其皮肤色素的沉积起到一定的改善作用，可以增加鱼类饲养的经济效益。

（3）玉米蛋白粉对养殖水环境的影响　由于磷在植物性饲料中含量较高，但其中大部分以植酸及植酸盐的形式存在，难以被机体利用，易引起水产动物磷缺乏症；另一方面，未被利用的磷直接排出体外，也容易造成对养殖水环境的污染。饲料蛋白质在分解代谢过程中不能为鱼体所利用的能量常常以排泄能的形式排出体外，其主要排泄产物为氨、尿素和氧化三甲胺。因此，玉米蛋白粉对水环境的影响也是玉米蛋白粉能否成功应用到水产饲料中的重要影响因素。

（五）玉米蛋白粉的加工方法与工艺

在玉米淀粉生产过程中，玉米蛋白粉生产工序是十分重要的，因为蛋白粉的生产关系到主产品——淀粉的得率和质量，也关系到蛋白粉的得率和质量。由玉米粒经湿磨法工艺制得的粗淀粉乳再经淀粉分离机分出的蛋白质水（即麸质水），然后用离心机或气浮选法浓缩、脱水干燥制得。其生产工艺过程如下：玉米→浸渍→破碎→筛分→分离→压滤→干燥→成品（蛋白粉）。

1. 投料工序 将称重的玉米倒入玉米投料口中，由提升机将玉米提升到清杂设备的上部；经永磁筒吸附住玉米中夹带的铁质后进入出清圆筛；进入出清圆筛的玉米通过筛筒的转动，连续筛选分离除去大杂质（如玉米皮）和细杂（如尘土、细沙）；出清圆筛尾部风机与上风机，抽出玉米表面附着的灰尘、玉米茸等杂质。干净的玉米流至去石槽中，经水清洗后，由泵打入泡料罐中（史效华等，2013）。

2. 浸料工序 玉米浸泡采用逆流扩散法，它是将多组浸泡罐用泵和管路系统连接起来，在玉米浸泡即将结束时打入最后一个浸泡罐，循环之后，用自吸泵将浸泡水输入次长浸泡过的玉米浸泡罐（岳国君，2012）。这样将浸泡水逆着新进的玉米的方向依次以一个罐输至另一个罐。玉米装罐结束后，用老酸浸泡，时间为 6～9h。

3. 破碎、胚芽分离和洗涤工序 玉米稀浆浓度第一次破碎在 5.0～6.0 波美度，第二次破碎在 8.0～13.0 波美度。经脱胚磨开机前必须检查动、定齿盘的间距，以防凸齿相撞造成机器损坏，经检查机械正常即可开机进水、进料。为达到理想的破碎效果，以利于后续胚芽的分离，应使出机物料浓度在 6.0～8.5 波美度。破碎的物料从收集器用离心泵送到胚芽旋流器（白坤，2013），进行第一次胚芽分离，在分离中尽可能地分离出胚芽。达到这一目的的方法是保持进入旋流器的淀粉悬浮液浓度为 6.0～8.5 波美度。从头道旋流器得到的物料通过曲筛滤去粉浆。清理过的胚芽还带有部分淀粉乳，要在重力筛子上进行筛分和洗涤三次。经过筛分和洗涤后的胚芽进入榨水机（王占林，2006）。

4. 纤维分离工序 将逆流洗涤槽清洗干净，末级洗涤槽加满清水；检查筛面的质量及设备的运行情况；从第一级开始逐级启动洗涤泵；浆料从针磨工序输入压力曲筛一级筛；第一、二级筛分后筛下物送入到原浆罐中，等待分离加工；经过洗净的纤维送至下道工序。

5. 干燥和粉碎工序 首先经过气流扬升机的扬升，使滤饼得到初步破碎、烘干，去掉一部分水分后，再进入管束干燥机。干燥至合乎质量要求的蛋白粉，由扬料风机吸入破碎机，经粉碎后，进行计量、包装、检验后，由仓储科安排入库。

由于在生产玉米淀粉的同时，还会产生淀粉渣、麸质粉和浸泡水等几种副产品，若用这三种副产品按比例配合后，加入适量的辅助材料，再用蛋白酶、α-淀粉酶和糖化酶处理，能得到含蛋白质达 65% 的玉米蛋白粉。

（六）玉米蛋白粉作为饲料资源开发利用的政策建议

我国是玉米生产大国，玉米蛋白粉的来源极为丰富，但同时浪费现象较为严重，且造成了一定的环境污染。玉米蛋白粉中除赖氨酸和色氨酸缺乏外，其他各种氨基酸都比较平衡，可在一定程度上作为鱼粉的替代品，且其对于畜禽具有特殊的功能和作用，提高了经济与社会效益。所以，将玉米蛋白粉作为饲料原料具有非常重要的现实意义。但玉米蛋白粉在原料组成上的缺陷以及市场上玉米蛋白粉掺假现象，成为玉米蛋白粉被普及应用与生产的两大阻力。为此，需采取以下措施：①统一规范试验方法和评价体系，提高试验结果的可靠性和可比性；②结合现代生物技术手段，系统研究不同畜禽对蛋白质和各种必需氨基酸的消化吸收和代谢机制，在分子水平上进行营养调控基础研究；③探究外源性酶制剂和生物活性物质在饲料中的应用价值；④研究必需氨基酸的添加形式和方法；⑤建立相应的法律法规，加强执行力，严厉打击假冒伪劣产品，明确饲用玉米蛋白粉的质量标准；⑥研究新方法来代替老方法，以便不断提高检测玉米蛋白粉质量的水平。合理地开发和利用玉米蛋白粉，充分发掘玉米蛋白粉的潜力，对促进玉米产业与畜牧业的发展具有重要意义。

二、玉米浆干粉

（一）玉米浆干粉概述

1. 我国玉米浆干粉资源现状　玉米浆（Corn steep liquor，CSL）是制造玉米淀粉的副产物，制造玉米淀粉须将玉米粒先用亚硫酸浸泡，浸泡液浓缩即制成黄褐色的液体即为玉米浆。玉米浆再经低温瞬间加热喷雾干燥制成玉米浆干粉，其水溶性蛋白质保存完好，保存了玉米浆液的所有特性。

玉米浆干粉与玉米浆相比，不易变质，便于运输及贮存，使用方便，对所生产产品质量稳定。近年来玉米浆供大于求，年产量超过 100 万 t，大多以废液形式直接排放，最多只能利用一半。很多中小型淀粉厂均不再将玉米浸泡水加工成玉米浆。这样既造成资源浪费，又污染环境。如果将玉米加工副产物发酵生产蛋白饲料提高其附加值，实现资源的合理利用，既能给企业带来极大的经济效益，促进淀粉行业的发展，又能缓和饲料资源短缺问题，同时也会带来显著的环境效益。

玉米浆的成分复杂含有多种营养物质，包括可溶性蛋白、生长素和一些前体物质，含 40%～50% 固体物质。大部分加工粉厂没有把它利用或者没有被完全利用，不仅造成资源的浪费，而且造成环境污染，为了变废为宝，企业有必要增加合适的投资，深度开发玉米浆资源。玉米浆干粉是以鲜玉米浆为原料经低温瞬间加热喷雾干燥而成的产品，加热方式为蒸汽加热，产品无杂质、无焦化现象。玉米浆干粉用途广泛，可用于饲料工业和抗生素、维生素、氨基酸、酶制剂等发酵工业。

2. 玉米浆干粉作为饲料原料利用存在的问题

（1）加工工艺及原料来源不同　由于加工工艺及原料来源不同，世界范围内没有成熟的生产工艺。所以，不同地域、不同工厂生产的玉米浆干粉组成和含量差异较大，导致同名产品间质量变异大，使得玉米浆干粉不能大规模应用于畜牧生产。采取亚硫酸浸泡浓缩法生产玉米浆，引起玉米浆干粉中亚硫酸残留。大量或长期使用亚硫酸含量较高的玉米浆干粉饲喂乳牛和猪，可能引起慢性中毒甚至死亡。采用高温喷粉工艺生产，玉米浆在喷粉过程中，由于局部高温会使贴近高温管路的部分浆焦化或炭化而变成棕黑色或棕黄色，这种成分含量越高，喷出的粉颜色越深，同时，这种成分含量越高也说明焦化现象越严重。而蛋白质焦化后几乎不溶于水，极容易造成灭菌不透而增大发酵的染菌率，且无任何营养价值。

（2）常规养分和生物学效价　对玉米加工副产品类饲料的常规养分和生物学效价评定缺乏研究，还没有建立起其常规和可利用养分数据。因此，饲料生产厂家很难精准利用玉米加工副产品，极大地限制了其饲料资源化开发利用。

（3）抗营养因子　玉米加工副产品中存在抗营养因子，极大地限制了此类饲料的利用。植酸是其中最为典型的一种，它常和二价或三价阳离子、蛋白质、胃蛋白酶、胰蛋白酶和淀粉酶等络合，形成不溶性盐，可降低其利用率。植酸上的磷酸基团呈负电性，具有很强的络合力，可与钙、铜、钾等金属离子及蛋白质螯合成稳定的复合物，形成不溶性盐类，这些成分难以被畜禽消化吸收利用。肠道中的 pH 适于植酸盐螯合物形成，在小肠上段，植酸盐螯合物使饲料中 90% 以上的 Zn 不可利用，植酸不仅影响对 P 的吸收和利用，对其他矿物元素也有影响。此外，还有非淀粉多糖、多酚类化合物、植物凝集素、生物碱等，都限制了玉米浆干粉的应用。

玉米浆干粉中植酸和非淀粉多糖等抗营养因子含量较高，不同动物中添加量难以控制，对于动物生长发育的影响作用机制不明确。玉米浆干粉粒度细，贮存时要注意防潮；经过过硫酸铵生产后，略带异味，影响适口性，实际生产中要辅以风味剂、着色剂等进行饲喂，以提高畜禽采食量。

（二）玉米浆干粉的营养价值

玉米浆干粉是以鲜玉米浆为原料经低温瞬间加热喷雾干燥而成的（左莹等，2013），主要成分与玉米浆相差不大，为玉米可溶性蛋白质及其降解物（如肽类、各种氨基酸等），另外还含有乳酸、植物钙镁盐、可溶性糖类等，水分含量小于 8%，而且便于贮存，是玉米浆的更新换代产品。广泛应用于饲料行业，以及抗生素、维生素、酶制剂、氨基酸等发酵工业中。在生物发酵过程中作水溶性植物蛋白及水溶性维生素等营养元素补充剂。玉米浆的化学组成成分如表 2-116 所示。

表 2-116　玉米浆的平均化学组成（以干物质计算，%）

组成成分	占比
蛋白质	41.9
氨基氮	4.02
SO_2	0.2
乳酸	12.09
溶磷	1.52

（续）

组成成分	占比
铁	0.05
重金属	0.008 4
总灰分	21.02
还原糖	1.9
总糖	3.62

1. 维生素 玉米浆（干粉）中含有多种维生素，包括维生素 B_2、维生素 B_3、泛酸、生物素等（徐负邦等，2013），如表 2-117 所示（肖雪等，2012）。

表 2-117 玉米浆（干粉）中部分维生素的含量检测结果

原料	维生素种类	平均值	标准偏差	文献
玉米浆	维生素 B_2 mg/L	23.12	16.72	Xiao 等（2012）
玉米浆	维生素 B_3（mg/L）	428.62	122.87	Xiao 等（2012）
玉米浆	维生素 B_6（mg/L）	29.33	6.07	Xiao 等（2012）
玉米浆	维生素 B_7（mg/L）	0.61	0.21	Xiao 等（2012）
玉米浆	生物素（$\mu g/kg$）	148.18	—	李红波等（2013）
玉米浆干粉	维生素 B_6（mg/kg）	40.91	1.98	刘跃芹等（2013）

2. 氨基酸 玉米浆（干粉）中含有多种氨基酸（如精氨酸、谷氨酸、组氨酸、苯丙氨酸、丙氨酸及 β-苯乙胺等）。通过 300A 氨基酸分析仪（德国安米诺西斯公司）及 HPLC 检测玉米浆中的氨基酸，结果见表 2-118。其含有组成蛋白质的 20 种氨基酸，此外测得玉米浆的三氯乙酸抽提物中还含有 γ-氨基丁酸、羟基脯氨酸、天门冬酰胺等氨基酸（表 2-118）。

表 2-118 玉米浆中的氨基酸含量（g，以每 100mL 计）

序号	氨基酸名称	氨基酸含量	序号	氨基酸名称	氨基酸含量
1	天冬氨酸	0.535	11	异亮氨酸	0.154
2	苏氨酸	0.499	12	亮氨酸	1.259
3	丝氨酸	0.402	13	酪氨酸	0.047
4	谷氨酸	0.750	14	苯丙氨酸	0.632
5	脯氨酸	0.392	15	组氨酸	0.358
6	甘氨酸	0.224	16	赖氨酸	0.685
7	丙氨酸	1.175	17	精氨酸	0.268
8	胱氨酸	0.865	18	鸟氨酸*	0.032 5
9	缬氨酸	0.602	19	γ-氨基丁酸*	1.025
10	蛋氨酸	0.367	20	天门冬酰胺*	0.167

注：带星号的为三氯乙酸抽提物检测的含量；其余为德国安米诺西斯公司的 300A 氨基酸分析仪测定。

比较游离氨基酸和玉米蛋白质氨基酸的组成可知，游离氨基酸基本来自玉米蛋白质的水解。但是有些氨基酸在玉米蛋白质中并未大量出现，而在玉米浆中大量出现（如γ-氨基丁酸），推断有可能是谷氨酸水解而来。

（三）玉米浆（干粉）的抗营养因子

玉米浆（干粉）营养丰富，是畜禽的优质植物蛋白质饲料，但是，玉米浆中的植酸（肌醇六磷酸）是一种抗营养因子，未经处理会影响多种营养物质的消化吸收（陈维虎等，2013）。植酸和二价或三价阳离子、蛋白质、胃蛋白酶和胰蛋白酶等络合，形成不溶性盐，降低其利用率。在养殖生产中，要想有效利用玉米浆（干粉），消除植酸抗营养因子是关键。据白东清等（2003）报道，植酸酶可有效分解植酸成为肌醇和磷酸，解决植酸抗营养因子的问题。在植物性饲料中添加植酸酶饲喂动物，与对照组相比，添加植酸酶的日粮 Ca 利用率提高 132%（可吸收 Ca）、P 利用率提高 105%～122%（有效 P），蛋白质和脂肪的利用率提高 11%～12%。可见，采用玉米浆生产的玉米植物蛋白质饲料微量添加植酸酶后，可有效消除植酸抗营养因子，从而提高营养成分的利用率。

（四）玉米浆（干粉）在动物生产中的应用

1. 在养猪生产中的应用 王春林等（2007）的研究表明，玉米浆发酵料对猪胴体性状无显著性影响，各组的屠宰率、背膘厚度、眼肌面积及瘦肉率差异均不显著（$P>0.05$）。王春林等（2006）的报道证实，发酵饲料有提高瘦肉率和改善部分胴体指标的作用，而且肉风味物质更丰富。何谦等（2008）给 32 日龄断奶仔猪直接饲用乳酸菌发酵饲料，结果表明，可明显提高饲料利用率，改善仔猪的生长性能，减少仔猪腹泻现象。张云影等（2011）研究表明，添加 20% 发酵饲料于育肥猪日粮中，显著提高了猪群采食量及日增重，对降低动物医药开支也有明显的效果。Demeckova 等（2002）试验发现，饲喂发酵饲料一组的猪粪样中大肠菌群比对照组有明显降低（$P>0.05$），从而减少了对环境的污染。

2. 在反刍动物生产中的应用 浓缩玉米浆与纤维混合生产高蛋白饲料。美国饲料研究者用玉米淀粉厂在玉米淀粉生产过程中的玉米皮和浸泡水混合饲料，进行了饲养牛和鸡的试验，说明玉米皮和浸泡水混合饲料是良好的牛和鸡的饲料，可以直接以湿料喂饲，也可干燥以后使用（玉米浆干粉），但湿料效果更好。其配合比例是玉米淀粉副产品玉米皮 2/3、玉米浸泡水 1/3。

3. 在家禽生产中的应用 添加玉米浆（干粉）能促进肉鸡生长。林莉钟等（1984）用玉米酒精浆干粉作为肉鸡蛋白质饲料。玉米酒精浆干粉可替代甚至优于其他植物性蛋白质饲料。玉米酒精浆干粉的粗蛋白质较高，达 36.1%，与棉仁粕和菜籽粕相近，比豆粕低约 23.0%，而代谢能比棉仁粕或菜籽粕要约高 35.0%；其最大的缺点是赖氨酸含量极低，仅 0.72%，为豆粕的 1/4 或棉仁粕的 1/2 或菜籽粕的 2/5，必须补加赖氨酸才能使日粮营养获得平衡；其次是精氨酸含量较低，仅 0.60%，为其他植物性蛋白质料的 13%～30%，而肉用仔鸡日粮标准为 1.16%～1.27%。因此，在配合日粮时，亦必须注意含量使其得到平衡。

（五）玉米浆（干粉）的加工方法与工艺

玉米籽粒中的可溶性物质在玉米浸泡工序中大部分转移到浸泡液中，静止浸泡法的浸泡液中含干物质 $5\%\sim6\%$，逆流浸泡法的浸泡液中含干物质可达 $7\%\sim9\%$。浸泡液中的干物质包括多种可溶性成分，如可溶性糖、可溶性蛋白质、氨基酸、肌醇磷酸、微量元素等。浸出液可提取植酸，浓缩生产玉米浆可做饲料或送至生产抗生素、酵母及酒精的工厂使用。玉米浸泡液进行蒸发浓缩生产玉米浆的设备是循环升膜式双效蒸发器或三效蒸发器，将玉米浸泡液进行负压蒸发。饱和的浸泡液称为稀浸泡液，含干物质 $5\%\sim8\%$，蒸发后干物质大约为 50%，称为浓浸泡液，也称玉米浆，为棕褐色、黏稠状液体。玉米浆主要是送至纤维干燥系统，与脱水后的纤维混合，生产饲料，剩余部分可作为成品的玉米浆直接装桶或进一步加工成干粉。稀浸泡液在送入蒸发系统之前，需在稀浸泡罐内贮存一段时间，以产生更多的乳酸，达到降低 pH 的目的，因为 pH 高，蒸发器的加热管极易结垢。玉米浆干燥工序是通过喷雾干燥原理制取玉米浆干粉的过程，浸泡液蒸发工序浓缩的玉米浆经高压泵进入喷雾干燥机。玉米浆经高速旋转的雾化器进入干燥塔内，与热空气接触进行热交换，在热交换过程中雾状玉米浆不断被干燥，干燥后玉米浆干粉由干燥塔下料器进入干粉收集箱，另一部分随着蒸汽在引风机的作用下经旋风分离器进入旋风分离器料箱，蒸汽由分离器顶部排出。

1. 洗涤、除杂　将选取的玉米通过磁选法、筛选法、风吹法清理除去玉米中的一些杂质，然后进行洗涤，除去玉米表面的杂质。

2. 浸泡　浸泡是玉米深加工的一道重要工序。浸泡与浸泡的时间、浸泡的温度、浸泡剂的种类、pH 有关。玉米的浸泡就是将玉米、水、一定浓度的硫酸、亚硫酸按照一定的比例混合在容器内。在这一过程中，水分首先通过毛细作用，经玉米皮上的一些孔洞进入玉米籽粒，由于水分的作用改变渗透压，从而改变细胞膜的通透性，一些可溶性的脂类小分子及其无机盐离子渗出细胞进入浸泡液；同时可溶性碳水化合物、无机盐离子、一定的温度和 pH 为细菌的繁殖提供有利的条件，细菌进入细胞分解一些可溶性的蛋白质为氨基酸；对于一些难以溶解的含硫蛋白质则在硫酸的作用下二硫键被破坏，另一方面在硫酸的作用下，玉米表皮的通透性增强，加速了玉米籽粒中的可溶性物质向浸泡液中渗出（刘康乐等，2013）。

李海燕（2013）研究比较了静止法与多罐串联逆流浸泡法（浸泡液逆流充分与玉米接触，玉米静止放置），通过设置实验组及对照组并对多方面的因素进行控制，然后对所得稀玉米浆中各成分的分析及 pH 的测定确定浸泡的结束，最终得出结论。①静止法浸泡玉米，得到最佳浸泡条件为：浸泡时间为 60h，浸泡温度为 50℃，亚硫酸浓度 0.2%。②多罐串联逆流浸泡法浸泡玉米，得到最佳工艺为：8 罐串联，每 6h 倒罐一次，浸泡总时间为 48h，浸泡温度为 50℃，亚硫酸浓度为 0.2%。在最佳工艺条件下，研究一组玉米浸泡水，浸泡结束，得到 pH 为 4.8、总糖含量为 0.23mg/L、蛋白质含量为 0.26mg/L 的玉米水。

3. 过滤除杂　经浸泡所获得的玉米水进行过滤除杂，同时将玉米浆中的大颗粒固体进行粉碎。

4. 浓缩　采用四效蒸发浓缩（岳国君等，2012），较采用单效及双效浓缩设备浓缩时受热时间短，有效成分破坏少，玉米浆浓度高，糊化、焦化现象少。

5. 过滤、去除部分焦化杂质　焦化是由于玉米浆中淀粉的存在，如果存在淀粉，温度稍微高一点就会糊化、焦化。

6. 喷雾干燥　采用蒸汽低温喷雾干燥，产品无焦化现象，有效成分未破坏。喷雾干燥机可分为玉米压力式喷雾干燥机和玉米离心式喷雾干燥机。

（1）压力式喷雾干燥机　雾化机理是用高压泵使液体获得高压（1~10MPa），高压液体通过喷嘴时，将压力转化为动能而高速喷出时分散成液滴。玉米浆料经过浆料过滤器，被压力泵增压，送至塔顶经雾化喷入干燥塔中进行干燥。冷空气经空气加热器加热，由塔顶进入塔内。与雾化的浆料雾滴进行质、热交换，完成瞬时蒸发和瞬时干燥，从而得到空心球型的干粉颗粒。较粗干粉从塔底排出，较细干粉经旋风分离器回收，微粉由尾气除尘器收集。干净的尾气由通风机抽出排空。

（2）离心式喷雾干燥机　干燥原理是空气经过滤和加热，进入干燥器顶部空气分配器，热空气呈螺旋状均匀地进入干燥室。料液经塔体顶部的高速离心雾化器，（旋转）喷雾成极细微的雾状液珠，与热空气并流接触，在极短的时间内可干燥为成品。

7. 出厂前处理　出厂前经破碎处理，便于使用，水溶速度快，能溶解完全。

8. 包装　采用三层包装，外袋为涂膜编织袋，内有两层塑料袋，在贮存期间不会发生吸潮现象，贮存期不易结块。

（六）玉米浆干粉作为饲料资源开发利用的政策建议

玉米浆干粉营养成分与玉米浆相同，是玉米浆的更新换代产品。玉米浆干粉水分含量低，产品为固体粉状，所以便于运输、贮存和使用。玉米浆干粉蛋白质含量高，能值高，氨基酸和维生素含量丰富，适口性好，家畜喜食，可以作为粗蛋白质饲料添加到单胃及反刍动物的饲料中，也可作为水溶性植物蛋白质及水溶性维生素等营养元素补充剂。另外，生产玉米浆干粉作为饲料原料，可以废物利用，减少污染。

开发利用玉米浆干粉作为饲料原料在提高经济效益、增加饲料来源、改善饲料污染方面具有重要意义。加强玉米浆干粉的开发利用，一是要研究改善其加工工艺作为饲料资源开发利用方式，制定其作为饲料的产品标准；二是通过畜禽饲养试验有效性评定，科学制定玉米浆干粉作为饲料原料在日粮中的适宜添加量。

三、玉米酶解蛋白

（一）玉米酶解蛋白概述

1. 我国玉米酶解蛋白资源现状　玉米酶解蛋白是玉米蛋白质粉经酶解、干燥后获得的产品。玉米蛋白质粉的粗蛋白质含量高（主要是醇溶蛋白和谷蛋白），品质差，并且氨基酸组成不平衡，尤其蛋氨酸含量高，赖氨酸、色氨酸含量偏低，直接饲喂不利于动物的消化吸收。玉米酶解蛋白的主要有效成分是玉米肽，玉米肽具有抗氧化作用、促进动物对其他营养素的消化及提高动物生产性能的生理作用，所以在猪、家禽、反刍动物及水产动物的养殖生产中得到了一定范围的应用。

2. 玉米酶解蛋白作为饲料原料利用存在的问题　我国水解蛋白制备生物活性多肽的研究相对滞后，成功生产的蛋白水解物或生物活性肽产品很少，而研究开发出具特征功能及有良好功能配伍性的产品更是寥寥无几，最显著的问题是还没有形成一套完整适合于产业化的生产活性肽的技术体系。另外，玉米蛋白质在酶法水解后经常会产生苦味（主要是一些寡肽，称为苦味肽），影响饲料适口性，严重制约了其产品在饲料领域的应用。

3. 开发利用玉米酶解蛋白作为饲料原料的意义　天然玉米蛋白质粉具有紧密的立体结构，水溶性差，难被蛋白酶水解，成为加工中的下脚料，目前，这些下脚料没有得到有效的利用，既浪费了原料，又污染了环境。采用现代生物技术水解下脚料中的玉米蛋白质，加工成玉米蛋白肽，并可以利用玉米蛋白质提取玉米醇溶蛋白、玉米黄色素、谷氨酸等优良产品，能有效地提高下脚料中蛋白质的利用率。

我国玉米蛋白质资源丰富，玉米蛋白质粉价格低廉，而且玉米蛋白质自身的氨基酸组成决定了其适合药用肽的制备和功能食品及添加剂的生产。从目前玉米蛋白质的利用现状可知，将酶解玉米蛋白粉所得的生物活性肽混合物制成功能性产品，已显现出可观的市场前景。深入开发玉米蛋白质的高附加值产品，能提高企业的经济效益，提高玉米资源的综合利用率，具有重要的现实意义。

（二）玉米酶解蛋白的营养价值

玉米肽的特殊氨基酸组成，如富含谷氨酸、脯氨酸、亮氨酸和丙氨酸（这4种氨基酸含量约占60%），富含疏水性氨基酸（占所有氨基酸残基的50%~60%）等，这些特征赋予玉米蛋白质水解物多种生物学功能，如抑制血管紧张素转化酶活性、抗疲劳、抗脂质过氧化和促进酒精代谢等。玉米肽是一种特殊的低分子量蛋白质，含有人体必需的高比例谷氨酸、丙氨酸、亮氨酸、脯氨酸等氨基酸，通过水解方式使体外消化性指数提高。此外，玉米肽在体内为主动吸收，它可以减轻胃肠负担，改善胃肠功能不良等。

玉米肽具有很强的抗氧化性，其抗氧化性类似超氧化物歧化酶，玉米肽极易清除超氧阴离子自由基和羟基自由基，并抑制细胞和组织脂质过氧化反应的发生。李鸿梅等（2008）研究中采用MTT染色法探讨了玉米肽对乳腺癌细胞生长的影响。结果发现，玉米肽有抑制乳腺癌细胞增殖的作用，它对乳腺肿瘤恶化的抑制作用可能源于它清除自由基的能力和抗氧化活性。石丽梅等（2008）研究中分别采用过氧化值（POV）、（AV）酸价和硫代巴比妥酸反应物（TBARS）含量变化3种指标考察玉米抗氧化肽对于香肠的氧化稳定性的影响。结果表明，玉米抗氧化肽对于中式香肠氧化稳定性有提高作用，并且显示玉米肽的添加不会影响中式香肠应有的质构。

（三）玉米酶解蛋白的抗营养因子

以玉米蛋白粉为原料直接制备的玉米肽产品中存在一部分油脂，油脂的存在不仅不利于玉米肽的保存，而且在超滤工序中易造成超滤膜堵塞而延长生产周期，增加成本。目前，去除脂肪的方法主要有有机溶剂抽提及二氧化碳超临界萃取两种技术（王文侠等，2005）。蛋白质经酶的作用后，会形成不同长度的肽链，而不同的分子量的玉米肽所表现的性质却不一样。大量研究结果表明，经酶改性获得的活性肽类物质，因调节酶解酸度会引入盐分以及酶解导致疏水性基团暴露带来苦味（王进等，2008）。而这种苦味与酶的类型、酶解温度、pH、水解度等因素都有一定的关系，这也使得玉米肽在应用上受到了一定的限制。

玉米酶解蛋白不含抗营养因子、生物毒素或重金属。

（四）玉米酶解蛋白在动物生产中的应用

1. 在养猪生产中的应用　断奶仔猪由于消化道发育不完善，胃酸分泌不足，胃蛋白酶等消化酶的活性低，饲料中的营养素尤其是蛋白质难以在胃肠道内充分消化吸收，未消化的蛋白质在大肠内作为底物被大肠微生物发酵，产生三甲胺等有害物质引起仔猪发生营养性腹泻。而在饲料中添加蛋白酶解物在改善仔猪消化道结构同时，能为仔猪提供可直接吸收的小肽，从而有效地提高早期断奶仔猪生长性能。张晶等（2006）研究了蛋白酶解物对早期断奶仔猪肠黏膜形态和生长性能的影响，研究表明与对照组添加1.5％血浆蛋白粉相比，试验组添加2％玉米蛋白酶解物不能改善早期断奶仔猪肠黏膜形态，对生产性能的影响也不显著（$P > 0.05$）。

2. 在反刍动物生产中的应用　程茂基等（2004）通过体外试验分别研究了36mg/L、72mg/L、144mg/L、216mg/L、324mg/L 和450mg/L 6 个水平的大豆肽、玉米肽和瘤胃液肽在瘤胃微生物培养液中的降解规律。结果表明，随着培养时间的延长，3 种肽的降解量均显著增加（$P < 0.05$），而降解速率却显著降低（$P < 0.01$）；当培养液中肽含量增加时，3 种肽的降解量显著增加（$P < 0.05$），降解速率显著提高（$P < 0.05$），而降解率却显著下降（$P < 0.05$）。对于不同肽源来说，培养初期瘤胃液肽的降解量及降解速率显著高于玉米肽，培养后期几种来源肽的降解量及降解速率差异不显著。

3. 在家禽生产中的应用　许彬等（2009）研究了玉米肽对豁眼鹅生长性能及血液激素的影响，结果表明：添加玉米肽对于豁眼鹅的生长性能的影响不显著（$P > 0.05$），但料重比有所提高，对提高饲料转化效率有一定的作用；随日粮中玉米肽含量的增多，血清中胰岛素含量明显减少（$P < 0.05$），血清中胰岛素含量与日粮中玉米肽含量呈负相关，且试验中胰高血糖素变化不规则。该结果提示，在基础日粮中添加玉米肽时，可通过促进氨基酸的吸收，使血清中氨基酸浓度降低，但对血糖的浓度没有影响，从而使胰岛素分泌减少；添加玉米肽可显著减少（$P < 0.05$）血清中甲状腺激素的含量，而高浓度的甲状腺激素会使生长速度下降，提高食欲，降低饲料效率，因此玉米肽可通过抑制甲状腺激素的分泌而提高饲料利用率。

栾新红等（2010）报道指出，鹅饲料中较长时间（60d）添加玉米蛋白多肽可使其血清总抗氧化能力（T-AOC）水平增加（$P < 0.05$），且与添加剂量正相关；而低剂量水平（100mg）玉米蛋白多肽的短时间（30d）添加会抑制（$P < 0.05$）鹅血清的超氧化物歧化酶（SOD）活性，对血清丙二醛（MDA）含量影响不大（$P > 0.05$），长时间可以有效提高（$P < 0.05$）血清 SOD 活性；中剂量水平（300mg）对血清的 T-AOC 水平、SOD 活性和 MDA 含量影响不大（$P > 0.05$）；高剂量水平（500mg）短时间作用可以有效提高 SOD 活性、降低 MDA 含量，但较长时间（60d）作用则显著提高 T-AOC 水平和 MDA 含量，提高 SOD 活性的效果不如低剂量组。

4. 在水产品生产中的应用　明建华等（2008）报道，饲料风味和适口性直接影响鱼类的采食量，进而影响其行为和生长性能。有些小肽（调味肽）通过模拟、掩蔽、增强风味而提高饲料的适口性。具有不同氨基酸序列的小肽可以产生多种风味，如Gly-Leu、Pro-Glu等具有增强风味的作用，而玉米蛋白质氨基酸组成中，Leu、Pro、Glu所占比例较高，据此可以推测，玉米酶解蛋白可作为诱食剂在水产动物生产中应用。

（五）玉米酶解蛋白的加工方法与工艺

玉米酶解蛋白要实现大量应用，必须采用良好的加工工艺。目前，玉米酶解蛋白加工工艺的研究和优化方面已经有一些研究成果。一般而言，玉米蛋白酶解技术路线如下：玉米蛋白粉的获取→改性预处理→蛋白酶水解→灭酶→冷却离心→玉米蛋白水解液→测定水解度。下文将对玉米酶解蛋白的关键加工步骤进行概述。

1. 玉米蛋白质粉的获取 首先采用筛选和磁选清理设备对玉米中存在的杂质进行清理。第二步是将几只或几十只金属罐用管道连接组合起来，用水泵使浸泡水在各罐之间循环流动，对玉米进行逆流浸泡，持续时间一般为48h以上，在此过程中应当注意浸泡剂中重要组分的添加剂量、浸泡温度和浸泡时间的掌握等问题。第三步是玉米粗碎，粗碎的目的主要是将浸泡后的玉米破成10块以上的小块，以便分离胚芽；玉米粗碎大都采用盘式破碎机；粗碎可分两次进行：第一次把玉米破碎到4～6块，进行胚芽分离，第二次再破碎到10块以上，使胚芽全部脱落，进行第二次胚芽分离。第四步是胚芽分离，目前国内胚芽分离主要是使用胚芽分离槽。第五步是玉米磨碎，即玉米粒经湿磨法工艺制得粗淀粉乳再经淀粉分离机分出蛋白质水（即鼓质水），然后用离心机或气浮选法浓缩、脱水干燥制得玉米蛋白质粉含蛋白质60%以上，有的达到70%，其余为20%淀粉、纤维及一些色素。

2. 改性预处理 玉米蛋白质水溶性差，限制了蛋白酶对其水解，同时也限制了其在食品工业中的应用。目前玉米蛋白质主要用作饲料，造成资源极大浪费。因此，将玉米蛋白质通过预处理改性改善其水溶性等功能特性，是提高玉米蛋白质酶解液水解度重要环节。一般而言，热处理是最为普遍和经济的方法。即采取适当的加热方式来破坏蛋白质紧密结构，破坏蛋白质的高级结构，使之变性，从而提高后续水解速度，但注意不能加热过度。除此之外，有研究指出，比较挤压膨化预处理、微波膨化预处理、化学改性预处理对玉米蛋白质水溶性影响，结果表明，挤压膨化预处理后玉米蛋白质氮溶指数最高；同时，玉米蛋白质挤压膨化后色泽明显变浅、腥臭味明显变淡，改善了玉米蛋白质品质（王红菊等，2006）。

3. 蛋白质酶水解 将经过变性的玉米蛋白质按一定的料液比，调节至所需温度和pH，加入适量蛋白质酶，水解一定时间后，把三角瓶放入90℃的水浴锅中保温15min，使酶灭活后取出，迅速冷却后将水解液离心一定时间，再取上清液测其pH。据实验研究，最佳水解用酶为碱性蛋白质酶和中性蛋白质酶的复合酶，可先用碱性蛋白质酶对蛋白质粉进行水解，经过2h，蛋白质水解产物溶解性大大提高，灭酶后调整pH到中性，再加中性蛋白质酶，可进一步提高反应体系水解度（陈列芹等，2009）。最佳水解条件为：碱性蛋白质酶底物浓度5%，温度55℃，pH＝9.0，加酶量6 000U/g（蛋白质）。但根据水解度曲线知pH＝8.5和9.0较为接近，故实际生产中为降低钠含量可以选用

pH＝8.5。而以中性蛋白质酶水解（加酶量 1％，温度 52℃）能使水解度达 31.55％，肽得率 40.58％（李自升等，2006）。

（六）玉米酶解蛋白作为饲料资源开发利用的政策建议

我国的玉米综合利用与发达国家相比还相差甚远，美国的玉米综合利用率达 98％，在世界蛋白质资源严重缺乏的情况下，深入开发玉米蛋白质高附加值产品，对提高企业的经济效益和玉米资源的综合利用率，具有重要的现实意义和社会价值。玉米活性肽良好的溶解性使其改善了玉米蛋白质的许多不良性质，以利用其较好的营养特性、抗氧化、调节免疫力等生理功能，开发功能性饲料添加剂。所以，对玉米酶解蛋白的开发有着广泛的应用前景。

玉米酶解蛋白的制备方法采用单一酶得到水解产物，对于复合酶及酶固定化的技术应用较少。除此之外，采用微生物发酵来直接制备玉米酶解蛋白的研究也较少。微生物发酵可以减少玉米肽制备过程中的苦味，简化工艺流程，降低成本，这将会成为玉米肽制备产业化发展的重要趋势。通过以上方法得到的玉米肽表现出多种生物活性，但是对于活性的研究主要集中在玉米肽多种分子混合物上，对于单一的多肽分子的活性报道较少。玉米肽分子的结构表征可以为解释玉米肽的生物活性奠定结构基础，而现代分析技术是对玉米肽分子进行结构表征必不可少的有效手段。高压液相色谱及质谱技术在多肽分子的分析研究中有了一定的应用，综合应用多种现代技术手段将会为玉米肽分子的结构研究提供强有力的保障。

玉米蛋白水溶性差是造成其利用率低的难点，因此努力探索提高其水解度的途径是提高玉米蛋白利用率的首要任务。尚需进一步摸索生物活性肽的简便分离方法以降低成本、提高效益，从而保证工业生产的可行性。尽管来源于玉米蛋白的生物活性肽在国内有不少的报道，但其生理功能方面的研究有待深入，比如建立有效的生理功能的筛选系统等。综上所述，在我国利用酶解玉米蛋白研究功能性饲料添加剂的例子尚不多见，因此，不仅开发其产品尤为重要，加强在不同畜禽营养中的应用研究也非常重要，制定玉米酶解蛋白作为畜禽饲料产品标准，科学制定玉米酶解蛋白作为饲料原料在日粮中的适宜添加量标准，合理开发利用玉米酶解蛋白作为饲料原料必将为动植物蛋白质资源的开发利用产生积极的推动作用。

四、玉米胚芽粕

（一）玉米胚芽粕概述

玉米是世界上分布最广泛的粮食作物之一，种植面积仅次于小麦和水稻而居第三位。玉米是美国最重要的粮食作物，产量约占世界产量的一半，其中 2/5 供外销。中国年产玉米占世界第二位，2012 年玉米年产量已达到 20 561.4 万 t，同时也是全球第二大消费国。玉米主要作为食物和饲料，随着中国玉米加工程度不断深化，产品链不断拓展和延伸，玉米深加工行业市场规模和潜力巨大。

我国与畜禽饲料有关的玉米深加工业主要朝着两个方向发展：一是玉米淀粉，二是玉米乙醇。在生产玉米淀粉方面，自 2000 年以来，我国淀粉业发展迅速，根据中国淀粉工业协会统计，2012 年我国玉米淀粉总产量为 2 122.3 万 t，较 2011 年增长 1.9%，较 2008 年增长 25.9%。我国淀粉生产主要以玉米淀粉为主，木薯、马铃薯和甘薯等淀粉所占比例较小。2012 年，全年淀粉产量 2 425 万 t，较上年增长 8%，其中玉米淀粉约占全国淀粉产量的 87.5%。我国是淀粉的主要出口国之一，特别是 2000 年之后，我国玉米淀粉出口量出现了较大幅度增长。玉米淀粉是玉米深加工行业的基础，从对玉米淀粉的再加工情况看，利用生物技术和化工技术主要生产以下几类产品：一是生产包括乙醇和玉米化工醇在内的醇类产品；二是生产果葡糖浆、麦芽糖、结晶葡萄糖和葡萄糖浆等糖类产品；三是生产赖氨酸、苏氨酸和精氨酸等氨基酸类产品；四是生产变性淀粉。在生产玉米乙醇方面，由于玉米是生产燃料乙醇的重要原料，随着燃料乙醇生产的快速发展，我国加工酒精消耗玉米量快速增加。从 2006 年年底开始，国家基于对粮食安全的考虑，对玉米乙醇的生产给予限制，玉米乙醇产量趋于稳定。据统计，2008 年我国玉米乙醇产量约为 380 万 t，消耗玉米约 1 200 万 t，约占国内玉米消费总量的 8%。2008 年，我国燃料乙醇产量约为 146 万 t，主要是以玉米为原料。目前我国是仅次于巴西和美国的全球第三大燃料乙醇生产国，燃料乙醇正在东北三省及河南、安徽、江苏、山东和河北等地的 27 个地区推广使用，并逐渐向其他地区扩展。玉米淀粉生产的基本方法是湿磨法（Wet milling）；玉米乙醇生产的主要方法是干磨法。而玉米胚芽粕作为玉米深加工的重要副产物，每年都有大量生产（王碧德等，1997）。

1. 我国玉米胚芽粕的资源现状　玉米胚芽来源于湿磨法（Wet milling）生产，整个生产过程中淀粉被分离之前胚芽就与玉米籽粒分离（Stock 等，2000）；或者来源于干磨法生产，作为玉米渣的中间产物（NRC，2012），玉米胚芽是一种能量及蛋白质含量均为中等的饲料。近些年来，用于玉米酒精厂生产的干法（Dry grind）生产被引入新技术后，部分酒精厂将胚芽和纤维从玉米籽粒中分离出来。胚芽进一步进入提油工艺，提炼出的玉米油用于人类食用，而剩下的残渣被称为玉米胚芽粕，通常玉米胚芽粕含有低于 3% 的粗脂肪（Stock 等，2000；Weber 等，2010）。因此，玉米胚芽粕的成分与胚芽的组成有很大不同。玉米胚芽粕含有约为 50% 的 NDF 和 20% 的蛋白质（Weber 等，2010）。作为一种适口性较好的原料，玉米胚芽粕可以提供适中的蛋白质和能量，曾有学者提出可以用其替代日粮中部分比例的玉米和豆粕（Li 等，2013）。因其价格比玉米和豆粕都要便宜（Hojilla-Evangelista，2013），所以这种替代能够降低饲料成本。但玉米胚芽粕较高的纤维含量限制了其在动物中的应用，最初胚芽粕主要在反刍动物（Herold 等，1998；da Silva 等，2013）和水产动物（Li 等，2013）中应用。近些年来玉米胚芽粕在猪中的应用逐渐受到研究人员和猪肉生产厂家的关注。Soares 等（2004）曾研究了玉米胚芽粕在生长育肥猪中的添加比例，研究表明高达 30% 的胚芽粕能够在不影响猪的生长性能的前提下应用于猪饲料中。Weber 等（2010）进一步研究了玉米胚芽粕的替代比例，发现当胚芽粕在饲料中的添加量为 38% 时，虽然不影响生长性能，但是降低了饲料利用率。Anderson 等（2012）研究了多种玉米副产物在育肥猪中的消化代谢能值，其中包含一个玉米胚芽粕样品。胚芽粕中大部分氨基酸的消化率在饲喂生长育肥猪时比玉米的氨基酸消化率稍低（Almeida 等，2011）。

通常人们提到玉米胚芽粕，指的是由玉米淀粉厂湿磨法（Wet milling）得到的玉米胚芽，再经预压浸提后得到的加工副产物，也就是传统意义上的玉米胚芽粕。但是，在中国市场出售的玉米胚芽粕产品中，有一些并非是常规的湿磨法生产出的产品，但因缺乏相应的数据，在使用时被当成传统意义上的玉米胚芽粕，如玉米胚芽饼、干磨法生产的玉米胚芽粕、喷浆玉米胚芽粕等。随着人们对高品质玉米油的需求越来越强烈，纯压榨法被应用于玉米油的生产，提油后的产物被称为玉米胚芽饼。这种产物与预压浸提工艺中的中间产物不同，油脂含量较低（为6%～8%，饲喂基础）。通常，酒精厂的加工副产物只有干酒糟及其可溶物（DDGS），副产物缺乏多样性降低了酒精厂在抵抗风险方面的能力（Rausch 和 Belyea，2005），故此，有些酒精厂的玉米粒在进入发酵之前，先经过脱胚芽、脱纤维工艺（Singh 和 Eckhoff，1996；Singh 等，1999），脱下的胚芽经过预压浸提后得到的产物被称为干法生产的玉米胚芽粕。近年来，政府对环境污染的监控力度加大，作为玉米淀粉厂由湿磨法得到的玉米浸泡液被禁止直接排放出厂，一般来说，浸泡液经过蒸脱处理，得到加浓玉米浆，将其喷到玉米皮上，得到玉米麸质饲料后应用于畜禽生产。一些厂家也将玉米浆喷到玉米胚芽粕上，得到喷浆玉米胚芽粕。由于玉米浆的水分含量通常大于50%，因此需要进行烘干才能得到最终的产品。通过调查，中国市场上存在的喷浆玉米胚芽粕大致分为两种烘干方式，即直火烘干和蒸汽烘干。

2. 玉米胚芽粕作为饲料原料利用存在的问题 玉米胚芽粕在猪生产中的应用存在三大问题。一是玉米胚芽粕中的高纤维含量限制了其在猪饲料中的应用；二是在使用玉米胚芽粕作为原料配制猪日粮时，其营养成分、能值和氨基酸消化率基本都是参考NRC（2012），然而，NRC 只收录了两篇文章的常规成分的数据，如果仅仅利用这个数据来配制日粮，难免会导致配合日粮的实际营养水平偏离预想值；三是市场上存在一些由于不同加工手段导致的与玉米胚芽粕相关的产品，而这些产品在应用于日粮时都当成常规的玉米胚芽粕使用，给玉米胚芽粕的应用造成了更大的困难。因此，在我国很有必要从不同玉米主产区内采集不同的玉米胚芽粕，科学评价其有效养分，从而有利于玉米胚芽粕在畜牧养殖中更大范围地推广应用。

（二）玉米胚芽粕的营养价值

玉米胚芽粕是玉米胚芽提取玉米油后的残渣，粗蛋白质含量一般为23%左右（张鸣镝和姚惠源，2006）。玉米胚芽粕作为油厂的主要副产品，是一种以玉米纤维和蛋白质为主的高营养物质（胡新宇和宁正祥，2001；李捃等，2002）。玉米胚芽经过浸提或压榨提取玉米胚芽油之后，除了油脂含量降低以外，其他营养成分基本全保留在胚芽粕之中。玉米胚芽粕的粗蛋白质含量为20%～27%，是玉米粗蛋白质含量的2～3倍，并且玉米胚芽粕的蛋白质以球蛋白、谷蛋白和白蛋白为主，是玉米蛋白质中生物学价值最高的蛋白质，其氨基酸组成也较为合理，赖氨酸是玉米的3.26倍，蛋氨酸是玉米的1.5倍。玉米胚芽粕粗脂肪含量与豆粕相似，约为2%；粗纤维含量比豆粕略高，是玉米粗纤维含量的4倍，而且粗纤维含量随产地和加工工艺的不同而不同。林谦等（2013）对吉林和山东两地出产的玉米胚芽粕进行营养成分分析得出，山东产的玉米胚芽粕粗纤维含量为12.34%，而吉林产的粗纤维含量为7.26%，中性洗涤纤维含量较高，是豆粕的2.8倍，玉米的4.8倍，酸性洗涤纤维与豆粕含量接近，比玉米略高；无氮浸出物含量为 54.8%，是豆粕含量的 2 倍，但低于玉米含量；粗灰分含量与豆粕接近，但远高于玉米中粗灰分的含量；玉米胚芽粕的钙含量较低，仅为豆粕中的 18%，比玉米中的钙含量略高；总磷和有效磷含量与豆粕含量接近，而且随着产地的不同，变异较大，吉林产的玉米胚芽粕中总磷含量为 0.86%，山东产的总磷含量为 0.49%。玉米胚的氨基酸组成与鸡蛋蛋白质组成非常相似，与 FAO/WHO 推荐的人类蛋白质标准具有较好的一致性，必需氨基酸含量也很高（Kulakova 等，1982）。玉米胚芽粕的主要成分、有效能值及氨基酸消化率分别见表 2-119、表 2-120 和表 2-121。

表 2-119　不同来源玉米胚芽粕常规营养成分（%，饲喂基础）

项目	美国				中国	法国
	1	2	3	4		
干物质（DM）	89.41	90.10	90.1	89.13	93.49	87.4
粗蛋白质（CP）	24.76	23.33	28.4	23.64	18.64	25.8
粗脂肪（EE）	—	2.12	—	2.38	0.80	2.5
粗纤维（CF）	—	9.53	—	10.69	12.05	8.8
中性洗涤纤维（NDF）	49.29	44.46	38.3	61.05	—	37.1
酸性洗涤纤维（ADF）	11.30	10.75	11.5	12.49	—	10.4
总膳食纤维（TDF）	—	41.56	45.0	47.76	—	—
粗灰分（Ash）	—	2.96	3.9	2.70	1.27	3.1
钙	0.28	0.03	—	0.04	0.04	0.04
总磷（TP）	0.86	0.90	—	0.65	0.44	0.63
淀粉	15.93	14.20	—	15.29	—	13.6
总能（GE，kJ/kg）	—	17 481	19 075	19 945	—	16 991
必需氨基酸						
精氨酸	1.55	1.49	2.1	1.67	1.32	1.03
组氨酸	0.64	1.17	0.8	0.72	0.65	0.74
异亮氨酸	0.84	0.64	1.0	0.84	0.63	0.78
亮氨酸	1.86	0.75	2.1	1.91	1.52	1.99
赖氨酸	0.94	1.70	1.1	1.17	0.67	0.69
蛋氨酸	0.40	1.04	0.5	0.42	0.26	0.43
苯丙氨酸	1.04	0.37	1.2	1.02	0.75	0.87
苏氨酸	0.83	0.89	1.0	0.88	0.80	0.85
色氨酸	0.18	0.78	0.3	0.20	0.20	0.18
缬氨酸	1.30	0.63	1.6	1.37	1.04	1.17
非必需氨基酸						
丙氨酸	1.38	1.26	1.7	1.41	1.24	1.62
天冬氨酸	1.68	1.50	2.0	1.68	1.21	1.33
胱氨酸	0.33	0.25	0.4	0.37	0.4	0.49
谷氨酸	2.84	0.33	3.8	3.22	3.83	3.59

（续）

项目	美国				中国	法国
	1	2	3	4		
甘氨酸	1.23	2.87	1.6	1.31	1.40	1.07
脯氨酸	1.09	0.91	1.2	1.20	1.23	2.21
丝氨酸	0.80	1.07	1.2	1.00	0.90	1.04
酪氨酸	0.67	0.63	0.9	0.71	0.59	0.58

表 2-120　不同来源玉米胚芽粕有效能值（饲喂基础）

项目	美国		法国
	1	2	
干物质（DM,%）	90.10	89.13	87.4
粗蛋白质（CP,%）	23.33	23.64	25.8
猪消化能（DE，kJ/kg）	12 507.33	13 135.20	12 498.95
猪代谢能（ME，kJ/kg）	11 845.96	12 750.10	11 699.46
猪净能（NE，kJ/kg）	7 902.89	—	7 501.05

表 2-121　不同来源玉米胚芽粕蛋白质及氨基酸表观或标准回肠末端消化率（%，饲喂基础）

项目	表观回肠末端消化率				标准回肠末端消化率			
	美国			法国	美国			法国
	1	2	3		1	2	3	
粗蛋白质（CP）	55.2	60	—	—	69.5	—	—	—
必需氨基酸								
精氨酸	81.1	76	—	83	89.7	83	90.9	84
组氨酸	73.5	71	—	83	77.6	78	81.7	84
异亮氨酸	72.6	66	—	73	76.7	75	79.9	74
亮氨酸	76.6	72	—	75	79.8	78	82.8	76
赖氨酸	64.4	53	—	59	68.4	62	73.8	61
蛋氨酸	78.6	77	—	80	80.8	80	83.1	81
苯丙氨酸	78.8	75	—	79	82.0	81	83.6	81
苏氨酸	63.8	59	—	68	71.3	70	72.4	71
色氨酸	76.5	53	—	68	81.4	66	73.7	71
缬氨酸	72.0	64	—	70	76.0	73	82.5	72
非必需氨基酸								
丙氨酸	68.7	62	—	69	75.8	65	82.7	71
天冬氨酸	60.8	60	—	58	66.4	65	75.9	60
胱氨酸	57.4	59	—	64	64.1	63	59.6	67
谷氨酸	73.8	62	—	74	77.7	65	85.5	75
甘氨酸	42.9	55	—	59	68.6	65	75.5	63
脯氨酸	−44.5	59	—	—	98.9	65	78.2	—
丝氨酸	67.7	59	—	59	75.1	65	80.3	63
酪氨酸	75.2	75	—	76	79.4	79	79.0	78

（三）玉米胚芽粕在动物生产中的应用

1. 玉米胚芽粕对猪营养的研究现状 张勇（1998）研究表明：单胃动物对粗纤维的消化利用能力较低，而日粮中粗纤维在猪的营养中有重要作用，在基础日粮中添加玉米胚芽粕和玉米蛋白质饲料，在一定程度上降低生长育肥猪的平均膘厚，增加瘦肉率。玉米胚芽粕的一个显著特点是粗纤维含量较高，一般在 10%～20%。单胃动物的胃及小肠不分泌纤维素酶和半纤维素酶，饲料中的纤维素和半纤维素的消化主要依靠结肠和盲肠中的细菌发酵。胡薇等（2002）以玉米胚芽粕和玉米蛋白饲料作为蛋白质补充饲料配制的饲料对生长育肥猪的生长性能和屠宰性能的影响进行了探讨。结果表明，饲料中添加单一玉米胚芽粕和玉米蛋白质饲料同普通饲料相比，公猪日增重、料重比及眼肌面积、屠宰率均无显著变化，饲料中同时添加玉米胚芽粕和玉米蛋白质饲料后，平均膘厚显著降低。用廉价的玉米胚芽粕和玉米蛋白质饲料作为生长育肥猪饲料中的蛋白质补充饲料是完全可行的。边连全等（2004）运用平衡试验法，评定了玉米胚芽粕对生长猪可消化磷的含量为 26.75%，为其在猪日粮中的准确添加提供了科学的依据。

王林（2005）在商品蛋鸡上的试验研究表明：用玉米胚芽粕代替麸皮、用玉米胚芽粕代替麸皮和棉粕，与对照组相比，在料蛋比、产蛋率、饲料成本等方面差异不显著；用玉米胚芽粕代替麸皮、2%的玉米和2%的豆粕，与对照组相比，在料蛋比、产蛋率、饲料成本等方面差异显著，经济效益更高。陈朝江（2005）选用 10 只北京鸭公鸭，采用排空强饲法，测定了其对玉米胚芽粕的表观代谢能和真代谢能分别为：7 802.43kJ/kg 和 9 393.05kJ/kg，为确定鸭的营养需要量和科学合理配制鸭饲料提供了基本数据。

2. 玉米胚芽粕对其他动物营养的研究现状 叶元土（2003）采用 70%基础配合饲料＋30%玉米胚芽粕饲喂草鱼，草鱼对玉米胚芽粕的氨基酸利用率为：Lys 81%，His 90.7%，Arg 96%，Met 78%，Asu 79.6%，Gly 77.6%，Ala 88.2%，Ile 93%，Leu 77.7%，Thr 58.1%，Ser 68.3%，Val 60.4%，Tyr 54.6%，Phe 67.2%。林仕梅（2001）采用内源指示剂法和外源指示剂法测定了草鱼对玉米胚芽粕粗蛋白质的消化率分别为 77.39%和 77.10%，脂肪的消化率分别为 67.55%和 50.23%。该结果表明，草鱼对玉米胚芽粕氨基酸有较高的利用率，玉米胚芽粕是饲喂草鱼的一种较适宜的原料。孙伟丽（2009）测定了蓝狐对玉米胚芽粕干物质和粗蛋白质的表观消化率，分别为 59.08%和 43.74%，低于玉米蛋白粉、豆粕、膨化大豆等原料。该结果表明，在蓝狐日粮中，玉米胚芽粕不适于大量使用。

3. 玉米胚芽粕在其他方面的应用

（1）人体营养保健 玉米胚芽中的玉米纤维是以多糖为主的、不能被人体消化吸收的高分子物质，具有膳食纤维的功能特性，可促进肠胃蠕动，螯合胆固醇，防治心血管疾病等，是制造越来越受到人们青睐的膳食纤维食品的优质原料。

（2）面包加工 玉米胚芽粕经过干燥、磨制、筛理后的玉米胚芽粕粉，消除其不良风味后适口性变好，且容易被人体吸收，可转变成一种风味、加工性能和营养价值均良好的食品添加辅料。罗勤贵和廉小梅（2007）研究表明：在面包制作中，添加玉米胚芽粕是可行的，但为了使面包品质不受较大影响，面粉中玉米胚芽粕的添加量应不超过 50g/kg。

（3）酱油生产　酱油生产需要大量的蛋白质原料，目前国内企业采用的是大豆或豆饼，由于需求量大，其价格一直居高不下，多年来未采用或研制出新的蛋白质原料来替代豆饼或大豆。利用玉米胚芽粕富含氮源且价格低廉，将其作为蛋白质原料用于酱油酿造，不仅找到新的蛋白质原料，而且用其酿造酱油后，酱油糟还可以用于生产饲料，因此用玉米胚芽粕代替大豆生产酱油，增加了产品的附加值，为企业创造更高的利润（刘迎春和杜以文，2007）。

（4）氨基酸生产　王淑珍（1985）研究表明，利用高产蛋白酶菌降解玉米胚芽粕制备混合氨基酸，产品中含有 18 种氨基酸，其中人体必需的 8 种氨基酸全部具备，占混合氨基酸总量的 41.5%，氨基酸生成率达 40%，产率 80%，原料蛋白利用率达87.2%。由于菌种不产毒，降解液不含重金属，使得产品纯度很高，而且产率、生成率相当可观。其成本低，设备简单，耗电量小，原料来源丰富，很有希望投入大批量工业化生产，产品可广泛应用于食品、饲料、医药等行业。同时还应看到，由混合氨基酸可进一步制备氨基酸输液、要素饮食，以及提取生成率高、实用价值大、价格昂贵的单氨基酸，进而开辟氨基酸利用的新途径。

（四）玉米胚芽粕的加工方法与工艺

不管是常规玉米胚芽粕，还是玉米胚芽饼、干法生产的玉米胚芽粕和喷浆玉米胚芽粕，其生产工艺之间的区别可以从三个阶段来阐述：玉米胚芽提取阶段、胚芽油提取阶段和胚芽粕后续处理阶段。

1. 玉米胚芽提取工艺技术　玉米胚芽提取工艺技术主要分为玉米淀粉厂使用的湿磨法（Wet milling）以及酒精厂使用的改良干磨法（Modified dry grind）。玉米湿磨法提胚的主要步骤为玉米经过除杂、浸泡、两次破碎、两次胚芽分离得到胚芽浆料，胚芽浆料经过三次胚芽洗涤、脱水、干燥后进入下道工序（白坤，2012），其简易流程见图2-13。改良干磨法是一种结合了湿磨法和传统干磨法的新型加工方法，利用旋风分离系统分离出胚芽和玉米皮，利用凸齿磨筛分系统分离出胚乳（Rausch 和 Belyea，2006），其简易流程见图 2-14。

2. 玉米胚芽油提取工艺技术　玉米胚芽和其他油料一样，在制油过程中需经过清理、轧胚、蒸炒、压榨等工艺。从玉米胚芽中提取油，当前国内厂家主要有两种方法，即压榨法和预榨浸提法。纯压榨法因榨出的玉米油不含有机溶剂，主要是用于生产高品质玉米油，副产物为玉米胚芽饼（王碧德等，1997），其简易流程见图 2-15。预榨浸提法是目前国内大多数厂家采用的一种方法，适合大规模生产玉米油，其简易流程见图2-16。

3. 玉米胚芽粕后续处理工艺技术　部分厂家将玉米胚芽粕和玉米浆混合干燥后得到喷浆玉米胚芽粕，这种做法提高了成品的蛋白质含量。玉米浆是在玉米的浸渍过程中得到的，是玉米籽粒中的可溶性物质和浸渍水的混合物经多效蒸发工艺后的产物，其营养价值丰富，含有较高的游离氨基酸及还原糖。玉米浆与玉米胚芽粕混合后的烘干工艺主要分为两种，最常用的烘干方式是利用管束干燥机进行烘干，在这种方法中，胚芽粕不直接跟热接触，而是通过加热管束中的蒸汽再经管束的热传导对物料进行烘干；另外一种烘干方式是利用人工制作的烘干炉进行直火烘干，物料与热风直接接触。

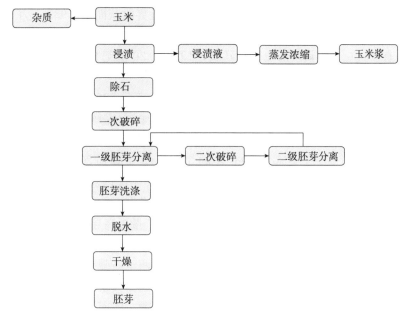

图 2-13　湿磨法生产玉米胚芽工艺简易流程图

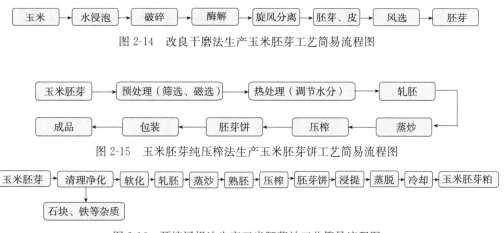

图 2-14　改良干磨法生产玉米胚芽工艺简易流程图

图 2-15　玉米胚芽纯压榨法生产玉米胚芽饼工艺简易流程图

图 2-16　预榨浸提法生产玉米胚芽粕工艺简易流程图

（中国农业大学禹于明，西北农林科技大学杨欣，德州学院刘德稳）

第八节　大麦及其加工产品作为饲料原料的研究进展

一、大麦及其加工产品概述

1. 我国大麦及其加工产品资源现状　大麦营养丰富，用途广泛，集粮食、饲料和工业原料于一体。其适应性强、分布区域广，具有抗寒、抗旱、耐盐碱、耐贫瘠等特性，全球 150 多个国家和地区均有栽培，2012 年全世界收获面积 4 931.1 万 hm²，是仅次于小麦、玉米和水稻的粮食作物（联合国粮食及农业组织数据库，FAO STAT）。大麦在中国已有 5 000 多年栽培历史（徐廷文，1982）。20 世纪初中国大麦的栽培面积居世界首位，中华人民共和国成立后生产面积逐渐下降。

据统计，2012 年中国大麦种植面积为 63 万 hm²，不足 1962 年的 1/10。与大麦收获面积变化不同，受单位生产面积产量升高的影响，中国大麦产量先后经历了快速下滑（1962—1969 年）、小幅波动（1970—1990 年）、平稳发展（1991—1997 年）和波动下降（1998—2012 年）四个阶段，产量由 1962 年的 594 万 t，下降到 2012 年的 235 万 t。程燕和李先德（2011）总结了自 1961 年以来世界大麦的生产情况以及单产、产量的变化趋势，同时分析了世界大麦消费结构，其中 2007 年以饲料消费为主，占总消费的 65%，工业用大麦消费占 20%，食用消费占 5% 左右，近年来啤酒产量提高导致工业大麦消费量增加，引起了世界范围内大麦消费结构的变化。近几年中国大麦消费以工业消费为主。

大麦在我国种植区域分布广泛：东起黑龙江省，西至新疆维吾尔自治区，北起大兴安岭，南至海南岛，东南覆盖我国沿海地区及台湾地区。其主产区主要分布在苏北、东北、西南和西北等地区。其中云南、四川、湖北、安徽、河南等省份以生产饲料大麦为主，尤其是云南种植面积最多，江苏省和甘肃省也有少量生产；青藏高原地区的西藏、青海、四川、云南和甘肃等省份的藏族聚集地区以生产青稞为主；啤酒大麦的生产主要分布在江苏、云南、内蒙古、甘肃、新疆等地，湖北、浙江和河南也有少量生产，当前江苏是我国最大的啤酒冬大麦产区，内蒙古和甘肃作为新兴的大麦优势产区，已开始作为区域优势作物得到扶持（张琳，2014）。

根据大麦籽粒与稃壳粘连的紧密度，大麦分为皮大麦（带壳的）和裸大麦（无壳的），农业生产上所称的大麦是指皮大麦，裸大麦在不同地区有元麦、青稞、米大麦的俗称。从生物性状的角度，根据大麦穗形的不同，可分为六棱大麦、四棱大麦和二棱大麦，其中六棱大麦穗形紧密，麦粒小而整齐，籽粒蛋白质含量较高。皮大麦既是饲料工业的原料，也是啤酒酿造的主要原料；青稞是藏族人民的主要口粮。六棱皮大麦发芽整齐，淀粉酶活力大，特别适宜制作麦芽；而六棱裸大麦主要用作粮食。二棱皮大麦淀粉含量高，适宜制作麦芽，也是啤酒酿造业的优质原料（张琳，2014）。

当前饲料大麦主要包括青贮饲料和精饲料。大麦枝叶柔嫩多汁，适口性好，粗蛋白质、矿物质和维生素等含量丰富，是喂养家禽、家畜的优质青饲料。大麦作为精饲料与玉米相比，蛋白质和可消化蛋白质含量较高，但热能含量较低。在玉米饲料中掺入一定比例的饲料大麦，对饲料转化率的提高非常有效。同时饲料大麦喂养的家畜、家禽，具有肉质紧密、瘦肉偏多、脂肪硬度偏大的特征。

2. 大麦及其加工产品作为饲料原料利用存在的问题

（1）国产啤酒大麦的品质和进口啤酒大麦相比差距很大，导致我国工业大麦的副产品质量不稳定。

（2）国产大麦生产成本居高不下。与其他作物相比，大麦成本相对偏高，而市场价格相对偏低，农民因此调整种植结构，导致大麦播种面积近年来呈减少趋势，国产大麦供给量萎缩。

（3）中国大麦市场体系不完善，小规模分散经营增加了流通成本。

（4）麦芽加工环节落后，国内大型制麦企业技术人员习惯用品质均一进口麦发芽，生产工艺和制麦技术也是针对进口麦芽设置的。

（5）种植分散，栽培技术不规范，大麦品质参差不齐。

（6）国产大麦生产不稳定，导致大麦及其加工产品的供应起伏波动大。

3. 开发利用大麦及其加工产品作为饲料原料的意义　大麦潜在的营养价值高，适应性广，抗逆性强，产量高，适合我国非粮产区，如南方冬闲田、沿海滩涂和边疆土地种植，是一类发展潜力巨大的非粮饲料资源，其开发意义重大。目前我国的大麦生产主要用于饲料和啤酒工业，而且大麦的产量仅次于小麦、玉米和水稻，资源丰富，因此饲料用大麦及其加工副产品可以有效地减少饲料中粮食资源的使用，是我国饲料工业中非常重要的非粮蛋白质饲料资源之一。

二、大麦及其加工产品的营养价值

1. 大麦的营养价值　大麦蛋白质含量在 10.5%～14%，按可溶性特征分为清蛋白（含量小于 10%）、球蛋白（约 20%）、醇溶蛋白（约 30%）、谷蛋白（约 40%）。与小麦相比，大麦中氨基酸种类比较齐全（表 2-130），总体含量略低于小麦，但大麦中必需氨基酸含量略高，特别是第一、第二限制性氨基酸赖氨酸、苏氨酸含量均高于小麦含量的 15.0% 左右，表现出较好的营养品质；大麦蛋白质组分中醇溶蛋白和麦谷蛋白的含量较低，是其不能形成面筋网络组织的主要原因（任嘉嘉等，2009）。

大麦含有约 65% 淀粉，是最便宜的淀粉来源之一。按淀粉含量的不同，大麦淀粉可分为常规淀粉、高直淀粉和蜡质淀粉，这 3 种淀粉中直链淀粉含量分别为 25%～30%、35%～45%、0%～5%。大麦淀粉颗粒直径相差很大，大的为 12～26μm，小的为 2～10μm。大麦淀粉是制作天然淀粉、淀粉衍生物、果葡糖浆等的主要原料（任嘉嘉等，2009）。

与主要粮食作物小麦和玉米相比，大麦中粗纤维含量远超过了小麦和玉米，分别是小麦中粗纤维含量的 11 倍，玉米中粗纤维含量的 4.3 倍。另外，大麦中维生素和微量元素的含量也高于小麦和玉米。总体来看，与小麦和玉米相比，大麦的碳水化合物含量偏低，蛋白质、粗纤维、维生素和矿物质的含量比较丰富（表 2-122 至表 2-125），符合对于大麦营养方面的需求（张琳，2014）。

表 2-122　大麦的主要营养成分

营养物质	含量
干物质（%）	90.4
总糖（%）	65～85
蛋白质（%）	10.5～14
粗脂肪（%）	1.4～2.2
粗纤维（%）	5.6～6.5
能量（kJ）	307

数据来源：徐明（2013）和单守水（2005）。

表 2-123　大麦的氨基酸组成（%）

氨基酸组成	含量
甲硫氨酸	0.16
胱氨酸	0.15
色氨酸	0.12
羟丁氨酸	0.38
组氨酸	0.23
缬氨酸	0.53
精氨酸	0.55
苯丙氨酸	0.58
亮氨酸	0.87
异亮氨酸	0.42
赖氨酸	0.44
苏氨酸	0.44
酪氨酸	0.34

数据来源：徐明（2013）和任嘉嘉等（2009）。

表 2-124　大麦的维生素组成（每 100g 计，单位 mg）

维生素组成	含量
硫胺素	0.43
维生素 E	1.23
烟酸	3.9
维生素 B_1	0.36
维生素 B_2	0.1
尼克酸	4.8

数据来源：徐明（2013）。

表 2-125　大麦的矿物元素组成（每 100g 计，单位 mg）

矿物元素组成	含量
Ca	43～66
P	381～400
Fe	4.1～6.4
K	4 910
Mg	158
Zn	4.36

数据来源：徐明（2013）。

2. 大麦加工产品的营养价值　大麦秸秆是收获大麦籽实后的副产品，其营养价值虽低于大麦干草，但仍高于一般谷作物的秸秆，适口性也好，不失为草食家畜的良好饲料。据资料介绍，世界各地对大麦利用非常重视。在英国，80%的大麦秸秆用作家畜饲料或畜圈垫草，在中东一些国家对麦秸作为饲料比籽粒更受重视，因此这些地区的大麦育种把改进大麦秸秆的营养价值作为评价育种工作的一项标准。

大麦谷壳是类似于大麦秸秆的粗饲料，其营养成分略高于秸秆，但由于混有粗硬的芒，要煮熟后才能喂牲畜，所以大麦谷壳与秸秆一样，通过碱化、发酵也能提高饲养效果。

大麦酿酒后的啤酒糟是一种低能量、高粗纤维的饲料，主要用作补充蛋白质并含有多种复合营养成分，用来喂家畜适口性好，可增加食欲、促进消化、减少疾病，从而使家畜育肥期缩短、增膘快，且对提高产奶量有显著效果，干啤酒糟可占乳牛日粮的混合精料的1/3。

对大麦颗粒进行深加工时，可以得到副产品大麦麸。如表 2-126 所示，大麦麸除纤维素含量明显高以外，其他方面都与籽粒相似，可以视为精料成分，加入各种配合饲料中。

表 2-126　大麦加工副产品大麦麸的主要营养成分表（％）

营养物质	含量
干物质	86.5
总糖	28
蛋白质	32
粗脂肪	0.8
粗纤维	18
灰分	2.2

数据来源：单守水（2005）。

三、大麦及其加工产品中的抗营养因子

大麦的最主要抗营养因子是 β-葡聚糖，虽然 β-葡聚糖具有很多生理功能，如促进胆汁酸的分泌、改变肠道菌群、增加后肠短链脂肪酸浓度、降低血液胆固醇浓度以及一些免疫学功能。但是大麦中的 β-葡聚糖和其他纤维组成成分一样，也会有抗营养的作用，这限制了其在饲料中的使用。Ewaschuk 等（2012）通过在断奶仔猪日粮中使用高比例大麦提供 β-葡聚糖，发现虽然免疫相关部分指标得到了改善，但体外试验发现肠道细胞更容易结合致病性大肠杆菌（*E. coli* K88）（夏明亮等，2015）。大麦的非淀粉多糖（NSP）总量为 16.7％，其中可溶性 NSP 4.5％，不溶性 NSP 12.2％。大麦的 NSP 高于玉米，其中可溶性 NSP 是玉米的 10 多倍。据报道，大麦的可溶性 NSP 主要是 β-葡聚糖，同时也含有部分阿拉伯木聚糖。它们与水分子直接作用而增加溶液的黏度，在动物消化道内使食糜变黏，妨碍营养成分和消化酶的作用，阻止养分接近小肠黏膜表面，降低养分消化率（Choct 等，1995）。

此外，植酸磷也是影响大麦及其加工产品的营养物质被更好吸收利用的一个因素：带皮大麦中有 60％～70％ 的磷是以植酸磷的形式存在，不仅对磷的利用不利，对钙、氨基酸等营养素的消化吸收也会有负面影响（夏明亮等，2015）。

四、大麦及其加工产品在动物生产中的应用

根据联合国粮食及农业组织数据库（FAO STAT）统计数据，全球范围内 60％ 的大麦作为畜牧业饲料的加工原料，而中国用于制作饲料的大麦不足总消费量的 15％，

远低于世界平均消费水平，这与中国饲料大麦加工业发展不够成熟、难以满足当前畜牧业对饲料的需求关系密切。大麦中蛋白质含量一般为14%左右，而玉米的蛋白质含量不足9%，欧美国家及加拿大等大麦主产国对大麦饲料的需求量非常大。大麦的饲用价值其实不亚于"饲料之王"玉米。与玉米相比，大麦的可消化蛋白质、氨基酸、维生素及矿物质含量均更高。WHO有关大麦和玉米营养成分测定的数据显示，大麦的粗纤维含量高于玉米，热量（由可消化能表示）略低于玉米，每千克大麦饲料的可消化能比玉米低1 255.75kJ。大麦在世界许多地区都是重要的反刍动物的饲料谷物，因为它是一个容易获取的食物能源。国外很早就开始使用大麦来饲养牲畜，在澳大利亚、欧洲和北美的发达国家，大麦都被用作牲畜的主要饲料。

1. 在养猪生产中的应用　大麦在国外尤其是欧洲猪饲料配方中已经使用得比较成熟，国内也有较多的文献报告。有人总结了近年来国内学者的研究结果，指出猪饲料中大麦用量以15%～20%为宜，但也有研究者认为可达到45%（谢申伍和田姣，2013）。在生产中使用时，除了合适的添加量之外，还要关注大麦能值、粗蛋白质、氨基酸等营养成分，合理使用酶制剂以及适当的前处理：①设置合适的能值；②根据实测值调整粗蛋白质和氨基酸用量；③合理使用非淀粉多糖酶；④添加足量植酸酶；⑤通过饲料加工改善大麦饲喂效果（夏明亮等，2015）。为比较大麦和玉米作为饲料时的喂养效果，Lawrence（1970）利用生长育肥期的猪补充等量的蛋白质饲料和不添加蛋白质饲料的方法比较两种饲料的效果，结果表明，育肥期的猪生长性能不存在显著的差别。而Cole等（1969）的实验结果表明，育肥期的猪单纯喂养饲料玉米比单纯喂养饲料大麦增重较快，且饲料的利用率佳，主要原因就是大麦的热量含量低于玉米，而蛋白质含量高于玉米。玉米饲料中掺入一定比例的大麦，可大大提高饲料的报酬率。如在饲料中掺入20%～30%的大麦，在家畜育肥期喂养，可促进生长，缩短育肥期，且产生的脂肪硬度大、色白，瘦肉多、肉质细密。

总体来说，大麦在猪饲料中的营养价值相当于玉米的90%左右，是优质的能量饲料原料。在使用过程中，要根据到货质量及时调整数据库，结合实际情况合理使用酶制剂，并通过适宜的加工工艺提高大麦营养物质利用率，发挥功能性寡糖的肠道健康作用，最大限度降低抗营养因子的不良影响（夏明亮等，2015）。

2. 在反刍动物生产中的应用　大麦芽与籽粒相比，养分有少量减少，但可溶性物质有一定增加，而且还含维生素，是冬季缺乏青料时补充维生素的极好选择。另外，芽具有甜味，适口性好，还可调味。大麦作为优质的谷类饲料，其茎叶柔嫩多汁，气味芬芳，茎秆纤维较黑麦和小黑麦容易被消化，且适口性好，含有丰富的蛋白质及多种维生素和矿物质，是喂养牛等反刍动物的优质青饲料（邓婷，2010）。

大麦秸秆、麦芽和麸皮等也可用作粗饲料（王鹤卿和陶采成，1995）。大麦秸秆的营养价值较一般谷物秸秆要高，长期喂养可提高乳脂，增加胴体中硬脂肪的含量和乳汁及肉的品质。麦芽的可溶性营养较多，可补充青饲料的不足；麸皮营养与籽粒相近，可作为优质粗饲料喂养家畜。

大麦籽实经发芽后形成的大麦芽是解决畜禽青绿饲料不足的方法之一。大麦芽与发芽前籽实相比，尽管养分总量略有减少，但可溶性物质却有所增加，且含有较多的胡萝卜素、维生素C、维生素E及B族维生素等。据测定，营养丰富的大麦芽用作饲料，可弥补畜禽青绿饲料不足引起的维生素缺乏。

大麦籽实还是酿酒工业的原料，以大麦为主要原料酿酒工业的副产品酒糟是一种蛋白质含量高，并含有多种复合营养成分的优质饲料，用大麦酒糟饲喂畜禽适口性好，能增加食欲，帮助消化，作为畜禽催肥，或作为奶牛补充饲料，效果都比较明显（陈宗椿等，1992）。

3. 在家禽生产中的应用　目前国内外有关优质饲料的标准并没有明确的规定，饲料中蛋白质和热量的多少不存在确切的标准。将大麦用作饲料可以提高饲料中蛋白质的含量，但对于家禽、家畜等的增重效果欠佳，将一定比例的饲料大麦添加到饲料玉米中，通过调整两种谷物的含量来调节饲料中蛋白质和热量比例，有利于家禽、家畜增重并增加瘦肉的产量，提高饲料的转化率。

4. 在水产品生产中的应用　大麦一般蛋白质含量为 $10\%\sim12\%$，但像虹鳟和鲑等肉食性鱼类的饲料中，蛋白质含量需要达到 $40\%\sim60\%$。而美国农业研究局（ARS）和 MMP 共同取得专利的一项酶法工艺，通过去除大麦中的碳水化合物并将它们转化成乙醇副产品，实现了对大麦所含营养物质的完全利用。大麦蛋白质浓缩物成分的变异性较小，比大部分鱼粉更便宜。用虹鳟对大麦蛋白质浓缩物进行测试，发现其消化吸收率高达 95%。用含有 11% 或者 22% 大麦蛋白质浓缩物的饲料对大西洋鲑进行的测试显示，鲑的生长情况与摄食标准鱼粉饲料的鲑没有显著差异。而且，食用含 22% 大麦蛋白质浓缩物饲料的鲑，其能量留存明显更高，显示了大麦浓缩蛋白质良好的应用前景（陈明等，2015）。

（中国科学院水生生物研究所解绶启、韩冬）

参考文献

McKinnon P J，崇新云，2004. 大豆皮替代奶牛日粮中部分玉米的试验 [J]. 养殖技术顾问，12：7.

McKinnon P J，崇新云，周金荣，等，2003. 用大豆皮替代日粮中部分玉米对奶牛产奶量和乳成分的影响 [J]. 乳业科学与技术，26（4）：174-176.

Preston R L，2005. 大豆皮在奶牛、肉牛和猪饲养中的应用 [J]. 饲料广角，7：21-22.

艾比布拉·伊马木，玉山江·白克力，热沙来提汗·买买提，等，2011. 豆粕和棉粕蛋白质补充料对育肥肉牛增重效果比较试验 [J]. 新疆畜牧业，27（6）：30-31.

艾小杰，韩正康，2001. 米糠日粮添加酶制剂对雏鹅生长的影响 [J]. 西南农业大学学报，4（23）：319-321.

白东清，乔秀亭，魏东，等，2003. 植酸酶对鲤钙磷等营养物质利用率的影响 [J]. 天津农学院学报，10（1）：6-10.

白坤，2012. 玉米淀粉工程技术 [M]. 北京：中国轻工业出版社：73-256.

白坤，2013. 科学使用胚芽旋流分离器 [J]. 淀粉与淀粉糖，2（2）：22-24.

白玉妍，叶纯子，吴炳懿，等，2010. 膨化大豆替代鱼粉对育成期乌苏里貉体质量的影响 [J]. 东北林业大学学报，38（2）：73-75.

边连全，刘显军，陈静，等，2004. 猪用植物性饲料中可消化磷的评定及植酸酶的作用 [J]. 辽宁畜牧兽医，1：12-15.

曹展，范志红，王璐，2009. 家庭制豆浆中抗营养因子含量变化分析 [J]. 食品科技，34（9）：63-67.

陈昌明，袁绍庆，程宗佳，2004. 去皮膨化豆粕取代进口鱼粉对仔猪生长的影响 [J]. 饲料广角（17）：18-19.

陈朝江，侯水生，高玉鹏，2005. 鸭饲料表观代谢能和真代谢能值测定 [J]. 中国饲料，5：7-9.

陈道仁，冷向军，肖昌武，2010. 发酵棉粕对草鱼生长的影响 [J]. 湖南饲料，20（6）：40-42.

陈道仁，冷向军，肖昌武，2011. 发酵棉粕对草鱼生长的影响 [J]. 中国饲料添加剂，15（1）：34-36.

陈付琴，徐福海，2009. 双低油菜的推广与产业化开发 [J]. 现代农业科技（14）：63-64.

陈国营，詹凯，朱由彩，等，2012. 枯草芽孢杆菌及其发酵豆粕对蛋鸡肠道菌群和粪便中 N、S 含量的影响 [J]. 中国家禽，34（6）：10-15.

陈丽娟，郑裴，徐玉霞，等，2010. 益生菌发酵豆粕产 CLA 及豆粕中抗营养因子降解的研究 [J]. 中国油脂，35（6）：19-21.

陈列芹，王海波，关炳峰，2009. 酶法水解玉米蛋白工艺条件的优化 [J]. 农业工程技术（6）：36-39.

陈明，田丽霞，刘永坚，2015. 水产饲料新型蛋白源的研究进展 [J]. 广东饲料（24）：35-38.

陈明贤，张国平，2010. 全球大麦发展现状及中国大麦产业发展分析 [J]. 大麦与谷类科学，2010（4）：1-4.

陈乃旺，1997. 豆渣脱水机的研制 [J]. 现代化农业，2：37.

陈然，华雪铭，黄旭雄，等，2009. 玉米蛋白粉替代鱼粉对异育银鲫生长、蛋白酶活性及表观消化率的影响 [J]. 上海交通大学学报（农业科学版），27（4）：358-367.

陈什培，江培发，曾胜兵，等，2000. 玉米蛋白饲料饲喂生长育肥猪效果研究 [J]. 家畜生态，21（2）：25-27.

陈维虎，宓水潮，戴伟民，2013. 玉米浆中植酸抗营养因子的科学处理方法 [J]. 浙江畜牧兽医，6（6）：15-15.

陈卫东，吴宁，杨加梅，等，2014. 大豆酶解蛋白对商品猪生产性能和胴体品质的影响及作用机制 [J]. 饲料研究，23：67-72.

陈星，吴大伟，2014. 热处理大豆分离蛋白质饲粮对肉鸡胰腺功能的影响 [J]. 动物营养学报，26（7）：1942-1949.

陈萱，梁运祥，陈昌福，2005. 发酵豆粕饲料对异育银鲫非特异性免疫功能的影响 [J]. 淡水渔业，35（2）：6-8.

陈云飞，黄颖，2010. 湖北油菜生产比较优势的实证分析 [J]. 武汉轻工大学学报，29（2）：88-90.

陈宗椿，戴亚斌，龚其声，等，1992. 大麦在畜牧业生产上的应用 [J]. 大麦科学（32）：41-43.

程茂基，卢德勋，王洪荣，等，2004. 不同来源肽对培养液中瘤胃细菌蛋白产量的影响 [J]. 畜牧医学报，35（1）：1-5.

程燕，李先德，2011. 世界大麦生产、消费和贸易格局分析 [J]. 世界农业（5）：5-10.

程勇翔，王秀珍，郭建平，2012. 中国水稻生产的时空动态分析 [J]. 中国农业科学，45（17）：3473-3485.

崔东善，罗莉，1997. 豆渣干燥技术 [J]. 现代化农业，1：37.

单守水，2005. 啤酒酿造用大麦糖浆的研制与工业化生产设计 [D]. 天津：天津科技大学.

邓露芳，范学珊，王加启，2011. 微生物发酵粕类蛋白质饲料的研究进展 [J]. 中国畜牧兽医，38（6）：25-30.

邓婷，2010. 北美栽培大麦农艺、品质性状及酯酶同工酶分析 [D]. 四川：四川农业大学.

丁安林，王雁，常汝正，1994. 大豆抗营养因子及其改良 [J]. 大豆科学，13 (1)：72-76.

丁超，和玉丹，郑云林，2010. 发酵棉粕替代豆粕对生长猪生长性能的影响 [J]. 饲料工业，31 (24)：47-48.

丁耿芝，邹晓庭，2010. 棉粕的营养及其在蛋鸡上应用的研究进展 [J]. 饲料博览（技术版），23 (12)：14-16.

段培昌，张利民，王际英，等，2011. 新型蛋白源替代饲料中鱼粉对星斑川鲽（*Platichthys stellatus*）幼鱼氨基酸组成的影响 [J]. 海洋与湖沼，42 (3)：229-236.

樊春光，2013. 复合微生物发酵豆粕的研制及对母猪生产性能影响的研究 [D]. 郑州：河南农业大学.

方飞，王力生，陈芳，等，2012. CLA 发酵豆粕对羔羊生长性能、胴体性能和肉品质的影响 [J]. 中国饲料 (4)：40-43.

冯江鑫，孙焕林，王朝阳，等，2015. 枯草芽孢杆菌发酵棉籽粕对黄羽肉鸡营养物质代谢率、生产性能的影响 [J]. 粮食与饲料工业，38 (7)：43-46.

冯杰，刘欣，卢亚萍，等，2007. 微生物发酵豆粕对断奶仔猪生长、血清指标及肠道形态的影响 [J]. 动物营养学报，19 (1)：40-43.

冯幼，许合金，刘定等，2014. 鱼类体色研究现状 [J]. 饲料博览 (2)：51-53.

冯子龙，杨振娟，袁保龙，等，2004. 大豆分离蛋白生产工艺与实践 [J]. 中国油脂，11：29-30.

付生慧，2007. 不同大豆蛋白源饲料饲喂草鱼试验 [J]. 饲料研究，10：5-6.

付熊，吴晗冰，刘行彪，等，2012. 棉粕及脱毒棉粕替代鱼粉对虹鳟生长、体成分及血清生化指标的影响 [J]. 淡水渔业，42 (4)：35-39，58.

傅廷栋，杨光圣，涂金星，等，2003. 中国油菜生产的现状和展望 [J]. 中国油脂，28 (1)：11-13.

富伟林，1998. 玉米蛋白粉对提高肉鸡着色度的应用试验 [J]. 上海畜牧兽医通讯 (4)：28.

高金燕，2003. 豆渣的营养与药用价值 [J]. 中国食物与营养，11：49-50.

高玉鹏，2000. 产蛋鸡日粮内低芥酸、低硫苷菜籽粕营养价值的研究 [J]. 动物营养学报，12 (2)：57-61.

葛庆斌，2014. 大豆类饲料营养价值及抗营养因子的分析 [J]. 养殖技术顾问 (1)：50.

宫强，郭长丽，王慧明，等，2013. 膨化全脂大豆对延边黄牛生产性能、养分消化率和胴体品质的影响 [J]. 饲料工业 (22)：20-23.

管武太，李德发，汪淋仙，等，1994. 油橄榄饼饲喂肉仔鸡效果的研究 [J]. 中国饲料，4：3-5.

郭春玲，2012. 日粮中不同豆粕/玉米蛋白粉水平对断乳仔猪腹泻及其生产性能的影响 [J]. 河南畜牧兽医：综合版 (3).

郭翠华，李胜利，唐金全，等，2006. 脱酚棉籽蛋白及其在奶牛中的应用 [J]. 中国畜牧杂志，42 (6)：63-64.

郭亮，李德发，2001. 玉米蛋白粉日粮纤维和能量对猪氮代谢的影响 [J]. 粮食与饲料业 (4)：34-36.

郭亮，李德发，刑建军，等，2000. 玉米、玉米蛋白粉、菜籽粕和玉米干酒糟可溶物的猪消化能值测定 [J]. 饲料工业，21 (10)：29-31.

郭永，张春红，2003. 大豆蛋白的改性研究现状及发展趋势 [J]. 粮食加工与食品机械，7：46-48.

国家统计局农村社会经济调查司，2014. 中国农村统计年鉴 [M]. 北京：中国统计出版社.

海存秀，2012. 双低菜籽粕在畜禽生产中的饲用进展 [J]. 兽药饲料 (7)：97-98.

韩斌，华雪铭，周洪琪，等，2009. 玉米蛋白粉替代部分鱼粉对凡纳滨对虾抗病力及非特异性免疫力的影响 [J]. 安徽农业科学，37（8）：3566-3569.

韩华柏，何方，2007. 我国油橄榄引种研究进展 [J]. 中国南方果树，3：37-42.

何粉霞，刘国琴，李琳，2009. 小麦麸皮和大豆皮的综合开发利用 [J]. 农产品加工（3）：53-56.

何国茹，2011. 玉米、豆粕、棉粕、玉米蛋白粉主要营养成分含量变化规律分析 [D]. 杨凌：西北农林科技大学.

何谦，吴同山，李岩，等，2008. 发酵饲料对规模化猪场断奶仔猪生产性能的影响 [J]. 畜牧与兽医（6）：62-64.

贺永康，赵国先，贺发生，2008. 大豆蛋白在犊牛代乳料中的应用 [J]. 中国畜牧杂志，17：58-61.

侯红利，罗宇良，2005. 棉酚毒性研究的回顾 [J]. 水利渔业，25（6）：100-102.

侯世忠，祝平，井长伟，2007. 大豆皮的营养价值及在饲料中的应用 [J]. 吉林畜牧兽医，9：18-21.

胡金杰，肖凯，姜时保，2015. 大豆皮的营养价值及在猪饲料中的应用 [J]. 广东饲料，3：38-40.

胡薇，郎仲武，2002. 玉米胚芽粕和玉米蛋白饲料饲喂生长育肥猪效果的研究 [J]. 吉林农业大学学报，24（6）：91-94.

胡小中，黄国文，2001. 饲用棉籽饼粕中抗营养因子及其防除简介 [J]. 粮油食品科技，9（5）：39-40.

胡新宇，宁正祥，2001. 玉米的深加工与利用 [J]. 粮油食品科技，9（1）：15-20.

胡毅，张俊智，黄云，等，2014. 高棉籽粕饲料中补充赖氨酸和铁对青鱼幼鱼生长、免疫力及组织中游离棉酚含量的影响 [J]. 动物营养学报，26（11）：3443-3445.

黄行健，2010. 酶解大豆蛋白功能特性、结构及在肉糜中的应用 [D]. 武汉：华中农业大学.

黄艺伟，王全溪，陈文忠，等，2012. 发酵豆粕对樱桃谷肉鸭生长性能和屠宰性能的影响 [J]. 福建农林大学学报（自然科学版），41（5）：534-537.

黄友如，华欲飞，裘爱泳，2003. 醇洗豆粕对大豆分离蛋白功能性质的影响 [J]. 中国油脂，12：16-18.

吉晶晶，米娜，2013. 用米渣制作复合高蛋白饲料 [J]. 当代畜禽养殖业，1：46.

贾喜涵，宋青龙，潘宝海，等，2007. 脱酚棉籽蛋白对肉鸡生产性能的影响 [J]. 饲料与畜牧：新饲料，21（10）：27-29.

江志炜，沈蓓英，潘秋琴，2003. 蛋白质加工技术 [M]. 北京：化学工业出版社.

姜光丽，周小秋，2005. 不同大豆蛋白对幼建鲤体蛋白质沉积的影响 [J]. 大连水产学院学报，2：81-86.

蒋爱国，2008. 发酵豆渣加工及饲喂技术 [J]. 农村新技术，10：24-26.

蒋爱国，2009. 动物低成本保健快速养殖技术（六）[J]. 农村新技术，20：77-79.

金云行，王强，温刘发，等，2010. 复合酶制剂对肉鸡利用豆饼养分的影响 [J]. 饲料研究（3）：34-35.

康玉凡，2003. 猪对去皮豆粕利用效率的研究 [D]. 北京：中国农业大学.

康玉凡，李德发，邢建军，2004. 大豆皮对断奶仔猪生产性能、消化生理及肠黏膜形态的影响 [C]//中国畜牧兽医学会动物营养学分会第九届学术研讨会论文集，北京：中国畜牧兽医学会动物营养学分会.

康玉凡，李德发，邢建军，等，2005. 68个去皮和带皮豆粕的常规营养、脲酶活性及蛋白质溶解度比较研究 [J]. 黑龙江畜牧兽医，11：13-16.

柯里默 M C，张建，周恩华，2004. 利用大豆粕和大豆皮作为主要蛋白质和纤维源配制的低脂肪、高纤维饲料养殖草鱼的生长性能试验 [J]. 中国水产，9：86-88.

孔丽，张伟，叶元土，等，2011. 氨基酸粉、发酵棉粕和发酵菜粕在异育银鲫饲料中的应用效果 [J]. 安徽农业科学，39（6）：3610-3612，3623.

赖景涛，潘锐，莫柳忠，等，2013. 用膨化大豆提高日粮能量和蛋白水平对娟姗牛产奶量及乳品质的影响 [J]. 中国奶牛（8）：61-63.

黎慧，华颖，陆静，等，2014. 肉骨粉和大豆分离蛋白替代鱼粉对黑鲷幼鱼消化性能及血清指标的影响 [J]. 扬州大学学报，35：43-48.

李晨晨，黄文文，金敏，等，2018. 大豆浓缩蛋白替代鱼粉对黄颡鱼生长、饲料利用、消化酶和抗氧化酶活性的影响 [J]. 动物营养学报，1：375-386.

李德发，2003. 大豆抗营养因子 [M]. 北京：中国科学技术出版社.

李二超，陈立侨，彭士明，等，2005. 大豆浓缩蛋白作为水产饲料蛋白源的评价 [J]. 水产养殖，1：18-20.

李海燕，2013. 玉米浆及其副产物的制备与应用 [D]. 武汉：湖北工业大学.

李红波，贺玉明，俞建良，等，2013. 谷氨酸生产中生物素含量的检测 [J]. 中国酿造，32（7）：71-100.

李鸿梅. 2008. 玉米功能肽的制备及其生理活性的研究 [D]. 吉林：吉林大学.

李瑾，2000. 大豆皮在饲料中的应用 [J]. 饲料工业，10：38-40.

李惠，2007. 发酵豆粕替代鱼粉对斑点叉尾鮰生长和消化酶活性的影响 [D]. 武汉：武汉工业学院.

李建国，王建华，2007. 游离棉酚水平对海兰蛋鸡生产性能的影响 [J]. 家畜生态学报，28（6）：31-33.

李建云，贾志海，姚秀果，2014. 添加全脂膨化大豆对肉羊肌肉脂肪酸组成的影响 [J]. 中国畜牧杂志，50（17）：58-61.

李捃，段作营，毛忠贵，2002. 玉米胚芽综合利用的加工工艺研究 [J]. 粮油加工与食品机械，3：012.

李珂，张宏福，王子荣，2007. 用化学分析法预测大豆蛋白类饲料猪消化能值的模型建立 [J]. 饲料工业，28（9）21-25.

李里特，1996. 食品蛋白电渗透脱水条件与模型解析 [J]. 食品与发酵工业，1：8-13.

李里特，2002. 大豆加工与利用 [M]. 北京：化学工业出版社：384-413.

李林桂，肖伟伟，葛梦兰，2015. 大豆浓缩蛋白的生产工艺、营养组成及在动物日粮中的应用 [J]. 饲料工业，S1：29-32.

李敏，张石蕊，贺喜，等，2012. 脱酚棉籽蛋白对育肥猪生产性能及血液生化指标的影响 [J]. 饲料工业，33（24）：38-40.

李培丽，2018. 双低菜籽饼的猪有效能和氨基酸消化率研究 [D]. 北京：中国农业大学.

李思聪，2011. 混菌固态发酵豆渣的研究及在肉鸡生产上的初步应用 [D]. 雅安：四川农业大学.

李素芬，杨丽杰，霍贵成，2001. 膨化处理对全脂大豆抗营养因子及营养机制的影响 [J]. 畜牧兽医学报，32（3）：193-201.

李维锋，姜建国，吴亚梅，2007. 玉米蛋白粉的营养价值及二次开发的潜力 [J]. 粮油加工（6）：115-118.

李文林，2004. 双低菜籽冷榨膨化新工艺及其物化特性的研究 [D]. 武汉：中国农业科学院油料作物研究所.

李鑫宇，孙冰玉，张光，2018. 豆渣的综合利用及研究进展 [J]. 大豆科技，155（4）：41-48.

李修渠，2000. 不同电场下豆渣的电渗透脱水［J］. 农业工程学报，3：100-103.

李艳玲，张文强，孟庆翔，等，2007. 蒸汽加热处理对大豆皮抗营养因子活性和家兔盲肠微生物活体外消化的影响［J］. 中国畜牧杂志，43（11）：52-55.

李云兰，高启平，帅柯，等，2015. 发酵豆粕替代豆粕对鲤鱼生长性能和肠道组织结构的影响［J］. 动物营养学报（2）：469-475.

李忠超，2017. 生长猪植物蛋白原料净能推测方程的构建［D］. 北京：中国农业大学.

李忠平，庄苏，杜文兴，2002. 大豆皮在肉鸭饲料中的应用研究［J］. 粮食与饲料工业，11：28-30.

李自升，蔡木易，易维学，2006. 玉米蛋白粉的酶解工艺初探［J］. 食品与发酵工业，32（4）：67-69.

林莉钟，卢智和，田凤敏，等，1984. 玉米酒精浆干粉作为肉鸡蛋白质饲料的研究［J］. 上海畜牧兽医通讯，11-13.

林仕梅，麦康森，谭北平，2007. 菜粕、棉粕替代豆粕对奥尼罗非鱼（Oreochromis niloticus × O. aureus）生长、体组成和免疫力的影响［J］. 海洋与湖沼，38（2）：168-173.

林仕梅，毛述宏，关勇，等，2011. 罗非鱼低鱼粉饲料中脱酚棉籽蛋白替代鱼粉的研究［J］. 动物营养学报，23（12）：2331-2338.

林仕梅，叶元土，2001. 草鱼对常规饲料消化率测定方法的研究［J］. 西南农业大学学报，23（5）：392-395.

刘爱巧，陈朝江，王建华，等，2003. 去皮豆粕对蛋种鸡生产性能及经济效益的影响［J］. 中国家禽，25（22）：28-29.

刘康乐，刘秀敏，聂晓东，等，2013. 玉米浆水解工艺研究［J］. 发酵科技通讯，42（1）.

刘丽，井铸忠，2010. 米糠中的营养价值及其在畜禽生产中的应用［J］. 饲料广角，11：44-45.

刘明珠，瞿明仁，欧阳克蕙，等，2013. 玉米-棉籽粕-稻草型日粮中添加烟酸对锦江黄牛体外瘤胃发酵的影响［J］. 中国饲料，14（9）：13-15.

刘萍，孟庆翔，解祥学，等，2013. 蒸汽压片玉米及膨化大豆对奶公犊生长和屠宰性能的影响［J］. 中国农业大学学报，18（2）：124-129.

刘强，侯业茂，张虎，等，2013. 稻谷加工副产物谷壳的应用［J］. 粮食加工，3（3）：39-41.

刘文斌，王恬，2006. 棉粕蛋白酶解物对异育银鲫（Carassius auratus gibeiio）消化、生长和胰蛋白酶 mRNA 表达量的影响［J］. 海洋与湖沼，37（6）：568-574.

刘文杰，郭伟，王明海，2012. 膨化全脂大豆对荷斯坦奶牛产奶性能及血液生化指标的影响［J］. 饲料博览（11）：22-25.

刘兴旺，麦康森，艾庆辉，等，2012. 玉米蛋白粉替代鱼粉对大菱鲆摄食、生长及体组成的影响［J］. 水产学报，36（3）：466-472.

刘兴旺，王华朗，2006. 玉米蛋白粉的质量控制［J］. 饲料博览（10）：28-30.

刘迎春，杜以文，2007. 利用玉米胚芽粕酿造酱油的研究［J］. 山东食品发酵，4：43-45.

刘永生，柏云江，田晓玲，等，2000. 不同加工处理的大豆对肉仔鸡影响的研究［J］. 饲料工业，21（3）：17-20.

刘玉兰，2006. 油脂制取工艺学［M］. 北京：化学工业出版社.

刘媛媛，冯杰，2006. 微生物发酵豆粕的应用研究［J］. 广东饲料，15（2）：34-35.

刘跃芹，赵雪松，吴杰，等，2013. 高效液相色谱法测定玉米浆干粉中维生素 B_6 的含量［J］. 食品工业科技，34（24）.

刘兆平，2011. 微生物发酵豆粕对断奶仔猪生长性能和消化功能的影响［D］. 北京：中国农业大学.

刘珍，张贵云，张丽萍，2006. 发酵棉粕替代豆粕饲喂蛋鸡试验 [J]. 山西农业科学，34（1）：79-80.

刘振春，董源，王朝辉，等，2008. 碱性蛋白酶水解玉米蛋白工艺条件的研究 [J]. 食品科学，29（11）：130-133.

卢晓凌，2008. 大豆脲酶活性的两种不同测定方法的研究 [J]. 饲料工业，29（2）：54-56.

卢智文，1996. 日粮中棉酚含量计算方法及安全限量 [J]. 中国饲料，7（24）：33-34.

鲁琳，孟庆翔，史敬飞，2001. 大豆皮替代产奶牛日粮精料中玉米与小麦麸对产奶性能的影响 [J]. 中国畜牧杂志，1：13-15.

陆勤，徐龙，叶陈梁，等，2009. 双低菜籽粕和专用预混料对蛋鸡生产性能的影响 [J]. 饲料工业，30（19）：22-23.

陆阳，杨雨虹，王裕玉，等，2010. 不同比例膨化豆粕替代鱼粉对虹鳟生长、体成分及血液学指标的影响 [J]. 动物营养学报，22（1）：221-227.

吕云峰，王修启，赵青余，等，2010. 棉酚在饲料中安全限量及畜产品中残留研究进展 [J]. 中国农学通报，26（24）：1-5.

栾凤侠，卢波，孟繁涛，等，1995. 中国大豆损伤粒对品质的影响 [J]. 现代商检科技，5（1）：50-56.

栾新红，孙长勉，曹中赞，等，2010. 玉米蛋白多肽对鹅抗氧化功能的影响 [J]. 沈阳农业大学学报，41（3）：309-312.

罗琳，薛敏，吴秀峰，等，2005. 脱酚棉籽蛋白对日本鲈的生长、体成分及营养成分表观消化率的影响 [J]. 水产学报，29（6）：866-870.

罗勤贵，廉小梅，欧阳韶晖，2007. 玉米胚芽粕在面包制作中的应用 [J]. 西北农林科技大学学报，35（7）：231-234.

马虎平，2016. 发酵豆渣在养猪中的应用研究 [J]. 当代畜牧，29：46-47.

马俊云，2007. 膨化大豆对牛 PUFA 转化为 CLA 的影响 [D]. 北京：中国农业大学.

马丽，张日俊，陈福水，等，2012. 发酵棉粕替代部分豆粕对生长猪生产性能的影响试验 [J]. 浙江畜牧兽医，58（4）：28-30.

马萍，2015. 发酵豆渣饲喂散养青脚麻鸡的效果实验 [J]. 畜牧兽医杂志，34（2）：36-37.

马涛，张梁景，2010. 米糠饼粕膳食纤维理化性质的研究 [J]. 食品工业科技，7（22）：105-109.

麦康森，2011. 水产动物营养与饲料学 [M]. 北京：中国农业出版社：216-218.

孟庆翔，李经纬，2002. 大豆皮替代粗饲料饲喂肉幼兔的生长性能和体外纤维饲料动态发酵 [J]. 饲料广角，8：9-12.

孟庆翔，鲁琳，2000. 用大豆皮替代日粮中玉米与小麦麸饲喂产奶牛的效果 [J]. 中国奶牛，5：28.

孟庆翔，鲁琳，2006. 大豆皮替代产奶牛日粮精料中玉米与小麦麸对产奶性能和干物质与纤维消化特性的影响 [J]. 饲料广角，2：31-33.

孟庆翔，鲁琳，史敬飞，等，2000. 用大豆皮替代日粮中玉米与小麦麸饲喂产奶牛的效果 [J]. 中国奶牛，5：28-29.

米海峰，徐玮，麦康森，等，2011. 饲料中大豆异黄酮和大豆皂苷对牙鲆肝脏和肠道蛋白质消化酶活性和基因表达的影响 [J]. 中国海洋大学学报（自然科学版），41（12）：40-45.

闵晓梅，孟庆翔，2001. 大豆皮在饲料中的应用 [J]. 中国饲料，12：27-28.

闵晓梅，孟庆翔，鲁琳，等，2000. 大豆皮替代奶牛日粮中玉米与小麦麸对瘤胃干物质与纤维消化的影响 [J]. 中国农业大学学报，5：81-87.

明建华，刘波，刘文斌，2008. 小肽吸收机制及其在水产动物饲料中的应用 [J]. 水产养殖，1：

44-47

莫重文，2007. 混合菌发酵豆渣生产蛋白质饲料的研究 [J]. 中国饲料，14：36-38.

穆晓峰，雷华，2007. 日粮中添加乳清粉和膨化豆粕对断奶仔猪生产性能的影响 [J]. 畜牧与兽医，39（8）：30-31.

尼键君，2012. 玉米、豆粕和小麦麸猪有效能值回归方程的构建 [D]. 北京：中国农业大学.

聂幼华，昌盛，1997. 膜技术在乳品工业中应用的最新进展 [J]. 食品与机械（5）：9-11.

庞华静，宋春阳，倪良振，等，2012. 日粮纤维对烟台黑猪及其杂交配套系养分消化率和氮平衡的影响 [J]. 中国饲料，10：21-26.

彭健，2000. 中国双低油菜饼粕品质评价和品质改进研究 [D]. 武汉：华中农业大学.

骈永亮，2011. 膨化大豆对蛋鸡消化率的影响研究 [J]. 河南畜牧兽医，32（7）：7-8.

戚鑫，2008. 不同蛋白源对仔猪生长性能和消化率的影响 [D]. 郑州：河南农业大学.

齐德生，2009. 饲料毒物学附毒物分析 [M]. 北京：科学出版社.

齐玉堂，车忠明，2004. 豆粕生产工艺的选择及大豆皮的利用 [J]. 饲料博览，8：28-29.

祁宏伟，苏秀侠，于秀芳，等，1997. 玉米深加工副产品思维生长育肥猪效果研究 [J]. 吉林农业科学，4：69-72.

祁瑞雪，王全溪，杨玉芬，等，2012. 发酵豆粕对肉鸡生长性能和屠宰性能的影响 [J]. 中国农学通报，28（14）：36-39.

钱彩虹，2004. 菜籽壳中单宁的提取分离、构成及性质的研究 [D]. 武汉：华中农业大学.

乔国平，王兴国，胡学烟，2001. 大豆皮开发与利用 [J]. 粮食与油脂，12：36-37.

乔晓艳，蔡国林，陆健，2013. 微生物发酵改善棉粕饲用品质的研究 [J]. 中国油脂，38（5）：30-34.

乔晓艳，罗宏极，郭夷，等，2014. 改善棉籽粕饲用品质的研究进展 [J]. 中国饲料，25（6）：36-39.

谯仕彦，李德发，王凤来，等，1998. 不同温度挤压膨化全脂大豆对肉仔鸡生产性能和养分利用率的影响 [J]. 中国畜牧杂志，34（4）：12-15.

谯仕彦，李德发，杨胜，1995. 不同加工处理的大豆蛋白日粮对早期断奶仔猪断奶后腹泻影响的研究 [J]. 动物营养学报，7（4）：1-6.

秦爱平，1994. 饲喂油橄榄饼对肉鸡健康与免疫机能的影响 [J]. 山西农业大学学报，14（4）：405-407.

秦爱平，汪琳仙，1995. 油橄榄饼饲粮对肉仔鸡生长和一些生理指标的影响 [J]. 动物营养学报，7（1）：36-41.

秦金胜，禚梅，许衡，等，2010. 发酵棉粕和普通棉粕替代豆粕对猪生长性能的影响 [J]. 新疆农业大学学报，33（6）：496-501.

秦旭东，2000. 提醇玉米蛋白粉饲料喂猪效果好 [J]. 农业科技与信息（2）：33.

邱树武，马春全，刘胜军，2000. 膨化豆粕对肉仔鸡消化吸收率及增重的影响 [J]. 黑龙江粮油科技（3）：36，48.

曲强，2018. 猪饲料中大豆皮营养价值探析 [J]. 中国畜禽种业，14（12）：38-39.

任慧波，2004. 植物蛋白代替乳蛋白在犊牛代乳料中的应用研究 [D]. 哈尔滨：东北农业大学.

任嘉嘉，相海，王强，等，2009. 大麦食品加工及功能特性研究进展 [J]. 粮油加工（4）：99-102.

阮栋，林映才，张罕星，等，2014. 饲粮棉籽粕水平对高峰期蛋鸭产蛋性能、蛋品质、血浆生化指标、卵巢形态及棉酚残留的影响 [J]. 动物营养学报，26（2）：353-362.

尚随民，2016. 大豆皮对生长肉兔饲用效果的评价 [D]. 泰安：山东农业大学.

沈俊，陈达图，胡官波，等，2014. 生长猪脱酚棉籽蛋白消化能的评定及估测模型研究 [J]. 动物营养学报，26（8）：2262-2269.

沈维华，蔡洪东，张志强，1995. 以棉籽粕代替大豆粕饲养团头鲂鱼种的初步研究 [J]. 水利渔业，15（3）：19-21.

生广旭，李杰，2009. 粉碎粒度对豆粕在绵羊瘤胃内降解和消化的影响 [J]. 动物营养学报，21（4）：598-602.

石慧，张俊红，2006. 大豆抗营养因子的研究进展 [J]. 孝感学院学报，3：18-21.

石丽梅，唐学燕，何志勇，等，2008. 玉米抗氧化肽对于中式香肠的氧化稳定性的影响 [J]. 食品科技，10：135-138.

石秋锋，桑静超，辛小召，等，2013. 不同蛋白质源组合饲粮对断奶仔猪生长性能和血清生化指标的影响 [J]. 动物营养学报，25（6）：1199-1206.

史海燕，2011. 不同预处理对家庭制豆浆抗营养因子含量的影响 [J]. 食品科学，32：49-54.

宋文新，邵庆均，2009. 发酵豆粕营养特性的研究进展 [J]. 中国饲料，23：22-26.

隋开斌，2007. 发酵豆渣及其喂猪方法 [J]. 养殖技术顾问，6：35-36.

孙宏，叶有标，姚晓红，等，2014. 发酵棉籽粕部分替代鱼粉对黑鲷幼鱼生长性能、体成分及血浆生化指标的影响 [J]. 动物营养学报，26（5）：1238-1245.

孙进，2003. 不同处理大豆蛋白源代乳料哺育早期断奶羔羊的效果 [D]. 兰州：甘肃农业大学.

孙培鑫，陈代文，余冰，等，2006. 去皮膨化豆粕在断奶仔猪日粮中的应用 [J]. 饲料工业，27（13）：39-43.

孙培鑫，陈代文，余冰，等，2007. 去皮膨化豆粕对早期断奶仔猪免疫机能和血液生化指标的影响 [J]. 饲料工业，28（15）：31-35.

孙平清，邓广庆，李垚，2006. 膨化大豆和大豆浓缩蛋白替代鱼粉对断奶仔猪生产性能的影响 [J]. 现代畜牧兽医（11）：13-14.

孙伟丽，耿业业，刘晗璐，等，2009. 蓝狐对不同蛋白质来源日粮干物质和粗蛋白质表观消化率的比较研究 [J]. 动物营养学报，21（6）：953-959.

孙兆平，李敬凯，2007. 大豆皮在饲料中的应用 [J]. 养殖技术顾问，7：38-39.

孙镇平，袁海星，金良，等，2006. 小麦面筋蛋白对山羊瘤胃运动的影响 [J]. 畜牧兽医学报，37（4）：348-351.

汤树生，谯仕彦，臧建军，等，2007. 纯化的大豆凝集素对大鼠内脏器官发育与免疫功能的影响 [J]. 中国畜牧杂志，43（7）：7-10.

唐玲，肖伟伟，2015. 大豆酶解蛋白对仔猪免疫力和抗氧化力的影响 [J]. 饲料研究，18：48-53.

汪海波，2008. 大豆异黄酮及大豆皂苷的抗氧化性研究 [J]. 食品研究与开发，29（3）：9-12.

汪学德，刘玉兰，张百川，等，2003. 大豆脱皮与等级豆粕生产工艺的研究 [J]. 中国油脂，28（2）：8-11.

王安平，吕云峰，张军民，等，2010. 我国棉粕和棉籽蛋白营养成分和棉酚含量调研 [J]. 华北农学报，25（增刊）：301-304.

王宝维，张开磊，葛文华，2014. 发酵大豆皮对5~12周龄五龙鹅生长性能、屠宰性能和营养物质利用率的影响 [J]. 动物营养学报，4：1-11.

王蓓，2014. 脉冲强光、紫外和红外辐射对稻谷黄曲霉及其毒素的杀灭降解研究 [D]. 镇江：江苏大学.

王碧德，吴生平，1997. 玉米胚芽油的制取 [J]. 中国油脂，22（4）：19-21.

王常安，刘红柏，徐奇友，2018. 大豆分离蛋白替代鱼粉对哲罗鱼消化生理的影响 [J]. 大连海洋大学学报，33（5）：59-65.

王常安，周长海，徐奇友，等，2009. 用膨化大豆代替豆粕对杂交鲟生长和免疫的影响 [J]. 大连水产学院学报，24（1）：57-61.

王春林，朴香淑，陆文清，2006. 发酵饲料对猪生产性能及肉中风味物质的影响 [C] //动物营养与饲料研究——第五届全国饲料营养学术研讨会论文集. 北京：中国农业科学技术出版社：41.

王春林，王爱娜，陆文清，等，2007. 玉米浆发酵饲料对猪营养生化指标及胴体性状的影响 [R]. 猪营养与饲料研究进展，405-409.

王风利，2013. 生长猪双低菜粕能值和氨基酸消化率 [D]. 北京：中国农业大学.

王夫杰，2007. 微生物发酵豆渣食品的研究进展 [J]. 食品工业科技，9（25）：212-215.

王福慧，李颖丽，杨晓东，等，2013. 发酵豆粕对犊牛生长性能的影响 [J]. 中国奶牛（2）：31-33.

王汉中，2010. 我国油菜产业发展的历史回顾与展望 [J]. 中国油料作物学报，32（2）：300-302.

王鹤卿，陶采成，1995. 饲料大麦的商品价值及发展对策 [J]. 湖北农业科学（1）：21-24.

王红菊，张玮，2006. 关于玉米蛋白酶解的研究概况 [J]. 呼伦贝尔学院学报，14（2）：54-56.

王红云，2002. 大豆膨化参数的选择及膨化大豆在断奶仔猪日粮中的应用 [D]. 保定：河北农业大学.

王红云，李同洲，高占峰，2004. 膨化大豆对断奶仔猪过敏性腹泻及生产性能的影响 [J]. 河北农业科学，8（2）：61-65.

王继强，张波，2003. 一种新的饲料资源——大豆皮 [J]. 饲料研究，11：24-25.

王建华，2002. 家畜内科学 [M]. 2 版. 北京：中国农业出版社：249-252.

王建军，2007. 用酒糟和豆渣育肥洼地绵羊实验 [J]. 山东畜牧兽医，28（4）：27.

王健，王鹏，秦静宇，2010. 去皮豆粕替代带皮豆粕对肉用仔鸡、商品蛋鸡饲养成本和生产性能的影响 [J]. 新疆畜牧业（5）：33-36.

王金梅，李运起，2006. 大豆皮在反刍动物日粮中的应用研究进展 [J]. 粮食与饲料工业，8：32-33.

王进，何慧，石燕玲，等，2008. 玉米大豆复合 ACE 抑制肽风味控制研究 [J]. 中国粮油学报，23（5）：65-69.

王开丽，黄其永，张石蕊，2012. 稻谷加工副产物在饲料中的应用 [J]. 广东饲料，21（8）：37-39.

王丽萍，田河，2012. 大豆皮作为肉兔饲料原料的可行性分析 [J]. 养殖与饲料，12：65-66.

王林，2005. 玉米胚芽粕在商品蛋鸡中的饲喂试验 [J]. 中国禽业导刊，20（11）：27.

王六强，张春红，高爽，等，2014. 基于主成分分析法评价谷朊粉品质 [J]. 食品工业科技，35（20）：86-90.

王美凤，2010. 发酵豆渣饲喂育肥猪的效果实验 [J]. 现代农业科技，1：304.

王明海，刘文杰，郭伟，2012. 膨化全脂大豆对荷斯坦奶牛产奶性能的影响 [J]. 中国饲料（1）：12-14.

王佩，2018. 酶解对大豆分离蛋白抗原性和功能性的影响 [D]. 郑州：郑州轻工业学院.

王石，2011. 谷朊粉酶解物对断奶仔猪生长性能、免疫功能和小肠发育的影响 [D]. 郑州：河南工业大学.

王淑珍，1985. 利用高产蛋白酶霉菌降解脱脂豆粕、玉米胚芽粕制备混合氨基酸的研究 [J]. 氨基酸和生物资源，2：002.

王思珍，张玉霞，曹颖霞，等，1996. 莫力达瓦旗大豆荚资源开发途径初探 [J]. 哲里木畜牧学院学报，6（2）：34-36.

王文侠，2005. 超临界二氧化碳萃取米糠油的生产工艺研究 [J]. 工艺技术，26（8）：107-109.

王文秀，杨启元，孙国林，等，2010. 微生物发酵棉粕饲料喂养蛋鸡的优势 [J]. 新疆畜牧业，26
　（3）：32-33.

王潇潇，2015. 近红外反射光谱法快速评定豆粕营养价值和大豆制品抗营养因子的研究 [D]. 北
　京：中国农业大学.

王晓翠，武书庚，张海军，等，2014. 游离棉酚对鸡蛋品质的影响及其脱除方法研究进展 [J]. 动
　物营养学报，26（3）：571-577.

王晓翠，张海军，武书庚，2015. 不同蛋白来源对京红蛋鸡生产性能及蛋品质的影响 [J]. 中国农
　业科学，48（10）：2049-2057.

王永刚，2010. 世界大麦生产、贸易特征及对中国的影响与启示 [J]. 中国农学通报，26（15）：
　451-454.

王园，2014. 豆粕固态发酵条件及其对断奶仔猪饲用效果的研究 [D]. 北京：中国农业大学.

王章存，申瑞玲，姚惠源，2004. 大米分离蛋白的酶法提取及其性质 [J]. 中国粮油学报，19
　（6）：4-7.

魏凤仙，高方，李绍钰，等，2014. 膨化法与微生物发酵处理法对豆粕营养价值的影响 [J]. 河南
　农业科学，43（4）：123-127.

文伟，刘磊，张各位，等，2015. 脱脂米糠复合酶工艺条件优化及其营养特性评价 [J]. 中国农业
　科学，48（8）：1597-1608.

文优云，2004. 酿酒曲发酵豆渣的方法及饲喂猪的效果观察 [J]. 广西畜牧兽医，20（2）：86-87.

吴高风，吐尔逊帕夏，潘晓亮，等，2009. 棉籽饼粕在反刍动物上的应用研究进展 [J]. 山东畜牧
　兽医，30（4）：38-40.

吴莉芳，秦贵信，孙泽威，等，2010. 饲料中去皮豆粕替代鱼粉对埃及胡子鲇消化酶活力和肠道
　组织的影响 [J]. 中山大学学报（自然科学版），49（4）：99-105.

吴莉芳，秦贵信，赵元，等，2010. 饲料中去皮豆粕替代鱼粉比例对草鱼消化酶活力的影响 [J].
　中国畜牧杂志，46（1）：23-27.

吴谋成，袁俊华，2000. 油菜加工和综合利用的现状和对策 [J]. 安徽农学通报，6（4）：10-14.

吴先华，2014. 发酵豆粕在断奶仔猪及生长育肥猪日粮中的应用研究 [D]. 南宁：广西大学.

吴秀峰，薛敏，郭利亚，等，2010. 脱酚棉籽粉替代部分鱼粉对西伯利亚鲟幼鱼生长、体成分及
　血清生化指标的影响 [J]. 动物营养学报，22（1）：117-124.

吴耀忠，陈印权，翁渺兴，等，1996. 膨化大豆在蛋鸡生产中的应用 [J]. 中国家禽（11）：5.

吴迎春，2011. 发酵豆渣在生猪养殖中的应用技术 [J]. 草业与畜牧，3：40-41.

伍代勇，2007. 四种植物蛋白源对凡纳滨对虾（Litopenaeus vannamei）生长、氨基酸沉积和非特
　异性免疫力的影响 [D]. 苏州：苏州大学.

伍代勇，叶元土，张宝彤，等，2009. 4 种植物蛋白对凡纳滨对虾生长、非特异性免疫和体成分的
　影响 [J]. 上海海洋大学学报，18（2）：174-180.

席鹏彬，2002. 中国地方菜籽饼粕组成特点及猪回肠氨基酸消化率的研究 [D]. 北京：中国农业
　大学.

夏明亮，邹仕庚，程璐，等，2015. 大麦营养价值及其在猪生产中的合理使用 [J]. 粮食与饲料工
　业.2015（8）：57-60.

夏淑春，2013. 几种饲料对黄粉虫幼虫发育的影响 [J]. 湖北农业科学，52（17）：4117-4122.

夏薇，刘文斌，乔秋实，等，2012. 棉粕酶解蛋白肽对建鲤生产性能和生化指标的影响 [J]. 淡水
　渔业，42（1）：46-51.

谢婧，2008. 豆渣发酵过程中主要营养保健成分变化规律 [D]. 长沙：湖南农业大学.

谢申伍，田姣，2013. 大麦在猪饲料生产中的应用研究进展 [J]. 饲料博览（11）：15-18.

徐建雄, 叶陈梁, 王晶, 2005. 双低菜籽粕中营养成分与有毒有害物质的分析 [J]. 粮食与饲料工业 (11): 28-29.

徐俊, 苏衍菁, 2010. 大豆皮在动物日粮中的研究现状及展望 [J]. 中国饲料, 15: 32-35.

徐明, 2013. 世界大麦贸易格局及对我国大麦产业影响研究 [D]. 北京: 中国农业科学院.

徐奇友, 王常安, 许红, 等, 2008. 大豆分离蛋白替代鱼粉对哲罗鱼稚鱼生长、体成分和血液生化指标的影响 [J]. 水生生物学报, 32 (6): 941-946.

徐熔泽, 2017. 猪饲料中大豆皮的营养价值探析 [J]. 养殖与饲料, 5: 45.

徐述亮, 刘晓东, 王丹丹, 等, 2013. 不同梯度发酵豆粕对仔猪生长性能和经济效益的影响 [J]. 饲料工业 (24): 48-51.

徐廷文, 1982. 中国栽培大麦的分类和变种鉴定 [J]. 中国农业科学 (6): 39-47.

徐岩, 袁春涛, 刁新平, 2003. 棉粕代替豆粕对蛋种鸡生产性能影响的研究 [J]. 河北畜牧兽医, 19 (11): 22-23.

许彬, 栾新红, 童辉, 2009. 玉米肽对豁眼鹅生产性能及血液激素的影响 [J]. 现代畜牧兽医, 15: 16-19.

许丽惠, 祁瑞雪, 王长康, 等, 2013. 发酵豆粕对黄羽肉鸡生长性能、血清生化指标、肠道黏膜免疫功能及微生物菌群的影响 [J]. 动物营养学报, 25 (4): 840-848.

薛红枫, 孟庆翔, 2005. 大豆皮替代羔羊饲粮中玉米或纤维成分对瘤胃消化率和生长性能的影响 [J]. 中国畜牧杂志, 1: 15-17.

薛敏, 吴秀峰, 郭利亚, 等, 2007. 脱酚棉籽蛋白在水产饲料中的应用 [J]. 中国畜牧杂志, 55 (8): 55-58.

闫理东, 张文举, 聂存喜, 2012. 发酵棉粕对黄羽肉鸡生产性能和屠宰性能的影响 [J]. 石河子大学学报 (自然科学版), 30 (2): 171-176.

严莎, 凌其聪, 严森, 等, 2008. 城市工业区周边土壤-水稻系统中重金属的迁移积累特征 [J]. 环境化学, 7 (2): 226-229.

严忠军, 卞科, 司建中, 2005. 谷朊粉应用概述 [J]. 中国粮油学报, 20 (5): 16-20.

晏家友, 贾刚, 2009. 玉米蛋白粉的营养价值及其应用概况 [J]. 饲料工业, 30 (15): 53-55.

杨晨敏, 谷军, 王润芝, 1997. 活性豆渣饲料喂蛋鸡的研究 [J]. 饲料工业, 18 (9): 26-27.

杨劲峰, 赵继红, 2009. 小麦淀粉生产废水资源化及处理技术研究 [J]. 粮食与油脂 (2): 6-8.

杨晋青, 党文庆, 焦福林, 等, 2017. 大豆皮在繁育母猪生产中的应用研究 [J]. 畜牧与饲料科学, 38 (8): 20-23.

杨具田, 蔡应奎, 臧荣鑫, 等, 2003. 不同日粮对蛋黄色泽与蛋品质的影响 [J]. 中兽医医药杂志, 22 (5): 17-19.

杨锁华, 刘伟民, 杨小明, 等, 2006. 米糠的应用研究进展 [J]. 粮油加工与食品机械, 4: 70-75.

杨万江, 陈文佳, 2011. 中国水稻生产空间布局变迁及影响因素 [J]. 经济地理, 31 (12): 2086-2092.

杨卫兵, 章竹岩, 祝溢锴, 等, 2012. 发酵豆粕对肉鸭生产性能、肌肉成分、肉品质及血清指标的影响 [J]. 中国粮油学报, 27 (2): 71-75.

杨霞, 叶金云, 张易祥, 等, 2014. 普通棉籽粕和发酵棉籽粕替代鱼粉对中华绒螯蟹幼蟹生长性能、体成分及肝胰腺消化酶活性的影响 [J]. 动物营养学报, 26 (3): 683-693.

叶纪梅, 2006. 不同处理大豆粉在犊牛代乳粉中的应用研究 [D]. 扬州: 扬州大学.

叶元土, 蔡春芳, 蒋蓉, 2005. 鱼粉、豆粕、菜粕、棉粕、花生粕对草鱼生长和生理机能的影响 [J]. 饲料工业, 26 (12): 17-21.

叶元土，林仕梅，2003. 草鱼对 27 种饲料原料中氨基酸的表观消化率 [J]. 中国水产科学，10 (1)：60-64.

叶子纯，吴炳懿，刘志平，等，2009. 膨化大豆替代鱼粉对乌苏里貉毛皮质量的影响 [J]. 东北林业大学学报，37 (5)：98-99.

易中华，计成，马秋刚，等，2006. 去皮豆粕和普通豆粕对肉鸡生产性能及营养素利用率的影响 [J]. 中国饲料 (1)：15-17.

易中华，张建云，2008. 大豆浓缩蛋白的营养特性及其在动物饲料中的应用效果 [J]. 饲料与畜牧，10：11-14.

尹进，王美岭，徐贝力，等，1992. 棉粕饲料导致鸡蛋变色的机理探讨 [J]. 中国粮油学报，7 (3)：57-60.

尹喜海，姜凤，王伟杰，2012. 米糠中的抗营养因子及消除方法研究 [J]. 吉林畜牧兽医，2012，5：29-32.

尤梦圆，何东平，邹翀，等，2014. 热稳定米糠粕和米糠低温浸出粕制备米糠蛋白的对比研究 [J]. 中国油脂，39 (6)：45-48.

游金明，李德发，2006. 大豆抗营养因子研究进展 [J]. 饲料与畜牧：新饲料，9：40-43.

余斌，施学仕，石伟，2006. 大豆皮对生长育肥猪生长表现影响的试验 [J]. 养猪，4：20-21.

余斌，汪嘉燮，陈伟光，等，2000. 去皮豆粕与普通豆粕及不同能量水平对哺乳母猪生产表现的影响 [J]. 养猪，3：14-16.

余东游，冯杰，2000. 膨化大豆和乳清粉对断奶仔猪生产性能的影响 [J]. 饲料工业，21 (2)：27-28.

余林，梁海英，程宗佳，2005. 膨化豆粕部分或全部取代鱼粉对断奶仔猪生产性能的影响 [J]. 饲料广角 (1)：29-30.

云影，杨居荣，刘虹，2001. 大豆及其制品的重金属污染 [J]. 农业环境保护，20 (1)：1-3.

臧建军，朴香淑，汤树生，2007. 大豆凝集素对断奶大鼠内脏器官和体组成的影响 [J]. 中国畜牧杂志，43 (3)：29-31，47.

曾饶琼，阮洪金，陈代文，等，2008. 棉粕和菜粕在川麻杂交鸭中适宜添加量的研究 [J]. 安徽农业科学，36 (4)：1447-1449.

扎依旦·阿布力孜，2014. 棉籽饼（粕）在畜禽饲料中的应用 [J]. 新疆畜牧业，30 (12)：37-38.

张爱民，唐玲，尹佳，等，2015. 大豆酶解蛋白对仔猪生长性能、矿物质利用及消化道健康的影响 [J]. 动物营养学报，2：541-550.

张爱忠，姚春蕎，赵金香，等，2001. 膨化大豆在育肥猪生产中的应用效果观察 [J]. 黑龙江畜牧兽医 (5)：18.

张丞，刘颖莉，2007. 2006 年饲料和原料中霉菌毒素调查总结报告 [J]. 饲料广角 (9)：23-26.

张桂凤，2014. 生长猪豆粕净能推测方程的构建 [D]. 北京：中国农业大学.

张国良，邱彬崇，陈燕，等，2008. 奥尼罗非鱼日粮中酶解大豆蛋白部分替代鱼粉的研究 [J]. 饲料广角，4：37-39.

张国龙，李德发，1995. 大豆胰蛋白酶抑制因子的生化性质和抗营养作用 [J]. 动物营养学报，7 (5)：50-60.

张国民，张国栋，2004. 用发酵棉粕代替豆粕饲喂犊牛效果试验 [J]. 新疆畜牧业，20 (2)：18-20.

张宏建，2004. 我国非常规饲料原料亟待开发利用 [J]. 农村养殖技术，22：27.

张继东，王志祥，丁景华，等，2006. 棉籽饼粕中天然抗营养因子的危害机理及消除措施 [J]. 畜牧与饲料科学，27（3）：53-55.

张剑，高冰，张开诚，等，2016. 一种利用棉籽饼粕制备复合氨基酸液的方法 [P]. 中国专利
（CN 103937846 B），授权日期：2016-03-09.

张金枝，刘建新，翁经强，等，2006. 膨化全脂大豆对仔猪生产性能和养分消化率的影响 [J]. 家
畜生态学报，27（2）：41-44.

张锦秀，周小秋，刘扬，2007. 去皮豆粕对幼建鲤生长性能和肠道的影响 [J]. 中国水产科学
（2）：315-320.

张晶，单安山，李牧，2006. 蛋白酶解物对早期断奶仔猪肠黏膜形态和生长性能的影响 [J]. 动物
营养学报，18（2）：122-125

张开磊，来常海，蔡希梅，2016. 大豆皮发酵技术可行性研究 [J]. 饲料博览，7：46-48.

张磊，2012. 大豆豆荚作为奶牛饲料的研究 [D]. 合肥：安徽农业大学.

张莉莉，靳明亮，高树冬，等，2008. 去皮膨化全脂大豆对断奶仔猪生长性能和肠道发育的影响
[J]. 江苏农业学报，24（1）：59-64.

张琳，2014. 中国大麦供给需求研究 [D]. 北京：中国农业科学院.

张鸣镝，姚惠源，2006. 玉米胚芽蛋白及其在食品工业中的应用 [J]. 食品科技，31（5）：
124-127.

张伟，王文娟，叶元土，等，2010. 大豆皂苷对异育银鲫非特异性免疫防御力、肝胰脏功能及血
清生化指标的影响 [J]. 饲料工业，（z1）：65-69.

张勇，朱宇旌，1998. 生长育肥猪饲料中适宜粗纤维水平的研究 [J]. 饲料工业，19（9）：34-35.

张云影，万丽红，吕礼良，等，2011. 育肥猪饲喂袋装厌氧固态发酵饲料效果研究 [J]. 现代农业
科技（11）：331-335.

张振华，刘志民，2009. 我国大豆供需现状与未来十年预测分析 [J]. 大豆科技，4：16-21.

张振山，2004. 豆渣的处理与加工应用 [J]. 食品科学，25（10）：400-405.

赵大伟，劳泰财，叶强，等，2015. 棉酚的特性与棉籽粕脱毒方法的研究进展 [J]. 广东饲料，24
（6）：37-40.

赵丽梅，王喜波，张海涛，等，2011. 金鲳鱼饲料中发酵豆粕替代鱼粉的研究 [J]. 中国饲料，
11：20-22.

赵鹏飞，2018. 发酵豆渣在大口黑鲈饲料中应用的初步研究 [D]. 重庆：西南大学.

赵学敬，2013. 谷朊粉开发与产量控制 [J]. 粮食科技与经济（5）：50-51.

赵源，刘爱国，吴子健，等，2014. 碱性蛋白酶酶解谷朊粉制备谷朊粉蛋白多肽的研究 [J]. 食品
工业科技，35（18）：216-220.

郑萍，李波，陈代文，等，2012.8 种不同来源菜籽饼粕的生长猪氨基酸回肠消化率评定 [J]. 中
国畜牧杂志，48（9）：34-40.

植石全，蓝文康，郑力维，等，2019. 统糠和大豆皮对 47～67 日龄马岗鹅生长性能、养分代谢率
及肠道消化酶活性的影响 [J]. 动物营养学报，31（1）：167-174.

中华人民共和国国家统计局，2013. 中国统计年鉴 [M]. 北京：中国统计出版社：477.

周恩库，潘晓亮，2014. 棉籽粕和棉籽壳诱发绵羊尿结石对泌尿系统的影响 [J]. 中国饲料，25
（17）：11-13.

周伏忠，谢宝恩，贾蕴丽，等，2007. 几株益生菌发酵豆粕及其产物分析 [J]. 饲料工业，28
（6）：35-37.

周根来，王恬，2001. 非常规饲料原料的开发利用 [J]. 粮食与饲料工业（12）：33-34.

周建民，梁乙明，顾东，等，2003. 用脱酚棉籽蛋白饲料替代部分饼粕饲喂泌乳牛的试验报告
[J]. 中国奶牛，21（2）：26-28.

周建民，刘云祥，刘敏雄，等，1997. 油橄榄饼饲喂生长母牛的效果 [J]. 中国饲料，4：36-39.

周俊杰，黄超，胡毅，等，2010. 饲料中棉粕对青鱼生长的影响 [J]. 当代水产，20（8）：66-67，69.

周培校，赵飞，潘晓亮，2009. 棉粕和棉籽壳饲用的研究进展 [J]. 畜禽业（8）：52-55.

周天骄，谯仕彦，马曦，等，2015. 大豆饲料产品中主要抗营养因子含量的检测与分析 [J]. 动物营养学报，21（1）：221-229.

周维仁，李优琴，顾东，等，2000. 肉猪日粮中以脱酚棉籽蛋白替代豆粕饲养试验 [J]. 江苏农业科学，28（1）：68-69.

周响艳，2002. 犊牛代乳料的研究进展 [J]. 当代畜禽养殖业，2：41-42.

周兴华，2015. 发酵豆渣在鲫鱼配合饲料中应用的初步研究 [J]. 粮食与饲料工业，2：49-51.

朱建平，戴林坤，伯绍军，等，2002. 大豆黄酮对樱桃谷肉种鸭生产性能的影响 [J]. 饲料工业，23（1）：34-35.

朱磊，2012. 玉米蛋白粉和脱霉剂对黄颡鱼生长、体色及健康的影响 [D]. 苏州：苏州大学.

朱利民，林鹏，张剑，2017. 苯胺法和间苯三酚法测定游离棉酚的比较研究 [J]. 饲料工业 38（24）：56-59.

朱梅芳，朱定贵，胡传水，等，2011. 用大豆皮代替麦麸对肉猪生长性能影响的试验研究 [J]. 饲料工业，32（13）：37-39.

朱献章，陈文，黄艳群，等，2010. 发酵棉粕替代豆粕饲喂猪实验 [J]. 饲料工业，31（11）：17-19.

祝义伟，龙勃，龙勇，2017. 豆渣中营养成分的检测及其含量 [J]. 食品研究与开发，8：127-130.

左进华，董海洲，侯汉学，2007. 大豆蛋白生产与应用现状 [J]. 粮食与油脂，5：12-15.

左磊，2011. 中国地方菜籽粕在猪饲料中的氨基酸标准回肠消化率及能值测定 [D]. 北京：中国农业大学.

左青，2006. 大豆脱皮工艺讨论 [J]. 粮油加工与食品机械，1：22-26.

左莹，张萍，张惠，2013. 玉米浆在氨基酸发酵工业中的作用 [J]. 中国酿造，32（11），18-22.

Akinyele I O，Harshbarger K E，1983. Performance of young calves fed soybean protein replacers [J]. Journal of Dairy Science，66（4）：825-832.

Ali S F，El-sewedy S M，1984. Effect of gossypol on liver metabolic enzymes in male rats [J]. Toxicol. Lett.，23：299-306.

Amarowicz R，Naczk M，Shahidi F，2000. Antioxidant activity of crude tannins of canola and rapeseed hulls [J]. Journal of the American Oil Chemists' Society，77：957-961.

Anderson，P V，Kerr B J，Weber T E，et al，2012. Determination and prediction of digestible and metabolizable energy from chemical analysis of corn coproducts fed to finishing pigs [J]. J. Anim. Sci.，90：1242-1254.

Araujo R C，Pires A V，Susin I.，et al，2009. Postpartum ovarian activity of Santa Inês lactating ewes fed diets containing soybean hulls as a replacement for coastcross (*Cynodon* sp.) hay [J]. Small Ruminant Research，81：126-131.

Bäckhed F，Ley R E，Sonnenburg J L，et al，2005. Host-bacterial mutualism in the human intestine [J]. Science，307：1915-1920.

Balogun，T F，Aduku A O，Dim N I，et al，1990. Undecorticated cottonseed meal as a substitute of soya-bean meal in diets for weaner and growing-finishing pigs [J]. Anim. Feed Sci. Technol，30：193-201.

Barros，M M，Lim C，Klesius P H，2002. Effect of soybean meal replacement by cottonseed meal and iron supplementation on growth, immune response and resistance of Channel Catfish (*Ictalurus puctatus*) to Edwardsiella ictaluri challenge [J]. Aquaculture，207：263-279.

Best P，2004. Novel ingredients：seeds into feeds [J]. Feed International，25 (11)：26-27.

Blom，J H，Lee K J，Rinchard J，et al，2001. Reproductive efficiency and maternal offspring transfer of gossypol in rainbow trout (*Oncorhynchus mykiss*) fed diets containing cottonseed meal [J]. J. Anim. Sci.，79：1533-1539.

Boonyoung S，Haga Y，Satoh S，2013. Preliminary study on effects of methionine hydroxyl analog and taurine supplementation in a soy protein concentrate-based diet on the biological performance and amino acid composition of rainbow trout [*Oncorhynchus mykiss* (Walbaum)]　[J]. Aquaculture Research，44：1339-1347.

Bourne M C，Clemente M G，1976. Banzon J. Survey of the suitability of thirty cultivars of soybeans for soymilk manufacture [J]. Journal of Food Science，41：1204-1208.

Brand T S，Brandt D A，Cruywagen C W，2001. Utilisation of growing-finishing pig diets containing high levels of solvent or expeller oil extracted canola meal [J]. New Zealand Journal of Agricultural Research，44 (1)：31-35.

Brito A F，Broderick G A，2007. Effects of different protein supplements on milk production and nutrient utilization in lactating dairy cows [J]. Journal of Dairy Science，90：1816-1827.

Burnham L L，Kim I H，Hancock J D，2000. Effects of replacing dried skim milk with wheat gluten and spray dried porcine protein on growth performance and digestibility of nutrients in nursery pigs [J]. Asian-Australasian Journal of Animal Sciences，13：1576-1583.

Burr G S，Wolters W R，Barrows F T，et al，2012. Replacing fishmeal with blends of alternative proteins on growth performance of rainbow trout (*Oncorhynchus mykiss*)，and early or late stage juvenile Atlantic salmon (*Salmo salar*) [J]. Aquaculture，334：110-116.

Butler E J，Pearson A W，Fenwick G R，1982. Problems which limit the use of rapeseed meal as a protein source in poultry diet [J]. Journal of Science and Food Agriculture，33：866-875.

Buttle L G，Burrells A C，Good J E，et al，2001. The binding of soybean agglutinin (SBA) to the intestinal epithelium of Atlantic salmon, *Salmo salar* and rainbow trout, *Oncorhynchus mykiss*, fed high levels of soybean meal [J]. Veterinary Immunology & Immunopathology，80 (3)：237-244.

Cabell C A，Earle I P，1956. Relation of amount and quality of protein in the diet to free gossypol tolerance by the rat [J]. J. Am. Oil Chem. Soc.，33 (9)：146-149.

Callegaro Á M，Alves Filho D C，Brondani I L，et al，2015. Intake and performance of steers fed with soybean dreg in confinement [J]. Semina-Ciencias Agrarias，36 (3)：2055-2066.

Cervantes-Pahm S K，Stein H H，2010. Ileal digestibility of amino acids in conventional, fermented, and enzyme-treated soybean meal and in soy protein isolated fish meal, and casein fed to weanling pigs [J]. Journal of Animal Science，88：2674-2683.

Chae B J，Han I K，Kim J H，et al，1999. Effects of dietary protein sources on ileal digestibility and growth performance for early-weaned pigs [J]. Livestock Production Science，58：45-54.

Chatzifotis S，Polemitou I，Divanach P，et al，2008. Effect of dietary taurine supplementation on growth performance and bile salt activated lipase activity of common dentex, *Dentex dentex*, fed a fish meal/soy protein concentrate-based diet [J]. Aquaculture，275 (1)：201-208.

Chen K J，Jan D F，Chiou P W S，et al，2002. Effects of dietary heat extruded soybean meal and protected fat supplement on the production, blood and ruminal characteristics of holstein cows [J]. Asian-Aust. J. Anim. Sci. , 15: 821-827.

Choct M, Hughes R J, Trimble R P, et al, 1995. Non-starch polysaccharide-degrading enzymes increase the performance of broiler-chickens fed wheat of low apparent metabolizable energy [J]. Journal of Nutrition 125, 485-492.

Chou R L, Her B Y, Su M S, et al, 2004. Substituting fish meal with soybean meal in diets of juvenile cobia *Rachycentron canadum* [J]. Aquaculture, 229: 325-333.

Chowdhury M A K, Iñiguez K P, de Lange C F M, et al, 2015. Bioavailability of arginine from Indian mustard protein concentrate and meal compared with that of a soy protein concentrate in rainbow trout (*Oncorhynchys mykiss*) [J]. Aquaculture Research, 46: 2092-2103.

Cole D J A, Clent E G, Luscombe J R, 1969. Single cereal diets for bacon pigs. 1. Effects of diets based on barley, wheat, maize meal, flaked maize or sorghum on performance and carcass characteristics [J]. Animal Production 11, 325-335.

Cole J T, Fahey G C, Merchen N R, et al, 1999. Soybean hulls as a dietary fiber source for dogs [J]. Journal of Animal Science, 77: 917-924.

Coutinho E M, Athayde C, Atta G, et al, 2000. Gossypol blood levels and inhibition of spermatogenesis in men taking gossypol as a contraceptive [J]. Contraceptive, 61: 61-67.

da Silva, E C, M D A Ferreira, A S C Véras, et al, 2013. Replacement of corn meal by corn germ meal in lamb diets [J]. Pesquisa Agropecuária Brasileira 48: 442-449.

Day O J, González H G, 2000. Soybean protein concentrate as a protein source for turbot *Scophthalmus maximus* L [J]. Aquaculture Nutrition, 6: 221-228.

de Miranda Costa S B, de Andrade Ferreira M, Pessoa R A S, et al, 2012. Tifton hay, soybean hulls, and whole cottonseed as fiber source in spineless cactus diets for sheep [J]. Tropical Animal Health and Production, 44: 1993-2000.

Demeckova V, Kelly D, Coutts A G, et al, 2002. The effect of fermented liquidfeeding on the faecal microbiology and colostrum quality of farrowing sows [J]. Int. J. Food Microbiol. , 79 (1-2): 85-97

Deng J, Mai K, Ai Q, et al, 2006. Effects of replacing fish meal with soy protein concentrate on feed intake and growth of juvenile Japanese flounder, *Paralichthys olivaceus* [J]. Aquaculture, 258 (1): 503-513.

Denstadli V, Storebakken T, Svihus B, et al, 2007. A comparison of online phytase pre-treatment of vegetable feed ingredients and phytase coating in diets for Atlantic salmon (*Salmo salar* L.) reared in cold water [J]. Aquaculture, 269: 414-426.

Dias J, Alvarez M J, Arzel J, et al, 2005. Dietary protein source affects lipid metabolism in the European seabass(*Dicentrarchus labrax*) [J]. Comparative Biochemistry and Physiology, 142A: 19-31.

Dias J, Gomes E F, Kaushik S J, 1997. Improvement of feed intake through supplementation with an attractant mix in European seabass fed plant-protein rich diets [J]. Aquat. Living Resour. , 10: 385-389.

El-Saidy D M S D, 2011. Effect of using okara meal, a by-product from soymilk production as a dietary protein source for Nile tilapia (*Oreochromis niloticus* L.) mono-sex males [J]. Aquaculture Nutrition, 17 (4): 380-386.

Estaún J, Dosil J, Alami A A, et al, 2014. Effects of including olive cake in the diet on performance and rumen function of beef cattle [J]. Animal Production Science, 54: 1817-1821.

Ewaschuk J B, Johnson I R, Madsen K L, et al, 2012. Barley-derived β-glucans increases gut permeability, ex vivo epithelial cell binding to *E. coli*, and naive T-cell proportions in weanling pigs [J]. Journal of Animal Science 90 (8): 2652.

Fan M Z, Sauer W C, Gabert V M, 1996. Variability of apparent ileal amino acid digestibility in canola meal for growing-finishing pigs [J]. Canadian Journal of Animal Science, 76: 563-569.

Feng J, Liu X, Xu Z R, et al, 2007. Effect of fermented soybean meal on intestinal morphology and digestive enzyme activities in weaned piglets [J]. Dig Dis Sci, 52: 1845-1850.

Flipot P, Dufour J J, 1977. Reproductive performance of gilts fed rapeseed meal cv. Tower during gestation and lactation [J]. Canadian Journal of Animal Science, 57: 567-579.

Gåfvels M, Wang J, Bergh A, Damber J-E, Selstam G, 1984. Toxic effects of the antifertility agent gossypol in male rats [J]. Toxicol. , 32: 325-333.

Gamboa, D A, Calhoun M C, Calhoun S W, et al, 2001. Tissue distribution of gossypol enantiomers in broilers fed various cottonseed meals [J]. Poult. Sci. , 80: 920-925.

Garcés-Yépez P, Kunkle W E, Bates D B, et al, 1997. Effects of supplemental energy source and amounton forage in take and performance by steers and intake and digestibility by sheep [J]. Journal of Animal Science, 75: 1918-1925.

Gitzelmann R, Auricchio S, 1965. The handing of soy alpha-galactosidase by a normal and a galactosemic child [J]. Pediatrics, 36: 231-233.

Gizejewski Z, Szafranska B, Steplewski Z, et al, 2008. Cottonseed feeding delivers sufficient quantities of gossypol as a male deer contraceptive [J]. Eur. J. Wildl. Res. , 54 (3): 469-477.

Guermani L, Villaume C, Bau H W, 1992. Composition and nutritional value of okara fermented by *Rhizopus oligosporus* [J]. Sciences Des Aliments, 12: 441-451.

Hale F, Lyman C M, 1957. Effect of protein level in the ration on gossypol tolerance in growing-fattening pigs [J]. J. Anim. Sci. , 16 (2): 364-369.

Hale, F, Lyman C M, Smith H A, 1958. Use of cottonseed meal in swine rations [J]. Texas Agric. Exp. Sta. Bull.

Han P, Ma X, Yin J, 2010. The effects of lipoic acid on soybean beta-conglycinin-induced anaphylactic reactions in a rat model [J]. Arch. Anim. Nutr. , 64: 254-264.

Hartviksen M, Vecino J L G. , Ringø E, et al, 2014 Alternative dietary protein sources for Atlantic salmon (*Salmo salar* L.) effect on intestinal microbiota, intestinal and liver histology and growth [J]. Aquaculture Nutrition, 20: 381-398.

Helland S J, Grisdale-Helland B, 2006. Replacement of fish meal with wheat gluten in diets for Atlantic halibut (*Hippoglossus hippoglossus*): Effect on whole-body amino acid concentrations [J]. Aquaculture, 261 (4): 1363-1370.

Herman R L, 2010. Effects of gossypol on rainbow trout *Salmo gairdneri* Richardson [J]. J. Fish. Biol. , 2 (4): 293-303.

Hermann J R, Honeyman M S, 2004. Okara: a possible high protein feedstuff for organic pig diets [J]. Animal Industry Report, 650.

Herold, D, Klemesrud M, Klopfenstein T J, et al, 1998. Solvent-extracted germ meal, corn bran and steep liquor blends for finishing steers [R]. Nebraska Beef Cattle Reports: 337.

Hojilla-Evangelista M P, 2013. Evaluation of corn germ protein as an extender in plywood adhesive [J]. J. Adhesion Sci. Tech. , 27 (18-19): 2075-2082.

Holmberg C A，1988. Pathological and toxicological studies of calves fed a high concentration cottonseed meal diet [J]. Vet Pothology，25 (4)：147-153.

Hudson L M，Kerr L A，Maslin W R，1988. Gossypol toxicosis in a herd of beef calves [J]. J. Am. Vet Med. A.，192 (9)：1303-1305.

Jalees M M，Khan M Z，Saleemi M K，et al，2011. Effects of cottonseed meal on hematological, biochemical and behavioral alterations in male Japanese quail (*Coturnix japonica*) [J]. Pakistan Vet J.，31：211-214.

Kaminska B Z，2003. Substitution of soybean meal with "00" rapeseed meal or its high-protein fraction in the nutrition of hens laying brown-shelled eggs [J]. Journal of Animal Feed Science，12：111-119.

Kang Y F，Li D F，Xing J J，et al，2004. Determination and prediction of digestible and metabolisable energy of dehulled and regular soybean meals for pigs [J]. J. Anim. Vet Adv.，3：740-748.

Kaushik S J，Cravedi J P，Lalles J P，et al，1995. Partial or total replacement of fish meal by soybean protein on growth, protein utilization, potential estrogenic or antigenic effects, cholesterolemia and flesh quality in rainbow trout, *Oncorhynchus mykiss* [J]. Aquaculture，133 (3)：257-274.

Khajali F，Slominski B A，2012. Factors that affect the nutritive value of canola meal for poultry [J]. Poultry Science，91 (10)：2564-2575.

Khorasani G R，Ozimek L，Sauer W C，et al，1988. Substitution of milk protein with isolated soy protein in calf milk replacers [J]. Journal of Animal Science，67 (6)：1634-1641.

Kim J D，Breque J，Kaushik S J，1998. Apparent digestibilities of feed components from fish meal or plant protein-based diets in common carp as affected by water temperature [J]. Aquatic Living Resources，11 (04)：269-272.

Kissil G W，Lupatsch I，Higgs D A，et al，2000. Dietary substitution of soy and rapeseed protein concentrates for fish meal, and their effects on growth and nutrient utilization in gilthead seabream *Sparus aurata* L. [J]. Aquaculture Research，31：595-601.

Kulakova，E V，Vainerman E S，Rogoshin S V，1982. Contribution to the investigation of corn germ. 1：Corn germ is a valuable source of protein [J]. J. Nahrung，26 (5)：451-457.

Kuo T M，Van Middlesworth J G，Wolf W J，1988. Content of raffinose oligosaccharides and sucrose in various plant seeds [J]. J. Agr. Food Chem.，36 (1)：32-36.

Lalles J P，Toullec R，Branco P，1995. Hydrolyzed soy protein isolate sustains high nutritional performance in veal calves [J]. Journal of Animal Science，78 (1)：194-204.

Landero J L，Beltranena E，Cervantes M，et al，2011. The effect of feeding solvent-extracted canola meal on growth performance and diet nutrient digestibility in weaned pigs [J]. Animal Feed Science and Technology，170：136-140.

Landero J L，Beltranena E，Cervantes M，et al，2012. The effect of feeding expeller-pressed canola meal on growth performance and diet nutrient digestibility in weaned pigs [J]. Animal Feed Science and Technology，171：240-245.

Larsen F M，Moughan P J，Wilson M N，1993. Dietary fiber viscosity and endogenous protein excretion at the terminal ileum of growing rats [J]. Journal of Nutrition，123：1898-1909.

Lawrence K R，Goodband R D，Tokach M D，et al，2004. Comparison of wheat gluten and spray-dried animal plasma in diets for nursery pigs [J]. Journal of Animal Science，82：3635-3645.

Li B, Qiao M, Lu F, 2012. Composition, nutrition, and utilization of okara (soybean residue) [J]. Food Reviews International, 28 (3): 231-252.

Li B, Zhang Y, Yang H, et al, 2008. Effect of drying methods on functional properties of bean curd dregs [J]. Journal of Henan Institute of Science and Technology, 36 (3): 64-66.

Li D F, Nelssen J L, Reddy P G, et al, 1990. Transient hypersensitivity to soybean meal in the early-weaned pig [J]. J. Anim. Sci., 68: 1790-1799.

Li D F, Nelssen J L, Reeddy P G, et al, 1991. Measuring suitability of soybean products for early weaned pigs with immunological criteria [J]. Journal of Animal Science, 69: 3299-3307.

Li D F, Nelsssen J L, Reddy P G, et al, 1991. Internationship between hypersensitivity to soybean proteins and growth performance in early weaned pigs [J]. Journal of Animal Science, 69: 4062-4093.

Li Y D, Peisker M, 2008. Soy protein concentrate-a manifold product group [J]. Feed Magazine, 9-10: 16-24.

Li Z, Wang X, Guo P, Liu L, et al, 2015. Prediction of digestible and metabolisable energy in soybean meals produced from soybeans of different origins fed to growing pigs [J]. Arch. Anim. Nutr., 69: 473-486.

Li M H, Robinson E H, Oberle D F, et al, 2013. Use of Corn Germ Meal in Diets for Pond-Raised Channel Catfish, *Ictalurus punctatus* [J]. J. World Aquacult. Soc., 44: 282-287.

Liener I E, 1981. Factors affecting the nutritional quality of the soya products [J]. Journal of the American Oil Chemists' Society, 58: 406-415.

Lindemann M D, Cromwell G L, Monegue H J, et al, 2000. Feeding value of an enzymatically digested protein for early-weaned pigs [J]. Journal of Animal Science, 78: 318-327.

López M C, Estellés F, Moya V J, et al, 2014. Use of dry citrus pulp or soybean hulls as a replacement for corn grain in energy and nitrogen partitioning, methane emissions, and milk performance in lactating Murciano-Granadina goats [J]. Journal of Dairy Science, 97: 7821-7832.

Lordelo, M M, Davis A J, Calhoun M C, et al, 2005. Relative toxicity of gossypol enantiomers in broilers [J]. Poult. Sci., 84: 1376-1382.

Ludden P A, Cecava M J, Hendrix K S, 1995. The value of soybean hulls as a replacement for corn in beef cattle diets formulated with or without added fat [J]. Animal Science Journal, 73: 2706-2718.

Macgregor C A, Owen F N, 1976. Effect of increasing ration fiber with soybean mill run on digestibility and laction performance [J]. Journal of Dairy Science, 59: 682-689.

Mailer R J, McFadden A, Ayton J, 2008. Anti-nutritional components, fiber, sinapine and glucosinolate content, in Australian canola meal [J]. Journal of the American Oil Chemists' Society, 85: 937-944.

Maison T, Liu Y, Stein H H, 2015. Digestibility of energy and detergent fiber and digestible and metabolizable energy values in canola meal, 00-rapeseed meal, and 00-rapeseed expellers fed to growing pigs [J]. Journal of Animal Science, 93: 652-660.

Mambrini M, Roem A J, Carvèdi J P, et al, 1999. Effects of replacing fish meal with soy protein concentrate and of DL-methionine supplementation in highenergy, extruded diets on the growth and nutrient utilization of rainbow trout, *Oncorhynchus mykiss* [J]. Journal of Animal Science, 77 (11): 2990-2999.

Mateos-Aparicio I，Redondo-Cuenca A，Villanueva-Suárez M J，et al，2010. Pea pod，broad bean pod and okara，potential sources of functional compounds ［J］. LWT-Food Science and Technology，43（9）：1467-1470.

Médale F，Boujard T，Vallee F，et al，1998. Voluntary feed intake，nitrogen and phosphorus losses in rainbow trout（*Oncorhynchus mykiss*）fed increasing dietary levels of soy protein concentrate ［J］. Aquatic Living Resources，11（4）：239-246.

Mena，H，Santos J E P，Huber J T，et al，2004. The effects of varying gossypol intake from whole cottonseed and cottonseed meal on lactation and blood parameters in lactating dairy cows ［J］. J. Dairy. Sci.，87：2506-2518.

Meng Q X，Lu L，Min X M，et al，2000. Effect of replacing corn and wheat bran with soyhulls in lactation cow diets on in situ digestion characteristics of dietary dry matter and fiber and lactation performance ［J］. Asian-Australasian Journal of Animal Sciences，13（12）：1691-1698.

Messina M，Piccolo G，Tulli F，et al，2013. Lipid composition and metabolism of European sea bass（*Dicentrarchus labrax* L.）fed diets containing wheat gluten and legume meals as substitutes for fish meal ［J］. Aquaculture，376-379：6-14.

Molina-Alcaide E，Yáñez-Ruiz D R，2008. Potential use of olive by-products in ruminant feeding：A review ［J］. Animal Feed Science and Technology，147：247-264.

Nagalakshmi，D，Rao V R，Panda A K，et al，2007. Cottonseed meal in poultry diets：a review ［J］. J. Poult. Sci.，44：119-134.

National Research Council，2001. Nutrient Requirements of Dairy Cattle(7th Ed) ［M］. Washington DC：Press National Academy.

Novak C，Yakout H，Scheideler S，2004. The combined effects of dietary lysine and total sulfur amino acid level on egg production parameters and egg components in Dekalb Delta laying hens ［J］. Poultry Science，83：977-984.

NRC，2012. Nutrient Requirements of Swine ［S］. Washington，DC：National Academy Press.

Papadopoulos，G，Fegeros K，Ziras E，1987. Evaluation of greek cottonseed meal. 2. Use in rations for fattening pigs ［J］. Anim. Feed Sci. Technol.，18：303-313.

Preston R L，1999. Soyhull utilization in Cattle（dairy and beef）and swine ［J］. American Soybean Association，139-149.

Qiao S Y，Li D F，Jiang J Y，et al，2003. Effects of moist extruded full-fat soybeans on gut morphology and mucosal cell turnover time of weanling pigs ［J］. Asian-Aust J. Anim. Sci.，16：63-69.

Quicke G V，Bentley O G，Scott H W，et al，1959. Digestibility of soybean hulls and flakes and the in vitro digestibility of the cellulose in various milling by-products ［J］. Journal of Dairy Science，42：1855-1863.

Ragaza J A，Koshio S，Mamauag R E，et al，2015. Dietary supplemental effects of red seaweed Eucheuma denticulatum on growth performance，carcass composition and blood chemistry of juvenile Japanese flounder，*Paralichthys olivaceus* ［J］. Aquaculture Research，46：647-657.

Ragaza J A，Mamauag R E，Koshio S，et al，2013. Comparative effects of dietary supplementation levels of Eucheuma denticulatum and Sargassum fulvellum in diet of juvenile Japanese flounder *Paralichthys olivaceus* ［J］. Aquaculture Science，61（1）：27-37.

Redondo-Cuenca A，Villanueva-Suárez M J，Mateos-Aparicio I，2008. Soybean seeds and its by-product okara as sources of dietary fiber. Measurement by AOAC and Nglyst Methods ［J］. Food

Chemistry，108：1099-1105.

Richert B T，Hancock J D，Morrill J L，1994. Effects of replacing milk and soybean products with wheat glutens on digestibility of nutrients and growth performance in nursery pigs [J]. Journal of Animal Science，72：151-159.

Rincon R，Smith F H，Clawson A J，1978. Detoxification of gossypol in raw cottonseed and the use of raw cottonseed meal as a replacement for soya bean meal in rations for growing finishing pigs [J]. J. Anim. Sci.，47（4）：865-873.

Robaina L，Corraze G，Aguirre P，et al，1999. Digestibility，postprandial ammonia excretion and selected plasma metabolites in European sea bass（*Dicentrarchus labrax*）fed pelleted or extruded diets with or without wheat gluten [J]. Aquaculture，179（1/2/3/4）：45-56.

Robinson，E H，1991. Improvement of cottonseed meal protein with supplemental lysine in feeds for channel catfish [J]. J. Appl. Aquaculture，1：1-14.

Robinson E H，Brent J R，1989. Use of cottonseed meal in channel catfish feeds [J]. J. World. Aquac. Soc.，20：250-255.

Sá M V C，Sabry-Neto H，Cordeiro-Júnior E，et al，2013. Dietary concentration of marine oil affects replacement of fish meal by soy protein concentrate in practical diets for the white shrimp，*Litopenaeus vannamei* [J]. Aquaculture Nutrition，19：199-210.

Salze G，McLean E，Battle P R，et al，2010. Use of soy protein concentrate and novel ingredients in the total elimination of fish meal and fish oil in diets for juvenile cobia，*Rachycentron canadum* [J]. Aquaculture，298（3）：294-299.

Santos A O A，Batista Â M V，Mustafa A，et al，2010. Effects of Bermudagrass hay and soybean hulls inclusion on performance of sheep fed cactus-based diets [J]. Tropical Animal Health and Production，42：487-494.

Sarwa G，Peace R W，Botting H G，1985. Corrected relative net protein ratio（CRNPR）method based on differences in rat and human requirements for sulfur amino acids [J]. Journal of the American Oil Chemists' Society，68：689.

Schulze H，van Leeuwen P，Verstegen M W A，et al，1995. Dietary level and source of neutral detergent fiber and ileal endogenous nitrogen flow in pigs [J]. Journal of Animal Science，73：441-448.

Seneviratne R W，Young M G，Beltranena E，et al，2010. The nutritional value of expeller-pressed canola meal for grower-finisher pigs [J]. Journal of Animal Science，88：2073-2083.

Seneviratne R W，Beltranena E，Newkirk R W，et al，2011. Processing conditions affect nutrient digestibility of cold-pressed canola cake for grower pigs [J]. Journal of Animal Science，89：2452-2461.

Shah N，Atallah R，Mahoner R R，et al，1982. Effect of dietary fiber components on fecal nitrogen excretion and protein utilization in growing rats [J]. Journal of Nutrition，112：658-667.

Singh V，Eckhoff S R，1996. Effect of soak time，soak temperature and lactic acid on germ recovery parameters [J]. Cereal Chem.，73：716-720.

Singh V，Moreau R A，Doner L W，et al，1999. Recovery of fiber in the corn dry grind ethanol process：a feedstock for valuable coproducts [J]. Cereal Chem.，76：868-872.

Soares M，Fracalossi D M，de Freitas L E L，et al，2015. Replacement of fish meal by protein soybean concentrate in practical diets for Pacific white shrimp [J]. Revista Brasileira de Zootecnia，44（10）：343-349.

Soares L L P, da Silva C A, Pinheiro J W, et al, 2004. Defatted corn germ meal to swine in the growing and finishing phases [J]. R. Bras. Zootec., 33: 1768-1776.

Sohn K S, Maxwell C V, 1990. Effect of dietary protein source on nutrient digestibility in early weaned pigs [J]. Oklahoma State University Animal Science Research Report.

Solomon M, Melaku S, Tolera A, 2008. Supplementation of cottonseed meal on feed intake, digestibility, live weight and carcass parameters of Sidama goats [J]. Livest. Sci., 119: 137-144.

Song P, Zhang R, Wang X, et al, 2011. Dietary grape-seed procyanidins decreased postweaning diarrhea by modulating intestinal permeability and suppressing oxidative stress in rats [J]. J. Agric. Food Chem., 59: 6227-6232.

Souza E J, Guim A, Batista Â M V, et al, 2009. Effects of soybean hulls inclusion on intake, total tract nutrient utilization and ruminal fermentation of goats fed spineless cactus (*Opuntia ficus-indica* Mill) based diets [J]. Small Ruminant Research, 85: 63-69.

Stahly T S, Cromwell G L, Moneque H J, 1984. Soy protein concentrate is tested in weanling pig diets [J]. Feedstuffs.

Sterling, K G, Costa E F, Costa M H, et al, 2002. Responses of broiler chickens to cottonseed- and soybean meal-based diets at several protein levels [J]. Poult. Sci., 81: 217-226.

Stock, R A, Lewis J M, Klopfenstein T J, et al, 2000. Review of new information of the use of wet and dry milling feed by-products in feedlot diets [J]. J. Anim. Sci., 77: 1-12.

Storebakken T, Shearer K D, Baeverfjord G, et al, 2000. Digestibility of macronutrients, energy and amino acids, absorption of elements and absence of intestinal enteritis in Atlantic salmon, *Salmo salar*, fed diets with wheat gluten [J]. Aquaculture, 184 (1/2): 115-132.

Storebakken T, Zhang Y, Ma J, et al, 2015. Feed technological and nutritional properties of hydrolyzed wheat gluten when used as a main source of protein in extruded diets for rainbow trout (*Oncorhynchus mykiss*) [J]. Aquaculture, 448: 214-218.

Storebakken T, Shearer K D, Roem A J, 1998. Availability of protein, phosphorus and other elements in fish meal, soy-protein concentrate and phytase-treated soy-protein-concentrate-based diets to Atlantic salmon, *Salmo salar* [J]. Aquaculture, 161: 365-379.

Struther B J, Wales J H, Lee D J, et al, 1975. Liver composition and histology of rainbow trout fed cydopropenoic fatty acids [J]. Exp. Mol. Pathal., 23 (2): 164-170.

Sun P, Li D, Dong B, et al, 2009. Vitamin C: An immunomodulator that attenuates anaphylactic reactions to soybean glycinin hypersensitivity in a swine model [J]. Food Chem., 113: 914-918.

Takagi S, Shimeno S, Hosokawa H, et al, 2001. Effect of lysine and methionine supplementation to a soy protein concentrate diet for red sea bream *Pagrus major* [J]. Fisheries Science, 67: 1088-1096.

Tanksley T D Jr, 1990. Cottonseed meal. In: Non traditional feed sources for use in swine production (P. A. Thacker and R. N. Kirkwood Ed.) [M]. Boston: Butterworth: 139-151.

Tanksley T D Jr, Knabe D A, 1984. Ileal digestibility of amino acids in pig feeds and their use in formulating diets [C] //Recent Advance in Animal Nutrition. Eds: W. Haresign and D. J. A. Cole. London: Butterworths: 75-94.

Thiessen D L, Maenz D D, Newkirk R W, et al, 2004. Replacement of fish meal by canola protein concentrate in diets fed to rainbow trout (*Oncorhynchus mykiss*) [J]. Aquaculture Nutrition, 10: 379-388.

Tokach M D，Goodband R D，Nelssen J L，et al，1991. Comparison of protein sources for phase Ⅱ starter diets ［J］. Kansas State University Swine Day.

Toullec R，Formal M，1998. Digestion of wheat protein in the preruminant calf：ileal digestibility and blood concentrations of nutrients ［J］. Animal Feed Science and Technology，73（1/2）：115-130.

Tusche K，Arning S，Wuertz S，et al，2012. Wheat gluten and potato protein concentrate-Promising protein sources for organic farming of rainbow trout（*Oncorhynchus mykiss*）［J］. Aquaculture，344-349：120-125.

Uddin H，Rahman A，Khan R，et al，2013. Effect of cotton seed cake on cattle milk yield and composition at livestock research and development station Surezai，Peshawar，Pakistan ［J］. Pakistan Journal of Nutrition，12（5）：468-475.

Uzal F A，Puschner B，Tahara J M，et al，2005. Gossypol toxicosis in a dog consequent to ingestion of cottonseed bedding ［J］. J. Vet. Diagn. Invest. ，17：626-629.

Van derRiet W B，Wight A W，Cilliers J J L，et al，1989. Food chemical investigation of tofu and its by product Okara ［J］. Food Chemistry，34：193-202.

Van Leeuwen P，Mouwen J M V M，Van Der Klis J D，et al，2004. Morphology of the small intestinal mucosal surface of broilers in relation to age，diet formulation，small intestinal microflora and performance ［J］. British Poultry Science，45（1）：41-48.

Velasquez-pereira J，Risco C A，McDowell L R，et al，1999. Nutrition，feeding，and calves，long-term effects of feeding gossypol and vitamin E to dairy calves ［J］. J. Dairy Sci. ，82：1240-1251.

Vente-Spreeuwenberg M A M，Verdonk J M A J，Koninkx J F J G，et al，2004. Dietary protein hydrolysates vs. the intact proteins do not enhance mucosal integrity and growth performance in weaned piglets ［J］. Livestock Production Science，85（2/3）：151-164.

Villanueva M J，Yokoyama W H，Hong Y J，et al，2011. Effect of high-fat diets supplemented with okara soybean by-product on lipid profiles of plasma，liver and faeces in Syrian hamsters ［J］. Food Chemistry，124：72-79.

Wang W，Yang Y，Wang F，et al，2011. Effects of replacing fish meal with soybean protein isolate on growth performance and nitrogen and phosphorus excretion of rainbow trout（*Oncrohynchus mykiss*）［J］. Acta Hydrobiologica Sinica，35：105-114.

Wang X F，Li X Q，Leng X J，et al，2014. Effects of dietary cottonseed meal level on the growth，hematological indices，liver and gonad histology of juvenile common carp（*Cyprinus carpio*）［J］. Aquaculture，428/429：79-87.

Wang X，Feng Y，Shu G，et al，2011. Effect of dietary supplementation with hydrolyzed wheat gluten on growth performance，cell immunity and serum biochemical indices of weaned piglets （*Sus scrofa*）［J］. Agricultural Science in China，10（6）：938-945.

Wang Y，Kong L J，Li C，et al，2006. Effect of replacing fish meal with soybean meal on growth，feed utilization and carcass composition of cuneate drum（*Nibea miichthioides*）［J］. Aquaculture，261：1307-1310.

Wang Y，Chen Y，Cho J，et al，2009. Effect of soybean hull supplementation to finishing pigs on the emission of noxious gases from slurry ［J］. Animal Science Journal，80：316-321.

Ward D，Bengtson D A，Lee C M，2016. Gomez-Chiarri M. Incorporation of soybean products in summer flounder（*Paralichthys dentatus*）feeds：Effects on growth and survival to bacterial challenge [J]. Aquaculture, 452: 395-401.

Watanabe T, Aoki H, Viyakarn V, et al, 1995. Combined use of alternative protein sources as a partial replacement for fish meal in a newly developed soft-dry pellet for yellowtail [J]. Suisanzoshoku, 43: 511-520.

Weber, T E, Trabue S L, Ziemer C J, et al, 2010. Evaluation of elevated dietary corn fiber from corn germ meal in growing female pigs [J]. J. Anim. Sci., 88: 192-201.

Weider S J, Grant R J, 1994. Soybean hulls as a replacement for forage fiber in diets for lactating dairy cows [J]. Journal of Dairy Science, 77: 513-521.

Weiss W P, Simons C T, Ekmay R D, 2015. Effects of feeding diets based on transgenic soybean meal and soybean hulls to dairy cows on production measures and sensory quality of milk [J]. Journal of Dairy Science, 98: 1-8.

Wickersham E E, Shirley J E, Titgemeyer E C, et al, 2014. Response of lactating dairy cows to diets containing wet corn gluten feed or a raw soybean hull-corn steep liquor pellet [J]. Journal of Dairy Science, 87: 3899-3911.

Wong M H, Tang L Y, 1996. The use of enzyme-digested soybean residue for feeding common carp [J]. Biomedical and Environmental Sciences, 9: 418-423.

Woychik J H, Boundy J A, Dlmler R J, 1961. Amino acid composition of proteins in wheat gluten [J]. Journal of Agricultural and Food Chemistry, 9: 307-310.

Wu Y, Wang Y, Ren G, et al, 2015. Improvement of fish meal replacements by soybean meal and soy protein concentrate in golden pompano diet through γ-ray irradiation [J]. Aquaculture Nutrition, 22 (4): 873-880.

Xiao X, Hou Y Y, Du J, et al, 2012. Determination of vitamins B_2, B_3, B_6 and B_7 in cornsteep liquor by NIR and PLSR [J]. Trans. Tianjin U., 18: 372-377.

Xu Q Y, Wang C A, Zhao Z G, et al, 2012. Effects of replacements of fish meal by soy protein isolate on the growth, digestive enzyme activity and serum biochemical parameters for juvenile amur sturgeon (*Acipenser schrenckii*) [J]. Asian-Australasian Journal of Animal Sciences, 25: 1588-1594.

Yamaguishi C T, Sanada C T, Gouvêa P M, et al, 2009. Biotechnological process for producing black bean slurry without stachyose [J]. Food Res. Int., 42 (4): 425-429.

Yamamoto T, Iwashita Y, Matsunari H, et al, 2010. Influence of fermentation conditions for soybean meal in a non-fish meal diet on the growth performance and physiological condition of rainbow trout *Oncorhynchus mykiss* [J]. Aquaculture, 309 (1): 173-180.

Yang Y X, Kim Y G, Lohakare J D, et al, 2007. Comparative efficacy of dietary soy protein sources on growth performance, nutrient digestibility and intestinal morphology in weaned pigs [J]. Asian-Australasian Journal of Animal Sciences, 20: 775-783.

Ye Y-X, Akera T, Ng Y-C, 1987. Direct actions of gossypol on cardiac muscle [J]. Eur. J. Pharm., 136: 55-62.

Zaboli G R, G Jalilvand, A A Davarpanah, et al, 2011. Estimation of standardized ileal digestible lysine requirement of starting broiler chicks fed soybean- and cottonseed meal-based diets [J]. J. Anim. Vet. Adv., 10: 1278-1282.

Zbidah M, Lupescu A, Shaik N, et al, 2012. Gossypol-induced suicidal erythrocyte death [J]. Toxicology, 302: 101-105.

Zhang J, Ran H, Xiong W, et al, 2019a. Structures of complexes of gossypol with ferrous sulfate

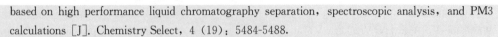

based on high performance liquid chromatography separation, spectroscopic analysis, and PM3 calculations [J]. Chemistry Select, 4 (19): 5484-5488.

Zhang J, Song G, Mei Y, et al, 2019b. Present status on removal of raffinose family oligosaccharides—a review [J]. Czech J. Food Sci., 37 (3): 141-154.

Zhang J, Zhang S, Yang X, et al, 2016. Reactive extraction of amino acids mixture in hydrolysate from cottonseed meal with di (2-ethylhexyl) phosphoric acid [J]. J. Chem. Technol. Biotechnol., 91 (2): 483-489.

Zhang, W J, Xu Z R, Pan X L, et al, 2007. Advances in gossypol toxicity and processing effects of whole cottonseed in dairy cows feeding [J]. Lives Sci., 111: 1-9.

第三章
藻类及其加工产品

第一节　裂壶藻粉及其加工产品作为饲料原料的研究进展

一、裂壶藻概述

（一）我国裂壶藻及其加工产品资源现状

裂殖壶菌俗称裂壶藻，是一类海洋真菌，属于真菌门（Eumycota）、卵菌纲（Oomycetes）、水霉目（Saprolegniales）、破囊壶菌科（Thraustochytriaceae），其形态特征为单细胞球形。裂殖壶菌是生活在海洋、河口、红树林地区的一种微藻，在海洋动物的食物链中处于最底端。裂殖壶菌细胞中富含对人体有用的活性物质（如油脂、色素、角鲨烯等），对裂殖壶菌营养成分研究分析表明，其生化组分主要为脂类、蛋白和多糖，其中脂肪含量可占细胞干重 50％以上，而 n-3 不饱和脂肪酸 DHA 高达 20％以上（李美玉等，2012）。由于不饱和脂肪酸被包被在细胞内，不易被氧化，使用时也没有污染水质的危害，所以裂壶藻在水产苗种生产中的应用无论是从贮藏角度还是从使用方面考虑，都比油脂酵母和微囊鱼油优越得多。裂壶藻细胞内还有丰富的其他营养成分，如维生素、必需氨基酸等，与酵母、鱼油相比，它的实用价值更高。因此，裂壶藻及其制品已经在全球水产界引起广泛关注，并被广泛接受（曾娟等，2015）。

（二）裂壶藻及其加工产品作为饲料原料利用存在的问题

藻类的高效打捞是其资源化的技术难题之一。藻类是单细胞原核生物，细胞小，以群体形式集聚漂浮在水面，打捞时容易造成藻类细胞内气泡破裂而无法收集（王寿全等，2005）。现在的打捞作业工具过于简单，不仅需要大量的人力物力，而且打捞效率低，简单的机械打捞会带入过多的藻类水分，很难进行脱水处理。以太湖为例，2009年太湖打捞出藻类超过 40 万 t，每天的打捞量就超过 1 000t，但刚打捞上来的藻类含水率很高，在藻类资源化利用或处置时需要高运输成本和前处理成本。所以藻类资源化的关键是脱水减重，降低藻类含水量（李光联等，2014）。而像喷雾干燥法这种高效的脱水方法成本太高，目前很难大规模使用。打捞技术的落后，导致藻类不能够被很好地利用，所以需要研发成本低廉而又能够高效去除藻类水分的设备，并探索合理的浓缩方法，以提高裂壶藻的资源利用率。

（三）开发利用裂壶藻及其加工产品作为饲料原料的意义

近年来，DHA 因具多种重要的生理功能而受到更多研究者的青睐。研究表明，DHA 能够促进婴幼儿视觉和神经系统的发育（Crawford，1987；Das 等，2003）；能够降低心血管疾病的发病率，并具有一定的抗癌、抗炎功效（Kang 和 Leaf，1996；Nordoy 等，2001）；另外，DHA 还是人体大脑和视网膜细胞膜的基本结构成分。由于人体不能从头合成 DHA，尤其在婴幼儿阶段，因此必须从食物中补充 DHA。

传统上，n-3 多不饱和脂肪酸的主要来源是海洋鱼油。但随着渔业资源的日益紧张，鱼油将很难满足人们对 n-3PUFA 的市场需求。海洋微生物，特别是一些海洋藻类和真菌，被认为是海洋食物链中 n-3 PUFA 的原始生产者（Achman 等，1964）。海洋鱼类正是因为摄食了这类海洋微生物，才使得 n-3 多不饱和脂肪酸在体内大量积累。因此，在海洋微生物中寻求能够替代鱼油的 DHA 新生资源已成为世界各国竞相研究的热点。裂殖壶菌是一类属于破囊壶菌科的异养海洋真菌，其体内油脂中积累了大量的 DHA，是一种有潜力的 DHA 新生资源（Barclay 等，1994）。

研究证明，用裂殖壶菌菌粉制备的干粉作为食品添加剂喂养大鼠、兔和猪，均未见有任何毒副作用，其安全性已经得到美国食品药品监督管理局（Food and drug administration）的认可（况成宏，2007）。

二、裂壶藻及其加工产品的营养价值

裂殖壶菌有望作为一种直接或间接的生物饵料加以开发应用，因此，有必要对裂殖壶菌的营养成分进行分析，确定生物饵料的营养价值，通常把其所含的必需氨基酸和 n-3 PUFA 的量作为主要选择指标。以下是两种不同氮源条件下培养的裂殖壶菌的主要营养成分、氨基酸组成和脂肪酸组成的比较，并以此作为评价裂殖壶菌用作生物饵料营养价值及质量管理的理论依据（朱路英等，2009）。

（一）裂殖壶菌的主要营养成分

1. 主要营养成分　见表 3-1。

表 3-1　裂殖壶菌的主要营养成分（细胞中的含量，%）

营养成分	样品 A	样品 B
总蛋白	9.35	42.51
总脂	42.83	18.98
总糖	5.27	6.38
灰分	4.85	5.72

注：样品 A 表示以豆粕水解物为氮源培养出的裂殖壶菌；样品 B 表示以酵母提取物为氮源培养出的裂殖壶菌，表 3-2、表 3-3 同。

2. 氨基酸组成分析 两种氮源条件下培养的裂殖壶菌蛋白质中氨基酸的组成相同，但相对含量差别明显（表 3-2）。以豆粕水解物为氮源，裂殖壶菌细胞中总氨基酸为 7.38%，含有常见的 16 种氨基酸（色氨酸因酸处理而被破坏），包括必需氨基酸 10 种及非必需氨基酸 6 种（表 3-2）。其中，必需氨基酸占总氨基酸的 42.41%。从氨基酸组成上看，谷氨酸含量最高，为总氨基酸的 20.87%；其次为天冬氨酸（14.91%）、缬氨酸（9.35%）和亮氨酸（6.91%）；含量较低的依次为精氨酸和组氨酸。在以酵母提取物为氮源的条件下，氨基酸总量较高为 39.7%，氨基酸的种类与前者相同，其中，总氨基酸中谷氨酸含量最高，为 33.63%；其次为精氨酸（13.35%）、天冬氨酸（7.15%）、赖氨酸（5.79%）和亮氨酸（5.57%）；而蛋氨酸和组氨酸含量较低；总氨基酸中必需氨基酸含量为 43.31%。这一组成特点与豆粕水解物培养出的裂殖壶菌有所不同。

表 3-2 裂殖壶菌的氨基酸组成（%）

氨基酸	样品 A		样品 B	
	占干样的比例	占氨基酸的比例	占干样的比例	占氨基酸的比例
天冬氨酸	1.11	14.91	2.84	7.15
丝氨酸	0.38	5.15	1.45	3.65
谷氨酸	1.54	20.87	13.35	33.63
甘氨酸	0.36	4.88	1.52	3.83
丙氨酸	0.43	5.83	1.70	4.28
脯氨酸	0.43	5.83	1.65	4.16
苏氨酸	0.35	4.74	1.27	3.20
缬氨酸	0.69	9.35	1.71	4.31
蛋氨酸	0.11	1.49	0.52	1.31
异亮氨酸	0.25	3.39	1.00	2.52
亮氨酸	0.51	6.91	2.21	5.57
酪氨酸	0.25	3.39	1.07	2.70
苯丙氨酸	0.37	5.01	1.19	3.00
赖氨酸	0.41	5.56	2.30	5.79
组氨酸	0.12	1.63	0.62	1.56
精氨酸	0.07	0.95	5.30	13.35

3. 脂肪酸组成分析 两种氮源条件下，裂殖壶菌脂肪酸组成和含量见表 3-3。分析、鉴定出的脂肪酸种类共 17 种，其中饱和脂肪酸（SFA）9 种、PUFA 8 种。

表 3-3 裂殖壶菌的脂肪酸组成（%）

脂肪酸	样品 A		样品 B	
	占干样的比例	占总脂肪酸的比例	占干样的比例	占总脂肪酸的比例
$C_{12:0}$	0.09	0.22	0.05	0.30
$C_{14:0}$	3.21	8.29	0.44	2.62

（续）

脂肪酸	样品A		样品B	
	占干样的比例	占总脂肪酸的比例	占干样的比例	占总脂肪酸的比例
$C_{15:0}$	0.85	2.20	2.43	14.32
$C_{16:0}$	15.18	39.14	5.97	35.17
$C_{17:0}$	0.38	0.99	0.62	3.63
$C_{18:0}$	0.69	1.78	0.28	1.65
$C_{18:2n-6}$	0.09	0.23	0.07	0.42
$C_{18:3n-3}$	0.24	0.63	0.20	1.18
$C_{18:3n-6}$	0.10	0.25	0.12	0.70
$C_{20:0}$	0.21	0.54	0.14	0.84
$C_{21:0}$	0.12	0.32	0.08	0.48
$C_{20:3n-6}$	0.13	0.34	0.09	0.52
$C_{20:4n-6}$	0.17	0.42	0.11	0.64
$C_{22:0}$	0.16	0.40	0.08	0.48
$C_{20:5n-3}$	0.28	0.72	0.14	0.80
$C_{22:5n-6}$	2.94	7.59	1.29	7.62
$C_{22:6n-3}$	14.29	36.84	4.86	28.63
SFA	20.55	52.98	10.23	60.29
PUFA	18.23	47.02	6.74	39.71
n-3PUFA	14.81	38.19	5.20	30.61
FA	38.78	100	16.97	100

由表3-3可以看出，裂殖壶菌中的脂肪酸主要为 $C_{16:0}$ 和 $C_{22:6n-3}$ （DHA）。另外，裂殖壶菌细胞中还含有两种海洋鱼类仔稚鱼需要的必需脂肪酸：二十碳五烯酸 $C_{20:5n-3}$ （EPA）和二十碳四烯酸 $C_{20:4n-6}$ （AA）。在两种氮源条件下，细胞总脂肪酸中DHA分别为36.84%（豆粕水解物为氮源）和28.63%（酵母提取物为氮源）。两种氮源条件下培养出的裂殖壶菌总脂含量的不同，使得两种氮源条件下细胞干重中DHA的含量差别较大，分别为14.29%（豆粕水解物为氮源）和4.86%（酵母提取物为氮源）。以豆粕水解物为氮源，总脂中的不饱和脂肪酸含量相对较高，而以酵母提取物为氮源，细胞总脂中的奇数碳脂肪酸15：0和17：0含量很高，尤其是15：0脂肪酸高达14.32%。分析以上这些差异的原因，主要是不同的氮源所提供的营养种类和形式不同，从而使得裂殖壶菌的代谢调控不同。

三、裂壶藻生长调节因子

（一）金属离子对裂壶藻生长和DHA合成的影响

1. Mn^{2+} 对裂殖壶菌的生长和DHA合成的影响　设定 $MnCl_2 \cdot 4H_2O$ 浓度梯度从 24mg/L 逐渐上升到 56mg/L，以 $MnCl_2 \cdot 4H_2O$ 浓度0作为对照。$MnCl_2 \cdot 4H_2O$ 浓度

对裂殖壶菌细胞生长的影响结果见表 3-4。

表 3-4　Mn^{2+} 对裂殖壶菌的生长和 DHA 含量的影响

组别	$MnCl_2 \cdot 4H_2O$ 浓度（mg/L）	生物量 [g/ (L·d)]	DHA 含量（%）
1	0	4.20±0.15	10.80±0.61
2	24	4.43±0.21	11.10±0.63
3	32	4.64±0.11	11.98±0.68
4	40	4.84±0.09	15.44±0.87
5	48	4.58±0.18	13.24±0.75
6	56	4.32±0.27	13.19±0.75

由表 3-4 可看出，裂殖壶菌 DHA 含量变化规律与生物量变化规律基本一致。加入 $MnCl_2 \cdot 4H_2O$ 后，裂殖壶菌的生物量和 DHA 含量有所提升。随着 $MnCl_2 \cdot 4H_2O$ 浓度的增加，裂殖壶菌的生物量呈规律性变化。当 Mn^{2+} 浓度在 0～40mg/L 递增时，裂殖壶菌生物量和 DHA 含量也随之增加。当浓度达到 40mg/L 时，细胞生物量达到最大值 4.84g/ (L·d)，较未添加 $MnCl_2 \cdot 4H_2O$ 的提高了 15.24%（$0.01 < P \leqslant 0.05$，差异显著）；DHA 含量达到峰值为 15.44%，较未添加 $MnCl_2 \cdot 4H_2O$ 的提高了 42.96%（$0.01 < P \leqslant 0.05$，差异显著）。当 $MnCl_2 \cdot 4H_2O$ 浓度继续增加时，细胞生物量逐渐下降。由此可确定 $MnCl_2 \cdot 4H_2O$ 的最佳添加量为 40mg/L。

2. Zn^{2+} 对裂殖壶菌的生长和 DHA 合成的影响　设定培养基中 $ZnSO_4 \cdot 7H_2O$ 浓度梯度（22mg/L、26mg/L、30mg/L、34mg/L、38mg/L），以不添加 $ZnSO_4 \cdot 7H_2O$ 作为对照。不同浓度 $ZnSO_4 \cdot 7H_2O$ 对裂殖壶菌细胞生长的影响结果见表 3-5。

表 3-5　Zn^{2+} 对裂壶藻的生长和 DHA 含量的影响

组别	$ZnSO_4 \cdot 7H_2O$ 浓度（mg/L）	生物量 [g/ (L·d)]	DHA 含量（%）
1	0	4.32±0.11	11.11±0.63
2	22	4.61±0.20	12.86±0.73
3	26	5.89±0.15	13.21±0.75
4	30	6.09±0.24	15.65±0.88
5	34	5.01±0.38	12.21±0.69
6	38	4.33±0.32	11.97±0.68

由表 3-5 可知，Zn^{2+} 对裂殖壶菌的生长和 DHA 产量有促进作用。当 $ZnSO_4 \cdot 7H_2O$ 浓度为 30mg/L 时，细胞生物量增加显著，达到 6.09g/ (L·d)，较对照组提高了 40.97%（$0.01 < P \leqslant 0.05$，差异显著）；DHA 含量达到 15.65%，较对照组提高了 40.68%（$0.01 < P \leqslant 0.05$，差异显著）。当 $ZnSO_4 \cdot 7H_2O$ 浓度大于 30mg/L 时，裂殖壶菌的生物量和 DHA 含量逐渐下降。

3. Co^{2+} 对裂殖壶菌的生长和 DHA 合成的影响　按照 0.4mg/L、1.2mg/L、2.0mg/L、2.8mg/L、3.6mg/L 的浓度设定 $CoCl_2 \cdot 6H_2O$ 添加量，以未添加 $CoCl_2 \cdot 6H_2O$ 作为对照，不同浓度 $CoCl_2 \cdot 6H_2O$ 对裂殖壶菌细胞生长的影响结果见表 3-6。

表 3-6 Co^{2+} 对裂殖壶菌的生长和 DHA 含量的影响

组别	$CoCl_2 \cdot 6H_2O$ 浓度（mg/L）	生物量 [g/（L·d）]	DHA 含量（%）
1	0	4.32±0.11	11.00±0.62
2	0.4	4.79±0.23	12.18±0.69
3	1.2	5.84±0.44	14.96±0.85
4	2.0	4.92±0.09	13.21±0.75
5	2.8	4.53±0.10	12.84±0.73
6	3.6	4.12±0.31	12.58±0.71

从表 3-6 可知，低浓度的 $CoCl_2 \cdot 6H_2O$（≤1.2mg/L）对裂殖壶菌的生长有促进作用，浓度过高时则会产生抑制作用。当 $CoCl_2 \cdot 6H_2O$ 的添加浓度为 1.2mg/L 时，生物量达到 5.84g/（L·d），较对照组提高了 35.19%（$0.01 < P \leqslant 0.05$，差异显著）；DHA 含量达到 14.96%，较对照组提高了 36%（$0.01 < P \leqslant 0.05$，差异显著）（陈浩，2014）。

四、裂壶藻及其加工产品在动物生产中的应用

（一）在养猪生产中的应用

藻类作为一种新型绿色饲料添加剂能够有效改善饲料的营养结构，提高饲料利用率，改善动物产品质量，提高动物的抗病和抗应激能力等，应用前景光明。研究人员针对有关藻类在畜禽饲料中的应用开展了一系列研究，也取得了一定的进展。藻类在猪饲料中的应用研究结果表明，猪饲料中使用适量的藻粉，可以有效地提高猪的生长速度，增强机体的免疫力和抗病力，降低饲料系数、乳猪腹泻发生率和死亡率。

（二）在家禽生产中的应用

在禽畜的饲料中添加裂壶藻藻粉，可以提高禽畜肉、蛋、奶等产品中 DHA 的含量。

（三）在水产品生产中的应用

曾娟等（2015）的研究表明，饲料中充足的 DHA 可显著提高鱼、虾、蟹等水产动物对环境变化的忍耐力，降低白化病发病率，从而提高存活率，并促进生长发育。国内一些裂壶藻产品的生产企业也相继开展了一系列裂壶藻 DHA 的应用试验，主要是在水产饲料中的添加效果方面，表明裂壶藻 DHA 对改善虹鳟、鲟、石斑鱼的鱼卵孵化率，以及鱼苗成活率、肉质、肉色、饵料系数、鱼肉 DHA 含量等均具有良好的效果。以裂壶藻粕作为石斑鱼配合饲料的部分蛋白源，可以发挥不同蛋白质营养价值的互补作用，即必需氨基酸相互弥补，提高饲料质量和养殖效果（杨晓，2015）。

1. 直接投喂新鲜藻液 裂壶藻体型微小（4～13μm），可作为水产动物苗种的直接开口饵料，其富含 DHA 且易于培养、产量高。新鲜藻液，相当于婴儿母乳，可作为一

种高 DHA 含量的优良强化饵料，提高苗种生长性能和成活率。大量研究表明，多数虾、蟹、贝及部分鱼类的幼体阶段以植物性饵料为食，单细胞藻类的种类、数量与质量直接决定其人工育苗的成功率。孙杰等（2008）通过微藻与西施舌混养不仅降低了水体中氨氮质量浓度，而且提高了幼贝的成活率及生长量。朱路英等（2009）研究表明，裂壶藻可作为海水仔稚鱼、牡蛎等贝类的一种高 DHA 含量的优良强化饵料。

2. 作为配合饲料的营养添加剂　规模化培养富含 DHA 的裂壶藻，处理后可作为仔鱼等的基础饲料的营养强化添加剂，即微藻 DHA 饲料。Li 等（2009）在斑点叉尾鮰饲料中添加裂壶藻粉的研究表明，2％的添加量可显著提高肌肉中的 DHA 和总 n-3 长链多不饱和脂肪酸（LC-PUFAs）水平。

3. 对动物性水产饵料进行营养强化　一些用于投喂鱼虾等幼体的动物性饵料如轮虫、卤虫、桡足类和枝角类等水产养殖次级饵料生物，其本身缺乏足量的 DHA，但在投喂之前，可先用富含 PUFA 的裂壶藻进行营养强化，提高次级饵料的营养值，从而达到促进鱼虾生长、提高存活率等效果。马静等（2012）用经过裂壶藻强化的卤虫喂养半滑舌鳎稚鱼的研究发现，半滑舌鳎稚鱼体长、体重、碱性磷酸酶、类胰蛋白酶活力，以及 T_3、T_4 水平等都显著优于对照组。宋晓金等（2007）采用裂壶藻对褶皱臂尾轮虫进行营养强化的研究也表明，添加量为 80mg/L 时，12h 后轮虫体内的 DHA/FA 为 13.44％。干燥轮虫粉中 DHA 含量为 8.14mg/g，与对照组相比轮虫密度增长了 132％，可明显促进轮虫的生长和发育，显著提高轮虫体内的 DHA 含量（曾娟，2015）。

五、裂壶藻及其加工产品的加工方法与工艺

裂殖壶菌 OUC88 的生长曲线呈典型的 S 形。在足够的接种量下，裂殖壶菌经过 1d 的延滞期后，进入细胞快速生长的指数生长期，到第 4、5 天后逐渐达到生长平衡的稳定期，此时是结束发酵的最佳时期，可以获得最大的生物量和 DHA 含量。

提取是脂肪酸生产比较重要的工序。提取工艺（图 3-1）是否合理，溶剂选择是否合适，直接关系到产品的产量和质量。对提取工艺总的要求是：

①保持脂肪酸在提取中的稳定性。不饱和脂肪酸一般稳定性较差，对光、热等都很敏感，易分解、变质。因此在提取过程中要避免这些因素的影响。

②尽量避免其他杂质随着脂肪酸的提取也被提取出来，降低后期净化、分离工序的繁杂程度。选择合适的溶剂和控制好萃取温度比较重要。

③保证达到足够的脂肪酸提取率，才能使废渣中残留脂肪酸少，降低单位产品原料消耗和相应成本。但保持较高的脂肪酸提取率，提取液浓度往往较低，这会增加浓缩的困难。所以在保证足够提取率的前提下，应尽量提高提取液中脂肪酸的浓度。

用溶剂萃取脂肪酸，就是使脂肪酸溶解而进入溶液，这是一种固-液相萃取过程，这一过程主要包括三个步骤。首先溶剂渗透到菌体颗粒内部含有脂肪酸的细胞组织内；其次是脂肪酸及其他成分按照溶解性能的高低先后溶解到溶剂中；最后发生扩散作用，达到浓度平衡。

延长萃取时间能显著地提高裂殖壶菌胞内脂肪酸的萃取效果，萃取时间由 1h 提高到 5h 后，萃取率比原来提高了 25.4％，实际萃取率为 85.8％；固液比越小，脂肪酸提

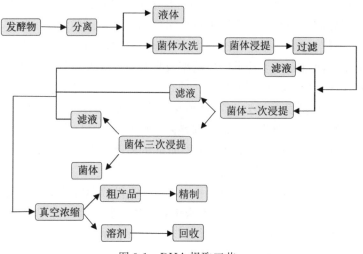

图 3-1　DHA 提取工艺

出率越高。反之，固液比越大，萃取率越低，固液比的上限是必须保证萃取剂浸没菌体，高于此值则萃取很难进行。

　　萃取次数少，则萃取不完全，萃取率很低，虽然可以采取增加溶液量或萃取时间来弥补，但会造成浓度或生产率下降。多次萃取能大大提高脂肪酸的提取效果，经过 3～4 次萃取后，总萃取率达到 98％以上，能将裂殖壶菌胞内脂肪酸基本萃取完全。

　　综上所述，通过试验得到的最适合提取的单因子条件：萃取溶剂为氯仿/甲醇（$V：V=2：1$），固液比 1：（20～40），反复抽提 4 次，每次 4h 以上，基本能将胞内脂肪酸提取完全（宋晓金，2008）。

六、裂壶藻及其加工产品作为饲料资源开发利用的政策建议

（一）加强开发利用裂壶藻及其加工产品作为饲料资源

　　将裂壶藻粉添加到饲料中不仅可为动物提供丰富的营养物质，提高动物的免疫力，增加经济效益，而且可以通过利用海藻喂养动物为人类提供有生物活性的畜禽、水产食品，改善我国养殖业中普遍存在的滥用药物现象。我国饲料资源短缺，进一步发展海藻饲料不仅可充分利用海洋生物资源，解决饲料原料匮乏的问题；还可改善水域生态环境，保护水生生物资源。因此，海藻饲料是一种极有研究价值、经济价值和开发利用潜力的野生饲料资源（靳玲品等，2008）。

（二）改善裂壶藻及其加工产品作为饲料资源开发利用方式

　　目前裂壶藻产品主要有微藻 DHA 粉、微藻 DHA 油及微藻粉，在水产养殖中以微藻粉的应用为主。而在裂殖壶藻发酵产 DHA 的市场方面全球都在高速发展，但主要技术和市场却被少数公司占据，并且成果转化艰难，如生物量、藻油产率、质量、DHA纯度等。虽然目前裂壶藻发酵及生产 DHA 已取得一定进展，但在工业生物技术领域，多数观点认为 2 年是一个更新换代的门槛，如果没有技术支持，将很快被新升级产品所超越。想要进一步占领市场，降低成本是一个重要因素。就目前市场上裂壶藻发酵生产

DHA而言，原料占据很大一部分成本，寻找廉价高效的原料可以大幅降低生产成本。同时，重视稳定、高产DHA的裂壶藻选育，优化生产工艺，缩短发酵周期，加强主流代谢，改进适合裂壶藻发酵生产LC-PUFAs的新型生物反应器，提升菌种的产率，是提高产品市场竞争力的主要手段（曾娟，2015）。

（三）制定裂壶藻及其加工产品作为饲料产品标准

在水产饲料行业标准中，技术要求是核心，包括营养指标、加工质量指标、感官指标和卫生指标4部分。应尽最大可能发挥裂壶藻的营养功效及无毒、无残留、不产生耐药性等优点（冷向军，20012）。

（四）科学确定裂壶藻及其加工产品作为饲料原料在日粮中的适宜添加量

裂壶藻及其加工产品作为饲料原料在日粮中的添加量应随物种的不同而有所改变，每一物种都需要根据水产养殖试验进行科学确定。焦建刚等（2014）研究表明，在对虾基础饲料中添加0.5％的裂壶藻发酵粉可明显促进其生长，降低饲料系数（FCR）3.4％，同时提高肌肉中蛋白质（约2％）及DHA（约1％）的含量，从而改善对虾品质。李浩洋等人在蛋鸡日粮中分别加入1％、2％、3％DHA含量为15％的裂壶藻粉，测定蛋鸡生产性能、鸡蛋品质，以及鸡蛋油脂中DHA、花生四烯酸（ARA）等脂肪酸的含量。结果表明，与对照组相比，添加组鸡蛋的DHA含量随饲养时间延长而不断提高，且高添加量组鸡蛋DHA含量也较高；饲养25d时，各添加组鸡蛋油脂中DHA含量由1.5％分别提高至3.95％、4.60％、5.25％；各添加组ARA的含量略有下降，其他脂肪酸含量无显著变化；各添加组蛋黄胆固醇含量有所下降。添加量低于3％时，对蛋鸡生产性能、鸡蛋品质均无显著影响，证明裂壶藻粉可用作生产富含DHA鸡蛋的饲料添加剂（李浩洋等，2015）。

第二节　螺旋藻粉及其加工产品作为饲料原料的研究进展

一、螺旋藻概述

（一）我国螺旋藻资源及其加工产品现状

螺旋藻是一种主要分布于热带、亚热带地区淡水及盐碱性湖泊中的多细胞丝状蓝藻（Blue-green Algae），属蓝藻门（Cyanophyta）、颤藻目（Oscillatoriales）、颤藻科（Osciallatoriaceae）、螺旋藻属（Spirulina）。藻体蓝绿色，呈不分支的螺旋形（曾文炉等，2001）。早在1974年，联合国世界粮食会议便已确认其为重要的蛋白质资源。

螺旋藻于20世纪80年代初被引入我国，90年代起，我国建立和发展了以螺旋藻为代表的微藻工业化养殖业，养殖品种主要是钝顶螺旋藻（原产于非洲乍得湖）和极大螺旋藻（原产于墨西哥）。经过20多年的实践，螺旋藻养殖业已经成为我国最重要的微藻产业，中国也已成为螺旋藻养殖第一大国（其干粉产量居世界第一）。我国螺旋藻养殖基地在海南、福建、浙江、山东、四川、黑龙江等地均有分布（表3-7），养殖面积约750万m²，年产量约为9 600t，年产值超过40亿元（张学成和薛命雄，2012）。

表 3-7　我国主要螺旋藻产地及养殖时间

省份	螺旋藻养殖时间
内蒙古、黑龙江	5 月至 10 月初
河南、江苏、山东	5 月至 10 月中旬
江西	4 月中旬至 11 月初
云南、四川	4 月中旬至 11 月中旬
福建	4 月初至 11 月底
海南、广东、广西	全年

(二) 螺旋藻及其加工产品作为饲料原料利用存在的问题

随着中国畜禽、水产养殖业的发展，饲料资源日益紧张，开发利用藻类是一条非常有效的途径 (艾春香，2012)。人们对螺旋藻的深入研究，使得其在饲料的综合开发利用上前景广阔，但在其应用方面仍有许多问题亟待解决。

1. 养殖中的营养源问题　培养螺旋藻需要大量的碳源、氮源及其他无机营养。虽然目前利用废水或动物粪便培养螺旋藻已获得初步的成功，但因废水中含有毒物质和病毒因子，而螺旋藻本身又有很强的富集能力，因此利用这类营养源作为培养基所培养的螺旋藻产品是极不安全的 (王欢莉等，2001)。

2. 螺旋藻产品中粗纤维含量较高问题　测定结果表明，螺旋藻中的粗纤维含量为 $2\%\sim5.46\%$，其相对含量较高。因此，目前在一些对粗纤维利用率不高的畜禽品种中，如鸡、猪等，螺旋藻作为饲料添加剂的使用相对有限。如何充分利用自然界的这一优良资源缓解饲用粮短缺的现状已成为人们关注的焦点 (王欢莉等，2001)。

3. 生产成本问题　尽管螺旋藻的开发早已进入了工业化生产阶段，但在畜牧业中的应用并未得到普及，其中最重要的原因就是生产成本过高。

4. 加工工艺问题　螺旋藻藻体小，采收困难，离心分离需大量能量，并且在洗涤藻粉的时候容易引起微生物污染，从而使螺旋藻粉的微生物指标较高 (朱荣生等，2002)。

(三) 开发利用螺旋藻及其加工产品作为饲料原料的意义

随着世界人口的不断增长和耕地面积的逐渐减少，如何开发和利用现存资源，以补充未来粮食与饲料资源的不足，已成为当前人类需要解决的迫切任务 (王欢莉等，2001)。螺旋藻生长所需的占地面积小，易于工业化生产。而且其具有高蛋白、低脂肪、低糖等特点，合成蛋白质的能力是其他动植物的几百倍甚至几万倍。螺旋藻还含有人和动物不能合成的 8 种必需氨基酸，其中的苏氨酸、赖氨酸、蛋氨酸和胱氨酸为谷物所缺乏，因此将其作为食品、饲料添加成分，可与其他原料发挥蛋白质互补的作用 (杨才誉和杨洋，2004)。螺旋藻还含有多种维生素、矿物质、微量元素等生理活性物质，具有极高的营养价值。

哺乳动物对核酸嘌呤碱的分解终产物是尿酸，若摄入过量核酸，会使血清中的尿酸浓度上升而导致某些疾病，用螺旋藻作为食物或饲料则不存在这个问题。在钝顶螺旋藻和极大螺旋藻中，核酸含量仅占干重的 $3.12\%\sim8.10\%$。此外，螺旋藻细胞壁几乎不含纤维素，主要由胶原蛋白和半纤维素组成，其营养物质可由肠道黏膜直接吸收（曾文炉等，2001），消化率和吸收率分别可达到 65%～80%（大豆蛋白仅可消化 40%），从而实现了高营养和高吸收的统一。

螺旋藻作为水产和畜禽养殖的优质饲料，还具有显著提高幼体成活率、缩短育苗周期、增强机体免疫力、降低饲料系数、提高产量、改善肉质和降低成本等作用。将螺旋藻作为开口饵料，可显著增加虾、蟹等的出池率；饲料中添加适量的螺旋藻，对于防治动物脂肪肝及其他高脂血症具有良好效果；螺旋藻粉的热水抽提物对于控制鱼体的杆状病毒也十分有效（曾文炉等，2001）。

二、螺旋藻及其加工产品的营养价值

螺旋藻营养价值高（表 3-8），含有大约 70% 的优质蛋白质，比肉（15%）和大豆（35%）分别高出 3.5 倍和 1 倍（表 3-9）。螺旋藻中不仅含有大量人和动物所必需的氨基酸，还含有人体限制性氨基酸如赖氨酸、亮氨酸、异亮氨酸和缬氨酸，以及其他动物限制性氨基酸如赖氨酸、色氨酸及苏氨酸等（于孝东和李玫，2003）。

表 3-8 螺旋藻干粉的化学组成

成分	含量	成分	含量	成分	含量
粗蛋白质(%)	70	环(多)醇(%)	2.50	其他(mg/kg)	699
必需氨基酸		葡萄糖胺和胞壁酸(%)	2.00	维生素(mg/kg)	
异亮氨酸(%)	4.13	糖原(%)	0.50	维生素 B_{12}(mg/kg)	11.00
亮氨酸(%)	5.80	唾液酸及其他(%)	0.50	维生素 H(mg/kg)	2.00
赖氨酸(%)	4.00	核酸(%)	4.50	d-Ca-泛酸(mg/kg)	0.50
蛋氨酸(%)	2.17	核糖核酸(%)	3.50	叶酸(mg/kg)	350.00
苯丙氨酸(%)	3.95	脱氧核糖核酸(%)	1.00	肌醇(mg/kg)	118.00
苏氨酸(%)	4.17	胡萝卜素(mg/kg)	4 000	烟酸(mg/kg)	3.00
色氨酸(%)	1.13	β-胡萝卜素(mg/kg)	1 700	维生素 B_6(mg/kg)	40.00
缬氨酸(%)	6.00	叶黄素(mg/kg)	1 600	核黄素(mg/kg)	55.00
非必需氨基酸		脂类(%)	7.00	硫胺素(mg/kg)	190.00
丙氨酸(%)	5.82	脂肪酸(%)	5.70	灰分(%)	9.00
精氨酸(%)	5.98	月桂酸(mg/kg)	229	钙(mg/kg)	1 315
天冬氨酸(%)	6.43	肉豆蔻酸(mg/kg)	644	磷(mg/kg)	8 942
胱氨酸(%)	0.67	棕榈酸(mg/kg)	21 141	铁(mg/kg)	580
谷氨酸(%)	8.94	棕榈油酸(mg/kg)	2 035	钠(mg/kg)	412
组氨酸(%)	1.08	十七碳酸(mg/kg)	142	氯(mg/kg)	4 400
脯氨酸(%)	2.97	硬脂酸(mg/kg)	353	镁(mg/kg)	1 915
丝氨酸(%)	3.18	油酸(mg/kg)	3 009	锰(mg/kg)	25
碳水化合物	16.50	亚麻酸(mg/kg)	13 784	锌(mg/kg)	39
鼠李糖(%)	9.00	二亚麻酸(mg/kg)	11 970	钾(mg/kg)	15 400
葡萄糖(%)	1.50	α-亚麻酸(mg/kg)	427	其他(mg/kg)	57 000

资料来源：苗晓洁等（2006）。

表 3-9　螺旋藻与几种食物蛋白质含量比较

品种	蛋白质含量（%）
螺旋藻粉	55～70
啤酒酵母	45
干黄豆粉	37
奶粉	36
鸡肉	20～24
牛肉	18～21
猪肉	16.7
鱼肉	15～22

资料来源：李全顺和贾庆舒（2006）。

螺旋藻脂肪含量只占 7% 左右，但这 7% 的脂类中有 80% 为不饱和脂肪酸。γ-亚麻酸（CLA）是其中的主要成分，可以促进水生动物繁殖与发育，提高成活率和幼体变态率。亚油酸和亚麻酸都是人体必需脂肪酸，经代谢后可转化成具重要生理活性的 DHA、EPA 和前列腺素（PGE）。亚油酸和花生四烯酸也是动物必需脂肪酸，亚麻酸虽不归属于动物必需脂肪酸，但饲用亚麻酸更有利于动物对脂肪的分解、吸收和利用（朱荣生等，2005）。γ-亚麻酸的药理作用有降血脂，抑制血小板聚集和血栓素 A_2 的合成，抗脂质过氧化，抑制溃疡及胃出血，增强胰岛素作用等（王欢莉等，2001）。

螺旋藻富含多种维生素和矿物盐，包括铁、钙、磷、锌等多种矿物质。10g 螺旋藻含铁 5.8mg，而 10g 鸡肝含铁量仅 0.84mg；螺旋藻中 β-胡萝卜素的含量比胡萝卜中的含量高 15 倍 [β-胡萝卜素能在体内转化成维生素 A，而维生素 A 可提高机体免疫力，增强对细菌、霉菌类疾病的抵抗力及其在低氧环境中的耐受力，从而有效提高幼龄动物的成活率（朱荣生等，2002）]；螺旋藻中钴胺素和维生素 E 的含量也很高（朱王飞和钱胜峰，2006），已接近或超过某些植物油脂中所含有维生素 E 的量。此外，螺旋藻中还含有维生素 B_{12}（赖建辉和王淑芳，2001）。总之，螺旋藻体中的营养素和生理活性物质种类之多、含量之丰是在其他动植性食品或饲料原料中所罕见的（赖建辉和王淑芳，2001）。

三、螺旋藻及其加工产品中的抗营养因子

螺旋藻中的抗营养因子主要来自其所受的微囊藻毒素污染。微囊藻毒素是一种高毒物质，小鼠经腹腔注射半数致死量（LD_{50}）为 25～150μg/kg，经口半数致死量 LD_{50} 是 5 000μg/kg，它能通过胎盘屏障影响小鼠胎儿发育，造成胎鼠肝炎和肾受损。长期低剂量接触微囊藻毒素可以引起其在人体肝脏的蓄积，并有较大可能最终引发肝癌或其他肝脏疾病。1994 年美国 Carmichael 首次提出了微囊藻毒素可能污染螺旋藻的假说。徐海滨等对江苏、云南、福建和广东等我国主要螺旋藻生产基地的 160 份养殖用水以及 70 份螺旋藻原料粉进行了微囊藻毒素的测定，发现螺旋藻养殖场池水的微囊藻毒素平均污

染水平是 207.9pg/mL，70 份螺旋藻原料粉中的微囊藻毒素平均污染水平是 206.4ng/g（徐海滨等，2003）。

螺旋藻能富集重金属，若富集程度较高，摄入螺旋藻则可能直接或间接地对人类和各种生物的健康造成威胁。随着工业生产的发展，重金属污染物的排放量日益增加，造成水体受到不同程度的污染。重金属污染物通过各种途径进入水体后，首先在藻类中富集。陈必链等研究了钝顶螺旋藻对 7 种重金属的富集能力，发现钝顶螺旋藻对 7 种重金属的耐受力大小依次为 Pb＞Cd＞Co＞Ni＞Cu＞Hg＞Ag（表 3-10），即对 Pb 的耐受力最大。他们的研究还指出钝顶螺旋藻对 Hg、Ag 的生物倍增率最大，一旦工厂化生产螺旋藻的水质受污染，将引起 Hg 和 Ag 含量增加，从而导致藻体 Hg、Ag 含量剧增，超过卫生学安全指标（陈必链和吴松刚，1999）。除上述 7 种重金属外，人们还研究了 Se、Cr、Mn、Zn 等对螺旋藻生长的影响，结果见表 3-11。

表 3-10　钝顶螺旋藻对 7 种重金属的耐受力

重金属	致死浓度	抑制生长浓度
Co（mg/L）	8	6
Cd（mg/L）	9	6
Ni（mg/L）	5	3
Ag（μg/L）	70	50
Hg（μg/L）	80	50
Cu（mg/L）	4	3
Pb（mg/L）	42	36

表 3-11　4 种重金属对螺旋藻生长的影响

重金属	促进生长浓度	藻体中该重金属含量、富集系数	抑制生长浓度
硒（Se^{4+}）	≤0.1mg/mL	0.4mg/g	＞0.1mg/mL
铬（Cr^{6+}）	＜1mg/mL（无明显影响）	—	10mg/L
锰（Mn^{2+}）	1.65mg/L	31.9μg、20 倍	＞20mg/L
锌（Zn^{2+}）	1.49mg/L	212μg、140 倍	10mg/L

不同重金属一般在低浓度时促进螺旋藻的生长，在高浓度时抑制螺旋藻的生长。螺旋藻对不同的重金属具有不同程度的富集作用，因此，通过螺旋藻对有益元素的富集可以提高螺旋藻的营养价值，而通过对有害元素的富集则可将螺旋藻用于重金属污染的治理等环保领域（曹松屹等，2011）。

四、螺旋藻及其加工产品在动物生产中的应用

（一）在养猪生产中的应用

据黄礼光研究报道，螺旋藻可提高仔猪生长性能。据韦启鹏和谢金防研究报道，在日粮中用 1% 的螺旋藻替代鱼粉，可提高断奶仔猪日增重 15.41%，降低料重比

9.95%，提高采食量 3.93%，并能降低腹泻率。据何英俊研究报道，在金华猪饲料中添加 1g/kg 和 1.5g/kg 复合螺旋藻提取物，日增重分别提高 9.52% 和 13.33%，背膘厚分别降低 7.26% 和 9.46%，骨率分别降低 0.34% 和 0.25%，1.5g/kg 添加组饲料转化率比对照组降低 5.10%，瘦肉率提高 1.60%（李瑞等，2012）。

值得注意的是，不同的猪品种及其基础饲料，添加螺旋藻的效果存在差异。如瘦肉型猪，由于其营养标准高，对饲料蛋白质的品质要求也比较高，因此在瘦肉型仔猪饲料中添加螺旋藻效果更好，这可能与螺旋藻具有降低血脂功效有关。在妊娠母猪料和哺乳母猪料中添加一定量的螺旋藻，母猪在产仔数、初生窝重、断奶窝重等方面表现出一定的效果，但效果不显著（艾春香，2012）。

（二）在反刍动物生产中的应用

据张静芝研究报道，添加 0.09% 和 0.15% 螺旋藻（干物质）对牛的瘤胃 pH 无显著影响，有降低氨氮浓度的趋势，但与对照组比较差异不显著；两个添加组对日粮干物质瘤胃的有效降解率也无显著影响，但显著提高了日粮中性洗涤纤维、酸性洗涤纤维瘤胃的降解率。0.15% 螺旋藻还可显著降低日粮中粗蛋白质瘤胃的降解率。据报道，鲜螺旋藻添加食盐后可直接喂牛或以干粉按 10% 的比例饲喂，育肥效果较好（李瑞等，2012）。

（三）在家禽生产中的应用

螺旋藻在肉鸡及产蛋鸡日粮中也有应用报道。用含 15%～20% 螺旋藻的饲料饲喂生长鸡具有良好效果；而当螺旋藻含量大于 20% 时，肉鸡的生长则明显受到抑制，蛋鸡也是如此（钟国清和杨新斌，1999）。对 2 500 羽肉鸡进行饲养试验，结果显示饲喂螺旋藻粉（占日粮的 2%）的体重比对照组高 64.9%，可节约饲料 12%～26%（韦成礼和李永健，1994）。

总之，饲料中添加螺旋藻，可提高鸡的抗病力，降低饲料消耗，提高日增重及经济效益，且能改善肉质，使肉鸡皮肤变黄，值得推广使用（钟国清和杨新斌，1999）。

（四）在水产品生产中的应用

螺旋藻在对虾饵料中的应用已有较多报道。山东省海水养殖研究所试验表明，添加螺旋藻粉能使虾苗出苗量增加 54.47%，水体效益增加近 200 元/m^3；同时抗病力明显增强，培育全过程未使用任何抗生素类药物，但却未出现病害和细菌大量繁殖等状况。河北省唐海县试验证明，螺旋藻作为饵料在溞状幼体期、糠虾期效果较好，成活率提高 8.3%～17.3%，成本下降 58%。北京农业大学试验结果表明，螺旋藻可以代替蛋黄、豆浆饲喂变态阶段稚虾，且比蛋黄、豆浆促进生长发育的效果更好。日本东京大学学者 Wen-Liangliao 等对斑节对虾投喂含有 3% 螺旋藻饵料，发现其效果较好（王凡，2007）。贵州省水产研究所在广西北海罗氏沼虾育苗场的试验数据表明，"螺旋藻＋卤虫"培育罗氏沼虾溞状幼体的成活率为 75.5%，比投喂"鸡蛋＋卤虫"的对照组成活率提高 13.8%，从而改变了以往单一的生产投饵模式。

在河蟹幼体饲料中添加适量的螺旋藻粉，育苗结束时间比对照组缩短了 3d，成活率提高了 14.2％，成本降低了 34.1％（于孝东和李玫，2003）。苏赐百年营养食品有限公司在启东某育苗户的水池中对中华绒螯蟹蟹苗的试验表明，螺旋藻粉完全可以替代轮虫及大部分丰年虫饲喂蟹苗，幼体体色深，个体略小，抗病能力强，成活率提高20.5％（王凡，2007）。

在真鲷饲料中，添加 5％的螺旋藻粉，发现在鱼体甘油三酯总含量和脂肪酸组成不变的情况下，可明显减少肌肉中甘油三酯的积聚物和腹腔中的脂肪块，从而改善肉质。螺旋藻含有的 β-胡萝卜素和藻蓝素，在动物体内代谢为虾青素，能增进观赏鱼类、扇贝和对虾的特有体色（曾文炉等，2001）。用仅含 3％鱼粉的藻粉饲料喂鱼比用含 15％鱼粉饲料饲养的鱼产量高（于孝东和李玫，2003）。

鳗鲡的营养价值高，但人工养殖的个体间生长速度差异很大，若用螺旋藻作为鳗鲡饵料的添加剂喂养 1 个月，体重增重可达 37.7％，并且规格较整齐。试验证明，螺旋藻对鳖甲壳和裙边的增长均无影响，但对增宽有显著作用，说明螺旋藻有促进鳖横向生长的功能。另外，螺旋藻在一定程度上可增强幼鳖的抗病力。随着螺旋藻添加量的增加，幼鳖发病率呈减少趋势。

杨为东等在基础饲料中分别添加 0、4％、8％、12％、16％的螺旋藻，饲养锦鲤60d，试验结果显示，随着螺旋藻添加量的增加，试验组锦鲤的增重率、肝体比指数显著增加，但对特定生长率、肥满度、内脏比等影响不显著；此外，随着螺旋藻添加含量的增加，试验组的干物质消化率、蛋白质消化率、脂肪消化率也逐渐升高，且均显著高于对照组（李瑞等，2012）。

谢少林等以彭泽鲫为试验对象，试验组在基础日粮（罗非鱼饲料）上添加 1％螺旋藻，养殖 86d 后对彭泽鲫的生长和肌肉营养指标进行分析。与对照组相比，试验组鱼的增重率提高 23.45％，其鲜味氨基酸和必需氨基酸含量高于对照组，而且试验组的亚麻酸和棕榈酸含量也显著提高（谢少林等，2015）。

五、螺旋藻及其加工产品的加工方法与工艺

（一）螺旋藻常规加工方法

目前，螺旋藻生产中采用多种形式的培养池系统，如利用天然湖沼和池塘、密闭式管道系统生物反应器、罐式生物反应器等。螺旋藻的采收常用 250～300 目筛绢或布滤收，经水冲洗盐碱并脱水成藻泥，晒干或经 60～70℃烘干，120～128℃短时间喷雾干燥。螺旋藻加工流程见图 3-2（王欢莉等，2001）：

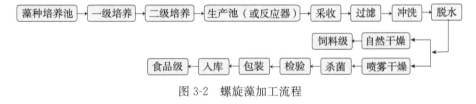

图 3-2　螺旋藻加工流程

（二）螺旋藻采收干燥过程中关键工艺研究

在螺旋藻生产过程中必然要经历清洗、控水、干燥等工艺流程，这些工序都决定

着螺旋藻粉的质量。其中，清洗过程决定螺旋藻粉的灰分含量，过度清洗会使螺旋藻破壁、营养流失，降低螺旋藻的产量和质量；而减少清洗次数，会使残留物增多、灰分超标。在控水条件上，时间过长会增加螺旋藻体破壁比率，且常温下控水会使微生物大量繁殖。此外，不同的干燥方式对于螺旋藻粉的质量也有较大影响（王志忠，2015）。

王志忠以鄂尔多斯高原碱湖钝顶螺旋藻为对象探究藻粉的加工工艺，结果表明，使用蒸馏水清洗以及 0.000 01mol/LHCl 和 0.000 1% H_3PO_4 浸泡，可使藻粉灰分降到 7% 以下。常温存放螺旋藻藻泥，随着控水时间的延长，藻体营养物质含量和活性降低；4℃存放，可以减缓螺旋藻体营养物质的损耗；高温喷雾干燥，可维持较高的类胡萝卜素含量、超氧化物歧化酶 SOD 活性、叶绿素 A 含量和蛋白质含量。

（三）螺旋藻藻蓝蛋白提取工艺研究

藻蓝蛋白是一种仅存在于螺旋藻等蓝藻中的水溶性天然蓝色素，其在螺旋藻中的含量达 10%～20%，可应用于食品、化妆品等工业。高纯度藻蓝蛋白可开发为荧光剂，经济价值较高。此外，藻蓝蛋白还具有诸多生理活性功能，如提高免疫力、抗癌、抗氧化等。

藻蓝蛋白的提取纯化一般分为三个阶段：①通过超声波、反复冻融、化学试剂处理和组织捣碎等方法破碎螺旋藻细胞的细胞壁、细胞膜，使藻蓝蛋白溶出；②用盐析法、结晶法、等电点沉淀法和超滤法等粗提蛋白；③蛋白精制，传统的纯化方法有羟基磷灰石柱层析法、凝胶层析法、离子交换法等，但存在操作步骤复杂、周期长、动力能耗高等缺点。王巍杰等运用双水相萃取技术（ATPE）分离提纯钝顶螺旋藻中的藻蓝蛋白，并对构成双水相体系中不同分子量聚乙二醇 PEG 和酒石酸钾钠浓度的影响进行了分析。当双水相组成体系为 16% PEG 2 000（w/w）和 25% 酒石酸钾钠（w/w），pH 6.0 时，体系中藻蓝蛋白主要分布在上相，最高纯度 3.69，分配系数 20.7，回收率 94.56%。多次双水相萃取有利于藻蓝蛋白纯度提高，3 次双水相萃取后，藻蓝蛋白纯度高达 4.15（张杜炎等，2015）。

（四）螺旋藻多糖提取纯化方法研究

螺旋藻多糖是一类具有天然生物活性的多糖化合物，具有增强免疫力、抗肿瘤和降血糖等功能。齐清华对螺旋藻多糖与藻蓝蛋白分离纯化工艺进行了研究，旨在得到多糖、藻蓝蛋白、营养蛋白等一系列产品，提高原料利用率。试验证明，用盐酸法分离多糖与蛋白质效果较好，且具有操作简便、成本低、对设备要求低等优点。硫酸铵沉降法与双水相萃取法可用于藻蓝蛋白的纯化，这两种简单工艺易于工业规模化生产，具体生产流程见图 3-3（齐清华，2014）。

总之，在螺旋藻的生产和开发过程中，应注重学习和应用国外先进技术，如超声波藻类破碎技术、超临界萃取技术、膜分离纯化过滤技术、真空低温浓缩技术、低能耗喷雾技术和蛋白质回收技术等（王欢莉等，2011），并不断开拓创新，从而更好地为我国螺旋藻产业及养殖业的发展服务。

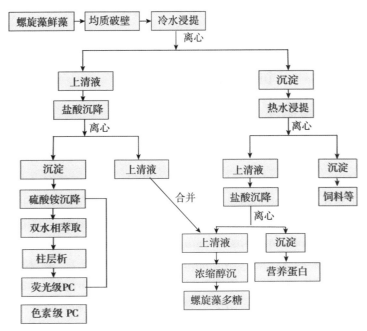

图 3-3　螺旋藻生产工艺

六、螺旋藻及其加工产品作为饲料资源开发利用的政策建议

（一）加强开发利用螺旋藻及其加工产品作为饲料资源

当前人们对于很多藻类主要化学成分的作用机制已经清楚，但对其有效成分的研究较少，大多数学者仍依靠传统理论进行研究，已远不能解释藻类抗病的作用机制，应加强藻类有效成分及其含量、提取、药代动力学、毒理学等药理学方面的研究（宋理平等，2005）。

根据螺旋藻的特性，可将螺旋藻开发成蛋白质、氨基酸、维生素和抗氧化剂的专用饲料添加剂，通过富集的方法开发螺旋藻有机元素添加剂。相信经过人们合理有效的开发利用，螺旋藻必将成为未来新型的动物饲料和饲料添加剂（赖建辉和王淑芳，2001）。

（二）改善螺旋藻及其加工产品作为饲料资源开发利用方式

抗生素和化学合成药物多为小分子化合物，在动物体内具有吸收好、药效快、分布广泛、药效稳定、针对性强等优点；而藻类有效成分多为大分子化合物，在体内吸收慢、作用缓和、作用时间长、毒性小。目前，藻粉与西药结合使用在水产上研究较少。随着水产品向无公害方向发展，藻粉与西药结合来提高水产动物的机体免疫功能是发展趋势之一（宋理平等，2005）。此外，如今市场上的藻粉多为粗制品，添加量较大，不利于在生产上的推广使用，解决这一现象的根本办法就是提高产品的科技含量，对藻粉进行提取，使其向微量、高效方向发展（宋理平等，2005）。

第三节 拟微绿球藻粉及其加工产品作为饲料原料的研究进展

一、拟微绿球藻概述

（一）我国拟微绿球藻及其加工产品资源现状

拟微绿球藻属（*Nannochloropsis*）归属于金藻门、真眼点藻纲（Hibberd，1981）、真眼点藻目拟单胞藻科（Onodopsidaceae）。目前，*Nannochloropsis* 的中文名存在一定分歧，有多种不同名称，属名应当全译为拟微绿球藻（刘建国等，2007），分为6个种：眼点拟微绿球藻（*Nannochloropsis oculata*）、盐生拟微绿球藻（*Nannochloropsis salina*）、洋生拟微绿球藻（*Nannochloropsis oceania*）、颗粒拟微绿球藻（*Nannochloropsis granulata*）、迦得拟微绿球藻（*Nannochloropsis gaditana*）、湖生拟微绿球藻（*Nannochloropsis limnetica*）。藻细胞壁薄（余颖和陈必链，2005），呈球形或卵圆形，直径 $2\sim4\mu m$，含有一个卵圆形或杯状的叶绿体、一个细胞核及若干个线粒体（Maruyama 等，1986）。拟微绿球藻属的藻类在淡水、海水和土壤表面等环境中都有分布，其适宜的生长温度较低，因此在纬度较高的海域中分布相对集中。

（二）开发利用拟微绿球藻及其加工产品作为饲料原料的意义

拟微绿球藻细胞个体小，繁殖速度快，易规模化培养，并富含长链多不饱和脂肪酸、维生素 E 和甾醇；在富含氮、磷的培养基中，细胞中的二十碳五烯酸 $C_{20:5n-3}$（EPA）含量可达到总脂肪酸的 35%（魏东等，2000）。Rebolloso-Fuentes 等研究表明，拟微绿球藻粉中含有 37.6% 可利用糖类、28.8% 蛋白质和 18.4% 总脂肪，富含 Ca、K、Na、Mg、Zn、Fe、Mn、Cu 和 Ni 等元素，且其脂肪酸含量分别为 5.0% $C_{16:0}$、4.7% $C_{16:1}\omega7$、3.8% $C_{18:1}\omega9$、0.4% $C_{18:2}\omega6$、0.7% $C_{20:4}\omega6$ 和 2.2% $C_{20:5}\omega3$（Rebolloso 等，2001），这些成分都是水产动物发育所需的调节物质和生长所必需的营养物质。目前，不同品种的拟微绿球藻已被用作海水鱼苗、螃蟹幼苗和对虾幼苗的开口饵料，及其幼体所需的动物性饵料轮虫和卤虫的重要饵料。

拟微绿球藻生长过程中能够吸收水体中的氮和磷，因此，它们在育苗过程中除了作为幼虫的饵料外，还起到净化育苗水体的作用。另外，研究发现该属的大多数种类富含油脂，使其成为微藻生物燃料开发的备选藻种资源。

拟微绿球藻兼具培养粗放、高度不饱和脂肪酸含量低并且可作为轮虫适口饵料等多重优点（刘青，2007），因此，从20世纪60年代中期作为饵料被利用以来，拟微绿球藻为渔业养殖做出了巨大的贡献，甚至可以与轮虫的引入、生产等相提并论。

（三）拟微绿球藻及其加工产品作为饲料原料利用存在的问题

在研究、开发和利用拟微绿球藻资源的过程中，人们面临着一些具体的困难，主要包括：①拟微绿球藻细胞小，生长缓慢（蒋霞敏，2000；陈洁等，2002）；②传统的光合自养培养体系在单位时间内难以获取高生物量；③开放式培养过程中拟微绿球藻易被其他藻污染；④拟微绿球藻细胞壁残余物对细胞生长有不利影响（Rodolfi 等，2003）；⑤低光照虽有利于 EPA 的合成和积累，但不利于拟微绿球藻的光合作用和快速生长。以上这些给工艺设计和生产带来了极大困难，阻碍了利用拟微绿球藻生产 EPA 的进程。

二、拟微绿球藻及其加工产品的营养价值

余颖等（2005）发现，在拟微绿球藻的细胞中部分色素含量较高，例如叶绿素 a、玉米黄质、角黄素和虾青素等，可作为商业上的色素来源。Lubian 等进一步证明，盐生拟微绿球藻（$N.\ salina$）和迦得拟微绿球藻（$N.\ gaditana$）积累类胡萝卜酮、角黄素和虾青素的能力要高于其他藻株。在光生物反应器中培养时，各色素产量如下：叶绿素 a 350mg/L、紫黄质 50mg/L、角黄素 5mg/L 和虾青素 3mg/L（Lubian 等，2002）。魏东等（2000）研究表明，真眼点藻纲藻类的主要脂肪酸组成为豆蔻酸（Myristic acid，$C_{14:0}$）、棕榈酸（Palmitic acid，$C_{16:0}$）、棕榈油酸（Palmitoleic acid，$C_{16:1}$）、油酸（Oleic acid，$C_{18:1}$）、亚油酸（Linoleic acid，$C_{18:2}$）、花生四烯酸（Arachidonic acid，$C_{20:4}$）和二十碳五烯酸（Eicosapentaenoic acid，EPA，$C_{20:5}$）。

此外，拟微绿球藻作为水域生态系统的初级生产者，具有合成多不饱和脂肪酸（PUFAs）的能力，而 PUFAs 对于生物体具有重要的生理调节功能，在营养强化、预防和治疗多种疾病如动脉粥样硬化和心血管疾病，降低血液中胆固醇和甘油三酯水平，减轻炎症等方面有明显疗效。综上所述，拟微绿球藻以生长快、PUFAs 富集浓度高、提取简单、可直接食用等优点，成为当今被开发和利用的海洋资源之一。

拟微绿球藻的营养成分已有很多研究者报道过，从粗蛋白质含量（表 3-12）、脂肪酸组成（表 3-13）、氨基酸组成（表 3-14）等情况看，拟微绿球藻具有极高的营养价值（刘青，2007）。另外，由表 3-15 可以看出，不同培养条件、增殖时期，拟微绿球藻的营养成分存在较大差异，其中粗蛋白质含量及脂肪酸含量均以增殖期最高，处于指数增长期的藻类最宜用于投喂。

表 3-12　微绿球藻的营养成分（%）

水分	粗蛋白质	总脂质	灰分
72.1	24.2~59.5	22.8~34.0	11.8

表 3-13　微绿球藻的主要脂肪酸组成（%）

$C_{18:1n-9}$	$C_{18:2n-6}$	$C_{18:3n-3}$	$C_{20:5n-3}$	$C_{22:5n-3}$	$C_{22:6n-3}$
2.0	3.3	—	20.5	7.4	—

注："—"为未检测出。

表 3-14　微绿球藻的主要氨基酸组成（%）

甲硫氨酸	苏氨酸	缬氨酸	异亮氨酸	亮氨酸	苯丙氨酸	组氨酸	赖氨酸	色氨酸	精氨酸
1.9	4.5	5.5	4.3	8.5	4.9	2.0	7.0	1.0	6.3

表 3-15　不同培养条件下微绿球藻的营养成分（%）

营养成分	培养条件	增殖期	增殖期到稳定期	稳定期
粗蛋白质	1	59.5	39.1	39.5
	2	60.4	35.2	24.2
EPA	1	30.5	17.8	12.3
	2	32.2	15.4	9.7

但黄旭雄等（2004）从粗蛋白质含量、脂肪含量及脂肪组成等营养学角度综合考虑（表 3-16 至表 3-18），并结合微藻生长特性，认为相对生长下降期是拟微绿球藻采收的最佳时期。

表 3-16　微绿球藻的粗蛋白质和总脂肪含量（%）

生长阶段	粗蛋白质含量	总脂肪含量
指数增长期（EP）	33.99 ± 0.78^{Aa}	21.61 ± 0.61^{A}
相对生长下降期（PDRG）	33.05 ± 0.91^{Aa}	26.74 ± 0.34^{B}
静止期（SP）	28.33 ± 0.88^{B}	20.77 ± 1.06^{A}

注：表中数字上标有不同小写字母表示差异显著（$P<0.05$），不同大写字母表示差异极显著（$P<0.01$）。

表 3-17　不同生长阶段微绿球藻的脂肪酸组成

脂肪酸	指数增长期（EP）	相对生长下降期（PDRG）	静止期（SP）
$C_{14:0}$	4.96 ± 0.16	5.76 ± 0.05	5.21 ± 0.01
$C_{16:1n-7}$	22.68 ± 0.24	23.61 ± 0.10	24.83 ± 0.07
$C_{16:0}$	22.35 ± 0.16	23.17 ± 0.11	26.61 ± 0.22
$C_{18:3n-3}$	5.17 ± 0.17^{a}	5.09 ± 0.05^{a}	5.17 ± 0.08^{a}
$C_{18:2n-6}$	5.78 ± 0.62^{ab}	5.14 ± 0.10^{Aa}	6.94 ± 0.13^{Bb}
$C_{18:1n-7}$	8.73 ± 0.11	8.22 ± 0.12	6.88 ± 0.09
$C_{18:0}$	1.67 ± 0.19	1.47 ± 0.06	2.11 ± 0.08
EPA	22.50 ± 0.46^{Aa}	21.71 ± 0.12^{Aa}	16.80 ± 0.13^{B}
ΣSFA*	28.98 ± 0.16^{A}	30.40 ± 0.20^{B}	33.93 ± 0.25^{C}
ΣPUFA*	42.18 ± 0.44^{A}	40.16 ± 0.29^{B}	35.79 ± 0.29^{C}

注：* ΣSFA 包括 $C_{14:0}$、$C_{16:0}$ 和 $C_{18:0}$；ΣPUFA 包括 EPA、$C_{18:3n-3}$、$C_{18:2n-6}$ 和 $C_{18:1n-7}$。

表 3-18　不同生长阶段微绿球藻的氨基酸含量与比例

氨基酸	指数增长期（EP）		相对生长下降期（PDRG）		静止期（SP）	
	含量（mg/g）	比例（%）	含量（mg/g）	比例（%）	含量（mg/g）	比例（%）
Asp[①]	10.08	10.2	22.07	10.2	19.98	8.9
Glu[②]	14.15	14.3	32.17	15	27.66	12.3
Ser	6.21	6.3	11.67	5.4	13.18	5.9

（续）

氨基酸	指数增长期（EP）		相对生长下降期（PDRG）		静止期（SP）	
	含量（mg/g）	比例（%）	含量（mg/g）	比例（%）	含量（mg/g）	比例（%）
Gly	6.6	6.7	14.33	6.7	13.73	6.1
Thr	4.76	4.8	11.06	5.2	10.58	4.7
Cys	0.07	0.1	5.04	2.3	5.6	2.5
Arg	5.74	5.8	13.78	6.4	12.53	5.6
Ala	8.19	8.3	17.71	8.2	16.07	7.1
Tyr	3.6	3.6	8.42	3.9	7.48	3.3
His	1	1	2.86	1.3	2.38	1.1
Val	5.09	5.2	12.97	6	11.61	5.2
Met	1.65	1.7	3.6	1.7	3.29	1.5
Phe	14.82	14.4	14.57	6.8	41.23	18.3
Ile	3.66	3.7	8.77	4.1	8.36	3.7
Leu	8.58	8.7	20.64	9.6	18.38	8.2
Lys	5.2	5.3	15.2	7.1	12.95	5.8
ΣEAA③	49.96	50.5	103.46	48.2	121.31	53.9
TAA	98.87	100	214.82	100.01	225.02	100

注：①Asp 实际为 Asp 和 Asn 之和；②Glu 实际为 Glu 和 Gln 之和；③ΣEAA 为 9 种 EAA（Arg、His、Ile、Leu、Lys、Met、Phe、Thr 和 Val）之和，Tyr 在水解过程中被破坏。

三、拟微绿球藻养殖中的抑制因子

余颖等（2005）研究表明，虾塘中常用的含碘消毒剂碘伏和含氯消毒剂次氯酸钙，在较高浓度下对拟微绿球藻种群增长具有一定的抑制作用。有效氯浓度≥2.5mg/L 时，对拟微绿球藻的生长、叶绿素 a 含量、光合作用和呼吸作用都有较强的抑制作用，且随着药物浓度增加，其毒性加强；有效氯浓度≥4.5mg/L 时，可引起藻类大量死亡；有效碘浓度≥0.2mg/L 时，对叶绿素 a 含量、光合作用和呼吸作用有显著抑制作用；有效碘浓度≥1.8mg/L 时，对生长有显著抑制作用。两种消毒剂对藻体干重影响不大，当敌草隆浓度为 0.8μmol/L 以上时，对藻的生长抑制率达 80%，其总脂占干重的含量减少近 30%；当浓度为 1.0μmol/L 时，EPA 占总脂肪酸的相对百分含量增加到 108.61%。当氟哒酮的浓度在 8.0μmol/L 以上时，对藻的生长抑制率为 82.9%，总脂占干重的含量减少 21%，而 EPA 占总脂肪酸的相对含量增加 60%。当亚油酸的最终浓度为 400μmol/L 以上时，对藻的生长抑制率达 64%以上，EPA 占总脂肪酸的相对含量为 4.77%以下。

四、拟微绿球藻及其加工产品在动物生产中的应用

刘青等（2007）认为拟微绿球藻粉作为水产饵料的价值，不仅要看营养成分，还要从拟微绿球藻培养难易程度、对养殖水体及周围环境的影响等方面因素考虑。

1. 培养难易程度 把单种分离的拟微绿球藻作为藻种，在适当条件下的室内培养并不难。问题是在进行室外培养时，特别是梅雨期—夏季—初秋时期，细胞密度急剧减少，虽然已弄清楚原因，但尚无有效的改善方法。另外，在室外水槽长期培养期间，容易被其他藻类所污染，如夏期水温高时易发生颤藻等蓝藻污染，冬期水温低时易发生菱形藻等硅藻污染。在室外培养时要注意：①接种时不要混入其他生物；②要用过滤、灭菌的海水培养藻类；③一次培养周期要短，达最高密度后，数日内使用完。

2. 对养殖水体及周围环境的影响 给仔稚鱼投喂轮虫时，会带入一些拟微绿球藻，拟微绿球藻在培育池中可吸收氮磷。鱼类苗种生产时加入每毫升50万~2 100万个细胞的拟微绿球藻，对水质改善有一定的效果。

拟微绿球藻在静止的水体中增殖，但在具有水交换的沿岸水域，没有发现增殖状况，也没有拟微绿球藻形成厚膜孢子的报道。目前为止，还没有发现由拟微绿球藻引发的赤潮。

3. 摄食试验结果 拟微绿球藻是轮虫非常优良的饵料，但是作为双壳类、甲壳类等的饵料价值却较低，只是在其他硅藻等微藻不足时作为辅助性饵料。在对虾无节幼体期和潘状幼体期投喂拟微绿球藻，与投喂硅藻类相比，其存活率更低，而且粪便中残留着有活性的拟微绿球藻，原因是拟微绿球藻极其微小，且具有坚固的细胞壁，不能被充分消化。目前，国外有用酶等方法处理掉拟微绿球藻坚固的细胞壁，再投喂双壳类、甲壳类的幼体的做法。

五、拟微绿球藻及其加工产品作为饲料资源开发利用的政策建议

(一) 加强开发利用拟微绿球藻及其加工产品作为饲料资源

由于拟微绿球藻的培养规模比较庞大，投入的资金成本较高，所以今后其培养方式发展的趋势是缩小培养规模、提高效率进行高密度培养。目前，日本等国家有出售浓缩的淡水小球藻、靠酶处理掉细胞壁的拟微绿球藻等产品，有的已制成胶囊，以满足不同的饵料生物需求。我国目前还没有这样的产品，今后应当进一步开展这方面的研究。另外，拟微绿球藻的保存也需要进行更深层次的研究，今后有必要开发冷冻保存的产品（Lubian 等，2012）。

(二) 改善拟微绿球藻及其加工产品作为饲料资源开发利用方式

利用基因工程手段，克隆拟微绿球藻中的 EPA 合成酶基因，将其导入易于培养、生产上已实现大规模培养的藻株或其他某些微生物，通过调控这些基因的表达，利用这些工程藻株或菌株生产 EPA，将有助于克服拟微绿球藻生产困难而引起的 EPA 产量低的问题。

此外，培养时可采取二步法控制光照强度以达到使拟微绿球藻快速生长和 EPA 累积的目的（Chebil 和 Yamasaki，1998），培养方式的变革（从光合自养到兼养或异养）（Wood 等，1999）以及高 EPA 合成突变株筛选也有望在一定程度上解决拟微绿球藻生产与运用中所面临的困难。

（三）制定拟微绿球藻及其加工产品作为饲料产品标准

拟微绿球藻粉本身含有多种有效成分，其对水产动物的促生长和免疫增强效果是多种成分综合作用的结果，且不同地区、季节、时期采集的藻粉以及不同种类藻粉的混合物有效成分相差很大，对其产品难以进行准确的功效评价和质量控制。没有严格的质量控制标准，很难保证生产出质量稳定的定型产品。因此，有关部门应采用先进的科学技术和手段，尽快制定出完整全面的标准和规范，进一步规范产品、提高质量（宋理平等，2005）。

（华东师范大学杜震宁）

第四节　微藻粉粕及其加工产品作为
饲料原料的研究进展

一、微藻粉粕概述

（一）我国微藻粕及其加工产品资源现状

目前，人们已经意识到在配合饲料中添加微藻粕不仅可行，而且具有较好的应用前景，但国内生产和销售微藻粕及其加工产品的企业却有限，且主要分布在广东和山东等地。目前市场上有一定规模的产品主要以裂壶藻粕为主，例如青岛琅琊台生物科技有限公司和广州汉柏生物科技有限公司均可生产裂壶藻粕，其年产量均可达到 500t 以上，生产的微藻粕主要销售给饲料厂。

广东美瑞科海洋生物科技有限公司通过与澳大利亚 CSIRO 科学研究机构合作，经过长期的技术攻关，成功研发了具有多项国际专利技术的微藻粕产品——海力素。该产品已经上市，且已经远销到国外，据公司内部人员估计，该产品的年产量可达数百吨。该产品是一种海洋活性分子，其作用在凡纳宾对虾和其他虾等甲壳动物中都得到验证，效果明显，其作用的主要成分和分子式已经得到确定，并由研发机构申报澳大利亚的专利。该产品以 10% 的水平添加到水产饲料中，不仅可降低鱼粉用量，减少鱼粉过度使用对海洋水体造成污染，而且品质明显优于使用优质鱼粉配制的饲料。

（二）微藻粕及其加工产品作为饲料原料利用存在的问题

微藻种类繁多，其除了含有可供生产生物柴油的油脂外，还含有蛋白质、多糖、色素、矿物质元素等多种成分。微藻油脂提取后可产生 50%～80% 的藻粕，而这些藻粕中会残留丰富的营养成分。因藻粕是微藻提取之后产生的，故微藻的开发利用也在一定程度上影响着藻粕的营养和利用价值（尹丰伟等，2013）。

1. 微藻开发利用过程中存在的问题　①现阶段大规模培养微藻的成本高于常规饲料蛋白源，这是限制微藻应用于养殖业的主要原因之一。生产中只有解决这个问题，微藻才有可能作为饲料原料被推广和应用于生产实践。②加工工艺有待改善，微藻的采集、分离、加工等过程对技术设备要求较高，目前微藻的产品多为粗制品，不能充分合理地利用微藻。③没有统一的质量标准，很难保证生产出质量稳定的微藻产品。④藻种的选择问题，不同的添加方式、应用效果对藻种有不同的要求。

微藻应用具有不可估量的前景，而只有较好地解决以上问题，微藻才能大规模工业化生产，并广泛地应用于动物养殖生产，促进养殖领域的发展，创造更大的经济效益（李静静，2011）。

2. 微藻粉粕作为饲料原料利用存在的问题　微藻粕是微藻提取所需成分之后产生的，但是成分提取过程中，一些萃取剂的使用和有效去除将会限制藻渣作为饲料原料的利用。相关文献指出，单一非极性有机溶剂不利于油脂的萃取，但得到的藻渣营养成分损失较少，产品适合于作为饲料原料（尹丰伟等，2013）；混合萃取体系由于其极性溶剂能破坏极性脂与膜的连接，因此更能充分提取细胞中的油脂成分，但是同时造成藻渣营养成分损失较多，一部分溶于水醇相中而流失，另一部分溶于非极性溶剂中，具体的组成及含量有待于进一步研究。不同的混合萃取体系由于极性的不同对油脂的提取效果和藻渣成分的影响也不同，氯仿/乙醇（体积比1∶1）体系相对是一种提油效果较好、藻渣营养成分损失较小的萃取体系，但由于氯仿的使用可能会限制藻渣的进一步利用，因此针对微藻及藻渣的利用效率要求不同，可选择不同的萃取体系。另外，开发一种有效的有机溶剂去除方法也可以拓宽藻渣的应用范围（尹丰伟等，2013）。

（三）开发利用微藻粕及其加工产品作为饲料原料的意义

海洋鱼油是EPA和DHA等n-3PUFA的主要来源。随着人类对这两种脂肪酸的需求越来越多，鱼油资源已无法满足日益扩大的市场需求（万家余和高宏伟，2002）。微藻是海洋多不饱和脂肪酸的初级生产者，富含大量的n-3PUFA，尤其是EPA和DHA，因此可利用微藻生产多不饱和脂肪酸，尤其是按人类的需要得到高纯度的EPA和DHA，用于人的食物和动物日粮中。

微藻油脂提取后会产生50%～80%的藻渣，而这些藻渣中会残留丰富的营养成分（尹丰伟等，2013）。如杨晓通过检测分析发现，裂壶藻粕含有40%左右的粗蛋白质和丰富的海洋活性物质，有很大的应用价值，可以作为水产动物饲料的蛋白源或添加剂（杨晓，2015）。另外，以裂壶藻粕作为石斑鱼配合饲料的部分蛋白源，可以发挥不同蛋白质营养价值的互补作用，即必需氨基酸相互弥补，提高饲料质量和养殖效果。因此，在配合饲料中添加微藻粕不仅可行，而且有很大的实际意义。

广东美瑞科海洋生物科技有限公司研发的微藻粕以10%的水平添加到水产饲料中，结果发现：①能显著提高虾类生物产量达50%，甚至可高达90%；②提高虾的免疫力，降低疾病发生率，有效预防白斑病等疾病的发生；③产出的对虾等优质虾品质高、口感好。

微藻粕产品将有效补充饲料蛋白源，降低饲料中鱼粉的使用量，对我国养殖产业的健康发展有重要的意义。

二、微藻粉粕及其加工产品的营养价值

（一）藻渣常规营养成分及含量

见表 3-19。

表 3-19 藻渣常规营养成分及含量（干物质基础,%）

营养成分	含量	营养成分	含量
水分	1.67	无氮浸出物	24.54
干物质	98.33	中性洗涤纤维	2.05
粗蛋白质	64.12	酸性洗涤纤维	4.54
碳水化合物	16.50	叶绿素 a	0.47
粗纤维	5.26	叶绿素 b	0.34
粗灰分	4.20	类胡萝卜素	0.22
粗脂肪	0.21		

资料来源：高振等（2013）。

由表 3-19 可见，藻渣常规营养成分中粗蛋白质的含量最高，占干重的 64.12%；其次为无氮浸出物和碳水化合物，分别占干重的 24.54% 和 16.50%；粗脂肪含量则相对较低；提油之后的藻渣中仍含有丰富的色素，占藻渣干重的 1.03%。小球藻中叶绿素和类胡萝卜素是细胞中的重要色素，其中类胡萝卜素是一种高度不饱和化合物，具有抗氧化与增强免疫等功效。

（二）藻渣中氨基酸组成及含量

见表 3-20。

表 3-20 藻渣中氨基酸组成及含量（%）

必需氨基酸	含量	非必需氨基酸	含量
精氨酸（Arg）	3.27	天冬氨酸（Asp）	4.47
组氨酸（His）	1.19	丝氨酸（Ser）	2.30
亮氨酸（Leu）	5.05	谷氨酸（Glu）	6.73
异亮氨酸（Ile）	2.25	甘氨酸（Gly）	3.36
赖氨酸（Lys）	4.40	丙氨酸（Ala）	4.50
甲硫氨酸（Met）	0.96	半胱氨酸（Cys）	0.41
苯丙氨酸（Phe）	2.81	酪氨酸（Tyr）	1.66
苏氨酸（Thr）	2.67	脯氨酸（Pro）	2.38
色氨酸（Trp）	0.96	总氨基酸	52.96
缬氨酸（Val）	3.59		

资料来源：高振等（2013）。

由表 3-20 可见，藻渣中氨基酸含量占藻渣干重的 52.96%；其中，必需氨基酸占干重的 27.15%，占总氨基酸的 51.27%。

（三）藻渣中油脂的脂肪酸组成及含量

见表 3-21。

表 3-21　藻渣中油脂的脂肪酸组成及含量（%）

脂肪酸	含量	脂肪酸	含量
$C_{16:0}$	12.22	$C_{18:1}$	6.10
$C_{16:1}$	15.92	$C_{18:3}$	5.82
$C_{16:2}$	5.57	$C_{18:2}$	7.06
$C_{16:3}$	8.98	$C_{20:0}$	8.94
$C_{18:0}$	29.40		

资料来源：高振等（2013）。

由表 3-21 可见，藻渣中油脂的脂肪酸 $C_{18:0}$（硬脂酸）的含量最高，占总脂肪酸含量的 29.40%；不饱和脂肪酸的含量占总脂肪酸的 49.45% 左右，其中多不饱和脂肪酸含量占 27.42%。

（四）藻渣中矿物质元素及含量

见表 3-22。

表 3-22　藻渣中矿物质元素及含量（mg/kg）

元素	含量	元素	含量
钠	4.87	钙	20.36
镁	21.18	磷	61.38
钾	3.78	硒	0.02
铁	1.11	汞	0.04
铜	0.10	镉	0.02
锌	0.26		

资料来源：高振等（2013）。

由表 3-22 可见，藻渣中的磷、镁、钙 3 种矿质元素的含量最高，分别为 61.38mg/kg、21.18mg/kg 和 20.36mg/kg，铜、锌、硒、汞和镉的含量相对较少。另外，藻渣中的汞和镉的含量符合《饲料卫生标准》（GB 13078）。

（五）藻渣营养成分与常规饲料营养成分对比

见表 3-23。

表 3-23　藻渣营养成分与常规饲料营养成分对比

成分	玉米	高粱	小麦	大豆饼	亚麻仁饼	芝麻饼	DDGS	鱼粉	啤酒糟	藻渣
干物质（%）	86.00	86.00	88.00	89.00	88.00	92.00	89.20	90.00	88.00	98.33
粗蛋白质（%）	9.40	9.00	13.40	41.80	32.20	39.20	27.50	64.50	24.30	64.12
粗脂肪（%）	3.10	3.40	1.70	5.80	7.80	10.30	10.10	5.60	5.30	0.21
粗纤维（%）	1.20	1.40	1.90	4.80	7.80	7.20	6.60	0.50	13.40	5.26
NFE（%）	71.10	70.40	61.90	30.70	34.00	24.90	39.90	8.00	40.80	25.33

（续）

成分	玉米	高粱	小麦	大豆饼	亚麻仁饼	芝麻饼	DDGS	鱼粉	啤酒糟	藻渣
灰分（%）	1.20	1.40	1.90	4.80	7.80	7.20	6.60	0.50	13.40	5.26
NDF（%）	9.40	17.40	13.30	18.10	29.70	18.00	27.60	0.00	39.40	2.05
ADF（%）	3.50	8.00	3.90	15.50	27.10	13.20	12.20	0.00	24.60	4.54
Arg（%）	0.38	0.33	0.58	2.53	2.35	2.38	1.23	3.91	0.98	3.27
His（%）	0.23	0.18	0.27	1.10	0.52	0.81	0.75	1.75	0.51	1.19
Ile（%）	0.26	0.35	0.44	1.57	1.15	1.42	1.06	2.68	1.18	2.25
Leu（%）	1.03	1.08	0.80	2.75	1.62	2.52	3.21	4.99	1.08	5.05
Lys（%）	0.26	0.18	0.30	2.43	0.73	0.82	0.87	5.22	0.72	4.40
Met（%）	0.19	0.17	0.25	0.60	0.46	0.82	0.56	1.71	0.52	0.96
Cys（%）	0.22	0.12	0.24	0.62	0.48	0.75	0.57	0.58	0.35	0.41
Phe（%）	0.43	0.45	0.58	1.79	1.32	1.68	1.40	2.71	2.35	2.81
Tyr（%）	0.34	0.32	0.37	1.53	0.50	1.02	1.09	2.13	1.17	1.66
Trp（%）	0.08	0.08	0.15	0.64	0.48	0.49	0.21	0.78	0.28	0.96
Val（%）	0.40	0.44	0.56	1.70	1.44	1.84	1.41	3.25	1.66	3.59
钙（%）	0.09	0.13	0.17	0.31	0.39	2.24	0.05	3.81	0.32	2.04
磷（%）	0.22	0.36	0.41	0.50	0.88	1.19	0.71	2.83	0.42	6.14
钠（%）	0.01	0.03	0.06	0.02		0.04	0.04			0.38
镁（%）	0.11	0.15	0.11	0.25	0.58	0.50	0.91	0.24	0.19	2.12
钾（%）	0.29	0.34	0.50	1.77	1.25	1.39	0.28	0.90	0.08	0.38
铁（mg/kg）	36.00	87.00	88.00	187.00	204.00	1 780.00	98.00	226.00	274.00	1.11
铜（mg/kg）	3.40	7.60	7.90	19.80	27.00	50.40	5.40	9.10	20.10	0.10
硒（mg/kg）	0.04	0.05	0.05	0.04	0.18	0.21		2.70	0.41	0.02

资料来源：高振等（2013）。

由表 3-23 可见，与常规饲料相比，藻渣中蛋白质的含量较高，仅稍低于鱼粉（64.5%），藻渣中各种氨基酸含量均相对较高，且必需氨基酸的种类齐全，因此可将藻渣用作蛋白质饲料。藻渣油脂的含量相对比较低，而纤维素、无氮浸出物、灰分的含量居中，中性洗涤纤维和酸性洗涤纤维含量与常规饲料相比偏低。藻渣中的钙、磷、钠、镁与常规饲料相比含量较高，而铁、铜、硒的含量较少，说明藻渣中常量矿物质元素含量丰富，但缺乏一些必需微量矿物质元素。

三、微藻粉粕及其加工产品中的抗营养因子

中国科学院梁克红等人考察了小球藻中的抗营养因子的分布情况，发现淡水小球藻和海水小球藻中主要含有胰蛋白酶抑制剂、凝集素和单宁 3 种抗营养因子（梁克红，2013）。虽然有机溶剂提取油脂过程中溶解了部分抗营养因子，使提取油脂剩余物中的抗营养因子有所减少，但藻粕中仍会含有一定量的上述 3 种抗营养因子。另外，颜瑞等人的研究也指出杂粕中的粗纤维也是一种主要的抗营养因子，而微藻粕中也含有一定量的粗纤维，因而推测粗纤维也是藻粕的抗营养因子之一（颜瑞，2010）。

1. 粗纤维 根据有关文献记载（高振等，2013），藻渣中粗纤维的含量约占干重的 5.26%，而在有关文献中报道杂粕含有粗纤维、果胶、乙型甘露寡糖等抗营养因子，

影响营养物质的消化利用率。如前所述，可通过品种培育，以及物理脱毒、化学脱毒、微生物脱毒等方法减少杂粮中含有的有毒物质（颜瑞，2010）。一般认为，影响杂粮作为蛋白质饲料应用的主要抗营养因子是含量较高的可溶性非淀粉多糖，所以推测微藻粕中的粗纤维也是其抗营养因子之一。

2. 胰蛋白酶抑制剂　在研究豆粕的抗营养因子时，发现胰蛋白酶抑制剂（Trasylol，TI）是豆粕中重要的抗营养因子。TI 会抑制人和动物肠道内胰腺分泌的蛋白水解酶活性，动物采食含 TI 的日粮后其采食量和日增重下降，饲料转化率降低，引起胰腺增生和肥大、生长停滞等问题。而胰蛋白酶抑制剂也是微藻粕中的抗营养因子，推测动物采食后也会出现以上现象。

3. 凝集素　是微藻粕中主要的抗营养因子。冯琳以鲤肠上皮原代细胞为研究模型，研究了大豆中主要抗营养因子之一——大豆凝集素对鲤肠上皮细胞增殖分化及代谢的影响（冯琳，2006）。有关试验结果表明，凝集素（SBA）会破坏鲤肠上皮细胞结构，导致胞内谷丙转氨酶大量溢出细胞外。SBA 剂量越大，破坏越严重，谷丙转氨酶溢出细胞外量越大。

4. 单宁　也是微藻粕中的主要抗营养因子之一，在有关菜籽粕抗营养因子的文献描述中（罗有文等，2006），单宁主要是通过以下作用方式发挥其毒害作用：①降低饲料适口性和动物采食量；②与日粮中的蛋白质结合，使蛋白质消化率降低；③抑制消化酶的活性，干扰正常消化过程；④与金属离子络合，降低动物和人体对这些矿物质元素的吸收和利用；⑤与肠道黏膜分泌的内源蛋白质结合，使肠道的运动机能减弱；⑥改变骨骼有机质代谢，引起家禽腿病的发生。

四、微藻粉粕及其加工产品在动物生产中的应用

（一）在养猪生产中的应用

河南工业大学徐彬等选取 125 日龄，体重 60kg 左右的"杜×长×大"三元杂交去势育肥猪 48 头，随机分为 6 组，每组 8 头，公母各半。对照组中添加 2%猪油，试验组分别添加 3%亚麻油、3%鱼油、1.5%亚麻油＋1.5%鱼油、6%微藻粕、1.5%亚麻油＋3%微藻粕，研究日粮中不同来源的脂肪酸对育肥猪生长性能和猪肉脂肪酸组成的影响（徐彬，2007）。结果表明，日粮中添加微藻粕以及微藻粕和亚麻油，对胴体脂肪酸组成的改善效果较差。日粮中添加亚麻油可以显著增加背最长肌中 α-亚麻酸和 EPA 的含量，DPA 和 DHA 的含量有所增加，但并未达到显著水平；日粮中添加鱼油可显著增加猪肉中 EPA、DPA 和 DHA 的含量，ALA 虽有所增加但并不显著；日粮中添加亚麻油＋鱼油显著增加了猪肉中 ALA、EPA、DPA 和 DHA 的含量；日粮中添加微藻粕仅显著增加了二十碳四烯酸（C4-fraction，AA）的含量，而日粮中添加亚麻油＋微藻粕显著增加了 ALA 和 EPA 的含量，降低了 AA 和 DHA 的含量。除了微藻粕组，各试验组均显著提高了猪肉中总 n-3PUFA 的含量，n-6/n-3 的值均显著降低。

（二）在家禽生产中的应用

1. 不同 PUFA 源对蛋黄脂肪酸组成以及脂质代谢的影响　河南工业大学崔佳等选

用 216 只 55 周龄健康海兰褐产蛋鸡进行试验。随机分成 4 个处理，每处理设 6 个重复，每重复 9 只鸡。试验处理分别为 0 亚麻油、3％亚麻油、3％亚麻油＋5％微藻粉粕和5％微藻粉粕，正式试验期为 4 周。试验中测定了试验蛋鸡生产性能、蛋品质、蛋黄中脂肪酸组成以及脂类代谢等指标（崔佳，2007）。结果表明，添加微藻粉粕的 2 个处理（3％亚麻油＋5％微藻粉粕和 5％微藻粉粕）在不同程度上增加了采食量（$P>0.05$）、平均蛋重（$P>0.05$），提高了产蛋率（$P<0.05$），降低了料蛋比（$P>0.05$），使得产蛋鸡的生产性能有所改善。在蛋黄多不饱和脂肪酸（PUFA）沉积方面，添加不同PUFA 源的试验处理均能增加 n-3PUFA 含量，降低 n-6/n-3 比值，其中以 3％亚麻油＋5％微藻粉粕效果最为显著，其次为 3％亚麻油。添加不同 PUFA 源可以降低胆固醇、甘油三酯、低密度脂蛋白胆固醇含量，升高高密度脂蛋白胆固醇含量。研究结果显示，3％亚麻油＋5％微藻粉粕在生产 PUFA 鸡蛋方面可以获得较佳效果，其次为 3％亚麻油。

2. 日粮中添加亚麻油和微藻粉粕对鸡肉中脂肪酸组成的影响研究　刘利晓等人通过试验研究日粮中添加亚麻油和微藻粉粕对鸡肉中脂肪酸组成和肉鸡生产性能的影响（刘利晓等，2009）。选择 288 只 21 日龄罗斯 308 商品代肉用母雏，随机分为 4 组，每组 6 个重复，每个重复 12 只鸡。4 组饲粮分别为对照组、3％亚麻油组、5％微藻粉粕组和 5％微藻粉粕＋3％亚麻油组，试验期 3 周。结果表明，微藻粉粕作为一种能直接提供 $C_{22:6n-3}$ 的 n-3PUFA 来源，日粮中添加 5％微藻粉粕胸肌、腿肌中 $C_{22:6n-3}$ 沉积量增加，但 n-3PUFA 总量变化不大，对降低 n-6/n-3 比例的作用与添加亚麻油组相比较差，且饱和脂肪酸含量显著高于 3％亚麻油组。5％微藻粉粕＋3％亚麻油组 $C_{22:6n-3}$ 在肌肉组织中沉积量和 5％微藻粉粕组接近，并没有表现出预期的高 $C_{22:6n-3}$ 沉积量，这可能与微藻粕的特性有关。微藻粉粕是微藻粉的加工副产品，其中 $C_{22:6n-3}$ 含量占总脂肪酸的 1％左右，且 $C_{18:3n-3}$ 含量低，SFA 含量高。总之，肉鸡肌肉组织脂肪酸的组成充分反映了日粮的脂肪酸组成。微藻粉粕作为一种能直接提供 $C_{22:6n-3}$ 的新的 n-3PUFA 原料，沉积 n-3PUFA 的效果并不理想，对降低 n-6/n-3 比例的作用与添加亚麻油组相比较差。因此，要开发生产富含 $C_{20:5n-3}$ 和 $C_{22:6n-3}$ 且 n-3PUFA 总量适宜的禽肉产品，用微藻粉粕和亚麻油 2 种原料的结合不失是一种新的途径，其最佳的配比还需进一步通过试验确定。

（三）在水产品生产中的应用

1. 裂壶藻粕在赤点石斑鱼育苗中的应用研究　广东汕头市海洋与水产研究所选取赤点石斑鱼为试验材料进行试验，试验组和对照组各 60 尾。试验组所用的饲料构成为品牌石斑鱼苗配合饲料占 50％、鱼浆占 25％、裂壶藻粕占 25％（裂壶藻粕的蛋白质含量为 44.0％），对照组所用的饲料构成为某品牌石斑鱼苗配合饲料占 50％、鱼浆占50％，试验期 1 个月。试验结果表明，试验组相比于对照组，赤点石斑鱼苗的体长增长率提高 1.2％，体重增长率提高 9.6％，成活率均为 100％。用裂壶藻粕代替赤点石斑鱼苗配合饲料中一半的鱼浆，成活率无差异，而体长增长率和体重增长率均有所提高，因此用裂壶藻粕适当代替赤点石斑鱼苗配合饲料中的鱼浆是可行的（杨晓，2015）。并且，以裂壶藻粕作为石斑鱼配合饲料的部分蛋白源，可以发挥不同蛋白质营养价值的互补作用，即必需氨基酸相互弥补，提高饲料质量和养殖效果。

2. 小球藻藻渣替代豆粕对凡纳滨对虾生长性能和氮磷排放的影响　上海海洋大学

何亚丁等人以凡纳滨对虾为试验材料，探究小球藻藻渣替代凡纳滨对虾饲料中的豆粕对其生长性能及氮磷排放的影响（何亚丁等，2014）。试验共设计 6 种等氮、等能饲料：即使用 6％、11％、16％、21％（A1、A2、A3、A4 组）的藻渣分别替代饲料中5.5％、10.0％、14.5％、19.0％的豆粕，使用8％的藻渣替代饲料中5.1％的鱼粉（B组）和不使用藻渣的对照组，试验期共 45d。结果表明，适宜含量的藻渣替代凡纳滨对虾饲料的豆粕不影响虾的存活率和增重率（$P > 0.05$）。随着藻渣的替代量增加和鱼粉部分被替代，虾肌肉的水分、蛋白质和钙含量与对照组相比无显著变化（$P > 0.05$）；脂肪、总磷和灰分有上升趋势，但总体平稳，藻渣对凡纳滨对虾常规营养成分影响不显著（$P > 0.05$）。结合凡纳滨对虾的生长性能和氮磷排放的结果，认为小球藻藻渣可以部分替代凡纳滨对虾饲料中的豆粕，其在饲料中的适宜用量在 11％左右，这时可以使豆粕的用量从 19.0％降至 10.0％。

（四）在其他动物生产中的应用

有报道指出，在小鼠等哺乳动物的试验中微藻具有增加其产仔质量的功效（魏东和俞建中，2014）。

五、微藻粉粕及其加工产品的加工方法与工艺

（一）藻渣的获取过程

藻渣的获取过程见图 3-4。

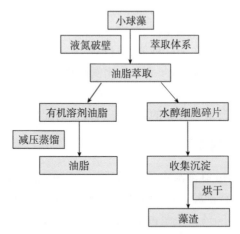

图 3-4　藻渣的获取过程
（资料来源：尹丰伟等，2013）

油脂提取之后，将剩下的含小球藻细胞碎片的藻液离心（在 4℃下 5 000r/min 离心10min），弃上清，细胞碎片再用蒸馏水洗 3 次，收集沉淀，60℃烘干，即可得到藻渣（尹丰伟等，2013）。

（二）不同萃取体系对小球藻藻渣成分的影响

微藻粕是微藻提取油脂后所产生的，有关文献对采用 5 种不同的萃取体系提取油脂

后，藻渣的营养成分含量进行了分析（尹丰伟等，2013）：A 为正己烷；B 为正己烷/乙醇（体积比 1∶1）；C 为正己烷/异丙醇（体积比 1∶1）；D 为氯仿/甲醇（体积比 1∶1）；E 为氯仿/乙醇（体积比 1∶1）。

1. 不同萃取体系下藻渣中的氨基酸及其含量　见表 3-24。

表 3-24　不同萃取体系下藻渣中的氨基酸及其含量（%）

占总氨基酸的含量	不同萃取体系				
	A	B	C	D	E
天冬氨酸	2.36	3.45	2.33	0.13	5.13
谷氨酸	2.87	4.06	4.66	5.16	4.52
丝氨酸	0.41	0.60	0.70	0.89	0.44
甘氨酸	1.48	4.89	4.77	5.13	4.37
组氨酸	7.51	10.95	10.32	11.03	10.87
精氨酸	3.75	5.17	5.17	5.39	4.77
苏氨酸	2.84	4.45	4.22	4.47	3.94
丙氨酸	19.09	16.47	15.58	16.75	16.62
脯氨酸	29.80	9.98	12.07	8.78	6.23
酪氨酸	5.72	1.63	2.19	2.11	1.62
缬氨酸	4.62	3.00	3.14	2.96	2.93
蛋氨酸	3.41	6.76	6.45	6.95	7.07
胱氨酸	1.10	0.82	0.90	0.99	2.59
异亮氨酸	1.94	3.60	3.48	3.71	0.77
亮氨酸	5.19	9.33	8.95	9.58	12.65
苯丙氨酸	3.24	3.86	4.23	4.45	4.51
赖氨酸	4.67	10.99	10.83	11.51	10.94

资料来源：尹丰伟等（2013）。

结果表明，4 种混合萃取体系（B~E）下的氨基酸含量相似，但单一萃取体系（A）与混合萃取体系（B~E）相比在某些氨基酸含量上具有较大差异，这可能与萃取过程中因萃取体系不同而造成的蛋白质流失有关。

2. 不同萃取条件下藻渣的蛋白质含量结果　见图 3-5。

结果表明，小球藻藻渣中的蛋白质占到藻渣干质量的 45% 左右，可作为一种良好的蛋白食品或蛋白饲料源；A 条件下的藻渣蛋白质含量较高，占藻渣干质量的 52.60%，D 条件下得到的最少，为 32.52%（尹丰伟等，2013）。

3. 不同萃取体系下的藻渣中碳水化合物含量结果　见图 3-6。

结果表明，小球藻细胞中含有较多的糖脂，约占细胞干物质的 5.7%。糖脂作为一种极性脂是膜脂的重要组成成分，在油脂的萃取过程中一部分糖脂溶于有机溶剂而被提

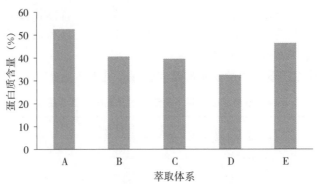

图 3-5　不同萃取条件下藻渣的蛋白质含量结果
（资料来源：陈立侨）

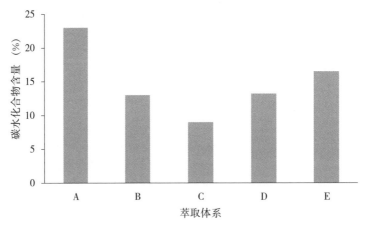

图 3-6　不同萃取体系下的藻渣中碳水化合物含量结果
（资料来源：陈立侨）

取出来，使藻渣中的碳水化合物含量降低。另外，小球藻的部分碳水化合物因溶于水醇相中而流失，也会降低藻渣碳水化合物的含量。从图 3-6 中还可以看出，混合萃取体系对藻渣碳水化合物的含量影响较大，且不同的混合萃取体系之间也有较大差别。

4. 不同萃取体系下的藻渣中灰分含量　见图 3-7。

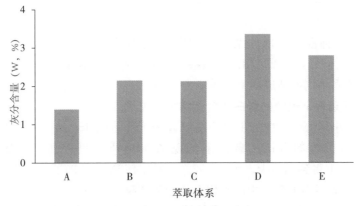

图 3-7　不同萃取体系下的藻渣中灰分含量
（资料来源：陈立侨）

图 3-7 的结果表明，藻渣中的灰分含量较少；不同萃取体系下的藻渣灰分含量不同，以 D 条件下得到的灰分最多，占藻渣干物质质量的 3.36%。

5. 不同萃取体系下藻渣中的 9 种矿质元素（P、Ca、Na、K、Fe、Al、Zn、Cu 和 Mn）含量　见表 3-25。

表 3-25　不同萃取体系下藻渣中的 9 种矿质元素含量（mg/g）

矿质元素	矿质元素含量				
	A	B	C	D	E
P	153.36	278.78	249.89	403.14	305.52
Ca	96.32	96.81	83.9	138.42	137.27
Na	95.34	82.96	73.80	169.58	102.65
K	41.88	48.26	45.47	88.47	51.59
Fe	12.63	12.50	9.47	18.50	16.91
Al	7.53	12.34	6.26	23.47	10.61
Zn	7.38	9.46	6.49	12.11	14.69
Cu	6.05	5.14	5.86	10.99	13.74
Mn	4.21	2.73	2.37	4.51	4.00
总计	424.70	548.98	483.78	869.19	656.98

资料来源：尹丰伟等（2013）。

表 3-25 的结果表明，藻渣中含有丰富的 P、Ca 和 Na，分别占矿质元素总质量的 50%、20% 和 15% 左右，Al、Zn、Cu 和 Mn 的含量则相对较少。9 种元素中，P 含量具有显著的优势，这是因为藻渣主要是残破的细胞结构，而 P 又是细胞核和细胞膜等细胞结构的重要组成元素。不同萃取体系下，藻渣矿质元素占藻渣干质量的含量（mg/g）由多到少依次为 D（869.19）、E（656.98）、B（548.98）、C（483.78）、A（424.70）。

六、微藻粉粕及其加工产品作为饲料资源开发利用的政策建议

（一）加强开发利用微藻粕及其加工产品作为饲料资源

微藻是海洋多不饱和脂肪酸的初级生产者，富含大量的 n-3PUFA，尤其是 EPA 和 DHA，可利用微藻生产多不饱和脂肪酸，尤其是按人类的需要得到高纯度的 EPA 和 DHA，用于人的食物和动物日粮中（刘俊，2011）。微藻油脂提取后会产生 50%～80% 的藻粕，而这些藻粕中会残留丰富的营养成分（尹丰伟等，2013）。杨晓通过检测分析发现裂壶藻粕含有 40% 左右的蛋白质和丰富的海洋活性物质，有很大的应用价值，可以作为水产动物饲料的蛋白源或添加剂（杨晓，2015）。研究指出，在配合饲料中添加微藻粕不仅可行，而且有很大的实际意义。例如，以裂壶藻粕作为石斑鱼配合饲料的部分蛋白源，可以发挥不同蛋白质营养价值的互补作用，即必需氨基酸相互弥补，提高饲料质量和养殖效果。

（二）改善微藻粕及其加工产品作为饲料资源的开发利用方式

1. 通过基因转入增加超长链脂肪酸的产量　可以通过生物技术手段，通过将合成

超长链脂肪酸途径中的一些关键酶（如延长酶和去饱和酶）的基因转入微藻，调节脂肪酸合成代谢途径的代谢流，可以增加超长链脂肪酸的产量（罗有文等，2006）。因为微藻粕是微藻提取油脂之后的产物，超长链脂肪酸含量增多，那么提取之后所剩的微藻粕中营养成分也有可能增多。

2. 通过技术手段改善微藻粕开发利用方式　近年来，随着发酵、畜牧等工、农业废水利用技术、二氧化碳补充技术、絮凝及超滤过滤采收技术、浓缩液保藏技术的发展和应用，微藻产品的生产成本、鲜活性、品质稳定性等诸多条件开始逐渐符合水产动物育苗（饵料）和养殖（调水剂）的生产要求，微藻在水产养殖诸多领域的优势及巨大的市场空间，由此而来，微藻粕的价值也将逐步被人们所关注。

3. 通过添加酶制剂解决微藻粕抗营养作用　通过文献描述，在杂粮型日粮中添加酶制剂是目前解决杂粮抗营养作用的唯一办法（颜瑞，2010）。而微藻粕中也含有与杂粮型日粮一样的抗营养物质——粗纤维，所以也可通过在微藻粕中添加酶制剂的方法来解决微藻粕的抗营养作用。

第五节　小球藻粉及其加工产品作为饲料原料的研究进展

一、小球藻概述

（一）我国小球藻粉及其加工产品资源现状

小球藻为绿藻门小球藻属普生性单细胞绿藻，是一种球形单细胞淡水藻类，直径 $3\sim8\mu m$，以光合自养生长繁殖，绝大多数生活在淡水湖中，含有丰富的蛋白质。我国常见的种类有蛋白核小球藻（*Chlorella pyrenoidosa*）、椭圆小球藻（*C. ellipsoidea*）、普通小球藻（*C. vulgaris*）等。小球藻分布广，生物量大，生长速度快，易于培养。人类对小球藻的开发研究已经有 60 多年的历史，美国、日本对小球藻的开发研究较早，20 世纪 60 年代，美国、苏联等国家开发小球藻作为饲料蛋白用作饲料添加剂；70 年代以来，日本相继开发出小球藻作为人用的健康食品、小球藻化妆品和小球藻医药制品。我国在 20 世纪 60 年代曾开展过小球藻的开发研究，但未能形成产业化。当今，美国、以色列、日本、中国等已成为小球藻的主要产地，这些国家小球藻培养和加工技术比较成熟，并形成产业化生产，但未能满足全世界对小球藻产品的需求（梁燕茹和李文权，2005）。

使用小球藻制成的小球藻粉，其蛋白质、氨基酸及各项营养指标含量较高，蛋白质含量为 62.5% 左右，接近鱼粉的蛋白含量；小球藻粉中氨基酸含量丰富，种类齐全，含有 18 种氨基酸，包括 8 种动物所需的必需氨基酸，其中必需氨基酸总量接近鱼粉和啤酒酵母，高于一般植物性蛋白质饲料，与饲料中大豆饼、玉米蛋白粉和饲料肉粉的氨基酸含量相比均有优势。但是其限制性氨基酸蛋氨酸和胱氨酸含量较低，说明小球藻粉是一种优良的植物蛋白源。此外，小球藻粉含有较高的不饱和脂肪酸，粗纤维含量较低，矿物质含量和维生素含量较高，同时还含有丰富的类胡萝卜素和叶绿素等，对促进动物生长，改善肌肉品质具有重要的意义（艾春香，2012）。

小球藻是全世界微藻产业中产量最高的品种，全世界年产量约 2 000t，主要生产地为东南亚地区。近几年，随着对小球藻功能认识的加深，我国加紧了对小球藻的研究、开发与利用。

(二)小球藻及其加工产品作为饲料原料利用存在的问题

1. 小球藻的生产成本较高　尽管微藻具有显著的营养特点和优点，但现阶段规模化培养微藻的成本高于常规饲料蛋白源，如大豆、棉籽和花生饼等，这极大地限制微藻在动物养殖业中的应用（艾春香，2012）。饲料级微藻的获得主要采用开放式藻菌培养系统，该培养系统虽然发藻快，生产量大，但存在水质污染及微生物种类和数量不易控制等问题（梁燕茹和李文权，2005）；且开放式培养小球藻获得的产品质量较差，培养液中藻细胞浓度低，分离成本高。

2. 小球藻养殖过程中 pH 难以控制　小球藻的 pH 在培育前几天会出现 0.1～0.2 的波动，而且要天气晴朗时使用最好（陈焕林，2015）。任何微藻在养殖过程中都会使 pH 升高。然而，小球藻养殖中过高的 pH 会引起细胞片状凝聚，影响生长，小球藻养殖的 pH 最好能控制在 7.0～9.0（张学成等，2001）。

3. 洗涤藻粉时容易受到微生物的污染　不同地区、不同季节和不同培养条件下培养的微藻成分差异大，所以在微藻的采集、分离、干燥、加工等技术方面尚需研制出高效节能、保质的设备和工艺，降低成本，才能实现其在饲料中的大量使用（艾春香，2012）。

(三)开发利用小球藻粉及其加工产品作为饲料原料的意义

海洋微藻富含 EPA（$C_{20:5\,n-3}$）和 DHA（$C_{22:6\,n-3}$），作为对虾、扇贝等水产动物幼体饲料可以达到提高成活率和增强体质的重要作用。其中，小球藻粉是一种高蛋白质、低糖、低脂肪、营养全面均衡的绿色营养源，并且是安全无毒级物质，是一种非常具有开发前景的优良饲料蛋白质源（王冉等，2005）。研究已证明小球藻是轮虫理想的食物，它具有极其丰富且均衡的营养成分，蛋白质含量达 50%～67%，含动物体所需的 20 种氨基酸、多种维生素和微量元素，以及亚麻酸、亚油酸、胡萝卜素等（王冉等，2005）。

小球藻粉营养丰富，在饲料中添加适量的小球藻粉能提高肉猪、肉鸡和蛋鸡的生产性能，改善鸡蛋色泽，提高畜禽产品的品质。在水产养殖中，饲料占水产养殖成本的 50%以上，而饲料中的蛋白质是最昂贵的饲料原料（El-Sayed，1999）。研究表明，采用适当比例的植物蛋白替代价格昂贵的鱼粉作为鱼类的蛋白源，对其生长和饲料利用率无不利影响，有些甚至取得了更好的生长效果（Gui 等，2010）。在饲料中添加适量小球藻粉可以促进鱼类生长，提高免疫力（Xu 等，2014）。此外，小球藻中含有丰富的生物活性物质小球藻生长因子（Chlorella Growth Factor，CGF），可以促进细胞生长以及增加葡萄糖的耐受性（Wu 等，2006；Tartiel 等，2005）。

微藻的生产不占用良田，可在荒漠、滩涂、火山爆发后的石岩、珊瑚礁等荒地上进行生产。世界上最大的螺旋藻工厂就在夏威夷岛的火山岩石上建成，每年生产超过 600t 优质食用螺旋藻，我国最大的微藻生产基地云南程海湖基地也是建在湖泊周围的荒地上（李定梅，2001）。而现在我国饲料资源不足，小球藻的开发具有重大意义。

二、小球藻粉及其加工产品的营养价值

研究表明（杨鹭生等，2003），小球藻粉的各项营养指标含量较高，其中蛋白质含量高达63.6%，接近鱼粉的蛋白质含量，优于其他蛋白质源；小球藻粉中氨基酸含量丰富且种类齐全，含有18种氨基酸，包括8种动物所需的必需氨基酸，氨基酸总量（Total amino acids，TAA）达55.93%，其中必需氨基酸（Essential amino acid，EAA）含量为23.34%，接近玉米蛋白粉（25.47%）和鱼粉（23.61%），高于大豆饼（16.43%）和啤酒酵母（21.83%）；与饲料中大豆饼的氨基酸含量相比均有优势。但其限制性氨基酸如蛋氨酸和胱氨酸含量较低。综合来说，小球藻粉是一种优良的植物蛋白源。小球藻粉含有较高的不饱和脂肪酸、矿物质和维生素，而粗纤维含量较低（表3-26至表3-30）。同时，小球藻还含有丰富的类胡萝卜素和叶绿素等，对促进动物生长，改善肌肉品质具有重要意义（艾春香，2012）。

表3-26　小球藻粉主要营养成分含量及卫生标准

指标	含量	指标	含量
粗蛋白质（%）	63.6	砷（mg/kg）	0.73
水分（%）	4.98	汞（mg/kg）	未检出
粗灰分（%）	6.34	大肠杆菌（个，以每100g计）	<53
粗纤维（%）	0.35	沙门氏菌	未检出
铅（mg/kg）	2.74		

资料来源：欧阳克氙等（2013）。

表3-27　小球藻粉氨基酸含量（g，100g 小球藻粉）

种类	含量	种类	含量
Lys*	3.62	His	1.31
Thr*	2.46	Asp	5.45
Met*	1.02	Ser	1.94
Val*	3.55	Glu	6.77
Leu*	5.34	Ala	4.77
Phe*	3.22	Pro	3.17
Trp*	1.58	Cys	0.41
Ile*	2.55	Gly	3.67
Arg	3.28	Tyr	1.82

注：* 必需氨基酸。
资料来源：欧阳克氙等（2013）。

表 3-28　小球藻粉与常见饲料中蛋白质和必需氨基酸含量的比较（%）

饲料	中国饲料号	粗蛋白质	赖氨酸	苏氨酸	甲硫氨酸	缬氨酸	亮氨酸	色氨酸	苯硫氨酸	异丙氨酸	酪氨酸	半胱氨酸
小球藻粉	—	63.6	3.62	2.46	1.02	3.55	5.34	1.58	3.22	2.55	1.82	0.41
大豆饼	5-10-0103	47.9	2.99	1.85	0.68	2.26	3.57	0.65	2.33	2.10	1.57	0.73
玉米蛋白粉	5-11-0001	63.5	1.10	2.11	1.60	2.94	10.5	0.36	3.94	2.92	3.19	0.99
鱼粉	5-13-0044	67.0	4.97	2.74	1.86	3.11	4.94	0.77	2.61	2.61	1.97	0.60
啤酒酵母	7-15-0001	52.4	3.38	2.33	0.83	3.40	4.76	0.21	4.07	2.85	0.12	0.50

资料来源：欧阳克氙等（2013）。

表 3-29　小球藻干粉的维生素含量（100g 干藻粉）

维生素	含量（mg）
维生素 B_1	1.44
维生素 B_2	2.11
维生素 B_6	0.44
维生素 B_{12}	0.03
维生素 B_3	21.41
维生素 C	26.44
维生素 E	4.4
胡萝卜素	76.9

资料来源：李师翁和李虎乾（1997）。

表 3-30　小球藻干粉矿物质元素的含量（100g 干藻粉）

矿物质元素	含量
K（mg）	1 045
Na（mg）	59.4
Ca（mg）	99.3
Mg（mg）	121.4
Fe（mg）	94.4
Zn（mg）	11.4
Mn（mg）	3.34
Cu（mg）	0.22
P（mg）	33.2
Co（μg）	0.66
Se（μg）	1.02

资料来源：李师翁和李虎乾（1997）。

三、小球藻粉及其加工产品中的抗营养因子

小球藻蛋白质含量高，安全、无毒。目前暂无有关小球藻中含抗营养因子的报道。

李师翁（1997）相关毒理学研究的结果表明，小球藻作为食品，对试验动物是实际无毒级物质，无蓄积毒性，对生殖细胞无诱变致畸形作用，对体细胞无诱变作用。研究发现采用光合反应器生产工艺所获得的小球藻干粉未检出有害元素（欧阳克氪等，2013）。

四、小球藻粉及其加工产品在动物生产中的应用

（一）在养猪生产中的应用

小球藻对育肥期的猪有一定的促进生长作用（李师翁和李虎乾，1997）。试验证明，在相同条件下，饲喂 50g 小球藻的小猪，其体重增加超过喂 60g 玉米粉、花生饼的小猪。

（二）在反刍动物生产中的应用

关于小球藻在反刍动物中的应用，有试验表明，用小球藻喂养小牛可以获得更高的经济效益（欧阳克氪等，2013）。与不添加小球藻悬液的对照组相比，日粮中加入 8L 的小球藻悬液喂养小公牛的日增重要高出 11.7%。另外，小球藻悬液能够治疗犊牛的维生素缺乏症。小球藻悬液还可作为病原微生物所引起的新陈代谢紊乱、消化不良的防治剂（王春海，1982）。

添加小球藻悬液对南哈萨克美利奴小公羊生长发育影响的研究表明，只给日粮中添加小球藻悬液，也能获得足够的增重，提高了纯利润（王春海，1982）。

自 1962 年以来，奇姆肯特试验站的农场经常用小球藻悬液饲养各种家畜，除能促进畜产品的产量增加外，还有效提高了仔畜的产量和存活率（王春海，1982）。

（三）在家禽生产中的应用

小球藻粉营养价值丰富，在饲料中添加适量的小球藻粉能提高肉鸡和蛋鸡的生产性能，改善鸡蛋色泽，提高畜禽产品的品质（El-Sayed，1999）。

（四）在水产品生产中的应用

小球藻无论是作为轮虫饵料还是贝类饵料，投喂效果都很好（梁燕茹和李文权，2005）。在鱼类营养方面，小球藻经常用来培育鱼苗，而且在饲料中适量添加小球藻可以促进鱼类生长，提高免疫力（石西等，2015）。在银鲫饲养中，添加一定量的小球藻粉可以提高银鲫的生长速度，减少饲养过程中的饵料消耗，从而提高水产养殖的经济效益，如果能与鱼用预混合饲料结合使用，效果更佳（李保金，2006）。也有研究表明，分别采用酵母轮虫和以小球藻、螺旋藻粉强化培育 5h 的酵母轮虫为饵料，投喂尖吻鲈（*Lates calcarifer*）、卵形鲳鲹（*Trachinotus ovatus*）、美国红鱼（*Sciaenops ocellatus*）

仔鱼，比较其成活率发现：投喂小球藻和螺旋藻粉强化的轮虫仔鱼成活率显著提高（杜涛等，2010）。另外，试验证明，牙鲆商品饲料中添加2％的小球藻可提高鱼的生长和饲料利用率，降低鱼体脂肪含量并提高其肉质（任维美，2003）。

（五）在其他动物生产中的应用

要改进桑蚕产品的品质和提高桑蚕对疾病的抗性，首先在于桑叶的饲育质量，一般夏、秋季的桑叶质量比春季差得多，因此提高夏秋季桑蚕产品的质量是一个重要的课题。试验研究表明，在阿塞拜疆桑蚕的夏、秋期饲育中适当使用小球藻，可以提高饲料的营养价值（阿列也夫等，1981）。

五、小球藻粉及其加工产品的加工方法与工艺

（一）蛋白核小球藻粉的生产工艺

水泥池开放式培养：地下水预处理→配制培养液→接种→大规模培养→生态采收→离心、洗涤→干燥（李国平，2003）。

（二）小球藻采收技术

1. 气浮法　该法是由絮凝法改进而来。在藻液里加入$FeCl_3$和聚丙烯酰胺（Polyacrylamide，PAM）等絮凝剂，使小球藻等微藻絮凝，通入空气进行吹浮（气浮），使结块的絮凝物上浮，捞收后干燥。该法受外界影响比较大，操作要求高，产品中混有絮凝剂及气浮上来的池底残渣，严重影响产品纯度和质量。此法也不适合食品和饲料级小球藻生产的采收，可用于小面积生物污水处理的小球藻和作为提取生化物质（另有分离纯化过程）原料的小球藻的采收（徐跃定等，2010）。

2. 离心固液分离法　该技术利用高速离心方法进行固液分离，从而达到把小球藻从藻液里分离出来的目的。离心固液分离法耗能较大，采收成本较高，低浓度采收成本更高。但由于小球藻具有相对坚固的细胞壁，能够承受高速离心机（固液分离机）的机械打击，未被全部采收的小球藻细胞随分离的培养液回到池中能够继续生长繁殖，不影响培养液重复使用，适用于小球藻规模化长期连续培养生产的采收。离心法分离出来的是藻液里小球藻细胞，其他杂物很少，产品质量好。因此，该法已成为国内绝大多数小球藻生产企业使用的采收技术（徐跃定等，2010）。

（三）小球藻规模化生产离心固液分离采收技术

1. 固液分离机（离心机）类型　小球藻生产一般采用碟片式分离机进行采收，通常使用啤酒酵母或生物发酵分离机机型，这种机型分离能力强，适用于微生物培养生产，能把微小的小球藻从藻液里分离出来。分离机要具备自动排渣功能，能够进行连续生产。

2. 分离机生产能力及参数　在适宜的气候条件下，小球藻从接种扩繁至采收需要7~8d，分离机的生产能力就需要与此相适应。通常情况下，每15 000m³配套1台分离流量18~20m³/h的分离机。分离机转速要求在6 000r/min以上，离心分离因数大于

10 000，转鼓直径不小于 50cm，分离碟片数 200 片以上。

3. 采收技术要点

（1）过滤杂物　尽管离心法采收的产品质量较好，但在实际生产操作时要防止异物连同藻液一起进入分离机，最终残留在藻粉里。可在培养池中放置 1 个拦脏装置，既能使小球藻藻液顺利通过，又能拦阻异物。

（2）采收后培养液要回到养殖池里重复培养小球藻，而露天小球藻生产通常在夏、秋季进行，气温较高，因此要合理安排采收进度，避免在中午收到池底时藻液无法搅拌流动，在烈日下暴晒，水层浅使水温过度升高，影响产品质量和回水后小球藻正常生长。

（3）从培养液分离出的小球藻在分离机里通过排渣才能排出机外，而分离机在高速运转时产生较高温度，如果相隔长时间排渣，不仅降低离心效果，而且高温会严重影响小球藻色泽，破坏生物活性物质。如果短时间排渣，一方面影响采收效率；另一方面排出的小球藻固形物含量低，将会大大增加后续的干燥成本。要根据采收的培养液小球藻浓度合理调节排渣时间，通常间隔时间在 15～18min。

（4）分离机排渣分离出来的小球藻藻泥通常温度达到 45℃以上，不及时处理，会迅速产生微生物发酵作用，严重影响产品产量和质量。因此，采收后要及时进行干燥加工，否则要进行冷藏，冷藏时间夏季不能超过 10h，秋季不能超过 15h（徐跃定等，2010）。

六、小球藻粉及其加工产品作为饲料资源开发利用的政策建议

（一）加强开发利用小球藻粉及其加工产品作为饲料资源

小球藻粉蛋白质含量高，营养价值高，是优良的单细胞饲料蛋白源，在饲料中添加 10％的小球藻粉会提高肉猪、肉鸡和蛋鸡的生长性能，改善蛋黄颜色。但营养成分因小球藻藻种品系、培养方式和培养基等的不同而有所差异，同时影响其作为饲料或食品的安全性。有研究报道，小球藻在培养过程中会受到重金属污染，造成重金属含量超标，影响动物和人类健康。小球藻生产过程的科学管理和质量控制，可以较好地避免产品被重金属等污染。李师翁等对小球藻干粉用于小鼠毒性试验、骨髓微核试验、蓄积毒性试验和精子畸变试验等的研究表明，小球藻是无毒级物质，无诱变染色体和生殖细胞畸形的作用，可作为安全的饲料和添加剂（梁燕茹和李文权，2005）。

此外，小球藻的细胞内含有大量蛋白质、脂肪、碳水化合物，还有丰富的维生素；其营养成分比大麦、麸皮、大豆、玉米等都好，而且产量很高，每 666.67m² 农田 1 年能收获 27～30 次，可以生产小球藻干粉 20kg 左右。将小球藻溶液或干粉拌和在青粗饲料内，味道香而带微甜，适口性好。用小球藻喂养各种家畜、家禽，结果均表明其具有显著的增产效果。

（二）合理开发利用小球藻粉及其加工产品作为饲料原料的战略性意义

小球藻是一种高蛋白质、低糖、低脂肪、低热值、维生素和微量元素全面的绿色营养源，且具有许多医疗保健功效，被联合国粮食及农业组织（FAO）列为 21 世纪人类

的绿色营养源健康食品（Patterson 等，1994）。另外小球藻无论是作为轮虫饵料或是贝类饵料，都有很好的投喂效果。而且，小球藻已经有了系统的大规模生产方式，浓缩保存效果良好，抑制弧菌实效长、效果好的优点。小球藻还含有大量的活性物质，可以抑制病毒，对治疗人类近年来常见疾病也有其独特的疗效。小球藻既可补充食品和饲料的不足，又可优化食品和饲料品质（梁燕茹和李文权，2005）。小球藻户外大面积养殖技术和破壁技术应用于保健食品领域及水产养殖业和畜牧业领域中，能为未来人类开辟取之不尽、用之不竭的新食源和新资源，同时又能为水产养殖业中的鱼类和畜牧业的各种畜禽提供丰富的饲料营养源（陈新民，2001）。当前小球藻全世界年产量约为 2 000t，国际市场的年需求量为 8 000～10 000t，因此小球藻具有十分广阔的开发应用前景（欧阳克氙等，2013）。

许多研究、生产实践和小球藻在家畜饲养中的应用，证明了关于培植小型藻类来发展畜牧业的重要性。因此，为了经济利益，应在建有大型牧场和工厂的联合企业中组建生产小球藻溶液的生物车间。小型藻类的应用能提高饲料的利用率，使日粮中增加必需的常量元素、微量元素及生物性活性物质，具有显著的经济效益。

随着对小球藻的生理生化、基因遗传、藻种筛选及其培养条件优化反应器设计、大规模工业化生产条件等方面研究的深入，开发利用小球藻系列产品势在必行，我国应充分利用现有小球藻资源及南方地区气温高、日照充足等优势条件，应用各种先进生物技术，大力开发小球藻，使其在饲料食品等方面得到充分应用，创造更大的社会效益和经济效益。

第六节 狐尾藻及其加工产品作为饲料原料的研究进展

一、狐尾藻概述

（一）我国狐尾藻资源现状

狐尾藻属（*Myriophyllum*）为小二仙草科下的一个属，为水生植物或半湿生草本植物，我国约有 7 种，1 个变种。狐尾藻开春后即从根部发出新芽。新芽及根、秋冬的果实均是鸭的喜食部分，但将狐尾藻作为饲料应用于养殖业的研究尚未见报道（何舟等，2015）。

表 3-31 为各种狐尾藻的分布情况及现状。

表 3-31 狐尾藻的分布情况及现状

狐尾藻属	我国主要分布	国外主要分布	生长环境	主要用途
矮狐藻（*Myriophyllum humile*）	广东、福建、台湾	北美及印度东部均有分布	水塘、沼泽、沟渠及水田中	可用于装饰水族箱、鱼缸等
乌苏里狐尾藻（*Myriophyllum propinquum*）	黑龙江、吉林、河北、安徽、江苏、浙江、台湾、广东、广西等省、自治区	俄罗斯、朝鲜、日本及澳大利亚等国均有分布	小池塘、沼泽、沟渠、水滩及湖泊的浅水湖湾处	可栽于水族箱中，既可造景，又可供金鱼等产卵用，是良好的鱼类产卵场

（续）

狐尾藻属	我国主要分布	国外主要分布	生长环境	主要用途
四蕊狐尾藻（*Myriophyllum tetrandrum*）	海南省三亚市、乐东市等	印度、越南、马来西亚、泰国均有分布	小池塘、沼泽、沟渠、水滩及湖泊的浅水湖湾处	用于装饰水族箱，也可作为鱼类产卵场所和家畜、家禽的饲料等
狐尾藻（原变种）（*Myriophyllum verticillatum*）	我国南北各地均有生长	世界广泛分布	池塘、河沟、沼泽、缓流的河溪等水域中	可用于装饰水族箱，是鱼类产卵场所，也用作鱼、猪、鹅等的饲料。可净化污水
穗状狐尾藻（*Myriophyllum spicatum*）	我国南北各地均有生长	世界广泛分布	池塘、河沟、沼泽、缓流的河溪等水域中	可用于装饰水族箱，还可药用，是较好的鱼类产卵场所和避敌环境，也是多种家禽家畜喜食的饲料。可净化污水
瘤果狐尾藻（变种）（*Myriophyllum spicatum* L. var. *muricatum*）	我国东北各省	世界广泛分布	池塘、河沟、沼泽中	可用于装饰水族箱，是鱼类产卵场所，也用作鱼、猪、鹅等的饲料。可净化污水
互花狐尾藻（*Myriophyllum alterniflorum*）	安徽、江苏、湖北、甘肃等	欧洲中北部，中亚，俄罗斯的鄂霍次克和勘察加，美国的新英格兰地区至阿拉斯加	池塘、河沟、沼泽中	暂无相关信息
刺果狐尾藻（*Myriophyllum tuberculatum*）	广东	印度、孟加拉国、缅甸、马来半岛北部、加里曼丹岛东南部和其他群岛	池塘、河沟、沼泽中	暂无相关信息

资料来源：中国植物物种信息数据库。

（二）狐尾藻作为饲料原料利用存在的问题

狐尾藻作为净化水体环境的植物，迄今的研究主要局限于湖泊富营养化的生态修复工作中，虽然狐尾藻有巨大的生物量，但对其资源的加工和综合利用的研究尚无报道。因此，对狐尾藻资源加强管理，充分开发利用沉水植物蕴含的资源，加快开发可行的综合利用方式迫在眉睫（王艳丽等，2009）。

对狐尾藻的利用基本局限于作为鱼类的饵料，直接投喂狐尾藻利用率较低，又易导致湖泊的二次污染。狐尾藻含有抑藻物质（Nakai，2000），在水体中可以抑制藻类的生长。但对于狐尾藻含有的有毒物质，包括重金属含量等相关研究几乎没有报道，这些都大大制约了对其利用和合理的开发。

（三）开发利用狐尾藻及其加工产品作为饲料原料的意义

陈少莲等（1993）和尚士友等（1997）报道狐尾藻内的营养指标符合家禽家畜饲养标准，是草食性鱼类和底栖动物的优良饵料，其适口性和育肥效果均能满足饲养要求，而且其钙和磷含量较高，可作为其他全价饲料的重要组成成分，可应用于养殖业。湖区农民已利用狐尾藻喂猪，饲养家禽鹅、鸭等，并且取得了较好的经济效益。

沉水植物粗蛋白质含量均在 15％ 以上，目前已有将沉水植物伊乐藻和微齿眼子菜藻粉碎压滤，并用所产生的固体发酵生产蛋白质饲料的报道（杨柳燕等，2005）。狐尾藻含有较高的蛋白质，较低的纤维，因此可直接进行固体发酵或粗蛋白质的提取，以生产蛋白质饲料应用于饲养业中。

相对于资源锐减的其他经济藻类，狐尾藻用于湖泊富营养化的生态修复工作中，并且具有巨大的生物量。在中国具有分布广泛、生长迅速、再生能力强等特点，因此在规模化养殖中以狐尾藻替代自然资源日益匮乏的其他经济藻类是可行的。

二、狐尾藻及其加工产品的营养价值

狐尾藻及其加工产品的营养价值见表 3-32 和表 3-33。

表 3-32　狐尾藻营养成分对照（％）

营养成分	含量
水	7.25
粗蛋白质	16.60
粗脂肪	2.95
粗纤维	21.77
粗灰分	16.86
钙	7.89
磷	0.35
无氮浸出物	34.57

资料来源：尚士友等（1997）。

表 3-33　狐尾藻氨基酸含量（mg/g，湿重）

氨基酸类别	含量
天冬氨酸	5.26
苏氨酸	1.02
丝氨酸	1.26
谷氨酸	4.35
甘氨酸	1.21
丙氨酸	1.51
半胱氨酸	0.30
缬氨酸	1.50
蛋氨酸	1.02
异亮氨酸	1.11
亮氨酸	2.03
酪氨酸	0.90
苯丙氨酸	1.51

（续）

氨基酸类别	含量
赖氨酸	1.31
组氨酸	0.45
精氨酸	1.19
脯氨酸	1.54
必需氨基酸占比（%）	41.38
氨基酸总量	26.92

资料来源：陈少莲等（1993）。

如表 3-32 表 3-33 所示，狐尾藻中含有常见的 17 种氨基酸（除因酸水解处理的色氨酸未做分析外），其中包括 9 种必需氨基酸（异亮氨酸、亮氨酸、赖氨酸、蛋氨酸、苯丙氨酸、苏氨酸、缬氨酸、精氨酸及组氨酸）和 8 种非必需氨基酸。狐尾藻中含量最高的必需氨基酸为亮氨酸、含量最低的氨基酸为蛋氨酸。

三、狐尾藻及其加工产品中的抗营养因子

尚未见到有关狐尾藻及其加工产品中有关抗营养因子的测定和报道。

四、狐尾藻及其加工产品在动物生产中的应用

1. 在家禽生产中的应用——北京鸭的饲养　该应用是采用穗花狐尾藻替代部分基础饲料进行北京鸭的对比饲养。基础料配方成分为：玉米 54.3%，豆饼 18%，鱼粉 4%，骨粉 0.5%，食盐 0.2%，麸皮 22%，添加剂 1%，用穗花狐尾藻替代基础饲料的顺序及替代量为：4 周龄 20%，5 周龄 25%，6 周龄 30%，7 周龄 30%。试验结果如下：7 周龄平均活重 2.585kg，料重比 3.6∶1。对照组平均活重 2.600kg，料重比 3.2∶1。统计分析结果为喂养 50 只鸭的生产成本相对于对照组降低了 33.5 元（尚士友等，1997）。

2. 在水产品生产中的应用——穗花狐尾藻替代鼠尾藻饲喂刺参幼参　试验用基础饲料经自然干燥后，100 目粉碎加工。饲料配方为：海泥 40%，鼠尾藻 60%；海泥 40%，穗花狐尾藻 60%。饲喂效果：饲料中添加穗花狐尾藻组粗蛋白质和粗脂肪含量显著高于添加等比例的鼠尾藻组。摄食穗花狐尾藻后增重率和存活率显著高于对照组。幼参体内的淀粉酶、蛋白酶活性均显著高于对照组。因此，在饲料中添加 60% 左右的穗花狐尾藻饲喂刺参幼参，即完全替代鼠尾藻是经济可行的（何舟等，2015）。

五、狐尾藻及其加工产品的加工方法与工艺

目前，狐尾藻应用于饲料中的潜在经济价值尚未被挖掘，以下简要介绍其采集和作为饲料原料添加应用的加工方法。

大量狐尾藻运送上岸后，采用草架法晾晒进行自然干燥，在正常日照条件下，2d即可风干。自然干燥法成本低，并可保持其青绿色和营养成分。如水草表面沉沙较多，可冲洗或在粉碎后进行分选以降低灰分。新鲜狐尾藻可切碎后直接饲喂，也可打浆后掺入糠麸和其他添加剂使用。粉碎后的草粉可根据各种配方制成全价配合饲料，狐尾藻还可以青贮或压榨脱水后提取蛋白质。

六、狐尾藻及其加工产品作为饲料资源开发利用的政策建议

1. 加强开发利用狐尾藻及其加工产品作为饲料资源 由于农田化肥和农药用量越来越大，加上工业及生活废水与地表有机物流失，输入湖泊、水库中的氮、磷营养盐越来越多。沉水植物几乎是以奢侈消费的方式吸收和富集营养物质，形成了极大的初级生产力。据调查统计，我国主要湖泊沉水植物总生产力（干重）为 1.8×10^6 t 以上，按收获 60% 计算，实际可供开发利用的资源量为 1.08×10^6 t。

在维持湖泊生态系统结构和功能方面，狐尾藻起到十分重要的作用，但沉水性植物生物量过多，枯草腐烂会造成二次污染，是湖泊沼泽化的重要因素。可以人为地将其迁出水体，防止湖泊富营养化。因此，打捞上岸的狐尾藻应用于饲料行业，不仅解决了其出路问题，还可获得良好的经济效益，减少了治理湖泊富营养化的成本。

不论利用湖泊内源性饲的养殖还是投喂外源性饲料的养殖，对养殖对象的蛋白质、脂肪含量都无显著差异，均能达到上市标准。说明利用湖泊内源性饵料开发新的狐尾藻饲料源是可行的。

2. 改善狐尾藻及其加工产品作为饲料资源的开发利用方式 大多数狐尾藻利用现状还是局限于直接饲喂，容易造成二次污染，且利用效率较低，产生的经济效益有限，因此需要对狐尾藻的营养成分、加工方式和应用潜力进行科学的评估和分析，提高其综合利用价值。

孙健等（2015）和何舟等（2015）报道不同的物种，对沉水性植物的摄食偏好有一定不同。因此，根据不同物种营养水平需求，利用狐尾藻开发出相对应的配合饲料应用于饲料行业具有较高的可行性。

开发狐尾藻作为饲料源，对其有毒物质、抗营养因子等不利于机体生长的成分等的研究亟待进行。

3. 制定狐尾藻及其加工产品作为饲料产品的标准 狐尾藻相较于其他沉水性植物，所含的蛋白质、脂肪、纤维素、氨基酸水平均有较大不同（陈少莲等，1993）。因此，需根据狐尾藻自身营养价值和动物的营养需要，制定相对应的饲料产品标准。

4. 科学制定狐尾藻及其加工产品作为饲料原料在日粮中的适宜添加量 何舟等（2015）报道刺参幼参养殖中，添加 60% 的穗花狐尾藻制成的饵料，对其各项生长性能均有显著性增长。但在草鱼相关摄食研究中，在水体中有多种水草存在的情况下，草鱼更偏向于摄食黑藻，而对狐尾藻的摄食率最低，说明其适口性相对较差。因此，针对不同物种，最大化地开发饲料的营养水平，制定科学的狐尾藻饲料原料适宜添加量，具有重要意义。

（华东师范大学陈立侨）

第七节　大型海藻粉及其加工产品作为饲料原料的研究进展

一、大型海藻概述

（一）我国大型海藻及加工产品资源现状

1. 我国藻类资源现状　我国海藻种类丰富，有 100 多种大型经济藻类，主要分红藻、绿藻和褐藻 3 类，主要品种有海带、裙带菜、马尾藻、羊栖菜、海蒿子、石花菜、蜈蚣藻、石莼、海萝、鹿角菜、鸡毛菜、紫菜、江蓠、海黍子、萱藻、浒苔、鹧鸪菜、海人草等。还有陆生藻类，主要有念珠藻（葛仙米）和发状念珠藻（发菜）等。

我国海藻利用历史悠久。南齐陶弘景所著的《神农本草经》和《名医别录》，李时珍的《本草纲目》和吴其睿的《植物名实图考长编》等书中都先后详细记载了海带、昆布、石莼、紫菜、纶布和球枝等藻类的药用疗效。在唐代，发菜就被广泛采集并远销国外。宋代，人们已开始食用海藻中的海萝，并能利用海萝提取海萝胶。

近代，我国藻类开发利用取得了重大成就，是世界上海藻生产规模最大的国家。科研工作者积极改良海藻品种，推广海带和江蓠南移、紫菜北移的养殖技术，政府鼓励渔民养殖裙带菜、江蓠、麒麟菜、石花菜、羊栖菜、浒苔等新品种，使我国海藻产量得到快速增长，以海藻为原料的食品加工、海藻化工、保健品、海藻农产品得到长足进步。根据 FAO（2014）统计，2012 年，全球藻类产量为 2 378 万 t（湿重），其中我国产量为 1 283 万 t（湿重），占全球总产量的 53.97%。根据我国农业部渔业局（2015）的统计，2014 年，我国养殖海藻总产量超过 200 万 t（干重），养殖海藻种植面积大于 12 万 hm²，主要品种有海带、裙带菜、紫菜、江蓠、羊栖菜等，海藻占我国主要海水养殖物种总产量的 10% 左右，其中我国捕捞海藻产量为 2.4 万 t（干重），捕捞淡水藻类产量为 256t（干重），养殖淡水藻类螺旋藻产量 8 553t（干重）。我国主要养殖藻类的产量和海藻种植面积等地区分布见表 3-34 和表 3-35。我国捕捞藻类产量的地区分布见表 3-36。世界养殖海藻品种产量见图 3-8。

表 3-34　2014 年我国养殖藻类品种、产量及地区分布（t，干重）

地区	养殖藻类总产量	海藻种类							
		螺旋藻	海带	裙带菜	紫菜	江蓠	麒麟菜	羊栖菜	苔菜
全国	2 013 129	8 553	1 361 035	203 099	114 171	262 232	4 286	17 543	100
内蒙古	1 838	1 838	—	—	—	—	—	—	—
辽宁	351 337	—	189 470	161 857	—	—	—	—	—
江苏	27 978	959	351	6	25 786	805	—	—	—
浙江	45 653	104	9 937	—	22 752	800	—	9 135	100
福建	813 880	746	600 298	—	53 408	136 956	—	5 383	—
江西	3 319	3 319	—	—	—	—	—	—	—
山东	662 784	—	556 388	40 709	1 890	60 797	—	3 000	—
河南	168	168	—	—	—	—	—	—	—

（续）

地区	养殖藻类总产量	海藻种类							
		螺旋藻	海带	裙带菜	紫菜	江蓠	麒麟菜	羊栖菜	苔菜
广东	74 870	20	4 591	527	10 335	52 281	1 315	25	—
广西	80	80							
海南	30 733	830	—			10 593	2 971		
云南	489	489							

资料来源：《中国渔业统计年鉴 2015》。

表 3-35　2014 年我国海藻养殖面积地区分布（hm²）

地区	藻类总面积	海藻种类						
		海带	裙带菜	紫菜	江蓠	麒麟菜	羊栖菜	苔菜
全国	124 990	39 901	7 693	64 152	9 697	398	1 379	39
辽宁	11 689	5 396	6 293	—	—		—	
江苏	39 724	700		39 024	—		—	
浙江	10 089	637		8 437	25		840	39
福建	39 843	16 573		15 635	6 237		442	
山东	19 820	16 508	1 390	265	1 117		67	
广东	3 021	87	10	791	1 882	40	30	
海南	794				436	358		

资料来源：《中国渔业统计年鉴 2015》。

表 3-36　2014 年我国捕捞藻类产量的地区分布（t，干重）

类别	全国总计	地区									
		辽宁	江苏	浙江	福建	山东	广东	海南	江西	陕西	安徽
海水	24 299	65	1 274	2 715	2 022	1 485	7 323	9 415	—		—
淡水	256	—	—	22	—				23	1	210

资料来源：《中国渔业统计年鉴 2015》。

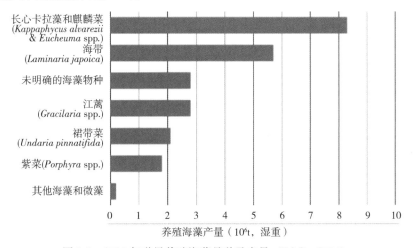

图 3-8　2012 年世界养殖海藻品种及产量（FAO，2014）

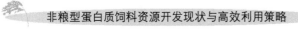

2. 我国常见大型海藻　海带别名昆布、江白菜，属于褐藻门海带属的一种可食用的藻类，是我国最主要的养殖藻类，也是我国食用历史最悠久、食用地区最广泛的海藻。海带属于冷水海藻，在我国科学家的不断努力下，开发了耐温海带，实现了海带南移栽培，获得了巨大成果。目前，我国南方海带养殖产量超过北方海带养殖。我国海带产品大部分用于人类食用，仅有不足 20％产品用于提取碘和藻胶。据 FAO（2014）统计，2012 年世界海带产量超过 560 万 t（湿重）。据农业部渔业局（2015）统计，2014年，我国海带产量超过 136 万 t（干重），养殖海域高达 4 万 hm²，最主要的产地在福建、山东和辽宁。

江蓠是红藻门藻类，是我国琼胶的主要来源，同时也是海藻养殖业的重要组成部分。据 FAO（2014）统计，2012 年世界江蓠产量超过 270 万 t（湿重），主要产地为中国。我国共有 32 种江蓠属海藻，包括龙须菜、江蓠等，广泛分布在我国福建、广东、海南等地（Yang 等，2015）。我国江蓠属海藻分布地区见表 3-37。江蓠在我国的发展经历了两个阶段：20 世纪中期到 2000 年小规模种植、缓慢发展；2000 年以后大规模种植、快速发展。据农业部渔业局（2015）统计，2014 年，我国江蓠产量超过 26 万 t（干重），养殖海域达 1 万 hm²，主要的产地在福建、山东和广东。

表 3-37　我国江蓠属海藻分布地区

种类	分布地区
G. lemaneiformis Bory	山东、辽宁、广东、福建
G. gigas Harvey	广东、福建
G. tenuistipitata Zhang et Xia	广东
G. tenuistipitata var. *liui* Zhang et Xia	广东、广西、海南、福建、浙江
G. asiatica Zhang et Xia	中国沿海
G. asiatica var. Zhang et Xia	福建、广东
G. chouae Zhang et Xia	福建、浙江
G. chorda Holmes	海南
G. salicornia（Ag.）Dawson	广东、海南、台湾
G. articulate Chang et Xia	海南
G. arcuate Zanardini	海南
G. blodgettii Harvey	福建、台湾、广东、广西、海南
G. changii（Xia et Abbott）Abbott Zhang et Xia	广东、广西
G. bangmeiana Zhang et Abbott	海南
G. bailinae Zhang et Xia	广东、海南
G. megaspora（Dawson）Papenfuss	福建
G. spinulosa（Kam）Chang et Xia	海南、台湾
G. textorii（Suring）De Toni	辽宁、山东
G. eucheumoides Harvey	台湾、海南
G. rubra Chang et Xia	海南

种类	分布地区
G. hainanensis Chang et Xia	海南
G. firma Chang et Xia	广东、广西
G. filiformis Harvey Baily	海南、台湾
G. cuneifolia Lee et Kurogi	海南
G. edulis (Gmelin) Silva	—
G. fanii Xia et Pan	广东
G. glomerata Zhang et Xia	海南
G. longirostris Zhang et Wang	广东
G. yinggehaiensis Zhang et Xia	海南
G. yamamotoi Zhang et Xia	海南
G. punctata (Okamura) Yamada	台湾
G. mixta Abbott，Zhang et Xia	广东

资料来源：Yang 等（2015）。

马尾藻属于不等鞭毛门褐藻纲，一般栖息在浅海中，叶片上有气囊，帮助叶状体漂浮，促进光合作用（Wang 等，2014）。我国拥有 60 多种马尾藻，常见的有羊栖菜、海蒿子、海黍子、鼠尾藻、匍枝马尾藻。其中羊栖菜主要用于食用，而其他种类主要用于提取褐藻胶。据统计，2014 年，我国羊栖菜产量超过 1.7 万 t（干重），养殖海域面积高达 1 379hm²，主要的产地在浙江和福建。

3. 我国海藻加工产品现状　目前，我国收获的海藻和其他藻类产品主要用于人类食用。海藻也被加工用于化妆品及海藻肥使用。此外，由于海藻中含有丰富的碘化物、维生素、矿物质元素及活性多糖，可以提高动物免疫力，具有防治动物体内寄生虫和抗病毒作用，可以促进动物的生长发育、改善动物肉类品质及提高蛋、奶产量和质量等，而且海藻还可以提炼出海藻酸盐、琼脂和卡拉胶等增稠剂（Qi 等，2010）。因此，全国各地的海藻资源正逐渐被应用于饲料产业领域。其中，江苏省连云港市沿海优势海藻主要是浒苔和宜苔藻，这两种海藻在海水养殖池中长势特别旺盛，产量也相当高，海水池每年可产干海藻 22t/hm² 左右。另外，山东省胶东沿海野生海藻资源也极为丰富，在水温达到 15℃ 左右时，裙带菜、海带和孔石莼等海藻生长最快，数量和产量也多。近年来，辽宁省大连市和河北省秦皇岛市还从墨西哥湾引进褐藻类进行培植供养殖应用。而在我国广东省沿海的野生藻类以马尾藻的量最大，其次是鼠尾藻和萱藻，这些海藻资源都有开发利用价值。目前，我国有十几家海藻粉加工企业。但是由于缺乏相关统计资料，关于海带、江蓠和马尾藻等海藻粉的产量信息仍需进一步完善。

（二）我国大型海藻及加工产品作为饲料原料利用存在的问题

尽管大量的研究表明，海藻粉对畜禽和水产品有促进生长、提高动物免疫力的作用，得到了饲料界的广泛关注。但是，海藻及海藻粉应用为饲料原料仍存在一些问题（Fei，2004；Jiang 等，2010；Xu 等，2011；Yu 等，2014；Wang 等，2014；Yang 等，2015）。

1. 海藻原料不足、品种退化　虽然每年我国生产大量的海藻产品，但是大部分海带等海藻用于人类食用、化妆品及海藻肥，能够加工为海藻粉饲料原料的资源不足。而且，部分海藻尤其是马尾藻资源由于过度捕捞和开采、品种退化及病害问题，已经出现严重供应短缺，亟须推动其人工选育和增养殖发展（Wang 等，2014）。

2. 海藻工业可持续发展困境　海藻工业三废问题和环保问题未能得到彻底解决；设备老旧，工艺技术不能适应饲料工业规模化和标准化需求，可能影响海藻工业的生存。

3. 海藻粉产品标准不统一　海藻养殖千家万户，加工企业七零八落，企业技术水平参差不齐，海藻粉产品质量、经营效果有好有差，亟须行业协会牵头对养殖户、加工企业及市场环节进一步规范，保证海藻粉产品质量。

4. 海藻产业创新不足、加工水平低　海藻产业在渔业中的比例相对较小，多年来科技投入比较少，产业中科技含量普遍偏低；海藻对人类的重要作用已逐步成为人们的共识，海藻粉新产品、新用途的开发不够，产品的附加值偏低。

5. 饲用海藻粉添加使用规范标准缺失　目前，海藻粉在饲料中的添加使用缺乏相应的规范标准如卫生标准等，亟须规范饲用海藻粉各项添加使用标准。

6. 饲用海藻粉营养研究不足　目前，海藻粉作为饲料原料的研究，主要集中在鲍等贝类动物上，而在各类养殖动物中的作用和添加量的研究不多，确切的使用效果和确定的添加量还不是很清楚，尤其是江蓠和马尾藻中含有琼胶和褐藻胶，对鱼类和甲壳类动物的影响尚不清晰，亟须进行深入研究。

7. 海藻粉科学配伍研究不足　由于海藻粉中含有大量海藻多糖，而养殖动物对海藻多糖的消化能力差，容易造成浪费。而且，海藻中的各种营养物质成分和含量差异很大，在生产中要有针对性地科学选择海藻种类进行合理的配伍，才能发挥其特殊功效，达到安全高效，提高动物生产性能的目的。但是，目前海藻粉与其他营养物质的科学配伍研究仍不足。

8. 自然环境影响　沿海大量种植海藻资源，会增加浅海地区生物量，影响海水置换率；同时，养殖过程中脱落的生物体，会作为有机质沉积到海底，增加海底缺氧层水体。

（三）开发利用我国大型海藻及其加工产品作为饲料原料的意义

1. 营养丰富　海藻含有丰富的蛋白质、碳水化合物、脂肪、无机盐、维生素、牛磺酸、精氨酸、黏多糖、水溶性纤维素，以及钙、钾、镁、铁、锌、硒、碘等多种微量元素等。研究表明，海带中碘等矿物质、水溶性及脂溶性维生素含量高，且含有大量非含氮有机化合物，如甘露醇、褐藻酸及褐藻淀粉；尽管海带蛋白质含量较低，但其游离氨基酸含量丰富，如丙氨酸、甘氨酸和谷氨酸，氨基酸组成模式理想，有较高比例的呈味氨基酸（曹小华，2014）。江蓠粗蛋白质含量较高，必需氨基酸含量高，富含有重要生物活性的牛磺酸，总糖和多糖含量较高，钠、钾、镁和钙等矿物质元素含量丰富（张永雨，2005；Yang 等，2015）。马尾藻蛋白质含量较高，必需氨基酸占总氨基酸百分比高，氨基酸构成合理，脂肪含量低，不饱和脂肪酸丰富特别是 EPA 等多不饱和脂肪酸含量高，矿物质元素含量丰富（Yu 等，2014）。其他藻类，如硅藻，含有丰富的脂肪和蛋白质，其营养价值比酵母、大豆粉、小麦粉都要高出许多；麒麟藻属、叉枝藻属的红藻藻体中，含有丰富的蛋白质、碳水化合物及钙、铁、锌、硒等多种矿物质。

2. 生长快、产量高 海带、马尾藻和江蓠生长快，产量高，满足开发海藻粉为饲料原料的巨大需求。研究表明，江蓠的日特定增长率高达10%（Yu等，2014；Yang等，2015）。我国海藻资源丰富，产量巨大。因此，开发海藻粉作为饲料原料，可以充分利用海藻这一自然资源，缓解鱼粉短缺造成的饲料发展困境，降低饲料成本，缓解饲用蛋白源供需压力，促进饲料产业可持续发展。目前，海藻粉已经被广泛应用于鲍等贝类生物饲料。

3. 改善动物生长、繁殖性能及免疫力 众多研究表明，海藻产品含有海藻多糖等多种生物活性物质，可以促进动物的生长、提高饲料利用并改善动物的免疫力。其中，在肉鸡、蛋禽日粮中添加适量的海带粉，可以增加蛋禽产蛋量、提高肉鸡产品品质；在猪饲料中添加适量海带粉可以显著增加动物日增重并提高饲料转化率；在奶牛饲料中添加适量海带粉可以显著提高奶牛产奶量及母牛的受胎率；在羊饲料中添加海带粉可以提高绵羊羊毛和奶产量。在水产动物日粮中添加适量海带粉、江蓠粉和马尾藻粉，可以改善水产动物生长、提高成活率、增强免疫力、促进繁殖、改善品质（何颖等，2008；陈天国，2010；Pereira等，2012；Kim等，2014；曹小华，2014）。

4. 抗应激、抗菌等多种重要生理功能 海藻中含有β-胡萝卜素、维生素E、不饱和脂肪酸等活性成分，畜禽营养研究证明，这些成分均能提高动物的抗应激能力。海带中含有抑杀病菌物质，如苯酚类化合物、琼胶和褐藻胶等，有抑菌防霉作用（陈天国，2010）。江蓠及马尾藻中含有多种海洋藻类甘露醇活性多糖、藻酸盐、矿物质元素及膳食纤维，具有降血脂、抗氧化、抗凝血、抗病毒、抗肿瘤、抗菌、抗炎等多种生物学功能（何颖等，2008；Pereira等，2012；Kim等，2014；Wang等，2014）。此外，江蓠还含有藻胆蛋白，具有抗氧化、抗肿瘤及提高机体免疫力等重要生理功能，是人类保健品及药品等的重要资源（刘名求等，2013）。

5. 诱食作用 海带等海藻粉中含有各种丰富的游离呈味氨基酸，其中，L-丙氨酸、L-蛋氨酸、组氨酸、甘氨酸、精氨酸、鸟氨酸、谷氨酸等，对家畜、家禽及鱼、虾类具有强烈的诱食作用，可以作为诱食剂，改善饲料的适口性（陈天国，2010）。

6. 改善动物体色及产品品质 海藻粉中有丰富的色素因子，如叶绿素、叶黄素、胡萝卜素和藻蓝素等，能使皮肤着色，改善动物体色，改良肉质品质。研究发现，用海带粉饲喂鲤，鲤的肤红色更深红、新鲜美丽（陈天国，2010）。

7. 改善饲料结构 海带粉含有丰富的褐藻胶，被广泛应用于水产饲料作为黏结剂，可增强饲料的稳定性，起到凝结作用和防溃散作用，大大提高饲料的利用率，同时改善饲料质量，使转换率明显增强（陈天国，2010）。江蓠富含大量的多糖，可提纯为琼胶，是世界上应用最广泛的海藻胶之一，琼胶具有良好的增稠、稳定和凝固性能，可用作稳定剂、凝固剂、保鲜剂，改善饲料结构（刘名求等，2013）。

8. 缓解养殖业药物过量使用的现状 海藻粉具有众多生物学活性多糖成分，可以改善动物的免疫力和抗病力，降低动物发病率，从而减少畜禽和水产养殖业中抗生素等药物的使用。

9. 改善环境 研究表明，海带、江蓠和马尾藻等海藻生长的过程中，可以吸收环境中的大量的碳氮磷等物质，缓解富营养化现象；与藻华生物竞争，抑制有害赤潮藻类生存和繁殖，减少赤潮发生，改善海洋生态系统碳循环，改善修复海洋生态环境；为养殖环境提供氧气，提高海水的溶解氧，降低硫化氢含量，有益于养殖品种等海洋生物的呼吸作用；吸收大气中的二氧化碳，将碳元素沉积成为有机物，缓解温室效应。目前，我国部分地区开始在养殖区内培植江蓠和马尾藻等大型海藻，通过海藻来吸收养殖环境中的过量碳、氮、磷等物质，缓解富营养化影响，修复养殖水体生态环境（Fei，2004；Jiang 等，2010；Xu 等，2011；Yu 等，2014；Wang 等，2014；Yang 等，2015）。

二、大型海藻及其加工产品的营养价值

（一）海带及其加工产品的营养价值

1. 海带的营养价值 海带中蛋白质含量不高，蛋白质占干物质的 8%～15%（Van Netten 等，2000），但氨基酸含量丰富，如丙氨酸、甘氨酸、谷氨酸、牛磺酸及褐藻氨酸等（表 3-38）。

表 3-38　福建近海海带氨基酸和脂肪酸组成及其含量（%，占干物质）

氨基酸种类	含量	脂肪酸种类	相对含量
天冬氨酸	1.33	$C_{14:0}$	12.0
苏氨酸	0.67	$C_{15:0}$	1.8
丝氨酸	0.58	$C_{16:0}$	49.4
谷氨酸	1.24	$C_{16:1}$	2.1
甘氨酸	0.74	$C_{18:0}$	2.0
丙氨酸	0.91	$C_{18:1n-7}$	3.1
胱氨酸	0.05	$C_{18:1n-9}$	7.2
缬氨酸	0.74	$C_{18:2n-6}$	4.0
蛋氨酸	0.16	$C_{18:3n-3}$	6.1
异亮氨酸	0.56	$C_{20:1n-3}$	0.4
亮氨酸	1.01	$C_{20:4n-6}$	1.1
酪氨酸	0.30	$C_{20:5n-3}$	0.6
苯丙氨酸	0.64	$C_{22:6n-3}$	ND
赖氨酸	0.66	$C_{24:0}$	0.6
组氨酸	0.21	饱和脂肪酸	65.8
精氨酸	0.57	不饱和脂肪酸	24.6
脯氨酸	0.46	多烯不饱和脂肪酸	11.8

资料来源：林建云（2011）。

海带中脂肪含量在 4% 以下，就其量而言微不足道，但其质不容忽视。脂肪酸含量一般占干重的 1%～1.7%，主要以 n-3 脂肪酸为主，n-6/n-3 的比例理想（Dawczynski 等，2007），在这些脂肪酸中含有相当比例的二十碳五烯酸（EPA）和二十二碳六烯酸（DHA），EPA 和 DHA 能改变血液参数，改善血小板膜和血管壁性能，降低血小板内 II 型凝血致活酶（TX-A2）生成量，防止血栓形成，因此被认为其具有防治动脉粥样硬化及心血管疾病的作用（陈华等，2007）。

海带中还有含量高达 17% 的甘露醇（表 3-39），在医药工业上是制造甘露醇的重要原料，甘露醇作为一种很好的化学益生素，可提供碳源，被多数动物肠道微生物分解和利用，促进双歧杆菌等有益微生物的增殖，进而抑制有害菌的生长、繁殖，促进动物健康和生长发育。

目前，普遍认为海带多糖类是海带降血脂的主要活性物质。海带作为一种重要的褐藻迄今已经发现其中含有三种褐藻多糖，它们分别是褐藻胶、褐藻多糖硫酸酯及褐藻淀粉（表 3-39）。海带粉含有丰富的褐藻胶，在饲料中可增强饲料的凝结作用和防溃散作用，大大提高饲料的利用率，同时改善饲料质量，使转换率明显增强。海带淀粉和岩藻聚糖是主要的水溶性多糖，褐藻酸和岩藻聚糖是细胞壁的填充物质，海带淀粉存在于细胞质中。

表 3-39　中国海带粉中的基本营养成分（%，占干物质）

成分	含量（海带粉 L 型）	含量（福建近海海带）
粗蛋白质	6～8	9.12～13.92
粗脂肪	0.1～0.15	0.21～0.26
粗纤维	8～11	12.9～13.8
粗灰分	20～35	14.62～16.96
褐藻酸	20～24	
甘露醇	14～21	
褐藻淀粉	1.6～2.0	
褐藻糖胶	＞0.3	
胡萝卜素	0.57	

资料来源：孟昭聚（1994a）；李彦才（1995）；林建云等（2011）；孙永泰（2015）。

海带含有多种水溶性及脂溶性维生素，包括维生素 A、维生素 D、维生素 E、维生素 K、维生素 C、维生素 B_1、维生素 B_2、维生素 B_{12}、生物素和叶酸等，其中维生素 C 250～2 000mg/kg，维生素 E 2～35mg（每 100g 海带）。海带含有丰富的碘（0.4%～0.9%）、钾（2.0%～3.0%）、钙（1.0%～3.0%）、镁（0.5%～1.0%）、磷（0.2%～0.6%）、硫（2.0%～3.0%）和锌等矿物元素（表 3-40），且这些矿物元素多以有机态存在，故不易发生氧化反应，动物的吸收利用率高，从而满足动物对矿物质的需求，有效促进动物的生长发育（孙永泰，2015）。

表 3-40　福建近海海带中的矿物质元素含量（mg/g，干物质）

矿物质元素	含量
钙	11.76
镁	3.92
钾	26.73
钠	21.66
磷	0.22
铁	0.54
锌	0.03
铜	0.002
锰	0.041

资料来源：林建云等（2011）。

2. 海带加工产品的营养价值　海带在饲料中应用的加工产品主要为脱胶海带粉。甘纯玑等（1996）对福建产脱胶海带分析的结果表明，以干物质计，其中分别含粗蛋白质约 20%，粗纤维约 50%，灰分约 3%，尤其是在蛋白质组成中，精氨酸、赖氨酸、蛋氨酸和半胱氨酸含量较高，分别达到 12.7%、13.4%、4.0% 和 13.9%，因而有可能成为食品原料或动物饲料成分（表 3-41）。

表 3-41　脱胶海带粉中常规营养成分和海带的组分含量比较（%）

类别	营养成分						
	水分	粗蛋白质	粗脂肪	粗纤维	多糖	粗灰分	甘露醇
海带	94.4	6	0.1	7.2	30.17	30.5	17.67
脱胶海带	24.19	19.85	2.37	9.12	0.26	25.29	0.10

注：除水分外，其他均为干物质基础。
资料来源：林显华（2009）。

（二）江蓠及其加工产品的营养价值

江蓠（龙须菜）中的蛋白质含量相对于海带粉略高（表 3-42），且其中必需氨基酸含量高（表 3-43），配比合理，限制性氨基酸一般为含硫氨基酸，但脂肪含量很低，在 2.5% 以下，其中高度不饱和脂肪酸含量高。碳水化合物（主要指多糖和粗纤维）是构成江蓠藻的主要成分（赵谋明等，1997），其中粗纤维含量比紫菜和海带还要高，江蓠藻中的多糖类主要为琼胶、黏性多糖和半纤维素等，少部分为红藻淀粉，因此江蓠中的大部分碳水化合物不能被人体消化吸收，可统称为膳食纤维。江蓠为很好的膳食纤维来源。

表 3-42　江蓠的基本营养成分含量（%）

营养成分	含量
粗蛋白质	18.9
粗脂肪	0.8
多糖	50.2

（续）

营养成分	含量
粗纤维	9.2
粗灰分	20.8

资料来源：周峙苗等（2010）。

表 3-43　江蓠中的氨基酸含量（g，每 100g 江蓠）

氨基酸种类	含量	氨基酸种类	含量
天冬氨酸	2.31	异亮氨酸	0.97
苏氨酸	0.88	亮氨酸	1.61
丝氨酸	1.18	酪氨酸	0.77
谷氨酸	2.49	苯丙氨酸	0.98
甘氨酸	1.15	赖氨酸	0.97
丙氨酸	1.39	色氨酸	0.02
胱氨酸	0.04	精氨酸	1.30
蛋氨酸	0.27	脯氨酸	0.75
缬氨酸	1.09	组氨酸	0.36

资料来源：周峙苗等（2010）。

江蓠藻能吸收海水中的矿物质元素并富集于藻体内，因此江蓠藻中含有丰富的矿物质元素（表 3-44），其含量在 4.86%～9.08%。江蓠藻中矿物质元素含量因品种、生长海域、采集季节不同而有很大差异，其含量一般比海带、紫菜中矿物质含量低，但比一般陆生植物高得多。

表 3-44　江蓠中的矿物质含量（mg/kg）

矿物质名称	含量
Ca	0.48
Mg	2.49
K	11.5
Na	7.92
Fe	2.18
Zn	0.036

资料来源：周峙苗等（2010）。

（三）马尾藻及其加工产品的营养价值

1. 马尾藻的主要营养成分　根据李来好等（1997）对 6 种不同种类或不同生长海域的马尾藻进行的营养成分分析，6 种马尾藻的蛋白质含量在 7.13%～12.84%，高于海带中蛋白质含量，而脂肪含量在 0.67%～3.8%。据赵明军（1990）报道，虽然海藻中脂肪含量较低，但脂肪中的不饱和脂肪酸含量较高，尤其是褐藻中 $C_{20:4}$、$C_{20:5}$ 两种高度不饱和脂肪酸的含量最为显著。因此，马尾藻可作为开发富含高度不饱和脂肪酸功能食品的新素材。6 种马尾藻的褐藻淀粉含量在 $8.15\%\sim10.72\%$，可以作为开发褐藻淀粉的重要原料（表 3-45）；马尾藻的碳水化合物除褐藻淀粉外，主要含有褐藻胶、褐藻糖胶、半纤维素和纤维素等，其含量达 60% 左右。马尾藻富含膳食纤维（含量在 $57\%\sim65\%$），可作为膳食纤维的主要成分是粗纤维和其他糖类（主要包括褐藻胶和褐藻糖胶）。大量研究表明，膳食纤维是一种天然抗病、防病和强身的物质，有"第七大营养素"之称（王映红等，2007），具有很多重要的生理功能，如预防冠心病、改善肥胖、缓解糖尿病等（管玉真等，2009）。

表 3-45 马尾藻中各营养成分含量

营养成分	含量
可溶性糖（%）	10.98
粗纤维（%）	6.11
粗蛋白质（%）	5.94
粗脂肪（%）	1.02
维生素 C（μg/g）	9.98

资料来源：罗先群等（2007）。

2. 马尾藻的氨基酸和脂肪酸构成及营养评价 以多孢马尾藻为例，多孢马尾藻蛋白质中含有 18 种氨基酸（表 3-46），其中包括人体不能合成的 8 种氨基酸；每 100g 多孢马尾藻干品中，总氨基酸为 4.52g，必需氨基酸占总氨基酸百分比为 44%，必需氨基酸与非必需氨基酸的比值为 0.78。多孢马尾藻不饱和脂肪酸含量高（表 3-47），占脂肪酸总量的 63.61%，其中多不饱和脂肪酸占脂肪酸总量的 32.3%。亚油酸和花生四烯酸占 9.27%，它们是人体重要的必需脂肪酸（杨小青等，2013）。

表 3-46 多孢马尾藻的氨基酸组成

氨基酸种类	含量（g，每 100g 多孢马尾藻）	氨基酸占比（%）
天冬氨酸	0.31	6.86
谷氨酸	0.58	12.8
苏氨酸	0.16	3.54
丝氨酸	0.15	3.32
脯氨酸	0.2	4.42
甘氨酸	0.28	6.19
丙氨酸	0.32	7.08
胱氨酸	0.04	0.88
缬氨酸	0.29	6.42
甲硫氨酸	0.17	3.76
异亮氨酸	0.18	3.98

（续）

氨基酸种类	含量（g，每100g多孢马尾藻）	氨基酸占比（%）
亮氨酸	0.42	9.29
酪氨酸	0.48	10.6
苯丙氨酸	0.39	8.63
色氨酸	0.24	5.31
赖氨酸	0.13	2.88
组氨酸	0.04	0.88
精氨酸	0.14	3.1
必需氨基酸	1.98	—
必需氨基酸/总氨基酸	0.44	—
必需氨基酸/非必需氨基酸	0.78	—

资料来源：杨小青等（2013）。

表 3-47 多孢马尾藻的脂肪酸组成（%）

脂肪酸种类	含量
十四酸	4.7
十四碳一烯酸	5.8
十五酸	6.01
十六酸	10.57
十六碳一烯酸	5.32
十八酸	7.47
油酸	13.44
亚油酸	2.01
α-亚麻酸	3.46
γ-亚麻酸	5.19
花生酸	3.81
二十碳一烯酸	7.02
二十碳三烯酸	9.34
花生四烯酸	7.26
二十碳五烯酸	4.77
二十一酸	3.1

资料来源：杨小青等（2013）。

3. 马尾藻中的矿物质和维生素含量 马尾藻能吸收海水中的矿物质富集于藻体内，因此马尾藻所含的矿物质含量丰富（表3-48）。根据李来好等（1997）的研究发现，不同种类或不同海域生长的马尾藻，其大部分矿物质含量差异较大。马尾藻中含有多种维生素，其中B族维生素含量最高（表3-49）。

表 3-48　马尾藻的无机物含量（mg，每 100g 马尾藻）

无机物种类	含量
Ca	2 190
P	266
Fe	50
Na	945
K	1 800
Mn	1.3
Se	0.003
Zn	3.25
I	40.1

资料来源：谌素华等（2010）。

表 3-49　马尾藻的维生素含量（mg，每 100g 马尾藻）

维生素种类	含量
维生素 A	0.98
维生素 D	0.57
维生素 E	1.21
维生素 B_1	0.005
维生素 B_2	4.38
维生素 B_6	0.76

资料来源：谌素华等（2010）。

三、海带粉、江蓠粉和马尾藻粉及其加工产品中的重金属

海带粉、江蓠粉和马尾藻粉及其加工产品中的重金属累积效应已有相关文献报道。海藻具有富集砷的特性，故海藻中的砷含量高于陆生植物。砷的毒性很大程度上取决于其存在形式。总砷和无机砷的含量以海带最高，总砷 6.27mg/kg，无机砷 1.82mg/kg，以海带头柄为原料制备的藻粉其无机砷含量普遍更高，往往会超出 3mg/kg 的指标限量。在受重金属污染影响较小的海岛或低潮区所采集的海藻，其铅和铬的含量普遍低于渔用配合饲料的安全指标限量（铬≤0.5mg/kg，铅≤5mg/kg），而在水体受重金属污染较严重的河口区或养殖区所生长的海藻其铬和铅的含量均明显较高，个别浒苔样品甚至超出了《饲料卫生标准》（GB 13078—2017）的鱼粉指标限量。部分海区海藻中铬和铅的含量或将使之成为藻类饲料原料的限制因子，以海带加工下脚料为原料的藻粉，无机砷含量或将成为其饲料原料的限制因子（林建云等，2011）。

四、大型海藻粉及其加工产品在动物生产中的应用

（一）在养猪生产中的应用

在生长育肥猪的日粮中添加 1%～10% 的海带粉可显著提高日增重和饲料利用率，

降低料重比，并显著提升经济效益（孟昭聚，1994b；董志岩等，1998；马玉胜和张秀云，1998；程泽信等，2003；林英庭等，2009）。此外，实验动物表现出喜食、进食快和粪便正常等反应（马玉胜和张秀云，1998；林英庭等，2009）。添加2.5%～7.5%的海带和0.5%的发酵海带到仔猪的日粮中，可分别显著降低仔猪断奶后的下痢发生率和腹泻率（董志岩等，1998；Kim等，2011）。用2.5%～7.5%的海带粉投喂母猪也可显著提高母猪母乳中的总固形物、蛋白质含量和脂肪含量（董志岩等，1998）。母猪日粮中添加0.5%的发酵海带可提升血液中淋巴细胞数量及血清中IgA和IgM含量，并降低皮质醇含量，提高母猪免疫力（Kim等，2011）。添加6%的浒苔可显著提升猪的氨基酸表观消化率（胡静等，2015）。李彦在非猪繁殖与呼吸综合征（PRRS）病毒免疫猪中添加50～200mg马尾藻多糖佐剂，可显著提升动物的血清抗体活性、T淋巴细胞转化率和T淋巴细胞亚群数量，其中添加100mg效果最明显（李彦，2004）。另外也有学者表明在猪的日粮中添加海藻会引起动物的生长不良。Gardiner等在生长育肥猪的日粮中添加3～9g/kg的海藻（*Ascophyllum nodosum*），显著降低了动物的日增重、胴体重和屠宰收益率，但添加海藻可提高动物肠道内有益菌数量，并降低有害菌数量，因此可能有促进肠道健康的功能（Gardiner等，2008）。

（二）在反刍动物生产中的应用

1. 在牛生产中的应用 在泌乳奶牛的日粮中每天每头添加150～250g的海带粉时，动物食欲旺盛、食量增加和粪便正常（马玉胜和田昌林，1998；薛志成，2003；倪志广，2007），尤其每天每头添加200～250g海带粉可显著提升产奶量、饲料转化率和经济效益（马玉胜和田昌林，1998；赵书峰等，2001；薛志成，2003；倪志广，2007；张好祥和霍志宏，2007）。在泌乳奶牛的日粮中每天每头添加800g浒苔也可增加动物的产奶率和经济效益，而且并不会对牛粪中的微生物菌落平均数造成影响（孙国强等，2010）。用每天每头300～600g海藻粉的日粮饲喂泌乳奶牛会显著提升动物的产奶量和乳脂率（唐秀敏，2005；张延利等，2011），并显著提升奶牛血清中谷胱甘肽过氧化物酶活力、T3T4含量、EPA和DHA等脂肪酸含量及碘含量，促进动物生长（唐秀敏，2005）。但也有研究表明，泌乳奶牛的饲料中添加海藻可提升其产奶量，但对乳脂率并无显著影响（林忠华和邱宏伟，2002）。Braden等也表示，在杂交牛日粮中添加2%的海藻可在短期内提高牛胴体品质（Braden等，2007）。

2. 在羊生产中的应用 30%的马尾藻或海带分别添加到绵羊和山羊的日粮中，可显著提高动物用水量和排尿量，以及体内消化率，同时促进瘤胃发酵（Marín等，2008；Mora等，2009）。在泌乳奶山羊日粮中每天每头添加100g海带粉可显著提升动物增重和日均产奶量，且山羊表现出适口性强、采食量高、粪便正常等特点（马玉胜，1998）。

（三）在家禽生产中的应用

1. 在肉鸡中的饲养效果 在肉鸡日粮中添加0.5%～4%的海带粉可增加动物的增重率（孟昭聚，1993；黄亚东和孔庆新，2006；林显华，2009；胡海燕和刘双虎，2013）和成活率，降低料重比，提高表观消化率（孟昭聚，1993；胡海燕和刘双虎，

2013）。但也有报道表明，添加3％的海带粉对动物的成活率和抗病力并无提升作用（黄亚东和孔庆新，2006）。胡海燕和刘双虎也报道了在肉鸡日粮中添加4％的海带粉对动物的消化器官和免疫器官并无促进作用（胡海燕和刘双虎，2013）。在肉鸡日粮中添加3％～15％的马尾藻粉没有引起动物的生长不良，或提高经济效益（赵学武和徐鹤林，1990；石永胜和陈祖芬，1992）。添加6％的江蓠粉或浒苔粉可对肉鸡起降脂作用和提高其抗氧化能力（苏秀榕等，2010）。日粮中加入1％～4％的浒苔粉可通过提升肉鸡T淋巴细胞转化率、新城疫抗体效价和免疫器官指数来增强免疫力（孙建凤等，2010a；王述伯等，2015），其中添加3％～4％的浒苔粉可显著提高抗氧化能力和消化酶活性（孙建凤等，2010a；王述伯等，2013）。此外，添加浒苔还可增加仙居鸡胸肉和腿肉的氨基酸含量（王佩等，2011）。

2. 在蛋鸡中的饲养效果　在蛋鸡日粮中添加2％～6％的海带粉或1％～3％的浒苔粉可使蛋鸡的产蛋率升高、淘汰死亡率降低，提高经济效益（刘刚，1995；位孟聪等，2013）。添加4％的浒苔粉可显著提高蛋鸡对粗蛋白质、钙、磷的表观消化率和肠道有益菌数量（赵军等，2010），提高抗氧化能力并起到降脂作用（赵军等，2011）。蛋鸡日粮中加入1％～6％的海藻粉可提高其产蛋率、降低料蛋比，并改善蛋黄色泽（谷海源等，1998；郑联合等，2005；魏尊，2006），其中3％～5％的海藻粉可显著提升蛋鸡抗氧化能力及血清中促卵泡素和雌二醇含量（魏尊，2006）。蛋鸡日粮中添加海藻粉还可以提升蛋黄中碘的含量（谷海源等，1998；郑联合等，2005）。Carrillo等（2008）对比了在蛋鸡日粮中添加10％海藻时海带、马尾藻和浒苔对蛋鸡的作用，三种海藻均能显著提升蛋黄中n-3多不饱和脂肪酸含量，其中海带的效果最佳，马尾藻和浒苔会降低蛋黄颜色。

（四）在水产动物生产中的应用

1. 在鱼类生产中的应用　在罗非鱼的饲料中添加15％～20％的浒苔作为替代蛋白质源不会影响鱼体增重率、特定生长率和饲料转化率等（Baka和Phromkunthong，2012；Aquino等，2014；Serrano等，2014；Siddik等，2015）。添加20～40g/kg的浒苔可显著提升罗非鱼增重率、特定生长率、消化酶活力，以及提高免疫与抗氧化能力（Yang等，2015）。在罗非鱼的饲料中添加石莼也有利于罗非鱼的生长，当添加量达到75～100g/kg时可显著提高罗非鱼增重率、特定生长率、饲料转化率、蛋白质效率，以及单不饱和脂肪酸和多不饱和脂肪酸含量（Ergün等，2009；Saleh等，2014）。此外，Costa等（2013）报道了在罗非鱼饲料中添加褐藻达到20％时，也不会对鱼体产生不良影响。

在虹鳟饲料中添加超过5％的江蓠时会造成终末体重、饲料效率、蛋白质效率、肠道直径和肠绒毛高度显著降低，影响其生长性能（Araújo等，2016；Valente等，2015）。Yildirim等研究表明在虹鳟饲料中添加10％的石莼不利于鱼体生长（Yildirim等，2009）。但也有报道指出添加10％未经加工处理的石莼可显著提升虹鳟终末体重、特定生长率，并降低饲料转化率，且无不良影响（Güroy等，2013），这可能是由于两个试验动物规格大小的不同所致。在虹鳟饲料中添加3％～6％的海藻可提升其肌肉EPA和DHA等含量（Dantagnan等，2009），并且添加低于10％的紫菜时，不会影响鱼体生长（Soler-Vila 等，2009）。

海藻及其加工物在鱼类饲料中的应用因鱼种和海藻种类的不同而不同。海带作为海藻添加到鱼类饲料中，添加量不超过 1％对异育银鲫无影响（董学兴等，2011）；并且添加海带会提升牙鲆的非特异性免疫能力（Kim 和 Lee，2008）。在鱼类饲料中分别添加不超过 5％、10％、15％的江蓠时，不会对鲈、革胡子鲶和金头鲷产生不良影响（Valente 等，2006；Al-Asgah 等，2015；Vizcaíno 等，2015）。在鲈和鲫饲料中石莼的添加量不超过 8％，短期内不会对鱼体造成影响（Rama 等，2014），而且鲈和金头鲷饲料中石莼添加量各不超过 10％和 25％时，不会影响鱼体生长（Valente 等，2006；Vizcaíno 等，2015）。当浒苔添加到鱼类饲料中时，其在黄篮子鱼和大黄鱼中的最适添加量分别为 5％和 10％（周胜强等，2013；Hiskia，2010）。饲料中添加量不超过 15％的龙须菜不会影响黑鲷的生长（Xuan 等，2013）。此外，Davies 等报道了在粗唇龟鲻饲料中不适合添加紫菜（Davies 等，1997）。

2. 在虾蟹类生产中的应用　对于在凡纳滨对虾的饲料中添加不同种类海藻的研究报道越来越多，其中添加 0.2％~6.4％的海带、2％~3％的龙须菜、4％~8％的绿藻或褐藻、不超过 5％的石莼、不超过 15％的江蓠和马尾藻都不会造成虾体的生长不良（刘立鹤等，2006；Yu 等，2016；Cárdenas 等，2015；Rodríguez-González 等，2014）。另外，海藻还能对斑节对虾、南美白对虾、中国对虾、罗氏沼虾和克氏原螯虾起到促进生长和提高抗病力的作用（Serrano 等，2015；芦雪等，2014；Huang 等，2006；周歧存和赵华超，2001；杨维维等，2014）。

3. 在海参生产中的应用　刺参饲料中添加海藻同样有助于刺参生长，并且鲜海藻的效果大于海藻干粉。对于刺参各海藻的作用效果排序为：大叶藻、鼠尾藻＞浒苔＞马尾藻＞海带（李晓等，2013；殷旭旺等，2015）。

（五）在其他动物生产中的应用

在兔的日粮中添加 1％~5％的海带，兔表现出喜食、采食量增加、粪便正常等反应，并且有助于提升日增重、饲料转化率和经济效益（马玉胜，1999）；日粮添加海带增加了獭兔的驱虫率（牟伯勤，1994）；日粮中添加浒苔粉对新西兰白兔起到了降脂作用（周蔚等，2001）。对于龟的养殖，在稚龟期日粮中添加 2％的海带粉可提高其食欲，增强抗逆能力，减少疾病发生；在幼龟期添加 5％的海带粉可使龟快速生长，且可节约动物饲料 10％左右，减少胃肠炎等疾病发生；在成龟期日粮中添加 5％~10％的海带粉可提高其日增重和饲料转化率，促进产卵（雅丽，2002；表 3-50）。

表 3-50　大型海藻粉及其加工产品在动物生产中的应用

海藻粉类型	试验动物	生长阶段	添加量	投喂时间	试验结果	资料来源
海带粉	哺乳母猪	哺乳母猪，32 头	0、2.5％、5％、7.5％海带粉	80d	出生至 20 日龄，试验组仔猪日增重率显著提高；出生至断奶，试验组仔猪下痢发生率显著降低；20 日龄时，母猪乳中总固形物、蛋白质、脂肪含量显著高于对照组	董志岩等，1998

（续）

海藻粉类型	试验动物	生长阶段	添加量	投喂时间	试验结果	资料来源
海带粉	"杜×长×大"三元杂交断奶生长肥育仔猪	"杜×长×大"三元杂交断奶生长育肥仔猪,45头	0、1%、3%海带粉	40d	试验组显著提高日增重率,3%试验组增重效果最好;试验料重比显著降低,提高饲料利用率,3%试验组最佳;试验组经济效益显著提高	程泽信等,2003
海带粉	"杜×长×大"三元杂交断奶生长育肥仔猪	"杜×长×大"三元杂交断奶生长育肥仔猪,20头	0、1%、3%、5%海带粉	120d	试验组始终表现喜食、进食快、粪便正常;试验组日增重和饲料利用率显著提高,料重比降低,其中5%试验组最佳;试验组经济效益显著提升	马玉胜和张秀云,1998
海带粉	肉猪	2月龄肉猪,32头	0、2%海带粉	90d	试验组日增重显著提高,缩短饲养周期,饲料利用率和经济效益提高	孟昭聚,1994a
马尾藻多糖佐剂	非猪繁殖与呼吸综合征病毒免疫猪	30日龄非猪繁殖与呼吸综合征病毒免疫猪(25kg/头),25头	0、50mg、100mg、200mg马尾藻多糖佐剂	50d	试验组T细胞淋巴转化率显著高于对照组;试验组T淋巴细胞亚群数量显著提高,以CD3的数量最为显著;试验组血清抗体活性显著提高,其中100mg组效果最为明显	李彦,2004
浒苔	安装回肠末端T形瘘管的鲁烟白猪	(40.36±1.20)kg鲁烟白猪,6头	0、6%浒苔	7d	试验组表观消化率显著提升;试验组中苏氨酸、甘氨酸、缬氨酸、亮氨酸、脯氨酸、精氨酸的表观消化率显著高于对照组,苯丙氨酸和赖氨酸的表观消化率极显著高于对照组	胡静等,2015
发酵海带	母猪、仔猪	母猪32头、0日龄仔猪319头	对照组,0.5%绿茶益生菌组,0.5%发酵海带组,0.5%泽泻益生菌组	28d	试验组腹泻率显著降低;泽泻益生菌组和发酵海带显著提升了母猪血淋巴细胞数量;绿茶益生菌组和发酵海带组血清IgA和IgM含量显著高于对照组;试验组皮质醇含量显著降低	Kim等,2011
海藻	生长育肥猪	生长育肥猪(48.7±2.5)kg,360头	0、3g/kg、6g/kg、9g/kg海藻	61d	试验组日增重、胴体重和屠宰收益率显著降低;试验组回肠大肠杆菌数量和结肠双歧杆菌数量显著降低,但结肠乳酸杆菌的数量显著提高;因此海藻可能有助于促进肠道健康,但其导致的生长性能较低会限制其应用	Gardiner等,2008
浒苔	"长×大"二元杂交生长猪	"长×大"二元杂交生长猪,24头	0、10%浒苔	20d	试验组饲料适口性明显改善、采食速度明显加快、毛色光亮;试验组日增重显著提高	林英庭等,2009
海带粉	中国荷斯坦泌乳奶牛	4～5岁的中国荷斯坦泌乳奶牛,24头	每头每天添加0、150g、200g、250g海带粉	30d	试验组表现喜食、采食量增加、粪便正常;试验组添加量为200g和250g,产奶量显著提升;试验组饲料转化率和经济效益显著提升,其中200g试验组最佳	倪志广,2007

（续）

海藻粉类型	试验动物	生长阶段	添加量	投喂时间	试验结果	资料来源
海带粉	荷斯坦泌乳奶牛	5～6岁荷斯坦泌乳奶牛，16头	每头每天添加0、150g、200g、250g海带粉	30d	试验组始终表现食欲旺盛、食量增加、粪便正常；试验组添加量为200g和250g，头天产奶量和校正体重后产奶量显著提升，其中250g试验组最佳；试验组饲料转化率显著提升，250g试验组最佳；试验组经济效益显著提升，200g试验组最佳	马玉胜和田昌林，1998；薛志成，2003
海带粉	泌乳奶牛	泌乳奶牛，24头	每头每天添加0、150g、200g、250g海带粉	30d	试验组添加量为200g和250g，日均产奶量和校正体重后产奶量显著提升，其中200g试验组最佳；试验组饲料转化率和经济效益显著提升，250g试验组最佳	张好祥和霍志宏，2007
海带粉	德系荷斯坦泌乳奶牛	德系荷斯坦泌乳奶牛，10头	每头每天添加0、200g海带粉	30d	试验组日均产奶量和校正体重后的产奶量显著提升；试验组的奶料比和经济效益显著提升	赵书峰等，2001
浒苔粉	泌乳中期奶牛	(125.25±1.7)kg，16头	每头每天添加0、400g、600g、800g浒苔粉	30d	试验组平均日产奶量显著提升；试验组经济效益显著提升，其中800g试验组经济效益最大；试验组对牛粪中微生物菌落平均数影响不大	孙国强等，2010
海藻粉	成年荷斯坦泌乳牛	430～570kg，12头	0、300g/d、600g/d、900g/d海藻粉	56d	体重和DMI随海藻添加量的增加而增加；在产奶水平中等偏下时，试验组产奶量显著提升；300g和600g组乳脂率显著提升；600g组血清谷胱甘肽过氧化物酶活性和T3T4含量显著提升；试验组血清脂肪酸$C_{18:2}$含量显著降低，并提高EPA、DHA和CLA含量；300g和600g试验组牛奶中碘含量显著提升。因此，最适量添加为600g/d	唐秀敏，2005
海藻粉	荷斯坦泌乳母牛	498.3～504.8kg，12头	0、300g/d、600g/d、900g/d	56d	试验组产奶量显著增加；300g和600g组乳脂率显著提升	张延利等，2011
海藻粉和中草药添加剂	泌乳期奶牛	泌乳期奶牛，30头	对照组，海藻粉组，中草药组	30d	试验组产奶量显著提升，但并不影响乳脂率及干物质含量	林忠华和邱宏伟，2002
海藻	杂交牛	(226.8±10.5)kg，200头	0、2%海藻	170d	2%组在短期提高了胴体品质和零售货架期	Braden等，2007
海带粉	泌乳萨能奶山羊	2.5～3岁，16只	每只每天添加0、50g、80g、100g海带粉	60d	试验组添加量为80g和100g，日增重和日均产奶量显著提升，其中100g试验组最佳；试验组山羊表现适口性强、采食量高、粪便正常	马玉胜，1998
海藻	阿联酋土著羊	155日龄，18头	0、海藻1%	35d	试验组饲料转化率和热胴体重高于对照组，然而增重、消化道填充分数和非胴体脂肪低于对照组	Al-Shorepy等，2001

（续）

海藻粉类型	试验动物	生长阶段	添加量	投喂时间	试验结果	资料来源
马尾藻	热带和亚热带绵羊	24.5kg，3岁，4头	0、10%、20%、30%马尾藻	60d	试验组水消耗量和尿排出量显著提升；试验组在酸性洗涤纤维表观消化率、中性洗涤纤维表观消化率、瘤胃pH显著高于对照组，但瘤胃挥发性脂肪酸显著低于对照组；因此，饲料中马尾藻10%～30%的添加量适合热带和亚热带绵羊	Marín 等，2008
海带	山羊	（42±1.7）kg，3岁4头	0、10%、20%、30%海带	19d	饲料中添加30%海带提升体内消化率、饲料降解率及瘤胃发酵	Mora 等，2009
海带粉	肉鸡	肉鸡2 000只	0、2%海带粉	56d	试验组成活率和增重率显著提升；料重比显著降低；试验组脱毛后皮肤呈淡黄至黄色，对照组呈淡白色	孟昭聚，1993
海带粉	美国艾维茵肉鸡	肉鸡30只	1%、2%、3%海带粉	55d	海带粉组增重率显著提升，但对成活或抗病力影响不显著	黄亚东和孔庆新，2006
海带粉	肉雏鸡	0日龄，180只	0、2%和4%海带粉	21d	海带粉成活率、日增重率和表观利用率显著提升；试验组对粗蛋白质、粗纤维、粗灰分、钙的利用率显著高于对照组；但试验组对于肉仔鸡的消化器官和免疫器官并没有促进作用	胡海燕和刘双虎，2013
脱胶海带粉	肉仔鸡	1日龄，300只	0、0.5%、1%、2%和4%脱胶海带粉	42d	在1～21日龄中，0.5%和1%试验组增重率显著提升，4%处理组显著降低了日增重率；42日龄时，1%试验组、2%试验组和4%试验组显著提高了胸肌pH，并显著提高了胸肌蛋白含量和水分含量；当添加量达到4%时，可以显著减少腹部、肌内和肌间的脂肪沉积	林显华，2009
马尾藻	白洛克种雏鸡	41g、44g,240只	0、5%、10%和15%马尾藻	30d	试验组与对照组相近，无不良影响；15%组显著提高了肉鸡饮水量	赵学武和徐鹤林，1990
马尾藻	白洛克种童鸡	39.6～41.8g,360只	3%微量元素添加剂，3%马尾藻	56d	马尾藻组显著提高了增重率，降低了料重比	赵学武和徐鹤林，1990
马尾藻粉	肉鸡	1日龄，60只	0、7%马尾藻粉	28d	添加马尾藻粉无不良生长情况，且比对照组有增重但不显著，试验组能提高经济效益	石永胜和陈祖芬，1992
马尾藻粉	肉鸡	4周龄，60只	0、10%马尾藻粉	35d		石永胜和陈祖芬，1992

（续）

海藻粉类型	试验动物	生长阶段	添加量	投喂时间	试验结果	资料来源
江蓠和浒苔		10日龄，每组200只	对照、6%江蓠和6%浒苔		试验组显著降低了血清总胆固醇含量和高密度脂蛋白胆固醇含量；江蓠组显著降低了血清甘油三酯含量；试验组显著降低了血清丙二醛含量，并提高超氧化物歧化酶活性	
	仙居鸡			1年	试验组显著降低了血清总胆固醇含量；江蓠组显著降低了血清甘油三酯含量和高密度脂蛋白胆固醇含量；试验组显著降低了血清丙二醛含量并提高超氧化物歧化酶活性；江蓠组显著提高了血清谷胱甘肽过氧化物酶活性；70日龄组江蓠优于浒苔	苏秀榕等，2010
		70日龄，每组200只	对照、6%江蓠和6%浒苔			
浒苔粉	爱拔益加肉仔鸡400只	1日龄，0、1%、2%和4%浒苔粉		35d	试验组淋巴细胞转化率和新城疫抗体效价显著高于对照组；35日龄时，试验组脾脏指数显著高于对照组；试验组对肉鸡盲肠微生物区系的影响不显著	王述伯等，2015
浒苔粉	爱拔益加肉仔鸡400只	1日龄，0、2%、3%和4%浒苔粉		35d	3%组和4%组显著提高了平均日增重，3%组饲料消耗量显著高于对照组；试验组显著降低了肉鸡皮脂厚、腹脂率和胸肌中的粗脂肪含量；3%组和4%组显著降低了肌间脂宽；4%显著提高了十二指肠内容物中淀粉酶活性。因此，3%组和4%组效果最好	王述伯等，2013
浒苔粉	艾维茵肉仔鸡240只	1日龄，0、2%、3%和4%浒苔粉		42d	3%组显著提高了肉鸡二免后新城疫抗体效价水平、血清总蛋白含量和血清白蛋白含量；4%显著提高了肉鸡后期的外周血T淋巴细胞转化率、免疫器官指数、血清高密度脂蛋白胆固醇含量和白蛋白含量，降低了血清中总胆固醇含量、甘油三酯含量和丙二醛含量，增强血清总超氧化物歧化酶活性和谷胱甘肽过氧化物酶活性，建议添加量为3%~4% 2%组和3%组显著提高了肉鸡对干物质、能量、有机物、粗蛋白质和多种氨基酸的表观利用率，3%组中各组分的表观消化率最高；3%组和4%组可显著增强腺胃中胃蛋白酶，以及胰腺、十二指肠、空肠中胰蛋白酶和胰腺中淀粉酶活性，添加3%效果最好	孙建凤等，2010a，2010b

（续）

海藻粉类型	试验动物	生长阶段	添加量	投喂时间	试验结果	资料来源
海藻粉	仙居鸡	10日龄，1 000只	0；出生10d开始投喂6%江蓠、出生70d开始投喂6%江蓠；出生10d开始投喂6%浒苔、出生70d开始投喂6%浒苔	1年	10日龄添加6%江蓠显著提升腿肉总蛋白；10日龄投喂江蓠和浒苔均显著提升甜菜碱的含量；江蓠和浒苔组均显著提升腿肉丝氨酸含量，10日龄添加江蓠和浒苔显著提高半胱氨酸含量，70日龄添加浒苔显著提升赖氨酸含量；10日龄添加浒苔显著提高胸肉中苏氨酸、脯氨酸、酪氨酸、丝氨酸、组氨酸、缬氨酸、蛋氨酸含量	王佩等，2011
海带粉	蛋鸡	45周龄，1 920只	0、2%、4%和6%海带粉	60d	添加海带粉产蛋率显著提升，淘汰死亡率显著降低，经济效益明显增高	刘刚，1995
浒苔粉	商品代海蓝褐壳蛋鸡	330日龄，80只	0、2%、3%和4%浒苔粉	49d	4%显著提高蛋鸡粗蛋白质表观消化率、钙表观消化率、磷表观消化率，及盲肠双歧杆菌数量。建议添加量为4%	赵军等，2010
浒苔粉	商品代海蓝褐壳蛋鸡	330日龄，80只	0、2%、3%和4%浒苔粉	49d	4%组显著提高蛋黄色度、磷脂、粗蛋白质、铁、碘含量。以及血清钾含量、总蛋白含量、白蛋白含量和超氧化物歧化酶活性；同时，显著降低蛋黄胆固醇含量，以及血清中胆固醇、甘油三酯含量和谷丙转氨酶活性。建议添加量为4%	赵军等，2011
浒苔粉	海兰褐产蛋鸡	58周龄，800只	0、1%、2%和3%浒苔粉	42d	试验组极显著提高蛋鸡产蛋率、日产蛋量，显著提高料蛋比和均日收益	位孟聪等，2013
海藻粉	尼克T蛋鸡	30周龄，576只	0、1%、3%和5%海藻粉	40d	试验组极显著提高产蛋率、产蛋量，并降低料蛋比；试验组蛋黄颜色极显著高于对照组，5%组颜色最好；3%组和5%组显著提高了蛋黄中脂肪含量、磷脂含量、血清中碱性磷酸酶活性和钙含量；试验组显著改善了血清血脂含量和提高了超氧化物歧化酶活性及T_3、T_4含量；试验组极显著提高了血清中促卵泡素含量，5%组显著提高了血清雌二醇含量。因此，海藻粉的适宜添加量为3%～5%	魏尊，2006
海藻粉	罗曼商品褐壳蛋鸡	40周龄，600只	0、2%、4%和6%海藻粉	57d	试验组产蛋率均高于对照组，但差异不显著；4%组的产蛋率和饲料转化率最高，蛋黄色泽最好；试验组蛋内碘含量显著高于对照组。因此，4%为最适添加量	郑联合等，2005

海藻粉类型	试验动物	生长阶段	添加量	投喂时间	试验结果	资料来源
海藻粉	产蛋母鸡	600只	0、1.5%海藻粉、0.2%商品添加剂	67d	海藻组和商品添加剂组显著提高了产蛋率；海藻组显著提高了蛋黄和蛋清的碘含量；海藻组的碘比KI组的碘更加稳定	谷海源等，1998
海藻	蛋鸡	35周龄，144只	0、10%海带、10%马尾藻和10%浒苔	56d	马尾藻组和浒苔组显著降低了蛋黄颜色；海带组的蛋白高度和哈夫单位显著高于浒苔组；海带组显著提高了蛋壳重；试验组均显著提高了蛋黄中n-3多不饱和脂肪酸含量。因此，饲料中添加10%海带组最佳	Carrillo等，2008
浒苔粉	尼罗罗非鱼	鱼苗	0、15%和30%浒苔粉	90d	与对照组相比，10%～15%组成活率、增重率、特定生长率、摄食率及饲料转化率均无显著差异。因此，15%的浒苔粉替代基础饲料中豆粕无不良影响	Aquino等，2014
浒苔	罗非鱼	—	0、15%、30%、45%、60%、75%和100%浒苔	—	15%组表现出最好的生长效果和最佳饲料转化率；试验组的血细胞比容和白细胞数量显著高于对照组；100%组抗体滴度显著低于其他组；注射链球菌后试验组的存活率高于对照组	Baka和Phromkunthong，2012
褐藻	尼罗罗非鱼鱼苗	（0.43±0.02)g，300条	0、5%、10%、15%和20%褐藻	30d	饲料转化率和屠宰率随着褐藻含量的增加成线性上升，其他各指标均无显著差异。因此，在饲料中添加褐藻至20%可行	Costa等，2013
浒苔	杂交罗非鱼	(4.7±0.5)g，540条	0、10g/kg、20g/kg、30g/kg、40g/kg和50g/kg浒苔	42d	30～50g/kg组显著提高了增重率和特定生长率；20～50g/kg组显著降低了饲料转化率；20～40g/kg组显著提高了肠肽酶、胃肠淀粉酶和胃肠脂肪酶活性；20～30g/kg组显著提高了胃蛋白酶活力；30～50g/kg组显著提高了血清超氧化物歧化酶、溶菌酶、酸性磷酸酶和碱性磷酸酶活性。因此，最适添加量为30～40g/kg	Yang等，2015
肠浒苔	罗非鱼鱼苗	0.03g，270条	1、15%、30%、45%肠浒苔替代豆粕	90d	30%组和45%组显著降低了增重率和特定生长率，试验组摄食率和脂肪沉积显著低于对照组。因此，在考虑不影响增重、特定生长率和饲料转化率时，肠浒苔替代豆粕可达到15%	Serrano等，2014

（续）

海藻粉类型	试验动物	生长阶段	添加量	投喂时间	试验结果	资料来源
石莼	杂交罗非鱼	（1.0±0.01）g，500条	0、25g/kg、50g/kg、75g/kg和100g/kg石莼	60d	试验组显著提高了生长性能，其中75g/kg组和100g/kg组的终末体重、增重率、特定生长率、饲料转化率和蛋白质效率显著高于对照组，75g/kg组显著提高了能量利用率；试验组显著降低了鱼体饱和脂肪酸含量，50～100g/kg组显著提高了鱼体单不饱和脂肪酸和多不饱和脂肪酸含量。因此，最适添加量为75～100g/kg	Saleh 等，2014
肠浒苔	尼罗罗非鱼鱼苗	（0.33±0.06）g，360条	0、10%替代鱼粉、20%替代鱼粉、30%替代鱼粉、40%替代鱼粉和50%替代鱼粉	42d	50%组的终末体重和增重率显著低于其他组，40%～50%组显著降低了特定生长率，30%～50%组显著降低了摄食率，试验组显著降低了鱼体粗脂肪含量。因此，最适替代量为20%	Siddik 等，2015
石莼	罗非鱼	10g，120条	低脂组：0和5%石莼；高脂组：0和5%石莼	112d	石莼组在终末体重、增重、特定生长率和蛋白质效率上显著高于不添加石莼组，并且显著降低饲料转化率和鱼体粗脂肪含量；5%高脂组净蛋白质利用率显著高于其他组，并且鱼体粗脂肪含量显著低于HL-0组。因此，在两种脂肪水平饲料中添加石莼利于罗非鱼生长	Ergün 等，2009
江蓠	虹鳟	（67.04±0.35）g，225条	0、5%和10%江蓠	91d	10%组在终末体重、饲料效率和蛋白质效率上显著低于对照组；10%组肠道直径和绒毛高度最低，并且皮肤类胡萝卜素含量显著增高，肌肉类胡萝卜素含量显著降低；在体色方面，添加江蓠后鱼体颜色亮度和红色显著增加，10%组的黄色显著降低；5%组显著提高过氧化物酶和溶菌酶活性。因此，饲料中超过5%的江蓠会对虹鳟生长造成损害	Araújo 等，2016
海藻	虹鳟	（60.0±7.9）g，540条	0、1.5%、3%和6%海藻	124d	3%组和6%组显著提高了肌肉的多不饱和脂肪酸含量，尤其是 EPA、DHA和亚油酸含量	Dantagnan 等，2009
石莼粉	虹鳟	7g，300条	未加工处理石莼粉：5%和10%；高压处理石莼粉：5%和10%	84d	未加工处理10%组显著提高了终末体重、特定生长率并降低饲料转化率；未加工处理10%组和所有高压处理组显著降低了摄食量；高压处理5%组显著降低了净蛋白质利用率；与对照组相比，各试验组显著提高了蛋白质表观消化率；高压处理10%组显著降低了肝体比；所有高压处理组显著提高了脏体比并显著降低体蛋白含量。因此，在虹鳟饲料中添加未经加工的石莼粉对生长无不良影响	Güroy 等，2013

（续）

海藻粉类型	试验动物	生长阶段	添加量	投喂时间	试验结果	资料来源
紫菜	虹鳟	108g，600 条	0、5%、10% 和 15%紫菜	88d	15%组的终末体重和蛋白质存留率显著低于对照组，10%～15%组显著降低了肝体比，10%组显著提高了胴体粗蛋白含量。因此，在虹鳟饲料中添加不超过 10%的紫菜不影响生长	Soler-Vila 等，2009
江蓠	虹鳟	（67.0±0.4)g，225 条	0、5%和 10% 江蓠	91d	10%组显著降低了鱼体终末体重和日增重，并显著提高了饲料转化率和摄食量；5%组的鱼体碘含量显著高于对照组；试验组显著提高了 α-生育酚含量，但显著降低了 γ-生育酚含量；试验组在品质上显著多汁，10%组显著提高了坚硬度。因此，添加量不超过 5%为宜	Valente 等，2015
石莼和浒苔	虹鳟	（32.96±0.29)g，126 条	0、10%石莼 和 10%浒苔	60d	试验组在增重率、相对生长率、特定生长率、摄食量、蛋白质效率、蛋白质沉积、表观净蛋白质沉积、粗脂肪含量和灰分含量上显著低于对照组，饲料转化率显著高于对照组；10%石莼组水分含量显著高于对照组。10%组的石莼或浒苔添加不利于虹鳟生长	Yildirim 等，2009
海带粉	异育银鲫	（5.66±0.65）g，300 尾	0、1%、3%、5%和 7%海带粉	50d	3%海带粉和 5%海带粉显著降低了肥满度；1%～5%海带粉显著降低了鱼体肝体比；1%处理组显著提高了鱼体蛋白含量；对免疫功能无影响	董学兴等，2011
石莼	鲫	（2.89±0.02）g，90 条	0、2%、4%、6%和 8%石莼	40d	试验组显著提高了增重、特定生长率和鱼体粗蛋白质含量，显著降低了鱼体碳水化合物含量；8%组鱼体类胡萝卜素含量最高。因此，添加量 8%时短期内并无不良影响	Rama 等，2014
龙须菜	黑鲷	（9.8±0.2）g，375 条	0、5%、10%、15%和 20%龙须菜	56d	20%组在增重率、饲料转化率、鱼体粗脂肪及肝体比上显著低于对照组；20%显著降低了前肠的胃蛋白酶、脂肪酶和淀粉酶活性，并显著提高了血清谷草转氨酶和谷丙转氨酶活性。因此，建议最大添加量不超过 15%	Xuan 等，2013
江蓠和石莼	金头鲷	14g，210 条	0、5%江蓠 和 5%石莼、15% 江蓠 和 15% 石莼、25% 江蓠 和 25%石莼	70d	25%江蓠显著提高了饲料转化率，并显著降低了特定生长率；25%石莼显著提高了终末体重，并显著降低了鱼体粗脂肪含量；试验组均显著降低肝体比。因此，江蓠和石莼的添加量分别以不超过 15%和 25%为宜	Vizcaíno 等，2015

（续）

海藻粉类型	试验动物	生长阶段	添加量	投喂时间	试验结果	资料来源
江蓠（GP）和石莼（UR）	鲈	4.7g，350条	0、5%GP、5%UR 和 5% GC，10% GP、10% UR 和10%石花菜（GC）	70d	10%GC 在终末体重、日增重、日生长率、饲料转化率及体灰分含量上显著高于对照组，对其他组无影响。因此，GP 和 UR 添加量可以达到10%，而 GC 的添加量建议为5%	Valente 等，2006
浒苔粉	黄斑篮子鱼幼鱼	23g，216条	0、5%、10%、15%、10%＋0.2% 酶和15%＋0.2% NSP 酶	56d	5%浒苔组鱼的生长性能不受影响，但10%浒苔组和15%浒苔组鱼的生长性能显著降低；然而，在添加0.2%NSP 酶的情况下，10%浒苔组和15%浒苔组鱼的生长性能与对照组相比无显著差异；与对照组鱼相比，浒苔饲料组鱼肝、肌肉中的过氧化氢酶活性及谷胱甘肽过氧化物酶活性增高，丙二醛含量降低	周胜强 等，2013
海带提取液	中华倒刺鲃	纤维及非淀粉多糖（NSP）5～8cm，20尾	0 和 20mL 海带提取液	—	海带提取液有一定诱食效果	倪静和李英文，2008
浒苔粉	大黄鱼	（11.41±1.59）g，636条	0、5%、10% 和15%浒苔粉	73d	成活率不受浒苔含量的影响；摄食率也无显著差异；试验组显著提高特定生长率；5%组饲料效率高于其他组，而10%组饲料效率最低；随着浒苔添加量的增加，体蛋白、钾、镁、钠含量呈上升趋势	Hiskia，2010
江蓠	革胡子鲇	（9.62±0.42）g，180条	0、10%、20% 和30%江蓠	70d	20%组和30%组的终末体重、增重率、肥满度、特定生长率、摄食率、饲料利用率和蛋白质利用效率显著低于对照组；30%组显著降低终末体长和肝体比；10%组无不良影响。因此，10%组江蓠可用于革胡子鲇饲料中	Al-Asgah 等，2015
紫菜	粗唇龟鲻	1g，2.5cm，300条	0、9%和18%紫菜	70d	试验组的终末体重、增重率、特定生长率、摄食率、饲料转化率、饲料效率、蛋白质利用率及净蛋白质利用率均显著低于对照组。可见，在粗唇龟鲻饲料中不适合添加紫菜	Davies 等，1997
海带	牙鲆	（14.3±0.1）g，180条	0、2%、4% 和6%海带	42d	6%组显著降低了终末体重，但显著增加了血液中性白细胞数量；鱼体血液的多酚类含量、溶菌酶活性和过氧化物酶活性随着海带含量的增加显著上升。因此，饲料中添加海带能提升鱼体非特异性免疫能力	Kim 和 Lee，2008
海带粉	凡纳滨对虾	0.68g，630尾	0、0.2%、0.4%、0.8%、1.6%、3.2% 和 6.4% 海带粉	56d	试验结束时，3.2%组和6.4%组显著提高增重率；6.4%组显著降低饲料系数并提高蛋白质效率；0.4%组显著提升蛋白质表观消化率；1.6%组和3.2%组显著降低虾体灰分含量	刘立鹤 等，2006

（续）

海藻粉类型	试验动物	生长阶段	添加量	投喂时间	试验结果	资料来源
龙须菜干粉	凡纳滨对虾	（0.27±0.01）g，540只	0、1%、2%、3%、4%和5%龙须菜干粉	56d	2%组和3%组显著提高了虾体终末体重、增重和蛋白质效率；3%组显著降低了饲料转化率；2%组显著降低了血清中谷草转氨酶活性和谷丙转氨酶活性；经5h的盐分胁迫后，试验组的存活率显著高于对照组，2%组的存活率最高。因此，最适添加量为2%~3%	Yu等，2016
海藻	凡纳滨对虾	1.42g，250只	0，绿藻组：4%和8%；褐藻组：4%和8%	29d	NK8%组表现出最高存活率；试验组干物质表观消化率和粗蛋白表观消化率上显著高于对照组。因此，在凡纳滨对虾饲料中添加4%~8%绿藻或褐藻可以保证虾体正常存活和生长	Cárdenas等，2015
海藻	凡纳滨对虾	后期幼虫，1 200只	0、13%、26%和39%海藻	45d	26%组和39%组显著降低了饲料转化率，其余指标无显著差异。因此，在考虑经济效益的情况下，可以在凡纳滨对虾饲料中添加39%海藻以替换豆粕	Silva和Barbosa，2009
石莼和江蓠	凡纳滨对虾	（1.10±0.26）g，126只	0，5%石莼、10%石莼、15%石莼、5%江蓠、10%江蓠和15%江蓠	75d	10%~15%石莼组相比5%石莼组显著降低终末体重、增重率和特定生长率，但与对照组相比无显著差异，其余各生长指标各试验组与对照组相比均无显著差异。因此，凡纳滨对虾饲料中石莼和江蓠的添加量分别达到5%和15%时不影响虾体生长	Rodríguez-González等，2014
马尾藻粉	凡纳滨对虾	3g，360只	0、5%、10%和15%马尾藻粉	45d	10%组和15%组显著降低了饲料转化率，其他指标各组无显著差异。因此，考虑经济效益，饲料中添加15%马尾藻粉无不良影响	Hafezieh等，2014
石莼	斑节对虾	—	0、15%和30%石莼	90d	试验组的特定生长率与对照组相比无显著差异，但30%组略有下降；试验组在存活率、摄食率、饲料转化率、蛋白质利用率，以及体组成上与对照组相比无显著差异。因此，30%石莼替代斑节对虾饲料中的豆粕是可行的	Serrano等，2015
裙带菜	斑节对虾	（0.69±0.03）g，960只	0、1%、2%、3%、4%、5%、6%和7%裙带菜	56d	2%组的饲料系数最小；3%~4%组显著提升虾体粗脂肪含量；2%组的肝胰腺谷胱甘肽含量、谷胱甘肽过氧化物酶活性出现最大值。因此，裙带菜的最适宜添加量为2%	芦雪等，2014
马尾藻和江蓠	南美白对虾	18日龄，450只	0、25%马尾藻和25%江蓠、40%马尾藻和40%江蓠	63d	在饲料中添加海藻有助于虾体存活和生长	Zakeri等，2015

（续）

海藻粉类型	试验动物	生长阶段	添加量	投喂时间	试验结果	资料来源
羊栖菜多糖提取物	感染哈氏弧菌的中国对虾	（2.174±0.607）g，每桶50只	0、0.5%、1%和2%羊栖菜多糖提取物	14d	0.5%组和1%组显著降低了感染哈氏弧菌虾的死亡率；试验组显著提升了总血淋巴细胞密度；1%组血淋巴细胞蛋白浓度达到最高值（167.46mg/mL）；溶菌酶和酚氧化酶活性在0.5%组出现峰值。0.5%和1%为最佳浓度	Huang等，2006
海藻粉	罗氏沼虾	6.00～6.76g，375只	0、3%、6%、9%和12%海藻粉	70d	试验组显著提高了虾体生长速度，其中3%组增重和头胸甲增长最高	周歧存和赵华超，2001
海带粉	克氏原螯虾	（7.25±0.24）g，300只	0、0.5%、1%、2%和4%海带粉	56d	2%组显著提高了增重率，2%组和4%组显著提高了成活率；除4%组，随海带粉添加量升高，饲料系数逐渐降低；2%组显著提高了血清总蛋白浓度，2%组和4%组显著提高了血清溶菌酶活性和碱性磷酸酶活性；添加海带粉显著提高了虾肝胰脏过氧化氢酶活性和谷胱甘肽过氧化物酶活性，1%组和2%组显著提高了肝胰脏超氧化物歧化酶活性	杨维维等，2014
浒苔、马尾藻、鼠尾藻和海带	刺参	（5.24±0.11）g，240头	—	70d	终体质量和特定生长率均表现为鼠尾藻＞浒苔＞马尾藻＞海带；浒苔组的增重率最高	李晓等，2013
海藻粉	刺参	9.10～11.49g，108头	0、50%浒苔干粉和50%大叶藻干粉	40d	大叶藻粉组成活率最高；大叶藻粉组刺参内脏组织溶菌酶活性显著高于对照组；浒苔粉组和大叶藻组均显著提高了内脏组织的过氧化氢酶活性；大叶藻粉组显著提高了内脏组织的超氧化物歧化酶活性，而浒苔粉组超氧化物歧化酶活性低于对照组；大叶藻粉组显著提高了体壁总蛋白含量	唐薇等，2014
海带粉	新西兰商品育肥肉兔	2月龄，24只	0、1%、3%和5%海带粉	60d	试验组肉兔表现出喜食、采食量增加和粪便正常；3%组和5%组显著提高了日增重；3%组表现出最高的饲料转化率；1%组有最高的经济效益	马玉胜，1999
海带粉	獭兔	幼年兔，60只	每只每天添加0、5g、10g和15g海带粉	21d	15g组表现出较好的驱虫率	牟伯勤，1994
浒苔粉	新西兰白兔	1.5kg，20只	0和5%浒苔粉	40d	试验组提高了增重和料重比，但差异不显著；试验组显著降低了血液总胆固醇、甘油三酯和高密度脂蛋白胆固醇含量	周蔚等，2001

（续）

海藻粉类型	试验动物	生长阶段	添加量	投喂时间	试验结果	资料来源
海带粉	龟	稚龟期	2%海带粉	—	提高食欲，增强抗逆能力，减少疾病发生	雅丽，2002
		幼龟期	5%海带粉	—	快速生长，节约动物饲料10%左右，减少胃肠炎等疾病的发生	
		成年龟	5%～10%海带粉	100d	提高日增重和饲料转化率，促进产卵	

五、大型海藻粉加工方法与加工工艺

（一）大型海藻粉加工方法

1. 新鲜海藻的处理　夏初和秋季是采集野生海藻最适宜的季节，因为此时海藻生长旺盛且营养成分含量较高（陈琴，2002；方希修等，2003）。在海上收集的新鲜海藻经常混有泥沙和其他杂物，影响产品质量，因此加工前必须进行清洗。清洗时一定要用海水，不能用清水。用清水洗涤（或雨淋）后绝大部分矿物质、碘化合物、甘露醇、氨基酸及其他有效成分都会溶出流失。

2. 海藻干燥　新鲜海藻数量多、含水量大，若不及时进行干燥加工则可能由于附着细菌及消化酶而在短期内（2～3d）腐烂变质。海边太阳充足，通常可直接将海藻摊在地上晒干，但要注意防止雨淋和受露回潮。采用热风炉烘干，便于控制产品品质，但成本较高。

3. 粉碎　干燥后的海藻只有进行粉碎，才能用作饲料添加剂。粉碎通常要过40目筛。海藻进粉碎机前，要去除沙石，以免损坏粉碎机的筛网。粉碎时可采用齿爪式粉碎机。

4. 配料　海藻被粉碎后，可以根据不同的营养水平进行配料，以调节海藻粉的营养成分，改善味感，提高诱食能力。海藻用作饲料时，采取干燥制粉后按一定比例添加到饲料中的方法较好。内陆地区可直接采购加工好的海藻粉来调制饲料；沿海地区海藻资源丰富，有条件的可自行生产加工海藻粉。海藻粉吸湿性较强，要注意防潮（魏尊等，2005）。

（二）大型海藻粉加工工艺

大型海藻粉加工工艺见图3-9。

图 3-9　大型海藻粉加工工艺

（资料来源：郑联合，1997；魏尊等，2005；Wei，2014）

六、大型海藻作为饲料资源开发利用的政策建议

(一) 加强开发利用大型海藻及其加工产品作为饲料资源的力度

据估计，全球人口数量在 2030 年将达到 85 亿，而在 2050 年将达到 97 亿之多（UN，2015）。如何养活未来数量庞大的人口是人类实现可持续发展需要解决的重大议题。以地球现有可用水资源来看，陆地上的农业生产将无法为未来增长的大量人口提供充足食物，发展自给自足式海水养殖可能是解决未来食物短缺的出路（Duarte 等，2009）。可以预见，陆地农业生产的植物蛋白将更多地作为食品直接为人类利用，海水养殖将逐渐降低对陆生植物蛋白的依赖，而转向依靠海洋原有的植物蛋白——海洋藻类。我国海岸线总长度达 1.8 万 km，位居世界第四，具有发展近岸海水养殖的巨大潜力。目前，我国收获的大型海藻主要用于食用和工业生产（主要生产藻胶，如海藻酸钠、琼脂、卡拉胶等），仅少部分或加工成海藻粉用于饲料生产或直接投喂给水产动物，如鲍和海参。我国大型海藻产量巨大，若能将其开发成常规饲料原料，用于鱼类和畜禽类养殖，则可节省大量土地和粮食，实现巨大的经济效益和社会效益。对此，我国应该加大经费投入力度，增加相应的科研立项数量，研究大型藻类作为动物饲料原料的可行性。

(二) 改善大型海藻及其加工产品作为饲料资源开发利用的方式

1. 结合海水鱼类养殖 开发综合性多层级水产养殖模式。在该养殖模式中，海水鱼类养殖网箱附近海域底部投放有滤食性贝类（如贻贝），而在水域中部养殖大型海藻。这样，海水鱼类养殖中产生的残饵和粪便就能转化成该海域的自然生产力，为贝类和藻类利用，避免造成水体富营养化。已有研究表明，在大西洋鲑（*Salmo salar*）、海带（*Saccharina latissima* 和 *Alaria esculenta*）和贻贝（*Mytilus edulis*）混养模式中，海带和贻贝的生长速度可分别提高 46% 和 50%（Troell 等，2009）。目前，我国大型海藻的养殖主要依靠自然生产力，除了品种和生长温度之外，海藻的生长速度在很大程度上取决于海水中营养素的丰度。因此可借鉴该模式，将大型海藻和海水鱼类养殖混搭，以提高生产速度。

2. 采用微生物发酵，提高产品营养价值 大型海藻含有较高水平的碳水化合物，其中大部分为非消化性多糖，因此可利用生物发酵技术对其进行降解。大型海藻含有一定量的 n-3 高不饱和脂肪酸，在酵解前可进行预处理，以提取其中的油脂；然后利用微生物发酵技术降解海藻中的非消化性多糖，所得成品即为菌体和藻粉组成的复合物。

3. 开发高附加值产品 大型海藻中含有多种生物活性物质，包括活性多糖、生物色素、抗氧化物、植物生长促进物，以及其他生物活性物（活性肽、高不饱和脂肪酸、维生素、矿物质、凝集素、二萜类化合物）等。这些生物活性物质可发挥多种功能，包括抗炎、抗菌、抗病毒、抗氧化、抗肿瘤等（Michalak 等，2015a）。通过适当提取方法获得的高附加值生物活性提取物，既可应用于食品、美容、医药等领域，也可作为饲料添加剂在动物生产中使用（Michalak 等，2015b）。提取过生物活性物的海藻副产品，在去除化学提取剂之后，还可能得到二次利用，如或作为生物能源发酵底物，或加工成

饲料原料，或直接作为化肥使用。

（三）制定大型海藻及其加工产品作为饲料产品的标准

为规范和促进大型海藻及其加工产品作为新型饲料原料在陆生动物和水产动物饲料中的应用，应加快制定相关产品的质量标准和卫生标准。对于产品质量标准，可参照已建立的畜禽和水产动物饲料原料标准，对藻粉及其加工品的性状和营养参数（粗蛋白质、粗脂肪、碳水化合物、粗纤维、灰分等）作出规定，并可在此基础上作出产品质量分级。大型藻类对重金属砷、铅、汞、镉、锰、铬、铜、锌等均具有富集作用（Gupta和 Abu-Ghannam，2011），其中褐藻类对水体中无机砷的富集作用较强，因此应对藻粉及其加工品中重金属的含量作出规定，防止产品重金属含量超标。此外，大型海藻亦会受到水体中二噁英和杀虫剂等环境污染物的污染（van der Spiegel 等，2013）。对于海藻粉及其加工品中可允许存在的环境污染物及其上限，也可参照相关的饲料原料标准作出规定。

（四）科学制定大型海藻及其加工产品作为饲料原料在日粮中的适宜添加量

多数大型海藻的营养组分以碳水化合物为主（其中又以非消化性多糖为主），而仅含少量蛋白质和极少量脂肪。褐藻类平均粗蛋白质含量占干重的 5%～15%，绿藻类和红藻类粗蛋白质含量较高些，占干重的 10%～30%，而多数大型海藻中脂肪含量仅占干重的 1%～5%（Burtin，2003）。因此，反刍动物和自然条件下以大型海藻为食的贝类，如鲍对海藻粉会有较高的利用能力；而单胃动物和鱼类，尤其是肉食性鱼类，对海藻粉的利用则很有限，在日粮中直接添加可能会引起消化问题，造成生长速度下降。因此，为加快大型海藻及其加工品作为饲料原料的应用，应开展相关生长试验，以营养素消化率和动物生长性能作为主要评价指标，确定海藻粉及其加工品在不同动物、不同生长阶段日粮中的适宜添加量。

（五）合理开发利用大型海藻及其加工产品作为饲料原料的战略性建议

1. 选育高脂或高蛋白藻种 由于全球鱼粉和鱼油的紧缺，高蛋白，尤其是富含高不饱和脂肪酸的高脂藻种具有广阔的市场应用前景。尽管多数海藻中蛋白质和脂肪含量偏低，但有些品种则含有较高水平的蛋白质或脂肪。例如，红藻门中的粗壮红翎菜（*Soliera robusta*）、环节藻（*Champia compressa*）和鲜奈藻（*Scinaia farcellata*）中粗蛋白质含量可分别占干重的 53.7%、58.7% 和 61.2%，而褐藻门中的墨角藻（*Fucus spp.*）、匍枝马尾藻（*Sargassum polycustum*）和冬青叶马尾藻（*S. ilicifolium*）中粗脂肪含量可分别占干重的 22.7%、24.4% 和 34.9%（Slaski 和 Franklin，2011）。因此，可通过引种、杂交、选育等手段筛选出具有特定经济性状的海藻品种。另外，绝大多数大型海藻不含或只含极少量的 DHA，基因工程也可能成为开发新藻种的一种手段。

2. 与生物能源开发相结合 利用藻类开发生物能源是当前能源研究领域的一大热点。大型海藻中的碳水化合物可通过厌氧消化（产沼气）和酒精发酵（产乙醇）两种途径转化为生物能源。研究发现，利用现有的技术和发酵设备即可实现大型海藻的厌氧消化（Matsui 等，2006）。厌氧消化被认为是最有可能率先实现大型海藻产能商业化的技术，该技术存在的瓶颈在于沼气产量低及生产成本高；而酒精发酵则在技术上存在难题。大型海藻只含有少部分可被微生物直接酵解为乙醇的糖类（淀粉、蔗糖和葡萄糖），大部分糖类以难以直接酵解的多糖形式存在，如海藻酸。因此，要实现大型海藻的酒精发酵则需要寻找特异化菌种或对海藻进行酵解前的预处理，即通过酶解或化学处理方法（高温下酸水解）将多糖中的寡糖和单糖释放出来（Burton等，2009）。随着技术的发展和进步，若大型海藻产能可实现商业化运作，则价格合适的海藻油或海藻蛋白亦很可能出现在市场上。海藻中的油脂可在海藻酵解前的预处理中被提取，如果酵解的物理条件和化学条件相对温和，则酵解后的海藻渣和菌体混合物也有可能被开发成为饲料蛋白源。

（中国海洋大学张彦娇）

第八节　浮萍粉及其加工产品作为饲料原料的研究进展

一、浮萍概述

随着全球饲料资源的紧缺，大宗饲料原料价格不断攀升，给饲料行业造成了巨大的压力，探索开发新型廉价饲料原料迫在眉睫。

浮萍是浮萍科植物的统称，是一类漂浮于水面的水生被子植物，是世界上最小的开花植物，除沙漠和永久冰冻的地区外，全球各地均有分布，但广泛分布于气候温暖的湖泊、池沼及其他有机质含量较高的静水或缓流水域。浮萍科包括 5 个属（*Lemna*、*Spirodela*、*Landoltia*、*Woffia* 和 *Wolffiella*），约 38 个种。中国常见 3 属 7 种，分别为芜萍属（*Wolffia*）、紫萍属（*Spirodela*）和浮萍属（*Lemna*）。浮萍无性繁殖，通过根或叶状体从水中吸收所需的氮、磷等营养物质。

浮萍繁殖力极强，生长旺盛，一旦温度和养分条件适宜，2～7d 即可繁殖一代。同时，浮萍的生长期长，在许多温带、热带地区可全年生长。其生长时可大量消耗空气中的二氧化碳及水中的氮和磷，可减轻温室效应，净化水体。

浮萍的营养价值高。在适宜条件下，浮萍的蛋白质可占其干重的 45%；同时，纤维素含量低，不含有毒生物碱，必需氨基酸含量丰富，氨基酸组成均衡、合理，是理想的高蛋白饲料原料。

浮萍易于收获。由于浮萍体积小（3～5mm），且漂浮于水面上（水葫芦、水花生等水生植物体型大并且有根扎于水底），用捞网可以轻松捞起，因此易于大规模收割。

浮萍的繁殖方式有 2 种：①在自然条件下主要为无性繁殖。每个植物体都由分裂组织在叶状体边缘产生新的植物体。浮萍的每个植株在其生命周期内能产生 10～20 个新的植物体。在理想环境中（养分和阳光充足等），浮萍在 16～48h 内质量可增加 1 倍。在 10d 到几周内从一个叶子扩展到 10 个单位，速度比几乎所有的高等植物都快。在有限空间内的增长主要受密度制约。②当水温降到一定限度时（约低于 5℃），浮萍就停止生长发育，一部分浮萍生长出椭圆形的冬芽，沉入水底自然越冬。翌年水温上升，冬芽浮到水面，萌发为新幼体。每公顷可年产干浮萍 183t。而在以色列进行的大规模种植试验，每公顷可年产浮萍干质量 36～51t。

当条件皆适宜时，浮萍生长速度很快，会迅速增大其在水面的覆盖率。在这种情况下，定期收割浮萍对于促进浮萍生长、维持健康的生态系统就显得尤为重要。而收割的时期就要视浮萍的实际生长情况而定，收割期过长，会导致浮萍密度过高，浮萍的生长环境过于拥挤，加快浮萍的老化速率，繁殖速率也随之降低，死去的浮萍植物体会在水中解体造成二次污染。收割过于频繁会导致浮萍不能大面积覆盖水体，藻类光合作用旺盛，过量滋生，浮萍的生存环境遭到恶化。定期收割浮萍不仅能促进浮萍生长，而且对其体内营养物质的积累也十分有利。浮萍生物量的增长符合种群 Logistic 增长规律，当密度达到最大承载量的一半时，其生物量的增长速率最大。因此，大规模种植浮萍的最佳收获策略为达到浮萍种群生物量 1/2 时收获。

虽然浮萍可以在极端恶劣的环境中生存，但不同生长条件下浮萍的产量会有很大差异（表 3-51）。如果能有效管理，达到每公顷年产 10～30t 干浮萍的目标是可能的。要获得浮萍高产，需考虑以下因素。

表 3-51　种植浮萍产量（t/hm^2，干物质）

种植地点	年产量（干物质）
以色列	36～55
俄罗斯	10～11
德国	16～22
印度	22
埃及	10
美国南部	27～29

（1）水体中养分充足　氮、磷作为浮萍生物组织主要构成物质，在植物体内的其含量基本固定。水环境中氮磷浓度也是影响浮萍生长的重要因素。当水体中氮的质量浓度大于 15mg/L 时，可获得较好的浮萍产量，且蛋白含量比较高。磷浓度为 0.2～5mg/L（特别是 0.5mg/L）时青萍和紫萍叶状体数目增长速度相对较快；而当磷浓度过低（0.01mg/L）和过高（50mg/L）时，青萍和紫萍的叶状体数目增长速度开始变慢，紫萍更适合生长在磷浓度稍高的水体环境中。目前，各种商品化肥及几乎所有的有机废物，如家庭生活废水、人畜粪便和食品加工的废料等都可以作为浮萍生长的肥料。

（2）保持适宜的植株密度　在种植浮萍的水域均匀地分布一层厚厚的植物体是保证获得浮萍高产的必要条件。若浮萍的生长密度过低，在水体表面不能形成竞争优势，细菌、藻类及一些沉水植物就会大量繁殖而成为水塘植物群落的主体。适宜的植株密度为 0.6～1.2kg/m²。密度过高会对浮萍的生长起反作用，会降低生长速度，增加浮萍群落的平均年龄，削弱浮萍的自我防护能力。此外，拥挤的生长环境也会降低浮萍的营养价值，表现在蛋白质含量降低，而纤维素和灰分含量上升。

（3）保持水的最适 pH　在最适条件下，浮萍的产量与植株的健康状况都是最佳的，而高于或低于这个范围都会降低浮萍产量及营养价值，甚至引起植株死亡。浮萍能在 pH 为 5～9 的环境中生存，在 pH 为 6.5～7.5 的环境中生长得最好。然而，不同品种的浮萍对 pH 的要求与适应性也不同，如当 pH 低于 6.0 时紫萍不能生长，而稀脉浮萍都在 pH 为 5~6 时生长得最好。

（4）光照和温度　不同的浮萍对光照有不同的要求，每种浮萍都有一个最佳光照强度。在这个强度下，浮萍生长状况是最佳的，超出这个最佳范围，随偏离度的增大，浮萍的生长状况越差，直至无法生存，这与 pH 对浮萍生长的影响效应基本一致。在正常范围内，浮萍的产量随光照强度增大而增大。就相对生长率而言，稀脉浮萍和少根紫萍的最适光照强度为 6 000lx，随着光照的减弱，浮萍的长势也随之降低。在高光照强度条件下，浮萍的光和强度即将或已经达到光饱和点，光合作用强烈，细胞内同化作用速率随之加快，植物体内代谢活跃，进而相对生长率也提高。

浮萍对温度的适应性很强，一般在水温 5~7℃ 时仍能生长。当温度继续降低，则浮萍将产生休眠体而沉入水底；当温度适宜时，休眠体就会被唤醒，进入新的生命周期。在气温 25℃ 条件下，浮萍生长旺盛，相对生长率达到峰值，在气温 35℃ 条件下，浮萍相对生长率略有回降；在 10℃ 低温下，浮萍的生长受到了严重抑制。

气温在 10℃ 或者更低时，浮萍细胞内各个酶的活性同时受到抑制，生长受到严重影响。蔡树美（2012）观察到，气温在 25℃ 时，紫背浮萍叶肉细胞内的叶绿体数增加，类囊体片层排列紧密，淀粉粒结构较大，具有较强的光合能力和营养物质同化能力，故而在 25℃ 时紫背浮萍的相对生长率达到最高是合理的。温度达到 35℃，紫背浮萍叶绿体外膜溶解，基质外渗，细胞结构受到一定程度的伤害，造成了在更高温度下紫背浮萍生长率的下降。这也就解释了在盛夏气温 35℃ 以上，光照极为强烈之时自然水域中的浮萍生长欠佳，甚至会大面积死亡的现象；而在冬季寒冷时期，没有浮萍生长的水域在春天会迅速被浮萍覆盖，正是休眠体被唤醒，迅速生长繁殖的表现。

同时，光照时间也是影响浮萍生长的重要因素，一般来说光照时间达到 4h 后，浮萍生长受氮、磷营养物制约，光照不再是浮萍生长的限制因素。

二、浮萍的营养价值

鲜浮萍含水量很高，含有 86%~97% 的水分。如果按干物质计算，浮萍叶子含有高达 64% 的蛋白质。而叶子以外部分的蛋白质含量为 20%。叶子是植物体的主要部分。浮萍植物体可含有高 45% 的蛋白质，是含蛋白质高的植物之一。另外，浮萍植物体只含有少量的纤维，并且基本不含难以消化的木质素，可以作为饲料而被动物利用（表 3-52）。而一般的植物，如大豆、水稻、玉米等，含有超过植物体质量 50% 的高纤维秸秆，能被单胃动物（如鱼类）消化的果实仅占植物体总质量较少的部分。

表 3-52　人工种植的浮萍成分与常用饲料原料成分比较（%，干物质）

饲料原料	粗蛋白质	粗脂肪	粗纤维	无氮浸出物	粗灰分
人工种植的浮萍	45.0	9.2	5.0	28.8	12.0
常用饲料原料					
玉米	10.9	3.6	1.4	82.7	1.4

（续）

饲料原料	粗蛋白质	粗脂肪	粗纤维	无氮浸出物	粗灰分
高粱	10.5	4.0	1.6	81.9	2.1
小麦	16.0	2.0	2.2	77.7	2.2
大麦	14.9	2.4	2.3	77.8	2.5
稻谷	9.1	1.9	9.5	74.2	5.4
大豆	40.8	19.9	4.9	29.5	4.8
大豆饼	47.0	6.6	5.4	34.5	6.6
苜蓿草粉	22.0	2.6	26.1	40.6	8.7

　　生长条件影响浮萍蛋白质和纤维素的含量水平，在养分不佳的环境中缓慢生长的浮萍含有较多的纤维素和较少的蛋白质，在养分理想的环境中生长的浮萍则含有较多的蛋白质和较少的纤维素。从表 3-53 可见，在澳大利亚 Armidale 污水中人工培养的浮萍，其粗纤维含量（5%）远远低于其他 3 种自然生长的浮萍，且蛋白质含量也最高。

表 3-53　不同生长条件下浮萍营养成分差异（%，干物质）

地点	粗蛋白质	粗脂肪	粗纤维	粗灰分
澳大利亚 Armidale 污水培养	40～43	5.4	5.0	13.0
澳大利亚 Armidale 自然湖泊	13～35	4.4	8～25	15.0
中国安徽省某水塘	33.8	2.3	18.6	23.3
秘鲁利玛湖	36.6	4.3	18.6	24.6

　　浮萍蛋白的氨基酸模式非常理想，很接近动物蛋白，可以被动物高效利用。从表3-54 所列的浮萍和常用饲料原料的氨基酸含量来看，浮萍蛋白质的氨基酸模式与大豆饼的非常相似，这使得浮萍成为可以替代大豆饼的饲料蛋白质源。第一限制性氨基酸（赖氨酸）含量很高，明显优于玉米、高粱等植物。浮萍中的微量元素和色素含量也很高，尤其是 β-胡萝卜素和叶黄素，β-胡萝卜素的含量是陆生植物的 10 倍，叶黄素含量超过 $1\mu g/L$。因此，从这些方面来看，浮萍作为动物饲料更为经济。但值得注意的是，浮萍含有占干质量 2%～4% 的草酸钙，含量比一般蔬菜（0.5%～1%）要高。过多的草酸钙会降低饲料的适口性。浮萍的草酸钙含量很大程度上取决于其所生长的水中钙的质量浓度，降低浮萍生长环境中钙的质量浓度可以降低其草酸钙含量。此外，在饲喂前将浮萍在清水中浸泡一段时间，也可以显著降低草酸钙含量。

表 3-54　浮萍和常用饲料原料的氨基酸含量（%）

原料	赖氨酸	蛋氨酸	胱氨酸	苏氨酸	异亮氨酸	亮氨酸	精氨酸	缬氨酸	组氨酸	酪氨酸	苯丙氨酸	色氨酸
浮萍	2.68	0.63	0.78	1.77	1.99	2.53	2.92	3.66	0.91	1.39	1.12	0.61
玉米	0.30	0.22	0.26	0.36	0.30	1.20	0.44	0.47	0.27	0.40	0.50	0.09
高粱	0.21	0.20	0.14	0.30	0.41	1.26	0.38	0.51	0.21	0.37	0.52	0.09
小麦	0.34	0.29	0.28	0.38	0.51	0.92	0.67	0.64	0.31	0.43	0.67	0.17
大麦	0.51	0.16	0.29	0.49	0.49	1.00	0.74	0.72	0.18	0.46	0.78	0.18

（续）

原料	赖氨酸	蛋氨酸	胱氨酸	苏氨酸	异亮氨酸	亮氨酸	精氨酸	缬氨酸	组氨酸	酪氨酸	苯丙氨酸	色氨酸
稻谷	0.34	0.22	0.19	0.29	0.37	0.67	0.66	0.55	0.17	0.43	0.47	0.12
大豆	2.55	0.55	0.63	1.59	1.66	2.91	2.98	1.92	1.00	1.28	2.02	0.64
大豆饼	2.74	0.68	0.70	1.62	1.76	3.09	2.84	1.91	1.24	1.72	2.01	0.72
苜蓿草粉	0.94	0.24	0.25	0.85	0.78	1.38	0.90	1.05	0.45	0.67	0.94	0.49

三、浮萍在动物生产中的应用

作为畜禽和水产动物的饲料原料，浮萍可以有很多用途，从而作为饲料成分的补充来源（蛋白质、磷和其他矿物质微量元素、鸡蛋黄和鸡肉中的色素、维生素 A、B 族维生素、猪和禽类低纤维饲料中的纤维）。

1. 浮萍在畜禽生产中的应用　浮萍作为家禽蛋白补充的价值已经在有些研究中得到了认可。Truax 等（1972）研究表明，干燥后的浮萍蛋白质的质量比苜蓿还要好，并且在 5% 水平上可以完全取代苜蓿充当饲料。Haustein 等（1988）在蛋鸡日粮中最高添加达 40% 的浮萍干粉，结果表明，浮萍对蛋鸡的产蛋率和蛋质量没有影响。

用浮萍替代大豆饼作为饲料蛋白质源，对仔鸡生产性能进行试验的结果表明，浮萍对仔鸡生长的作用与大豆饼的相差无几。给仔鸡分别饲喂含 0、10%、15% 和 25% 浮萍的日粮后结果表明，饲喂含 15% 浮萍的肉用仔鸡体质量增加量与对照组相同，日粮中含 25% 的浮萍则导致饲料消耗和肉用仔鸡体质量显著下降，饲喂含 5% 浮萍的肉用仔鸡体质量增加量比对照组高，饲喂浮萍的所有试验鸡色素沉着均显著增加。

在野外条件下，食性越杂的鸭利用浮萍的效率越高。在越南，人们利用富营养化的水来生产浮萍，并用生产出来的新鲜浮萍和木薯废料用来喂鸭。浮萍可以同时提供鸭生长所需的能量、蛋白质和主要矿物质，使鸭的增重量和肉质都能达到较高水平。在孟加拉国，浮萍作为饲料已经实现商品化，市价约为每吨 27 美元，当地种植浮萍所得的收入是水稻的 10 倍。

2. 浮萍在水产养殖中的应用　浮萍既可以作为鱼饲料，又可以清洁水产养殖的水体，已引起人们的广泛关注。在集约化养殖场的生产体系中，鱼需要蛋白质含量很高且氨基酸均衡的饲料。新鲜的浮萍（或浮萍干粉）非常适合植食性鱼类的集约化生产。

在饲喂量适宜的情况下，罗非鱼可以有效地利用浮萍。世界银行曾经进行过一个研究项目，在一个池塘里单独种植浮萍，在第二个池塘放养各种大小的罗非鱼。第一个池塘内的浮萍收获以后放入第二个池塘作为鱼饲料。在只用浮萍作为饲料的条件下，平均每公顷的鱼产量为每年 10t。

草鱼为草食性鱼类，具有生长快、个体大等特点，市场价格好，需求量大，特别是大规格草鱼鱼种需求量更大。浮萍是草鱼种阶段最喜欢的主要饲料，用浮萍培育时草鱼鱼种的成活率高，产量高，规格大而整齐，培育成本低，经济效益显著。养殖 1kg 草鱼种可节省精饲料 5kg，节约饲料成本约 6.5 元。需要注意的是，在用浮萍养鱼时，需防止浮萍满塘繁殖覆盖水面造成育种缺氧死亡，故可在鱼塘旁边的小塘专门养浮萍或用浮标栅栏拦出部分水面养浮萍。

浮萍虽然小而简单，但是它具有许多其他高等水生植物所不具备的优点：体积小、易收获；生长范围广，适应性强；生长繁殖速度快；蛋白质含量高，叶黄素和赖氨酸含量丰富，氨基酸组成均衡合理，接近动物氨基酸模式；纤维素含量低，不含生物碱，适口性好，易于消化。此外，浮萍生物量快速积累的同时可大量吸收空气中的二氧化碳和水中的氮、磷废物，有利于减轻温室效应、净化水质，具有重要的生态效益、社会效益和经济价值，值得大力开发和研究。

（中国海洋大学何艮）

◆ 参考文献

Hiskia Megameno Asino，2010. 饲料中添加浒苔 *Enteromorpha prolifera* 对大黄鱼生长性能的影响 [D]. 青岛：中国海洋大学.

艾春香，2012. 藻类在饲料中的应用 [C] //动物营养研究进展. 厦门：厦门大学.

蔡树美，单玉华，钱晓晴，2012. 不同光温条件下紫背浮萍叶肉细胞和叶绿体超微结构的研究 [J]. 植物研究，32（3）：279-283.

蔡树美，张震，辛静，等，2011. 光温条件和 pH 对浮萍生长及磷吸收的影响 [J]. 环境科学与技术，34（6）：63-66.

曹松屹，刘慧，张少斌，2011. 重金属对螺旋藻生长的影响研究进展 [J]. 食品研究与开发，32（6）：171-172.

曹小华，2014. 海带的营养作用及其在水产动物生产中的应用 [J]. 广东饲料，23（2）：39-41.

曾娟，刘海燕，顾继锐，等，2015. 裂殖壶藻在水产养殖中的应用 [J]. 中国饲料，13；27-28.

曾文炉，蔡昭铃，欧阳藩，2001. 二十一世纪的理想食品——螺旋藻 [J]. 生物工程进展，21（5）：29-35.

常锋毅，潘晓洁，沈银武，等，2014. 藻类在农业生产中的资源化利用 [J]. 华中农业大学学报（2）：139-144.

陈必链，吴松刚，1999. 钝顶螺旋藻对 7 种重金属的富集作用 [J]. 福建师范大学学报（自然科学版），15（1）：81-85.

陈浩，2014. 裂殖壶菌培养基优化、菌种选育及遗传转化体系的研究 [D]. 青岛：中国海洋大学.

陈华，钟红茂，范洁伟，等，2007. 海藻中活性物质的心血管药理作用研究进展 [J]. 中国食物与营养，10；51-53

陈焕林，2015. 优质微藻（小球藻）在水产养殖中的需求及应用前景 12 问 [J]. 当代水产（1）：75-76.

陈洁，蒋霞敏，段舜山，2002. 眼点拟微绿球藻生长的生态因子分析 [J]. 生态科学，21（1）：50-53.

陈琴，2002. 海藻在渔用饲料中的应用 [J]. 水产养殖（6）：36-38.

陈少莲，刘肖芳，胡传林，等，1992. 我国淡水优质草食性鱼类的营养和能量学研究Ⅰ. 草鱼、团头鲂、长春鳊的生化成分和能值 [J]. 海洋与湖沼（2）：81-93.

陈少莲，刘肖芳，苏泽古，1993. 我国淡水优质草食性鱼类的营养和能量学研究Ⅱ. 草鱼、团头鲂对七种水生高等植物的最大摄食量和消化率的测定 [J]. 水生生物学报（1）：1-954.

陈天国，2010. 海带粉在畜禽饲养中的应用 [J]. 畜牧市场（9）：10-12.

陈万友，荣仁宏，1998. 浮萍培育草鱼种效果好 [J]. 科学养鱼（7）：38-38.

陈新民，2001. 小球藻户外大面积养殖技术、破壁技术、小球藻在保健食品领域中的应用、小球藻在水产养殖业、畜牧业中的应用 [C] //中国藻类学会第十一次学术讨论会论文摘要集.

谌素华，王维民，刘辉，等，2010. 亨氏马尾藻化学成分分析及其营养学评价 [J]. 食品研究与开发，31（5）：154-156.

程泽信，殷裕斌，张桥，等，2003. 饲料中添加海带粉对断奶仔猪生长发育的影响 [J]. 黑龙江畜牧兽医（8）：21-22.

崔佳，2007. 不同 PUFA 源对蛋黄脂肪酸组成以及脂质代谢的影响 [D]. 郑州：河南工业大学.

刁正俗，1990. 中国水生杂草 [M]. 重庆：重庆出版社.

董学兴，吕林兰，王爱民，等，2011. 海带对异育银鲫生长性能、表观消化率、体成分及非特异性免疫的影响 [J]. 水产科学，30（9）：543-546.

董志岩，童斌，冯玉兰，等，1998. 海带粉对哺乳母猪泌乳性能影响的试验研究 [J]. 养猪（2）：11-12.

杜涛，黄洋，罗杰，2010. 酵母轮虫和以小球藻、螺旋藻强化的轮虫对 3 种仔鱼人工育苗效果的影响 [J]. 大连海洋大学学报，2（2）：158-161.

范国兰，李伟，2005. 穗花狐尾藻（*Myriophyllum spicatum* L.）在不同程度富营养化水体中的营养积累特点及营养分配对策 [J]. 植物科学学报，23（3）：267-271.

方希修，王冬梅，袁旭红，2003. 海藻饲料的应用研究 [J]. 中国饲料（6）：33-34.

冯琳，2006. 大豆凝集素对鲤鱼肠道上皮细胞增殖分化及其功能的影响 [D]. 雅安：四川农业大学.

甘纯玑，彭时尧，施木田，等，1996. 开发褐藻废渣在罗非鱼饵料中的利用 [J]. 科学养鱼（2）：32.

高振，尹丰伟，郑洪立，等，2013. 小球藻藻渣的营养成分分析 [J]. 中国饲料（6）：14-16，20.

葛芳杰，刘碧云，鲁志营，等，2012. 不同氮、磷浓度对穗花狐尾藻生长及酚类物质含量的影响 [J]. 环境科学学报，32（2）：472-479.

谷海源，刘永刚，舒子贞，1998. 海藻作饲料添加剂饲喂产蛋鸡的效果 [J]. 饲料研究（9）：3-4.

顾新娇，王文国，胡启春，2013. 浮萍环境修复与生物质资源化利用研究进展 [J]. 中国沼气，31（5）：15-19.

管玉真，殷志琦，郭莲，等，2009. 柘木茎的化学成分研究 [J]. 中国中药杂志（9）：1108-1110.

何亚丁，华雪铭，孔纯，等，2014. 小球藻藻渣替代豆粕对凡纳滨对虾生长性能和氮磷排放的影响 [J]. 水产学报，38（9）：1538-1547.

何颖，陈忠伟，高建峰，等，2008. 马尾藻多糖对南美白对虾免疫调节作用 [J]. 安徽农业科学，36（31）：13664-13665.

何舟，宋坚，常亚青，等，2015. 穗花狐尾藻（*Myriophyllum spicatum* L.）饲喂对刺参（*Apostichopus japonicus*）幼参生长、体成分及消化酶的影响 [J]. 渔业科学进展，36（4）：122-127.

胡本祥，郑俊华，2002. 浮萍的生药形态及组织学研究 [J]. 陕西中医学院学报，25（3）：53-54.

胡海燕，刘双虎，2013. 肉仔鸡饲料中添加不同比例海带粉饲喂效果 [J]. 养殖技术顾问（8）：74-75.

胡静，朱亚骏，朱凤华，等，2015. 浒苔对生长育肥猪消化能及养分消化率的影响 [J]. 中国畜牧杂志，51（3）：29-32.

胡人义，范淑荣，1961. 小球藻对大白鼠肝脏核糖核酸（RNA）影响的组织化学初步研究 [J]. 江西医学院学报（1）：115-117.

黄旭雄，周洪琪，朱建忠，等，2004. 不同生长阶段微绿球藻的营养价值 [J]. 水产学报，28 (4)：477-480.

黄亚东，孔庆新，2006. 几种天然饲料添加剂对肉鸡增重及成活率的影响研究 [J]. 饲料工业，20：10-12.

姜义宝，崔国文，2002. 细绿萍的开发利用价值与饲喂效果 [J]. 黑龙江畜牧兽医 (4)：14-15.

蒋霞敏，2002. 温度、光照、氮含量对微绿球藻生长及脂肪酸组成的影响 [J]. 海洋科学，26 (8)：9-12.

焦建刚，等，2014. 裂殖壶藻发酵粉对南美白对虾生长性能和肌肉营养成分的影响 [J]. 上海海洋大学学报，23 (4)：523-527.

焦立新，王圣瑞，金相灿，2010. 外源 NH_4^+ 对穗花狐尾藻根系形态和养分吸收的影响 [J]. 生态学报，30 (7)：1817-1824.

靳玲品，李双群，李秀花，2008. 海藻饲料的营养及其在养殖业中的应用 [J]. 畜牧与兽医 (1)：55-56.

孔春林，陈宇，2006. 开发浮萍作饲料 [J]. 广东饲料，15 (1)：40-41.

况成宏，2007. 环境条件对裂殖壶菌生长和 DHA 产量的影响以及对裂殖壶菌菌粉抗氧化保护研究 [D]. 青岛：中国海洋大学.

赖建辉，王淑芳，2001. 新型动物饲料资源——螺旋藻 [J]. 饲料工业，22 (5)：27-31.

冷向军，2012. 水产饲料行业标准分析与建议——营养指标 [J]. 饲料工业，14：1-6.

李保金，2006. 小球藻在水产饲料上应用的研究 [J]. 科学养鱼 (3)：65.

李定梅，2001. 我国微藻产业的发展概况和前景（二）[J]. 粮食与饲料工业，2 (6)：26-27.

李光朕，孙家君，马莉，等，2014. 藻类资源化利用研究现状 [C] // 2014 中国环境科学学会学术年会论文集.

李国平，2003. 蛋白核小球藻粉中氨基酸含量及饲用价值分析 [J]. 中国野生植物资源 (2)：23-25.

李浩洋，班甲，陈骏佳，等，2015. 日粮添加裂壶藻对鸡蛋 DHA 含量、品质及蛋鸡生产性能的影响 [J]. 中国饲料 (11)：37-39.

李静静，2011. 可利用微藻在水产饲料行业中的应用探讨 [J]. 湖南饲料 (2)：29-31.

李来好，杨贤庆，吴燕燕，等，1997. 马尾藻的营养成分分析和营养学评价 [J]. 青岛海洋大学学报 (3)：53-59.

李美玉，李健，陈萍，等，2012. 维生素 E 和裂壶藻对中国对虾生长及 TLR/NF—κB 表达水平的影响 [J]. 中国渔业质量与标准 (2)：37-44.

李全顺，贾庆舒，2006. 螺旋藻的生物特性及其应用价值 [J]. 沈阳大学学报（社会科学版）(2)：122-125.

李瑞，侯改凤，占今舜，等，2012. 螺旋藻的生物学功能及其在动物生产中的应用 [J]. 中国饲料 (21)：9.

李师翁，李虎乾，1997. 小球藻干粉的营养学与毒理学研究 [J]. 食品科学 (7)：48-51.

李晓，王颖，吴志宏，等，2013. 浒苔对刺参幼参生长影响的初步研究 [J]. 中国水产科学，20 (5)：1092-1099.

李兴辉，2010. 水草在虾蟹养殖中的利用 [J]. 水产养殖，31 (3)：20-22.

李彦，2004. 马尾藻多糖的分离、纯化及其作为免疫佐剂对猪 PRRS 病免疫效果的影响研究 [D]. 南宁：广西大学.

李燕，2009. 氮磷施用差异对不同浮萍生长及其粗蛋白质含量的影响 [D]. 雅安：四川农业大学.

李永强，龚利媚，蔡鹰，等，2015. 几种常见的重金属对螺旋藻生长的影响 [J]. 轻工科技 (2)：

97-98.

梁克红，2013. 微藻油脂的提取与藻渣营养特性的研究 [D]. 北京：中国科学院大学.

梁燕茹，李文权，2005. 小球藻饵料的研究进展 [J]. 福建农业学报，20（增刊1）：70-74.

林建云，林涛，林丽萍，等，2011. 福建近海几种海藻的营养成分与饲用安全评价分析 [J]. 福建农业学报，26（6）：997-1002.

林显华，2009. 脱胶海带粉对肉仔鸡生长发育、肉品质及脂质代谢的影响 [J]. 扬州：扬州大学.

林英庭，宋春阳，薛强，等，2009. 浒苔对猪生长性能的影响及养分消化率的测定 [J]. 饲料研究（3）：47-49.

林忠华，邱宏伟，2002. 海藻粉和中草药饲料添加剂对乳牛产奶性能的影响 [J]. 福建畜牧兽医（5）：1-2.

刘刚，1995. 蛋鸡日粮中添加海带粉对生产性能的影响 [J]. 山东农业科学（4）：49-52.

刘建国，殷明炎，张京浦，等，2007. 微拟球藻的水产饵料效果研究 [J]. 海洋科学，31（5）：4-9.

刘立鹤，董爱华，周永奎，等，2006. 饲料中不同水平海带粉对凡纳滨对虾生长及饲料表观消化率的影响 [J]. 广东农业科学（2）：72-74.

刘利晓，魏凤仙，王琳燚，等，2009. 日粮中添加亚麻油和微藻粉粕对鸡肉中脂肪酸组成的影响研究 [J]. 中国畜牧杂志，45（17）：34-38.

刘名求，杨贤庆，戚勃，等，2013. 江蓠活性多糖与藻胆蛋白的研究现状与展望 [J]. 食品工业科技，34（13）：338-341.

刘青，2007. 微绿球藻的培养及保存技术 [J]. 水产养殖，28（3）：35-37.

刘晓娟，2012. 拟微绿球藻高脂藻株的紫外、激光诱变育种研究 [D]. 福建：福建师范大学.

卢美贞，沈林杰，陆向红，等，2014. 培养条件对眼点拟微绿球藻油脂含量和 dP7 产率的影响 [J]. 中国粮油学报，29（5）：80-89.

芦雪，牛津，林黑着，等，2014. 裙带菜在斑节对虾幼虾饲料中的适宜添加量 [J]. 动物营养学报，26（6）：1496-1502.

罗先群，王新广，杨振斌，2007. 马尾藻多糖的营养评价及多糖的提取 [J]. 中国食品添加剂（2）：157-160.

罗有文，周岩民，王恬，2006. 棉、菜籽饼粕源毒素对畜禽的影响及其毒理作用 [J]. 中国饲料（1）：38-41.

马玉胜，1998. 海带粉饲喂泌乳奶山羊的试验效果 [J]. 天津畜牧兽医（4）：22-23.

马玉胜，1999. 日粮中添加海带粉对肉兔的增重效果 [J]. 饲料博览（7）：24-25.

马玉胜，田昌林，1998. 奶牛日粮中添加海带粉对产奶量的影响研究 [J]. 中国奶牛（1）：20-22.

马玉胜，张秀云，1998. 添加海带粉对生长育肥猪的增重效果 [J]. 粮食与饲料工业，11：33.

孟祥雨，宋学宏，陈桂娟，等，2013. 利用湖泊内源性饵料饲喂中华绒螯蟹（Eriocheir sinensis）的养殖与净水效应 [J]. 湖泊科学，25（5）：723-728.

孟昭聚，1993. 海带粉作肉鸡饲料添加剂 [J]. 饲料研究（7）：37-38.

孟昭聚，1994a. 海带粉作肉猪饲料添加剂的试验 [J]. 饲料工业（5）：16.

孟昭聚，1994b. 用海带粉作肉猪饲料添加剂研究 [J]. 当代畜牧（4）：10-11.

苗晓洁，董文宾，代春吉，等，2006. 螺旋藻的研究现状与应用 [J]. 食品研究与开发，27（1）：116-118.

牟伯勤，1994. 饲喂海带粉预防獭兔球虫病的探讨 [J]. 四川草原（2）：42-47.

倪静，李英文，2008. 几种诱食剂对中华倒刺鲃的诱食活性的影响 [J]. 天津水产（2）：12-15.

倪志广，2007. 海带粉对奶牛泌乳性能的影响 [J]. 中国乳业（9）：60-61.

农业部渔业局，2015. 中国渔业统计年鉴 [M]. 北京：中国农业出版社.

欧阳克氙，罗晓燕，刘建平，等，2013. 小球藻的营养价值及其在饲料工业上的应用进展 [J]. 江西科学（5）：590-595.

齐清华，2014. 螺旋藻多糖与藻蓝蛋白分离纯化工艺及多糖生物活性的研究 [D]. 福州：福建农林大学.

任维美，2003. 牙鲆饲料添加小球藻效果好 [J]. 饲料研究（9）：26-26.

尚士友，杜健民，1997. 沉水植物资源开发与湖泊保护的研究 [J]. 农业工程学报（3）：11-15.

石西，罗智，黄超，等，2015. 小球藻替代鱼粉对鲫生长、体组成、肝脏脂肪代谢及其组织学的影响 [J]. 水生生物学报，3（3）：498-506.

石永胜，陈祖芬，1992. 肉鸡饲料配用马尾藻粉的饲养观察 [J]. 广西畜牧兽医（4）：20-22.

宋理平，闫大伟，沈晓芝，2005. 藻粉在水产饲料上的应用 [J]. 中国饲料（17）：21-23.

宋晓金，张学成，朱路英，等. 用富含 DHA 的裂殖壶菌对轮虫进行营养强化的研究 [C] // 中国海洋湖沼学会藻类学分会第七届会员大会暨第十四次学术讨论会论文摘要集：43-46.

宋晓金，2008. 富含 DHA 的裂殖壶菌的工业化生产试验、脂肪酸提取及应用研究 [D]. 青岛：中国海洋大学.

苏秀榕，张威，李妍妍，等，2010. 浒苔和江蓠增强仙居鸡抗性的研究 [J]. 家畜生态学报，31（3）：27-29.

孙国强，胡昌军，李国兴，等，2010. 浒苔粉对奶牛产奶性能及粪便微生物菌群的影响 [J]. 畜牧与兽医，42（6）：54-56.

孙建凤，赵军，祁茹，等，2010a. 日粮中浒苔添加水平对肉鸡免疫功能和血清生化指标的影响 [J]. 动物营养学报，22（3）：682-688.

孙建凤，赵军，张治国，等，2010b. 饲粮中不同浒苔添加水平对肉鸡生长和屠宰性能的影响 [J]. 畜牧与兽医，42（7）：33-36.

孙健，贺锋，张义，等，2015. 草鱼对不同种类沉水植物的摄食研究 [J]. 水生生物学报，39（5）：997-1002.

孙丽萍，宋学宏，郭培红，等，2011. 东太湖主要沉水植物作为饲料源开发的研究 [J]. 饲料研究（1）：78-80.

孙丽萍，宋学宏，朱金荣，等，2012. 沉水植物对中华绒螯蟹生长和非特异性免疫力的影响 [J]. 淡水渔业，42（1）：35-40.

孙丽萍，2011. 东太湖常见沉水植物作为中华绒螯蟹饲料源的可行性研究 [D]. 苏州：苏州大学.

孙永泰，2015. 海带粉在饲料中的应用 [J]. 江西饲料（4）：23-25，32.

唐薇，王庆吉，张蕾，等，2014. 不同藻粉对刺参组织免疫性能和体壁成分的影响 [J]. 资源开发与市场，30（8）：905-907，920.

唐秀敏，2005. 海藻日粮对奶牛生产性能及乳脂中功能性脂肪酸含量的影响 [D]. 晋中：山西农业大学.

万家余，高宏伟，2002. 微藻作为动物产品多不饱和脂肪酸来源 [J]. 饲料博览（1）：9-11.

王春海，1982. 小球藻在家畜饲养中的应用 [J]. 草食家畜（2）：25-27.

王春英，田佳壁，刘丽，等，2010. 小浮萍生物量影响因素研究 [J]. 江苏农业科学（4）：384-386.

王翠燕，2000. 螺旋藻的开发与研究 [J]. 山东食品发酵（1）：1-4.

王凡，2007. 螺旋藻在水产饵料方面的应用 [J]. 内陆水产，32（10）：31-32.

王佩，张威，禹海文，等，2011. 海藻粉对仙居鸡肉营养成分的作用研究 [J]. 食品科学，32（1）：232-235.

王冉，孙展兵，商庆凯，2005. 小球藻粉作为饲料添加剂的营养价值及安全性研究 [J]. 饲料博览
（4）：4-7.

王寿权，严群，阮文权，2008. 蓝藻猪粪共发酵产沼气及动力学研究 [J]. 食品与生物技术学报
（5）：108-112.

王述柏，史雪萍，周传凤，等，2013. 浒苔添加水平对肉鸡生产性能、胴体品质及小肠消化酶活
性的影响 [J]. 动物营养学报，25（6）：1332-1337.

王述柏，史雪萍，周传凤，等，2015. 浒苔粉对肉鸡免疫机能及盲肠微生物区系的影响 [J]. 中国
兽医杂志，51（2）：23-26.

王艳丽，肖瑜，潘慧云，等，2006. 沉水植物苦草的营养成分分析与综合利用 [J]. 生态与农村环
境学报，22（4）：45-47.

王艳丽，周阳，2009. 沉水植物综合利用的研究进展 [J]. 环境保护科学，35（6）：16-19.

王祎，宋光丽，杨万年，等，2007. 光周期对穗花狐尾藻生长、开花与种子形成的影响 [J]. 水生
生物学报，31（1）：107-111.

王映红，冯子明，姜建双，等，2007. 构棘化学成分研究 [J]. 中国中药杂志（5）：406-409.

王志忠，2015. 鄂尔多斯高原碱湖钝顶螺旋藻生产加工关键因子研究 [D]. 呼和浩特：内蒙古农
业大学.

韦成礼，李永健，1994. 国内外螺旋藻的研究和开发利用现状 [J]. 广西农业大学学报，13（4）：
358-364.

位孟聪，王卫，战新强，等，2013. 青岛海域野生浒苔对蛋鸡生产性能影响的试验研究 [J]. 中国
畜牧杂志，49（16）：58-60.

魏东，张学成，隋正红，等，2000. 氮源和 N/P 对眼点拟微绿球藻的生长、总脂含量和脂肪酸组
成的影响 [J]. 海洋科学，24（7）：46-50.

魏尊，谷子林，李秋凤，等，2005. 饲料中添加海藻粉对蛋品质的影响 [J]. 饲料研究（6）：
24-26.

魏尊，谷子林，赵超，等，2006. 海藻粉对蛋鸡生产性能及蛋品质的影响 [J]. 中国饲料（23）：
37-38.

谢少林，陈平原，吕子君，等，2015. 饲料中添加螺旋藻对改良鲫生长和肌肉营养成分的影响
[J]. 仲恺农业工程学院学报（2）：9-13.

徐彬，2007. 日粮添加 PUFA 和维生素 E 对猪胴体脂肪酸组成和肉质的影响 [D]. 郑州：河南工
业大学.

徐海滨，陈艳，李芳，等，2003. 螺旋藻类保健食品生产原料及产品中微囊藻毒素污染现状调查
[J]. 卫生研究，32（4）：339-343.

徐跃定，冯伟民，唐玉邦，等，2010. 小球藻规模化生产采收技术 [J]. 江苏农业科学（6）：
319-320.

薛志成，2003. 奶牛日粮中添加海带粉对泌乳性能的影响 [J]. 中国奶牛（2）：32-34.

雅丽，2002. 海带粉对龟的特殊作用 [J]. 渔业致富指南（10）：22.

颜瑞，庄苏，王恬，2010. 杂粕型复合酶制剂在家禽生产中的应用研究进展 [J]. 粮食与饲料工业
（11）：55-57.

杨鹭生，李国平，陈林水，2003. 蛋白核小球藻粉的蛋白质氨基酸含量及营养价值评价 [J]. 亚热
带植物科学，32（1）：36-38.

杨维维，刘文斌，沈美芳，等，2014. 海带粉对克氏原螯虾生长、非特异性免疫和肝胰脏抗氧化
能力的影响 [J]. 大连海洋大学学报，29（1）：40-44.

杨小青，刘义，卢虹玉，等，2013. 多孢马尾藻的营养成分分析与评价 [J]. 天然产物研究与开

发, 25 (2)：234-236.

杨晓, 2015. 裂壶藻粕在赤点石斑鱼育苗中的应用研究 [J]. 科学养鱼 (7)：70.

殷旭旺, 李文香, 白海锋, 等, 2015. 不同海藻饲料对刺参幼参生长的影响 [J]. 大连海洋大学学报, 30 (3)：276-280.

尹丰伟, 段珺, 高振, 等, 2013. 不同萃取体系对小球藻藻渣成分的影响 [J]. 生物加工过程, 11 (6)：9-14.

印万芬, 1998. 我国主要浮萍科植物的综合开发利用 [J]. 资源节约和综合利用, 2：46-48.

于孝东, 李玫, 2003. 螺旋藻的生产现状及在水产饵料中的应用（上）[J]. 饲料广角 (7)：34-36.

于孝东, 李玫, 2003. 螺旋藻的生产现状及在水产饵料中的应用（下）[J]. 饲料广角 (8)：22-25.

余颖, 陈必链, 2005. 微绿球藻的研究进展 [J]. 海洋通报, 24 (6)：75-81.

张杜炎, 宋佳玉, 石敏, 等, 2015. 藻蓝蛋白纯化的研究进展 [J]. 广东化工 (10)：70-71.

张好祥, 霍志宏, 2007. 奶牛日粮中添加海带粉对奶牛泌乳性能的影响 [J]. 黑龙江畜牧兽医 (7)：66-67.

张玲清, 田宗祥, 2015. 海藻饲料在猪生产中的应用研究 [J]. 国外畜牧学——猪与禽 (1)：46-48.

张秋红, 2014. 高 EPA 含量眼点拟微绿球藻的培养与酶解提油工艺的研究 [D]. 杭州：浙江工业大学.

张润光, 1959. 繁殖小球藻解决养猪精饲料的一点体会 [J]. 中国畜牧学杂志, 39 (9)：265-266.

张学成, 信式祥, 吴元周, 等, 2001. 小球藻大面积养殖的几个问题 [C] //中国藻类学会第十一次学术讨论会论文摘要集.

张学成, 薛命雄, 2012. 我国螺旋藻产业的现状和发展潜力 [J]. 生物产业技术, 2 (3)：47-53.

张延利, 唐秀敏, 黄应祥, 2011. 日粮添加海藻对奶牛产奶性能的影响 [J]. 中国奶牛 (16)：15-18.

张永雨, 2005. 龙须菜营养成分分析及其藻红蛋白的分离、纯化与生理功能研究 [D]. 汕头：汕头大学.

张震, 辛静, 蔡树美, 等, 2011. 不同磷浓度下浮萍生长和去除磷效率研究 [J]. 江西农业学报, 23 (7)：160-162.

赵红雪, 任青峰, 2002. 沉水植物资源在渔业上的合理利用 [J]. 宁夏农林科技 (4)：11-12.

赵军, 林英庭, 孙建凤, 等, 2011. 饲粮中不同水平浒苔对蛋鸡蛋黄品质、抗氧化能力和血清生化指标的影响 [J]. 动物营养学报, 23 (3)：452-458.

赵军, 王利华, 朱凤华, 等, 2010. 日粮中不同添加水平浒苔粉对蛋鸡生产性能及蛋品质的影响 [J]. 中国饲料 (18)：16-18, 26.

赵明军, 1990. 食用海藻的营养学评价 [J]. 水产科学 (1)：28-31

赵谋明, 刘通讯, 吴晖, 等, 1997. 江蓠藻的营养学评价 [J]. 营养学报 (1)：66-72.

赵书峰, 李中利, 于永斌, 2001. 日粮中添加海带粉饲喂泌乳奶牛的效果试验 [J]. 粮食与饲料工业 (5)：37-38.

赵学武, 徐鹤林, 1990. 关于马尾藻代替部分粮食和矿物质饲喂肉鸡的探讨 [J]. 青岛海洋大学学报 (1)：86-92.

郑联合, 1997. 海藻饲料资源亟待开发 [J]. 饲料工业, 11：15-17.

郑联合, 王涛, 高红日, 2005. 海藻饲料在产蛋鸡饲养中的应用 [J]. 饲料工业, 14：37-38.

钟国清, 杨新斌, 1999. 螺旋藻及其在饲料工业中的应用 [J]. 兽药与饲料添加剂, 4 (5)：

20-22.

种云霄, 胡洪营, 钱易, 2003. pH 及无机氮化合物对小浮萍生长的影响 [J]. 环境科学, 24 (4): 35-40.

周歧存, 赵华超, 2001. 海藻在罗氏沼虾饲料中的应用研究 [J]. 饲料研究 (8): 5-6.

周胜强, 游翠红, 王树启, 等, 2013. 饲料中添加浒苔对黄斑篮子鱼生长性能与生理生化指标的影响 [J]. 中国水产科学, 22 (6): 1257-1265.

周蔚, 徐小明, 嵇珍, 等, 2001. 浒苔用作肉兔饲料的研究 [J]. 江苏农业科学 (6): 68-69

周崎苗, 何清, 马晓宇, 2010. 东海红藻龙须菜的营养成分分析及评价 [J]. 食品科学, 31 (9): 284-287.

朱路英, 张学成, 王淑芳, 等, 2009. 一种海洋真菌——裂殖壶菌的营养成分分析 [J]. 食品科学, 24: 272-275.

朱荣生, 张牧, 卜祥斌, 2002. 新型蛋白质饲料资源——螺旋藻的应用研究进展 [J]. 饲料博览 (5): 38-40.

朱王飞, 钱胜峰, 2006. 螺旋藻的营养价值及开发利用前景 [J]. 饲料博览 (11): 36-38.

朱兴娜, 施雪良, 2011. 狐尾藻的生产栽培与园林应用 [J]. 南方农业 (园林花卉版), 5 (6): 15-16.

Achman R G, Jangaard P M, Hoyle R J, et al, 1964. Origin of marine fatty acids. Analysis of the fatty acids produced by the diatom *Skeletonema costatum* [J]. J. Fish Res. Board Can. , 21: 747-756

Alaerts G, Mahbubar R, Kelderman P, 1996. Performance analysis of a full-scale duckweed-covered sewage lagoon [J]. Water Research, 30 (4): 843-852.

Al-Asgah N A, Younis E S M, Abdel-Warith A W A, et al, 2015. Evaluation of red seaweed Gracilaria arcuata as dietary ingredient in African catfish, *Clarias gariepinus* [J]. Saudi Journal of Biological Sciences, 23 (2): 205-210.

Al-Shorepy S A, Alhadrami G A, Jamali I A, 2001. Effect of feeding diets containing seaweed on weight gain and carcass characteristics of indigenous lambs in the United Arab Emirates [J]. Small Ruminant Research, 41 (3): 283-287.

Aquino J I L, Serrano Jr A E, Corre Jr V L, 2014. Dried enteromorpha intestinalis could partially replace soybean meal in the diet of juvenile *Oreochromis niloticus* [J]. ABAH Bioflux, 6 (1): 95-101.

Araújo M, Rema P, Sousa-Pinto I, et al, 2016. Dietary inclusion of IMTA-cultivated Gracilaria vermiculophylla in rainbow trout (*Oncorhynchus mykiss*) diets: effects on growth, intestinal morphology, tissue pigmentation, and immunological response [J]. Journal of Applied Phycology, 28 (1): 679-680.

Aziz A, Kochi M, 1999. Growth and morphology of *Spirodela polyrhiza* and *S. punctata* (Lemnaceae) as affected by some environmental factors [J]. Bangladesh Journal of Botany, 28: 133-138.

Baka A, Phromkunthong W, 2012. Effects of *Enteromorpha* sp. in diets on growth performance, feed utilization and immune response of red tilapia (*Oreochromis niloticus* × *O. mossambicus*) [C] //Proceedings of the 50th Kasetsart University Annual Conference, Kasetsart University, Thailand, 31 January-2 February 2012. Volume 1. Subject: Animals, Veterinary Medicine, Fisheries. Kasetsart University: 515-524.

Barclay W R, Meager K M, Abril J R, 1994. Heterotrophic production of long chain omega-3 fatty acids utilizing algae and algae-like microorganisms [J]. J Appl Phycol, 1994, 6: 123-129.

Bonomo L, Pastorelli G, Zambon N, 1997. Advantages and limitations of duckweed-based wastewater treatment systems [J]. Water Science and Technology, 35 (5): 239-246.

Braden K W, Blanton J R, Montgomery J L, et al, 2007. Tasco supplementation: effects on carcass characteristics, sensory attributes, and retail display shelf-life [J]. Journal of Animal Science, 85 (3): 754-768.

Burton T, Lyons H, Lerat Y, et al, 2009. A review of the potential of marine algae as a source of biofuel in Ireland [M]. Dublin: Sustainable Energy Ireland-SEI.

Cárdenas J V, Gálvez A O, Brito L O, et al, 2015. Assessment of different levels of green and brown seaweed meal in experimental diets for whiteleg shrimp (*Litopenaeus vannamei*, Boone) in recirculating aquaculture system [J]. Aquaculture International, 23 (6): 1-14.

Carrillo S, López E, Casas M M, et al, 2008. Potential use of seaweeds in the laying hen ration to improve the quality of n-3 fatty acid enriched eggs [J]. Journal of Applied Phycology, 20 (5): 271-278.

Chaiprapat S, Cheng J, Classen J J, et al, 2003. Modeling nitrogen transport in duckweed pond for secondary treatment of swine wastewater [J]. Journal of Environmental Engineering, 129 (8): 731-739.

Chebil L, Yamasaki S, 1998. Improvement of a rortifer ecosystem culture to promote recycling marine microalga, *Nannochloropsis* sp. [J]. Aquacultural Eng. , 17: 1-10.

Costa M M, Oliveira S T L, Balen R E, et al, 2013. Brown seaweed meal to Nile tilapia fingerlings [J]. Archivos de Zootecnia, 62 (237): 101-109.

Crawford M A, 1987. The requirements of long-chain n-6 and n-3 fatty acids for the brain [J]. Proc. Am. Oil Chem. Soc. , 24: 270-295.

Culley Jr D D, Epps E A, 1973. Use of duckweed for waste treatment and animal feed [J]. Journal Water Pollution Control Federation, 45 (2): 337-347.

da Silva R L, Barbosa J M, 2009. Seaweed meal as a protein source for the white shrimp *Litopenaeus vannamei* [J]. Journal of Applied Phycology, 21 (2): 193-197.

Dantagnan P, Hernández A, Borquez A, et al, 2009. Inclusion of macroalgae meal (*Macrocystis pyrifera*) as feed ingredient for rainbow trout (*Oncorhynchus mykiss*): effect on flesh fatty acid composition [J]. Aquaculture Research, 41 (1): 87-94.

Das U N, Fams M D, 2003. Long-chain polyunsaturated fatty acids in the growth and development of the brain and memory [J]. Nutrition, 19: 2-5.

Davies S J, Brown M T, Camilleri M, 1997. Preliminary assessment of the seaweed *Porphyra purpurea* in artificial diets for thick-lipped grey mullet (*Chelon labrosus*) [J]. Aquaculture, 152 (1): 249-258.

Dawczynski C, Schubert G, Jahreis G, 2007. Amino acids, fatty acids, and dietary fibre in edible seaweed products [J]. Food Chemistry, 103 (3): 891-899.

Duarte C M, Holmer M, Olsen Y, et al, 2009. Will the oceans help feed humanity? [J]. BioScience, 59 (11): 967-976.

El-Sayed A, 1999. Alternative dietary protein sources for farmed tilapia, *Oreochromis* spp. [J]. Aquaculture, 179 (1): 149-168.

Ergün S, Soyutürk M, Güroy B, et al, 2009. Influence of Ulva meal on growth, feed utilization, and body composition of juvenile Nile tilapia (*Oreochromis niloticus*) at two levels of dietary lipid

[J]. Aquaculture International, 17 (4): 355-361.

Food and Agriculture Organization of the United Nations, 2014. The state of world fisheries and aquaculture: opportunities and challenges [M]. Rome: Food and Agriculture Organization of the United Nations (FAO).

Fei X, 2004. Solving the coastal eutrophication problem by large scale seaweed cultivation [J]. Hydrobiologia, 512 (1/2/3): 145-151.

Gardiner G E, Campbell A J, O'Doherty J V, et al, 2008. Effect of *Ascophyllum nodosum* extract on growth performance, digestibility, carcass characteristics and selected intestinal microflora populations of grower-finisher pigs [J]. Animal Feed Science and Technology, 141 (3): 259-273.

Gross E M, Meyer H, Schilling G, 1996. Release and ecological impact of algicidal hydrolysable polyphenols in *Myriophyllum spicatum* [J]. Phytochemistry, 41 (1): 133-138.

Gui D, Liu W, Shao X, et al, 2010. Effects of different dietary levels of cottonseed meal protein hydrolysate on growth, digestibility, body composition and serum biochemical indices in crucian carp (*Carassius auratus gibelio*) [J]. Animal Feed Science and Technology (3): 112-120.

Gupta S, Abu-Ghannam N, 2011. Bioactive potential and possible health effects of edible brown seaweeds [J]. Trends in Food Science and Technology, 22 (6): 315-326.

Güroy B, Ergün S, Merrifield D L, et al, 2013. Effect of autoclaved Ulva meal on growth performance, nutrient utilization and fatty acid profile of rainbow trout, *Oncorhynchus mykiss* [J]. Aquaculture International, 21 (3): 605-615.

Hafezieh M, Ajdari D, Ajdehakosh Por A, et al, 2014. Using Oman Sea Sargassum illicifolium meal for feeding white leg shrimp *Litopenaeus vannamei* [J]. Iranian Journal of Fisheries Sciences, 13 (1): 73-80.

Haustetn A, Gilman R, Skillicorn P, et al, 1990. Duckweed, a useful strategy for feeding chickens: performance of layers fed with sewage-grown Lemnacea species [J]. Poultry Science, 69 (11): 1835-1844.

Hibberd D J, 1981. Notes on taxonomy and nomenclature of the algal classes Eustigmatophyceae and Tribophyceae (synonym Xanthophyceae) [J]. Bot., J., Linn., Soc., 82: 93-119.

Huang X, Zhou H, Zhang H, 2006. The effect of *Sargassum fusiforme* polysaccharide extracts on vibriosis resistance and immune activity of the shrimp, *Fenneropenaeus chinensis* [J]. Fish and Shellfish Immunology, 20 (5): 750-757.

Jiang Z J, Fang J G, Mao Y Z, et al, 2010. Eutrophication assessment and bioremediation strategy in a marine fish cage culture area in Nansha Bay, China [J]. Journal of Applied Phycology, 22 (4): 421-426.

Kang J X, Leaf A, 1996. The cardiac antiarrhythmic effects of polyunsaturated fatty acid [J]. Lipids, 31: 41-44.

Kim K S, Kim G M, Ji H, et al, 2011. Effects of dietary green tea probiotics, *Alisma canaliculatum* (*Alismatis rhizoma*) probiotics and fermented kelp meal as feed additives on growth performance and immunity in pregnant sows [J]. Journal of Animal Science and Technology, 53 (1): 43-50.

Kim K W, Kim S S, Khosravi S, et al, 2014. Evaluation of *Sargassum fusiforme* and *Ecklonia cava* as dietary additives for olive flounder (*Paralichthys olivaceus*) [J]. Turkish Journal of Fisheries and Aquatic Sciences, 14 (2): 321-330.

Kim S S, Lee K J, 2008. Effects of dietary kelp (*Ecklonia cava*) on growth and innate immunity in juvenile olive flounder *Paralichthys olivaceus* (Temminck et Schlegel) [J]. Aquaculture Research, 39 (15): 1687-1690.

Landolt E, 1980. Biosystematic investigations in the family of duckweeds (Lemnaceae) [J]. Biosistematische Untersuchungen in der Familie der Wasserlinsen (Lemnaceae), 1: 1-7.

Li M H, Robinson E H, Tucker C S, et al, 2009. Effects of dried algae *Schizochytrium* sp., a rich source of docosahexaenoic acid, on growth, fatty acid composition, and sensory quality of channel catfish *Ictalurus punctatus* [J]. Aquaculture, 292 (3): 232-236.

Lubian L M, Montero O, Moreno-Garrido I, et al, 2002. Nannochloropsis (Eustigmatophyceae) as source of commercially valuable pigmengts [J]. Appl Phycol, 12 (3/5): 249-255.

Marín A, Casas-Valdez M, Carrillo S, et al, 2008. The marine algae *Sargassum* spp. (Sargassaceae) as feed for sheep in tropical and subtropical regions [J]. Revista de Biología Tropical, 57 (4): 1271-1281.

Maruyama I, Nakamura T, Matsubayashi T, et al, 1986. Identification of the alga known as marine *Chlorella* as a member of the Eustigmatophyceae [J]. Jap. J. Phycol, 34: 319-325.

Mengcong W, 2014. Effect of *Enteromorpha* from Qingdao Coasts on weight gain performance of broilers [J]. Animal Husbandry and Feed Science, 6 (3): 133.

Michalak I, Chojnacka K, 2015. Algae as production systems of bioactive compounds [J]. Engineering in Life Sciences, 15 (2): 160-176.

Michalak I, Dmytryk A, Wieczorek P P, et al, 2015. Supercritical algal extracts: a source of biologically active compounds from nature [J]. Journal of Chemistry, 597140 (4): 1-14.

Mora C N, Casas V M, Marín Á A, et al, 2009. The kelp *Macrocystis pyrifera* as nutritional supplement for goats [J]. Revista Científica, 19 (1): 63-70.

Nakai S, Inoue Y, Hosomi M, et al, 2000. Myriophyllum spicatum-released allelopathic polyphenols inhibiting growth of blue-green algae *Microcystis aeruginosa* [J]. Water Research, 34 (11): 3026-3032.

Nordoy A, Marchioli R, Arnesen H, et al, 2001. n-3 polyunsaturated fatty acid and cardiovascular disease [J]. Lipids, 36: 127-129

Oron G, 1994. Duckweed culture for wastewater renovation and biomass production [J]. Agricultural Water Management, 26 (1): 27-40.

Patterson G M L, Larsen L K, Moore R E, 1994. Bioactive natural products from blue-green algae [J]. Journal of Applied Phycology, 6 (2): 151-157.

Xu W, Gao Z, Qi Z, et al, 2014. Effect of dietary chlorella on the growth performance and physiological parameters of gibel carp, *Carassius auratus gibelio* [J]. Turkish Journal of Fisheries and Aquatic Sciences, 14 (1): 53-57.

Pereir R, Valente L M, Sousa-Pinto I, et al, 2012. Apparent nutrient digestibility of seaweeds by rainbow trout (*Oncorhynchus mykiss*) and Nile tilapia (*Oreochromis niloticus*) [J]. Algal Research, 1 (1): 77-82.

Qi Z, Liu H, Li B, et al, 2010. Suitability of two seaweeds, *Gracilaria lemaneiformis* and *Sargassum pallidum*, as feed for the abalone *Haliotis discus hannai* [J]. Aquaculture, 300 (1): 189-193.

Rama N P, Elizabeth M A, Uthayasiva M, et al, 2014. Seaweed Ulva reticulata a potential feed supplement for growth, colouration and disease resistance in fresh water ornamental gold fish,

Carassius auratus [J]. Journal of Aquaculture Research and Development，55 (5)：254-279.

Rebolloso-Fuentes M M，Navarro-Perez A，Garcia-Camacho F，et al，2001. Biomass nutrient profiles of the microalga Nannochloropsis [J]. Agric. Food Chem.，49 (6)：2966-2972.

Rodolfi L，Zittelli G C，Barsanti L，et al，2003. Growth medium recycling in *Nannochloropsis* sp. mass cultivation [J]. Biomolecular Engineering，20：243-248.

Rodríguez-González H，Orduña-Rojas J，Villalobos-Medina J P，et al.，2014. Partial inclusion of *Ulva lactuca* and *Gracilaria parvispora* meal in balanced diets for white leg shrimp (*Litopenaeus vannamei*) [J]. Journal of Applied Phycology，26 (6)：2453-2459.

Saleh N E，Shalaby S M，Sakr E M，et al，2014. Effect of dietary inclusion of *Ulva fasciata* on red hybrid tilapia growth and carcass composition [J]. Journal of Applied Aquaculture，26 (3)：197-207.

Serrano Jr A E，Aquino J I L，2014. Protein concentrate of Ulva intestinalis (Chlorophyta，Ulvaceae) could replace soybean meal in the diet of *Oreochromis niloticus* fry [J]. AACL Bioflux，7 (4)：255-262.

Serrano Jr A E，Santizo R B，Tumbokon B L M，2015. Potential use of the sea lettuce *Ulva lactuca* replacing soybean meal in the diet of the black tiger shrimp *Penaeus monodon* juvenile [J]. Aquaculture，Aquarium，Conservation and Legislation，8 (3)：245-252.

Siddik M A B，Rahman M M，Anh N T N，et al，2015. Seaweed，*Enteromorpha intestinalis*，as a diet for Nile Tilapia *Oreochromis niloticus* fry [J]. Journal of Applied Aquaculture，27 (2)：113-123.

Skillicorn P，Spira W，Journey W，1993. Duckweed aquaculture：a new aquatic farming system for developing countries [J]. Soil Science，157：200-201.

Slaski R J，Franklin P T，2011. A review of the status of the use and potential to use micro and macroalgae as commercially viable raw material sources for aquaculture diets [M]. Report commissioned by SARF：94.

Soler-Vila A，Coughlan S，Guiry M D，et al，2009. The red alga *Porphyra dioica* as a fish-feed ingredient for rainbow trout (*Oncorhynchus mykiss*)：effects on growth，feed efficiency，and carcass composition [J]. Journal of Applied Phycology，21 (5)：617-624.

Tartiel M B，2005. Physiological studies on some green algae [D]. Egypt：Cairo University.

Troell M，Joyce A，Chopin T，et al，2009. Ecological engineering in aquaculture-potential for integrated multi-trophic aquaculture (IMTA) in marine offshore systems [J]. Aquaculture，297：1-9.

Truax R，Culley D，Griffith M，et al，1972. Duckweed for chick feed? [J]. Louisiana Agriculture，16：8-9.

UN (United Nations)，2015. Population division. world population prospects：the 2015 revision，key findings and advance tables [M]. New York：Department of Economic and Social Affairs.

Valente L M P，Gouveia A，Rema P，et al，2006. Evaluation of three seaweeds *Gracilaria bursapastoris*，*Ulva rigida* and *Gracilaria cornea* as dietary ingredients in European sea bass (*Dicentrarchus labrax*) juveniles [J]. Aquaculture，252 (1)：85-91.

Valente L M P，Rema P，Ferraro V，et al，2015. Iodine enrichment of rainbow trout flesh by dietary supplementation with the red seaweed *Gracilaria vermiculophylla* [J]. Aquaculture，446 (1)：132-139.

van der Spiegel M，Noordam M Y，van der Fels-Klerx H J，2013. Safety of novel protein sources （insects，microalgae，seaweed，duckweed，and rapeseed）and legislative aspects for their application in food and feed production [J]. Comprehensive Reviews in Food Science and Food Safety，12（6），662-678.

van Netten C，2000. Elemental and radioactive analysis of commercially available seaweed [J]. Science of the Total Environment，255（1）：169-175

Vizcaíno A J，Mendes S I，Varela J L，et al，2015. Growth，tissue metabolites and digestive functionality in *Sparus aurata* juveniles fed different levels of macroalgae，*Gracilaria cornea* and *Ulva rigida* [J]. Aquaculture Research，47（10）：3224-3238.

Wang G，Sun J，Liu G，et al，2014. Comparative analysis on transcriptome sequencings of six *Sargassum* species in China [J]. Acta. Oceanologica. Sinica. ，33（2）：37-44.

Wood B J B，Grimson P H K，German J B，et al，1999. Photoheterotrophy in the production of phytoplankton organisms [J]. Biotechnol. ，70：175-183.

Wu Q Y，Xu H，2006. High cell density cultivation of *Chlorella protothecoides* [P]. Chinese patent CN2006100780032.

Xu D，Gao Z，Zhang X，et al，2011. Evaluation of the potential role of the macroalga *Laminaria japonica* for alleviating coastal eutrophication [J]. Bioresource Technology，102（21），9912-9918.

Xuan X，Wen X，Li S，et al，2013. Potential use of macro-algae *Gracilaria lemaneiformis* in diets for the black sea bream，*Acanthopagrus schlegelii*，juvenile [J]. Aquaculture，412-413（1）：167-172.

Yang H，Li Z B，Chen Q，et al，2015. Effect of fermented Enteromopha prolifera on the growth performance，digestive enzyme activities and serum non-specific immunity of red tilapia（*Oreochromis mossambicus*×*Oreochromis niloticus*）[J]. Aquaculture Research，47：4024-4031.

Yang Y，Chai Z，Wang Q，et al，2015. Cultivation of seaweed Gracilaria in Chinese coastal waters and its contribution to environmental improvements [J]. Algal Research，9：236-244.

Yıldırım Ö，Ergün S，Dernekbaşı S Y，et al，2009. Effects of two seaweeds（*Ulva lactuca* and *Enteremorpha linza*）as a feed additive in diets on growth peformance，feed utilization and body composition of rainbow trout（*Oncorhynchus mykiss*）[J]. Kafkas Universitesi Veteriner Fakultesi Dergisi，15（3）：455-460.

Yu Y Y，Chen W D，Liu Y J，et al，2016. Effect of different dietary levels of *Gracilaria lemaneiformis* dry power on growth performance，hematological parameters and intestinal structure of juvenile Pacific White shrimp（*Litopenaeus vannamei*）[J]. Aquaculture，450：356-362.

Yu Z，Zhu X，Jiang Y，et al，2014. Bioremediation and fodder potentials of two *Sargassum* spp. in coastal waters of Shenzhen，South China [J]. Marine Pollution Bulletin，85（2）：797-802.

第四章
微生物蛋白质饲料资源

第一节　酵母及其加工产品

一、酵母及其加工产品概述

（一）我国酵母及其加工产品资源现状

　　酵母是一种重要的单细胞微生物，与人类日常生活和工业应用有着广泛密切的联系。酵母也是人类利用最早、应用范围最广、产量最大（以百万吨计）的一种微生物。从最初的啤酒酵母泥在市场销售至今，酵母生产作为一个产业的发展已经经历了 200 多年的历史。目前全球约有 300 多家酵母企业，全球总产能约为 350 万 t。国际市场上酵母的生产呈现高度的集中化和专业化的特点，国外主要酵母生产公司有法国乐斯福公司、英国联合食品集团（ABF）、加拿大拉曼公司等。在国内酵母生产企业中，安琪酵母股份有限公司是生产产量最大、品种最多、国内市场占有率最高的企业，也是全球第三大、亚洲最大的酵母生产企业。

　　酵母具有天然丰富的营养体系。近年来酵母产品在国内的使用范围越来越广，已不仅限于食品发酵领域，还应用于动物饲料、调味料、制药等多个领域，产品则以面包高活性干酵母、酿酒高活性干酵母、鲜酵母、药用酵母、饲料酵母、酵母水解物、酵母抽提物、酵母细胞壁等为主。进入 21 世纪以来，中国酵母工业进入了快速发展期，全国酵母产量连续保持约 30% 的增长，2013 年全国酵母产量达到 41 万 t，其中酵母生物源饲料近 8 万 t。

　　酵母源生物饲料是以酵母为生物饲料或载体，利用现代生物技术，并结合微生物发酵而获得的一系列与酵母相关的、具有特定营养或功能的天然的、安全的饲料及饲料添加剂产品。

　　传统的酵母源生物饲料仅仅是指饲料酵母，包括了食品、酿造、石油等工业生产的废弃酵母。现阶段，新型的酵母源生物饲料是指以酵母或酵母中某些组分为主要成分的饲料或添加剂产品。按生产工艺划分，新型的酵母源生物饲料可分为酵母类、酵母深加工类、酵母发酵类三大产品。酵母类包括非活性的食品酵母粉（原料编号 12.2.4）、活性酵母菌、酵母有机微量元素；酵母深加工产品类包括酵母水解物（原料编号 12.2.5）、酵母提取物（原料编号 12.2.7）、酵母细胞壁（原料编号 12.2.8）；酵母发酵产品主要是指酵母培养物（原料编号 12.2.6）。近年来我国主要酵母源生物饲料产品销量见表 4-1。

表 4-1　我国主要酵母源生物饲料产品销量（t，不完全统计）

产品名称	2014 年	2013 年	2012 年	2011 年
活性干酵母	7 150	5 500	4 780	4 200
酵母水解物	19 320	12 880	8 590	5 600
酵母细胞壁	9 131	7 940	6 900	6 000
酵母硒	3 160	2 980	2 810	2 650
酵母粉	56 023	50 930	46 300	42 000
合计	94 784	80 230	69 380	60 450

（二）酵母及其加工产品作为饲料原料利用存在的问题

伴随着酵母产能的快速发展，国际上尤其是欧美等发达国家，已经开始积极在动物饲料中应用酵母及其加工产品，例如活性酵母、酵母水解物、酵母细胞壁多糖、酵母硒等，在国际市场上的应用取得了很好的应用效果，并有逐步扩大应用范围的趋势。我国企业在酵母产品的研究和生产上已经取得了很大进展，但与国际市场相比，虽然酵母类产品也具有很好的应用前景，却限于市场对新产品的认识不够，加之传统酵母饲料市场长期混乱导致用户对酵母类产品的信心不足，这极大地限制了新产品的应用推广。主要存在的问题有：

1. 生产工艺水平较低　我国酵母产品的研发相对国外来讲，至少晚了 50 年。目前，国内酵母企业的生产工艺与产品特性不匹配的状况普遍存在、生产加工成本相对较高限制了酵母类产品在饲料企业的应用。

2. 酵母类产品质量参差不齐，使用效果也不稳定　如不少厂家使用未经过自溶或酶解破壁的非活性酵母产品冒充酵母水解物、酵母提取物、酵母细胞壁使用，造成用户对酵母产品认知和效果的混淆。例如，目前市面上酵母培养物产品越来越多，众说纷纭，由于其含有的营养指标无法监控和检测，易混其他稀释载体，因此无法直观有效地判断各家产品的优劣，各个培养物生产商所提供的产品中各个指标都有很大的不同，所以对于酵母培养物的品质的把控是一个难点。

3. 标准制定落后　2013 年农业部公告（第 2038 号）公布，将酿酒酵母培养物、酿酒酵母提取物、酵母水解物及酿酒酵母细胞壁 4 个品种补充至《饲料原料目录》。目前，该类产品的行业标准体系均不健全，阻碍了产品的推广使用。例如，目录中对酵母细胞壁的强制性标识仅包括水分和甘露聚糖，对另一功能成分 β-葡聚糖也未作相应要求，然而酿酒酵母细胞壁的来源和工艺水平对其功能有很大影响。目前市场上酵母细胞壁产品鱼龙混杂，因此针对酿酒酵母细胞壁的产品标准制定、优劣分级迫在眉睫。

4. 市场秩序混乱　目前酵母及酵母加工产品的生产厂家较多，产品形式多样，质量参差不齐。由于工艺水平及产能有限，很多厂家不同批次的产品质量之间存在较大差异。同时有厂家先以质量较好的产品杀价进入用户，后期逐步以次充好，这种情况需要引起用户的极大关注。

（三）开发利用酵母及其加工产品作为饲料原料的意义

酵母及其加工产品作为一类新型无毒、无污染、无有害残留的绿色生物饲料或添加剂，必将在蛋白原料提供、抗生素替代、生态养殖过程中发挥着越来越重要的作用。

1. 缓解蛋白资源短缺　酵母水解物属于优质蛋白饲料，粗蛋白质含量高，富含大量的核酸、核苷酸、小肽、游离氨基酸及丰富的B族维生素，氨基酸的平衡性好，诱食适口性好，可作为优质蛋白原料用以缓解饲用高端蛋白资源的短缺。

2. 增强原料的利用率　酵母培养物可以改进饲料的消化利用率，增强营养素的可吸收性，在畜牧、水产养殖中使用可以增强饲料的消化性，既能缓解饲料资源紧张的矛盾，又能降低饲料系数，提高动物的成活率及生产性能。

3. 增强免疫力，缓解饲用原料污染　酵母细胞壁中 β-葡聚糖是著名的"生物反应调节剂"和优良的"免疫启动剂"，能增强机体免疫力，可减少或替代饲用抗生素使用。此外，酵母细胞壁多糖具有特异的空间结构，大量羟基通过氢键和范德华力叠合作用，可与多种毒素形成多糖-毒素复合物，阻止毒素被肠道吸收，减少霉菌毒素对畜禽动物的危害。因此，酵母细胞壁作为饲料原料在解决畜牧行业面临的抗生素和霉菌毒素问题方面能发挥重要作用。

二、啤酒酵母粉及其加工产品作为饲料原料的研究进展

（一）概述

1. 我国啤酒酵母粉及其加工产品资源现状　啤酒酵母属于酿酒酵母的不同品种，是啤酒生产上常用的发酵酵母。啤酒酵母粉是啤酒发酵过程中产生的废弃酵母，以啤酒酵母细胞为主要组分，经干燥获得的产品。我国对废酵母的利用还不是很充分，大多是经过简单加工制成粗蛋白质饲料，甚至不加利用直接排入江河，造成了资源的极大浪费。

在日本、欧美等发达国家，由于受环境保护法的严格制约，啤酒生产厂家十分重视啤酒废弃物的综合利用。从20世纪80年代起，我国逐渐有关于利用废酵母制备酵母味素的报道，但大多数仍处于实验室阶段，只有少数厂家投入生产，但规模小，产品种类单调，品质不高。随着科学技术的进步和生物技术的发展，废啤酒酵母的利用和开发才逐渐引起越来越多的社会关注。20世纪末期，我国在利用酒精、啤酒副产物生产饲料酵母方面又取得了很多经验，目前我国产量比较大的是啤酒厂副产物啤酒酵母粉。目前，每生产100t啤酒，可得到湿啤酒酵母1.5～2.0t（含水75%～80%），其中仅有30%左右被回收利用，其余的都被废弃掉。我国是世界上最大的啤酒生产国，2014年啤酒产量共计4 921.85万t，产生了100万t左右的啤酒酵母（图4-1）。

目前，国内啤酒酵母产量的50%～55%作为饲料使用；20%～35%用于加工酵母

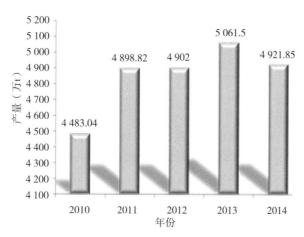

图 4-1　2010—2014 年中国啤酒产量变化趋势

抽提物，提取物应用于生物医药、食品调味料、休闲食品及生物培养基等领域；5%～10%被加工成营养功能食品等。

2013 年我国酵母源生物饲料的产能为 17.76 万 t。华东地区是我国酵母源生物饲料产能最多的地区，占全国总产能的 41.10%；其次是华北地区，占 25.34%，华中地区占 19.14%，西南地区占 8.45%，华南地区占 5.97%。国内酵母源生物饲料的生产主要分布在华东地区、华中地区，主要生产公司有安琪酵母股份有限公司、大连兴和酵母有限公司、宜兴市江山饲料科技开发有限公司、沧州利达饲料有限公司、无棣顺通生物开发有限公司、成都长城饲料酵母有限公司、厦门银瑞饲料酵母有限公司和珠海紫英生物科技有限公司等。这些生产企业当中，原先有技术基础的专业食品酵母生产企业，率先涉足饲料酵母的生产，如安琪酵母股份有限公司、广西一品鲜生物科技有限公司、上海杰隆生物科技有限公司、珠海天香苑生物科技发展有限公司。近年来也出现了一批专业从事饲料酵母研发生产的企业，如像广州雅琪生物科技有限公司、保定国宁生物酵母制造有限公司等。这些企业为饲用酵母的规模化、标准化、现代化生产做出了积极探索与重要贡献。

2. 啤酒酵母粉及其加工产品作为饲料原料利用存在的问题　1910 年德国 M. 德尔布吕克最先用啤酒生产中的酵母泥作为补充饲料，并定名为饲料酵母。1967 年，在美国举行的第一次国际单细胞蛋白会议上，决定所有用单细胞微生物生产的蛋白质统称为单细胞蛋白。目前，饲料酵母包括石油酵母、糖蜜酵母、纸浆酵母、酒精酵母和啤酒酵母。优质的啤酒酵母粉呈浅黄色，入口有明显的香味，后味则略带啤酒特有的苦味。目前，啤酒酵母粉作为饲料原料使用存在的问题有以下几点：

①啤酒酵母粉利用效率低。啤酒酵母细胞膜外有一层坚韧、不被胃肠道消化酶所消化的细胞壁。酵母细胞壁厚度为 0.1～0.3 μm，重量占细胞干重的 18%～30%。这部分不能被动物消化，影响其利用效率。

②基础研究数据较少。啤酒酵母粉作为饲料原料其应用的基础研究数据较少，例如根据其营养素特点所强调的核酸营养数据缺乏。缺少不同动物或同一动物不同生长阶段核酸或核苷酸需求量的数据。

③产品的推广较难。饲料厂或养殖户对酵母产品的认知匮乏，优质酵母类产品价格较高，影响到产品的推广。

④产品品质不稳定。啤酒酵母主要应用在水产动物饲料及部分畜禽饲料，由于未经过破壁处理，酵母蛋白利用率低，并且其品质受到酵母泥原料、加工工艺和混杂程度等诸多因素的影响，品质并不稳定。同时，缺乏相关的国家标准和行业标准，导致此类产品在市场上质量良莠不齐。

3. 开发利用啤酒酵母粉及其加工产品作为饲料原料的意义　我国是饲料生产大国，蛋白饲料供应远远不足，每年需要进口大量的鱼粉和大豆以满足需求。啤酒酵母中含有丰富的蛋白质、多种氨基酸、维生素、核酸、矿物元素、酶类和其他生物活性物质，因而在饲料工业、食品工业和生物制药方面具有广大应用前景。发展酵母单细胞蛋白产业，既可以充分利用我国糟渣资源，改善现有蛋白质原料的营养品质，又可以节省部分豆粕和鱼粉的使用，从而满足生产需求。开发生产酵母单细胞饲料被世界公认为是解决饲料蛋白质紧缺的重要途径之一。作为一类新型无毒、无污染、无有害残留的绿色生物饲料有助于改善动物胃肠道健康、强化动物免疫水平、减少动物应激、改善动物繁殖性能等，对解决畜牧业环保问题，减少抗生素的使用，以及获得优质、安全的动物产品也具有重要意义。因此，加强对啤酒酵母的综合应用，提高产品的附加值，不但具有广阔的市场空间，同时可减少废物排放，加强环境保护，产生巨大的经济效益和社会效益（吴振等，2014）。

（二）啤酒酵母粉及其加工产品的营养价值

啤酒酵母的蛋白质含量较高（表4-2），蛋白质品质优良，含较多赖氨酸等必需氨基酸（表4-3）；B族维生素含量丰富，尤其是硫胺素和核黄素较多；矿物质中磷含量较高，但钙含量低。此外，啤酒酵母中还含有未知生长因子。

表 4-2　啤酒酵母粉的常规营养成分（%）

水分	粗蛋白质	粗脂肪	粗纤维	粗灰分
4～8	40～50	0.75～2.00	<1.5	5.5～7.5

表 4-3　市售啤酒酵母粉的氨基酸组成（%）

氨基酸	平均值	CV 值
天冬氨酸（Asp）	4.44	10.9
谷氨酸（Glu）	6.55	7.9
丝氨酸（Ser）	2.18	10.5
组氨酸（His）	0.87	11.2
甘氨酸（Gly）	2.00	9.3
苏氨酸（Thr）	2.02	10.9
精氨酸（Arg）	2.27	9.8

（续）

氨基酸	平均值	CV 值
丙氨酸（Ala）	2.97	11.5
酪氨酸（Tyr）	1.23	14.4
胱氨酸（Cys）	0.14	54.4
缬氨酸（Val）	2.42	10.9
蛋氨酸（Met）	0.62	15.1
苯丙氨酸（Phe）	2.00	9.6
异亮氨酸（Ile）	1.96	11.1
亮氨酸（Leu）	3.02	11.2
赖氨酸（Lys）	2.84	11.4
脯氨酸（Pro）	2.14	21.9
色氨酸（Try）	—	—
氨基酸总量	39.68	—
粗蛋白质	46.37	—

（三）啤酒酵母粉及其加工产品中的抗营养因子

啤酒酵母粉是一类新型无毒、无污染、无有害残留的绿色生物饲料。啤酒酵母含有多种氨基酸、核酸、维生素、酶类和其他生物活性物质，主要用于生产和开发 SOD、核酸及其衍生物、1,6-二磷酸果糖、谷胱甘肽、葡聚糖、药用干酵母、甘露聚糖等产品。

（四）啤酒酵母粉及其加工产品在动物生产中的应用

1. 在养猪生产中的应用　啤酒酵母富含优质蛋白和核苷酸，具有特有的香味和鲜味，对猪有很强的诱食效果，可直接干燥成粉饲喂。王敏等（1999）在仔猪饲料中添加 3% 和 5% 的啤酒酵母，结果仔猪采食量明显增加，料重比显著低于对照组，可显著提高仔猪断奶后的增重速度。酵母水解物可以改善断奶仔猪的生长性能（Molist 等，2014）。孙丹丹等（2013）在 21 日龄仔猪饲料中额外添加 0.5% 啤酒酵母抽提物，饲喂 28d 可显著提高仔猪生长性能，降低仔猪腹泻率和料重比。啤酒酵母 β-葡聚糖可改善生猪日增重、饲料转化率，显著降低腹泻率。添加酵母细胞壁可以提高断奶仔猪生长性能和免疫机制（Eicher 等，2006）。

2. 在反刍动物生产中的应用　酵母培养物在养殖生产中应用的研究起始于 20 世纪 20 年代，最早是用作反刍动物的蛋白质补充饲料（Carter 等，1944）。添加酵母培养物可以改善奶牛泌乳早期的产奶性能，酵母培养物和酵母酶解物共同添加可以提高牛奶中蛋白含量以及改善奶牛乳腺健康（Nocek 等，2011）。对幼龄反刍动物的研究表明，在 0～56 日龄犊牛饲料中添加 50mg/kg 和 75mg/kg 酵母 β-葡聚糖时，日增重与对照组相比分别提高了 20.28% 和 32.65%，且 75mg/kg 酵母 β-葡聚糖添加组与对照组相比显著降低了料重比。早期断奶犊牛日粮中添加 75mg/kg、100mg/kg、200mg/kg 酵母 β-葡聚糖可显著增加犊牛的体液免疫水平（周怿，2010）。而且 Eicher 等（2010）的研究也表明酵母 β-葡聚糖可以调节犊牛应激后的免疫功能。添加适当剂量的酵母 β-葡聚糖对羔羊的生长发育有显著的促进作用（魏占虎等，2013）。

3. 在家禽生产中的应用　啤酒酵母作为一种功能性的营养物质，对家禽同样具有很好的诱食性。肉鸡日粮中添加 2%～3% 啤酒酵母既可增加适口性，促进生长，又可预防肉鸡软脚病。在 AA 肉仔鸡日粮中添加 0.15% 的啤酒酵母深加工产品甘露寡糖可显著减少盲肠内大肠杆菌和沙门氏菌的数量，促进双歧杆菌的生长，日粮中添加 2%～4% 的啤酒酵母可提高肉鸡对新城疫免疫的应答效果（吴耀忠等，2008）。肉鸡日粮中添加 0.3%～0.4% 的酵母核酸可显著提高日增重，降低料重比，同时提高肌肉粗蛋白含量（鲁小翠等，2007）。戴晋军等（2009）研究结果表明，在三黄鸡饲料中添加酵母水解物可显著提高出栏质量，降低料重比。Lowry 等（2005）认为添加酵母细胞壁可以提高断奶仔猪生长性能和免疫机制。酵母 β-葡聚糖对雏鸡肠道微生态菌群具有调控作用，可降低盲肠内大肠杆菌、沙门氏菌等病原微生物数量（何凤琴等，2011）。

4. 在水产品生产中的应用　中华绒螯蟹对啤酒酵母的蛋白质的消化率为 76.90%，低于豆粕（77.94%），高于虾壳粉（74.02%）、肉骨粉（73.78%）、棉籽粕（71.63%）、花生粕（65.90%）和乌贼内脏粉（63.51%）（张璐等，2007）。凡纳滨对虾对啤酒酵母的粗蛋白质消化率为 44.85%，显著低于鱼粉的 64.78%（唐晓亮等，2010）。怀向军等（2013）以氨基酸平衡酵母提取物替代饲料中的鱼粉可以提高凡纳滨对虾对饲料的消化机能。饲料中的酵母类产品对水产动物消化率的影响依养殖品种及酵母产品而定。异育银鲫对酵母水解物 I、酵母水解物 II 的干物质和粗蛋白质体外消化率较高（干物质＞50%，粗蛋白质＞60%），对豆粕、玉米蛋白粉、秘鲁蒸汽鱼粉的干物质和粗蛋白质体外消化率次之；对酵母水解物 III、啤酒酵母粉、阿根廷肉骨粉、花生粕的体外消化率较低（干物质＜40%，粗蛋白质＜50%）。啤酒酵母粉可替代 10% 的鱼粉而不影响军曹鱼的生长性能（周晖等，2012）。饲料中啤酒酵母粉可以替代 50% 鱼粉蛋白使用，不会对尖吻鲈（*Dicentrarchus labrax*）生长造成影响，且添加 30% 的啤酒酵母粉可起到明显提高饲料效率的作用（Oliva-Teles 和 Goncalves，2001）。添加 5.3% 啤酒酵母可以改善稚鳖的生长性能（周贵谭，2003）。

酵母水解物培养的丰年虫可以提高牙银汉鱼（*Odontesthes argentinensis*）的生长性能和抗病力。酵母细胞壁具有免疫调节作用（Dalmo 和 Bogwald，2008）。用混合植物蛋白质替代 50% 鱼粉后添加 3% 的酵母酶解物能够提高大口黑鲈的生长性能，改善肝脏状态，促进肝脏脂肪和胆固醇的代谢，修复肠道损伤（郑银桦等，2015）。

（五）啤酒酵母粉及其加工产品的加工方法与工艺

啤酒酵母是啤酒工业生产中主要的副产物，是啤酒酿造后沉降于发酵罐底部的酵母泥，由酵母细胞和少量蛋白以及酒花碎片组成。啤酒酵母粉是直接将酵母菌体干燥而制成的。主要的工艺如图 4-2 所示。

啤酒酵母粉的干燥方法主要有：

1. 滚筒干燥　这是简单而最常用的方法。

2. 热空气干燥　将酵母条置于带有蒸汽夹套的加热研磨机中，边加热边研磨成粉状。利用热空气干燥的酵母质量较好，色泽浅，主发酵酵母常用此法干燥。

3. 喷雾干燥法　喷雾干燥法干燥温度虽然很高，但酵母所含水分蒸发的潜热足以防止酵母焦化和变性。酵母粉在国内多压制成片，用于医药（如健胃消食片、酵母片）提供蛋白质和维生素，并作为一种能帮助消化的辅助药物而被广泛采用。

（六）啤酒酵母粉及其加工产品作为饲料资源开发利用的政策建议

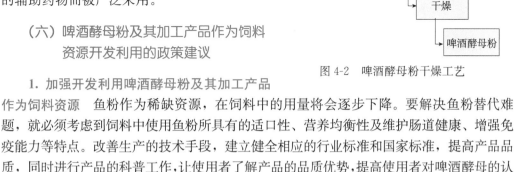

图 4-2　啤酒酵母粉干燥工艺

1. 加强开发利用啤酒酵母粉及其加工产品作为饲料资源　鱼粉作为稀缺资源，在饲料中的用量将会逐步下降。要解决鱼粉替代难题，就必须考虑到饲料中使用鱼粉所具有的适口性、营养均衡性及维护肠道健康、增强免疫能力等特点。改善生产的技术手段，建立健全相应的行业标准和国家标准，提高产品品质，同时进行产品的科普工作，让使用者了解产品的品质优势，提高使用者对啤酒酵母的认知度。

2. 改善啤酒酵母粉及其加工产品作为饲料资源开发利用方式　目前酵母深加工产品产量尚且无法完全满足饲料行业需求，因为目前中国啤酒年产量约 5 000 万 t，其副产物可生产干态酵母 7.5 万 t，很显然这一产量目前还无法填补几十万吨的鱼粉缺口。此外，这些干态酵母中仍有很大一部分没有经过破壁、酶解等深加工过程，而是直接被用于生产啤酒酵母干粉，导致营养物质利用效率大幅下降，也造成了资源的严重浪费。因此，酵母深加工产品目前主要还是被当作诱食促长剂使用，而不是当作大宗饲料原料使用。提高深加工的技术手段是改善啤酒酵母粉作为饲料资源广泛利用的关键。

3. 制定啤酒酵母粉及其加工产品作为饲料产品标准　啤酒酵母粉及其加工的产品的生产厂家众多，生产技术手段参差不齐，亟须出台相应的法规标准，规范啤酒酵母粉及其加工产品作为饲料产品的标准。

4. 科学制定啤酒酵母粉及其加工产品作为饲料原料在日粮中的适宜添加量　水产养殖品种繁多，并且不同的生长阶段对营养素需求量不同。产品生产厂家应联合高校院所等研究单位，根据养殖品种及其生长阶段的不同大力开展啤酒酵母粉及其加工产品的消化率及适宜需要量研究，为其合理使用提供参考依据。

三、酵母水解物及其加工产品作为饲料原料的研究进展

（一）酵母水解物及其加工产品的营养价值

目前制备酵母水解物、酵母提取物、酵母细胞壁的酵母原料来源主要有三种方式：

纯培养酵母乳（糖蜜）、啤酒酵母泥和酒精酵母泥。三种原料差异较大（表4-4）。

表4-4　酵母来源差异总结

项目	纯培养酵母乳	啤酒酵母泥	酒精酵母泥
菌种	单一菌种	依啤酒品种有差异	单一菌种
培养基	糖蜜，工艺稳定、严格控制	依啤酒品种有差异、严格控制	原料复杂，对重金属、毒素等关注度不高
培养方式	好氧、低浓度发酵	厌氧、低浓度发酵	厌氧、高浓度发酵
培养时间	工艺固定	与啤酒消费淡旺季及啤酒品种关系密切	工艺固定
酵母品质	同步培养	菌种回收、非同步培养	菌种回收、非同步培养

酵母水解物定义《饲料原料目录》：以酿酒酵母为菌种，经液态发酵获得的菌体在经过自溶或外源酶催化水解后浓缩或干燥获得的产品。酵母可溶物未经过提取，蛋白含量不低于35％（强制性标识要求：粗蛋白质 、粗灰分、水分、甘露聚糖、氨基酸态氮）。酵母水解物含有酵母细胞的全部营养成分。氨基酸态氮、游离氨基酸和溶解率这三个指标主要反映酵母水解物的水解程度，酵母水解物产品的水解程度越高，这些值越大。常规营养成分如表4-5所示。

表4-5　酵母水解物样品检测结果（示例，样品来源：国内市场收集）

酵母水解物样品		样品1	样品2	样品3
水分（％）		5.82	5.89	6.06
溶解率（％）		31.7	48.5	61.3
粗蛋白质（％）		45.69	49.44	51.5
氨基酸态氮（％）		0.69	2.43	3.02
游离氨基酸（％）		2.4	9.98	18.6
水解氨基酸（％）		41.85	39.67	43.84
核酸（％）		11.1	16.1	14.6
RNA（％）		3.81	6.53	7.98
灰分（％）		8.29	7.45	7.1
葡聚糖（％）		23.53	20.15	13.63
甘露寡糖（％）		11.38	18.45	13.64
天冬氨酸	游离	0.12	0.42	1.08
	水解	4.71	4.09	4.63
苏氨酸	游离	0.11	0.56	1.13
	水解	1.94	2.05	2.25
丝氨酸	游离	0.11	0.44	1.05
	水解	2.33	2.25	2.18

（续）

酵母水解物样品		样品 1	样品 2	样品 3
谷氨酸	游离	0.47	1.21	2.64
	水解	7.36	6.39	6.53
甘氨酸	游离	0.08	0.46	0.68
	水解	1.91	2.03	2.37
丙氨酸	游离	0.31	1.57	2.46
	水解	2.43	3.30	3.65
胱氨酸	游离	0.29	0.17	0.33
	水解	0.41	0.09	0.36
缬氨酸	游离	0.09	0.74	1.27
	水解	2.10	2.36	2.59
蛋氨酸	游离	0.02	0.27	0.39
	水解	0.48	0.61	0.57
异亮氨酸	游离	0.04	0.57	1.00
	水解	1.86	1.97	2.15
亮氨酸	游离	0.08	1.05	1.84
	水解	3.25	3.10	3.33
酪氨酸	游离	0.20	0.47	0.97
	水解	1.59	1.49	1.48
苯丙氨酸	游离	0.06	0.48	0.65
	水解	1.85	1.42	1.16
赖氨酸	游离	0.08	0.54	1.14
	水解	2.87	2.88	3.31
组氨酸	游离	0.04	0.21	0.31
	水解	0.98	0.92	0.83
精氨酸	游离	0.17	0.26	0.96
	水解	2.56	1.74	2.16
脯氨酸	游离	0.11	0.38	0.43
	水解	2.08	2.14	1.65

（二）酵母水解物及其加工产品中的抗营养因子

酵母水解物及其加工产品本身无抗营养因子，然而，受不同生产原料和发酵生产工艺等外因的影响，可能导致产品中重金属超标，或含一些生物毒素及对生长不利的因子。加强对产品工艺的控制及出厂检验可以缓解或消除这些不利因子。

（三）酵母水解物及其加工产品在动物生产中的应用

1. 在养猪生产中的应用　酵母水解物能提高断奶应激的适应能力，Burrin 等

（2005）的研究以及在仔猪上的机理性研究表明，在断奶这个关键的过渡阶段补充核苷酸可能有利于节省从头合成或补救途径合成核苷酸的成本。张永青等（2007）报道，日粮中添加核苷酸能显著增加仔猪断奶后第7天十二指肠绒毛高度，第14天回肠黏膜含量分别比对照组显著提高；陈中平（2010）等研究表明，0.3%、0.5%两个不同水平的酵母水解物饲喂动物4周后，试验组动物的生产性能优于对照组。表明酵母水解物在提升动物生产性能上有明显作用。同时酵母水解物中含有丰富的小肽，小肽在肠道能促进氨基酸吸收，加快蛋白质的合成，相比游离氨基酸小肽，在吸收和蛋白质的合成代谢上存在优势。小肽的氨基酸残基可与多种金属离子螯合从而加速矿物质元素的吸收，刺激消化酶的分泌和活性的提高。同时大量研究研究已证实，添加酵母水解物能够增加断奶仔猪采食量，改善消化吸收，提高生长速度（Savaiano，1981；张永青，2007）；且替代SDPP等高档蛋白原料不影响断奶仔猪的生长性能（王建林，2013；车炼强，2012；Carlson，2005）。

2. 在反刍动物生产中的应用　酵母水解物含有大量的氨基酸、小肽、B族维生素、核苷酸类、甘露寡糖、β-葡聚糖等物质，可促进瘤胃微生物的生长和代谢，改善瘤胃功能，提高生产性能。酵母水解物与酵母培养物的最大区别就是其成分明确，监测可控，功效稳定，在反刍动物中有非常大的应用前景。

3. 在家禽生产中的应用　邬小兵（2001）报道，使用0.2%核苷酸使雏鸡肠道黏膜核酸、蛋白质含量及肝脏的核酸含量较对照组均显著增加，并能促进肠绒毛的生长，提高肠壁厚度。Frankic等（2006），在T-2毒素感染的日粮中添加酵母核苷酸与不添加酵母核苷酸相比，酵母核苷酸对减少免疫细胞因T-2毒素诱发的DNA损伤具有功效。鲁小翠等（2007）报道，在1日龄艾维茵肉鸡饲粮中添加0.3%的酵母核酸能显著提高肉仔鸡3～4周龄的日增重，降低料重比。王有明（2003）报道，添加酵母核酸能显著提高肉鸡胸肌中肌苷酸、腺苷酸含量。徐晓明等（2013）报道，白羽肉鸡日粮中使用酵母水解物，促进小肠发育，改善小肠的肠道形态结构，增强了肠道的消化吸收功能，42日龄肉鸡出栏体重增加62g，料重比降低0.09。

4. 在水产品生产中的应用　核苷酸作为酵母水解物的主要功能性成分之一，作为半必需营养素，其在哺乳动物上的营养性和功能性作用已得到证实（Uauy，1989）。20世纪70年代有学者在鱼类上对核苷酸的应用开展研究，最初的研究主要是关注核苷酸的化学诱食作用。近年来，水产动物对核苷酸的营养需求研究受到广泛关注。

对于水产动物来说，某些特定核苷酸起到了促进采食的作用。Kiyohara等（1975）通过电生理方法检测到河鲀吻部存在几种核苷酸（AMP、IMP、UMP和ADP）的化学感受器，这类早期试验开启了饲料核苷酸对鱼类化学诱食效果研究。Ishida和Hidaka（1987）则对几种海水硬骨鱼类的味觉敏感性进行了研究，结果发现尿嘧啶核苷酸（UMP）在大多数试验鱼类中诱食作用最强，二磷酸腺苷（ADP）和次黄嘌呤核苷酸（IMP）也表现出较强的诱食作用。此外，Rumsey等（1992）也指出饲料中添加2.5%和4.1%的酵母RNA提取物，或1.85%的鸟嘌呤，或2.17%黄嘌呤能显著增加虹鳟的累积采食量。安琪酵母股份有限公司的相关研究也表明，酵母水解物中丰富的核苷酸可起到明显的诱食作用，显著增加了中华鳖幼鳖的采食量（陈昌福，2008）。

2001年，Burrells首次证明，饲料中添加酵母核苷酸会对大西洋鲑产生积极的效果，能增强大西洋鲑对病毒、细菌、寄生虫的抗感染能力，同时核苷酸的添加能提高疫苗作用效果和鱼体的渗透调节能力。越来越多的研究结果表明，外源添加核苷酸能够改善水产动物的生长性能、肠道健康以及饲料效率。在红拟石首鱼上的研究表明，添加核苷酸可提高存活率和体增重率，提高免疫性能（溶菌酶活性增加，胞外超氧阴离子含量显著增加），显著改善肠道形态（提高褶皱高度、肠上皮细胞高度、微绒毛高度）（Cheng，2011）。孟玉琼等（2013）研究也表明，饲料添加核苷酸可促进呼吸暴发水平和溶菌酶活性的提高，并提高抗氧化能力（总抗氧化力、丙二醛、GSH-Px），以及前肠和后肠绒毛的高度。Jarmo Łowicz等（2012）报道，饲料添加核苷酸可显著促进欧洲梭鲈的非特异性免疫和体液免疫，并显著降低谷草转氨酶和谷丙转氨酶活性，促进肝功能，同时也提高肠上皮细胞吸收能力。添加核苷酸也能提高虹鳟的终末体重和特定生长率（SGR），降低饲料转化效率（FCR）；提高鱼总补体（ACH50）和溶菌酶活性、免疫球蛋白（IgM）含量，及相对免疫保护率（RPS）（Tahmasebi-Kohyani，2011）。

　　酵母水解物经自溶、外源酶解作用，营养物质充分释放，具有较高的消化吸收利用率（贺森，2013）。前人研究表明，作为优质的蛋白资源，酵母水解物在水产饲料中可作为替代鱼粉的功能性蛋白原料使用。Angela等（2006）在军曹鱼饲料配方中梯度降低鱼粉用量，并逐步增加酵母水解物用量，试验结果表明减少酵母水解物可以减少饲料中25％的鱼粉用量，达到较好的生长效果。Peterson等（2012）研究酵母水解物替代鱼粉对斑点叉尾鲴生长性能、感染爱德华氏菌后存活率的影响，发现饲料中添加12.5％酵母水解物（饲料不含鱼粉）会显著影响其生长性能，但感染爱德华氏菌后，处理组鱼成活率与对照组无差异，实验表明，饲料中可添加10％酵母水解物（饲料中鱼粉用量2.5％）对斑点叉尾鲴的生长性能不会造成影响。王武刚等（2012）在南美白对虾饲料中添加酵母水解物，结果表明：酵母水解物的使用提高了饲料干物质和粗蛋白质表观消化率，增加了对虾类胰蛋白酶和淀粉酶活性，但降低了脂肪酶活性，降低30％鱼粉用量（使用8.5％酵母水解物）是可行的，该组饵料系数与对照组没有显著差异。安琪酵母股份有限公司的相关研究也表明，使用1％酵母水解物配合豆粕使用以减少鱼粉（替代33％鱼粉），对异育银鲫生长无影响，对其免疫性能有明显促进作用（杨凡，2015）。

（四）酵母水解物及其加工产品的加工方法与工艺

　　工艺简图如图4-3所示。

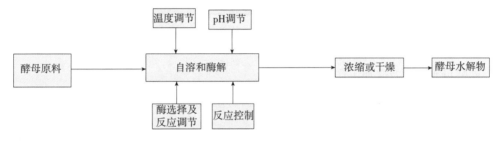

图4-3　酵母水解物及其加工产品的加工方法与工艺

分析市场上的酵母水解物主流产品发现，其酵母发酵方式可以是液体发酵，也可以是固体发酵；可以是好氧发酵，也可以是厌氧发酵，或者是几种发酵方式结合在一起。根据发酵方式的不同，市场上常见的产品类型主要有：①混合型产品。该产品在显微镜观察培养基上无酵母附着，测定乙醇含量超低。②液体发酵、固态吸附型产品。该产品显微镜观察培养基上酵母少量附着、大量酵母呈单个个体，测定乙醇含量较低。③液态发酵、固态发酵型产品。该产品显微镜观察酵母基本都附着在培养基上、少量单个酵母个体，测定乙醇含量较高。④固态发酵型产品。该产品显微镜观察酵母基本都附着在培养基上，测定乙醇含量较高。目前生产酵母培养物的厂家，国外主要是美国达农威公司，其产品市场所占份额最大，其他生产厂家如韩国第一化学株式会社。我国有北京英惠尔、湖北高生生物集团、西安爱普安等。

四、酵母培养物及其加工产品作为饲料原料的研究进展

（一）酵母培养物及其加工产品的营养价值

酵母培养物定义《饲料原料目录》：以酿酒酵母为菌种，经固体发酵后，浓缩、干燥获得的产品（强制性标识要求：粗蛋白质、粗灰分、水分、甘露聚糖）。酵母培养物是包含酵母细胞、酵母代谢产物和培养基成分的微生态产品。酵母培养物是酵母产品中唯一的不以酵母细胞或酵母生物量为唯一成分的饲料酵母产品，在酵母培养物的生产过程中，酵母细胞仅仅是被用来生产细胞代谢产物的一种工具。除了含有一些已知的营养成分外，还含有大量的未知生长因子。酵母培养物的营养成分一般含有活酵母、酵母细胞壁（葡聚糖及甘露聚糖）、细胞内容物（维生素 A、维生素 B、维生素 E、蛋白质、赖氨酸、亮氨酸、核酸、小肽、钙、铜、锌等）、细胞外代谢产物（芳香化合物、小肽、蛋白质、有机酸及各种酶等）以及其他代谢产物。然而，不同的菌种、不同的培养基成分或者不同的发酵工艺条件和发酵程度，制作出的酵母培养物产品成分完全不同。如表4-6 是市场上收集的酵母培养物的检测结果。

表 4-6 酵母培养物样品检测结果（示例，样品来源：国内市场收集）

产品	酵母（万个/g）	粗蛋白质（%）	粗纤维（%）	粗脂肪（%）	粗灰分（%）	酸性蛋白酶（U/g）	中性蛋白酶（U/g）	纤维素酶（U/g）	淀粉酶（U/g）
产品 1	96	17.13	8.32	2.17	6.27	132	14.7	2.0	未检出
产品 2	10	16.69	6.16	5.09	6.57	23	29.4	3.42	未检出
产品 3	1 800	15.22	5.88	4.74	5.94	未检出	未检出	未检出	未检出

（二）酵母培养物及其加工产品中的抗营养因子

同酵母水解物及其加工产品。

（三）酵母培养物及其加工产品在动物生产中的应用

1. 在养猪生产中的应用 研究认为，在母猪饲粮中添加酵母培养物，能刺激后肠的发酵，从而导致挥发性脂肪酸（VFA）产量和细菌发酵终产物增加，为母猪多提供30%的能量需要，从而提高母猪的养分利用率和产奶量。酵母培养物可以有效提高母猪

分娩后的泌乳能力，从而提高哺乳仔猪的生长速度。邢宝松（2004）的研究表明，添加酵母培养物可有效地提高母猪的繁殖性能，试验组母猪的窝产仔数、产活仔数、平均初生体重和平均初生窝重比对照组均有不同程度的提高，其中平均初生体重提高10.95%，平均初生窝重提高21.96%。母猪饲料中添加0.5%酵母培养物，猪乳总脂与乳总能均显著提高，仔猪初生重从1.21kg提高到1.45kg，仔猪21日龄重也有较显著的提高。给母猪补饲酵母培养物，乳脂含量显著提高，球蛋白含量也提高，仔猪断奶日增重也较对照组高。Mathew等（1998）报道，添加酵母培养物可提高断奶仔猪的采食量，使猪生长速度加快，进而提高生产性能，但对消化道的微生物生态环境（大肠杆菌、链球菌、乳酸菌的菌群比例）及消化道的短链脂肪酸和pH没有影响。

2. 在反刍动物生产中的应用 反刍动物的瘤胃是一个天然的大发酵罐，其内含的微生物的数量和质量对反刍动物的消化和营养起着极其重要的作用。酵母培养物能改善瘤胃内环境，促进瘤胃发酵，使细菌蛋白质、纤维细菌等大量繁殖和生长，以提高饲料粗纤维的消化率及细菌利用非蛋白氮合成菌体蛋白质的效率，改善反刍动物的生产性能。在反刍动物日粮中添加酵母培养物，能增加瘤胃中总细菌数，其中瘤胃液中总可视菌数增加38%，细菌总数增加25%。不仅如此，还可增加原虫数量，但提高的幅度因日粮类型、试验动物以及菌种及添加量的不同而有不同的结果。酵母培养物对反刍动物瘤胃中蛋白质的代谢也有一定的影响，可影响非氨态氮的代谢速度，加快干物质和中性洗涤纤维的降解率。酵母培养物除能增加粗蛋白质的降解率外，还能增加皱胃对净能的消化率，尤其是对粗纤维的消化导致了较高的能量输出和产奶净能。在奶牛饲粮中每头每天补加60g酵母培养物，对泌乳早期奶牛具有明显的增乳效果，可使日均产奶量增加0.48~1.74kg，日均增乳1.13kg。添加酵母培养物还可以减缓反刍动物采食后瘤胃内pH的降低，24h内可使瘤胃内环境稳定，这对瘤胃内纤维分解菌有非常重要的意义。人工瘤胃试验结果表明，酵母培养物能显著增加瘤胃中挥发性脂肪酸（VFA）含量。高精日粮容易引起瘤胃pH降低而导致瘤胃机能障碍，通过添加酵母培养物提高乳酸的利用，可使瘤胃pH升高。王典等（2012）研究发现不同的酵母代谢物产品对奶牛产奶量和奶成分有不同程度的影响，有的呈正效果，有的呈负效果。就反刍动物而言，酵母培养物对瘤胃微生物施加的额外营养作用能够有效地刺激它们的代谢活性，改善瘤胃功能和提高生产效率。因此，酵母培养物所含的营养物质（代谢产物）的多少决定了其在反刍动物上的效果。

3. 在家禽生产中的应用 研究表明，酵母培养物在促进家禽对营养物质的消化吸收、提高饲料利用率、调节肠道微生态平衡、改善生长性能、提高机体免疫力和改善环境等方面均具有良好的效果。近年来研究表明，酵母培养物可以提高蛋鸡的饲料效率，降低鸡蛋的破损率，显著减少蛋鸡的死亡，延长产蛋高峰期，明显提高其生产性能和经济效益。饲喂添加0.1%酵母培养物组产蛋鸡的生产性能和每日产蛋量显著提高，但各处理组之间的蛋重、饲料转化率、哈氏单位、蛋黄颜色并无显著差异；0.1%和0.3%酵母培养物日粮能够提高蛋雏鸡日增重，增加小肠绒毛高度和肠壁厚度，并可以提高蛋雏鸡胸腺、法氏囊和脾脏指数及血清新城疫抗体滴度，但这种积极作用与酵母培养物添加水平并不总是呈正相关关系。日粮中添加酵母培养物能提高肉仔鸡的体增重，并能降低粪便中、盲肠食糜中大肠杆菌的数量，增加乳酸杆菌的数量，增加肉仔鸡胸腺小叶数。周淑芹等（2003，2004）研究表明，在肉仔鸡日粮中添加0.3%的酵母培养物可以改善肉仔鸡生长性能；显著提高肉仔鸡肠道双歧杆菌数量，降低生长前期（1～4周）盲肠大肠杆菌数量，减少腹泻，降低肠道氨浓度，改善肠黏膜结构，并且提高了血清IgG、IgA水平和新城疫抗体滴度。酵母培养物进入家禽后肠道可减少细菌产生的有毒物质，还可以激发、增强机体的免疫力和抗病力。

4. 在水产品生产中的应用 酵母培养物作为饲料蛋白来源，可降低饲料成本，提高水产养殖的经济效益。陈瑞忠（2002）在罗氏沼虾配合饲料中添加0.5%酵母水解物，试验结果表明，试验组的产量高于对照组15%，增加了虾的日常摄食量，且蜕壳整齐。黄权（2004）研究表明，酵母培养物实验组鲤的平均体重和平均增重显著高于对照组，饵料系数显著低于对照组。刘哲等（2003）进行了酵母培养物对建鲤生长性能影响的研究，结果表明，酵母培养物添加量为5%时，促生长效果明显。另外酵母培养物还可以显著降低水体中的活性磷酸盐和氨氮浓度。黄权（2004）研究数据显示，与对照组相比，添加酵母培养物的试验组池塘的水化指标中的活性磷酸盐在试验前、中、后期分别降低了3%、27.4%和46.2%；试验组池塘水中的氨氮在试验前、中、后期分别降低了32.9%、6.7%和38.2%，从而改善了养殖水环境。

部分应用文献综述如表4-7所示。

表 4-7　酵母培养物作为饲料蛋白来源部分应用文献综述

应用领域	使用产品	使用阶段	饲喂时间	添加量	饲喂效果	资料来源
反刍动物	酵母培养物（美国达农威）	犊牛	60d	20g/（头·d）	1. 试验组的干物质日平均采食量、平均日增重显著高于对照组； 2. 添加酵母培养物刺激瘤胃特定菌群生长、促进瘤胃发育	阎晓刚，2005
	酵母培养物（韩国第一化学株式会社）	泌乳后期荷斯坦奶牛	预试期7d，正式试期25d	1kg/t、2kg/t、4kg/t	1. 添加4kg/t酵母培养物极显著提高了前期产奶量，试验后期及全期产奶量虽有提高趋势，但差异未达到显著水平； 2. 在精料中添加1kg/t、2kg/t酵母培养物在试验前期及全期没有明显改善产奶量； 3. 3种水平的酵母培养物对乳脂率、乳蛋白率、全脂固形物没有显著影响	刘庆华，2009
	酵母培养物（自制固态发酵）	泌乳中期荷斯坦奶牛	预试期7d，正式试期42d	120g/（d·头）	酵母培养物提高泌乳中期荷斯坦奶牛的产奶性能、改善乳品质	张连忠，2011
	酵母培养物（美国达农威）	泌乳中后期奶牛	预试期15d，正式试期30d	60g/（d·头）	1. 酵母培养物能够较好地维持泌乳高峰，有效缓解泌乳中期奶量的下降； 2. 能改善奶牛乳品质，提高乳蛋白和乳脂含量； 3. 显著地降低乳中体细胞数，增强奶牛机体免疫力	刘大程，2008

（续）

应用领域	使用产品	使用阶段	饲喂时间	添加量	饲喂效果	资料来源
反刍动物	酵母培养物（湖北高生生物集团）	泌乳中期杂交水牛	45d	酵母培养物替代0、25%、50%、100%的精料	1. 在夏季试验条件下，酵母培养物没有能够提高水牛奶各项乳指标； 2. 在日粮中添加较高比例的酵母培养物可以有效减少体细胞数	周祥，2013
	酵母培养物（美国达农威）	45日龄犊牛	45d	25g/（d·头）	1. 添加了酵母培养物的犊牛在增重、体尺方面差异不显著； 2. 平均日增量试验组高于对照组，平均日采食量试验组低于对照组	陈丽，2005
水产动物	酵母培养物（美国达农威）	(69.51±6.29)g草鱼	70d	1 000～2 000mg/kg	1. 提高特定生长率、降低饵料系数； 2. 改善草鱼肠道黏膜形态	邱燕，2010
	酵母培养物（美国达农威）	270g杂交鲤	120d	0.50%	1. 后期酵母培养物试验组鲤的平均体重和平均增重显著高于对照组，饲料系数显著低于对照组； 2. 在饲料中添加0.5%的酵母培养物可显著降低水体中的活性磷酸盐和氨氮浓度	黄权，2004
	酵母培养物（美国达农威）	团头鲂	130d	0、500mg/kg、1 000mg/kg、1 500mg/kg、2 000mg/kg、2 500mg/kg	酵母培养物对团头鲂生长生理机能、肠黏膜发育和抗病力具有良好作用的适宜添加量为2 000mg/kg，且连续使用效果好于间断使用	李高锋，2009
	酵母培养物（美国达农威）	(13.57±0.058)g牙鲆	10周	0、0.07%、0.14%	酵母培养物能促进牙鲆生长、提高其非特异性免疫力和抗病力	温俊，2007
猪	酵母培养物（美国达农威）	(7.5±0.2)kg28日龄断奶仔猪	14d	0～20g/kg	日粮中添加5g/kg酵母培养物对提高保育猪的空肠绒毛高度、绒毛高度与隐窝深度比以及调节肠道免疫应答有积极的作用	郭添福，2010
	酵母培养物（美国达农威）	(29.56±1.12)kg育肥猪	95d	1g/kg、4g/kg	夏季生长育肥猪日粮中添加酵母培养物能显著降低回肠乳酸杆菌数和乳酸浓度，提高结肠丁酸产生菌数和丁酸浓度	田书会，2013
	酵母培养物（美国达农威）	35kg育肥猪	12d	0.15%	提高日增重；大肠杆菌、乳酸杆菌和双歧杆菌增加；粗纤维表观消化率比对照组提高	刘希颖，2008

（续）

应用领域	使用产品	使用阶段	饲喂时间	添加量	饲喂效果	资料来源
禽	酵母培养物（美国达农威）	1日龄艾维茵肉仔鸡	28d	0~0.9%	1. 0.3%的酵母培养物组日增重、日采食量、饲料转化率有提高趋势； 2. 显著降低大肠杆菌的数量，提高双歧杆菌的数量； 3. 显著提高了肉仔鸡血清IgA、IgG、IgM水平	周淑芹，2004
	酵母培养物（美国达农威）	1日龄海兰褐用雏鸡	35d	0~0.5%	蛋雏鸡日粮中添加0.3%的酵母培养物具有增强雏鸡生产性能和免疫机能的作用，且酵母培养物可以替代抗生素	马明颖，2005
	酵母培养物（美国达农威）	150日龄海兰褐产蛋鸡	20周	0~0.3%	1. 产蛋鸡饲粮中添加酵母培养物能够改善料蛋比、提高产蛋率和平均蛋重、延长产蛋高峰期、降低死淘率； 2. 0.2%酵母培养物组，在改善平均蛋重、料蛋比、平均日采食量方面表现优异	武书庚，2010
	酵母培养物（美国达农威）	1日龄肉仔鸡	42d	0~0.75%	在日粮中添加一定量的酵母培养物能降低肉仔鸡胴体肌肉的剪切力及滴水损失，提高肉的嫩度及持水能力，达到改善肉鸡的屠宰性能和肌肉品质的目的	于素红，2008

（四）酿酒酵母培养物及其加工产品的加工方法与工艺

酵母培养物及其加工产品的加工方法与工艺如图4-4所示。

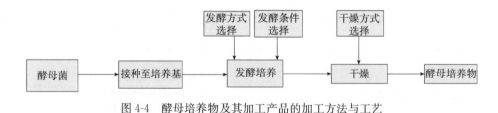

图4-4　酵母培养物及其加工产品的加工方法与工艺

五、酵母提取物及其加工产品作为饲料原料的研究进展

（一）酵母提取物及其加工产品的营养价值

酵母提取物定义为《饲料原料目录》：酿酒酵母经液体发酵后得到的菌体，再经自溶或外源酶催化水解，或机械破碎后，分离获得的可溶性组分浓缩或干燥得到的产品（强制性标识要求：粗蛋白质、粗灰分）。酵母提取物一般蛋白含量、溶解率比酵母水解

物高，生产过程中的不可溶组分为细胞壁成分（表 4-8）。

表 4-8　酵母提取物样品检测结果（示例，样品来源：国内市场收集）

酵母提取物样品		样品 1	样品 2	样品 3
水分（%）		6.55	4.36	5.29
溶解率（%）		40.25	34.2	62.2
粗蛋白质（%）		38.57	51.3	50
氨基酸态氮（%）		1.57	1.24	2.55
游离氨基酸（%）		12.10	8.9	18.25
水解氨基酸（%）		36.00	45.11	39.64
核酸（%）		8.76	14.2	15.2
RNA（%）		4.36	6.82	7.91
灰分（%）		6.55	6.15	6.15
葡聚糖（%）		14.12	15.07	12.45
甘露寡糖（%）		21.41	11.98	20.81
天冬氨酸	游离	0.10	0.15	0.81
	水解	3.08	4.94	4.23
苏氨酸	游离	0.09	0.29	0.82
	水解	1.38	2.31	2.14
丝氨酸	游离	0.02	0.21	0.56
	水解	1.35	2.31	2.04
谷氨酸	游离	10.30	3.48	3.68
	水解	13.68	8.44	7.42
甘氨酸	游离	0.05	0.09	0.31
	水解	1.32	2.03	1.90
丙氨酸	游离	0.58	0.79	2.63
	水解	2.16	3.11	3.31
胱氨酸	游离	0.13	0.65	0.33
	水解	0.21	0.38	0.52
缬氨酸	游离	0.09	0.49	1.37
	水解	1.54	2.26	2.07
蛋氨酸	游离	0.01	0.09	0.43
	水解	0.21	0.55	0.38
异亮氨酸	游离	0.02	0.05	0.74
	水解	1.27	2.04	2.05
亮氨酸	游离	0.09	0.36	2.01
	水解	2.18	3.34	2.88
酪氨酸	游离	0.16	0.64	1.56
	水解	1.02	1.61	1.25

（续）

酵母提取物样品		样品1	样品2	样品3
苯丙氨酸	游离	0.03	0.62	1.11
	水解	1.01	1.99	1.59
赖氨酸	游离	0.06	0.32	0.25
	水解	2.18	3.74	3.13
组氨酸	游离	0.02	0.11	0.09
	水解	0.60	1.04	0.83
精氨酸	游离	0.01	0.01	1.03
	水解	1.40	2.42	1.94
脯氨酸	游离	0.19	0.39	0.32
	水解	1.00	1.96	1.62

（二）酵母提取物及其加工产品中的抗营养因子

同酵母水解物及其加工产品。

（三）酵母提取物及其加工产品在动物生产中的应用

饲用的酵母提取物较少，未总结。

（四）酵母提取物及其加工产品的加工方法与工艺

如图4-5所示。

图4-5 酵母提取物工艺

六、酵母细胞壁及其加工产品作为饲料原料的研究进展

（一）酵母细胞壁及其加工产品的营养价值

酵母细胞壁营养成分见表4-9。

表4-9 酵母细胞壁样品检测结果（％，示例，样品来源：国内市场收集）

样品	粗蛋白质	溶解率	葡聚糖	甘露寡糖
酵母细胞壁样品1	29.70	24.25	22.11	24.22
酵母细胞壁样品2	25.62	20.02	27.70	28.87
酵母细胞壁样品3	20.55	50.95	26.85	25.58
酵母细胞壁样品4	32.91	32.99	28.90	18.52

（续）

样品	粗蛋白质	溶解率	葡聚糖	甘露寡糖
酵母细胞壁样品 5	34.55	36.34	25.37	18.19
酵母细胞壁样品 6	35.38	36.22	28.07	16.27

（二）酵母细胞壁及其加工产品中的抗营养因子

同酵母水解物及其加工产品。

（三）酵母细胞壁及其加工产品在动物生产中的应用

1. 在养猪生产中的应用　酵母细胞壁已被证明是一种良好的免疫增强剂，主要可通过激发免疫功能，维持肠道微生态平衡来改善动物的健康状态，增加动物对外界不良刺激的适应性，进而提高生产性能。同时酵母细胞壁还能发挥免疫佐剂的作用，提高疫苗的抗体效价，增强动物的特异性免疫水平。仔猪饲喂酵母细胞壁后检测免疫指标如碱性磷酸酶、谷草转氨酶和谷丙转氨酶时，发现仔猪碱性磷酸酶活性升高，谷草转氨酶和谷丙转氨酶活性降低，表明仔猪的非特异性免疫水平提升。同时检测蓝耳、伪狂犬、猪瘟疫苗抗体效价，结果表明仔猪饲喂酵母细胞壁一定程度上提升了抗体效价（王学东，2006）。这与李德发的研究结果一致，即在日粮中添加 0.2％酵母细胞壁饲喂仔猪，可强化仔猪的非特异性免疫，降低谷草转氨酶和谷丙转氨酶的水平，提高碱性磷酸酶的活性（李德发，2011）。同时酵母细胞壁对肠道病原菌有很好的吸附能力，试验证明其对沙门氏菌（60 种）和大肠杆菌（20 种）的体外吸附率分别高达 91.66％和 90.00％。Newman（2000）及 Quinn 等（2001）报道，母猪分娩前 14～21d 及泌乳期采食含甘露寡糖的日粮，哺乳仔猪长得快。

2. 在反刍动物生产中的应用　McKee 等（2000）报道日粮中添加 β-葡聚糖可以提高早期断奶犊牛平均日增重。Heinrichs（2003）报道，甘露聚糖能够优化牛的胃肠道微生态环境，促进双歧杆菌等有益菌的增殖，抑制大肠杆菌等病原菌的增殖。赵晓静等（2007）、周怡（2010）等在犊牛日粮中添加甘露聚糖、酵母 β-葡聚糖均发现：犊牛粪便中大肠杆菌降低、乳酸杆菌数增加。戈婷婷等（2012）通过体外培养试验研究发现：添加甘露聚糖可以显著增加培养液中挥发性脂肪酸和菌体蛋白浓度，提高瘤胃微生物的生长效率。康坤等（2014）在育肥肉牛上的研究发现，添加酵母细胞壁可以提高肉牛日增重 10％～15％。

酵母细胞壁作为一种高效免疫增强剂，其中 β-葡聚糖能激发机体的非特异性和特异性免疫反应，而甘露聚糖可以吸附病原微生物和一些霉菌毒素。周怡（2010）研究发现：在断奶犊牛日粮中添加 β-葡聚糖显著提高血清中的 IgG 和 IgM 含量，减少犊牛腹泻。进一步的研究发现，酵母细胞壁能缓解由大肠杆菌 K99 攻毒所导致的生长性能下降、营养物质消化率下降、小肠组织形态损伤等问题，维持肠道微生物菌群的多样性分布。祁茹（2012）研究发现，在奶山羊日粮中添加甘露聚糖，可以显著减少粪便中的大肠杆菌数量，增加乳酸杆菌和双歧杆菌数量。

酵母细胞壁可以促进瘤胃微生物生长，改善乳品质。鲍延安等（2008）研究发现，在奶牛日粮中添加甘露聚糖，可以提高乳脂率。康坤等（2014）研究发现，奶牛日粮中添加酵母细胞壁可以增加产奶量，提高乳蛋白、乳脂含量，降低细菌总数。

3. 在家禽生产中的应用 近年来经过大量研究发现，酵母细胞壁活性成分葡聚糖和甘露聚糖具有刺激细胞免疫和体液免疫、促进有益菌生长、抑制有害菌生长的作用。王忠等（2010）发现，酵母细胞壁多糖能阻止沙门氏菌感染引起的肉鸡死亡率升高，显著降低盲肠大肠杆菌和沙门氏菌的数量。谭本杰（2011）在黄羽肉鸡日粮中添加酵母细胞壁多糖，发现酵母细胞壁多糖能提高新城疫、H5型流感和H9型流感抗体滴度。Danny（2004）通过对1993—2003年全球范围内在肉鸡上应用酵母细胞壁的试验总结发现，在肉鸡日粮中酵母细胞壁最佳添加量为：0～7d，添加0.2%；7～21d，添加0.1%；21～42d，添加0.05%。与无抗生素组相比，出栏体重提高1.61%，料重比降低1.99%，死淘率减少21.4%；与抗生素组相比，出栏体重降低0.36%，料重比降低0.11%，死淘率降低18.1%。同时有一些研究表明，与抗生素组相比，抗生素联合酵母细胞壁多糖对肉鸡生产具有协同作用。例如，Mathis（2000）报道，维吉尼霉素＋酵母细胞壁多糖显著降低了料重比。

4. 在水产品生产中的应用 关于酵母源的β-葡聚糖在水产养殖中的应用研究最为广泛，是水产养殖中公认的最具应用潜力的免疫增强剂（Meena，2012）。酵母细胞壁多糖中主要的功能成分是β-葡聚糖和甘露聚糖。β-葡聚糖的生物学功能主要归纳起来表现在以下几个方面：①提高水产动物非特异性免疫力；②促进水产动物淋巴细胞的增殖，促进浆细胞产生更多的抗体，提高水产动物的特异性免疫应答反应；③显著提高水产动物抗病能力，降低水产动物攻毒后的感染率和死亡率；④能有效降低肝脏损伤，显著降低水产动物血液中谷丙转氨酶、谷草转氨酶的活性等。甘露聚糖同样具有很多的特殊功能：①对病原微生物进行识别、黏附和排除；其可与有害细菌表面的外源凝集素结合，抢夺有害细菌与肠黏膜的结合部位，干扰有害细菌在肠道内定植，减少肠道细菌病；②甘露聚糖可增加细胞因子的释放，而细胞因子则可以协调不同免疫细胞的活动。

Kumari等（2006）在亚洲鲇上的研究表明，酵母β-葡聚糖可以提高亚洲鲇过氧化物酶活性和吞噬活性，增强其凝血功能。Ai等（2008）研究发现β-葡聚糖提高了大黄鱼的生长速度和溶菌酶活性，受鳗弧菌感染的比例下降。在虹鳟、欧洲舌齿鲈中的研究表明，甘露聚糖能提高虹鳟、欧洲舌齿鲈的肠道微绒毛密度和长度，增加肠道可吸收面积，提高肠道对营养物质的吸收利用（Torrecillas，2011）。Dimitroglou等（2011）研究还表明，饲料添加甘露聚糖后，大西洋鲑体表黏液分泌增加，显著降低了其体表寄生虫数量，提高了养殖大西洋鲑机体健康水平。

在实际的生产中，许多饲料生产企业通常添加的为酵母细胞壁多糖，而非纯的β-葡聚糖。刘栋辉（2002）的研究结果证实，在斑节对虾饲料中添加0.2%的酵母细胞壁多糖饲喂30d后，对虾血淋巴比容、血清蛋白含量、对虾的成活率、对虾的特定生长率等指标均显著高于对照组；用白斑病毒和弧菌攻毒后，添加酵母细胞壁多糖组对虾的相对成活率显著提高。将安琪酵母股份有限公司生产的酵母细胞壁多糖，采用腹腔注射方式注入凡纳滨对虾、克氏原螯虾体内，24h、48h、72h取样结果表明，酵母多糖能显著地提高虾类肝胰腺、血清中的酸性磷酸酶和碱性磷酸酶的活性；饲喂添加酵母细胞壁多糖的饲料28d后，对虾肝胰腺的酸性磷酸酶和碱性磷酸酶活性也显著提高，对哈维氏弧菌感染的抵抗能力明显增强（陈昌福，2006）。相比对照组，通过测定试验鱼的耐低氧、运输和抗干旱能力，摄食添加有酵母细胞壁多糖的草鱼、异育银鲫的抗应激能力提高（聂琴，2014）。

5. 在其他动物生产中的应用 作为天然的免疫增强剂，酵母细胞壁多糖在毛皮动物、宠物中应用广泛。酵母细胞壁多糖吸附病原菌，促进免疫系统发育，增强抵抗力，能吸附霉菌毒素，降低霉菌毒素对机体的毒害作用。研究报道，饲喂 0.45% 的酵母细胞壁能显著提高犬粪便中双歧杆菌数量，降低大肠杆菌数量，此外还能提高血清中 IgA、IgM 的含量（Middelbos 等，2007）。

（四）酵母细胞壁及其加工产品的加工方法与工艺

如图 4-6 所示。

图 4-6 酵母细胞壁及其加工产品的工艺简图

七、酵母及其加工产品作为饲料资源开发利用的政策建议

（一）加强开发利用酵母及其加工产品作为饲料资源

饲用蛋白的结构性短缺是制约我国畜牧业发展的主要瓶颈。国家也愈发重视利用生物发酵技术等手段挖掘新的饲料蛋白资源，提高现有饲料资源的蛋白含量和营养价值。酵母是一种来源广、价格低、氨基酸比较全面的单细胞蛋白，蛋白质含量高达 45% 以上，且富含生物体所必需的多种维生素和微量元素。因此，加强开发利用酵母及其加工产品作为饲料资源对缓解饲料蛋白总量短缺具有重要意义。

（二）改善酵母及其加工产品作为饲料资源开发利用方式

随着酵母行业规模的不断扩大、生产工艺水平的不断提高，必将带来酵母源生物饲料的持续技术升级和发展。围绕强化酵母源产品应用效果，可以进行以下措施来改善酵母及其加工产品作为饲料资源开发利用方式。

1. 针对用途优化筛选菌种 酵母菌具备碳源利用广谱性强、耐酸、耐高温、蛋白质合成能力强等优良特性，以性状优良的野生型酵母菌为出发菌株，通过分子育种技术构建具有特定强化功能的转化体，如高产酶、氨基酸、维生素等的酵母菌等。通过采用一系列育种手段增加酵母胞内蛋氨酸、赖氨酸含量，使得酵母蛋白饲料中氨基酸组成更加合理。

2. 强化效果，优化工艺 酵母水解物的诱食性在目前的应用中逐渐凸显，但酵母水解物的诱食功能和作用还未充分发挥出来，主要受制于对养殖动物摄食生理及摄食感受器生化机制的研究。要挖掘酵母类诱食剂的深层次价值，需从以下几个方面着手：①筛选适合作为诱食剂的酵母菌种；②寻找适合提高呈味核苷酸、鲜味氨基酸及诱食肽含量的加工工艺；③以酵母水解物为基础进行诱食物质的配伍，针对不同动物开发专用的诱食剂并确定最适添加量。

3. 重视沿用，平衡和强化营养配比 酵母水解物虽然在氨基酸组成、氨基酸含量上与鱼粉、血浆蛋白粉存在一定差距，但同时也具有优势，如含有一些功能性成分——核酸、小肽。在未来酵母源生物饲料的开发过程中，若能与其他原料合理搭配，进行适当的营养配比，或者通过菌种的选育及工艺改进来提升产品品质，完善酵母类蛋白原料的营养价值，酵母水解物将会在饲料中应用得更为广泛。

（三）制定酵母及其加工产品作为饲料产品标准

伴随着国家有意识地为酵母源生物饲料的良性发展助力，我国亟待开发质优价廉的品牌性产品，依靠具有自主研发能力的企业自身和国家科研机构以及相关部门，大力投入对酵母类产品的系统研究和应用推广，制定相关产品的质量标准，严格要求企业对该产品进行质量控制，行业主管部门加强监管力度，避免不达标的产品进入到流通环节，这一系列措施的实行才能有效保障行业健康快速的发展。

（四）科学制定酵母及其加工产品作为饲料原料在日粮中的适宜添加量

养殖动物种类众多，不同种类间的生理状态差异较大，且随着养殖环境的不同有所差异。因此，酵母及其加工产品作为饲用原料在用途、使用方法、剂量、周期性效应等方面也不完全相同，要根据不同养殖对象、不同养殖环境、不同使用目的等进行深化研究，以保障应用效果。

（宁波大学周歧存，广东海洋大学谭北平）

第二节　食用菌及其加工产品

一、食用菌及其加工产品概述

（一）我国食用菌及其加工产品资源现状

食用菌因其营养丰富，味道鲜美而备受世人青睐。目前，食用菌产业发展迅速，得到了高度重视和跨越式发展。随着食用菌栽培规模的迅速扩大，食用菌废料也越来越多。食用菌废料又称菌糠、菌渣、下脚料等，含有丰富的蛋白质、多糖及矿物质。2013年中国食用菌总产量达到2 936万 t，随之产生的副产物菌渣为1 400万～1 700万 t，从2013年的统计数据看，按产量计，排在前 6 位的品种分别是：香菇（710.32 万 t）、平菇（594.83 万 t）、黑木耳（556.39 万 t）、金针菇（272.9 万 t）、双孢蘑菇（237.73 万 t）、毛木耳（130.87 万 t），这 6 个品种食用菌的总产量占当年全国食用菌总产量的78.97%，是我国食用菌产品的主要品种。因此，要开发菌渣的饲料利用价值，应该优先关注这 6 个优势品种。

目前，菌糠的处理方式大多数为焚烧或随意丢弃，少数用于食用菌栽培的二次培养料，或开发成肥料，或土壤改良还田，极小部分开发用作动物的饲料补充料。菌渣的主要成分是棉籽皮、农作物秸秆、玉米芯、锯木屑及残余菌丝体。食用菌废弃料是一种很好的农作物有机肥料资源，其有机质含量一般在 45%～54%，另外，还含有大量的活性微生物及其残体，有利于土壤养分的分解与释放。

（二）食用菌及其加工产品作为饲料原料利用存在的问题

处理菌渣的传统方法是丢弃或燃烧，燃烧只能快速地取得其中 10% 左右的热能，是对生物量的不合理利用；菌渣中含有丰富的蛋白质和其他营养成分，随意丢弃是对资源的浪费，同时还导致霉菌和害虫的滋生，增加空气中有害孢子和害虫的数量，造成环境污染。国内外研究报道表明，菌糠中含有大量的粗蛋白质和丰富的糖类、有机酸类及其他营养物质。另外，菌糠中还含有大量的纤维素、半纤维素、木质素和抗营养分子，这些成分难以被畜禽直接消化利用，因此结合菌糠的理化性质，如何科学合理开发菌糠饲料，越来越受到人们的关注。调查显示每生产 1kg 的食用菌约产生菌糠的数量为3.25kg。目前，大部分的菌糠被随意废弃，造成了环境的严重污染，合理开发利用食用菌菌糠使其资源化高效利用不仅可以解决环境污染问题，还可以由废变宝生产其他有用的物质，从而进一步促进食用菌产业的可持续发展。

（三）开发利用食用菌及其加工产品作为饲料原料的意义

菌糠一般的成分主要包括秸秆、木屑、干草、玉米芯等高木质纤维性物料，米糠、麦麸、畜禽粪便、尿素等养分调理性物料，以及石灰粉、石膏粉等 pH 调理性物料等。菌糠中含有大量的菌糠蛋白、多糖和微量元素，其营养价值与糠麸类饲料相当，经过适当的配比和加工处理后可部分或全部代替糠麸类饲料，在一定程度上降低生产成本。

众所周知，多糖具有抗血凝、解毒和免疫作用，多肽衍生物为抗体，皂苷的衍生物有抗菌作用，这些化学成分构成了菌糠的抗病系统，不仅提高了畜禽的抗病力，还对畜禽代谢机能起到了调节作用。有研究分析发现金针菇菌糠含有 8.76% 的粗蛋白质、0.62% 的粗脂肪、30.0% 的粗纤维和 7.93% 的灰分，玉米芯平菇菌糠含有 5.96% 的粗蛋白质、18.87% 的粗纤维、3.25% 的粗脂肪和 1.89% 的灰分，平菇木屑菌糠含有6.86% 的粗蛋白质、21.77% 的粗纤维、1.6% 的粗脂肪和 20.18% 的灰分。此外，菌糠中还检测到代谢产物如有机酸、黄酮类、多肽、生物碱、酚性物以及皂苷植物甾醇和三萜皂苷等化学物质。

随着食用菌需求量的增加，菌糠废料的产量也越来越大，菌糠的高效利用不仅使菌糠由废变宝，还解决了环境污染问题。同时，菌糠作为新型的饲料促进了食用菌和畜牧业的共同发展，形成了农业生态的良性循环。

二、食用菌及其加工产品的营养价值

常见食用菌及其加工产品的常规营养成分、氨基酸、脂肪酸等营养价值信息参见表4-10、表 4-11、表 4-12、表 4-13、表 4-14、表 4-15 和表 4-16。

表 4-10　金针菇、蛹虫草、平菇、杏鲍菇、香菇及滑菇菌渣常规营养成分（%）

种类	水分	粗蛋白质	粗脂肪	粗灰分
金针菇	10.06	4.05	0.97	1.18

（续）

种类	水分	粗蛋白质	粗脂肪	粗灰分
蛹虫草	3.91	4.21	1.05	2.46
平菇	10.08	4.92	0.78	4.50
杏鲍菇	9.90	4.06	0.82	1.24
香菇	6.88	3.92	0.98	1.83
滑菇	9.64	4.71	0.94	4.48

资料来源：范文丽等（2013）。

表 4-11　食用菌副产品的化学组成（%）

食用菌种类	水分	灰分	总糖	粗蛋白质	粗纤维
灵芝子实体	11.70	0.65	38.37	10.98	35.38
灵芝孢子粉（去除孢子油）	11.79	1.05	23.00	36.17	31.72
灵芝菌丝体	9.83	1.20	43.47	26.86	9.28
杏鲍菇	9.91	1.15	43.38	21.99	4.70
猴头菇	5.80	1.17	32.74	24.77	5.06
灰树花	9.95	1.00	53.71	12.22	3.37
鸡腿菇	9.55	4.53	44.34	18.09	0.85
香菇	8.30	1.17	43.58	22.09	1.78
茯苓	10.39	0.43	66.04	2.17	0.63
蛹虫草	8.53	0.98	29.75	25.34	11.95

资料来源：肖楠等（2015）。

表 4-12　食用菌副产品的葡聚糖含量（%）

食用菌种类	总葡聚糖	α-葡聚糖	β-葡聚糖
灵芝子实体	33.31	0.69	32.62
灵芝孢子粉（去除孢子油）	19.41	0.85	18.56
灵芝菌丝体	41.27	1.44	39.83
杏鲍菇	38.22	5.93	32.29
猴头菇	28.19	1.11	27.07
灰树花	36.63	2.80	33.83
鸡腿菇	36.93	17.08	19.86
香菇	32.92	1.85	31.08
茯苓	59.58	0.12	59.46
蛹虫草	24.33	2.97	21.36

资料来源：肖楠等（2015）。

表 4-13　金针菇、蛹虫草、平菇、杏鲍菇、香菇及滑菇菌糠中纤维、钙、磷和氯化物含量（%）

种类	中性洗涤纤维	酸性洗涤纤维	总钙含量	总磷含量	总钙/总磷	水溶性氯化物含量
金针菇	38.11	36.31	1.23	2.22	0.55	0.04
蛹虫草	8.77	8.09	0.13	2.24	0.06	0.12
平菇	23.13	19.08	2.11	2.15	0.98	0.14
杏鲍菇	20.18	26.03	2.12	2.45	0.87	0.08
香菇	46.47	49.29	1.14	2.32	0.49	0.04
滑菇	64.84	46.83	0.72	2.10	0.34	0.05

资料来源：范文丽等（2013）。

表 4-14　金针菇、蛹虫草、平菇、杏鲍菇、香菇及滑菇菌糠中可溶性氨基酸含量（mg/kg）

氨基酸	金针菇	蛹虫草	平菇	杏鲍菇	香菇	滑菇
天冬氨酸	127.064	838.883	81.645	163.635	125.579	23.868
苏氨酸	193.766	209.426	108.722	214.212	339.558	32.077
丝氨酸	131.941	413.501	108.735	172.515	111.641	5.366
谷氨酸	259.501	507.021	152.066	300.977	221.234	39.462
甘氨酸	49.763	171.039	55.568	62.978	80.340	16.959
丙氨酸	208.798	1 002.447	113.401	252.993	225.640	15.880
胱氨酸	365.456	276.558	320.769	464.005	451.602	676.252
缬氨酸	214.663	293.696	121.344	236.035	148.901	—
蛋氨酸	25.385	—	21.744	27.958	22.764	28.083
异亮氨酸	90.767	112.066	40.935	96.890	25.273	6.309
亮氨酸	153.927	269.828	47.710	104.765	32.556	—
酪氨酸	208.631	237.841	67.509	127.871	123.297	96.918
苯丙氨酸	124.420	131.744	—	105.637	80.103	—
赖氨酸	91.228	178.605	42.923	95.313	103.543	33.575
组氨酸	5.518	32.185	5.660	5.806	27.520	—
精氨酸	37.139	128.318	9.820	80.904	339.670	2.017
脯氨酸	37.454	771.796	45.878	57.811	84.357	—

资料来源：范文丽等（2013）。

表 4-15　食用菌副产品的氨基酸组成（%）

氨基酸	灵芝子实体	灵芝孢子粉（去除孢子油）	灵芝菌丝体	杏鲍菇	猴头菇	灰树花	鸡腿菇	香菇	茯苓	蛹虫草
天冬氨酸	0.50	1.15	0.89	2.34	1.58	0.64	1.90	2.03	0.08	2.40
苏氨酸	0.24	0.76	0.46	1.41	1.16	0.49	0.99	1.72	0.07	2.41
丝氨酸	0.34	0.67	0.54	1.33	1.21	0.48	0.70	1.13	0.08	1.64
谷氨酸	0.82	1.43	0.80	2.38	2.51	0.81	2.22	2.76	0.11	2.45
甘氨酸	0.30	0.71	0.56	1.21	1.10	0.47	0.87	1.09	0.05	1.36

（续）

氨基酸	灵芝子实体	灵芝孢子粉（去除孢子油）	灵芝菌丝体	杏鲍菇	猴头菇	灰树花	鸡腿菇	香菇	茯苓	蛹虫草
丙氨酸	0.42	0.83	0.59	1.37	1.41	0.54	1.08	1.39	0.06	1.64
半胱氨酸	0.03	0.02	0.05	0.02	0.03	0.01	0.03	0.05	0	0.12
缬氨酸	0.42	0.74	0.67	1.32	1.39	0.55	1.13	1.35	0.06	1.66
蛋氨酸	0.01	0.02	0.03	0.10	0.01	0.02	0.04	0.04	0.01	0.03
异亮氨酸	1.07	1.75	1.13	1.84	2.39	1.08	1.64	1.89	0.12	1.75
亮氨酸	0.47	1.04	0.75	1.83	2.02	0.88	1.67	2.01	0.07	1.91
酪氨酸	0.24	0.64	0.43	0.99	0.91	0.42	0.81	0.92	0.08	1.08
苯丙氨酸	0.35	0.58	0.34	1.09	1.11	0.51	0.99	1.17	0.05	1.21
赖氨酸	0.26	0.66	0.26	1.37	1.24	0.49	1.10	1.41	0.03	1.46
组氨酸	0.13	0.33	0.16	0.52	0.55	0.23	0.43	0.56	0.01	0.63
精氨酸	0.28	0.76	0.31	1.38	1.47	0.62	1.18	1.44	0.04	1.66
脯氨酸	0.28	0.61	0.36	0.88	0.93	0.35	0.77	0.95	0.03	1.45

资料来源：范文丽等（2013）。

表 4-16　菌糠中的生物活性酶活力（U/g）

种类	纤维素酶酶活力	木聚糖酶酶活力	果胶酶酶活力
香菇菌糠	16.56	13.82	2.61
金针菇菌糠	6.63	15.20	2.31

三、食用菌及其加工产品中的抗营养因子

宫福臣等（2012）依据国家饲料卫生标准要求对第 4 潮菌糠中的游离棉酚、黄曲霉毒素 B_1 和重金属含量等指标进行了检测，其中游离棉酚的含量仅为 67.90mg/kg，未测出黄曲霉毒素 B_1（<10μg/kg），铅、铬、镉、氟的含量分别为 0.43mg/kg、0.73mg/kg、0.02mg/kg 及 5.10mg/kg，砷和汞未检出，均符合国家饲料安全标准（表 4-17、表 4-18 和表 4-19）。因此，用第 4 潮菌糠制备反刍动物粗饲料可满足要求，切实可行。

表 4-17　平菇不同生长阶段培养基中游离棉酚和黄曲霉毒素 B_1 的含量

项目	栽培料	发菌期	第 1 潮	第 2 潮	第 3 潮	第 4 潮	第 5 潮
游离棉酚（mg/kg）	14.89	21.88	31.16	53.70	50.14	67.90	98.24
黄曲霉毒素 B_1（μg/kg）	未检出（<10）	未检出（<10）	未检出（<10）	未检出（<10）	未检出（<10）	未检出（<10）	未检出（<10）

资料来源：宫福臣等（2012）。

表 4-18　第 4 潮平菇菌糠中重金属含量的检测（mg/kg）

铅	砷	铬	镉	汞	氟
0.43	未检出	0.73	0.02	未检出	5.10

资料来源：宫福臣等（2012）。

表 4-19　第 4 潮平菇菌糠中有害微生物的检测（个/g）

细菌总数	霉菌总数
2.18×10^8	2.30×10^4

资料来源：宫福臣等（2012）。

四、食用菌及其加工产品在动物生产中的应用

（一）在养猪生产中的应用

宋汉英（1985）用 20％香菇菌渣代替米糠粉喂猪，发现猪的生长正常，每增重 1kg，试验组比对照组节约饲料 0.71kg；饲养的经济效益方面，试验组比对照组高 30.20％，且肉质无异。钟德山等（1994）用含稻草和麦秸的菌糠饲料饲喂生长猪的试验表明，在日粮中的菌糠比例达 20％～30％，猪不仅食欲旺盛、皮肤发红、被毛光亮、生长发育正常，而且降低饲料成本 10％～25％。李浩波等（2005）的试验表明，在繁殖母猪日粮中添加 10％～30％的菌糠效果最佳，对其窝均产活仔数、平均初生重、泌乳力和断奶周期内返情率等繁殖性能均表达为强的正相关，并具有提高仔猪断奶成活数和降低仔猪腹泻等疾病的功能。

用菌糠替代部分日粮饲喂猪，具有优于米糠的饲喂效果。把约克夏育肥猪随机分成基础日料组，含发酵菌糠 14％、16％和 18％的试验组进行饲喂试验，结果发酵菌糠对育肥猪生产性能和胴体品质无显著影响。用平菇菌糠代替玉米-豆粕型基础日粮中 5％和 8％的麸皮，试验组猪在试验全期的体增重和饲料转化率略有提高，说明用平菇菌糠替代部分麸皮是完全可行的。在日粮中添加油菜秸秆菌糠替代 20％日粮，较对照（饲喂日粮）平均日增重和饲料利用率分别提高 6.24％和 3.86％，屠宰率和其他屠宰指标差异也不显著，而且还节省成本，提高经济效益。

（二）在反刍动物生产中的应用

李大军和李玉（2011）用平菇菌糠按不同比例替换绵羊日粮精补料中的玉米，检验菌糠的饲用效果。体重 25kg 左右的育成绵羊 40 只，分为 5 组，每日每只羊补充 0.6kg 精补料，各组分别用平菇菌糠按风干重的 0、5％、10％、15％、20％的比例等量替换精补料中的玉米，粗饲料玉米秸自由采食。试验期 28d，菌糠替换绵羊精补料中玉米的比例与增重相关，在试验各组间的统计差异不显著（$P > 0.05$），替换比例在 5％～15％的试验组增重和经济效果最佳。

马玉胜（1996）以麦秸、稻草等农作物秸秆生产食用菌，用其菌渣饲喂奶山羊，经 60d 试验，饲喂食用菌菌渣的试验组比饲喂氨化麦秸的对照组产奶量提高 19.4％，粗饲料利用率提高 13.2％，两组间乳脂率无差异。黄增利（2007）的实验研究表明，平菇菌糠饲喂育肥牛，日增重提高 30.4％，每增重 1kg 少消耗精料 1.25kg，且适口性好，经济效益显著，适合推广应用。程云辉等（2007）研究认为，秸秆菌糠以 20％的比例加入肉羊育肥的饲料中，育肥效果与全饲料无明显差异，从而丰富了饲料来源，节省了饲料成本。陈学通等（2005）用白灵菌渣替代麦草饲喂育肥羊，对照组增重差异不显

著，从而说明白灵菌渣可以部分替代麦草作为羊的粗饲料加以利用。胡月超等（2009）利用棉籽壳菌糠替代部分苇草对杜寒杂交羊进行育肥试验，试验组羊的平均日增重比对照组提高42.7％，差异显著。李进杰等（2005）用平菇菌糠饲喂杂交山羊，结果表明试验组羊的平均日增重比对照组（添加玉米秸秆）多28g，比对照组提高了34.6％。以上研究表明多种类型的菌糠均可代替肉羊日粮中的粗饲料，能得到较好的育肥效果。盛清凯等（2011）利用金针菇菌渣替代日粮中的麸皮饲养青山羊，分别饲喂添加麸皮比例为16％的对照日粮和用金针菇菌渣完全替代麸皮的试验日粮，结果表明金针菇菌渣完全可以替代麸皮用于肉羊育肥；利用金针菇菌渣作饲料，可以降低肉羊饲料成本，促进菌渣增值。

潘军等（2010）分别用白灵菇菌糠替代肉牛日粮中0、20％、40％和60％的麦秸，结果试验组肉牛的平均日增重分别比对照组提高了1.59％、10.32％和2.38％，料重比较对照组分别下降了1.56％、9.35％和2.33％，盈利分别比对照组提高了3.66％、16.92％和7.24％。另外，用平菇菌糠替代40％水平的花生秧能显著降低山羊瘤胃内苜蓿青干草有机物的消失率，并能显著或极显著提高瘤胃内粗蛋白质在6h、36h、48h和72h时的消失率。李浩波等（2007）分别用平菇菌糠替代10％、20％和30％水平的基础日粮来饲喂杂阉牛，结果3种添加水平的菌糠均显著改善了杂阉牛的育肥效果。其中，20％添加组牛的总增重、平均日增重、料重比及头均纯收入等指标均为最佳。

（三）在家禽生产中的应用

钟德山等（1991）试验认为，蘑菇菌糠在4周龄肉用仔鸡饲料中加入6％，试验结果比对照组增重14.3％，饲料消耗下降12.2％，成本明显下降，经济效益增加十分可观。菌糠不仅含有较丰富的营养成分，而且含大量的菌丝体及代谢产物，能够显著提高畜禽的抗病力和生产力。金针菇菌糠饲喂昌图鹅仔鹅，试验组每只仔鹅日增重比对照组提高4.48％，经济效益增加19.3％。添加菌糠饲料喂饲肉鹅，虽然肉鹅增重略低于饲喂常规精料，但差异不显著，而且添加菌糠饲喂经济效益提高11.9％～22％，具有实际开发价值。应用北虫草菌糠饲喂肉鸡、蛋鸡和蛋鸭，肉鸡试验组较常规喂养（对照组）提高仔鸡成活率3％，日增重提高5.52％，料重比下降7.1％，饲料成本下降10％；蛋鸡产蛋率较对照提高1.5％，日产蛋量提高3.56％；蛋鸭试验组较对照组平均产蛋率提高12.5％，日平均产蛋量提高21.85％，平均蛋质量提高2.8％。

梁淑珍等（2012）在AA肉仔鸡日粮中分别添加0、5g/kg、10g/kg和20g/kg水平的平菇菌糠，结果20g/kg水平的添加量使肉仔鸡的体增重提高了5.59％，料重比降低了3.46％，经济效益增加了8.05％。池雪林等（2007）在48周龄海兰褐商品蛋鸡日粮中添加2.5g/kg水平的菌糠，结果使蛋鸡的料蛋比降低了11.0％，产蛋率提高了3.29％，并使鸡蛋中的胆固醇含量降低了10.4％。张雅雪等（2010）在肉鸭日粮中分别添加2％、4％和6％水平的鸡腿菇菌糠，结果显著提高了肉鸭的采食量，并有提高肉鸭平均日增重和降低料重比的趋势，2％和4％水平的添加量能在一定程度上增加肉鸭盲肠中双歧杆菌和乳酸杆菌的数量。此外，李超等（2007）用金针菇菌糠替代昌图鹅仔鹅日粮中15％的混合精料，结果使仔鹅的日增重比对照组提高了4.48％，经济效益增加了19.3％。

（四）在水产品生产中的应用

庞思成（1993）以菌渣代替麸皮喂养尼罗罗非鱼，在饲料中添加 30％菌渣，不但能满足鱼的生长，而且还可节约部分麸皮，使饲料成本下降了 8.3％，经济效益显著。

（五）在其他动物生产中的应用

张汝锦等（1985）用香菇菌渣喂兔，不但适口性好，且毛重、毛长和体重的增长效果明显。雷雪芹等（1993）报道认为，草菇菌糠可有效地促进蚯蚓的生长和繁殖，发现 1kg 菌糠可增殖蚯蚓 5～6kg。王利民等（2014）研究金针菇菌渣 25％、50％、75％ 和 100％ 不同比例替代麸皮对肉兔生产性能的影响，结果显示，菌渣 100％ 代替麸皮对肉兔生产性能无不良影响，肉兔料重比显著降低（$P<0.05$），饲料成本降低，养殖效益增加，表明金针菇菌渣可以完全替代麸皮。李淑芬和靳庆生（1989）试验结果认为，饲料中加入 25％、35％ 的菌糠饲料，兔采食迅速，皮毛光亮，繁殖母兔产仔数增加、成活率提高和泌乳能力提高，肉用兔日增重、饲料转化率和经济效益显著提高。

五、食用菌及其加工产品的加工方法与工艺

（一）加工方法

菌糠因其粗纤维含量过高，导致了其饲用性能较差，严重制约了动物对营养物质的消化和吸收。降解粗纤维的加工处理方法主要有物理法、化学法和生物法 3 种。

物理法采用机械加工方法，菌糠收获后经过挑选，干燥后粉碎包装，直接加在饲料里饲喂畜禽，也可将几种不同培养料的菌糠混在一起搭配处理。此法的制作工艺比较简单，但菌糠没有经过进一步处理，粗纤维含量没有变化，粗蛋白质、粗脂肪等物质含量仍然较低，无法大量代替饲料，难以有效降低成本。

化学处理主要是利用酸化、碱化、氨化等化学方法对菌糠进行处理，进一步降解木质纤维素。酸化处理是指在适宜的温度条件下，用稀释的酸来处理木质纤维素，主要是因为在酸性环境下，纤维素更容易被水解成单体、糖醛和其他挥发性产物，因此可提高木质纤维素的可利用率。菌糠经酸处理后，半纤维素、木质素大部分转化为糖，剩余的粗纤维将进一步被动物体内的酶水解。Zheng 等（2013）用稀酸处理甜菜渣，结果表明，甜菜渣的水解率从 33％ 提高至 93％，同时有 62％ 的总还原糖生成。碱化处理是指在强碱作用下，通过溶解和皂化反应使木质素膨胀，进而形成多孔结构，促进动物消化酶对其的降解，同时碱化促进木质素溶解，改变纤维素化学结构，提高饲料营养品质。Wang 等（2006）用 1.5％、3.0％、4.5％、6.0％ 和 7.5％ 5 个水平 NaOH 溶液对稻草进行处理，结果表明，处理后稻草的容重、纤维膨胀度、持水力和体外有机物降解率都呈直线性上升。氨化处理可使纤维素结构膨胀，提高木质纤维素的降解率和青贮料含糖量。氨化还能阻止微生物的代谢活动，增加饲料保存时间。氨化能够降低木质素和结构性碳水化合物，提高粗饲料消化率、粗蛋白质含量及纤维素酶的消化率。Oji 等（2007）向玉米秸添加 3％ 氨水进行氨化处理，结果表明，添加尿素、氨水试验组显著提高了玉米秸的粗蛋白质、NH_3-N 和可溶性氮的含量，降低了酸性和中性洗涤纤维。

此外，化学处理还包括化学协同处理，为了既能提高粗饲料营养成分含量，又能提高饲料的消化率，同时降低化学处理在实际生产中的成本，可以根据各个处理方法的优点进行结合，目前结合较多的是氨化与碱化两种。Wanapat 等（2009）报道，分别用 5.5％的尿素和 2.2％尿素＋2.2％ Ca（OH）$_2$ 复合处理稻草，结果表明复合处理总体上比单一尿素处理好，有利于更好地应用实践生产中。

生物处理主要是指在适宜培养条件下，某些有益微生物在菌糠中发酵，从而降解菌糠中难以利用的木质纤维素，增加蛋白、脂肪等有益物质，改善风味，提高菌糠的营养价值。微生物种类繁多，代谢各异，可利用资源丰富，而且微生物蛋白质含量较高，具备无污染、作用温和等特点，从而使生物处理成为近期的研究热点。目前越来越多的学者在研究采用生物处理，改善菌糠等常规粗饲料营养价值。刘子瑜（2013）以平菇菌糠为研究对象，分别在菌糠中接种酿酒酵母、热带假丝酵母，结果表明，酿酒酵母对菌糠的中性洗涤纤维、真蛋白质的影响较大；热带假丝酵母对酸性洗涤纤维、有机物、粗脂肪影响较大。

（二）菌糠饲料生产工艺流程

目前，菌糠饲料的生产主要是将机械加工和生物处理相结合，提高其粗蛋白质、粗脂肪和多糖等物质含量，尽可能降解木质纤维素，制备畜禽饲料。其生产流程详见图 4-7。

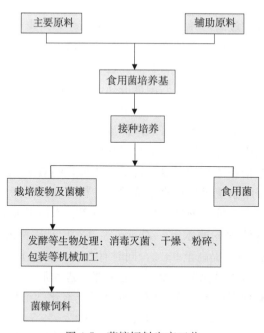

图 4-7　菌糠饲料生产工艺

六、食用菌及其加工产品作为饲料资源开发利用的政策建议

（一）加强开发利用食用菌及其加工产品作为饲料资源

开发利用菌渣及其加工品作为饲料原料，有两个重要的先决条件，其一，规模化、

工厂化的上游食用菌生产产业；其二，菌渣具有较高的营养价值。

一方面，目前，我国食用菌生产产业化、集团化程度还不高，大部分的种类，基本还分散在千家万户，规模小、地域分散，全自动或半自动中小型机械的应用较少。2013年，我国 3 148 万 t 食用菌预测产量中，仅有 205 万 t 产量为工厂化生产，对应的预测工厂化比例为 6.51％。农户分散生产的方式决定了菌渣的收集成本较高，不利于实现其大规模的饲料源化利用。因此，要实现菌渣及其加工产品的饲料源化利用，首先应该聚焦工厂化生产程度较高的品种。要开发菌渣的饲料利用价值，应该优先关注优势品种。而在这 6 个优势品种中，又以金针菇的工厂化程度最高。

另一方面，从营养价值来看，已成产业规模的品种，其菌渣均已在畜禽饲料中进行过一些应用试验，结果表明，香菇、金针菇、杏鲍菇和黑木耳菌渣的营养价值相对较高。从蛋白含量看，黑木耳、金针菇和香菇菌渣蛋白含量较高，可达到 6％～10％。从总氨基酸含量上看，香菇、杏鲍菇和金针菇菌渣含量较高，适合作为精细饲料的填充料。从脂肪含量来看，金针菇、黑木耳、香菇脂肪含量在 1％左右。从水溶性氨基酸含量来看，香菇、杏鲍菇和金针菇菌渣中含量较高。从钙、磷等矿物元素含量来看，各菌渣均在饲料的适宜范围内，其中，金针菇、黑木耳和香菇菌渣磷含量表现良好，金针菇菌渣含量为 0.5％，显著高于其他菌渣；钙含量为 2％～3％，黑木耳表现最好。当然，这些营养成分的具体数值仅是基于某些批次统计，不同厂家、批次之间生产方式、工艺条件差别很大，因此，营养成分的具体数值变异也较大，但是，菌渣种类间总体的比较趋势大体一致。

因此，综合产业规模、工厂化水平及菌渣营养价值看，建议以金针菇为代表性种类，大量发展其菌渣资源饲料源化利用，并建立金针菇菌渣产业示范，以辐射、影响、带动其他种类的菌渣饲料源化利用。截至目前，从金针菇菌渣饲料产品的一些应用情况来看，金针菇菌渣在肉兔、肉牛和肉羊日粮中使用都有成功的案例。

（二）改善食用菌及其加工产品作为饲料资源的开发利用方式

无论从产业规模、工厂化水平及菌渣营养价值看，黑木耳和香菇的菌渣都具有良好的饲料源化应用前景。但是，同其他以棉籽壳、秸秆、玉米芯等原料为主的菌种不同，黑木耳和香菇菌生产需要大量的木屑原料，而木屑原料中含有的木质素和纤维素等远远高于棉籽壳、秸秆、玉米芯等原料，因此需要优化黑木耳和香菇菌渣的开发利用方式，以提高其营养价值。

发酵技术可以对菌渣进行二次加工，利用可以产木质素和纤维素酶的微生物有效降低菌渣中木质素和纤维素的含量，提高其消化率。菌渣发酵饲料是指在人为控制的条件下，通过添加调质剂和一种或多种高效微生物，经过发酵作用，生产一种营养成分定向调控的新型绿色生物饲料。而且，原料经过发酵后，会产生更多的具有广泛生物活性的小分子肽类及具有抗血凝、解毒和免疫作用的多糖类物质，从而更好地促进养殖动物生长、维持机体健康。在制作黑木耳和香菇菌发酵料时还可以添加一些发酵剂，进一步降低纤维素和木质素的含量。常用的添加剂有发酵促进剂、乳酸菌接种剂、纤维素酶制剂和碳水化合物等，发酵抑制剂甲酸、甲醛等，营养添加剂糖等。

利用微生物对菌渣进行发酵处理能够较好地改善菌渣品质。该处理方式对菌渣结构及其微生物背景了解相对清楚，比较精确地调整菌渣结构使其在作物增产、抗病等方面发挥最大效能。相对其他处理方式而言，其稳定性和营养性都要好很多，究其原因，是在可控条件下，菌渣与微生物的作用事实上经过了两次平衡过程，菌渣成分达到了一定的稳定水平，营养成分之间的相互作用也更加充分。

菌渣发酵饲料作为一种新型的绿色生物饲料资源，今后应加强引导和支持，让养殖户充分认识发展菌渣发酵饲料的重要意义，并抓好菌渣发酵饲料在动物生产中的成功典型，推动菌渣发酵饲料发展。但同时也要注意，因不同品种菌渣发酵的菌种组合、接种量和发酵条件等的不同，生产的发酵饲料营养成分差异较大，饲料加工、贮存和动物种类以及饲养条件等因素也存在差异，菌渣发酵饲料的实际应用效果差异也会很大。因此，应筛选繁殖、抗杂菌能力强并对粗纤维有强大分解能力的菌种对不同菌渣发酵，研究其有效成分，并对菌渣发酵饲料适用动物种类以及添加量进行深入研究。

（三）制定食用菌及其加工产品作为饲料产品标准

从产业规模、工厂化水平及菌渣营养价值来看，香菇、平菇、黑木耳及金针菇实现规模化菌渣饲料源化利用的前景最为广阔。因此，应该首先制定基于这4种菌渣开发的饲料产品的技术标准。菌渣作为一种新型的饲料资源，缺乏统一规范的生产指标与生产工艺，这大大阻碍了其大规模推广使用。尤其需要关注的是菌渣饲料原料产品的安全性问题。菌渣的残留农药如不进行无害化处理，会对动物体造成一定的危害。棉籽壳等原料的菌渣会含有高含量的酮、酚、苷类抗营养物质，如在饲料中大量添加，会损害动物健康，尤其是损害动物肠道健康，引起炎症反应。另外，菌渣作为一种废弃物，在食用菌的子实体收获后，其仓储常常不被重视，易引起腐烂、霉变等，动物摄食后会引起动物中毒。这些问题都需要严格、统一的技术标准来进行规范。

此外，这些产品标准的制定应该结合上游食用菌生产产业的相关标准，进一步细化不同原料和生产工艺得到的菌渣的处理方法，以便确保所有情况下生产的菌渣饲料产品的品质都能得到保证。食用菌的前期生产过程中，从原料组成、理化条件控制到用药等安全性因素都存在较大的可变性，因此，后期菌渣饲料产品的生产必须充分考虑这些条件参数，来生产高质量且安全的产品。

（四）科学制定食用菌及其加工产品作为饲料原料在日粮中的适宜添加量

目前，菌渣饲料原料产品在畜禽以及水产饲料中的利用虽然已经有大量的报道，但是，这些报道大多是生产厂家或者养殖户在实际生产过程中的生产性实验，缺乏严格缜密的实验设计和长周期的效果评估，尤其是严格的安全性评估基本没有。实验缺乏统一的方法学指导，不同结果间可比性不强。例如，不同研究得出的在猪的日常饲料中加入的木屑菌渣的推荐添加量就大不相同。

另外，实验对象单一，多数菌渣产品仅仅评价了在单一养殖品种中的使用效果，数据不全面，对在其他品种中的应用缺乏指导性。例如，实验发现在肉牛的短期育肥中，菌渣饲料的添加使每头牛的净重有了明显的增加。同时，用平菇菌糠代替部分精饲料进行 30d 的产奶期奶牛的喂养，结果表明喂养出的奶牛在产奶量、产乳品质均有明显的改善。但是，在肉兔中的另外一项实验则表明，用 5％、10％、15％、20％、25％平菇菌渣饲料代替部分麦麸喂养 2 月龄的新西兰幼兔时，其增重和各方面的指标均无显著差异。

因此，对于香菇、平菇、黑木耳及金针菇来说，选取代表性的牛（反刍动物代表）、羊、猪、鸡（禽类代表）及罗非鱼（杂食性淡水鱼代表），严格评价菌渣饲料原料产品在这些动物中的有效性和安全剂量具有重要的意义，能够大大推动香菇、平菇、黑木耳及金针菇菌渣类资源的饲料原料化利用。

（五）合理开发利用食用菌及其加工产品作为饲料原料的战略性建议

1. 选取代表性种类，进行产业化示范，然后带动辐射到其他种类　如上所述，从产业规模、工厂化水平及菌渣营养价值来看，香菇、平菇、黑木耳及金针菇是进行菌渣饲料原料化利用的最合适种类，而且，这 4 种食用菌的生产原料囊括了木屑、棉籽壳、植物秸秆、玉米芯、麸皮类等所有的原料，涵盖范围广、辐射性强。开发这 4 种菌渣的饲料原料化利用技术、完善开发利用方式、制定产品标准（尤其是安全性标准）、阐明它们在代表性养殖动物日粮中的有效使用剂量和安全添加限量，对于其他种类菌渣的开发利用具有重要的示范作用。

2. 统筹产业链的上下游，提高全产业链的生产效益　菌渣饲料源化利用过程涉及上游的食用菌生产企业及下游的饲料行业和动物养殖业。但是，整个过程行业跨度较大，几乎不会由一家企业来完成，一般会涉及多个企业。政府要通过产业示范及相关政策引导上游或下游的企业来完成菌渣饲料源化利用这一过程，尤其是引导上游的食用菌生产企业来完成（或者是上游的食用菌生产企业同下游的饲料企业联合完成）。因为，上游的生产企业较易实现通过对原料、生产工艺及存储手段等方式进行调整来保证菌渣的质量，使得菌渣更加适合饲料原料化利用。一旦利润可观，上游的食用菌生产企业将更加有动力完成菌渣的饲料源化利用。

3. 运用行政力量针对薄弱环节加大调控力度　在我国食用菌生产工厂化率低，生产方式主要是农户家庭作业的情况下，菌渣饲料源化利用最大的问题在于菌渣的仓储及运输环节。一方面，要通过质量分级补贴及运费补贴的方式鼓励食用菌生产农户自觉保证菌渣的质量并自行运送到饲料原料企业；另一方面，对随意堆放、焚烧菌渣的农户要加大惩罚力度。运用行政补贴的方式不仅仅是考虑菌渣循环利用带来的经济效益，更重要的是考虑通过减少菌渣遗弃带来的环境效益。

4. 务必保证安全性　前面已经提到，食用菌生产涉及一些用药过程，也会用到一些调节理化条件的工业化学品，这些化学品可能不会进入食用菌的子实体，但是在菌渣中可能会有残留。另外，食用菌生产完成后，废弃的菌渣仓储条件通常不佳，菌渣霉变、酸败情况时有发生，因此，制定严格的产品标准尤其是安全性标准是菌渣饲料源化利用的前提。

（中国水产科学研究院黄海水产研究所梁萌青、徐后国）

参考文献

班雯婷，陈瑞荣，康佩姿，等，2015. 食用菌菌糠饲料研究概述 [J]. 轻工科技，201 (8)：21-23.

曹启民，张永北，宋绍红，等，2013. 灵芝菌糠发酵饲料对育肥猪生产性能的影响 [J]. 中国饲料 (9)：39-41.

陈学通，马先锋，曹志东，等，2005. 白灵菇菌渣饲喂育肥羊效果测定报告 [J]. 草原与牧草，25 (5)：45-46.

程云辉，钱勇，钟声，等，2007. 秸秆菌糠在肉羊育肥生产中的应用 [J]. 江苏农业学报，23 (5)：495-496.

池雪林，吴德峰，曾显成，2007. 灵芝和菌糠降低鸡蛋胆固醇的试验研究 [J]. 福建畜牧兽医，29 (4)：3-5.

范文丽，李天来，代洋，等，2013. 杏鲍菇、香菇、金针菇、蛹虫草、滑菇、平菇菌糠营养分析评价 [J]. 沈阳农业大学学报，44 (5)：673-677.

宫福臣，张东雷，张玉铎，等，2012. 平菇菌糠饲料的营养价值与安全性评估分析 [J]. 中国畜牧兽医，39 (11)：86-89.

胡连江，王占哲，赵殿枕，等，2007. 菌糠混合料喂饲肉鹅试验研究 [J]. 黑龙江农业科学 (6)：67-68.

胡月超，辛英霞，闫振富，等，2009. 棉籽壳菌糠饲喂杜寒杂交羊育肥效果 [J]. 中国草食动物，29 (3)：43-44.

怀向军，王武刚，黄旭雄，等．2013. 酵母提取物替代鱼粉对凡纳滨对虾消化机能的影响．水产科技情报，40 (5)：240-244

黄增利，2007. 平菇菌糠在肉牛育肥中的应用 [J]. 安徽农业科学，35 (14)：4203.

蒋林树，陈斌，王晓霞，等，2003. 复合化学处理对玉米秸复合颗粒饲料营养价值的影响 [J]. 北京农学院学报，18 (4)：252-254.

雷雪芹，徐廷生，1993. 菌糠饲料及其在养殖业中的应用 [J]. 河南农业科学，4：41-42.

李斌，屈东，邹成义，等，2007. 发酵菌糠对育肥猪生产性能和胴体品质的影响 [J]. 四川畜牧兽医，34 (9)：22-23.

李超，王绍斌，刘燕洁，等，2007. 金针菇菌糠饲喂昌图鹅仔鹅试验 [J]. 食用菌 (3)：60-61.

李大军，李玉，2011. 平菇菌糠替换绵羊日粮中玉米的饲喂效果试验 [J]. 饲料工业，32 (3)：33-35

李浩波，白存江，陈云杰，等，2005. 菌糠饲料对繁殖母猪生产性能的影响 [J]. 西北农业学报，14 (1)：115-120.

李浩波，高云英，雷进民，等，2007. 菌糠饲料对秦山杂阉牛短期育肥效果的影响 [J]. 河南农业大学学报，41 (4)：430-433.

李进杰，焦镭，李鹏伟，2005. 平菇菌糠在肉羊育肥中的应用 [J]. 河南畜牧兽医，26 (3)：1-2.

李淑芬，靳庆生，1989. 用菌糠饲喂家兔的试验 [J]. 中国畜牧杂志，25 (6)：38-39.

梁萍，林建斌，朱庆国，等．2010. 欧洲鳗对几种蛋白质饲料的体外消化研究．中国饲料 (22)：21-29.

梁淑珍，杨永红，吕文亭，2012. 平菇菌糠配合日粮饲喂 AA 肉鸡的效果研究 [J]. 中国饲料 (6)：28-30.

刘子瑜，2013. 不同酵母菌株发酵对菌糠营养成分的影响 [J]. 饲料博览 (2)：32-34.

潘军，刘博，廉红霞，等，2010. 菌糠在饲料中的应用研究 [J]. 家畜生态学报，31 (3)：88-94.

庞思成，1993. 菌糠代替麸皮喂养尼罗罗非鱼试验 [J]. 饲料研究，16（12）：12-14.

沈波，邬本成，王改琴 . 2014. 啤酒酵母的营养价值及其在饲料中的应用 [J]. 猪业科学，9：84-86.

盛清凯，宫志远，陶海英，2011. 金针菇菌渣在肉羊育肥中的应用 [J]. 饲料博览（3）：1-3.

孙丹丹，陶正国，吴秀丽，等，2013. 酵母提取物对断奶仔猪生产性能的影响 [J]. 饲料工业（4）：15-17.

孙召伟，邢力，王宇，等，2014. 五种菇类菌糠营养成分的比较研究 [J]. 黑龙江农业科学（9）：32-33.

汤丽琳，夏先林，张丽，等，2002. 不同处理方法对稻草营养成分影响研究 [J]. 草业科学，19（7）：26-29.

田慧，肖启明，谭周进，等，2006. 纤维素分解菌的分离及腐解稻草的研究 [J]. 湖南农业大学学报（自然科学版）（1）：49-52.

王利民，王文志，孙海涛，等，2014. 金针菇菌渣代替麸皮对肉兔生产性能的影响 [J]. 山东农业科学，46（5）：113-114.

魏占虎，李冲，李发弟，等 . 2013. 酵母 β-葡聚糖对早期断奶羔羊生产性能和采食行为的影响 [J]. 草业学报，22（4）：212-219.

吴振，江建梅，舒媛，等 . 2014. 啤酒酵母及其衍生品的应用研究进展 [J]. 中国酿造，33（10）：10-13.

肖楠，唐庆九，张劲松，等，2015. 食用菌副产物中可再利用的营养成分分析 [J]. 微生物学通报，42（10）：1929-1935.

张璐，陈立侨，洪美玲，等 . 2007. 中华绒螯蟹对 11 种饲料原料蛋白质和氨基酸的表观消化率 [J]. 水产学报，31（9）：116-121.

张汝锦，缪小志，罗国楷，1985. 香菇培养基残渣喂兔 [J]. 食用菌，7（3）：39.

张雅雪，王涛，殷中琼，等，2010. 鸡腿菇菌糠对天府肉鸭生长性能及免疫功能的影响 [J]. 中国畜牧兽医，38（11）：14-17.

郑银桦，彭聪，吴秀峰，等 . 2015. 酵母酶解物对大口黑鲈生长性能、脂类代谢及肠道组织结构的影响 [J]. 动物营养学报，27（5）：1605-1612.

钟德山，宁康健，应如海，等，1991. 菌糠饲料喂肉用仔鸡试验 [J]. 安徽农业科学技术师范学院学报（12）：80-83.

钟德山，彭光明，应如海，等，1994. 蘑菇菌糠饲用价值的研究 [J]. 安徽农业科学技术师范学院学报，8（1）：50-53.

周晖，陈刚，林小涛，2012. 三种蛋白源部分替代鱼粉对军曹鱼幼鱼生长和体成分的影响 [J]. 水产科学，31（6）：311-315

周友明，马友福，杨茜，等，2008. 日粮添加啤酒酵母葡聚糖对生猪生产性能的影响 [J]. 当代畜牧（9）：30-31

朱志明，朱旺明，崔祥东，等 . 2014. 酵母深加工产品及其在水产饲料中的应用（上）[J]. 当代水产，5：67.

朱志明，朱旺明，崔祥东，等 . 2014. 酵母深加工产品及其在水产饲料中的应用（下）[J]. 当代水产，6：60-61

邹知明，游纯波，苏和奇，等，2013. 微生态制剂发酵平菇菌糠饲养家兔的研究 [J]. 饲料研究（4）：12-15.

Barrios-urdaneta A，Ventrua M，2002. Use of dry ammoniation to improve the nutritive value of rachiaria humidicola hay [J]. Livestock Research for Rural Development，14：56-62.

Chu G M，Yang J M，Kin H Y，et al，2012. Effects of fermented mushroom (*Flammulina velutipes*) by-product diets on growth performance and carcass traits in growing-fattening Berkshire pigs [J]. Animal Science Journal，1 (8)：55-62.

Dalmo R A，Bogwald J. 2008. Beta-glucans as conductors of immune symphonies [J]. Fish Shellfish Immunol. ，25：384-396.

Eicher，S D，McKee C A，Carroll J A，et al 2006. Supplemental vitamin C and yeast cell wall beta-glucan as growth enhancers in newborn pigs and as immunomodulators after an endotoxin challenge after weaning [J]. J. Anim. Sci. ，84：2352-2360.

FÜhr F，Tesser M B，Rodrigues R V，et al，2016. Artemia enriched with hydrolyzed yeast improves growth and stress resistance of marine pejerrey *Odontesthes argentinensis* larvae [J]. Aquaculture. Aquaculture 450：173-181.

Gossett J M，Stuckey D C，Owen W F，et al，1982. Heat treatment and anaerobic digestion of refuse [J]. Journal of the Environmental Engineering Division，108 (3)：437-454.

Hendriks A T W M，Zeeman G. ，2009. Pretreatments to enhance the digestibility of lignocellulosic-iomass [J]. Bioresource Technology，100 (1)：10-18.

Karunanandaa K，Varga G A，Akin D E，et al，1995. Botanical fractions of rice straw colonized by white-rot fungi：changes in chemical composition and structure [J]. Animal Feed Science and Technology，55 (3)：179-199.

Kawamoto H，Nakatsubo F，Murakami K，1992. Protein-adsorbing capacities of Lignin samples [J]. Mokuzai Gakkaishi，38 (1) 81-84.

Khan M A，Sarwar M，Nisa M，et al，2004. Feeding value of urea treated corncobs ensiled with or ithout enzose (corn dextrose) for lactating crossbred cows [J]. Asian-Australasian Journal of Animal Sciences，17 (8)：1093-1097.

Liu D，Liu J X，Zhu S L，et al，2005. Histology of tissues and cell wall of rice straw influenced by reatment with different chemicals and rumen degradation [J]. Journal of Animal Feed Sciences，14 (2)：373-387.

Lowry，V K，Farnell M B，Ferro P J，et al，2005. Purified beta-glucan as an abiotic feed additive up-regulates the innate immune response in immature chickens against Salmonella enterica serovar Enteritidis [J]. Int. J. Food Microbiol. ，98：309-318.

Molist F，van Eerden E，Parmentier H K，et al，2014. Effects of inclusion of hydrolyzed yeast on the immune response and performance of piglets after weaning [J]. Animal Feed Science and Technology，195：136-141.

Nocek J E，Holt M G，Oppy J，2011. Effects of supplementation with yeast culture and enzymatically hydrolyzed yeast on performance of early lactation dairy cattle [J]. J. Dairy Sci. ，94：4046-4056

Oji U I，Etim H E，Okoye F C，2007. Effects of urea and aqueous ammonia treatment on the composition and nutritive value of maize residues [J]. Small Ruminant Research，69：232-236.

Oliva-Teles A，GonÇalves P. 2001. Partial replacement of fishmeal by brewers yeast Saccaromyces cerevisae in diets for sea bass *Dicentrarchus labrax* juveniles [J]. Aquaculture，202：269-278.

Rodrigues M A M，Pinto P，Bezerra R M F，et al，2008. Effect of enzyme extracts isolated from white-rot fungi on chemical composition and in vitro digestibility of wheat straw [J]. Animal Feed Science and Technology，141 (3-4)：326-338.

Sewalt V J H，Glassner W G，Beauchemin K A，1997. Lignin impact on fiberdegradation.

3. Reversal inhibition of enzymatic hydrolysis by chemical modi-fication of lignin and by additives [J]. Journal of Agricultural and Food Chemistry, 45 (5): 1823-1828.

Tajkarimi M, Riemann H P, Hajmeer M N, et al, 2008. Ammonia disinfection of animal feeds laboratory study [J]. International Journal of Food Cryobiology, 122 (1/2): 23-28.

Wanapat M, Polyorach S, Boonnop K, et al, 2009. Effects of treating rice straw with urea or urea and calcium hydroxide upon intake, digestibility, rumen fermentation and milk yield of dairy cows [J]. Livestock Science, 125 (2/3): 238-243.

Wang J K, Liu J X, 2006. Improvement of organic matter digestibility along with changes of hysical properties of rice straw by chemical treatments [J]. Journal of Animal and Feed Sciences, 1 (15): 147-157.

Weinberg Z G, Muck R E, 1996. New trends and opportunities in the development and use of inoculants for silage [J]. FEMS Microbiology Reviews, 19 (1): 53-68.

Zheng Y, Lee C, Yu C W, et al, 2013. Dilute acid pretreatment and fermentation of sugar beet pulp to thanol [J]. Applied Energy, 105: 1-7.

第五章
糟渣类产品及其副产品

第一节　白　酒　糟

一、白酒糟概述

（一）我国白酒糟及其加工产品资源现状

白酒糟是白酒生产过程中的主要副产物，我国年产鲜白酒糟约2 100万 t，折合成干物质为 800 万～1 000万 t。四川是我国白酒生产大省，从 2007 年开始，四川白酒产量超过山东，成为全国白酒生产排名第一的省份。

（二）白酒糟及其加工产品作为饲料原料利用存在的问题

酒糟中含有酒精、醛和杂醇油等有害物质。在种用家畜日粮中添加酒糟后，会导致种公畜精子活力下降，发情母畜受胎率低，怀孕母畜易流产和产死胎、弱胎，产后母畜生殖系统恢复减慢且发情推迟，哺乳母猪乳汁品质变差，仔猪下痢。在育肥猪日粮中，过量添加酒糟也极易中毒，初期表现为兴奋不安，食欲不振或废绝，腹痛、腹泻，排粪的时候先便秘后腹泻，继而步态不稳或卧地不起。抢救不及时则会出现麻痹，最后因呼吸中枢麻痹而死，个别猪还可能引起胃溃疡。肉牛酒糟中毒时往往表现为精神萎靡，食欲减退，体表出现湿疹、膝部红肿、腹部肿胀，严重时暴躁不安，卧地不起，呼吸困难，体温升高至 40.0～41.5℃，心率加快（曾波，2009）。

（三）开发利用白酒糟及其加工产品作为饲料原料的意义

当前，环境污染、粮食安全等问题日益突出，饲料原料供给不足已成为制约我国畜牧业发展的瓶颈。我国的白酒糟资源丰富，种类多、数量大，对白酒糟资源进行深入研究和开发既能缓解我国饲料资源原料供应不足的不良局面，也能避免其利用不当造成的环境污染和资源浪费。

二、白酒糟及其加工产品的营养价值

我国白酒种类繁多，采用的原料和生产工艺也不尽相同，因此酒糟中的营养成分种

类和含量差异较大，但所有酒糟中均含有较丰富的营养成分。余有贵等（2009）对国内白酒主要生产地的干白酒糟营养成分进行归纳，结果如表 5-1 所示。与玉米相比白酒糟中赖氨酸、蛋氨酸、胱氨酸、苏氨酸、色氨酸、亮氨酸、异亮氨酸、缬氨酸、精氨酸、组氨酸等必需氨基酸含量较高（表 5-2）。

表 5-1　不同地区干白酒糟营养成分比较

产区	营养成分（%）							资料来源
	干物质	粗蛋白质	粗纤维	粗脂肪	粗灰分	磷	钙	
山东	91.7	23.5	25.6	10.5	10.1			梁峰（1999）
北京	92.3	18.7	24.4	10.2	10.5			梁峰（1999）
内蒙古	91.8	17.8	22.1	9.1	9.7			梁峰（1999）
河南	92.9	16.4	18.4	5.5	14.2			梁峰（1999）
江苏	89.5	21.8	20.9	7.0	3.9	0.28	0.62	周恒刚和张志明（1996）
青海		27.3	16.4	8.1		0.13	0.76	熊欣、何芳（1996）
山西		15.5	20.6	7.0	9.2	0.32	0.42	张俊荣等（2000）
重庆		15.4	19.5	4.8	11.9	0.26	0.14	黄健（2002）
安徽		13	21	3.8		0.38	0.21	程抱奎（1999）
四川		15.4	24.1	5.1	15.4			邓骜远和罗通（2004）
四川		17.8	27.6	7.4	13.3	0.41	0.26	万炳华（1999）

资料来源：余有贵等（2009）。

表 5-2　白酒糟与玉米必需氨基酸含量比较（干物质，mg/kg）

成分	白酒糟	玉米	成分	白酒糟	玉米
赖氨酸	0.400	0.240	色氨酸	1.530	0.070
蛋氨酸	0.170	0.180	缬氨酸	0.636	0.380
胱氨酸	0.754	0.380	精氨酸	0.494	0.390
亮氨酸	0.252	0.745	苯丙氨酸	0.705	0.330
苏氨酸	0.441	0.300			

资料来源：高路（2004）。

三、白酒糟及其加工产品中的抗营养因子

白酒的酿酒原料（玉米、小麦、高粱等）易受黄曲霉毒素污染。因加工过程中谷物转化为酒糟的比例为 3∶1，如果白酒原料受污染，白酒糟中黄曲霉毒素会浓缩成 3 倍。另外，鲜酒糟残余营养物质丰富，水分含量高，易发生腐败变质，也会产生黄曲霉毒素。

四、白酒糟及其加工产品在动物生产中的应用

（一）在养猪生产中的应用

徐建（2012）等研究了 9 种产自四川的干白酒糟对生长育肥猪的营养价值。结果表明，白酒糟干物质、粗蛋白质、粗纤维、NDF、ADF 表观消化率较低，平均分别为 35.09％、36.59％、20.16％、23.17％、25.89％。粗脂肪、钙、总磷的表观消化率较高，分别为 64.64％、82.41％、66.79％。9 种不同来源的白酒糟之间常规养分消化率差异较大，其中粗纤维、ADF、钙、总磷表观消化率差异较小，粗脂肪的表观消化率变异最大。这可能是由于白酒糟中粗纤维含量高，减少了食糜在消化道内的停留时间，增加了流通速度，使养分不能充分消化和吸收，从而降低了营养物质的消化率。9 种白酒糟之间相同营养成分的含量和表观消化率变异较大，可能是因各厂酿酒所使用原料种类、比例和填充剂不同，影响了白酒糟的养分含量及其表观消化率；也可能是白酒糟加工工艺（干燥温度、温度持续时间、粉碎粒度）不同，影响了白酒糟的养分含量及其消化。

杨洪（1991）等研究了白酒糟对生长育肥猪的影响，选用 20 头平均体重在 46.62kg 的长白×成华杂交一代仔猪，随机分为 5 组。每组能量水平相同，而白酒糟比例不同，分别为 0、5％、10％、15％、20％。结果表明，60kg 前及 60kg 后两个阶段的平均日增重、料重比均以添加 5％白酒糟为最高。生长育肥猪饲料白酒糟用量前期以 5％～10％为宜，后期可以增加到 15％～20％。

时钟珏（1993）等研究了自然风干白酒糟对生长育肥猪的影响。试验选用 40 头体重在 25kg 左右的去势猪。随机分为 3 组。每组饲粮中分别添加 15％、25％、35％的干白酒糟。结果表明，生长育肥猪饲粮中添加 15％的酒糟不影响日增重，且降低饲养成本。朱权等（2009）用白酒糟替代 10％、20％、30％的基础日粮，饲喂初始体重在 23kg 左右的生长育肥猪，结果表明，替代 10％的精料对猪的日增重、料重比最佳，最多不超过 20％。

日粮添加白酒糟后会对猪肉的肉质产生一定影响，时钟珏（2009）等的试验表明，用自然风干酒糟按 15％、25％、35％比例添加到猪的日粮，发现各组猪肌肉内的 pH 均在 6.10～6.20，屠宰率均在 73％以上，但随酒糟增加而有下降趋势，且酒糟添加降低了肉的失水率，并优化了熟肉率指标。蒋雨（2004）等研究了饲粮中添加大曲酒糟对猪肉肉质的影响，结果表明，饲粮中添加大曲酒糟可改善肉质熟肉率、贮存损失，但其他指标无差异。

（二）在反刍动物生产中的应用

1. 在肉牛中的应用 干白酒糟的能量略低于玉米。万发春等（2002）指出 1kg 干白酒糟中含有 0.79 个肉牛能量单位，1kg 苜蓿干草含有 0.60 个肉牛能量单位。可见，白酒糟中所含的能值高于苜蓿干草。张兴会等（2008）研究了不同比例白酒糟日粮（30％、50％、70％）对肉牛日增重的影响。试验牛初始体重在 230kg 左右，试验周期 120d。结果表明，日粮中添加 30％干白酒糟平均总增重 136.2kg，高于添加 50％（131.16kg）和

70%（107.6kg）。周福等（2009）选用2～3岁、体重相近的西门塔尔牛与本地黄牛杂交牛18头，随机分为3组，分别饲喂100%基础日粮，70%基础日粮＋30%白酒糟，50%基础日粮＋50%白酒糟。结果表明，基础日粮中添加30%白酒糟比对照组平均日增重多0.05kg，比添加50%白酒糟平均日增重多0.21kg。过去的研究认为在肉牛的短期快速育肥过程中，日粮配方加入适当比例的白酒糟不影响其增重速度。然而冯堂超等（2015）研究了宜宾五粮型白酒糟对肉牛生产性能的影响，结果表明用酒糟替代50%的精料对肉牛的平均日增重效果最好。

赵书峰（2001）将粉碎的鲜玉米秸秆和白酒糟混合发酵，饲喂育肥牛。试验期内，育肥牛饲喂酒糟玉米秸秆混贮料的试验组，每头日增重为（811.4±72)g，对照组为（752.3±79)g。试验组全期料重比为21.0∶1，而对照组为21.6∶1。吴丹等（2011）研究了不同加工方法白酒糟对体外瘤胃发酵的影响。试验以未处理的白酒糟作为对照组（CK组）、黄孢原毛平革菌发酵白酒糟（发酵，F组）、黄孢原毛平革菌发酵粉碎白酒糟（粉碎＋发酵，CF组）、黄孢原毛平革菌发酵氨化白酒糟（氨化＋发酵，AF组）、黄孢原毛平革菌发酵粉碎、氨化白酒糟（粉碎＋氨化＋发酵，CAF组）作为试验组。与未进行处理的CK组相比，F组对白酒糟体外产气参数无显著影响，而CF组、AF组和CAF组理论最大产气量和产气速率极显著的提高。4个试验组中CAF组产气量、理论最大产气量和产气速率均最高，不同加工处理的白酒糟的产气延滞时间差异也很大，最长的是CK组，最短的是CAF组；F组对白酒糟产气延滞时间无显著影响，但其余3个试验组该值均极显著低于CK组。不同加工方法对白酒糟体外发酵指标的影响见表5-3。

表 5-3　不同加工方法对白酒糟体外发酵指标的影响（72h）

项目	CK组	F组	CF组	AF组	CAF组	SE	P值
pH	6.74	6.72	6.68	6.82	6.78	0.02	<0.001
菌体蛋白（mg/mL）	1.22	0.36	0.38	1.58	2.41	0.36	0.047
氨态氮（mg/dL）	11.80	11.53	10.13	24.92	23.66	1.10	0.008
总挥发性脂肪酸（mmol/L）	15.94	18.54	18.88	24.92	23.66	1.81	0.003
乙酸（%）	68.66	66.92	69.32	67.56	67.47	0.80	0.075
丙酸（%）	17.26	17.61	18.57	19.94	19.89	0.36	<0.001
乙酸/丙酸	3.93	3.81	3.78	3.42	3.36	0.10	<0.001
丁酸（%）	14.03	15.48	12.65	12.33	12.60	0.66	0.004

资料来源：吴丹等（2011）。

2. 在山羊中的应用　王丽等（2014）研究了白酒糟对山羊的影响。选取48只4月龄、平均体重为（17.77±4.20）kg的山羊，随机分为4组，每组12只（公母各占一半），各组山羊分别饲喂白酒糟添加水平为0（对照组）、10%、20%、30%的试验饲粮，试验期为57d，饲喂量为1kg/（只·d）。结果发现羊的初重和末重差异均不显著；10%添加组山羊表现出了最佳的平均净增重、平均日增重、料重比、屠宰率和净肉率，且其平均净增重、平均日增重显著高于30%添加组，料重比显著低于30%添加组，屠宰率、净肉率显著高于对照组；20%和30%添加组的平均净增重、平均日增重、料重比、屠宰率和净肉率与对照组差异均不显著。

3. 在家禽中的应用　骆先虎（1996）将1日龄AA雏鸡随机分为4组，日粮中分别添加0、5％、10％和15％的白酒糟，结果表明，各处理组体重、成活率、饲料效率差异不显著，这说明在注意全价的基础上，日粮中添加15％的酒糟粉对肉鸡的生产性能无明显影响。随后，周杰等（1997）将一次筛分的白酒糟应用到罗曼商品一代蛋鸡中，随机分为4组，日粮中添加酒糟粉分别为0、5％、10％和15％。结果表明，添加量为5％和10％时，蛋鸡在产蛋量、平均蛋重和料蛋比等方面优于未添加组，这可能与酒糟粉的味道醇香、B族维生素含量丰富，能增强蛋鸡的食欲与消化吸收功能有关。日粮添加酒糟粉达到15％时，蛋鸡生产性能有下降的趋势，破蛋率有所升高。这可能与酒糟粉中的粗纤维含量高、维生素D和胡萝卜素等营养缺乏以及所含粗蛋白质的品质较差有关。总体来说，在注意日粮全价的基础上添加不超过15％的酒糟粉对蛋鸡各项生产性能及体重变化均无不良影响。饲料添加酒糟代替部分蛋白质饲料和其他能量饲料可在蛋鸡生产中推广应用。

熊欣和何芳（1999）采用固体发酵技术对青稞酒白酒糟进行处理，饲喂蛋鸡。选用264只伊莎褐蛋鸡，随机分为4组，分别添加0、3％、5％和7％的发酵酒精糟。结果表明，3％和5％添加量的试验组产蛋率明显高于对照组，产蛋量也很接近。7％添加量的试验组蛋重、产蛋量、产蛋率、蛋料比均低于对照组。

方园等（2014）研究了白酒糟在三穗鸭中的应用。选取21日龄健康三穗鸭280只，随机分为4组进行了不同白酒糟水平日粮对其增重及饲料转化效率的影响试验。试验1组饲喂90％配合饲料＋10％白酒糟生物饲料，试验2组饲喂85％配合饲料＋15％白酒糟生物饲料，试验3组饲喂80％配合饲料＋20％白酒糟生物饲料。料重比以试验2组最高，分别比对照组、试验1组和试验3组高41％、25％和1.9％。随着日粮中白酒糟生物饲料比例的增加，其采食量逐渐增加，料重比呈增高趋势。结果表明，日粮中添加10％的白酒糟生物饲料对三穗鸭的饲料转化效率有一定影响，超过10％后影响较大。

4. 在水产中的应用　白酒糟在鱼上的应用和研究报道较少。李秉等（1993）用五粮液酒糟粉替代日粮中40％的麦麸，进行网箱养鱼试验。试验结果表明，试验组净增重和投饵量高于对照组，饵料成本低于对照组。

5. 在其他动物生产中的应用　谢晓红等（2012）研究了白酒糟对肉兔生产性能和肉质的影响。选用120只30日龄断奶兔子，分为5个处理组。分别饲喂含0（对照组）、3％、6％、9％和12％白酒糟的饲粮。结果表明，饲粮中添加不超过9％的白酒糟对肉兔的采食量、日增重、饲料增重比、屠宰率和肉质无显著影响。但生长性能、屠宰率和肉质随着白酒糟添加量的增加有所下降。12％组的采食量和日增重显著低于对照组。综合看来，饲粮中添加不超过9％的白酒糟对肉兔生长性能、屠宰率和肉品质无显著影响。

五、白酒糟及其加工产品的加工方法与工艺

（一）白酒糟制青贮饲料工艺技术

将白酒糟加入辅料（秕谷或碾碎粗料）按3∶1混合，在厌氧条件下，让乳酸菌大量繁殖，使其中的淀粉和可溶性糖变为乳酸，当浓度增加到一定程度后，霉菌和腐败菌

的生长就被抑制，这样含水量高的酒糟，可以保存其营养成分，使残留的乙醇挥发掉，从而使酒糟保存时间可达 6～7 个月。一般贮存方法是，将酒糟置于窖中 2～3d，待上面渗出液体时将清液除去，再加鲜酒糟。如此反复，最后一次留有一定量的清液，以隔绝空气，然后用板盖好，用塑料布封好。饲喂前用石灰水中和酸即可（李政一，2003）。

（二）生产去壳酒糟加工蛋白饲料的工艺技术

余有贵等（2009）指出分离大曲酒糟稻壳的工艺主要有 4 种：①挤压分离法，②漂洗分离法，③干燥搓揉分离法，④干燥震打分离法。各种工艺方法各有优缺点，但用于工业化生产的方法有震打分离工艺与搓揉分离工艺。典型生产工艺如图 5-1 所示。

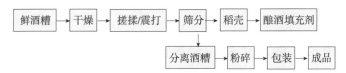

图 5-1　去壳酒糟饲料生产的典型工艺流程

（三）生产酒糟菌体蛋白饲料的工艺技术

利用白酒糟为基本原料，添加单一或多种微生物菌种发酵，可得到菌体蛋白饲料。酒糟菌体蛋白饲料生产有固态发酵工艺和液态发酵工艺两种，其中以固态发酵工艺为主。典型生产工艺为：酒糟→配料→灭菌→冷却→接种→固态发酵→出料→低温干燥→粉碎→包装→成品。

第二节　黄　酒　糟

一、黄酒糟概述

（一）我国黄酒糟及其加工产品资源现状

黄酒是世界上最古老的酒类之一，与啤酒、葡萄酒并称世界三大古酒。黄酒品种很多，著名的有山东即墨老酒、江西吉安固江冬酒、江苏无锡惠泉酒及浙江绍兴状元红、女儿红和加饭酒等。目前，我国黄酒业生产、消费仍主要集中在江苏、浙江、上海等省份。近几年，传统黄酒企业已开始逐步进军全国市场，通过产品创新等手段使消费群体进一步扩大，以期打破地域界限。同时伴随着经济增长和行业内部结构的变化，酿酒行业得以进一步消费升级，消费者已渐渐注意到黄酒的低度、营养、保健等优势，传统黄酒的地域坚冰慢慢被打破。

黄酒糟是黄酒酿造工业产生的主要副产物，一般出糟率在 20%～30%，主要为发酵酒醪经压榨、分离去酒液后剩余的固形物。随着近年来黄酒产业的飞速发展，预计其副产物黄酒糟产生量也将日趋庞大，以传统的喂饭法生产干型黄酒为例，每产 1 000 万 L 黄酒将产生黄酒糟约 727t，而预计生产其他类型的黄酒也将产生大量黄酒糟（呼慧娟，2010；赵军，2005；汪建国，2002）。

（二）黄酒糟及其加工产品作为饲料原料利用存在的问题

黄酒糟被认为是一种具有开发潜力的饲料蛋白资源，但由于其传统生产工艺和条件影响，其副产物黄酒糟含水量高，不宜久置，且易造成环境污染。目前多用菌、酶等进行加工处理，来进行部分饲料蛋白生产（叶均安，2008）。

（三）开发利用黄酒糟及其加工产品作为饲料原料的意义

黄酒糟作为一种产量大，营养物质丰富的工业副产物越来越受广大研究者的关注。不过在各种研究中较深入和广泛的还是用酒糟来生产饲料，这不仅节省了资源，而且减少了对环境的污染。

二、黄酒糟及其加工产品的营养价值

干黄酒糟的蛋白质含量高于小麦麸、玉米和米糠，脂肪和粗纤维含量不高。呼慧娟（2010）采集了 4 份来自上海、浙江的干黄酒糟样品对其进行营养成分进行分析，结果见表 5-4。

表 5-4　黄酒糟营养成分（以干基计）

项目	含量（%）
粗蛋白质	32.09
粗脂肪	4.51
粗纤维	3.80
粗灰分	2.25
中性洗涤纤维（NDF）	6.10
酸性洗涤纤维（ADF）	7.90
钙	0.19
总磷	0.49

资料来源：呼慧娟（2010）。

黄酒糟的蛋白质含量高，氨基酸种类也齐全，除了色氨酸因为酸水解被破坏外，其余 17 种氨基酸都存在。谷氨酸的含量最高，达到 5.4%，其次为亮氨酸和天冬氨酸。表 5-5 为黄酒糟中氨基酸的组成及含量。

表 5-5　黄酒糟氨基酸组成及含量

成分	含量（%）	占氨基酸的比例（%）	成分	含量（%）	占氨基酸的比例（%）
赖氨酸	1.11	3.65	甲硫氨酸	0.70	2.31
胱氨酸	0.51	1.67	精氨酸	1.75	5.73
组氨酸	0.66	2.19	亮氨酸	3.43	11.30
异亮氨酸	1.23	4.01	苯丙氨酸	1.59	5.23

（续）

成分	含量（%）	占氨基酸的比例（%）	成分	含量（%）	占氨基酸的比例（%）
酪氨酸	1.33	4.39	苏氨酸	1.16	3.80
缬氨酸	1.96	6.45	天冬氨酸	2.49	8.20
丝氨酸	1.47	4.85	谷氨酸	5.40	18.53
甘氨酸	1.35	4.46	丙氨酸	1.98	6.52
脯氨酸	1.45	4.75	总必需氨基酸	14.11	47.29

资料来源：呼慧娟（2010）。

黄酒糟 22 种脂肪酸中，饱和脂肪酸、单不饱和脂肪酸和多不饱和脂肪酸分别占脂肪酸总量的 41.80%、28.67%、29.53%，具体成分及相对含量如表 5-6 所示。

表 5-6 黄酒糟的脂肪酸组成及相对含量

脂肪酸	相对含量（%）	脂肪酸	相对含量（%）
$C_{10:0}$	2.87	$C_{12:0}$	1.03
$C_{14:0}$	0.63	$C_{15:0}$	0.85
$C_{16:0}$	31.03	$C_{16:1}$	0.89
$C_{17:0}$	1.06	$C_{18:0}$	3.45
$C_{18:1}$	26.43	$C_{18:2}$	9.11
$C_{18:3}$	2.41	$C_{20:0}$	0.56
$C_{20:1}$	0.21	$C_{20:2}$	0.34
$C_{20:5}$	0.01	$C_{22:0}$	0.21
$C_{22:1}$	1.01	$C_{22:2}$	0.09
$C_{22:5}$	3.56	$C_{22:6}$	14.01
$C_{24:0}$	0.11	$C_{24:1}$	0.13

资料来源：呼慧娟（2010）。

三、黄酒糟及其加工产品在动物生产中的应用

（一）在养猪生产中的应用

呼慧娟（2010）研究了干黄酒糟代替日粮中豆粕对生长育肥猪的影响。生长猪试验选取 48 头体重约 29kg 的"杜×长×大"三元杂交猪，随机分为 3 组。对照组日粮为玉米-豆粕型，试验 1、2、3 组分别用 6%、9%、12% 黄酒糟代替配方中部分豆粕。试验结果表明：生长性能和饲料利用组间差异不显著。但是，相比较而言，试验 2 组的效果较好。同比对照组日增重提高了 6.59%，料重比降低了 0.78。育肥猪试验选取 36 头体重约 53kg 健康的"杜×长×大"三元杂交猪。对照组日粮为玉米-豆粕型，试验 1、2 组分别用 14%，18% 黄酒糟替代配方中部分豆粕。结果表明，生长性能和饲料利用组间差异不显著。相比较而言，试验 1 组与对照组间比较接近，而试验 2 组，即饲用 18% 黄酒糟明显地降低了育肥猪的日增重和饲料转化效率，尤其是末均重指标呈显著性

差异。试验说明黄酒糟在生长育肥猪饲粮中适宜使用量分别为9%和14%。

（二）在家禽生产中的应用

王建军等（2007）将发酵黄酒糟以不同比例替换蛋鸡日粮中的常规蛋白饲料，研究其对蛋鸡生产性能的影响。选取杭州蛋鸡场产蛋率在70%以上的62周龄健康海兰褐壳蛋鸡900羽，随机分为5个处理，每个处理6个重复，每个重复10笼，每笼3羽，分别饲喂5个不同处理的日粮。处理1为对照组，饲喂基础日粮；处理2、3分别为在对照组日粮基础上以5%、10%的未发酵黄酒糟（黄酒糟＋麸皮）替换常规蛋白饲料；处理4、5分别为在对照组日粮基础上以5%、10%的已发酵的黄酒糟（黄酒糟＋麸皮）替换常规蛋白饲料。预试期5d，正式试验期35d。结果表明，从生物学综合评定结果来看，未发酵黄酒糟组的饲料效果均低于对照组，而发酵黄酒糟的饲料效果等于或优于对照组。从经济效益分析结果来看，发酵黄酒糟组的产蛋饲料成本显著低于未发酵黄酒糟组，与对照组相比差异虽然不显著，但从数值上看，替换量为5%和10%的发酵黄酒糟组的产蛋饲料成本分别比对照组低0.53元和0.38元。

（三）在水产品生产中的应用

由中国水产科学研究院淡水渔业研究中心水产养殖研究室周鑫（2012）等完成的"一种添加黄酒糟的虾蟹生物饲料的配制方法"获国家发明专利授权。该发明在生物饲料中添加黄酒糟，可以起到与生物饲料中的发酵饼粕类形成营养互补的作用，有利于降低生产成本和进一步增强生物饲料的诱食性，使生物饲料的促生长和抗病功效得到进一步提高，同时可以降低生物饲料生产成本，使虾蟹养殖的经济效益更加显著。

四、黄酒糟及其加工产品的加工方法与工艺

传统的糟烧酒都是采用固态发酵生产，为了使淀粉充分转化为酒精，经第一次固态发酵后的糟也可采用液态法进行发酵、制取，以提高出酒率。经榨出来的黄酒糟，轧碎后，呈现酥松状，投入大缸中踩紧后密封，让残存的淀粉酶和酵母菌在厌氧的条件进行固态酒精发酵一个月，然后加入预先清蒸的稻壳，上甑蒸酒，得头吊糟烧酒。再将头吊得到的酒糟，加曲、加酵母，再进行发酵，蒸馏得到复制糟烧酒。主要的工艺流程如图5-2所示（赵军，2005）。

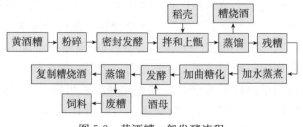

图5-2　黄酒糟一般发酵流程

王建军等（2007）在30℃、90%以上湿度的条件下，采用RLM组介［热带假丝酵母（R）：绿色木霉（L）：米曲霉（M）接种比例1：1：1］，以发酵时间、营养盐添

加量、搅拌次数和菌种比例 4 个因素为变量进行 L9（34）正交试验，通过测定发酵产物的真蛋白质含量，确定出最佳发酵工艺。结果表明，最佳发酵工艺条件为发酵时间 48h，微搅拌，少添加营养盐，菌种比例（R∶L∶M）为 2∶1∶1，发酵产物的真蛋白质含量达 27.27%，比未发酵黄酒糟真蛋白质含量提高了 17.14%。赵建国等（2002）采用有较强同化淀粉能力的热带假丝酵母，固态发酵黄酒糟生产蛋白饲料，确立了固体发酵培养基最佳配比、营养液的添加量、初始含水量、初始 pH 及发酵时间。对发酵产品的分析表明：粗蛋白质含量高达 57.27%，真蛋白质含量高达 50.64%，淀粉降解率高达 58.9%，氨基酸总量达 46.11%。张遐耘（1998）采用液体纤维素酶酶解纤维素，并用饲料酵母生产单细胞蛋白饲料源，为黄酒糟综合利用提供了新的途径。

第三节　啤　酒　糟

一、啤酒糟概述

（一）我国啤酒糟及其加工产品资源现状

啤酒是人类最古老的酒精饮料之一，是水和茶之后世界上消耗量排名第三的饮料。于 20 世纪初传入中国，属外来酒种。啤酒是以大麦芽、酒花、水为主要原料，经酵母发酵作用酿制而成的饱含二氧化碳的低酒精度酒，被称为"液体面包"。啤酒糟是酿造啤酒时大麦发酵后产生的主要副产品，产量约占啤酒总产量的 1/4，是以大麦为原料，经发酵提取籽实中可溶性碳水化合物后的残渣，其中含有丰富的蛋白质、纤维素、多糖等营养物质，是一种具有极大开发潜力的非粮型饲料资源。近年来，随着我国啤酒工业的迅速发展，作为啤酒工业的主要副产品的啤酒糟因为其丰富的营养价值与可观的产量，在众多有待开发的饲料资源中脱颖而出，日益为人们所重视。据了解，2014 年，全球啤酒产量为 1.9 亿 L，据此推算，世界啤酒糟产量应在 4 775 万 t 左右。而根据 2014 年中国酒业协会啤酒分会（2015）的数据，2014 年 1—12 月，中国啤酒行业累计产量 492.185 万 L，同比略有下降。随着啤酒产量的不断增加，啤酒酿造过程中产生的啤酒糟也迅速增加。

（二）啤酒糟及其加工产品作为饲料原料利用存在的问题

啤酒糟营养丰富，是饲料加工的好原料。但目前，多数啤酒生产企业将啤酒糟直接售出用作饲料，但如此一来，饲料中的非蛋白氮和无机氮并不能被饲养动物有效利用，而饲料内所含有的纤维素也阻碍了营养成分的消化吸收，也存在消化性和适口性差的问题。而且由于糖化的副产物为湿啤酒糟，所含的水分含量比较高，一般 80% 左右，很难贮藏，一旦滞销容易腐烂从而影响环境，因此，应及时加工处理为干啤酒糟，以便贮存（李玉杰，2011）。

（三）开发利用啤酒糟及其加工产品作为饲料原料的意义

啤酒工业生产中主要副产物啤酒糟的开发前景十分广阔，以啤酒糟为原料，进行深加工，采取物理、化学、生物学等方法与技术，互相弥补不足，全面利用啤酒糟中的各种营养成分，最终达到高效处理啤酒糟，使其成为一种安全、高效的饲料资源。同时，也可以利用固体发酵方法生物转化啤酒糟，将其成分改性，提高啤酒糟的蛋白质含量，改善营养结构，不仅可以减少对环境的污染，而且可以提高其附加值，具有较大的社会效益和经济效益。

二、啤酒糟及其加工产品的营养价值

啤酒糟主要由麦芽的皮壳、叶芽、不溶性蛋白、半纤维素、脂肪、灰分及少量未分解的淀粉和未洗出的可溶性浸出物组成，是酿制啤酒过程的副产品，其营养成分见表5-7。

表 5-7　啤酒糟营养成分含量

成分	含量	成分	含量	成分	含量
干物质（%）	88.0	氯（mg/kg）	0.12	酸性洗涤纤维（mg/kg）	24.6
粗蛋白质（%）	24.3	铁（mg/kg）	274	叶酸（mg/kg）	0.24
粗脂肪（%）	5.3	锰（mg/kg）	35.6	烟酸（mg/kg）	43.0
粗纤维（%）	13.4	铜（mg/kg）	20.1	泛酸（mg/kg）	8.6
粗灰分（%）	4.2	锌（mg/kg）	104.0	维生素 B_1（mg/kg）	0.6
钙（mg/kg）	0.32	硒（mg/kg）	0.41	维生素 B_2（mg/kg）	1.5
总磷（mg/kg）	0.42	生物素（mg/kg）	0.24	维生素 B_6（mg/kg）	0.70
钠（mg/kg）	0.25	胆碱（mg/kg）	1 723	维生素 E（mg/kg）	27.0
钾（mg/kg）	0.08	无氮浸出物（mg/kg）	40.8	胡萝卜素（mg/kg）	0.20
镁（mg/kg）	0.19	中性洗涤纤维（mg/kg）	39.4		

注：数据来自中国饲料成分及营养价值表（2018 年第 29 版）。

啤酒糟除淀粉含量低外，其他与大麦组成相似，但养分含量由于淀粉被提取而浓缩。啤酒糟的容重和有效能值较低，当作为猪、鸡等单胃杂食动物的蛋白质补充料时，其喂量以控制在日粮的 10% 以下为宜。啤酒生产所采用原料的差别以及发酵工艺的不同，使得啤酒糟的成分不同。表 5-8 为啤酒糟的氨基酸含量。

表 5-8　啤酒糟氨基酸含量 （mg/kg）

成分	含量	成分	含量	成分	含量
精氨酸	0.98	胱氨酸	0.35	蛋氨酸	0.52
组氨酸	0.51	苯丙氨酸	2.35	赖氨酸	0.72
异亮氨酸	1.18	酪氨酸	1.17	色氨酸	0.28
亮氨酸	1.08	苏氨酸	0.81	缬氨酸	1.66

注：数据来自中国饲料成分及营养价值表（2018 年第 29 版）。

三、啤酒糟及其加工产品中的抗营养因子

啤酒糟营养丰富，蛋白含量高，历来被作为牛、羊等反刍动物的精料补充料，且消化利用率较高，但粗纤维等物质含量高，猪等单胃动物对这类物质的消化率低，因此，制约了啤酒糟在饲料方面的应用与发展。

啤酒糟中的粗纤维主要有纤维素、半纤维素、木质素3种。纤维素属木质化天然纤维，其聚合度和结晶度均很高，由 β-D-吡喃葡萄糖以 β-1，4糖苷键聚合形成的线形高分子在葡萄糖单位上的第六碳原子呈反式连接，导致整个纤维结构呈稳定的扁带状的微纤维，而且在微纤维之间还有牢固的氢键连接。所以对于酶的作用具有极大的抵抗力。半纤维素的化学性质虽然稳定性不如纤维素，可溶于稀碱、稀酸，但它与木质素紧密联系，因而对酶的作用也具有相当强的抵抗力。木质素是苯的衍生物，并不是碳水化合物。但它与纤维素或半纤维素伴随出现，共同作为细胞壁的结构物质。木质素的化学性质非常稳定，不溶于水、有机溶剂，酸、碱均不能使其分解。

四、啤酒糟及其加工产品在动物生产中的应用

(一) 在养猪生产中的应用

艾必燕等（2008）选取19kg左右的PIC商品猪480只，按饲喂日粮类型随机分成对照组、试验Ⅰ组（含鲜啤酒糟）、试验Ⅱ组（含膨化全脂大豆和麸皮）。试验Ⅰ组在第一阶段小猪生长期（20～40kg）和第二阶段中猪生长期（40～65kg）分别添加16.7％和28.5％的鲜啤酒糟进行饲养试验。结果表明，第一、二阶段及全程试验Ⅰ组比对照组平均日增重分别提高17g、49g、33g，精料料重比分别降低4.6％、12.0％、8.8％，净增重耗料成本分别减少4.8％、11.8％、5.3％；试验Ⅱ组的头日均增重、饲料转化率、经济报酬均略低于对照组，但没有显著差异。

陈云等（2007）研究采用水解蛋白酶、复合纤维素酶水解啤酒糟，提取啤酒糟中的蛋白质、降解其中的粗纤维，以利于动物消化和吸收；并进一步用经干燥的酶解啤酒糟替代蛋白饲料饲喂生长育肥猪。从应用酶解啤酒糟的饲料配方的营养水平、饲养育肥猪的增重效果、饲料的利用率及经济效益综合分析得出，酶解啤酒糟比原啤酒糟的各种营养成分有所增加，用适量的酶解啤酒糟取代豆粕等蛋白饲料完全可行。结果虽然对提高日增重无显著效果，但就经济效益而言，利用酶解啤酒糟可以降低饲料成本，拓宽蛋白饲料来源，提高养猪的经济效益。

姚继承等（1996）利用干燥啤酒糟饲料代替日粮中的部分麸皮和豆粕，进行了生长育肥猪的饲养试验。试验研究表明：在生长育肥猪日粮中添加5％～10％的干燥啤酒糟饲料，对各项生产性能无影响，可降低饲料成本1.5％～2.5％。

(二) 在反刍动物生产中的应用

杨璐玲等（2013）选取4只（40.0±2.5）kg装有永久性瘤胃瘘管的崂山奶山羊，采用4×4拉丁方设计，对照组饲喂基础饲粮，不添加啤酒糟；试验1、2和3组啤酒糟

的添加水平分别为基础饲粮干物质的 10%、15% 和 20%。测定 24h 内瘤胃液 pH、氨态氮（NH_3-N）浓度、微生物蛋白产量、挥发性脂肪酸浓度及羧甲基纤维素酶、纤维二糖酶、微晶纤维素酶和木聚糖酶活性。结果表明：①各组瘤胃液 pH 及 NH_3-N 浓度均在正常范围内，试验 2 组微生物蛋白产量均值极显著高于对照组。②试验 2 组乙酸浓度均值极显著高于其他各组，总挥发性脂肪酸浓度均值极显著高于对照组，显著高于试验 1 组。③在纤维素酶活性方面，试验 2 组 4 种酶活性的均值均极显著高于对照组。由此可见，该试验条件下，啤酒糟添加水平为 15% 最有利于瘤胃发酵且能有效提高纤维素酶活性。

黄雅莉（2012）利用体外产气法研究啤酒糟替代日粮豆粕对水牛瘤胃发酵特性和甲烷产量的影响，确定啤酒糟替代豆粕的合适比例；利用体外产气法研究啤酒糟替代部分豆粕对水牛瘤胃发酵特性和甲烷产量的影响，确定啤酒糟替代部分豆粕的优化日粮组合；通过动物饲养试验检验啤酒糟替代豆粕日粮的有效性。结果表明，用啤酒糟替代精料中 50% 豆粕日粮饲喂泌乳水牛对产奶量和日采食量无显著影响，但显著提高了牛乳的乳蛋白率、乳脂率、总固形物、非脂固形物和乳脂中各脂肪酸的含量；改善了奶水牛的乳品质。综上所述，可得出结论：啤酒糟替代日粮精料中适量豆粕对奶水牛体外瘤胃发酵特性没有影响；泌乳水牛饲养生产实践中以啤酒糟替代日粮精料中 50% 的豆粕是行之有效的。

王海滨等（2009）根据市场饲料价格的变化及各种饲料的供应情况，逐步降低精料的喂量，增加鲜啤酒糟的喂量，并适当调整青贮玉米及青绿饲料的喂量，以保证奶牛正常的营养需要及适宜的精粗比，重点对奶牛的生产性能及所产生的经济效益进行了分析。试验结果表明，当精料喂量为 7.20kg，鲜啤酒糟喂量达到 10.30kg 时，奶牛平均泌乳单产最高（14.45kg），毛利润为 13.68 元/（头·d）；当精料喂量 6.10kg，鲜啤酒糟喂量达到 11.70kg 时，毛利润达最高，为 15.02 元/（头·d）。

赖景涛等（2010）研究了饲料中添加啤酒糟对提高乳用牛各泌乳阶段的泌乳量的影响，其试验结果表明，饲喂啤酒糟能显著提高泌乳中期奶牛的泌乳量，而对提高泌乳早、后期奶牛的泌乳量不明显，这与试验牛数量不足有关。陈茂生（2011）探讨了啤酒糟饲喂温州奶水牛和荷斯坦奶牛对产奶性能的影响。饲喂效果良好，日泌乳量和乳脂率分别比对照组提高 20.36%、6.89% 和 17.96%、4.95%，经济效益也有较大提高。

(三) 在家禽生产中的应用

姬向波等（2015）的试验结果表明：啤酒糟降低饲粮干物质、有机物、氮、钙及总能利用率，提高饲粮粗纤维、粗脂肪及磷利用率。而用 10% 啤酒糟替代日粮中豆粕时可提高其生长性能，改善肉鹅肠道菌群；10% 发酵啤酒糟替代豆粕时可促进肠道有益菌的生长，但不影响其生长性能，而 20% 替代豆粕时则会降低肉鹅采食量和增重，阻碍其生长发育。

汪水平等（2014）给 4～8 周龄 CMD 鸭（中畜小型白羽鸭）饲喂啤酒糟含量不同的饲粮，通过饲养试验、屠宰试验及代谢试验，综合评定啤酒糟对 4～8 周龄 CMD 鸭的营养价值。结果表明：啤酒糟不会影响 CMD 鸭增重性能及主要脏器与胃肠道发育，但会影响料重比及氮与脂质代谢；啤酒糟会降低 CMD 鸭屠宰率与腹脂率，但不会影响半净膛率与全净膛率；啤酒糟不会影响 CMD 鸭屠体品质与肌肉营养成分含量。

张巍等（2009）选择健康无残疾和相同日龄（80 日龄）400 只蛋鸭，随机分为 4 个组，每组 100 只鸭，每组饲料中添加不同比例的鲜啤酒糟，试验 1 组（100％酒糟）、试验 2 组（鲜酒糟：精料＝2：1）、试验 3 组（鲜酒糟：精料＝1：2）和试验 4 组（精料 100％）。观察不同组鸭群的 5％见蛋日龄，研究鲜啤酒糟在蛋鸭中的应用。结果表明，青年期蛋鸭可用啤酒糟替代部分精料，对蛋鸭见蛋日龄没有显著影响，在此阶段有很好的经济效益。

孙丹凤等（2009）选用 222 只 7 日龄的肉鸡，随机分为 4 个处理，即对照组（玉米-豆粕型基础日粮）和分别添加发酵啤酒糟 5％、10％、15％的试验组，各组日粮营养水平一致。饲养结果表明：日粮添加 10％发酵啤酒糟组肉鸡料重比最低，但 15％发酵啤酒糟降低了肉鸡平均日增重、提高了料重比。结果表明，发酵啤酒糟的营养价值较好，日粮中添加不超过 10％的发酵啤酒糟对肉鸡生长有利。

姚继承等（1996）的相关试验结果显示：发酵啤酒糟的营养价值较好，日粮中添加不超过 10％的发酵啤酒糟对肉鸡生长有利；在产蛋鸡日粮中添加 5％干燥啤酒糟，不会降低产蛋率、蛋重和料蛋比，可降低饲料成本 2％。

（四）在水产品生产中的应用

张琼等（2009）为合理地评价啤酒糟在淡水鱼饲料中的使用提供基础性试验数据和参考依据，在饲料中添加不同水平的啤酒糟，研究了啤酒糟对鲤生长性能的影响。其研究结果表明，在 33.14～66.46g 鲤的饲料中添加 0～25％的啤酒糟后，对鲤的饲料利用率和生长都不会产生抑制作用。姚继承等（1996）在混养鱼饲料中添加 15％啤酒糟，对鲤、鲢和鳙的成活率、饵料系数和产量没有影响，可降低饲料成本 5％。

（五）在其他动物生产中的应用

马雪云等（1999）将啤酒糟应用于肉兔生产中。试验选用 80 只断奶仔兔，随机分为 4 组。对照组饲喂正常料。啤酒糟在饲料中的添加量，前期分别为 20％、25％、30％，后期分别为 25％、30％和 35％。至肉兔 100 日龄时，试验组与对照组的肉兔体重开始出现差异。20％和 30％的啤酒糟添加组的体重虽然稍高于对照组，但差异不显著，25％啤酒糟添加组的体重与对照组相比较，差异显著。到试验后期，即肉兔 150 日龄的体重，啤酒糟添加组均优于对照组。25％和 30％啤酒糟添加组与对照组相比较，差异显著；35％添加组与对照组相比较，差异极显著。各试验组之间相互比较，25％和 30％啤酒糟添加组之间差异不显著，35％添加组与 25％和 30％添加组之间相比较，差异显著。以上结果表明在肉兔生长后期，含 35％啤酒糟的配合饲料肉兔能够接受。

五、啤酒糟及其加工产品的加工方法与工艺

（一）常规干燥处理

1. 原料接受过程　湿啤酒糟属固液二相，在接收时，首先检验水分、气味、颜色。

湿啤酒糟有一定的热蒸汽，因此在罐顶端要放置大口径的通气管。应及时进行干燥处理，并对暂贮罐进行清洗消毒，以防止由于交叉污染导致的湿啤酒糟腐败变质。

2. 挤压过程　通过挤压多余的水分，可以减少干燥机负荷，降低干燥温度，有利于保持啤酒糟有效成分。

3. 干燥过程　一般将温度控制在82～83℃范围内，主要采用快速高温干燥和通风冷却方法。

4. 啤酒干糟粉碎过程　干糟粉碎对饲料的可消化性有显著影响，适度的粉碎可提高饲料的转化率，减少动物粪便排泄量。粉碎还可改善和提高物料的加工性能。

粉碎工艺的确定：因糖化时大麦芽已经过粉碎，因此酒糟作为饲料时再次粉碎即可达到粒度要求。粉碎机吸风以"通风为主，吸尘为辅"的原则，不仅能有效控制粉尘外溢，而且能起到降温、吸湿、防止物料过度粉碎、提高产量、降低能耗的作用。工艺流程如下：湿酒糟、废酵母、凝固蛋白→水解蛋白酶、复合纤维素酶源→搅拌均质→50～60℃（保温6h）预脱水→烘干→粉碎→制粒→冷却包装。

（二）混贮处理

混贮处理是将水分含量低、市场来源广泛、价格低廉的饲料与啤酒糟混贮。

（三）酶解处理

啤酒糟经过一定时间的酶解反应后，可显著提高其营养水平，而且在营养组分中，酶可以提高动物对饲料的消化能力，提高饲料的利用率。

（四）脱色处理

将啤酒糟蛋白通过酶解的方法制备水解液，不但提高了其溶解性、营养性，而且有利于其应用与发展。啤酒糟中所含的色素使水解液呈现深褐色，会严重影响啤酒糟蛋白水解液的应用。脱色剂是酶解液脱色的主要影响因素，人们对不同脱色剂和脱色条件进行研究，以期找到适合工业化生产的最优工艺，为啤酒糟蛋白水解液脱色的生产实践提供理论依据。

（五）微生物发酵处理

啤酒糟可以利用理化或微生物方法进行加工处理。运用理化方法处理的酒糟废液仍含有大量的有机物，化学需氧量在1 500mg/L左右，若直接排放，将对环境产生严重影响。而微生物发酵方法，具有生产条件简单，防止污染，能最大限度地利用资源等优点，成为国内外高效利用啤酒糟的一个发展趋势。特别是利用啤酒糟为基本原材料进行混合菌种发酵，可得到菌体蛋白饲料。这样不仅可以变废为宝、减少污染，而且可以将原本作为粗饲料添加的啤酒糟变为精料。

王颖等（2010）对啤酒糟资源进行了更深层的开发利用，通过提高其饲喂效价，有望成为缓解我国蛋白质资源短缺的有效途径之一。通过单因素试验和正交优化试验，确定混菌种发酵啤酒糟生产高蛋白饲料的最佳发酵条件，啤酒糟与豆粕配比为7∶3，接种量为20%，硫酸铵添加量为0.5%，尿素添加量为0.5%，发酵时间为1d。在此条件下，真蛋白质含量达到 39.13%。

全桂香等（2012）以啤酒糟为原料，以酵母菌、乳酸菌及其混合菌为微生物发酵剂，考察发酵前后啤酒糟中的粗蛋白质、真蛋白质、粗纤维含量的变化规律，详细探讨了混合菌中乳酸菌和酵母菌的接种量的不同对啤酒糟发酵饲料品质的影响。结果发现，在温度为 28℃、pH 为 4 的条件下，发酵 3d 后，酵母菌和乳酸菌发酵的啤酒糟中粗蛋白质和真蛋白质含量显著提高。乳酸菌和酵母菌混合菌种发酵啤酒糟的最佳比例为 2∶3，最佳接种量为 4%，此时发酵效果最好。最佳条件下，粗蛋白质和真蛋白质含量比原料分别提高了 68.29% 和 35.66%，粗纤维的含量则下降 27.63%。

第四节　葡萄酒糟

一、葡萄酒概述

（一）我国葡萄酒糟及其加工产品资源现状

在我国北起严寒的黑龙江，南至亚热带的广东、广西，都有野生或栽培葡萄，栽培面积已达 55.2 万 hm²，产量达 843 万 t。1892 年华侨张弼士在烟台栽培葡萄并建立了张裕酿酒公司，我国才出现了第一个近代新型葡萄酒生产企业。至 2012 年，全国葡萄酒的产量已达 13.8 亿 L，同时，这也意味着葡萄酒副产物的量逐年增加。副产物的主要组成为葡萄皮、果梗、种子等，占鲜果总量的 20%～30%。除河北昌黎外，山东、河南、东北、天津等也是葡萄酒产地。

1. 山东产区　葡萄酒山东产区主要聚集在烟台市，包括蓬莱、龙口和福山等县市，是我国最大的葡萄和葡萄酒生产基地。截至目前，烟台市共有注册葡萄酒生产企业 102 家。有固定生产场地和生产设备的企业 47 家，其中取得生产许可证的 40 家。主要包括：烟台张裕集团有限公司、青岛葡萄酿酒公司、龙口威龙葡萄酿酒公司、华东葡萄酿酒有限公司等企业，是我国最大的葡萄酒产区，产量占全国的 40% 以上。

2. 河南产区　河南产区主要包括河南的兰考、民权，安徽的萧县以及江苏北部的部分地区。该产区主要生产企业民权葡萄酒厂始建于 1950 年，是我国葡萄酒的骨干企业。其他生产企业主要有：民权五丰葡萄酒有限公司、三九企业集团兰考葡萄酒公司、兰考路易葡萄酿酒有限公司、连云港王府葡萄酒业有限公司、安徽古井双喜葡萄酒有限公司。

3. 东北产区　截至 2008 年，通化市通过 QS 认证的葡萄酒企业有 88 户。该产区主要有以下生产企业：通化葡萄酒股份有限公司、吉林省长白山酒业集团有限公司、通化通天葡萄酒股份有限公司、通化圣大葡萄酒股份有限公司、通化爽然葡萄酒股份有限公司、通化华龙山葡萄酒有限公司、通化香雪兰山葡萄酒有限公司、通化茂祥葡萄酒股份有限公司、通化天露饮品股份有限公司、吉林天池葡萄酒有限公司、通化帝源葡萄酒有限公司。

除了通化市以外，吉林省的吉林、长春、白山等地也分布有一批葡萄酒企业。黑龙江省葡萄酒企业较少，而且规模较小，主要分布在黑龙江的中东部地区。辽宁省近年来酿酒葡萄发展速度很快，葡萄酒企业虽没有吉林省多，但也涌现出了五女山、亚洲红、东星、北国家园等一批具有一定规模的企业。

4. 天津产区　天津市的葡萄基地分布在天津蓟州区、汉沽等地。中法合营王朝葡萄酿酒有限公司是天津产区最大的红酒生产企业，始建于 1980 年，是我国最早成立的中外合资企业之一，也是天津市第一家中外合资企业，主要生产王朝牌高档葡萄酒。合资经营以来，企业取得了巨大成功。其他生产企业还有天津施格兰有限公司、天津大唐开元酒业公司、天津吉阳酒业发展有限公司。

（二）葡萄酒糟及其加工副产品作为饲料原料利用存在的问题

因葡萄皮渣中含有大量粗纤维及部分难消化的种壳，如果直接饲喂动物葡萄酒糟产品可能会受纤维素及单宁含量的限制，所以在实际生产过程中，一般使用皮渣饲料辅料，或通过微生物发酵改善其饲用价值。

（三）开发利用葡萄酒糟及其加工副产品作为饲料原料的意义

在葡萄酒的酿造过程中，有 20%～30% 的葡萄残渣产品，包括除梗破碎产生的果梗，压榨后的皮渣，以及转罐、陈酿过程产生的酒泥沉淀等，其中各成分的含量因葡萄品种而异。从生物和化学需氧量方面考虑，因其富含有机物，如果丢弃会严重污染环境，而且造成资源浪费，因此，积极开展葡萄与葡萄酒产业中副产物的研究，化废为宝，具有一定重要的经济价值和社会意义。葡萄酒副产物作为牲畜饲料，营养价值高、安全无毒，而且成本低，经济效益显著。充分利用葡萄酒酿造副产物——葡萄酒糟，很值得葡萄酒生产厂家加以研究开发。

二、葡萄酒糟及其加工副产品的营养价值

韦公远（2005）对葡萄酒糟中营养成分进行了总结，结果如表 5-9 所示。

表 5-9　葡萄酒糟营养成分

营养成分	含量（%）
蛋白质	12.0～14.8
灰分	5.0～6.6
纤维素	17.7～35.0

注：除表中营养成分外，葡萄酒糟还富含维生素、微量元素、氨基酸（尤其是赖氨酸、色氨酸）及类胡萝卜素、果胶质等。
资料来源：韦公远（2005）。

三、葡萄酒糟及其加工副产品中的抗营养因子

糟渣中主要含较多粗纤维素（17.7%～35.0%）、籽壳及单宁等（韦公远，2005），而酒泥中也因其含有的残留乙醇、木质素、单宁（鞣酸）和果胶等抗营养因子，使其在

畜禽口粮中的用量受到很大限制（高学峰等，2015）。其中的主要抗营养物质单宁因具有苦涩味道，并能和蛋白质、糖类、金属离子等结合成难以消化吸收的复合物，故而会降低动物的摄食率以及饲料中某些营养元素的生物利用率，加之其本身和代谢产物往往能对动物产生毒害作用，因此被认为是抗营养因子。单宁对畜禽的主要毒性表现为以下几个方面。①降低摄食率。目前，大多数研究报道指出单宁能降低动物摄食率。这些动物既包括单胃动物，如鸡、鲤等，又包括反刍动物，如绵羊等。单宁对摄食率的影响可能与实验动物的种类以及饲料单宁的种类和含量有关。②降低饲料营养物质的生物利用率。目前，已有大量研究表明，单宁能降低动物对营养物质的生物利用率。单宁主要降低蛋白质并在不同程度上影响其他营养物质的利用率。目前的研究报道显示，单宁对营养物质的生物利用率的抑制作用可能具有多个方面的原因，如降低营养物质的消化与吸收、降低动物体内的氮平衡、改变动物消化道菌群、损害消化系统等。③单宁及其降解产物对养殖动物产生直接毒害作用（艾庆辉等，2011）。

四、葡萄酒糟及其加工副产品在动物生产中的应用

（一）在养猪生产中的应用

试验表明，在猪的基础口粮中用葡萄酒糟取代 10%～15% 的混合料，喂养期内日增重比对照组高 5%～7%，每头猪可节约 27.5～40.0kg 粮食。

（二）在反刍动物中的应用

青贮葡萄皮渣可以用于饲喂反刍类动物。皮渣中的葡萄皮、果肉和葡萄籽等物质经酵母菌发酵后，其粗蛋白质含量可达 30% 以上，饲用价值得到改善。葡萄核榨油后的残渣是很好的精饲料，含有 6% 左右的脂肪、30% 左右的蛋白质及矿物质，与干草、谷物混合是一种很好的牲畜饲料，用量以 5%～15% 为宜。

梅宁安等（2014）试验研究发酵葡萄渣颗粒饲料对育肥牛生产性能的影响，选择 26 头平均体重 304kg 的西门塔尔牛，按体重和性别随机分成 2 个处理组，每组 13 头，对照组口粮组成为自配肉牛精料补充料＋青贮饲料＋干草，试验组口粮组成为发酵葡萄渣颗粒饲料＋青贮饲料＋干草，试验期 60d。结果表明，与对照组相比，肉牛饲喂发酵葡萄渣颗粒饲料，日增重提高 5.89%，料重比降低 2.79%，头均毛利润提高 58.24 元，经济效益提高 4.17%，这说明饲喂发酵葡萄渣颗粒饲料可提高育肥牛的生产性能。

五、葡萄酒糟及其加工副产品的加工方法与工艺

冯昕炜等（2012a）以饲料酵母、酿酒酵母的混合菌种为发酵剂发酵葡萄渣，研究酵母菌发酵葡萄渣的营养价值。结果表明：经过酵母菌发酵的葡萄渣营养价值提高，粗蛋白质含量为 $(21.62\pm0.60)\%$，中性洗涤纤维含量为 $(53.13\pm11.29)\%$，酸性洗涤纤维含量为 $(45.09\pm1.08)\%$，钙含量为 $(0.64\pm0.04)\%$，磷含量为 $(0.66\pm0.09)\%$。这说明用酵母菌发酵葡萄渣可使其饲用价值得到改善。

冯昕炜等（2012b）以葡萄渣为主要底物接种酵母菌进行发酵，酿酒酵母和饲料酵

母的配比为2∶1，发酵时间为30h。结果表明，发酵葡萄渣中粗蛋白质、灰分、磷含量极显著高于烘干葡萄渣，而水分、中性洗涤纤维含量和酸性洗涤纤维含量极显著低于烘干葡萄渣，钙含量显著高于烘干葡萄渣，二者粗脂肪含量差异不显著。葡萄渣经酵母菌发酵后，营养成分大幅度增加，纤维含量下降。

齐文茂等（2013）利用响应面实验法对配比后饲料进行发酵条件探索性实验，确定以葡萄皮渣、豆粕、麸皮、玉米面的比例为2∶4∶2∶4进行饲料发酵，并确定了发酵最佳条件：发酵时间9d，饲料含水量51%，发酵温度27℃，硫酸镁用量为0.1%，磷酸二氢钾用量为0.1%。在该条件下进行饲料发酵后，饲料中粗纤维含量由16.1%降为11.23%，达到国家标准要求。

第五节 酒 精 糟

一、酒精糟概述

（一）我国酒精糟及其加工产品资源现状

我国已成为世界上继巴西、美国之后第三大生物燃料乙醇生产国和消费国（蒋剑春，2002）。我国"十一五"规划中明确指出，将可再生能源的开发利用列为能源发展的优先领域，鼓励清洁、高效地开发利用生物质燃料，鼓励发展能源作物，实现技术产业化，预计到2020年，中国生物燃料消费量将占到全部交通燃料的15%左右，建立起具有国际竞争力的生物燃料产业（宋庆东等，2008）。燃料酒精的生产原料大部分为玉米、薯类、高粱、大麦、小麦等粮食作物，其副产物肯定也可以像粮食一样利用。美国最先将酒精副产品添加到畜禽饲粮中进行试验，结果比较令人满意。我国也已经开始在畜禽的饲粮中利用酒精副产品。玉米是制取燃料酒精的主要来源。人们使用的所有原料中除甘蔗外，玉米是燃料酒精产出率最高的。虽然燃料酒精生产厂生产出多种副产品，但DDGS（干酒糟及其可溶物）是国际市场上最重要的副产品，被应用于奶牛、肉牛、猪以及家禽饲料中。

谷物籽实（大麦、大米、玉米、高粱、小麦、黑麦）或薯类经酵母发酵、蒸馏除去乙醇后，剩的釜溜物过滤获得的滤渣、滤液分别为湿酒精糟（DWG）和湿酒精糟可溶物（DWS）。谷物籽实或薯类经酵母发酵、蒸馏除去乙醇后，对剩的釜溜物过滤获得的滤渣、滤液进行浓缩干燥制成的产品分别为干酒精糟（DDG）和干酒精糟可溶物（DDS）。谷物籽实或薯类经酵母发酵、蒸馏除去乙醇后，对剩余的全釜溜物（酒糟全液，至少含3/4固体成分）进行浓缩、干燥制成的产品为干酒糟及其可溶物（DDGS）。DDG和DDGS两者的区别在于是否含有酒精糟中的全部可溶物，这两种干酒精糟在动物饲料中都经常使用。在实际生产中，DDGS是将酒糟醪液经固液分离后的滤渣与蒸发浓缩后的过滤浆液分别干燥后再混合而制成的。下文将根据我国主要燃料酒精生产原料的不同，对酒精糟的品种、分布以及产量进行归纳。

1. 粮食型燃料乙醇生产

（1）利用玉米生产酒精产生的酒精糟 20世纪80年代后，由于玉米品种和种植技术的改良，我国玉米产量连年增产，加上用玉米可以生产优质酒精，使得以玉米为原料生产乙醇的酒精厂迅速增加。

目前国内 DDGS 生产厂主要集中在东北三省以及河南、安徽等地，规模较大的主要是安徽丰原生物化学股份有限公司、吉林燃料乙醇有限责任公司、梅河口市阜康酒精有限责任公司、吉林省新天龙酒业有限公司、河南天冠燃料乙醇有限公司、中粮生化能源（肇东）有限公司、佳木斯阳光生化有限公司、黑龙江省盛龙酒精有限公司等。

如今我国每年产酒精糟 1 500 万 t 左右（固含量 30%），DDGS 的年产量为 450 万 t。2014 年我国 DDGS 产量中，吉林、河南、黑龙江、山东、河北分别占 38%、17%、16%、10% 和 15%，其他省份占 4%（董锋，2015）。

（2）利用小麦生产酒精产生的酒精糟 作为世界上最大的小麦生产国，近些年来，我国粮食连续大获丰收，造成了小麦的积压，仅就河南省来说，积压量就达到了 0.27 亿 t。2011—2012 年间，每吨小麦的价格比玉米价格约低 300 元，这就为小麦的深加工提供了物质基础。在我国，小麦大多用于食品加工行业，以小麦作为淀粉原料进行深加工的企业很少，用小麦来直接生产酒精的企业就更少了，偶尔能够看到用小麦淀粉来生产酒精的报道。作为传统主粮，国家原则上并不提倡甚至限制使用小麦作为原料来进行燃料酒精的生产。但是由于国内的小麦产能在个别年份和地区相对过剩，尤其是由于天气原因造成大量的赤霉病小麦，甚至出现了陈化小麦，使得这部分小麦由于长期贮藏，导致黄曲霉菌超标，已不能直接作为口粮。这些无法食用的陈化小麦的处理成为难题，同时陈化小麦的价格较普通粮食的价格低，这都为生产燃料酒精提供了有利条件。近年来，随着小麦综合利用价值不断提高，拓展小麦产业链，进行小麦的深度加工及综合利用逐渐受到人们的重视，小麦酒精生产企业得到快速发展。一些小麦产量大省的企业，如安徽瑞福祥、河南天冠等小麦加工企业都已开发出生产燃料或食用酒精的小麦综合利用生产链（王芳，2013）。

2. 薯类酒精糟

（1）木薯 木薯燃料乙醇生产技术发展相对完善，已实现了工业化生产。广西中粮生物质能源有限公司年产 20 万 t 木薯燃料乙醇项目于 2007 年 12 月投入生产，是我国第一个非粮燃料乙醇试点项目，目前生产运行情况平稳（王霞，2014）。广东首条木薯燃料乙醇生产线于 2007 年 6 月落户清远。中国石化和海南椰岛集团合作在海南建设木薯燃料乙醇项目及木薯生产基地的计划也在积极推进之中。

（2）甘薯 以甘薯为原料生产燃料乙醇较早受到了我国有关能源企业的关注。2006 年，中粮集团完成了河北衡水以甘薯和甜高粱为原料生产 20×10^4 t 燃料乙醇生产装置的前期准备工作，并在山东滨州建设以甘薯为原料，年产 10×10^4 t 燃料乙醇生产装置的项目。甘薯的乙醇转化率较高，每 2.8～3t 薯干可生产 1t 乙醇，8.5t 左右鲜薯可生产 1t 乙醇。大力发展甘薯产业是我国开发能源作物的战略需要，因此，我国甘薯产业的发展前景十分广阔。

（3）马铃薯 我国是世界最大的马铃薯生产国，种植面积 5 333.33km²，产量超过 $8 000 \times 10^4$ t（蔡柳，2011）。西南山区、西北、内蒙古和东北地区是我国马铃薯的主产区。但北方地区受诸多因素的影响，生产规模难以扩大。南方地区生产马铃薯有着巨大的发展潜力：一是利用山丘荒地，二是利用冬闲田。可利用的冬闲田约 200 000km²，仅湖南省就有 2 666.66km² 冬闲田，通过发展冬种马铃薯，改变了过去纯水稻的单一生产结构，以在南方推广3 333.33km² 计算，每年马铃薯产量可增加1×10⁸ t 以上。

张继福（1996）采用马铃薯淀粉和马铃薯浆分别进行乙醇发酵试验，最高乙醇浓度达到 12.11%；高艳等（2010）对马铃薯发酵生产乙醇的工艺条件进行了研究，通过正交试验优化，其最终乙醇浓度为 14.9%。淀粉原料中，马铃薯是最难进行生料糖化发酵生产乙醇的，国内尚未发现有成功的研究报道。国外，仅 ABOUZIEDMM 等采用黑曲霉和酵母菌共培养的方式，以马铃薯为原料，在较低底物浓度条件下，获得了较高的乙醇转化率，但没有进一步的研究结果发表。

苏小军等（2007）采用辐照技术对马铃薯进行预处理，进而以其为原料生产乙醇，研究表明，马铃薯经 400kGy 辐照处理后用于乙醇发酵完全可行，经优化后的乙醇浓度最高达到 12.4%。

（二）糟渣类及其加工产品作为饲料原料利用存在的问题

1. DDGS 受霉菌毒素污染严重　由于乙醇生产过程中没有清除霉菌毒素，DDGS 中的霉菌毒素被浓缩，浓度变大，再加之在贮藏过程中的霉菌污染，DDGS 中的霉菌毒素浓度会更高，由此极易引起畜禽霉菌毒素中毒，使畜禽免疫力低下，患病率升高，生产性能下降（单安山，2012）。日粮中两种霉菌毒素的最大允许量不超过 1mg/kg，过多摄入大量霉菌毒素可引起中毒等现象，特别是对于母猪。因此，在母猪饲料中添加 DDGS 之前，要检测其霉菌毒素水平。不但要对乙醇生产用的谷物的霉菌毒素水平进行检测，还要对饲用的 DDGS 进行霉菌毒素水平分析和鉴别。

2. DDGS 中赖氨酸缺乏　DDGS 中的赖氨酸和色氨酸缺乏，含量变异也大。赖氨酸含量在 0.61%～1.06%，平均为 0.89%。DDGS 虽然蛋白质含量高，但由于受氨基酸平衡和粗纤维等影响，在生产中只能部分代替豆粕，不能全部替代，在使用过程中还要注意补充赖氨酸等限制性氨基酸，须考虑配方的可消化氨基酸的平衡。

3. DDGS 的用量受限　DDGS 中的粗纤维（CF）含量高且缺乏赖氨酸，CF 含量高会降低营养物质的消化率，而赖氨酸的缺乏会使饲粮的营养价值降低，氨基酸的不平衡性加剧，因此使用 DDGS 时应注意合理的添加量。

4. 不饱和脂肪酸　DDGS 中粗脂肪含量较高，约为 10%，并且大部分为多不饱和脂肪酸（张乐乐，2010）。若贮存不当，多不饱和脂肪酸受空气中氧的作用生成过氧化物，对动物健康不利，从而影响生产性能和产品质量，如胴体品质、牛奶的质量。

5. 营养成分变异大　由于在加工酒糟的过程中常添加食盐，所以 DDGS 中的钠含量较高且变异较大。干酒糟中硫黄的主要来源是在酒精生产过程中添加硫酸来调节水的 pH。其他营养成分也存在较大变异。因此，在添加 DDGS 以前都需对加工厂送来的每批产品进行检测，以保证合理有效安全添加。

二、酒精糟及其加工产品的营养价值

与原料相比，DDGS 营养成分的主要特点是低淀粉、高蛋白质、高脂肪、高可消化纤维以及高有效磷含量。玉米的粗蛋白质、粗灰分、酸性洗涤纤维（ADF）、总磷、非植酸磷含量是玉米的 3 倍左右，这是因为玉米籽实中含 2/3 的淀粉，当淀粉转化为乙醇和二氧化碳后，剩余的成分浓缩至原来的 1/3 左右。王晶（2009）对几种常见玉米 DDGS 主要营养成分进行了归纳，如表 5-10 所示。

表 5-10　常见不同来源 DDGS 的常规营养成分（干物质）

营养成分	玉米 DDGS	小麦 DDGS	高粱 DDGS	大麦 DDGS
干物质	90.20	92.48	90.31	87.50
粗蛋白质	29.70	38.48	30.30	28.70
中性洗涤纤维	38.80	—	—	56.30
酸性洗涤纤维	19.70	17.10	—	29.20
灰分	5.20	5.45	5.30	—
粗脂肪	10.00	8.27	12.50	—
总可消化能	79.48	69.63	82.80	—
钙	0.22	0.15	0.10	0.20
磷	0.83	1.04	0.84	0.80

资料来源：王晶（2009）。

（一）粗蛋白质

玉米 DDGS 粗蛋白含量较高，在 23%～37%，是原料玉米的 3 倍多。玉米 DDGS 除含玉米蛋白外，还有少量酵母蛋白。蛋白质中氨基酸的组成比较合理，除了赖氨酸相对缺乏外，其余氨基酸含量较高（杨嘉伟等，2012）。Spiehs 等（2002）对 118 份玉米 DDGS 样品进行了氨基酸组成分析，结果如表 5-11 所示。

表 5-11　118 份玉米 DDGS 样品中氨基酸的组成

氨基酸种类	平均值（%）	范围（%）
赖氨酸（Lys）	0.85	0.72～1.02
异亮氨酸（Ile）	1.12	1.05～1.17
亮氨酸（Leu）	3.55	3.51～3.81
蛋氨酸（Met）	0.55	0.49～0.69
苯丙氨酸（Phe）	1.47	1.47～1.57
苏氨酸（Thr）	1.13	1.07～1.21
色氨酸（Trp）	0.25	0.21～0.27
缬氨酸（Val）	1.50	1.43～1.56

资料来源：Spiehs 等（2002）。

（二）粗纤维

DDGS 中的纤维素在发酵过程中被细菌部分分解，纤维素和木质素之间的紧密结构也被破坏，这使得 DDGS 的纤维成分利用率和生物效价得以提高。DDGS 中的酸性洗涤纤维、中性洗涤纤维含量分别为 12.3%、27.6%，是玉米的 3 倍左右。DDGS 所含的粗纤维中纤维素的含量相对较高，木质素含量相对较低。DDGS 的粗纤维特性决定了其对反刍动物较为有利，而单胃动物中的应用则要控制用量。

（三）粗脂肪

DDGS 中含有较高的脂肪含量，平均可以达到干物质的 10%。Jill 等（2011）对 DDGS 中提取的油进行了脂肪酸成分分析，结果如表 5-12 所示。

表 5-12　玉米 DDGS 油中脂肪酸含量

脂肪酸种类	含量（%，以油酸计）
$C_{16:0}$	12.9
$C_{16:1}$	0.1
$C_{18:0}$	1.8
$C_{18:1}$	28.1
$C_{18:2}$	55.5
$C_{18:3}$	1.2
$C_{20:0}$	0.3
$C_{20:1}$	0.0

资料来源：Jill 等（2011）。

三、酒精糟类及其加工产品中的抗营养因子

（一）霉菌毒素

酒精糟类蛋白质饲料资源水分含量较高，同时在酒精生产过程中原料谷物破损，霉菌更加容易滋生，因此酒精糟类蛋白质饲料霉菌毒素会更高。极易引起畜禽霉菌毒素中毒，导致畜禽免疫力低下、患病率升高、生产性能降低。郭福存等（2007）分别对上海、广东和天津的 12 份 DDGS 样品进行霉菌毒素含量检测，阳性检测率为 100%，具体含量如表 5-13 所示。由于酒精生产过程中没有清除霉菌毒素，DDGS 中霉菌毒素被浓缩，浓度增加，再加上饲料原料以及全价料储存过程中霉菌的污染，DDGS 饲料中霉菌毒素的污染不容小视。日粮中两种霉菌毒素的最大允许量不超过 1mg/kg。过多摄入霉菌毒素可引起中毒现象，尤其是在母猪中。

表 5-13　上海、广东、天津 12 份 DDGS 中霉菌毒素含量

项目	阳性产品平均值（μg/kg）	阳性产品最大值（μg/kg）	阳性检测率（%）
黄曲霉毒素	13.0	26.3	100
T-2 毒素	69.0	94.7	100
玉米赤霉烯酮	744.5	1 423.1	100
赭曲霉毒素	82.5	162.8	100

（续）

项目	阳性产品 平均值（μg/kg）	阳性产品 最大值（μg/kg）	阳性检测率 （%）
烟曲霉毒素	1 930.0	7 380.0	100
呕吐毒素	3 680.0	16 750.0	100

资料来源：郭福存等（2007）。

（二）纤维及非淀粉多糖（NSP）

酒精糟类蛋白质饲料资源纤维以及非淀粉多糖（NSP）含量限制了其在单胃动物中的大量使用。研究表明，蛋鸡饲料添加 20%DDGS 能显著降低其产蛋率和蛋重，而添加 5%、10% 及 15%DDGS 对蛋鸡生产性能没有影响。同时在添加 20%DDGS 日粮中加入 NSP 水解酶对蛋鸡生产性能没有影响。所以，日粮中添加降解纤维和 NSP 的酶制剂可以降低 DDGS 抗营养因子含量，提高营养物质的利用率，从而增加 DDGS 在畜禽日粮中的使用量。

四、酒精糟及其加工产品在动物生产中的应用

（一）在养猪生产中的应用

1. 对仔猪的影响　Gaines 等（2007a）进行了两个试验来评定日粮 DDGS 水平和白色油脂的选用对保育后期（体重大于 11kg）生长性能的影响。第一个试验评定不添加脂肪时日粮含 15% 和 30%DDGS 对生长性能的影响。第二个试验采用与第一个试验相同的 DDGS 水平，同时在日粮中添加 0 或 5% 的脂肪，评定其对生长性能的影响。日粮 DDGS 水平或脂肪来源对平均日增重没有影响。

Whitney（2004）开展了两个试验以确定提高日粮中 DDGS 水平（0～25%）对早期断奶仔猪生长性能的影响。在两个生长性能试验中，分别采用 96 头杂种猪［体重（6.18±0.14）kg］，按性别和家系进行区组设计，每个区组随机分配六种日粮处理中的一种（4 头/栏，4 栏/处理）。在三阶段保育饲喂程序中，第二和第三阶段日粮处理的 DDGS 供给量为 0、5%、10%、15%、20% 或 25%。试验 1 的猪初始年龄比试验 2 稍大，初始体重也较大（7.10kg 和 5.26kg）。断奶后前 4d，所有试验猪都供给一种商品颗粒日粮，然后换成各自第二阶段试验用日粮（饲喂 14d），最后换成第三阶段试验日粮（饲喂 21d）。两个试验结果显示，无论日粮中 DDGS 水平高低，不同日粮处理之间，猪的总生长率、终末体重和饲料转化效率相似。试验 1 中猪的采食量未受日粮处理的影响，试验 2 中则随日粮中 DDGS 水平提高，第二阶段采食量呈线性下降，而且有降低整个试验期自由采食量的趋势。试验表明，保育猪第三阶段日粮中可含有高达 25% 的高质量 DDGS，在 14d 的适应期后对生长性能未产生负面影响。对于体重至少 7kg 的猪，第二阶段添加高达 25% 的 DDGS，也可获得满意的生长性能。但如果是断奶后立即添加如此高水平的 DDGS，就可能对采食量产生负面影响，结果导致早期生长性能较差。

美国农业研究服务中心（ARS）的生理学家 Tom Weber 等研究了给仔猪饲喂

DDGS 的影响，发现给仔猪饲喂 DDGS 可以促进仔猪免疫系统发育。他们将断奶仔猪分为四组，给其饲喂标准对照饲粮，或者添加 DDGS、大豆或者柑橘果肉的日粮。7d 后，研究人员发现，在仔猪的小肠中细胞因子表达增加，推测这种增加与饲喂 DDGS 相关。

2. 对生长育肥猪的影响 Whitney 等（2006c）研究了日粮中添加 0、10%、20% 或 30%DDGS 对生长育肥猪生长性能和胴体性能的影响。试验共使用了 240 头杂种猪，初始体重大约为 28.6kg，分配到 4 种日粮中去，试验猪采用 5 阶段生长-育肥饲喂程序。以总赖氨酸为基础配制玉米-豆粕型日粮，同时添加大约 4% 的大豆油作为脂肪来源。如表 5-14 所示，饲喂含 10%DDGS 日粮的猪具有与大豆粕对照组猪相同的生长速度，消耗相同量的饲料，饲料转化效率相同。与饲喂大豆粕对照日粮或含 10%DDGS 日粮相比，饲喂含 20%DDGS 日粮导致生长速度和饲料转化效率下降。这种高 DDGS 水平下性能的降低很可能由于以总氨基酸为基础配制日粮，而未以 DDGS 中氨基酸消化率计算，导致当日粮中 DDGS 为 20% 和 30% 时，不能满足猪对氨基酸的需要。

表 5-14　日粮 DDGS 水平对生长育肥猪生长性能的影响

项目	0DDGS	10%DDGS	20%DDGS	30%DDGS
平均日增重（kg）	0.86[a]	0.86[a]	0.83[bc]	0.81[bd]
平均日采食量（kg）	2.38	2.37	2.31	2.35
饲料/增重	2.76[a]	2.76[a]	2.8[a]	2.92[b]
终末体重（kg）	117[a]	117[a]	114[b]	112[b]

资料来源：Whitney 等（2006c）。

Linneen 等（2008）研究表明，与对照组玉米-豆粕基础日粮相比，在 50～76kg 育肥猪日粮中添加 15% 的 DDGS 对平均日增重、平均日采食量及料重比都没有影响。在育肥猪（88～105kg）日粮中添加 5% 或 10%DDGS 及在生长猪（30～60kg）日粮中添加 19% 的 DDGS 对生产性能都没有影响（Jenkin 等，2007；Gralapp 等，2002）。这些结果也证明了 DDGS 的添加水平低于 20% 对生长育肥猪的平均日增重、平均日采食量及饲料效率没有影响，但日粮必须满足氨基酸需要。另外，研究表明在生长育肥猪玉米-豆粕基础日粮中添加 30% 的 DDGS 对生产性能也没有影响（Cook 等，2005；DeDecker 等，2005）。Xu 等（2007）在生长育肥猪日粮中添加 0、10%、20% 及 30% 的 DDGS 对平均日增重没有影响，而平均日采食量线性降低，饲料效率线性提高。

Gaines 等（2007a，2007b）的研究表明，在日粮中添加 0 或 30% 的 DDGS 对育肥猪平均日增重和平均日采食量没有影响，但 DDGS 组饲料效率降低。在育肥猪日粮中添加 40% 的 DDGS 降低平均日增重和平均日采食量（Stender 和 Honeyman，2008）。相反的研究结果表明，在生长育肥猪日粮中添加 10%、20% 及 30% 的 DDGS 会使平均日增重和采食量线性降低（Linneen 等，2008；Weimer 等，2008；Whitney 等，2006c；Fu 等，2004）。

Hinson 等（2007）的研究同样表明在生长育肥猪日粮中添加 0、10％及 20％的 DDGS 会线性降低平均日增重和平均日采食量。生产性能的降低可能是由于试验所使用的 DDGS 品质较差，营养物质消化率比期望值低，如试验使用的 DDGS 赖氨酸含量低，试验猪的生产性能就降低。多数试验结果表明平均日增重和平均日采食量降低，其原因可能是含有 DDGS 的日粮适口性变差。

生长育肥猪日粮中添加 DDGS 会降低屠宰率（Linneen 等，2008；Weimer 等，2008；Gaines 等，2007a，2007b；Xu 等，2007；Cook 等，2005）。其原因可能是高纤维日粮提高了肠道充盈度，同时加大了肠道容积。另一种原因可能是发酵使 DDGS 日粮中的粗蛋白质含量增加，导致肠道组织重量增加而降低屠宰率。Xu 等（2010a）分别在玉米-豆粕日粮中添加 0、10％、20％、30％的 DDGS，随着 DDGS 添加量的增加，屠宰率线性降低。然而，也有试验表明日粮中添加 DDGS 没有降低屠宰率（Drescher 等，2008；Stender 和 Honeyman，2008；Widmer 等，2008；McEwen，2006）。Xu 等（2010a）分别在玉米-豆粕日粮中添加 0、10％、20％、30％的 DDGS，背最长肌大理石花纹、硬度及腹脂硬度线性降低。Leick 等（2010）采用 5×2 试验设计，分别在日粮中添加 0、15％、30％、45％、60％DDGS 和 0、5mg/kg 多巴胺（RAC），随着 DDGS 添加量的增加，大理石花纹和硬度降低。White 等（2009）屠宰前 10d 在 0、20％及 40％的 DDGS 日粮中添加 0.6％共轭亚油酸（CLA），DDGS 含量或 CLA 对眼肌面积、第 10 肋背膘厚、最后肋背膘厚、背最长肌肉色、大理石花纹及硬度影响都不显著。DDGS 对生长育肥猪屠宰性能的影响，报道结果不一致，其原因还需进一步试验证明。

Whitney 等（2006c）试验饲喂末期，将试验猪屠宰，进行胴体（表 5-15）、肌肉（表 5-16）和脂肪（表 5-17）质量特性测定。研究表明：饲喂 0 和 10％DDGS 日粮组猪的胴体重和屠宰率相同，但高于 20％和 30％DDGS 日粮组。饲喂 20％和 30％DDGS 日粮组的胴体重较轻，是由于与 0 和 10％DDGS 日粮组相比，生长速度和活重下降，但不同 DDGS 饲喂水平下的背膘厚和胴体瘦肉率没有差异。饲喂 0DDGS 日粮组的眼肌厚度大于 30％DDGS 日粮组，10％和 20％DDGS 组的眼肌厚度居中。眼肌厚度的差异受到 4 种日粮处理组的屠体重的影响。这些结果表明，尽管饲喂 20％和 30％DDGS 日粮对生长性能有负面影响，但胴体组成基本不受影响，表现为各日粮处理组之间的背膘厚和胴体瘦肉率相似。

表 5-15　日粮 DDGS 水平对生长育肥猪胴体性能的影响

项目	0DDGS	10％DDGS	20％DDGS	30％DDGS
屠体重（kg）	117	119	113	112
胴体重（kg）	38.9	39.3	37.0	36.6
屠宰率（％）	73.4	72.8	72.1	71.9
背膘厚（mm）	21.3	21.8	21.1	20.6
眼肌厚（mm）	56.5	53.9	54.8	51.6
胴体瘦肉率（％）	52.6	52	52.6	52.5

资料来源：Whitney 等（2006c）。

表 5-16　日粮 DDGS 水平对生长育肥猪肉品质的影响

项目	0DDGS	10% DDGS	20% DDGS	30% DDGS
亮度	54.3	55.1	55.8	55.5
颜色评分	3.2	3.2	3.1	3.1
坚实度评分	2.2	2	2.1	2.1
大理石花纹评分	1.9	1.9	1.7	1.9
最终 pH	5.6	5.6	5.6	5.6
11d 净化损失（%）	2.1[a]	2.4	2.8[b]	2.5
24h 滴水损失（%）	0.7	0.7	0.7	0.7
蒸煮损失（%）	18.7	18.5	18.3	18.8
总水分损失（%）	21.4	21.5	21.8	22.1
剪切力（kg）	3.4	3.4	3.3	3.3

资料来源：Whitney 等（2006c）。

表 5-17　日粮 DDGS 水平对生长育肥猪脂肪特性的影响

项目	0DDGS	10%DDGS	20%DDGS	30%DDGS
腹肉厚（cm）	3.15	3.00	2.84	2.71
腹肉坚实度评分（度）	27.3	24.4	25.1	21.3
校正腹肉坚实度评分/度	25.9	23.8	25.4	22.4
碘值	66.8	68.6	70.6	72.0

资料来源：Whitney 等（2006c）。

　　李根来（2009）研究了饲料中添加玉米 DDGS 和复合酶 SSF 后，对生长育肥猪的日增重、平均采食量和料重比均没有显著影响。但添加复合酶 SSF 的处理 3 组和处理 4 组的日增重较处理 2 组有所提高，料重比略有下降。同时，添加玉米 DDGS 后，显著提高了粪样中乳酸菌的数量，同时降低了大肠杆菌的数量。结果表明：在饲料中添加玉米 DDGS 和复合酶 SSF，对生长育肥猪日增重、平均采食量和料重比均无显著影响，在不影响生产成绩的情况下，降低了饲料成本。同时，添加玉米 DDGS 可以促进肠道乳酸菌的生长，抑制大肠杆菌的生长，改善肠道微生态环境，保证动物的健康。

　　Whitney 等（2006c）进行了一项研究，将试验猪屠宰，进行肌肉和脂肪质量测定。在猪肌肉质量方面（表 5-16），与对照组相比，肌肉亮度、颜色评分、24h 滴水损失、蒸煮损失、总水分损失、剪切力、坚实度评分和最终 pH 指标各组差异不显著，只有 20%DDGS 组的 11d 净化损失与对照组相比显著升高。

　　日粮高浓度不饱和脂肪酸对生长育肥猪肉品质具有负面影响（Whitney 等，2006a）。日粮中脂肪来源含量会影响胴体饱和脂肪酸与不饱和脂肪酸的比率。由于玉米 DDGS 日粮中含有 10%～15% 的粗脂肪，而且不饱和脂肪酸比例很高，因此认为日粮中含有 DDGS 将会影响猪胴体品质。Xu 等（2010a）研究表明，分别在玉米-豆粕日粮中添加 0、10%、20%、30% 的 DDGS，腹脂和背膘脂肪的 PUFA 特别是亚油酸（$C_{18:2}$）含量线性升高。Leick 等（2010）分别在日粮中添加 0、15%、30%、45%、

60%DDGS，随着 DDGS 添加量的增加，腹脂和颊部脂肪的饱和脂肪酸与不饱和脂肪酸比率降低。Xu 等（2010b）将 432 头猪分为 9 组，饲喂玉米-豆粕型日粮、添加 15% 和 30%DDGS 日粮，分别在屠宰前 0 周、3 周、6 周、9 周停止饲喂 DDGS 型日粮，随着 DDGS 添加量的增加，腹脂中亚油酸（$C_{18:2}$）含量升高，随着屠宰前停止添加 DDGS 时间的延长（0～9 周），腹脂亚油酸（$C_{18:2}$）含量线性降低，同时表明添加 30% 的 DDGS 至少屠宰前 3 周停止添加 DDGS，才能降低亚油酸（$C_{18:2}$）含量。

Whitney 等（2006c）在上市猪肉脂肪质量方面（表 5-17）的研究表明，与对照组相比，只有 10%DDGS 组的腹肉厚度下降不显著，20% 和 30%DDGS 组下降比较显著。只有 30%DDGS 组腹肉坚实度评分和校正腹肉坚实度评分显著降低。各组碘值与对照组相比显著升高。Xu 等（2010a）分别在玉米-豆粕日粮中添加 0、10%、20%、30% 的 DDGS，背膘脂肪、腹脂以及背最长肌脂肪碘值分别由 58.4、61.5 和 54.8 升高到 72.4、72.3 和 57.7。

脂肪中的不饱和脂肪酸碳链上有不饱和键，可以吸收卤素，不饱和键数目越多，吸收的卤素也越多。每 100g 脂肪在一定条件下所吸收的碘的克数，称为该脂肪的碘值。碘值越高，不饱和脂肪酸的含量越高。由于 DDGS 日粮中不饱和脂肪含量高，且不经过加氢作用直接沉积在猪胴体中，导致胴体不饱和脂肪酸含量增加，碘值升高。随着日粮 DDGS 浓度增加，碘值线性增加，腹肉脂肪变得更加不饱和。研究人员已经确定饲喂不饱和脂肪可以改变猪肉脂肪的饱和度。丹麦肉研究中心将碘值作为猪肉脂肪质量的评价标准，其最大可接受碘值为 70（Barton-Gade，1987），美国建议猪肉脂肪的碘值阈值应设为 74。

Whitney 等（2006b）的研究表明，饲喂含 30%DDGS 的日粮会使猪脂肪的碘值高于 70，但低于 74，饲喂含 20%DDGS 日粮的猪，其脂肪的碘值大约为 70。这些数据表明，日粮中添加高达 30% 的 DDGS 对猪肉质量没有显著影响。在猪肌肉质量方面，DDGS 对肌肉亮度、颜色评分、24h 滴水损失、蒸煮损失、总水分损失、剪切力、坚实度评分和最终 pH 指标的影响差异不显著。在猪肉脂肪质量方面，添加 10%DDGS 的饲粮对猪腹肉厚度的影响不大，添加超过 20% 的 DDGS，猪腹肉厚度显著下降。添加超过 30%DDGS 的饲粮可使猪腹肉坚实度评分和校正腹肉坚实度评分显著降低。添加 DDGS 的饲粮会使猪肉的碘值显著升高，进而使猪肉的货架期缩短，贮藏条件要求会变高，口感也会受到很大影响。

White 等（2009）屠宰前 10d 分别在 0、20%、40% 的 DDGS 日粮中添加 0.6% 共轭亚油酸（CLA），0、20%、40%DDGS 背部脂肪的碘值分别是 65.07、69.75、74.25，添加 CLA 使平均碘值由 71.11 降低到 68.31。这主要是因为添加 CLA 降低了脂肪组织中硬脂酰辅酶 A 去饱和酶（SCD）基因的表达，SCD 的活性显著降低（White 等，2007），从而减少了饱和脂肪酸向不饱和脂肪酸的转化，提高了脂肪的饱和度。

3. 对妊娠及泌乳母猪的影响 Wilson 等（2003）利用两胎次 93 头经产母猪测定了妊娠期饲喂含 50%DDGS 和泌乳期含 20%DDGS 日粮对母猪繁殖性能的影响，同时测定了 14 头母猪妊娠 100～105d 的营养平衡。以胎次和初始体重为基础，母猪被分配到两种妊娠日粮（0 或 50%DDGS，玉米-豆粕型基础日粮）和两种泌乳日粮（0 或 20%DDGS，玉米-豆粕型基础日粮）中去。母猪日饲喂量的计算方法是：以母猪体重的 1%

为基础，在妊娠期 0～30d、31～60d 和 61～90d 每天再分别加上 100g、300g 和 500g，泌乳期母猪自由采食。在母猪两个繁殖周期采用对应相同的日粮处理组合。观察两个繁殖周期妊娠母猪饲喂 0 和 50%DDGS 日粮条件下，母猪妊娠期体增重、每窝活仔数、初生窝重或平均初生重。结果表明，在第一个繁殖周期，日粮处理组合对窝仔数、初生窝重或断奶窝重没有影响，但妊娠期和泌乳期饲喂 0DDGS 日粮的母猪第一繁殖周期的断奶窝仔数减少。在第一繁殖周期，与其他日粮组合相比，母猪妊娠期饲喂 50%DDGS 和泌乳期饲喂 20%DDGS 的日粮组合的断奶前死亡率较高，但在第二繁殖周期，日粮处理组合对断奶前死亡率没有影响。母猪饲喂 0DDGS 妊娠期日粮和 20%DDGS 泌乳期日粮，泌乳期采食量较低，主要发生在泌乳期前 7d，但这种影响未发生于第一繁殖周期。在第一繁殖周期，与妊娠期饲喂 50%DDGS、泌乳期饲喂 20%DDGS 日粮组合和妊娠期饲喂 50%DDGS、泌乳期饲喂 0DDGS 日粮组合相比，妊娠期和泌乳期饲喂 0DDGS 日粮组合的断奶-发情间歇期较长。第二繁殖周期未观察到断奶-发情间歇期长短差异。与饲喂 0DDGS 妊娠日粮的母猪相比，妊娠期饲喂 50%DDGS 日粮的母猪消耗更多的能量、氮、硫和钾，氮、硫和磷的存留量较高。这些结果表明，饲喂含 50%DDGS 的妊娠日粮，会支持较好的繁殖性能表现。但如果母猪在妊娠期饲喂的是玉米-豆粕型日粮，且未提供适应期让母猪去适应泌乳期的高 DDGS 日粮，那么饲喂含 20%DDGS 的泌乳日粮会降低产后第一周的采食量。

Hill 等（2005）进行了一项研究，旨在测定泌乳母猪是否能利用含 15%DDGS 的日粮，在维持体重和泌乳性能的同时，减少粪便中磷的排泄。结果表明，泌乳日粮中含 15%DDGS 能支持较好的母猪生产性能，同时能维持或减少粪便中磷的排泄。

（二）在反刍动物生产中的应用

1. DDGS 对瘤胃发酵的影响

（1）对瘤胃液 pH 的影响　瘤胃液 pH 是一项反映瘤胃发酵水平的重要指标，综合反映瘤胃微生物状态，代谢产物有机酸产生、吸收、排除及中和状况。夏楠等（2009）利用不同蛋白质组成的日粮对瘤胃发酵及微生物蛋白合成的影响进行了研究。试验中 DDGS 组瘤胃液 pH 平均值高于豆粕、菜籽粕组，但差异不显著。4 种瘤胃液 pH 在 6.24～6.78，各组间差异不显著。瘤胃微生物适宜生活的 pH 为 6～7，在这个范围内最有利于饲料蛋白质的降解。

吴春花等（2008）用玉米酒精糟替代日粮中玉米对绵羊瘤胃内环境及蛋白质降解率的影响进行研究，发现不同比例 DDGS 替代日粮中玉米对绵羊瘤胃 pH 有一定影响，4 组不同时间点绵羊瘤胃 pH 均处于正常范围之内（5.5～7），不同比例 DDGS 对绵羊瘤胃 pH 影响差异显著，10%组与对照组间差异不显著，20%组与 30%组显著低于对照组。

（2）对瘤胃氨氮浓度的影响　夏楠等（2009）的研究结果表明氨氮浓度在采食后 2h 升至最大值，随后下降，豆粕、棉粕和菜籽粕组在采食后 8h 降至最低，而 DDGS 组在采食后 4h 降至最低。这主要是由于动物采食蛋白质饲料 2～3h 后，蛋白质在瘤胃内降解产生的氨达到高峰，而后氨氮作为微生物蛋白合成的前体物质用于合成微生物蛋白使其浓度不断下降。该试验的瘤胃液氨氮浓度在每 100mL 9.04～24.36mg，与前人的研究结论一致。吴春花等（2008）的研究结果表明，不同比例 DDGS 替代日粮中玉米对绵羊瘤胃氨氮浓度影响差异不显著，但数值上 20%组最高。

（3）对瘤胃挥发性脂肪酸的影响　瘤胃发酵产生的挥发性脂肪酸（VFA）是反刍动物赖以生存、保持正常生长、泌乳、繁殖的主要能源，可提供反刍动物总能量需要量的 70%～80%，是瘤胃发酵的重要参数。夏楠等（2009）的试验结果表明，乙酸、丙酸和丁酸浓度均在采食后 2h 达到最高峰，随后浓度下降，在采食后 8h 接近或略高于采食前的水平。乙酸、丙酸和丁酸浓度在采食后 2h 极显著高于采食前和采食后 8h，这是由于采食后 2h，日粮在瘤胃内发酵达到高峰，产生大量的挥发性脂肪酸，而后 VFA 作为主要能源用于动物的机体代谢，使其浓度不断下降，最后接近或略高于采食前的水平，维持瘤胃内环境的稳定。瘤胃发酵类型即乙酸/丙酸比值也显著地影响着能量的利用率和能量储存部位。从乙酸/丙酸比值来看，棉粕组的比值显著高于豆粕、菜粕组，极显著高于 DDGS 组。

吴春花等（2008）的研究表明，不同比例 DDGS 替代日粮中玉米对绵羊瘤胃总挥发性脂肪酸浓度的影响差异显著。20%组与 30%组均显著高于对照组、10%组。10%组与对照组之间差异不显著，20%组与 30%组间差异不显著。就乙酸、丙酸、丁酸浓度及乙酸丙酸比来讲，20%组和 30%组乙酸浓度均显著高于 10%组与对照组，20%组与 30%组间差异不显著，10%组与对照组间差异不显著。4 个组间丙酸、丁酸浓度差异不显著。20%组乙酸/丙酸值显著高于 10%组与对照组，10%组、30%组与对照组间差异不显著，20%组与 30%组间差异不显著。

（4）对瘤胃微生物的影响　瘤胃微生物蛋白是反刍动物小肠蛋白质的主要组成部分，占小肠总可吸收蛋白质的 50%～80%。反刍动物瘤胃微生物生长率是影响机体营养代谢状况和生产水平发挥的重要因素。夏楠等（2009）试验研究中，不同蛋白质组成日粮对瘤胃微生物蛋白质合成有显著的影响，豆粕组的微生物蛋白浓度显著高于棉粕、菜粕组，极显著高于 DDGS 组。

吴春花等（2008）的研究表明，不同比例 DDGS 替代日粮中玉米对绵羊瘤胃微生物蛋白（BCP）浓度影响差异显著。20%组显著高于对照组与 10%组。10%组、30%组与对照组间差异不显著，20%组与 30%组间差异不显著。

Williams 等（2010）对玉米副产品体外产气和瘤胃微生物发酵进行了评估。研究目的是用 DDGS 和脱脂 DDGS 两种玉米副产物对瘤胃发酵的动力学进行鉴定，使用体外产气法（bTEFAP）技术对瘤胃微生物种群的变化进行研究。微生物在种属水平被鉴定。两种 DDGS 增加了纤维素分解菌和蛋白分解菌的数量。玉米副产物对瘤胃发酵动力学和微生物菌群变化影响可能提高玉米副产品在奶牛日粮中的使用量。

2. DDGS 在奶牛生产中的应用　对奶牛来说，DDGS 是一种很好的蛋白质来源。高质量 DDGS 中蛋白质含量一般占干物质的 30%以上。玉米中大部分易降解蛋白在发酵过程中被降解，导致 DDGS 中的瘤胃非降解蛋白（RUP）比例高于玉米本身。DDGS 中的蛋白质品质较好，但是对于大部分玉米副产品来说，赖氨酸依然是第一限制性氨基酸。因此，如果在奶牛日粮中添加了瘤胃保护赖氨酸和蛋氨酸，或者将 DDGS 与其他赖氨酸含量较高的原料搭配使用时，产奶量会得到提高。但是，大多数情况下，与使用豆粕作为日粮蛋白质来源的日粮相比，饲喂含有 DDGS 的日粮所得到的产奶量相同，甚至更高些。Ranathunga 等（2010）研究表明来自 DDGS 的非饲草纤维可以部分替代奶牛日粮玉米中的淀粉，且不引起乳产量和乳成分变化。通常认为，DDGS 在奶牛日粮中使用的比例可以达到 10%。

（1）DDGS 对奶牛干物质采食量的影响　DDGS 具有较高的适口性，在日粮中添加 DDGS 时，在适宜的范围内一般不会对干物质采食量和产奶量有负面影响。李文博（2011）研究了 DDGS 型日粮中添加过瘤胃氨基酸对奶牛生产性能的影响。选择泌乳前期荷斯坦奶牛 40 头，随机设置 5 个处理 A、B、C、D、E，每个处理 8 个重复，分为对照组（玉米-豆粕型日粮）、DDGS 组（无补充氨基酸组）、DDGS＋RPLys（过瘤胃赖氨酸）组（补充赖氨酸）、DDGS＋RPMet（过瘤胃蛋氨酸）组（补充蛋氨酸）、DDGS＋RPLys＋RPMet 组（补充两种氨基酸）。预饲期 10d，正式饲期 40d。结果显示，各组之间干物质采食量差异不显著。

Kalscheur（2005）研究了日粮中酒糟的添加量和使用形式对奶牛干物质采食量、产奶量、乳脂和乳蛋白的影响，发现干物质采食量（DMI）受到酒糟在日粮中的使用量以及酒糟使用形式的双重影响。奶牛日粮中使用酒糟会刺激采食量提高。如果奶牛饲喂了 DDGS，随着日粮中 DDGS 含量的升高，干物质采食量也随之升高，在 DDGS 占日粮 20%～30% 时达到最高峰。这些奶牛比没有 DDGS 的对照组要多吃掉 0.7kg 的饲料（干物质或者 DM 基础）。DDGS 含量超过 30% 后，干物质采食量与对照组就没有差异了。日粮中 DDGS 含量达到 20%～30% 刺激采食量增加时，日粮中使用较低水平的 WDGS（湿酒糟），即 4%～10% 和 10%～20%，就使采食量达到最高值。WDGS 的含量超过 20% 后，采食量反而会下降。另外，30%WDGS 组的奶牛采食量比对照组低 2.3kg/d，而比 4%～10%WDGS 组低 5.1kg/d。Anderson 等（2006）以苜蓿和青贮玉米为基础日粮，在日粮中添加 10% 或 20% 的 DDGS，干物质采食量虽略有下降，但产奶量仍表现增加。

（2）DDGS 对奶牛产奶量的影响　在产奶量方面，上述李文博（2011）的试验中 A、B、C、D 4 个组之间差异不显著，E 组（DDGS＋RPLys＋RPMet）与 4 个组存在显著差异，E 组比前 4 组分别提高 1.9kg、3.1kg、2.1kg 和 2.4kg，增幅达到 7.23%、12.35%、8.05% 和 9.31%，说明添加两种限制性过瘤胃氨基酸对牛奶的合成起到促进作用。E 组的 4% 校正乳（4%FCM）和经济校正乳（ECM）最高且与其他 4 个组存在显著差异；从产奶量、校正乳和经济校正乳 3 个指标来看，都是 B 组（DDGS）最低；经济校正乳/干物质采食量（FE，ECM/DMI）在 5 组之间也存在显著性差异，E 组的比值最低，说明其经济价值比较高。

Kalscheur（2005）的试验结果表明，产奶量与酒糟的使用形式无关，但是奶牛日粮中增加了酒糟后产奶量有一个明晰的曲线反应。使用 4%～30% 的酒糟，大约比对照组（即没有添加酒糟的日粮组）产奶量每天增加 0.4kg。当奶牛日粮中使用酒糟超过 30% 时，即最高添加量，产奶量有下降趋势，即比对照组的产奶量平均每天下降 0.8kg。WDGS 在奶牛日粮中的用量超过 20% 后，产奶量就会下降。这可能与干物质的采食量下降密切相关。

（3）DDGS 对奶牛乳品质的影响　在奶牛日粮中添加 DDGS 一般不会影响乳脂率。上述李文博（2011）的试验中，D 组和 E 组比前 3 组有提高的趋势，乳脂率较对照组分别提高 0.09% 和 0.11%；C、D、E 组较对照组在乳蛋白产量上显著提高，说明补充过瘤胃氨基酸（RPAA）对氨基酸的平衡和乳蛋白的合成起到了积极的作用，使蛋白质和氨基酸在小肠的消化和吸收更加合理。但当日粮粗料含量较少时则会影响乳脂率，如 Cyriac 等（2005）试验，对照组饲粮为：40% 的青贮玉米、15% 的苜蓿甘草和 45% 的精料，试验组用 DDGS 替代青贮玉米，在饲粮中分别添加 0、7%、14% 和 21%DDGS，结果发现，乳脂率线性降低。在设计日粮时，要特别注意一定要从粗料中获得足量的纤维来保持瘤胃的功能。酒糟含有 28%～44%NDF，但是这种纤维被很好地加工过，而且很快就在瘤胃中进行消化。由此，不能认为来自酒糟中的纤维是瘤胃有效纤维，而且它也不能等同于来源于粗料的纤维。酒糟中脂肪水平较高，也可能会影响瘤胃功能，导致乳脂下降，但通常乳脂大幅度下降是由于众多的日粮因素纠合在一起而引起的。

如果日粮中粗蛋白质含量充足，氨基酸的不平衡会影响乳蛋白的合成。Kleinschmit 等（2006）在日粮中添加 20%DDGS，观察到赖氨酸是日粮中的第一限制性氨基酸，因此，日粮中 Lys 含量的不足可能会影响乳蛋白合成，而日粮赖氨酸含量主要与日粮类型有关。Owen 和 Larson（1991）以青贮玉米为基础日粮，在日粮中添加 19%DDGS 替代全部豆粕和部分压片玉米，试验组与对照组相比，乳蛋白率下降；而 Grings 等（1992）以苜蓿为基础日粮，添加不同量的 DDGS 来替代玉米粉，和对照组相比，乳蛋白率随 DDGS 含量增加而逐渐提高。造成这种现象的主要原因是以玉米为基础的日粮 Lys 含量比较缺乏，影响乳蛋白的合成，而以苜蓿为基础的日粮 Lys 含量相对比较高。

Kalscheur（2005）发现，乳蛋白含量在含有 0～30% 酒糟的日粮中没有差异，而且酒糟的使用形式也没有影响。然而，与没有使用酒糟的对照组相比，超过 30% 用量的酒糟日粮使乳蛋白含量下降了 0.13%。在很高的使用量时，酒糟很可能代替了其他的蛋白质来源。在这么高的使用量下，较低的小肠蛋白质消化率、较低的赖氨酸含量和不平衡的氨基酸组成都会使乳蛋白质含量下降。

3. DDGS 在肉牛生产中的应用

（1）DDGS 对育肥牛生产性能的影响　　DDGS 用于肉牛饲料当中，其优越性表现在：增强瘤胃发酵功能，提供过瘤胃蛋白，通过发酵转化部分纤维为能量。大部分 DDGS 的研究都是在育肥牛日粮中当成能量饲料来添加使用的。DDGS 的适口性特别好，很容易被肉牛采食。而且，添加 DDGS 不会影响肉牛胴体的质量，对肉牛的采食也没有影响。与 DDGS 相比，饲喂 WDGS（湿酒糟）对育肥牛的生长更有利（Erickson 等，2005）。当日粮中的玉米被 WDGS 代替后，结果都很一致，即饲料转化效率提高 15%～25%（Vander 等，2005a；Fanning 等，1999；Trenkle，1997a；Trenkle，1997b）。饲料转化效率之所以得到很大的提高，是因为 WDGS 中的能量是玉米的 120%～150%。在饲草含量很高的日粮中，经过干燥的 DDGS 能量值只相当于滚筒干燥玉米的 102%～127%。有研究结果表明，WDGS 和 DDGS 的高能量含量主要是由于它们能够控制酸毒症（Erickson 等，2005）。

Vander 等（2005b）认为在育肥牛日粮中以干物质为基础使用 10%～20% 的 DDGS 后，再添加尿素没有明显作用，说明发生了氮循环。Eun 等（2010）用 DDGS 代替大麦饲粮对生长牛和育肥牛的生长性能和胴体特性的影响进行研究。结果表明最初和最终的体重在生长期和育肥期没有显著差异。生长期干物质采食量随 DDGS 的增加而下降，而 ADG 和 G：F 升高。育肥期添加 DDGS 降低了 DM 采食量，增加了 G：F。而 DM 和酸性洗涤纤维的消化性没有不同，中性洗涤纤维消化性与高 DDGS 组有升高的趋势。高 DDGS 组瘤胃 pH 提高，但变化不大。以大麦日粮为基础的 DDGS 补充料对生长和育肥牛都没有不良的影响，如生长性能、消化率、瘤胃发酵和胴体特性。低和高 DDGS 的日粮提高了生长牛 ADG 和 G：F。生长牛上的积极的作用很可能是由于增加了瘤胃 pH 和酸性洗涤纤维消化性。

Meyer 等（2010）用生物燃料产品的副产品饲喂育肥牛的效果进行研究。结果表明，在牛的生长育肥阶段用 RSM 和 DDGS 替代豆粕是可行的。

（2）DDGS 对牛肉品质的影响　使用酒糟后对牛肉质量和感官没有不良的影响。Gordon 等（2002）在育肥牛日粮中使用了 0、15％、30％、45％、60％ 或者 75％ 的 DDGS，饲喂了 153d，观察到当 DDGS 用量增加时，牛排的柔软度也有较小的直线改善关系。Roeber 等（2005）做了两个试验，其中湿或干酒糟在荷斯坦肉牛饲料中的用量高达 50％，然后观察了牛肉的颜色、柔软度和感官，其在柔软度、风味和多汁性上没有差异。同样，在 Jenschke 等（2006）的试验结果也认为在育肥期肉牛饲料中使用 50％湿酒糟（干物质基础）得到的牛排制品在柔软度、连接组织数量、多汁性和无味强度上没有任何差异。Eun 等（2010）用 DDGS 代替大麦饲粮对生长牛和育肥牛的产品和胴体特性的影响进行研究，结果表明，DDGS 补充料有增加大理石纹评分和产量的趋势，但有降低眼肌面积的趋势。

（三）在家禽生产中的应用

1. DDGS 在肉鸡生产中的应用　DDGS 被用作肉鸡日粮的一种饲料配料已有很多年的历史。最初 DDGS 主要以较低的水平加入日粮中（约 5％），有时会作为一种可对肉鸡生产参数产生积极影响的"不明生长因子源"加入日粮。在早期的肉鸡和火鸡的研究中，Day 等（1972）和 Couch 等（1957）发现日粮中加入低浓度的 DDGS 可以提高动物的增重。

张勇等（2011）选用 240 只 1 日龄科宝艾维茵 48 肉仔鸡，1～21 日龄饲喂含有 10％ DDGS 的日粮；22～35 日龄和 36～49 日龄两个阶段分别饲喂含有 10％、20％ 和 30％ DDGS 的日粮。结果表明，添加 DDGS 显著降低 1～21 日龄肉仔鸡采食量；在试验全期，添加 DDGS 降低日增重，增加日采食量、料重比，但差异均不显著。

冯艳艳（2008）将微生物酶制剂（Allzyme SSF）添加到肉仔鸡 DDGS 日粮中，研究对肉仔鸡生长性能及相关指标的影响。试验选用了 320 只健康的 1 日龄爱维茵肉仔鸡为试验材料，随机分为 8 个处理组，试验期为 56d，分别饲喂 8 种不同的日粮：①玉米-豆粕日粮；②日粮①＋200mg/kg SSF；③玉米-DDGS-豆粕日粮（用 DDGS 代替 10％豆粕）；④日粮③＋200mg/kg SSF；⑤玉米-DDGS-豆粕日粮（用 DDGS 代替 20％豆粕）；⑥日粮⑤＋200mg/kg SSF；⑦玉米-DDGS-豆粕日粮（用 DDGS 代替 30％豆粕）；⑧日粮⑦＋200mg/kg SSF。DDGS 主效应结果表明，日粮中单独添加不同水平的 DDGS（10％～30％）对肉仔鸡生长各期日增重无显著影响。SSF 主效应表明，添加 200mg/kg 酶制剂能够显著提高肉仔鸡 1～3 周龄及 4～6 周龄日增重。日粮中同时添加 20％DDGS、200mg/kg SSF 或 30％DDGS、200mg/kg SSF 显著提高肉仔鸡 0～3 周龄日增重，添加 20％DDGS、200mg/kg SSF 显著提高 4～6 周龄及 1～8 周龄的日增重。不同处理对肉仔鸡 7～8 周龄日增重无显著影响。

张影等（2012）研究了 DDGS 日粮添加维生素 E 对肉仔鸡生长性能及肉质的影响。试验选用 360 只 1 日龄健康的艾维茵肉仔鸡，随机分为 6 组，采用 3×2 因子设计，即 DDGS 三个水平（0、10％、20％），维生素 E 两个水平（0、200mg/kg），试验期 49d。结果表明，10％DDGS 提高肉仔鸡 1～21 日龄平均日增重；10％ DDGS、200mg/kg 维生素 E 显著提高肉仔鸡 1～21 日龄、43～49 日龄和 1～49 日龄平均日增重。日粮中单独添加 20％DDGS 降低 22～42 日龄及 1～49 日龄的平均日采食量，因此过量的 DDGS 不利于采食。而添加 200mg/kg 维生素 E 能够显著提高肉仔鸡 1～21 日龄、43～49 日龄和 1～49 日龄的平均日增重；显著降低肉仔鸡 43～49 日龄的料重比。基础日粮中同时添加 200mg/kg 维生素 E、10％DDGS 组和对照组相比显著提高了胸肌率和屠宰率；日粮中同时添加 200mg/kg 维生素 E、10％DDGS 组和单独添加 10％DDGS 组相比显著提高了腿肌率；单独添加 20％DDGS 以及同时添加 20％DDGS、维生素 E 和对照组相比显著提高了肉鸡的屠宰率。

2. DDGS 在蛋鸡生产中的应用　早期的研究显示，DDGS 可在产蛋鸡日粮中添加 5％～20％，甚至可作为饲料中 1/3 的蛋白供应源，不会对产蛋量和蛋重产生不利影响。卢建等（2013）研究了不同水平 DDGS 对蛋鸡产蛋性能、蛋白质的影响。选用 28 周龄产蛋率接近的健康苏禽青壳蛋鸡 240 只，随机分为 6 个处理（5 个试验组，1 个对照组），分别饲喂含有 0、1％、3％、5％、7％和 9％的玉米 DDGS 日粮。各试验组饲粮中能量、蛋白质水平相同。试验期 42d。结果表明，饲粮中添加玉米 DDGS 可显著增加蛋黄颜色，饲粮玉米 DDGS 水平达到 3％及以上时可显著提高哈氏单位，饲粮不同玉米 DDGS 水平对蛋鸡产蛋性能和其他蛋品质无显著影响。而且，与对照组相比，试验组饲料成本分别降低了 0.151 元/只、0.211 元/只、0.383 元/只、0.478 元/只和 0.495 元/只。

李瑜等（2010）研究了不同水平脱脂 DDGS 对蛋鸡生产性能、蛋品质和血清生化指标的影响。选用 960 只 67 周龄的海兰褐蛋鸡，随机分为 4 个处理，每个处理 4 个重复，每个重复 60 只鸡。对照组饲喂玉米-豆粕型基础日粮，试验Ⅰ组、Ⅱ组、Ⅲ组 DDGS 占日粮的比例分别为 12％、18％和 24％，试验期 8 周。结果显示，各试验组的采食量、蛋形指数、蛋壳厚度与对照组无显著差异，但各试验组蛋黄颜色显著加深，平均蛋重显著降低；与对照组相比，试验Ⅰ组、Ⅱ组料蛋比、产蛋率和哈氏单位无显著差异，试验Ⅲ组料蛋比和哈氏单位显著提高，产蛋率显著降低；各组之间血清中钙、磷、甘油三酯、高密度脂蛋白和尿素氮无显著差异。

3. DDGS 在鸭生产中的应用　Huang 等（2006）研究了在日粮中使用含可溶物的干玉米酒糟对褐壳蛋鸭生产性能和鸭蛋品质的影响。14～50 周龄的蛋鸭被随机地分到 4 个处理组中，4 个处理组的日粮中分别使用了 0、6％、12％或者 18％的 DDGS。日粮是等氮等能的，都含有 11.5MJ/kg 代谢能（ME）和 19％的粗蛋白质（CP）。这项研究的结果表明，日粮中使用高达 18％的 DDGS 后，对蛋鸭的采食量、饲料转化效率以及蛋壳质量都没有显著差异。天气较冷时，蛋鸭日粮中使用 18％的 DDGS 反而会增加鸭蛋产量。DDGS 的日粮使用量为 12％或者 18％时蛋重有增加的趋势。DDGS 中的叶黄质能够很好地被蛋鸭利用。

鲍庆晗等（2009）研究了不同蛋白质原料对育成期蛋鸭生产性能和氮代谢的影响。试验选用12周龄体重相近的雌性蛋鸭160只，随机分为豆粕组、棉籽粕组、菜籽粕组和DDGS组4个处理组，每个处理组5个重复，每个重复8只蛋鸭，进行饲养和代谢试验，以研究不同蛋白质原料对育成期蛋鸭生产性能和氮代谢的影响。试验结果表明：不同蛋白质原料对蛋鸭的日增重、日采食量和饲料转化率的影响差异不显著，对氮的表观代谢率无显著影响；用棉籽粕、菜籽粕和DDGS代替部分豆粕，不会影响育成蛋鸭的生产性能，饲养者可因地制宜地选择不同的蛋白质原料。

周联高等（2008）研究了DDGS对樱桃谷鸭生产性能及甲状腺激素的影响。在樱桃谷肉鸭日粮中添加5％、8％、11％的DDGS，对肉鸭的生长无不良影响。各组间屠宰率、半净膛率、全净膛率、胸肌率、腿肌率、腹脂率均无显著差异。8％、11％含量能明显促进肉鸭生长，降低饲料成本，提高经济效益。各试验组肉鸭血液中T_3含量均比对照组显著降低，T_4含量均比对照组显著增加。综合饲料成本及促生长效应等因素考虑，15～35日龄樱桃谷肉鸭日粮以8％DDGS添加量较好，11％添加量次之。

郭志强等（2009）用不同添加水平的玉米DDGS代替豆粕、小麦、玉米饲喂樱桃谷肉鸭，旨在探讨其饲喂肉鸭的效果。试验采用单因素完全随机分组设计，共设5个处理，分别添加0（对照组）、2％、4％、6％、8％的玉米DDGS。每个处理3个重复，每个重复40只肉鸭。结果表明，各添加DDGS组有提高采食量的趋势；2％、4％和6％DDGS组对平均日增重和料重比影响不大，而8％组日增重极显著低于对照组，料重比极显著高于对照组；添加DDGS组饲料增重成本均显著低于对照组。可见，在肉鸭饲料中添加6％以下的DDGS不影响肉鸭生产性能，但是可以明显降低成本，达到较好的经济效益。

阳金等（2009）在樱桃谷肉鸭日粮中添加0、10％、15％的DDGS和复合酶对樱桃谷肉鸭消化道pH影响差异不显著。在15d时，DDGS添加量达10％，肉鸭胫骨中的灰分、钙和磷含量都较其他组高，显著高于15％DDGS组。添加复合酶后，并未对钙和磷含量产生显著影响。在40d时，肉鸭胫骨中的灰分、钙和磷含量不受DDGS添加量变化的影响。添加复合酶后，胫骨中的灰分、钙和磷含量也无显著变化。

4. DDGS在鹅生产中的应用　张乐乐等（2011）研究不同处理和不同品种鹅对玉米干酒糟及其可溶物（DDGS）真代谢能（TME）和常规养分的利用率。试验分别选取150日龄健康五龙鹅（小型）和青农灰鹅（大型）公鹅各24只，各设4个处理，每个处理6只。处理1直接饲喂玉米DDGS，处理2饲喂玉米DDGS并添加微量元素、维生素，处理3饲喂玉米DDGS并添加玉米淀粉，处理4饲喂玉米DDGS并添加玉米淀粉、微量元素、维生素。试验鹅单笼饲养，每天饲喂120g，采用全收粪法测定真代谢能和养分利用率。结果表明：五龙鹅、青农灰鹅品种内4个处理之间TME、粗蛋白质、粗脂肪、氨基酸、酸性洗涤纤维、中性洗涤纤维、粗纤维、钙、磷利用率差异均不显著；处理1、4的青农灰鹅TME极显著高于五龙鹅，处理4的青农灰鹅粗蛋白质利用率为70.81％，显著高于五龙鹅，处理3的青农灰鹅EE利用率也极显著高于五龙鹅；处理1、2、4的五龙鹅NDF利用率显著或极显著高于青农灰鹅，处理2、3、4的五龙鹅ADF利用率也显著或极显著高于青农灰鹅，4个处理的五龙鹅CF利用率均显著高于青农灰鹅。结果表明，鹅对玉米 DDGS 的养分有较高的利用率，同品种不同处理下的鹅对玉米 DDGS 的 TME、常规养分利用率差异均不显著，不同品种的鹅对玉米 DDGS 的养分利用率存在一定差异。

李小娟（2012）研究了仔鹅饲粮中添加 DDGS 的可行性以及不同水平的 DDGS 对仔鹅生长性能、屠宰性能、肉品质等的影响。试验选取健康的 21 日龄的扬州鹅母鹅 160 只，随机分为 4 个处理，每个处理 4 个重复，每个重复 10 只鹅。对照组饲喂玉米-豆粕型饲粮，试验 I 组、II 组、III 组 DDGS 占饲粮的比例分别为 10%、20%、30%。预试期 1 周，试验期 6 周。在整个试验期内，各组间采食量差异不显著。试验初（4 周龄）各组试验鹅初始体重相近，5 周龄时，试验 I 组的体重显著高于试验 III 组的体重。8～9 周龄时，试验 II 组的体重均显著高于对照组。但在整个试验期内，各组间的平均日增重和料重比均无显著差异。试验 I 组的半净膛率显著高于对照组和试验 III 组，全净膛率显著高于试验 III 组，腿肌率显著高于对照组；试验 II 组的屠宰率、腹脂率最大，但各组间差异不显著。相对而言，试验 I 组和 II 组屠宰性能相对较高，试验 III 组与对照组没有显著差异，添加 DDGS 对仔鹅屠宰性能无明显影响。

鹅对玉米 DDGS 中的养分有较高的利用率，说明玉米 DDGS 是养鹅生产中质量较好的饲料资源。在同品种的不同处理间，鹅对玉米 DDGS 的粗蛋白质、脂肪酸、氨基酸、中性洗涤纤维、酸性洗涤纤维、粗纤维、钙、磷等常规养分利用率的差异均不显著。

（四）在水产品生产中的应用

Webster 等（1991）在饲料分别添加 0、35%、70% 和 70%（添加 0.4% 晶体赖氨酸）的 DDGS，配制等氮等能饲料，研究 DDGS 部分替代豆粕对美国鲖的影响，结果表明，35%DDGS 组和 70%DDGS（添加 0.4% 晶体赖氨酸）组试验鱼的体长、增重和特定生长率显著高于 70%DDGS（未添加晶体赖氨酸）；0、35% 和 70%（添加 0.4% 晶体赖氨酸）组试验鱼的增重、饲料转化率和特定生长率没有显著差异，因此，与添加高比例的豆粕相比，添加 35% 的 DDGS 对美国鲖生长没有影响；添加 70% 的 DDGS 将导致美国鲖赖氨酸缺乏，但添加晶体赖氨酸后试验鱼的生长得到明显改善。随后，Webster 等（1992）研究了 DDGS 和豆粕部分或全部替代鱼粉对美国鲖生长的影响，试验中 DDGS 添加量（35%）保持不变，鱼粉的添加量分别为 12%、8%、4%、0 和 0（添加晶体赖氨酸和蛋氨酸），调整豆粕比例（高达 50%）配制饲料蛋白含量为 33% 的试验饲料，饲养 12 周后各试验组鱼的增重、体长、末重、饲料转化率、特定生长率和存活率没有显著差异，表明在美国鲖饲料中可以使用植物蛋白源（豆粕和 DDGS）全部替代鱼粉。

何晓庆等（2009）研究了饲料中用玉米 DDGS 替代部分豆粕对奥尼罗非鱼幼鱼生长的影响。将初始体重接近的 18 尾奥尼罗非鱼随机分为 6 组，每组 3 个重复，分别饲喂 DDGS 替代豆粕的饲粮，替代比例分别为 0（对照组）、16.7%、33.3%、50%、66.7% 和 83.3%（记为 G1、G2、G3、G4、G5 和 G6），日投喂量为鱼体重的 4%～6%。试验周期为 8 周。结果显示，4 周时，G6 组的增重率和特定生长率显著低于其他各组，G2、G3 组的增重率和特定生长率显著高于 G5 组；饲料系数以 G6 组最高，显著高于其他各组；对照组饲料系数最低，显著低于 G5、G6 组，与其他各组差异不显著。8 周时，G6 组的增重率和特定生长率最低，显著低于 G3 组，其他各组差异不显著；饲料系数以 G6 组最高，显著高于 G1、G2 组和 G3 组；肝体比和脏体比有所差异，但均未达显著水平；肥满度以 G6 组为最低，显著低于其他各组。结果表明，在奥尼罗非鱼饲料中用不超过 50% 的玉米 DDGS 替代豆粕，不会显著影响其生长性能。

高红建等（2007）研究了饲料中添加 DDGS 对异育银鲫生长性能的影响。在饲料中分别添加 0、10%、20%、30% 和 40% 的 DDGS。结果表明，饲料中添加 10% 和 20% 的 DDGS，异育银鲫的特定生长率、增长率、料重比、蛋白质效率和日摄食率于对照组相比差异不显著。当 DDGS 添加量增加达到 30% 时，上述指标均出现下降的趋势，但差异仍未到达显著水平。当 DDGS 添加量达到 40% 水平时，上述生产性能显著下降。因此，建议异育银鲫饲料中 DDGS 添加量为 10%～20%。

梁丹妮（2011）研究了建鲤对 DDGS 中干物质、粗蛋白、粗脂肪、总磷和总能等营养物质的表观消化率。结果显示，建鲤对 DDGS 干物质、粗蛋白、粗脂肪、总磷和总能等营养物质的表观消化率分别为（35.44±5.17）%、（60.31±0.07）%、（81.97±0.87）%、（38.69±0.66）%、（47.82±1.79）%。结果表明，添加 30%DDGS 到建鲤日粮中不利于日粮的表观消化率。

黄文庆等（2012）研究了 DDGS 替代豆粕对草鱼幼鱼的影响，选用 360 尾草鱼苗，随机分为 6 组，分别投喂 0、10%、20%、30%、40%、50% 玉米 DDGS 代替豆粕的 6 种等氮饲料。结果表明，玉米 DDGS 添加量在 30% 以下时对草鱼生长性能没有显著影响；添加量在 40%～50% 时草鱼生长性能显著下降。钟广贤（2013）研究了玉米 DDGS 替代豆粕、米糠日粮对草鱼、生长性能及体成分的影响。结果显示，玉米 DDGS 替代豆粕添加量在 24.2% 以内时对草鱼生长性能没有显著影响，且对草鱼体组分均无显著影响；玉米 DDGS 添加量在 20% 以内可以等量替代米糠，对草鱼生长性能影响不显著，各试验组草鱼体成分均无显著差异。

钟广贤（2013）还研究了玉米 DDGS 替代豆粕和米糠对鲤生长性能的影响。结果表明，添加量在 24% 以下时对鲤的生长性能没有显著影响；添加量在 30% 时鲤生长性能显著下降。各试验组鲤体成分均无显著差异。

五、酒精糟及其加工产品的加工方法与工艺

（一）玉米酒精糟的生产工艺

DDGS 是玉米深加工生产酒精的副产物，包括食用酒精、工业酒精和燃料乙醇的生产。目前国内玉米 DDGS 的生产工艺根据前处理的不同主要分为全粒法、湿法和干法三种。

全粒法：玉米不经处理，直接经除杂、粉碎就投料，直接生产酒精，其副产品为 DDG、DDS、DDGS。图 5-3 为全粒法生产玉米酒精糟示意图。

湿法：玉米先经浸泡，像玉米生产淀粉一样，先破碎除皮，分离胚芽、蛋白获得粗淀粉浆，再生产酒精，可获得玉米油、玉米蛋白粉、玉米纤维蛋白饲料以及 DDG、DDS、DDGS。图 5-4 为湿法生产玉米酒精糟示意图。

干法：玉米预先湿润，再用大量温水浸泡，然后破碎筛分，除去部分玉米皮和玉米胚，获得低脂肪的玉米淀粉，生产酒精，获得副产品是玉米油、玉米胚芽饼、纤维饲料以及 DDG、DDS、DDGS。图 5-5 为干法生产玉米酒精糟示意图。

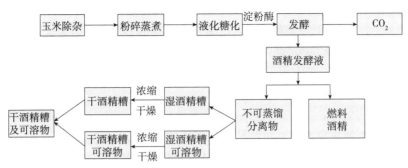

图 5-3　全粒法生产玉米酒精糟示意图

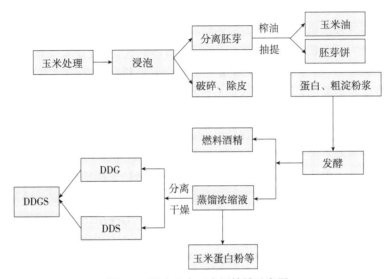

图 5-4　湿法生产玉米酒精糟示意图

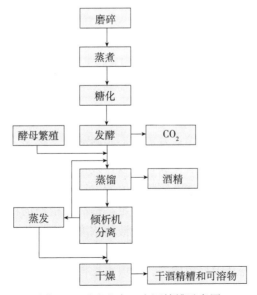

图 5-5　干法生产玉米酒精糟示意图

不同的原料处理工艺对产出的 DDGS 品质、营养成分有很大的影响。用全粒法生产酒精获得的 DDGS 优于湿法和干法生产酒精而获得的 DDGS。因为这种方法将玉米中所有的脂肪、蛋白质、微量元素以及残留的糖分全部归入到酒精糟中。但是，全粒法生产酒精的综合效益较差，湿法生产能够获得更高的综合效益。酒精生产企业出于盈利的目的大多选择湿法生产工艺（李爱科，2012）。

对于酒精糟的处理，关键的一步就是首先进行固液分离，否则很难对其进行深加工。固液分离的方法主要有自然沉淀法、板框压滤和离心分离三种。

自然沉降法是最原始的分离方法，效率低，对空气又污染，工作环境差。这种方法已经逐渐被淘汰。板框压滤法主要的设备为压滤机，它能实现酒精糟的固液分离。虽然这种方法的分离效果较好，但是压滤机不能连续工作，效率低，并且压滤机的能耗高，劳动强度大。这种方法也将被淘汰。

目前，国内大型酒精生产企业多采用的是卧式螺旋沉降离心法对酒精糟进行固液分离（王平先，2006）。也有一些企业采用立式离心分离机，只是由于立式离心机的处理量小、滤网寿命短等缺陷，没有卧式离心机的应用广泛。卧式螺旋沉降离心机工作原理为转鼓与螺旋以一定差速同向高速旋转，物料由进料管连续进入分离器中，加速后在离心力场作用下，较重的固相物沉积在转鼓壁上形成沉渣层，输料螺旋将沉积的固相物连续不断推至转鼓锥端，经排渣口排出机外。较轻的液相物形成内层液环，由转鼓大端溢流口连续溢出转鼓，经排液口排出机外（李泽新，2011）。固液分离作为酒糟处理的第一步，分离效果的好坏直接影响后面工序的操作，如果含水量较高则干燥耗汽多，对于列管式干燥器列管上易结垢影响热效率；离心液中不可溶物浓度高，回流时拌料浓度增加，易堵塞管道影响液化，导致酒母发酵能力下降，同时还会影响蒸发的效率。

固液分离完成后，接下来就是对滤渣和滤液进行干燥。滤液中含有可溶性蛋白质等种类丰富的营养物质。滤液从含干物质 2% 左右经多效蒸发设备蒸发浓缩至含固形物 45% 的浆状酒精糟，需要消耗很多能量，是形成 DDGS 成本的主要环节。滤渣和浓缩后的酒精糟被输送至干燥设备中干燥至含水量 12% 以下，即制得 DDGS 产品。一般采用滚筒式热风干燥机或者转盘式干燥机（李爱科，2012）。干燥过程影响 DDGS 的最终品质，烘干的温度过高、时间过长都会导致 DDGS 发生美拉德反应，使 DDGS 颜色变为深褐色，有烧焦的气味，大大降低 DDGS 中有效赖氨酸的含量。

（二）木薯酒精糟的生产工艺

木薯的碳水化合物含量很高，但蛋白质、脂肪等营养物质含量较低。发酵过程中碳水化合物大部分变成了酒精和二氧化碳，所以，残留在酒精糟液中的营养物质含量就更少，饲料价值低。提高木薯酒精糟液饲料价值的方法包括：混合原料发酵，各种原料的营养成分互补，补充木薯发酵醪液营养的不足，提高酒精糟饲料的营养价值，同时改善木薯酒精糟饲料的适口性；提高酒精发酵醪液的浓度，增加营养物质的含量；添加无机氮源，经微生物发酵转化为能被动物消化吸收的有机氮源。

木薯酒精糟液在提高其饲料价值后，可以直接饲喂，或制成 DDGS，也可以与秸秆混合经固态发酵制成生物蛋白饲料（周兴国，2003）。制成 DDGS 的方法与玉米 DDGS 的生产工艺相同，主要流程就是固液分离和干燥。国内研究的固态发酵制饲料技术路线主要有以下三种方法。

1. 木薯酒精糟液浓缩物固态发酵制饲料　农业部规划设计研究院以木薯酒精糟为主原料，辅以菜籽粕、麦麸，采用固态发酵技术，发酵前粗蛋白质 27.0%，发酵后粗蛋白质达到 39.40%，提高率 46%；工艺过程中并将菜籽粕中有毒的芥子苷脱出，扩大了蛋白饲料来源，工艺流程示意如图 5-6 所示。

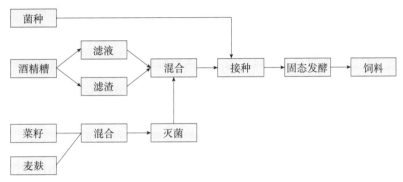

图 5-6　木薯酒精糟固态发酵制饲料工艺流程图

2. 薯干酒精糟液浓缩物和秸秆固态发酵制饲料　南阳理工学院以薯干酒精浓缩物为主原料，辅以秸秆、麦麸，采用 EM 菌种固态发酵技术，制成富含 EM 有益菌体的活性饲料。饲料的粗蛋白质达到 25.60%，总氨基酸 22.80%，粗纤维含量 29.42%，饲喂猪适口性好，生长速度快，抗病力强，粪便臭味大大减轻。

3. 稻谷酒精糟液和秸秆固态发酵制饲料　天津大学应用不经浓缩处理的稻谷酒精糟液和玉米秸秆固态发酵制饲料的研究，应用"多酶多菌法"固态发酵技术，制成富含有益菌体的生物蛋白饲料。发酵前玉米秸秆的粗蛋白质为 5.80%，粗纤维 32.99%，发酵后饲料的粗蛋白质为 22.69%，粗纤维 26.47%。

六、酒糟类及其加工产品作为饲料资源开发利用的政策建议

（一）加强开发利用糟渣类及其加工产品作为饲料资源

在未来较长的时期内，随着人们对养殖产品需求的持续增长，养殖业将进一步发展，对饲料的需求也将持续增长。然而国内常规饲料原料未同步增长，饲料原料资源的短缺已成为阻碍我国饲料工业发展的关键因素。据中国饲料工业办公室估算，到 2020 年，我国仅蛋白质饲料缺口就达到4 800万 t。同时，受国内外环境原料供需量等多重因素影响，大宗常规原料价格持续上涨造成饲料企业成本居高不下，盈利能力持续走低。研究合理利用非常规饲料原料资源，是缓解饲料资源短缺，提高饲料企业经济效益的有效途径。我国每年酿造工业中产生的各类酒糟、酱油糟和醋糟多达17 000万 t。这些资源如果没有合理利用，长期堆放对环境是一种巨大的污染源。随着人们对环境污染越来越关心，如何解决这部分资源是一个值得关注的问题。研究表明，这些资源大部分都含有丰富的营养物质，可作为精料利用，是开发潜力巨大的饲料资源库。

（二）改善糟渣类资源及其加工产品作为饲料资源开发利用方式

由于糟渣类原料在利用时具有一定的弊端，所以在利用时需要进行适当的加工处理

例如通过改善其物理性状，添加适宜添加剂、进行膨化或发酵等工艺处理以降低其中抗营养因子和有毒物质含量，进而改善其适口性提高消化吸收率。

（三）制定糟渣类资源及其加工产品作为饲料产品标准

由于糟渣资源种类众多，营养成分差异巨大，新型糟渣不断产生，相关的营养成分数据不够完善，应进一步予以测定其成分，早日出台完备的营养成分表及相关具体饲养标准，为企业及个人提供较为完善的参考与标准。

（四）科学制定糟渣类资源及其加工产品作为饲料原料在日粮中的适宜添加量

糟渣类资源种类丰富，对于糟渣类饲料在动物中的适宜添加量，国内外进行了很多相关的研究。为制定日粮中的适宜添加量提供了丰富的理论依据。然而，还有一些原料，相关的研究还未进行，需要科研工作者对其展开深入的研究。

（五）合理开发利用糟渣类资源及其加工产品作为饲料原料的战略性建议

国内，在畜牧业中使用量最大的糟渣类饲料资源是玉米 DDGS。2014 年数据显示，我国国内年产 DDGS 只有 300 万 t 左右，不到进口 DDGS 数量的一半。由于霉菌毒素含量少、生产成本低等因素，从美国进口的 DDGS 占我国进口 DDGS 的 90% 以上。然而，这些进口 DDGS 绝大部分为转基因玉米的产物。因此，深度开发国内糟渣类资源生产饲料非常关键。首先，国内玉米由于储存问题，很容易受到霉菌毒素污染。建议在国内大型粮库推广风干储存方法，从源头降低风险。其次，在建设酒精生产厂的同时，做好酒精糟产品深加工生产链的建设，使酒精糟能及时有效地得到加工，防止霉变。最后，加强高产玉米的研发与推广，为 DDGS 的原料提供保障。

（东北农业大学单安山、宋文涛、孙岳丞、孟庆维）

参考文献

艾必燕，樵星芳，冉华山，等，2008. 鲜啤酒糟在 PIC 猪日粮中的饲喂效果研究 [J]. 中国畜牧科技论坛——科技前沿（3）：24-27.

艾庆辉，苗又青，麦康森，2011. 单宁的抗营养作用与去除方法的研究进展 [J]. 中国海洋大学学报（自然科学版）(1)：33-40.

鲍庆晗，赵卓，2009. 不同蛋白质原料对育成期蛋鸭生产性能和氮代谢的影响 [J]. 饲料工业，19 (30)：9-11.

蔡柳，曾璐，张婷婷，等，2011. 薯类原料生物转化燃料乙醇研究进展 [J]. 中国酿造，30 (3)：1-5.

陈茂生，2011. 啤酒糟饲喂温州奶水牛和荷斯坦奶牛对产奶性能的影响 [J]. 浙江畜牧兽医 (3)：26-27.

陈双生，康毅，夏文旭，等，2015. 葡萄酒酿造生产中副产物的综合利用 [J]. 中国食品工业.

陈云，2008. 酶解啤酒糟工艺及替代豆粕饲喂肥猪的研究 [J]. 江苏农业科学，6：230-232.

董锋，2015.DDGS 独领饲料原料市场风骚国内消费或将再创历史新高——2014 年我国 DDGS 市场分析及 2015 年展望 [J]. 饲料广角 (4)：16-19.

方园，夏先林，方福平，等，2014. 白酒糟饲喂三穗鸭的增重及饲料转化效果 [J]. 贵州农业科学，42 (3)：102-105.

冯堂超，周月华，易宗容，等，2015. 宜宾五粮型白酒糟在肉牛日粮中应用效果的研究 [J]. 饲料工业，36 (9)：49-52.

冯昕炜，许贵善，郎松林，2012a. 发酵葡萄渣营养成分分析及饲用价值评估 [J]. 黑龙江畜牧兽医 (9)：82-83.

冯昕炜，许贵善，刘昱成，2012b. 酵母菌发酵葡萄渣发酵效果研究 [J]. 江苏农业科学，40 (2)：222-223.

冯艳艳，单安山，2006. 可溶物酒精糟日粮中添加微生物酶制剂对肉仔鸡生长性能及相关指标的影响 [C] //中国畜牧兽医学会动物营养学分会第十次学术研讨会论文集：194.

高红建，张邦辉，王燕波，等，2007. 在饲料中添加 DDGS 对异育银鲫生长的影响 [J]. 饲料工业，28 (2)：25-27.

高路，2004. 酒糟的综合利用 [J]. 酿酒科技，5 (5)：101-102.

高学峰，杨继红，王华，2015. 葡萄及葡萄酒生产过程中副产物的综合利用研究进展 [J]. 食品科学，7：52.

高艳，谭兴和，周红丽，等，2010. 马铃薯酒精浓醪发酵工艺条件的研究 [J]. 食品科技，2 (16)：33-36.

葛汝方，2013. 啤酒糟在奶牛生产中的应用 [J]. 饲料广角，22：46-47.

郭福存，江南，2007. DDGS 的营养价值及限制因素 [J]. 中国家禽，29 (10)：43-44.

郭萌萌，2011. 啤酒小麦品种筛选、制麦工艺优化与啤酒糟的综合利用 [D]. 泰安：山东农业大学.

郭文华，2015. 干酒糟及其可溶物的营养价值和在动物生产中的应用 [J]. 畜牧与饲料科学，3：40-41.

郭志强，宋代军，顾维智，2009. 玉米 DDGS 饲喂肉鸭的效果探讨 [J]. 畜牧与兽医，6 (41)：42-44.

何晓庆，曹俊明，黄燕华，等，2009. 玉米 DDGS 替代豆粕对奥尼罗非鱼生长性能的影响 [J]. 饲料工业，30 (22)：26-29.

呼慧娟，2010. 黄酒糟对生长育肥猪饲用价值的研究 [D]. 杭州：浙江大学.

黄文庆，王国霞，罗志锋，等，2012. 玉米 DDGS 替代豆粕对草鱼生长性能血清化指标和免疫指标的影响 [J]. 饲料工业 (16)：33-36.

姬向波，姚国佳，刘健，等，2015. 啤酒糟、发酵啤酒糟替代豆粕对肉鹅生长性能、免疫器官指数及肠道菌群的影响 [J]. 中国畜牧兽医，42 (10)：2669-2675.

蒋剑春，2002. 生物质能源应用研究现状与发展前景 [J]. 林产化学与工业，22 (2)：75-80.

蒋雨，赵子华，童晓莉，等，2004. 饲粮中大曲酒糟对肉猪生产性能和肉质影响的研究 [J]. 饲料博览 (4)：1-4.

赖景涛，李秀良，黄香，2010. 啤酒糟对乳用牛泌乳量的影响 [J]. 广西畜牧兽医，26 (3)：136-138.

李爱科，2012. 中国蛋白质饲料资源 [M]. 北京：中国农业大学出版社.

李秉，王剑辉，1993. 五粮酒糟粉代替麦麸网箱养鱼试验 [J]. 饲料研究，9：7.

李根来，2009. 日粮中添加玉米 DDGS 和复合酶 SSF 对生长育肥猪生产性能和脂肪相关指标的影响 [D]. 南京：南京农业大学.

李华磊，2014. 玉米酒糟及其可溶物对免疫抑制肉鸡肉品质，抗氧化性能和免疫功能的影响 [D]. 陕西：西北农林科技大学.

李莉，2008. 啤酒发酵副产物的综合利用 [J]. 四川食品与发酵，44 (3)：32-36.

李小娟，王志跃，杨海明，等，2012. 玉米干酒糟及其可溶物对仔鹅生长性能及肉品质的影响 [J]. 动物营养学报，24 (5)：897-904.

李瑜，张军民，孟艳莉，等，2010. 不同水平脱脂 DDGS 对蛋鸡生产性能、蛋品质和血清生化指标的影响 [J]. 中国农业科学，43 (16)：3433-3439.

李玉杰，2011. 啤酒糟加工过程的管理 [J]. Beerence and Technology (4)：50-51.

李泽新，陈福增，才晓一，2011. 卧式螺旋沉降离心机的使用与维修保养 [J]. 机电信息 (17)：64-66.

李政一，2003. 白酒糟综合利用研究 [J]. 北京工商大学学报（自然科学版），21 (1)：9-13.

梁丹妮，2011. 建鲤对 18 种饲料原料营养物质的表观消化率研究 [D]. 南京：南京农业大学.

卢建，王克华，曲亮，等，2013. 玉米干酒糟及其可溶物对蛋鸡产蛋性能、蛋品质、血清脂质以及经济效益的影响 [J]. 动物营养学报，25 (8)：1872-1877.

陆正清，王艳，2008. 葡萄皮渣的综合利用 [J]. 江苏食品与发酵，3：21-23.

骆先虎，周杰，檀其梅，等，1996. 日粮中添加酒糟粉喂肉仔鸡试验 [J]. 粮食与饲料工业，4：18-20.

马雪云，侯宗良，1999. 啤酒糟应用于肉用生长兔的配合饲料中的研究 [J]. 当代畜牧 (4)：35-36.

毛青钟，2005. 黄酒生产过程副产物的综合利用 [J]. 中国酿造，24 (3)：10-13.

梅宁安，刘自新，王华，等，2014. 发酵葡萄渣颗粒饲料对育肥牛生长性能的影响 [J]. 饲料广角 (1)：16-17.

齐文茂，2013. 香菇-酵母共生发酵冰葡渣饲料的研究 [D]. 大连：大连工业大学.

单安山，2012. 饲料资源开发与利用 [M]. 北京：科学出版社.

邵明，王家林，张颖，等，2011. 废弃黄酒糟的开发利用 [J]. 中国酿造，9：15-18.

时钟珏，唐维可，杨辉，等，1993. 酒糟饲喂生长育肥猪试验 [J]. 饲料工业，14 (12)：39-40.

宋安东，裴广庆，王风芹，等，2008. 中国燃料乙醇生产用原料的多元化探索 [J]. 农业工程学报，24 (3)：302-307.

苏小军，熊兴耀，谭兴和，等，2007. 燃料乙醇发酵技术研究进展 [J]. 湖南农业大学学报，33 (4)：480-85.

孙丹凤，王友炜，王聪，等，2009. 发酵啤酒糟营养价值评定及对肉鸡牛长性能的影响 [J]. 饲料工业，30 (17)：26-28.

谭玉晓，邢雅婷，韦广鑫，等，2014. 葡萄酒酿造副产物的综合利用 [J]. 北京农业，21：182.

万发春，杨在宾，吴乃科，2002. 规模化肉牛育肥的青粗饲料供应体系 [J]. 黄牛杂志，28 (1)：49-51.

汪水平，王文娟，于洋，等，2010. 不同添加物对啤酒糟青贮品质的影响 [C] //第六次全国饲料营养学术研讨会论文集.

王芳，2013. 小麦燃料酒精工艺开发研究 [D]. 北京：北京化工大学.

王海滨，谭比光，廖泽川，等，2009. 饲喂鲜啤酒糟对奶牛产奶性能的影响 [J]. 贵州农业科学，37 (7)：126-128.

王家林，王煜，2009. 啤酒糟的综合应用 [J]. 酿酒科技，7：99-102.

王建军，2007. 混菌固态发酵黄酒糟生产蛋白饲料的研究 [D]. 杭州：浙江大学.

王晶，王加启，卜登攀，等，2009. DDGS 的营养价值及在动物生产中的应用研究进展 [J]. 中国畜牧杂志，23：71-75.

王丽，张英杰，刘月琴，等，2014. 饲粮白酒糟添加水平对山羊生产性能，营养物质表观消化率及血清生化指标的影响 [J]. 动物营养学报，26 (2)：519-525.

王平先，2006. DDGS 生产技术及其节能工艺与设备选择方案 [J]. 宿州教育学院学报，8 (3)：

131-133.

王霞，陈迪嘉，叶广英，等，2014. 我国非作物燃料乙醇技术与生产现状 [J]. 新能源进展，2
　（2）：89-93.

王颖，2010. 豆粕混菌液态制种及啤酒糟固态发酵制备生物饲料的研究 [D]. 镇江：江苏大学.

韦公远，2005. 葡萄酒酿造副产物的开发利用 [J]. 中国酿造，24（4）：46-47.

吴春花，2008. 玉米酒精糟替代日粮中玉米对绵羊瘤胃内环境及蛋白质降解率的影响 [D]. 呼和
　浩特：内蒙古农业大学.

吴丹，王之盛，薛白，等，2011. 不同加工方法对白酒糟营养价值和体外瘤胃发酵的影响 [J]. 动
　物营养学报，23（8）：1422-1429.

夏楠，赵国琦，2009. 不同蛋白质组成的日粮对瘤胃发酵及微生物蛋白合成的影响 [J]. 中国畜牧
　兽医，36（7）：7-14.

谢晓红，郭志强，杨奉珠，等，2012. 白酒糟对肉兔生产性能和肉质的影响 [J]. 中国畜牧杂志，
　17：51-54.

谢正军，曹镜明，万建华，2014. 白酒糟饲用价值分析与应用探讨 [J]. 饲料工业，35（12）：51-53.

熊欣，何芳，1999. 白酒酒糟发酵后饲喂产蛋鸡效果试验 [J]. 粮食与饲料工业，4：36-36.

徐建，陈代文，毛倩，等，2012. 白酒糟的营养价值评定 [J]. 中国畜牧兽医杂志，7（48）：47-50.

阳金，冯定远，左建军，等，2009. DDGS日粮添加复合酶对肉鸭生长性能的影响 [C] //第六届
　饲料安全与生物技术专业委员会大会暨第三届全国酶制剂在饲料工业中应用学术与技术研讨会.

杨洪，陈代文，陈可容，1991. 生长育肥猪饲粮中酒糟适宜用量的研究 [J]. 四川农业大学学报，
　9（4）：500-504.

杨嘉伟，王正浩，逯良忠，等，2012. 玉米DDGS的营养成分及质量评价 [J]. 粮食与食品工业，
　19（4）：41-43.

姚继承，朱逢杰，1996. 啤酒糟饲料在猪鸡鱼日粮中的应用研究 [J]. 粮食与饲料工业，8：32-35.

叶均安，王建军，徐国忠，等，2008. 不同菌种组合对固态发酵黄酒糟生产蛋白饲料的研究 [J].
　中国畜牧杂志，44（23）：58-61.

余有贵，曾传广，贺建华，2009. 白酒糟开发蛋白质饲料的研究进展 [J]. 中国饲料，1：12-15.

张继福，1996. 马铃薯酒精发酵的研究 [J]. 青海科技，6（2）：13-15.

曾波，2009. 白酒糟资源的开发利用 [J]. 广东饲料，18（9）：33-35.

张乐乐，胡文婷，王宝维，2010. 玉米酒糟粕（DDGS）在动物营养中的研究进展 [J]. 饲料广角，
　18：37-39.

张乐乐，王宝维，张名爱，2011. 玉米干酒糟及其可溶物对鹅营养价值的评定 [J]. 动物营养学
　报，23（2）：219-225.

张琼，李俊波，罗辉，等，2009. 啤酒糟对鲤鱼生长性能和体成分的影响 [J]. 科学养鱼，10：
　66-67.

张巍，李绍章，黄少文，等，2009. 鲜啤酒糟在青年蛋鸭中的应用 [J]. 饲料研究，5：34-35.

张遐耘，张文悦，1998. 黄酒糟纤维素酶处理和单细胞蛋白生产的研究 [J]. 粮食与饲料工业
　（7）：24-25.

张兴会，刘庆权，2008. 不同比例白酒糟及营养水平对肉牛育肥效果的影响 [J]. 当代畜牧，3：
　32-33.

张学文，单连青，符诒诚，等，2006. 酿酒葡萄籽的化学成分及综合利用 [J]. 中外葡萄与葡萄
　酒，4：52-54.

张影，单安山，2012. DDGS日粮添加维生素E对肉仔鸡生长性能及肉质的影响 [C] //中国畜牧
　兽医学会动物营养学分会第十一次全国动物营养学术研讨会论文集.

张勇，刘来亭，洪士昆，等，2011. 燃料乙醇 DDGS 对肉仔鸡生产性能、肉品质及胫骨质量的影响 [J]. 饲料广角，14：41-42.

赵建国，钟世博，2002. 热带假丝酵母固体发酵黄酒糟生产蛋白饲料的研究 [J]. 粮食与饲料工业，2：22-24.

赵军，刘月华，2005. 白酒糟和黄酒糟的开发利用 [J]. 酿酒，32 (5)：73-74.

赵书峰，2001. 酒糟与玉米秸秆混贮饲喂育肥肉牛的效果 [J]. 江西饲料，6：1.

中国酒业协会啤酒分会，2015.2014 年中国酒业协会啤酒分会工作报告 [J]. 啤酒科技.

钟广贤，2013. 玉米 DDGS 对草鱼，鲤鱼生长性能及体成分的影响 [D]. 长沙：湖南农业大学.

周福，朱权，张雷，等，2009. 白酒糟对肉牛育肥效果的影响 [J]. 畜牧兽医科技信息，11：46-46.

周杰，檀其梅，1997. 日粮中添加酒糟粉对蛋鸡生产性能的影响 [J]. 粮食与饲料工业，9：26-26.

周联高，吴蓉蓉，章世元，等，2008.DDGS 对樱桃谷鸭生产性能及甲状腺激素的影响 [J]. 养禽与禽病防治，11：16-19.

周兴国，2003. 木薯酒精糟液饲料化技术路线探讨 [C] //2003 年广西专家论坛. 木薯产业化发展战略专题调研报告.

周颖，顾林英，呼慧娟，等，2014. 饲用黄酒糟对育肥猪生长性能、营养物质消化率及血清生化指标的影响 [J]. 中国饲料，1 (1)：17-20.

朱权，张雷，刘志才，等，2009. 白酒糟对育肥猪效果的影响 [J]. 畜牧兽医科技信息，9：75.

Abouzied M M, Reddy C A, 1986. Direct fermentation of potato starch to ethanol by coculture of *Aspergillus niger* and *Saccharomyces cerevisiae* [J]. Applied and Environmental Microbiology, 52 (5)：1055-1059

Anderson J L, Schingoethe D J, Kalscheur K F, et al, 2006. Evaluation of dried and wet distillers grains included at two concentrations in the diets of lactating dairy cows [J]. Journal of Dairy Science, 89：3133-3142.

Augspurger N R, Petersen G I, Spencer J D, et al, 2008. Alternating dietary inclusion of corn distillers dried grains with solubles (DDGS) did not impact growth performance of finishing pigs [J]. Animal Science, 86 (Suppl 1)：523.

Barton-gade P A, 1987. Meat and fat quality in boars, castrates and gilts [J]. Livestock Production Science, 6：187-196.

Christen K A, Schingoethe D J, Kalscheur K F, et al, 2010. Response of lactating dairy cows to high protein distillers grains or 3 other protein supplements [J]. Journal of Dairy Science, 93 (5)：2095-2104.

Cook D, Paton N, Gibson M, 2005. Effect of dietary level of distillers dried grains with solubles (DDGS) on growth performance, mortality, and carcass characteristics of grow-finish barrows and gilts [J]. Animal Science, 83 (Suppl 1)：335.

Cyriac J M, Abdelqader M, Kalscheur K F, et al, 2005. Effect of Replacing forage fiber with non-forage fiber in lactating dairy cow diets [J]. Journal of Dairy Science, 88 (Suppl 1)：252.

Day E J, Dilworth B C, McNaughton J, 1972. Unidentified growth factor sources in poultry diets [C] //Proceedings Distillers Feed Research Council Conference：40-45.

Dedecker J, Ellis M M, Wolter B F, et al, 2005. Effects of dietary level of distiller dried grains with solubles and fat on the growth performance of growing pigs [J]. Journal of Animal Science, 83 (Suppl 2)：79.

Drescher A J, Johnston L J, Shurson G C, et al, 2008. Use of 20% dried distillers grains with solubles (DDGS) and high amounts of synthetic amino acids to replace soybean meal in grower-finisher swine diets [J]. Animal Science, 86 (Suppl 2): 28.

Duttlinger A W, Tokach M D, Dritz S S, et al, 2008. Effects of increasing dietary glycerol and dried distillers grains with solubles on growth performance of finishing pigs [J]. Animal Science, 86 (Suppl 1): 607.

Erickson G E, Klopfenstein T J, Adams D C, et al, 2005. General overview of feeding corn milling co-products to beef cattle [C] //Corn Processing Co-Products Manual. University of Nebraska. Lincoln, NE, USA.

Eun J S, D Zobell R, Wiedmeier R D, et al, 2010. Influence of replacing barley grain with corn-based dried distillers grains with solubles on production and carcass characteristics of growing and finishing beef steers [J]. Animal Feed Science and Technology, 152 (1-2): 72-80.

Fanning K, Milton T, Kiopfenstein T, et al, 1999. Corn and sorghum distillers grains for finishing cattle [C] //Nebraska Beef Report, MP 71 A: 32.

Fu S X, Johnston M, Fent R W, et al, 2004. Effect of corn distiller's dried grains with solubles (DDGS) on growth, carcass characteristics, and fecal volume in growing finishing pigs [J]. Animal Science, 82 (Suppl 2): 80.

Gaines A M, Petersen G I, Spencer J D, et al, 2007a. Use of corn distillers dried grains with solubles (DDGS) in finishing pigs [J]. Animal Science, 85 (Suppl 2): 96.

Gaines A M, Spencer J D, Petersen G I, et al, 2007b. Effect of corn distillers dried grains with solubles (DDGS) withdrawal program on growth performance and carcass yield in grow-finish pigs [J]. Animal Science, 85 (Suppl 1): 438.

Gehman A M, Kononoff P J, 2010. Utilization of nitrogen in cows consuming wet distillers grains with solubles in alfalfa and corn silage-based dairy rations [J]. Journal of Dairy Science, 93 (7): 3166-3175.

Gordon C M, Drouillard J S, Reicks A L, et al, 2002. The effect of Dakota Gold Brand dried distiller's grains with solubles of varying levels on sensory and color characteristics of ribeye steaks [C] //Cattleman's Day 2002. Report of Progress 890. Kansas State University: 72-74.

Gralapp A K, Powers W J, Faust M A, et al, 2002. Effects of dietary ingredients on manure characteristics and odorous emissions from swine [J]. Animal Science, 80: 1512-1519.

Grings E E, Roffler R E, Deitelhoff D P, 1992. Responses of dairy cows to additions of distillers dried grains with solubles in alfalfa- based diets [J]. Journal of Dairy Science, 75: 1946-1953.

Hastad C W, Nelssen J L, Goodband R D, et al, 2005. Effect of dried distillers grains with solubles on feed preference in growing pigs [J]. Animal Science, 83 (Suppl 2): 73.

Hill G M, Link J E, Rincker M J, et al, 2005. Corn distillers grains with solubles in sow lactation diets [J]. Animal Science, 83 (Suppl 2): 82.

Hippen A R, Schingoethe D J, Kalscheur K F, et al, 2010. Saccharomyces cerevisiae fermentation product in dairy cow diets containing dried distillers grains plus solubles [J]. Journal of Dairy Science, 93 (6): 2661-2669.

Jenkin S, Carter S, Bundy J, et al, 2007. Determination of P-bioavailability in corn and sorghum distillers dried grains with solubles for growing pigs [J]. Animal Science, 85 (Suppl 2): 113.

Jenschke B E, James J M, Vander K POL, et al, 2006. Wet distillers grains plus solubles do not increase liver-like off-flavors in cooked beef [C] //Nebraska Beef Reports. University of Nebraska-Lincoln: 115-117.

Kleinschmit D H, Schingoethe D J, Kalscheur K F, et al, 2006. Evaluation of various sources of corn dried distillers grains plus solubles for lactating dairy cattle [J]. Journal of Dairy Science, 89: 4784-4794.

Leick C M, Puls C L, Ellis M, et al, 2010. Effect of distillers dried grains with solubles and ractopamine (Paylean) on quality and shelf-life of fresh pork and bacon [J]. Animal Science, 88: 2751-2766.

Linneen S K, Derouchy J M, Dritz S S, et al, 2008. Effects of dried distillers grains with solubles on growing and finishing pig performance in a commercial environment [J]. Animal Science, 86: 1579-1587.

McEwen P L, 2006. The effects of distillers dried grains with solubles inclusion rate and gender on pig growth performance [J]. Animal Science, 86: 594.

Mjoun K, Kalscheur K F, Hippen A R, et al, 2010a. Lactation performance and amino acid utilization of cows fed increasing amounts of reduced-fat dried distillers grains with solubles [J]. Journal of Dairy Science, 93 (1): 288-303.

Mjoun K, Kalscheur K F, Hippen A R, et al, 2010b. Performance and amino acid utilization of early lactation dairy cows fed regular or reduced-fat dried distillers grains with solubles [J]. Journal of Dairy Science, 93 (7): 3176-3191.

National Research Council, 2001. Nutrient requirements of dairy cattle [M]. 7th Rev. Ed. Washington, DC: National Academy of Science.

Owen F G, Larson L L, 1991. Corn distillers dried grain versus soybean meal in lactation diets [J]. Journal of Dairy Science, 74: 972-979.

Roeber D L, Gill R K, Dicostanzo A, 2005. Meat quality responses to feeding distiller's grains to finishing Holstein steers [J]. Animal Science, 83: 2455-2460.

Ranathunga S D, Kalscheur K F, Hippen A R, et al, 2010. Replacement of starch from corn with nonforage fiber from distillers grains and soyhulls in diets of lactating dairy cows [J]. Journal of Dairy Science, 93 (3): 1086-1097.

Spiehs M J, Whitney M H, Shurson G C, 2002. Nutrient database for distiller's dried grains with solubles produced from new ethanol plants in Minnesota and South Dakota [J]. Journal of Animal Science, 80 (10): 2639-2645.

Stender D, Andhoneyman M S, 2008. Feeding pelleted DDGS-based diets to finishing pigs in deep-bedded hoop barns [J]. Journal of Animal Science, 86 (Suppl 2): 50.

Trenkle A, 1997a. Evaluation of wet distillers grains in finishing diets for yearling steers [C] //Beef Research Report-Iowa State University ASRI, 450.

Trenkle A, 1997b. Substituting wet distillers grains or condensed solubles for corn grain in finishing diets for yearling heifers [C] //Beef Research report-Iowa State University ASRI, 451.

Vander K J, Erickson G E, Kiopfenstein T, et al, 2005a. Effect of level of wet distillers grains on feed lot performance of finishing cattle and energy value relative to corn [J]. Animal Science, 83 (Suppl 2): 25.

Vander K J, Erickson G E, Klopfenstin T, et al, 2005b. Economics of wet distillers grains use in feedlot diets [J]. Animal Science, 83 (Suppl 2): 67.

Webster C D, Tidwell J H, Yancey D H, 1991. Evaluation of distillers' grains with solubles as a protein source in diets for channel catfish [J]. Aquaculture, 96 (2): 179-190.

Webster C D, Tidwell J H, Goodgame L S, et al, 1992. Use of soybean meal and distillers grains with solubles as partial or total replacement of fish meal in diets for channel catfish, *Ictalurus punctatus* [J]. Aquaculture, 106 (3): 301-309.

Weimer D, Stevens J, Schinckel A, et al, 2008. Effects of feeding increasing levels of distillers dried grains with solubles to grow-finish pigs on growth performance and carcass quality [J]. Animal Science, 86 (Suppl 2): 51.

White H, Richert B, Radcliffe S, et al, 2007. Distillers dried grainsdecreases bacon lean and increases fat iodine values (IV) and theratio of n6: n3 but conjugated linoleic acids partially recovers fatquality [J]. Animal Science, 85 (Suppl 2): 78.

White H M, Richert B T, Radcliffe J S, et al, 2009. Feeding conjuga-ted linoleic acid partially recovers carcass quality in pigs fed driedcorn distillers grains with solubles [J]. Animal Science, 87 (1): 157-166.

Whitney M H, Shurson G C, 2004. Growth performance of nursery pigs fed diets containing increasing levels of corn distiller's dried grains with solubles originating from a modern Midwestern ethanol plant [J]. Animal Science, 82: 122-128.

Whitney M H, Shurson G C, Guedes R C, 2006a. Effect of dietary inclusion of distillers dried grains with solubles on the ability of growing pigs to resist a Lawsonia intracellularis challenge [J]. Animal Science, 84: 1860-1869.

Whitney M H, Shurson G C, Guedes R C, 2006b. Effect of including distillers dried grains with solubles in the diet, with or without antimicrobial regimen, on the ability of growing pigs to resist a Lawsonia intracellularis challenge [J]. Animal Science, 84: 1870-1879.

Whitney M H, Shurson G C, Johnston L J, et al, 2006c. Growth performance and carcass characteristics of pigs fed increasing levels of distiller's dried grains with solubles [J]. Animal Science, 84.

Widmer M R, McGinnis L M, WULF D M, et al, 2008. Effects of feeding distillers dried grains with solubles, high-protein distillers dried grains, and corn germ to growing-finishing pigs on pig performance, carcass quality, and the palatability of pork [J]. Animal Science, 86: 1819-1831.

Williams W L, Tedeschi L O, Kononoff P J, et al, 2010. Evaluation of in vitro gas production and rumen bacterial populations fermenting corn milling (co) products [J]. Journal of Dairy Science, 93 (10): 4735-4743.

Wilson J A, Whitney M H, Shurson G C, et al, 2003. Effects of adding distiller's dried grain with solubles (DDGS) to gestation and lactation diets on reproductive performance and nutrient balance [J]. Animal Science, 81 (Suppl 1) .

Winkler-Moser J K, Breyer L, 2001. Composition and oxidative stability of crude oil extracts of corn germ and distillers grains [J]. Industrial Crops and Products, 33 (3): 572-578.

Xu G, Baidoo S K, Johnston L J, et al, 2007. Effects of adding increasing levels of corn dried distillers grains with solubles (DDGS) to corn-soybean meal diets on growth performance and pork quality of growing-finishing pigs [J]. Animal Science, 85 (Suppl 2): 76.

Xu G, Baidoo S K, Johnston L J, et al, 2010a. Effects of feeding diets containing increasing content of corn distillers dried grains with solubles to grower-finisher pigs on growth performance, carcass composition, and pork fat quality [J]. Animal Science, 88: 1398-1410.

Xu G, Baidoo S K, Johnston L J, et al, 2010b. The effects of feeding diets containing corn distillers dried grains with solubles, and withdrawal period of distillers dried grains with solubles, on growth performance and pork quality in grower-finisher pigs [J]. Animal Science, 88: 1388-1397.

图书在版编目（CIP）数据

非粮型蛋白质饲料资源开发现状与高效利用策略/
麦康森，张文兵主编 . —北京：中国农业出版社，
2019.12
当代动物营养与饲料科学精品专著
ISBN 978-7-109-25616-3

Ⅰ. ①非…　Ⅱ. ①麦…②张…　Ⅲ. ①蛋白质补充饲
料—研究　Ⅳ. ①S816.4

中国版本图书馆 CIP 数据核字（2019）第 292891 号

中国农业出版社出版

地址：北京市朝阳区麦子店街 18 号楼
邮编：100125
策划编辑：周晓艳
责任编辑：王金环　吴丽婷
版式设计：王　晨　责任校对：刘飚雨
印刷：北京通州皇家印刷厂
版次：2019 年 12 月第 1 版
印次：2019 年 12 月北京第 1 次印刷
发行：新华书店北京发行所
开本：787mm×1092mm　1/16
印张：29　插页：1
字数：800 千字
定价：278.00 元